高等学校教材

地震勘探应用软件基础教程

东方地球物理公司　组织编写
王润秋　罗国安　主编

石油工业出版社

内 容 提 要

地震勘探应用软件是石油天然气勘探生产与科研的主要应用平台,熟练掌握地震勘探应用软件需要大量的数学、物理、计算机、地质等知识。本书从实际应用需求出发,提炼出地震勘探软件学习的重点基础,结合最新的 GeoEast 地震处理、解释一体化软件平台结构分析,能使读者全方位快捷地掌握地震勘探数据的处理与解释应用软件。本书重点是大型地震勘探结构分析,并行计算机应用环境建立,地震勘探应用软件操作,以及新模块加载技术。

本书适合地震勘探专业本科生与研究生教学之用,也可作为地球物理勘探的高级技术员、应用软件开发计算机专业高级技术员培训用书。

图书在版编目(CIP)数据

地震勘探应用软件基础教程/东方地球物理公司组织编写;王润秋,罗国安主编. —北京:石油工业出版社,2013.7

高等学校教材

ISBN 978-7-5021-9554-0

Ⅰ. 地…

Ⅱ. ①东… ②王… ③罗…

Ⅲ. 地震勘察-应用软件-教材

Ⅳ. P631.4-39

中国版本图书馆 CIP 数据核字(2013)第 064957 号

出版发行:石油工业出版社

(北京安定门外安华里 2 区 1 号 100011)

网　　址:http://pip.cnpc.com.cn

编辑部:(010)64523612　发行部:(010)64523620

经　　销:全国新华书店

印　　刷:北京晨旭印刷厂

2013 年 7 月第 1 版　2013 年 7 月第 1 次印刷

787×1092 毫米　开本:1/16　印张:26

字数:666 千字

定价:48.00 元

(如出现印装质量问题,我社发行部负责调换)

版权所有,翻印必究

前　言

地震勘探是勘测石油与天然气资源的主要应用技术，在煤田和工程地质勘查、区域地质研究以及地壳研究等方面也得到了广泛应用。石油地震勘探的基本原理是通过采集人为震源引发的地震响应信号，对地震波信号进行处理、解释，进而预测地下油气矿藏的分布与储量。

地震勘探应用软件是针对海量数据信号的分析、计算、显示的综合系统，涉及地球物理、地质、计算机、数学多学科的基础知识。随着地球物理勘探技术和计算机技术的快速发展，地震勘探软件功能不断增加，软件规模日渐扩大，同时也提高了对应用人员的知识要求。地震勘探应用软件系统提供给技术人员的是一个功能多样化的综合平台，需要应用人员灵活地通过大量信息的对比、分析，主动创新地求得处理解释成果。如何能使应用技术人员快速掌握众多学科应用基础知识是本书编写的动因。

GeoEast是中国石油集团东方地球物理公司自主创新研发的一套具有完全自主知识产权的大型地震处理解释一体化系统，GeoEast系统平台的开放性、可扩展性和独具特色的处理技术使其迅速成为国内地震勘探软件的主流产品，成为石油行业在国内外找油找气的"利器"，是中国石油勘探领域重要技术支撑，GeoEast系统平台具有地震勘探大型应用软件标志性的框架和功能。

本书以大型地震勘探一体化软件GeoEast为典型，结合作者多年来在地震勘探教学、科研实践中的经验知识，采用图例结合方式，一步一教学习软件管理、操作、应用流程组建、作业编辑、运行、结果显示等。同时介绍了linux操作系统、应用环境shell编程、分布式MPI并行计算编程的实用基础知识，对交互作业操作、数据格式、数据库操作、并行作业调度均列有学习范例，对应用模块加载以示例进行模拟教学，其宗旨是使读者通过本书的学习，能够快速、有效掌握大型地震软件的各种复杂功能，提升地震软件的应用水平。

由衷感谢中石油东方地球物理公司物探总监赵波先生的策划推动，使得作者多年夙愿得以实现。本书第三章、第八章、第九章由梅金顺编写，第十章由刘涛然编写，李会俭负责本书公式与图像排版。另外，中国石油大学的研究生王文亮、药芯蕊、薛龙、吕照明、王晓刚、张晓峰参与了收集素材和组稿，在此一并感谢他们为本书付出的辛劳。

特别要感谢为本书校审并提出宝贵修改意见的东方地球物理勘探有限责任公司物探技术研究中心技术人员陈宝孚、陈继红、高绘生、陈维、张旭东、杨大敏、李雁鸿、祝书云、徐少波、田振平、杜书奎、余景礼、尹天奎、白雪莲、寇琴、王子兰、王仕俭、杜吉国、周振晓、雷娜。

本书可作为地球物理勘探专业高年级本科生、研究生专业学习教材，亦可作为石油勘探高级技术培训教材和工具书。软件产品总是在不断推陈出新，本书中涉及GeoEast系统部分主要参考V2.3版本，书中定有不妥之处，请广大读者批评指正。

编 者

2013年2月

目　　录

第 1 章　计算机操作系统 ··· 1
　1.1　操作系统概述 ·· 1
　1.2　Linux 操作系统 ·· 6
　1.3　Linux 环境下的编程 ··· 16
第 2 章　并行计算与编程 ··· 35
　2.1　并行计算技术 ··· 35
　2.2　MPI 并行编程技术 ·· 45
　2.3　地震数据并行处理 ··· 57
第 3 章　地球物理软件结构设计框架分析 ··· 70
　3.1　软件平台、体系结构与框架综述 ·· 70
　3.2　地球物理软件结构框架设计 ·· 80
　3.3　常见的地球物理勘探软件平台 ··· 88
第 4 章　GeoEast 系统介绍 ··· 98
　4.1　GeoEast 系统概要 ·· 98
　4.2　GeoEast 系统管理 ··· 110
　4.3　GeoEast 工区管理 ··· 119
第 5 章　GeoEast 数据输入输出与交互观测系统定义 ······················· 132
　5.1　地震数据介绍 ··· 132
　5.2　GeoEast 系统地震数据输入输出 ·· 136
　5.3　GeoEast 交互观测系统定义 ·· 155
　5.4　GeoEast 系统的专用工具 ·· 174
第 6 章　GeoEast 流程与作业编辑 ·· 178
　6.1　流程建立与作业编辑 ·· 178
　6.2　作业发送 ··· 191
　6.3　作业队列监控 ··· 198
第 7 章　GeoEast 常规地震资料处理 ··· 212
　7.1　GeoEast 静校正 ·· 212
　7.2　GeoEast 信号增强处理 ··· 229
　7.3　振幅处理 ··· 246
　7.4　GeoEast 速度分析与 DMO 叠加 ·· 251
第 8 章　GeoEast 地震资料偏移技术 ··· 265
　8.1　GeoEast 叠后时间偏移 ··· 265
　8.2　GeoEast 叠前时间偏移 ··· 275

第9章 GeoEast 解释与一体化应用 … 293
9.1 地震资料解释应用功能 … 293
9.2 GeoEast 处理解释共享功能 … 304
9.3 GeoEast 交互分析与应用 … 317
第10章 GeoEast 批量执行控制与模块开发 … 334
10.1 GeoEast 批量执行控制 … 334
10.2 GeoEast 批量模块结构 … 349
10.3 GeoEast 批量模块开发 … 354
附录 … 370
附录1 SEG-Y 格式 3200 字节 C-卡头块说明 … 370
附录2 SEG-Y 格式 400 字节头块说明 … 371
附录3 SEG-Y 格式 240 字节道头说明 … 372
附录4 LINUX 下的 FORTARN，C，C++混合编程规则 … 374
附录5 匈牙利命名法 … 375
附录6 模块通用编码参数约定 … 376
附录7 头文件 … 377
附录8 共享目录文件 … 378
附录9 checkmod 命令 … 378
附录10 GOS Makefile 文件 … 379
附录11 模块架构 … 382
附录12 并行模块模板 … 392
附录13 参数定义库及模块定义库 … 399
附录14 LIST 文件和 LOG 文件 … 400
参考文献 … 405

第 1 章　计算机操作系统

1.1　操作系统概述

　　操作系统是管理电脑硬件与软件资源的程序，同时也是计算机系统的内核与基石。操作系统是控制其他程序运行，管理系统资源并为用户提供操作界面的系统软件的集合。操作系统身负诸如管理与配置内存、决定系统资源供需的优先次序、控制输入与输出设备、操作网络与管理文件系统等基本事务。

　　操作系统是计算机系统的基本系统软件，它是所有软件的核心。操作系统负责控制、管理计算机的所有软件、硬件资源，是唯一直接和硬件系统打交道的软件，是整个软件系统的基础部分，同时还可为计算机用户提供良好的界面。操作系统直接面对所有硬件、软件和用户，它是协调计算机各组成部分之间以及人机之间关系的重要软件系统。

　　普通用户使用操作系统，是把操作系统当做一个资源管理者，通过系统提供的系统命令和界面操作等工具，以某种易于理解的方式完成系统管理功能，有效地控制各种硬件资源，组织自己的数据，完成自己的工作并和其他人共享资源。

　　对于程序员来讲，操作系统提供了一个与计算机硬件等价的扩展或虚拟的计算平台。操作系统提供给程序员的工具除了系统命令、界面操作之外，还有系统调用。系统调用抽象了许多硬件细节，程序可以以某种统一的方式进行数据处理，程序员可以避开许多具体的硬件细节，提高了程序开发效率，改善了程序移植特性。

　　整个计算机系统可以认为是按照一定规则分层构建的，可以使用图 1.1 所示的框图来示意性地描述这种层次结构。

图 1.1　计算机系统层次结构示意图

　　操作系统的型态多种多样，不同机器安装的操作系统（简称 OS）可从简单到复杂，可从手机的嵌入式系统到超级电脑的大型操作系统。目前微机上常见的操作系统有 DOS、OS/2、UNIX、XENIX、Linux、Windows、Netware 等。Linux 是在日益普及的 Internet 上迅速形成和不断完善的操作系统。Linux 操作系统高效、稳定，适应多种硬件平台，而最具有魅力的是它遵循 GPL（General Public License，通用公共许可证），整个系统的源代码可以自由获取，并且在 GPL 许可的范围内自由修改、传播。

1.1.1 操作系统发展简介

操作系统是随着计算机硬件的发展，围绕着如何提高计算机系统资源的利用率和改善用户界面的友好性而形成、发展和不断成熟完善的。

随着计算机硬件的发展，计算机的计算速度越来越快，其高速的数据处理与低速的手工操作之间的矛盾日益突出。传统的手工操作是系统的最大制约因素，昂贵的计算机硬件资源得不到有效的利用。计算机应用的一个重要技术是批处理，专门的操作人员把用户提交的任务按照一定的类别、顺序组织起来，形成作业序列，这些作业成批地在专门的监督程序控制之下自动执行。这里的监督程序就是操作系统的雏形。

在最初的批处理系统中，计算机内存中仍然只有一个程序在运行，系统的性能没有得到充分发挥。解决这个问题的措施称为多道（程序设计）技术，该技术使得在内存中有多个程序时，能够保证系统的处理器总是处于工作状态，从而极大地提高了系统的利用率。

多道技术开始使用在批处理系统中，称为多道批处理系统，这样的系统效率高。但是在脱机批处理情况下，高效带来的问题是用户对自己作业的控制程度降低。针对这个问题的解决方案是分时技术，即系统把处理机的运行时间分成时间片，按照时间片轮流把处理机分配给每一个联机用户。由于每一个时间片很短，宏观上来看，所有用户同时操作计算机，各自独立控制自己的作业。与分时系统相对应，还有一种实时（real time）操作系统，目的是在允许的时间范围之内对外来信息进行快速处理并作出响应。

同时具有多道批处理以及分时、实时处理功能或者其中两种以上功能的系统，称为通用操作系统。Linux 操作系统就是具有内嵌网络功能的多用户分时系统，它兼有多道批处理和分时处理功能，是一个典型的通用处理系统。

一方面强调分布式计算和处理，另一方面强调物理上跨越不同的主机系统、逻辑上紧密耦合构成统一完整的操作系统平台，这样的系统就是分布式操作系统（distributed operating system）。这是当前操作系统发展的一个方向。

1.1.2 操作系统接口

操作系统在整个软件系统中处于中心地位，负责控制、管理计算机的所有软件、硬件资源。它屏蔽了很多具体的硬件细节，对计算机用户提供统一、良好的界面（或称为接口，interface）。

操作系统提供的接口可以根据服务对象的不同而划分为两类：一类是程序级的接口，提供给程序员使用，即系统调用；另一类是作业级的接口，提供给用户使用，即操作命令。

1. 系统调用：程序员级接口

系统调用是一组由操作系统提供的广义指令。应用程序通过系统调用来操纵系统内核中特定的函数，当应用程序需要进行文件访问、网络传输等操作时，必须通过系统调用来完成。程序员在设计应用程序涉及系统资源时，都必须使用系统调用来实现。

系统调用是操作系统提供给程序员的唯一接口。系统调用可以根据功能划分为不同的类型。

2. 操作命令：用户级接口

操作系统提供给用户使用的接口是操作命令，用户可以使用这些操作命令来组织和控制作业的执行或者管理整个计算机系统。实际上，计算机的操作命令界面是在系统调用的基础上开发而成的。

操作系统发展的主要方向除了提高系统资源利用率之外，就是改善用户界面友好性。图形用户界面是操纵命令界面发展的一个里程碑。图形用户界面降低了计算机操作的门槛，千万个家庭成为计算机普及的对象。

目前流行的操作系统一般都同时提供图形和文本用户界面。Linux 系统就是如此，文本界面是 Shell 接口，图形界面是 X-Windows 系统。

1.1.3 操作系统功能

多用户分时系统，按照其功能划分为处理机管理、存储管理、设备管理以及信息管理（文件系统管理），对于现代流行的操作系统，还具有完整的网络管理功能。这些管理功能都是由操作系统内核实现的。

1. 处理机管理

作业、进程需要适当的分配、调度，以便协调相互关系，共享有限的处理机资源，这是处理机管理的主要内容。

处理机管理是操作系统管理功能的关键，操作系统功能的一个主要指标是提高处理机的使用率，让处理机尽可能处于工作状态。

2. 存储管理

存储管理的目标是让有限的物理内存尽可能满足应用程序对内存的需求。存储管理的内容包括内存的扩充、分配、保护等。操作系统多采用了被称为"虚拟内存"的内存管理方式，内存一般采用部分分配的办法。

通常内存中总是同时存放了多个正在运行的程序实体，即进程，在运行的过程中，它们之间可能会使用到相同内存位置的内容，这种技术称为内存共享。这样可以提高内存的利用率，但是必须要确保各进程所占据内存的独立性和完整性。

3. 设备管理

除了 CPU 和内存之外，计算机的其他部件统称为外部设备。这些设备在操作系统的控制下协调工作，共同完成信息的输入、存储和输出任务。

操作系统要对所有的设备进行管理。一方面，让每个设备尽可能发挥自己的特长，实现与 CPU 和内存的数据交换，提高外部设备的利用率；另一方面，隐蔽设备操作的具体细节，对用户提供一个统一、友好的设备使用界面。

和处理机及内存相比，外部设备的速度要慢得多，而且性能差别大，类型品种多。因此，设备管理是一项复杂而又重要的工作。

4. 文件系统管理

操作系统在控制、管理硬件的同时，也必须管理好软件资源。操作系统的文件系统管理就是针对计算机的软件资源而进行的。文件系统管理主要提供以下服务：

(1) 文件存取，使每个用户能够对自己的文件进行快速地访问、修改和存储。

(2) 文件共享，指提供某种手段，使存储空间只保存一个副本，而所有授权用户能够共同访问这些文件。

(3) 文件保护，指提供保护系统资源防止非法使用的手段。

5. 网络管理

计算机的发展已经进入互联网时代，现在流行的操作系统一般都具有内嵌的网络功能，能够在内核级别控制、管理网络。操作系统一般都提供网络通信和网络服务等基本功能。内核中的网络部分主要实现网络设备控制和网络协议，因此，网络管理也就集中在通信部分。

1.1.4 地球物理软件技术发展简介

1. 国内地球物理软件的发展

国内物探软件技术的发展已有 30 余年的历史，可以分成四个阶段：

第一个阶段是开始于 20 世纪 70 年代初，其标志是 150 工程——我国物探软件技术历史上的第一个里程碑。150 工程是国务院于 1969 年 10 月正式批准的国家工程项目，由北京大学、电子工业部和石油工业部联合研制面向石油勘探应用的大型计算机。1973 年 10 月，150 计算机在位于河北徐水的物探局计算中心站投产。150 计算机的平均运算速度为 100 万次/秒，专用外围设备包括地震专用的数字磁带输入机、模拟磁带输入机和剖面显示仪。

第二阶段是始于 20 世纪 70 年代后期的技术引进。150 工程的成功，极大地鼓舞了石油工业应用数字地震勘探技术的热情，也促进了从 70 年代末开始大量引进国外有关新技术。

第三阶段始于 20 世纪 90 年代初，其标志是 GRISYS 地震数据处理系统——物探软件技术历史上的又一个里程碑。20 世纪 80 年代末，UNIX 系统工作站的发展为研制新型的物探软件系统提供了基础。经过科技人员的努力，90 年代初成功开发了 GRISYS 地震数据处理系统（也称为 GRISYS/90 系统，1992 年正式推出第一个工作站版本）。1995 年推出的 GRIstation 地震地质综合解释系统，具有较完备的二维和三维构造解释与储层描述的功能，在逆断层解释和成图以及地震资料目标处理和闭合差校正方面都很有特色。90 年代后期，我国开展了地震采集软件的攻关，经过三年的努力，在 2001 年正式推出了采集工程软件系统 KLseis 第一个版本。

第四阶段始于 21 世纪初，主要目标是发展一体化的物探软件系统。建立勘探、开发一体化软件平台是油气工业上游努力的目标。早在 20 世纪 90 年代后期，中国石油天然气集团公司就组织过油气勘探一体化软件平台的技术攻关。在 2001 年和 2003 年正式就研制新一代地震处理解释一体化软件 GeoEast 系统立项，并成功研制了 GeoEast 处理解释一体化系统 2.x 版本。

"地震处理、解释一体化"是物探技术的重要发展方向。物探软件作为油气勘探技术的载体和工具，应该支持这样的工作模式。一体化的物探软件系统有三个层次：底层的数据集成、中间层的应用集成以及表层的可视化集成。一方面，处理、解释一体化软件系统支持处理人员根据解释人员为他们提供的地质信息进行交互处理和解释性处理。所谓"解释性处理"是指在一体化环境下，"交互处理与迭代地质模型"将地质知识（地质模型和地质信息）用于地震处理的实现过程，通过反复修改所需要的处理准则，检验和修正地质模型。另一方面，处理、解释一体化软件系统支持解释人员使用专门设计的软件进行目标处理，同样可以做更多的叠前解释（如 AVO 分析、叠前深度偏移、叠前反演等）。

2. 地球物理软件发展特征

信息技术发展突飞猛进，地球物理勘探技术及其应用软件的发展也是日新月异。归纳起来，地球物理软件技术发展表现出以下特征：先进性、开放性、一体化、自由化、网络化、标准化以及智能化等。

（1）先进性——主要表现在三个方面：①基于先进的信息技术基础和应用环境，如支持先进的网络、高性能计算和可视化环境；支持网络分布式计算和并行计算环境，尤其是集群并行计算环境；采用高性能三维可视化或虚拟现实技术实现交互、灵活、高效、沉浸式数据浏览、质量控制、交互分析、交互建模等功能。②采用先进的软件技术，如面向对象技术、并行计算技术、软件架构技术、组件技术、Web技术等。③支持和提供先进的应用功能和性能，包括石油物探中地震采集设计、数据处理、分析解释、油藏描述等各种应用功能的集成。

（2）开放性——通常包括开放的系统平台（软件开发与运行环境）、开放的用户界面、开放的数据结构和文件格式、开放的协议等。开放带来的好处是：没有人拥有它并控制它，业界将通过基于开放标准来实现竞争，竞争驱动创新，创新驱动用户的选择；开放带来完全的互操作性和跨平台特性。开放性的另一个重要表现是自由软件平台的出现，IA架构计算机系统和Linux操作系统已经成为地球物理应用软件的主流系统平台。

（3）一体化——一体化或集成化一般指：在系统平台中采用统一的数据模型和数据管理系统，共享统一地学数据库和地学模型，实现统一的系统管理（用户管理、工区和项目管理、软件管理），在统一的用户界面下实现对所有应用功能的访问。简言之，一体化指数据管理的一体化、用户界面的一体化、工作流程的一体化以及软件开发的一体化。

（4）自由化——指在应用软件开发和应用中，大量采用可以免费、自由获得的标准化软件作为系统的主要开发和应用环境；在系统的基础平台和核心内容开发中，不采用个别厂商所拥有的集成开发环境和私有软件产品。这样可以最大限度地保证软件的长期发展不受个别厂商的约束和限制，保证了应用软件对硬件与软件环境的广泛兼容性。

（5）网络化——计算机网络技术在石油勘探开发中的应用得到不断的发展、普及和深入，成为石油工业的通信平台、信息发布平台、数据共享平台、管理平台、专业应用平台和业务流程工作平台，是石油勘探开发的重要基础设施，支撑着石油勘探开发各个阶段和各个领域的技术工作和业务流程。网络化消除了应用系统访问的时间、空间、客户工作平台等的限制。网络化的主要表现为：①更高的网络带宽；②局域网的普及应用和广域网的广泛应用；③应用软件对网络环境支持的增强，Web计算模型和B/S模式的普遍应用，应用软件和数据的集中式管理或分布式加集中式管理确保了系统和数据的安全性，方便了系统的维护和升级，降低了信息系统的总体拥有成本；④NAS、SAN、iSCSI等数据存储网络技术的广泛应用，勘探开发数据以集中管理模式进行管理；⑤以XML为代表的互联网标准的应用。

（6）标准化——标准化思想表示：基础软件开发环境符合国际标准或行业标准，软件开发过程符合软件开发的标准化、规范化、工程化，所采用的技术符合相关的国家标准、国际标准和行业标准。标准化包括硬件设备的标准化、软件接口的标准化、数据格式的标准化等，标准化保证了信息系统和软件产品的兼容性、互操作性。

（7）智能化——智能化是现代信息技术应用的又一个特征。各种软计算技术广泛应用于专业技术应用和信息管理、决策支持中，如人工智能、专家系统、人工神经网络等技术广泛应用于数据处理分析和决策支持中。在石油物探应用软件中，广泛应用了模式识别、人工神经网络、模拟退火、地质统计、支持向量机等软计算技术，这些技术的应用大大增强了数据处理和分析解释、设计与决策过程的智能化。

1.2 Linux 操作系统

Linux 是一种开放源代码的操作系统,以其系统简明、功能强大、性能稳定、高扩展性和高安全性著称,可以支持多用户、多任务环境,具有较好的实时性和广泛的协议支持。同时,Linux 在系统兼容性和可移植性方面也有上佳表现,可以广泛应用到 x86、Sun Sparc、Digital、Alpha 和 PowerPC 等平台。

1.2.1 Linux 操作系统概述

Linux 起源于古老的 UNIX。1969 年,Bell 实验室的 Ken Thompson 开始利用一台闲置的 PDP-7 计算机设计一种多用户、多任务的操作系统。不久,Dennis Richie 加入了这个项目,在他们的共同努力下产生了最早的 UNIX。早期的 UNIX 由汇编语言编写,第三个版本用 C 语言进行了重写。后来 UNIX 走出实验室并成为主流操作系统之一。

但 UNIX 通常是企业级服务器或工作站等级的服务器上使用的操作系统,这些较大型的计算机系统价格不菲,因此得不到普及。之后,许多开发者尝试在廉价 PC 上开发与 UNIX 功能相同而且免费的操作系统,比较成功的是 Andre S. Tanenbaum 教授所开发的 Minix 系统。

Linux 因其创始人 Linus Torvalds 而得名。当时,Linus Torvalds 是芬兰赫尔辛基大学技术科学系的学生。出于学习和研究的需要,Linus 希望能够做出"比 Minix 更好的 Minix"。1991 年,Linus 在 Minix 的基础上开发了 Linux,并将其 0.02 版放到 Internet 上,使其成为自由和开放源代码的软件。Linux 随着 Internet 的传播而得到了快速成长,来自世界各地的编程人员对其进行了修订和扩充。1994 年,在与互联网上的志愿开发者协同工作的基础上,Linus 发布了标志性的 Linux1.0 版本。

Linux 操作系统从 1991 年诞生至今,经过短短的二十多年的发展,目前已经成为主流的操作系统之一。其版本从开始的 0.02 版本到目前的 3.5.2 版本,架构已经十分稳定。从最初的蹒跚学步的"婴儿"成长为目前在服务器、嵌入式系统和个人计算机等多个方面得到广泛应用的操作系统。简单地说,Linux 具有以下主要特点。

1. 免费的操作系统

Linux 具有服务器级操作系统的强大功能。同时,由于 Linux 遵守通用公共许可协议 GPL,因此任何人有共享和修改 Linux 的自由,并且在不需要额外费用的条件下可以得到其源代码。用户可以放心地免费使用 Linux,而不必担心成为盗版用户。

2. 良好的可移植性

可移植性是指将操作系统从一个硬件平台转移到另一个硬件平台时无须改变其自身的运行方式。Linux 是一种可移植性的操作系统,能够在几乎所有的计算机平台上运行,包括笔记本电脑、PC 机、工作站甚至大型机。它支持 x86、MIPS、PowerPC 和 SPARC 等主要的系统架构,同时支持 32 位和 64 位操作系统;应用程序不用经过太多的修改就可以在各个平台上顺利运行,很好地继承了 UNIX 系统宣称的硬件平台无关性。

3. 良好的用户界面

Linux 具有类似于 Windows 图形界面的 X-Windows 系统,用户可以使用鼠标方便灵活地进行操作。X-Windows 系统是源于 UNIX 系统的标准图形界面，最早由 MIT 开发，可以为用户提供一个具有多窗口管理功能的对象集成环境。经过多年的发展，基于 X-Windows 系统的 Linux 图形界面技术已经非常成熟，其用户友好性不逊于 Windows。

4. 广泛的协议支持

可以说，网络就是 Linux 的生命。Linux 在网络应用方面具备与生俱来的优势，其内核支持的主要协议包括：TCP/IP 通信协议，IPX/SPX 通信协议，Apple Talk 通信协议，包括 X.25 及 Frame-relay，ISDN 通信协议，PPP、SLIP 和 PLIP 等通信协议，ATM 通信协议。

5. 良好的安全性和稳定性

Linux 是多任务、多用户的操作系统，可以支持多个用户同时使用系统的处理器、内存、磁盘和外部设备等资源。Linux 的保护机制使每个用户、每个应用程序可以独立地工作。一个用户的某个任务崩溃了，其他用户的任务依然可以正常运行。为了给网络多用户环境中的用户提供必要的安全保障，Linux 采取了多种安全技术措施，包括对读、写进行权限控制，带保护的子系统，审计跟踪，核心授权等。Linux 内核具有极强的稳定性，除非硬件出问题，系统死机的概率很小，可以长年运行，因此 Linux 被广泛应用于网关和防火墙的建设。

1.2.2 Linux 版本发展

Linux 继承 UNIX 版本制定的规则，将版本分为内核版本和发行版本两类。内核版本是指 Linux 系统内核的版本号，而发行版本是指由不同的公司或组织将 Linux 内核与应用程序、文档组织在一起的一个发行套装。

1. Linux 内核版本

内核是系统的心脏，是运行程序和管理像磁盘、打印机等硬件设备的核心程序。Linux 内核的开发和规范一直由 Linus 领导下的开发小组控制着。开发小组每隔一段时间就会公布新的内核版本或修订版本。内核版本号通常为"主版本号.次版本号.修正号"，其中主版本号和次版本号表示有重要的功能变动，修正号则表示较小的变动。

2. Linux 发行版本

由于 Linux 的内核源代码和大量的 Linux 应用程序可以自由获得，很多公司或组织开发了属于自己的 Linux 发行版本。每个发行版本都有自己的特性，目前全球有超过 100 种以上的 Linux 发行版本，较知名的有 Red Hat、Slackware、Debain、Mandrake、SuSE、Xlinux、Turbo Linux、Blue Point、Red Flag 以及 Xteam 等。

1.2.3 Linux 文件系统的目录结构

与 Windows 下的文件组织结构不同，Linux 不使用磁盘分区符号来访问文件系统，而是将整个文件系统表示成树状的结构，Linux 系统每增加一个文件系统都会将其加入到这个树中。

操作系统文件结构的开始只有一个单独的顶级目录结构，称为根目录。所有一切都从"根"开始，用"/"代表，并且延伸到子目录。DOS/Windows 下文件系统按照磁盘分区的概念分类，目录都存于分区上；Linux则通过"挂接"的方式把所有分区都放置在"根"下各个目录里。

不同的Linux发行版本的目录结构和具体的实现功能存在一些细微的差别，但是主要的功能都是一致的，一些常用目录见表1.1。

表1.1　Linux文件系统目录

目录名称	说　明
/bin	Binary的缩写，该目录通常用来存放用户最常用的基本程序，如cp和mv等；也存放Shell，如bash和csh
/etc	该目录一般用来存放程序所需的整个文件系统的配置文件，包括密码、守护程序及X-Windows相关的配置
/dev	该目录用于存放各种外部设备的镜像文件，其中有一些内容是需要牢牢记住的。例如，第一个软盘驱动器的名字是fd0；第一个硬盘的名字是hda，硬盘中的第一个分区是hda1，第二个分区是hda2；第一个光盘驱动器的名字是hdc；此外，还用modem和其他外部设备的名字
/root	这是系统管理员（root）的主目录
/home	系统中所有用户的主目录都存放在/home中
/boot	该目录下面存放着和系统启动有关的各种文件，包括系统的引导程序和系统核心部分
/lost+found	该目录专门用来存放那些在系统非正常关机后重新启动系统时丢失或存放的文件
/mnt	文件系统挂载点（Mount），例如光盘的挂载点可以是/mnt/cdrom，软盘的挂载点可以是/mnt/floppy，Zip驱动器为/mnt/zip
/tmp	Temporary的缩写，用来存放临时文件的目录
/var	Variable的缩写，用来存放日志、邮件等经常变化的文件
/usr	该目录用来存放与系统用户直接相关的程序或文件
/proc	保存目前系统内核与程序执行的相关信息。例如/proc/interrupts文件保存了当前分配的中断请求端口号，/proc/cpuinfo保存了当前处理器信息
/sbin	System Binary的缩写，该目录通常存放系统启动时所需执行的系统程序

1.2.4　Linux基本命令

Linux命令是对Linux系统进行管理的命令。对于Linux系统来说，无论是中央处理器、内存、磁盘驱动器、键盘、鼠标，还是用户等都是文件，Linux系统管理的命令是它正常运行的核心，与之前的DOS命令类似。但和DOS命令不同的是，Linux的命令（也包括文件名等）对大小写是敏感的，也就是说，如果输入的命令大小写不正确，则系统是不会作出期望响应的。本小节主要简单介绍文件、目录、查找、目录和文件安全性、磁盘存储、进程、联机帮助等基本命令。

1. 文件、目录命令

1）cat命令

功能：显示或连接一般的文本文件，使用方法如方框内容。

语法：cat 文件名称。

```
cup~# cat file1.txt        #显示file1的内容
beijing
cup~# cat file2.txt        #显示file2的内容
changping
cup~#
cup~# cat file1.txt file2.txt    #顺序显示file1.txt  file2.txt 的内容
beijing
changping
```

    2）pwd 命令

        功能：显示当前工作目录。

        语法：pwd。

        描述：pwd 命令显示当前目录在文件系统层次中的位置。

```
cup~# pwd        #显示当前工作路径，现在是在根目录下的usr下的local目录
/usr/local
```

    3）cd 命令

        功能：切换目录。

        语法：cd 目录名称。

        描述：cd 这个命令是用来进出目录的，它的使用方法与在 DOS 下没什么两样，但和 DOS 不同的是 Linux 的目录对大小写是敏感的，如果大小写拼写有误，cd 命令操作是成功不了的。具体示例如下：

```
[root@localhost /]# pwd           #显示当前工作目录
/
[root@localhost /]# ls            #列出当前目录下文件
bin   dev   lib      media  net   root    src  tftpboot  var
boot  etc   lib64    misc   opt   sbin    srv  tmp       workframe
data  home  lost+found  mnt  proc  selinux sys  usr
[root@localhost /]# cd usr        #根目录下有usr子目录，cd usr命令进入该子目录
[root@localhost usr]# pwd         #显示当前工作路径，可以看到上一命令执行结果
/usr
[root@localhost usr]# ls          #显示当前目录下文件
bin etc games include java kerberos lib lib64 libexec local sbin share src tmp X11R6
[root@localhost usr]# cd local    #进入local子文件
[root@localhost local]# ls        #显示当前目录下文件
bin  etc  games  include  lib  lib64  libexec  sbin  share  src
[root@localhost local]# cd ..     #进入上一级目录
[root@localhost usr]# pwd         #显示当前工作目录
/usr
[root@localhost usr]# cd ..       #进入上一级目录
[root@localhost /]# pwd           #显示当前工作目录
/
[root@localhost /]# cd /usr/local #直接输入路径，进入指定目录
[root@localhost local]# pwd       #显示当前工作目录
/usr/local
[root@localhost local]# cd        #cd后面没有路径，直接进入登录用户主目录。root用户进入root主目录
[root@localhost ~]# pwd           #显示当前工作目录
/root
[root@localhost ~]#
```

    4）mkdir、rmdir 命令

        功能：创建目录和删除目录。

        语法：mkdir/rmdir   目录名称。

        描述：在 Linux 中用 mkdir 命令，后面输入要创建的目录名，即可在当前目录中建立一

个新目录，用 rmdir 并指定要删除的目录即可删除指定的目录。另外，在使用 rmdir 命令时，要确保该目录内已无任何文件存在，否则该命令不成功。具体示例如下：

```
cup~# ls                    #显示当前目录下的内容
a.txt   cdrom   file1.txt   home        lost+found  opt     sbin    sys     var
bin     dev     file2.txt   initrd.img  media       proc    selinux tmp     vmlinuz
boot    etc     file.txt    lib         mnt         root    srv     usr
cup~# mkdir work            #在当前目录下建立 work 子目录
cup~# ls                    #显示当前目录，可以看到上条命令的执行结果
a.txt   cdrom   file1.txt   home        lost+found  opt     sbin    sys     var
bin     dev     file2.txt   initrd.img  media       proc    selinux tmp     vmlinuz
boot    etc     file.txt    lib         mnt         root    srv     usr     work
cup~# mkdir work1           #在当前目录下建立 work1 子目录
cup~# rmdir work            #删除子目录 work
cup~# ls                    #上述命令先建立 work,work1 又删除 work，可以看到其结果
a.txt   cdrom   file1.txt   home        lost+found  opt     sbin    sys     var
bin     dev     file2.txt   initrd.img  media       proc    selinux tmp     vmlinuz
boot    etc     file.txt    lib         mnt         root    srv     usr     work1
```

5) more 命令

功能：显示文本，一次以一个 page 显示，可以前翻或后翻。

语法：more 文件名称。

描述：通常在看一篇很长的文件时都希望从头看到尾，在 Linux 中，more 命令可以以一个 page 为单位来浏览文件。当使用 more 命令时，可看到屏幕的左下方有一个 "--more--" 的信息，这时若按下回车键，则会显示下一行；若按下空格键，则会显示下一个 page。

```
cup~# more znew         #显示 znew 的内容，按页显示，空格下翻一页，按 b 上翻一页
#!/bin/bash

# Copyright (C) 1998, 2002, 2004, 2007 Free Software Foundation
# Copyright (C) 1993 Jean-loup Gailly

# This program is free software; you can redistribute it and/or modify
# it under the terms of the GNU General Public License as published by
# the Free Software Foundation; either version 2 of the License, or
# (at your option) any later version.

# This program is distributed in the hope that it will be useful,
# but WITHOUT ANY WARRANTY; without even the implied warranty of
# MERCHANTABILITY or FITNESS FOR A PARTICULAR PURPOSE.  See the
# GNU General Public License for more details.
```

6) less 命令

功能：与 more 命令相似，一次以一个 page 显示，可以前翻、后翻。

语法：less 文件名称。

描述：若按下空格键，则会显示下一个 page；按下回车键，则按行往下翻；按下字母 b 键往上翻一页。

```
#!/bin/bash

# Copyright (C) 1998, 2002, 2004, 2007 Free Software Foundation
# Copyright (C) 1993 Jean-loup Gailly
```

```
# This program is free software; you can redistribute it and/or modify
# it under the terms of the GNU General Public License as published by
# the Free Software Foundation; either version 2 of the License, or
# (at your option) any later version.

# This program is distributed in the hope that it will be useful,
# but WITHOUT ANY WARRANTY; without even the implied warranty of
# MERCHANTABILITY or FITNESS FOR A PARTICULAR PURPOSE.  See the
# GNU General Public License for more details.

# You should have received a copy of the GNU General Public License along
# with this program; if not, write to the Free Software Foundation, Inc.,
# 51 Franklin Street, Fifth Floor, Boston, MA 02110-1301 USA.

PATH="${GZIP_BINDIR-'/bin'}:$PATH"; export PATH

version="znew (gzip) 1.3.12
Copyright (C) 2007 Free Software Foundation, Inc.
:
```

7) ls 命令

功能：查看目录及文件名。

语法：ls [可选参数]。

描述：ls 命令用来浏览文件与目录，这个动作相当于 DOS 中的 dir 命令。

ls 命令最常用的参数有三个：-a、-L 和 -F。

ls - a：Linux 系统上的文件以 . 开头的文件被系统视为隐藏文件，仅用 ls 命令是看不到的；而用 ls - a，除了显示一般文件名外，连隐藏文件也会显示出来。

ls - l（这个参数是字母 L 的小写不是数字 1）：这个命令可以使用长格式显示文件内容。如果需要察看更详细的文件资料，就要用到 ls - l 这个指令。

ls - F：在列出的文件（目录）名称后加一个符号，例如可执行文件加 "＊"，目录则加 "/"。

```
cup~# ls
a.txt    cdrom    file1.txt    home         lost+found    opt    sbin       sys       var
bin      dev      file2.txt    initrd.img   media                proc   selinux    tmp       vmlinuz
boot     etc      file.txt     lib          mnt                  root   srv        usr
cup~# ls -a           #列出包括隐藏文件在内的所有文件
.        boot     file1.txt    initrd.img   mnt           sbin       tmp
..       cdrom    file2.txt    lib          opt           selinux    usr
a.txt    dev      file.txt     lost+found   proc          srv        var
bin      etc      home         media        root          sys        vmlinuz
cup~# ls -l                 #以详细资料的方式列出文件
总用量 112
-rw-r--r--   1 root root        6 2012-06-22 18:08 a.txt
drwxr-xr-x   2 root root     4096 2012-06-16 07:24 bin
drwxr-xr-x   3 root root     4096 2012-06-16 07:33 boot
drwxr-xr-x   2 root root     4096 2012-05-29 23:28 cdrom
drwxr-xr-x  19 root root     3780 2012-07-01 08:27 dev
drwxr-xr-x 130 root root    12288 2012-07-01 08:28 etc
-rw-r--r--   1 root root       10 2012-06-22 18:11 file1.txt
-rw-r--r--   1 root root       10 2012-06-22 18:12 file2.txt
-rw-r--r--   1 root root       41 2012-07-01 08:14 file.txt
drwxr-xr-x   3 root root     4096 2012-05-29 23:31 home
```

以 ls -l 方式，第一列说明文件或目录的权限，其中 r 是读权限，w 是写权限，x 是执行权限。

```
cup~# ls -F                        #列出文件，并在其后附加其类型，比如目录后加/
a.txt    dev/         file.txt      lost+found/   proc/    srv/    var/
bin/     etc/         home/         media/        root/    sys/    vmlinuz@
boot/    file1.txt    initrd.img@   mnt/          sbin/    tmp/
cdrom/   file2.txt    lib/          opt/          selinux/ usr/
```

8) cp 命令

功能：拷贝文件或目录。

语法：cp 源文件或目录，目标文件或目录。

cp 这个命令相当于 DOS 下面的 copy 命令。参数 r 是指连同源文件中的子目录一同拷贝。具体示例如下：

```
cup~# ls
a.txt    cdrom    file1.txt    home         lost+found    opt     sbin      sys      var
bin      dev      file2.txt    initrd.img   media         proc    selinux   tmp      vmlinuz
boot     etc      file.txt     lib          mnt           root    srv       usr      work1
cup~#
cup~# cp initrd.img new.img     #复制 initrd.img 将其保存为 new.img
cup~# ls                        #显示，可以看到新出现的 new.img 文件
a.txt    dev          file.txt      lost+found    opt     selinux   usr
bin      etc          home          media         proc    srv       var
boot     file1.txt    initrd.img    mnt           root    sys       vmlinuz
cdrom    file2.txt    lib           new.img       sbin    tmp       work1
cup~#
cup~# cp new.img work1/xinxin.img   #将 new.img 文件复制到 work1 中并命名为 xinxin.img
cup~# cd work1                      #进入 work1 子目录
cup~# ls                            #显示，可以看到 work1 下有 xinxin.img 文件
xinxin.img
```

9) rm 命令

功能：删除文件或目录。

语法：rm 文件或目录。

描述：只要是文件，不管是否隐藏，或是文件使用权限设置成只读，rm 皆可删除。在此要注意的是已删除的文件是无法恢复的，所以在使用 rm 命令时要特别小心。

rm 命令常用的参数有三个：-i，-r，-f。

如要删除一个名字为 test 的一个文件，输入如下命令：rm -i test，系统会询问是否删除 test 文件，输入"y/n"确认是否要删除 test 文件。

rm -r 目录名：这个操作可以连同这个目录下面的子目录都删除，功能比上面讲到的 rmdir 更强大，不仅可能删除指定的目录，而且可以删除该目录下所有文件和子目录。

rm -f 文件名这个操作可以不经确认强制删除文件。

```
cup~# ls
a.txt    cdrom    file1.txt    home         lost+found    new.img    root      srv      usr      work1
bin      dev      file2.txt    initrd.img   media         opt        sbin      sys      var
boot     etc      file.txt     lib          mnt           proc       selinux   tmp      vmlinuz
cup~#
cup~# rm -i new.img     #删除当前目录下的 new.img 文件，系统会提示确认，输入 y 回车
rm: 是否删除普通文件 "new.img"? y
cup~#
cup~# ls                #用 ls 显示，发现当前目录下已经没有 new.img 文件
```

```
a.txt   cdrom   file1.txt   home        lost+found   opt    sbin      sys   var
bin     dev     file2.txt   initrd.img  media        proc   selinux   tmp   vmlinuz
boot    etc     file.txt    lib         mnt          root   srv       usr   work1
cup~#
cup~# rm -r work1          #删除work1子目录
cup~# ls                   #用ls显示，可以看到当前目录下不存在work1
a.txt   cdrom   file1.txt   home        lost+found   opt    sbin      sys   var
bin     dev     file2.txt   initrd.img  media        proc   selinux   tmp   vmlinuz
boot    etc     file.txt    lib         mnt          root   srv       usr
```

```
cup~# pwd       #显示当前目录
/
cup~# ls /temp    #列出子目录temp下的文件
file1
cup~# cd temp;rm file1     #先执行cd temp进入temp子目录，然后执行rm file1，删除file1
cup~# pwd       #显示当前目录
/temp
cup~# ls        #列出当前目录下的文件
```

10）mv 命令

功能：文件或目录的更名或搬移。

语法：mv 源文件或目录，目标文件或目录。

描述：做文件或者目录更名的操作或是移动，其实更名与移动的操作原理是一样的，差别只是路径的不同。mv命令通常被用来移动文件或目录。

```
cup~# ls
a.txt   cdrom   file1.txt   home        lost+found   opt    sbin      sys   var
bin     dev     file2.txt   initrd.img  media        proc   selinux   tmp   vmlinuz
boot    etc     file.txt    lib         mnt          root   srv       usr
cup~#
cup~# mv initrd.img usr/new.img    #将当前目录下的initrd.img移动到usr子目录下，并将其命
名为new.img
cup~#
cup~# ls                           #ls 显示，发现当前目录下已经没有initrd.img
a.txt   cdrom   file1.txt   home        media        proc   selinux   tmp   vmlinuz
bin     dev     file2.txt   lib         mnt          root   srv       usr
boot    etc     file.txt    lost+found  opt          sbin   sys       var
cup~#
cup~# cd usr                       #进入usr子目录
cup~# ls                           #可以看到usr目录下有new.img 文件
bin  games  include  lib  local  new.img  sbin  share  src  text.txt
```

11）touch 命令

功能：用来更新文件或目录的时间，文件不存在时则创建该文件。

语法：touch 文件名。

2. 查找命令

1）find 命令

功能：搜寻文件与目录。

语法：find 目录名 选项。

常用选项有：

- name filename 按名字查找。

user username 查找属主为 username 的文件。

- atime n 查找 n 天以前被访问过的文件。

- mtime n 查找 n 天以前被修改过的文件。

- cmin n 查找 n 分钟以前被修改过的文件。
- exec cmd {} 对查找出来的文件执行 cmd 命令，{} 表示找到的文件，命令要以"\\"结束。

```
cup~# find /bin -name znew      #在 / bin目录下找寻名为znew的文件
/bin/znew
cup~# find / -name ps* -print   #从 / 根目录开始搜寻所有以ps 开头的文件，然后print
```

2）grep 命令

功能：在文件中查找字符串。

语法：grep 字符串　文件名。

grep 命令还可以用于查找用正则表达式所定义的目标。正则表达式包括字母和数字以及那些对 grep 有特殊含义的字符。例如："^"指示一行的开头，"$"指示一行的结束，"."代表任意单一字符，"*"表示匹配零个或多个 * 之前的字符。

```
cup~# grep ei file.txt
beijing
cup~#
cup~# grep ei file.txt      #在file.txt中找寻ei字符串
beijing
cup~# grep "chang" file.txt  #在file.txt 中找寻chang字符串
changping
cup~#
cup~# grep '^b' file.txt    #查找文件 file.txt中所有以b开头的行
beijing
```

```
cup~# grep 'g $'  file.list    #查找文件file.list中所有以 g结尾的行
changping
```

3. 目录和文件安全性

Linux 系统中每一个文件或目录都明确地定义其拥有者（owner）、组（group）以及它的使用权限等。用户可用下面的命令规定自己主目录下的文件权限，以保护自己的数据和信息，防止他人非法使用。

1）chown 命令

功能：改变文件拥有者。

语法：chown 用户账号　文件或目录名称。

描述：如果（假设当前账号是 xLinux1）有一个名为 file.list 的文件，其拥有权要给予另一位账号为 xLinux2 的同事，则可用 chown 命令来完成此功能。当改变完文件拥有者之后，该文件虽然在 xLinuxl 的 home 目录下，但该用户已无任何修改或删除这个文件的权限了。

chown 命令用于更改某个文件或目录的属主和属组，这个命令很常用。例如，root 用户把自己的一个文件拷贝给用户 oracle，为了让用户 oracle 能够存取这个文件，root 用户应该把这个文件的属主设为 oracle，否则用户 oracle 无法存取这个文件。

```
root@zhangyi-Aspire-5742G:/# ls -l file.list       #显示file.list文件的属性
-rw-r--r-- 1 root root 41 2012-07-01 08:14 file.list
root@zhangyi-Aspire-5742G:/# chown xLinux2 file.list #将file.list文件的拥有者改为xLiunx2
root@zhangyi-Aspire-5742G:/# ls -l file.list       #显示file.list属性,拥有者已改变
-rw-r--r-- 1 xLinux2 root 41 2012-07-01 08:14 file.list
```

2) chgrp 命令

功能：改变文件的所属组。

语法：chgrp 组名称 文件或目录名称。

描述：该命令和 chown 用法一样，其功能是把文件或目录所属组改成另一个组。

3) chmod 命令

功能：修改文件的权限。

语法：chmod 权限参数 文件或目录名称。

```
cup~# chmod 700 file1        #指定用户本人对file1的权限是可读、可写、可执行
cup~# ls -l file1            #显示file1状态
-rwx------ 1 root root 10 2012-06-22 18:11 file1
cup~# chmod 600 file1        #指定用户本人对file1的权限是可读，可写
cup~# ls -l file1            #显示file1状态
-rw------- 1 root root 10 2012-06-22 18:11 file1
cup~# chmod 777 file1        #指定所有用户对file1的权限是可读，可写，可执行
cup~# ls -l file1            #显示file1状态
-rwxrwxrwx 1 root root 10 2012-06-22 18:11 file1
```

4. 磁盘存储命令

硬盘空间是一个有限的资源，用户用下面的命令可以随时了解当前硬盘空间的使用情况。

1) df 命令

功能：显示磁盘的使用。

语法：df [可选参数]。

```
cup~# df           #显示目前磁盘空间的剩余情况
文件系统           1K-块        已用        可用    已用%  挂载点
/dev/sda6         28837092    3453516    23918736   13%   /
none               1882176        300     1881876    1%   /dev
none               1887796        200     1887596    1%   /dev/shm
none               1887796        100     1887696    1%   /var/run
none               1887796          0     1887796    0%   /var/lock
/dev/sdb1          3770564     713080     3057484   19%   /media/KINGSTON
/dev/sda5         58885156   24708280    34176876   42%   /media/3C3AB7243AB6DA5A
```

2) du 命令

功能：显示目录的磁盘占用情况。

语法：du [可选参数]。

```
cup~# pwd          #显示当前目录
/bin
cup~# du           #按块显示一个目录及其所有子目录
6656
```

5. 进程命令

1) ps 命令

功能：查询正在执行的进程。

语法：ps [可选参数]。

描述：ps 命令提供 Linux 系统中正在发生的事情的一个快照，能显示正在执行进程的进程号、发出该命令的终端、所使用的 CPU 时间以及正在执行的命令。

ps 命令是最基本同时也是非常强大的进程查看命令。使用该命令可以查看有哪些进程正在运行以及运行的状态，进程是否结束，进程有没有僵死，哪些进程占用了过多的资源等。

```
cup~# ps      #显示当前用户的执行进程
 PID TTY          TIME CMD
 2035 pts/0    00:00:00 su
 2043 pts/0    00:00:00 bash
 2665 pts/0    00:00:00 ps
cup~#
cup~# ps -f   #全格式显示当前用户的执行进程
UID        PID  PPID  C STIME TTY          TIME CMD
root      2035  2013  0 08:29 pts/0    00:00:00 su root
root      2043  2035  0 08:29 pts/0    00:00:00 bash
root      2666  2043  0 09:40 pts/0    00:00:00 ps -f
cup~#
cup~# ps -l   #长格式显示当前用户的执行进程
F S   UID   PID  PPID  C PRI  NI ADDR SZ WCHAN  TTY          TIME CMD
4 S     0  2035  2013  0  80   0 - 1700 wait    pts/0    00:00:00 su
0 S     0  2043  2035  0  80   0 - 1738 wait    pts/0    00:00:00 bash
4 R     0  2667  2043  0  80   0 - 1495 -       pts/0    00:00:00 ps
cup~#
cup~# ps -e   #显示所有进程
 PID TTY          TIME CMD
   1 ?        00:00:00 init
   2 ?        00:00:00 kthreadd
   3 ?        00:00:00 ksoftirqd/0
   4 ?        00:00:00 migration/0
   5 ?        00:00:00 watchdog/0
```

2) kill 命令

功能：终止正在执行的进程。

语法：kill 进程号。

```
cup~# ps       #显示当前用户活动进程
 PID TTY          TIME CMD
 2080 pts/0    00:00:00 su
 2090 pts/0    00:00:00 bash
 2360 pts/0    00:00:00 ps
cup~# kill -9 2090        #无条件删除进程号为2090的进程
```

6. 联机帮助命令

man 命令：系统上几乎每条命令都有相关的 man（manual）page。在有问题或困难时，可以立刻找到这个文件。例如，如果使用 ls 命令时遇到困难，可以输入：man ls。

由于 man page 是用 less 程序来看的，所以在 man page 里可以使用 less 的所有选项。在 less 中比较重要的键有：q 退出；Enter 一行行地下翻；Space 一页页地下翻；b 往上翻一页；/字符串 按下回车键，向下搜索字符串，并定位到下一个匹配的文本；n 查找下一个匹配的文本；N 查找上一个匹配的文本。

1.3 Linux 环境下的编程

Linux 系统管理常常用到 Shell 编程，实现用户与系统之间的交互。C 语言作为 Linux 系统下的主流编程语言，有着不可或缺的重要地位。对于 C 语言，以及进行编译、调试与生成的常用工具，如 gcc 编译器、gdb 调试工具和 makefile 也应该有一定的了解和掌握。

1.3.1 Shell 编程

1. Shell 编程概述

Shell 是一种具备特殊功能的程序，它是介于使用者与 UNIX/Linux 操作系统之核心程序（kernel）之间的一个接口。为了对用户屏蔽内核的复杂性，也为了保护内核以免用户误操作造成损害，在内核的周围建了一个外壳（Shell）。用户成功地登录系统后，通过 Shell 与操作系统进行交互，直至用户退出系统。系统上的所有用户都有一个默认的 Shell。每个用户的默认 Shell 在系统的/etc/passwd 文件里被指定。

1) Shell 的特点

（1）把已有命令进行适当组合，构成新的命令，而组合方式很简单。

（2）可以进行交互式处理，用户和 UNIX 系统之间通过 Shell 进行交互式会话，实现通信。

（3）灵活地利用位置参数传递参数值。

（4）结构化的程序模块提供了顺序流程控制、条件控制、循环控制等。

（5）提供通配符、输入/输出重定向、管道线等机制，方便了模式匹配、I/O 处理和数据传输。

（6）便于用户开发新的命令，利用 Shell 过程可把用户编写的可执行程序与 Linux 命令结合在一起，当做新的命令使用。

（7）提供后台处理方式，不用打断前台工作。

2) Shell 版本

目前 Shell 的版本有很多种，如 Bourne Shell、C Shell、Bash Shell、ksh Shell、tcsh Shell 等，它们各有其特点，本节主要以 Bash Shell 为例介绍 Shell 的相关内容。

2. Shell 的基本功能

1) 命令补齐功能

命令补齐功能是 Bash 可以自动补齐没有输入完整的命令。当用户可能不能拼写整个命令时，只需要输入开头的几个字符，然后按"Tab"键，如果前面几个字符输入没有错误，系统会自动补齐整个命令。

2) 命令通配符

通配符，就是指可以在命令中用一个字符来代替一系列字符或字符串。Bash 中有三种通配符，分别为"?"、"[…]"和"*"。

（1）"*"：匹配任何字符和字符串，包括空字符串。

（2）"?"：匹配任意一个字符。例如,? abc，可以匹配任何以 abc 结束，以任意字符开头的四个字符的字符串。

（3）[...]：匹配括号里列出的任何单字符。如 abc [def]，可以匹配以 abc 开头，以 def 中任意一个字符结尾的字符串。

3) 命令的历史记录

在终端中，如果需要再次使用已经输入过的命令，按向上方向键可以依次显示以前的命令。在很多版本里，默认的命令记忆功能可以达到 1000 个。

history 命令可以显示出命令的记录列表，命令的用法如下：

```
history [n]
```

参数 n 是一个可选的整数。没有参数时，会列出以前执行过的所有命令；有参数 n 时，会列出最后执行的 n 个命令。

4) 命令的别名

命令别名指的是自定义一个命令代替其他命令，可以作为其他命令的缩写，用来减少键盘输入，别名的定义 alias 命令如下：

```
#alias
alias ll='ls -l'
alias mv='mv -i'
alias rm='rm -l'
```

如果想要取消命令，可以使用 unalias 命令。unalias 后面接要取消的命令名字。

3. Shell 程序的基本结构

Shell 程序就是指一系列的 Linux 命令或程序写在一个文件中，Shell 依次执行这些命令或程序。

(1) 打开终端，在终端中输入 gedit 命令，按 "Enter" 键进入文本编辑模式。

(2) 在文本编辑模式中输入下面的文本：

```
#!/bin/bash
#hello                          #注意：#后面的内容是Shell程序的注释
echo 'hello Linux'
Echo 'this is a Shell file.'
```

通常把 # 放在第一列。在作出这样一个笼统的陈述之后，请注意第一行 #！/bin/bash，它是一种特殊形式的注释，"#!" 字符告诉系统同一行上紧跟在它后面的那个参数是用来执行本文件的 Shell 程序。在这个例子中，/bin/bash 是默认的 Shell 程序。

(3) 保存文件到用户主目录下，文件名为 hello.sh。

(4) 增加文本文件的可执行权限。

```
#chmod +x hello.sh
```

(5) 输入下面的命令运行这个 Shell 程序：

```
#./hello.sh
```

(6) Shell 程序的运行结果如下：

```
hello Linux
this is a Shell file.
```

4. Shell 变量

Shell 程序中需要变量来存储程序的数据。Shell 中的变量可分为局部变量、环境变量以及位置变量三种。Shell 语言是解释型语言，不需要像 C 或 Java 语言一样编程时需要事先声明变量，对一个变量进行赋值时，就定义了变量。

1) 局部变量

局部变量指的是只在当前的进程和程序中有效的变量。Shell 程序的变量是无数据类型的，可以使用同一个变量存放不同类型。用户定义的变量：变量名=字符串，变量名是以字母或下划线打头的字母、数字和下划线符号的序列，注意"="两边不能有空格。使用变量方法：$变量名，或${变量名}。具体示例如下：

```
#!/bin/bash
#variable test
a=123
b=1.23
c=xyz
d=efgh xyz
e='efgh xyz'
echo $a
echo $b
echo $c
echo $d
echo $e
```

输出结果为：

```
# ./test.sh                                    #$d赋值出错
./test.sh: line 6: xyz: command not found
123                                            #$a是一个整数赋值
1.23                                           #$b是一个小数赋值
xyz                                            #$c是一个字符串赋值
                                               #$d赋值时出现空格，赋值出现错误
efgh xyz                                       #$e用引号将一个含空格的字符串引起来在赋值
```

2) 环境变量

环境变量是指在一个用户的所有进程中都可以访问的变量。系统中常常使用环境变量来存储常用的信息。常用的环境变量见表1.2。

表1.2　Linux系统下的环境变量

环境变量名称	说　　明
$HOME	当前用户的家目录
$PATH	以冒号分隔用来搜索命令的目录列表
$PS1	命令提示符，通常是$字符，但在Bash中可以使用一些更复杂的值。例如，字符串［\u@\h\W］$就是一个流行的默认值，它给出用户名、机器名和当前目录名，当然也包括一个$提示符
$PS2	二级提示符，用来提示后续的输入，通常是＞字符
$IFS	输入域分隔符。当Shell读取输入时，它给出用来分隔单词的一组字符，它们通常是空格、制表符和换行符
$#	传递给脚本的参数个数
$$	Shell脚本的进程号，脚本程序通常会用它来生成一个唯一的临时文件，如/tmp/tmpfile_$$

用export和env命令可以查看系统的环境变量列表。

3) 位置变量

位置变量指的是Shell程序在启动时命令行传入的参数。程序中可以用变量的形式来调用这些参数。这些参数被存放到1～9共9个变量名中，被形象地称为位置变量：$0，$1，$2，…，$9，其中，$0针对命令名或shell脚本名，具体见表1.3。

· 19 ·

表 1.3 Shell 编程的位置变量

参数变量名称	说　明
$0, $1, $2, …, $9	脚本程序的参数
$*	在一个变量中列出所有的参数，各个参数之间用环境变量 IFS 中的第一个字符分隔开。如果 IFS 被修改了，那么$*将命令行分割为参数的方式将随之改变
$@	它是$**的一种精巧的变体，它不使用 IFS 环境变量，所以即使 IFS 为空，参数也不会挤在一起

例如，下面的 Shell 程序：

```
#!/bin/bash
#test
echo $0
echo $1
echo $2
echo $3
echo $4
echo $5
```

输入命令 ./test.sh Beijing is a beautiful city，输出结果如下：

```
#./test.sh Beijing is a beautiful city    #输入的命令
./test.sh                                 #$0
Beijing                                   #$1
is                                        #$2
a                                         #$3
beautiful                                 #$4
city                                      #$5
```

5. Shell 算术运算符

Shell 中的运算符可以实现变量的赋值、算术运算、测试、比较等功能，运算符是构成表达式的基础。算术运算符指的是可以在程序中实现加、减、乘、除等数学运算的运算符，具体见表 1.4。

表 1.4 Shell 算术运算符

符　号	说　明
+	对两个变量做加法
－	对两个变量做减法
*	对两个变量做乘法
/	对两个变量做除法
%	取模运算，第一个变量除以第二个变量求余数

在使用这些运算符时，需要注意到运算顺序的问题。例如，输入命令"echo1＋2"，输出结果是1＋2，并没有输出 3。

Shell 中有 3 种方法可以更改运算顺序：

（1）用 expr 改变运算顺序。可以以 echo `expr1＋2`来输出 1＋2 的结果，用 expr 表示后面的表达式为一个数学运算。需要注意的是，并不是一个单引号，而是"Tab"键上面的那个符号。

（2）用 let 指示数学运算。可以先将运算的结果赋值给变量 b，运算命令是 b＝let1＋2。然后用 echo $b 来输出 b 的值；如果没有 let，则会输出 1＋2。

（3）用$［］表示数学运算。将一个数学运算写到 MYM［］符号的中括号中，中括号中的内容将先进行数学运算。例如，命令 echo MYM［1+2］，将输出结果 3。

注意：使用乘号时，必须用反斜线屏蔽其特定含义，因为 Shell 可能会误解显示星号的意义。

6. Shell 的输入与输出

1) echo 命令

使用 echo 命令可以显示文本行或变量，或者把字符串输入到文件。它的一般形式为：echo string。

echo 命令有很多功能，其中最常用的是下面几个："\c" 不换行，"\t" 跳格，"\n" 换行。

注意：必须使用 -e 选项才能使转义字符生效，否则输出的结果中会直接输出字符，具体示例如下：

```
#!/bin/bash
#echo test
echo -e "hello,linux!\n"
echo -e "hello,\nlinux!\n"
echo -e "hello,\t\tlinux!\c"
```

输出的结果为：

```
[root@localhost]# ./test.sh
hello,linux!

hello,
linux!

hello,      linux![root@localhost]#
```

2) read 命令

可以使用 read 语句从键盘或文件的某一行文本中读入信息，并将其赋给一个变量。如果只指定了一个变量，那么 read 将会把所有的输入赋给该变量，直至遇到第一个文件结束符或回车。

它的一般形式为：read varible1 varible2...

在下面的例子中只指定了一个变量，它将被赋予直至回车之前的所有内容：

```
# read name
John
# echo $name
John
```

在下面的例子中给出了两个变量，它们分别被赋予名字和姓氏。Shell 将用空格作为变量之间的分隔符：

```
# read name surname
John Doe
# echo $name $surname
John Doe
```

如果输入文本域过长，Shell 将所有的超长部分赋予最后一个变量。下面的例子中，假定要读取变量名字和姓，但这次输入三个名字，结果如下：

```
# read name surname
John Lemon Doe
# echo $name
John
# echo $surname
Lemon Doe
```

3) 管道

可以通过管道把一个命令的输出传递给另一个命令作为输入。管道用竖杠|表示。它的一般形式为：命令1|命令2，其中|是管道符号。

在下面的例子中，在当前目录中执行文件列表操作，如果没有管道的话，所有文件就会显示出来。当 Shell 看到管道符号以后，就会把所有列出的文件交给管道右边的命令，因此管道的含义正如它的名字所暗示的那样：把信息从一端传送到另外一端。

举一个简单的例子，可以使用 sort 命令对 ps 命令的输出进行排序。如果不使用管道，就必须分几个步骤来完成这个任务，如下所示：

```
# ps>psout.txt
#sort psout.txt>pssort.txt
```

一个更精巧的解决方案是用管道来连接进程，如下所示：

```
# ps|sort>pssort.txt
```

与使用一系列单独的命令并且每个命令都带有自己的临时文件相比，这是一个更精巧的解决方案。但这里有一点需要引起注意：如果有一系列的命令需要执行，相应的输出文件是在这一组命令被创建的同时立刻被创建或写入的，所以绝不要在命令流中重复使用相同的文件名。如果尝试执行如下命令：

```
# cat mydata.txt|sort|uniq>mydata.txt
```

最终将得到一个空文件，因为在读取文件 mydata.txt 之前就已经覆盖了这个文件的内容。

4) 标准输入、输出和错误

在 Shell 中执行命令时，每个进程都和三个打开的文件相联系，并使用文件描述符来引用这些文件。由于文件描述符不容易记忆，Shell 同时也给出了相应的文件名。

表 1.5 给出了这些文件描述符及它们通常所对应的文件名。

表 1.5 文件描述符

文　　件	文件描述符
输入文件——标准输入	0
输出文件——标准输出	1
错误输出文件——标准错误	2

系统中实际上有12个文件描述符，但是正如在表1.5中所看到的，0、1、2是标准输入、输出和错误。可以任意使用文件描述符3～9。

5) 文件重定向

在执行命令时，可以指定命令的标准输入、输出和错误，要实现这一点就需要使用文件重定向。表1.6列出了最常用的重定向组合，并给出了相应的文件描述符。

表 1.6 文件重定向组合

命 令	说 明
command > filename	标准输出重定向到一个新文件中
command >> filename	标准输出重定向到一个文件中（追加）
command 1 > fielname	标准输出重定向到一个文件中
command > filename 2>&1	标准输出和标准错误一起重定向到一个文件中
command 2 > filename	标准错误重定向到一个文件中
command 2 >> filename	标准输出重定向到一个文件中（追加）
command >> filename 2>&1	标准输出和标准错误一起重定向到一个文件中（追加）
command < filename >filename2	command 命令以 filename 文件作为标准输入，以 filename2 文件作为标准输出
command < filename	command 命令以 filename 文件作为标准输入
command << delimiter	从标准输入中读入，直至遇到 delimiter 分界符
command <&m	文件描述符 m 作为标准输入
command >&m	标准输出重定向到文件描述符 m 中
command <&—	关闭标准输入

7. 引号的使用方法

1）双引号

使用双引号可引用除字符$、引号、双引号、反斜线、反引号之外的任意字符或字符串。这些特殊字符分别为美元符号，反引号和反斜线，对 Shell 来说，它们有特殊意义。如果使用双引号将字符串赋给变量并反馈它，实际上与直接反馈变量并无差别。注意：当使用字符时，应总是使用双引号，Shell 会忽略空格，无论它是单个字符串或是多个单词。

2）单引号

单引号与双引号类似，不同的是 Shell 会忽略任何引用值。换句话说，如果屏蔽了其特殊含义，会将引号里的所有字符，包括引号都作为一个字符串。

3）反引号

反引号用于设置系统命令的输出到变量。Shell 将反引号中的内容作为一个系统命令，并执行其内容。使用这种方法可以替换输出为一个变量。反引号可以与引号结合使用，具体示例如下：

```
# echo `date`
Mon Jun 15 23:10:30 PDT 2012
```

4）反斜线

如果下一个字符有特殊含义，反斜线防止 Shell 误解其含义，即屏蔽其特殊含义。下述字符包含有特殊意义：&、*、+、^、$、`、"、|、?，具体示例如下：

```
# echo $$
4902
# echo \$$
$$
```

在终端输入 echo $$，会显示当前的进程 ID，如果输入 echo \$$，则屏蔽此意，只输出$$。

8. 测试语句

写脚本时，有时要判断字符串是否相等，可能还要检查文件状态或是数字测试，基于这些测试才能做进一步动作。Test命令用于测试字符串、文件状态和数字。

1) 文件状态测试

文件状态测试指的是对文件的权限、有无、属性、类型等内容进行测试。与其他语言不同的是，test命令的测试结果是，返回0时表示测试成功，返回1时表示测试失败。

- d：测试文件是否是目录；
- f：测试文件是否是正规文件；
- L：符号连接；
- r：测试文件是否可读；
- s：测试文件长度，文件长度大于0、非空；
- w：测试文件是否可写；
- u：文件有suid位设置；
- x：测试文件是否可执行。

例如，测试/home是否为一个目录如下：

```
# test -d /home
# echo $?
0
```

命令echo $查看测试结构，为0，说明/home是一个目录。

2) 逻辑测试

逻辑测试指的是将多个条件进行逻辑运算，常用做循环语句或判断语句的条件。Shell程序中有3种逻辑测试：

(1) -a 逻辑与，操作符两边均为真，结果为真，否则为假。
(2) -o 逻辑或，操作符两边一边为真，结果为真，否则为假。
(3) ! 逻辑否，条件为假，结果为真。

下面比较两个文件：

```
-rwxr-xr-x 1 root  root       0 Jun 25 23:34 results.txt
-rw-r--r-- 1 root  root       0 Jun 25 23:34 scores.txt
```

下面的例子测试两个文件是否均可写。

```
# [ -w results.txt -a -w scores.txt ]
# echo $?
0
```

结果为真，说明两个文件均可写。

要测试其中一个是否可执行，使用逻辑或操作：

```
# [ -x results.txt -o -x scores.txt ]
# echo $?
0
```

结果是scores.txt不可执行，但results.txt可执行。

3) 字符串测试

字符串测试指的是比较两个字符串是否相等，或者判断一个字符串是否为空。这种判断常用来测试用户输入是否符合程序的要求。字符串测试有下面5种常用的方法：

(1) test 字符串。
(2) test 字符串比较符　字符串。
(3) test 字符串1 字符串比较符　字符串2。
(4) [字符串比较符　字符串]。
(5) [字符串1 字符串比较符　字符串2]。

字符串比较符有以下4种：

＝：两个字符串相等；

！＝：两个字符串不等；

-z：空串；

-n：非空串。

测试变量 tape 与 tape2 是否不相等如下：

```
#TAPE="/dev/rmt0"
#TAPE2="/dev/rmt1"
#[ "$TAPE" != "$TAPE2" ]
#echo $?
0
```

结果为真，说明它们不相等。

4）数值测试

数值测试指的是比较两个数值的大小或相等关系，相当于 C 语言中的比较运算符。Shell 程序中的数值测试有下面2种形式：

(1) test 第一个操作数　数值比较符　第二个操作数；
(2) [第一个操作数　数值比较符　第二个操作数]。

其中数值比较符包括以下6种。

-eq：数值相等；

-ne：数值不相等；

-gt：第一个数大于第二个数；

-lt：第一个数小于第二个数；

-le：第一个数小于等于第二个数；

-ge：第一个数大于等于第二个数；

下面的例子测试3和5是否相等：

```
#test 3 -eq 5
#echo $?
1
```

结果为假，说明3和5不相等。

再来测试10是否小于12：

```
#[ 10 -lt 12 ]
#echo $?
0
```

结果为真，说明10小于12。

9. 流程控制结构

流程控制指的是使用逻辑判断，针对判断的结果执行不同语句或不同的程序部分。

1) if 语句

if 语句测试条件，测试条件返回真 0 或假 1 后，可相应执行一系列语句。if 语句结构对错误检查非常有用，其格式为：

```
if      条件1
then    命令1
elif    条件2
then    命令2
else    命令3
fi
```

if 语句必须以单词 fi 终止。在 if 语句中漏写 fi 是最一般的错误。elif 和 else 为可选项，如果语句中没有否则部分，那么就不需要 elif 和 else 部分。if 语句可以有许多 elif 部分。最常用的 if 语句是 if then fi 结构。

下面的例子是从程序参数读取一个数字，然后判断这个数字是奇数（odd）还是偶数（even）：

```
#!/bin/bash
i=$[ $1 % 2 ]
if test $i -eq 0
   then echo even
else
   echo odd
fi
```

输入 1，结果为 odd。

```
#./test.sh 1
odd
```

if 语句嵌套的例子如下，scores.txt 文件的权限有读写，没有执行。

```
-rw-r--r-- 1 root  root       0 Jun 15 23:34 scores.txt
```

用下面程序判断待测试文件的权限：

```
#!/bin/bash
if test -z $1                              #测试是否输入了文件名
  then echo 'please input a file name'     #没有输出文件名则提示错误
else                                       #有文件名情况
  if test -w $1                            #测试文件是否可写
    then echo "writeable"
  else
    echo "unwriteable"
  fi
  if test -x $1                            #测试文件是否可以执行
    then echo "exeuteable"
  else
    echo "unexeuteable"
  fi
fi                                         #if语句结束
```

结果如下，说明这个文件可读可写，但不能执行。

```
#./test.sh scores.txt
writeable
unexeuteable
```

2) for 循环语句

for 循环一般格式为：
for 变量名 in 列表
do
命令 1
命令 2
…
done

当变量值在列表里，for 循环即执行一次所有命令，使用变量名访问列表中取值。命令可为任何有效的 Shell 命令和语句。变量名为任何单词。in 列表用法是可选的，如果不用它，for 循环使用命令行的位置参数。in 列表可以包含替换、字符串和文件名。

for 循环的简单例子如下：

```
#!/bin/bash
for loop in 1 2 3 4 5
do
  echo $loop
done
```

输出结果为：

```
# ./test.sh
1
2
3
4
5
```

下面的例子使用循环嵌套生成一个乘法口诀表：

```
#!/bin/bash
for i in 1 2 3 4 5 6 7 8 9              #变量i实现1到9循环
do
  for j in 1 2 3 4 5 6 7 8 9            #变量j实现1到9循环
    do
    if [ $j -le $i ]                    #比较i和j的大小关系
    then
      echo -e "$j\c"
      echo -e "*\c"
      echo -e "$i\c"
      echo -e "=\c"
      echo -e "$[ $i * $j ]\c"          #输出格式
    fi
  done
  echo ""                               #输出换行
done
```

在这个程序中，使用了 echo – e " \c" 这种方法实现每次输出不换行，在每次外层循环中用一个 echo " " 进行换行输出，结果如下：

```
1*1=1
1*2=2 2*2=4
1*3=3 2*3=6 3*3=9
1*4=4 2*4=8 3*4=12 4*4=16
1*5=5 2*5=10 3*5=15 4*5=20 5*5=25
1*6=6 2*6=12 3*6=18 4*6=24 5*6=30 6*6=36
1*7=7 2*7=14 3*7=21 4*7=28 5*7=35 6*7=42 7*7=49
1*8=8 2*8=16 3*8=24 4*8=32 5*8=40 6*8=48 7*8=56 8*8=64
1*9=9 2*9=18 3*9=27 4*9=36 5*9=45 6*9=54 7*9=63 8*9=72 9*9=81
```

3) until 语句

until 循环执行一系列命令直至条件为真时停止。until 循环与 while 循环在处理方式上刚好相反。一般 while 循环优于 until 循环，但在某些时候——也只是极少数情况下，until 循环更加有用。

until 循环格式为：

 until 条件

 命令 1

 …

 done

条件可为任意测试条件，测试发生在循环末尾，因此循环至少执行一次。

下面实例用 until 循环求出 1～100 之间所有整数的和：

```
#!/bin/bash
sum=0
i=1
until [ $i -gt 100 ]
do
  sum=$[ $sum + $i ]
  i=$[ $i + 1 ]
done
echo $sum
```

输出结果为 5050。

4) while 循环

while 循环用于不断执行一系列命令，也用于从输入文件中读取数据，其格式为：

 while 命令

 do

 命令 1

 命令 2

 …

 done

虽然通常只使用一个命令，但在 while 和 do 之间可以放几个命令。命令通常用作测试条件。

只有当命令的退出状态为 0 时，do 和 done 之间命令才被执行，如果退出状态不是 0，则循环终止。

命令执行完毕，控制返回循环顶部，从头开始直至测试条件为假。

下面例子是判断 COUNTER 的值，如果小于 5，就加 1 后输出：

```
#!/bin/bash
COUNTER=0
while [ $COUNTER -lt 5 ]
do
  COUNTER=`expr $COUNTER+1`
  echo $COUNTER
done
```

输出结果为：

```
#./test.sh
1
2
3
4
5
```

1.3.2 gcc 编译器

gcc 编译器已经发展到了 4.7.1 版本，不经意间，gcc 走过了 25 年。作为开源软件中不可或缺的编译器，对于 Linux 系统也有着举足轻重的位置。

Linux 系统下的 gcc (GNU C Compiler) 是 GNU 推出的功能强大、性能优越的多平台编译器，是 GNU 的代表作品之一。gcc 是可以在多种硬件平台上编译出可执行程序的超级编译器，其执行效率与一般的编译器相比平均效率要高 20%～30%。

经过多年的发展，gcc 已经不仅仅只支持 C 语言，还支持 C++、Fortran、Pascal、Objective-C、Java 以及 Ada 等多种语言。gcc（特别是其中的 C 语言编译器）也常被认为是跨平台编译器的事实标准。

1. gcc 编译过程

gcc 的编译流程分为四个步骤，分别为：预处理 (Pre-Processing)、编译 (Compiling)、汇编 (Assembling) 和链接 (Linking)。下面具体查看 gcc 是如何完成四个步骤的。

hello.c 源代码：

```
#include<stdio.h>
int main()
{
    printf("Hello World!\n");
    return 0;
}
```

1) 预处理阶段

在该阶段，编译器将上述代码中的 stdio.h 编译进来，并且用户可以使用 gcc 的选项 "-E" 进行查看，该选项的作用是让 gcc 在预处理结束后停止编译过程，具体如下：

```
gcc -E hello.c -o hello.i
```

选项 "-o" 是指目标文件，".i" 文件为已经过预处理的 C 原始程序。以下列出了 hello.i 文件的部分内容：

```
...
typedef int (*__gconv_trans_fct) (struct __gconv_step *,
    struct __gconv_step_data *, void *,
    __const unsigned char *,
    __const unsigned char **,
    __const unsigned char *, unsigned char **,
    size_t *);
...
```

2）编译阶段

在编译阶段中，gcc 首先要检查代码的规范性、是否有语法错误等，以确定代码实际要做的工作。在检查无误后，gcc 把代码翻译成汇编语言。用户可以使用"-S"选项来进行查看，该选项只进行编译而不进行汇编，生成汇编代码。汇编语言是非常有用的，它为不同高级语言不同编译器提供了通用的语言，如 C 编译器和 Fortran 编译器产生的输出文件用的都是一样的汇编语言。具体示例如下：

```
gcc –S hello.i –o hello.s
```

3）汇编阶段

汇编阶段是把编译阶段生成的".s"文件转成目标文件，读者在此使用选项"-c"就可看到汇编代码已转化为".o"的二进制目标代码，如下所示：

```
gcc –c hello.s –o hello.o
```

4）链接阶段

在成功编译之后，就进入了链接阶段。在这里涉及一个重要的概念：函数库。在这个源程序中并没有定义"printf"的函数实现，且在预编译中包含进的"stdio.h"中也只有该函数的声明，而没有定义函数的实现。那么，是在哪里实现"printf"函数的呢？最后的答案是：系统把这些函数实现都做到名为 libc.so.6 的库文件中去了，在没有特别指定时，gcc 会到系统默认的搜索路径"/usr/lib"下进行查找，也就是链接到 libc.so.6 库函数中去，这样就能实现函数"printf"，而这也就是链接的作用。

函数库一般分为静态库和动态库两种。静态库是指编译链接时，把库文件的代码全部加入到可执行文件中，因此生成的文件比较大，但在运行时也就不再需要库文件了，其后缀名一般为".a"。动态库与之相反，在编译链接时并没有把库文件的代码加入到可执行文件中，而是在程序执行时由运行时链接文件加载库，这样可以节省系统的开销。动态库一般后缀名为".so"，如前面所述的 libc.so.6 就是动态库。gcc 在编译时默认使用动态库。

完成了链接之后，gcc 就可以生成可执行文件，如下所示：

```
gcc hello.o –o hello
```

运行该可执行文件，出现正确的结果如下：

```
# ./hello
Hello World!
```

2. gcc 参数

如上面的例子所示，gcc 指令的一般格式为：gcc［选项］要编译的文件［选项］［目标文件］。

gcc 常用命令见表 1.7。

表 1.7　gcc 常用命令

选　项	说　明
-ansi	只支持 ANSI 标准的 C 语法。这一选项将禁止 GNU C 的某些特色，例如 asm 或 typeof 关键词
-c	只编译并生成目标文件，不进行链接
-DMACRO	以字符串"1"定义 MACRO 宏
-DMACRO=DEFN	以字符串"DEFN"定义 MACRO 宏
-E	只运行 C 预编译器
-g	生成调试信息。GNU 调试器可利用该信息
-IDIRECTORY	指定额外的头文件搜索路径 DIRECTORY
-LDIRECTORY	指定额外的函数库搜索路径 DIRECTORY
-lLIBRARY	链接时搜索指定的函数库 LIBRARY
-m…	针对 CPU 进行代码优化
-o FILE	生成指定文件名的输出文件，而不是默认的 a.out
-O0	不进行优化处理
-O 或-O1	优化生成代码
-O2	进一步优化
-O3	比 -O2 更进一步优化，包括 inline 函数
-hared	生成共享目标文件。通常用在建立共享库时
-static	禁止使用共享链接
-UMACRO	取消对 MACRO 宏的定义
-w	不生成任何警告信息
-Wall	生成所有警告信息

1.3.3　makefile 编程

在 Linux 系统中，makefile 就是定义规则的文件。可以使用 GUN make 这个 makefile 解释器来处理这个文件。GUN make 是一种自动生成和维护目标程序的工具，它是一个单独工作的程序，可以调用编译器、链接器和汇编器等，根据程序各个部分的修改情况重新编译并链接目标代码，以保证目标代码的最新组成。当在命令行输入 make 后，系统会自动检测系统文件和已经定义的规则，并决定采取合适的步骤，完成整个创建过程。

在介绍 makefile 之前，先来说明以下关于程序的编译和链接。一般来说，无论是 C 还是 C++，首先要把源文件编译成中间代码文件（在 Windows 下也就是 .obj 文件，UNIX 下是 .o 文件），即中间目标文件（Object File），这个动作称为编译（compile）。然后再把大量的中间目标文件合成执行文件，这个动作称为链接（link）。链接，主要是链接函数和全局变量，可以使用这些中间目标文件（.o 文件或是 .obj 文件）来链接应用程序。

1. makefile 文件简介

makefile 主要包含五部分：显式规则、隐式规则、变量定义、文件指示和注释。

（1）显式规则。显式规则说明了如何生成一个或多个的目标文件。这是由 makefile 的书写者明显指出要生成的文件、文件的依赖文件以及生成的命令。

（2）隐式规则。由于 make 有自动推导的功能，所以隐式规则可以简略地书写 makefile 文件，这是由 make 所支持的。

（3）变量定义。在 Makefile 中要定义一系列的变量，变量一般都是字符串，像 C 语言中的宏，当 Makefile 被执行时，其中的变量都会被扩展到相应的引用位置上。

（4）文件指示。其包括三个部分，一个是在一个 makefile 中引用另一个 makefile，就像 C 语言中的♯include 一样；另一个是指根据某些情况指定 makefile 中的有效部分，就像 C 语言中的预编译♯if 一样；还有就是定义一个多行的命令。

（5）注释。makefile 中只有行注释，和 UNIX 的 Shell 脚本一样，其注释是用"♯"字符，这个就像 C/C++中的"//"一样。如果要在的 Makefile 中使用"♯"字符，可以用反斜框进行转义，如："\ ♯"。

最后还值得一提的是，在 makefile 中的命令必须要以 Tab 键开始。

2. makefile 的文件名

默认情况下，make 命令会在当前目录下按顺序找寻文件名为"GNUmakefile"、"Makefile"、"makefile"的文件，找到后解释这些文件。在这三个文件名中，最好使用"makefile"这个文件名，不推荐使用"GNUmakefile"，这个文件是 GNU 的 make 识别的。注意：一些 make 只对全小写的"makefile"文件名敏感，但大多数的 make 都支持"makefile"和"Makefile"这两种默认文件名。当然，也可以使用别的文件名来书写 makefile 文件，比如："Make.Linux"，"Make.Solaris"，"Make.AIX"等。如果要指定特定的 makefile，可以使用 make 的"-f"和"-file"参数，如：make -f Make.Linux 或 make -file Make.AIX。

3. make 的工作方式

GNU 的 make 工作时的执行步骤如下：

（1）读入所有的 makefile 文件。
（2）读入被 include 包含的其他 makefile 文件。
（3）初始化文件中的变量。
（4）推导隐式规则，并分析所有规则。
（5）为所有的目标文件创建依赖关系链。
（6）根据依赖关系，决定哪些目标要重新生成。
（7）执行生成命令。

（1）～（5）步为第一个阶段，（6）、（7）两步为第二个阶段。在第一个阶段中，如果定义的变量被使用了，make 会在它使用的位置把它展开。但 make 并不会马上完全展开，make 使用的是拖延战术，如果变量出现在依赖关系的规则中，那么仅当这条依赖被决定要使用了，变量才会在其内部展开。

4. 书写规则

规则包含两个部分，一个是依赖关系，另一个是生成目标的方法。

在 makefile 文件中，规则的顺序是很重要的。因为 makefile 文件中只应该有一个最终目标，其他的目标都是被这个目标所连带出来的，所以一定要让 make 知道最终目标是什么。一般来说，定义在 makefile 文件中的目标可能会有很多，但是第一条规则中的目标将被确立为最终的目标。make 所完成的也就是这个目标。

5. 规则举例

规则举例如下：

```
foo.o : foo.c defs.h
        gcc -c -g foo.c
.PHONY: clean
clean:
        rm -f *.o
```

在这个例子中，foo.o 是目标，foo.c 和 defs.h 是目标所依赖的源文件，而只有一个命令"gcc-c-g foo.c"（以 Tab 键开头），clean 是伪目标。这个规则需要说明三点：

（1）文件的依赖关系。foo.o 依赖于 foo.c 和 defs.h 的文件，如果 foo.c 和 defs.h 的文件日期比 foo.o 文件日期新，或是 foo.o 不存在，那么依赖关系发生。

（2）生成（或更新）foo.o 文件，也就是那个 gcc 命令。

（3）伪目标并不是一个文件，而只是一个标签，所以 make 无法生成它的依赖关系和决定它是否要执行，只有通过显式指明这个目标才能让其生效。可以通过 make clean 来运行 clean 这个目标。

6. 规则的语法

规则的语法如下：

```
targets : prerequisites
        command
        ...
```

targets 是文件名，以空格分开，可以使用通配符。一般来说，目标基本上是一个文件，但也有可能是多个文件。

command 是命令行，如果其不与"target：rerequisites"在一行，那么，必须以 Tab 键开头；如果和 prerequisites 在一行，那么可以用分号作为分隔。

prerequisites 也就是目标所依赖的文件（或依赖目标）。如果其中的某个文件比目标文件要新，那么，目标就被认为是"过时的"，被认为是需要重生成的。

如果命令太长，可以使用反斜框（'\'）作为换行符。make 对一行上有多少个字符没有限制。规则说明 make 两点：文件的依赖关系和如何生成目标文件。

一般来说，make 会以 UNIX 的标准 Shell，也就是/bin/sh 来执行命令。

7. 隐含规则

在使用 Makefile 时，有一些规则会经常使用，而且使用频率非常高，如编译 C/C++ 的源程序为中间目标文件；有一些可以在 Makefile 中是"隐含的"，早先约定了的，不需要再写出来的规则。这些即为隐含规则。

"隐含规则"也就是一种惯例，make 会按照这种"惯例"心照不宣地来运行，即使在 Makefile 中没有书写这样的规则。例如，把［.c］文件编译成［.o］文件这一规则，根本就不用写出来，make 会自动推导出这种规则，并生成需要的［.o］文件。

"隐含规则"会使用一些系统变量，可以改变这些系统变量的值来定制隐含规则运行时的参数。如系统变量"CFLAGS"可以控制编译时的编译器参数。

对所有预先设置的隐含规则，如果不明确地写下规则，那么make就会在这些规则中寻找所需要的规则和命令。默认的后缀列表是：.out，.a，.ln，.o，.c，.cc，.C，.p，.f，.F，.r，.y，.l，.s，.S，.mod，.sym，.def，.h，.info，.dvi，.tex，.texinfo，.texi，.txinfo，.w，.ch，.web，.sh，.elc，.el。

常用的隐含规则如下：

（1）编译C程序的隐含规则。

"<n>.o"的目标的依赖目标会自动推导为"<n>.c"，并且其生成命令是"$（CC）-c $（CPPFLAGS）$（CFLAGS）"。

（2）编译C++程序的隐含规则。

"<n>.o"的目标的依赖目标会自动推导为"<n>.cc"或是"<n>.C"，并且其生成命令是"$（CXX）-c $（CPPFLAGS）$（CFLAGS）"（建议使用".cc"作为C++源文件的后缀，而不是".C"）。

在隐含规则中的命令中，基本上都是使用了一些预先设置的变量。可以在makefile中改变这些变量的值，或是在make的命令行中传入这些值，也或是在环境变量中设置这些值。无论怎么样，只要设置了这些特定的变量，其就会对隐含规则起作用。

例如，第一条隐含规则——编译C程序的隐含规则的命令是"$（CC）-c $（CFLAGS）$（CPPFLAGS）"。Make默认的编译命令是"cc"，如果把变量"$（CC）"重定义成"gcc"，把变量"$（CFLAGS）"重定义成"-g"，那么，隐含规则中的命令全部会以"gcc -c -g $（CPPFLAGS）"的样子来执行。

可以把隐含规则中使用的变量分成两种：一种是命令相关的，如"CC"；另一种是参数相关的，如"CFLAGS"。下面给出关于C和C++语言中隐含规则用到的变量。

（1）关于命令的变量。

CC：C语言编译程序。默认命令是"cc"。

CXX：C++语言编译程序。默认命令是"g++"。

CPP：C程序的预处理器（输出是标准输出设备）。默认命令是"$（CC）-E"。

（2）关于命令参数的变量。

下面的这些变量都是相关上面命令的参数。如果没有指明其默认值，那么默认值都是空。

CFLAGS：C语言编译器参数。

CXXFLAGS：C++语言编译器参数。

CPPFLAGS：C预处理器参数（C和Fortran编译器也会用到）。

第 2 章　并行计算与编程

2.1　并行计算技术

随着科学技术的发展，当代科学与工程问题的计算需求是永无止境的。在一些领域，如数值气象预报，为了提高其准确性，在经纬度和大气层方向上需要取几十万甚至上百万个网格点，总计算量需要几十万亿次，并且要求在短时间内完成对未来 48 小时甚至更长时间的天气预报；在石油领域的正演模拟、地震资料处理以及油藏模拟等方面数据量极其巨大。所有这些对计算机的计算速度提出了非常高的要求。在实践中，由于受到物理器件极限速度和制造技术水平的限制，使得单处理机远远不能满足大规模计算对计算机资源的需求。高性能的并行计算技术是适应时代要求而出现的。

并行计算（Parallel computing），是指在并行计算机上将一个应用分解成多个子任务，分配给不同的处理器，各处理器之间相互协同，并行地执行子任务，从而达到加快计算速度，或者提高求解应用问题规模的目的。并行计算有 3 个基本条件：并行计算机，应用问题必须具有并行度，并行编程。

（1）并行计算机是并行计算的工具，是由一些处理单元组成的，这些处理单元通过相互之间的通信与协作，以更快的速度共同完成一项大规模的计算任务。因此，并行计算机的两个最主要的组成部分是计算节点和节点间的通信与协作机制。并行计算机性能的提高也就体现在提高单个节点的性能以及改进通信技术两个方面。

（2）应用问题必须具有可并行度是实现并行计算的另一个重要方面，处理应用必须遵循伯恩斯坦准则：

①$In P1 \cap Out P2 = \Phi$，即 $P1$ 的输入变量集与 $P2$ 的输出变量集不相交；
②$In P2 \cap Out P1 = \Phi$，即 $P2$ 的输入变量集与 $P1$ 的输出变量集不相交；
③$Out P2 \cap Out P1 = \Phi$，即 $P1$ 和 $P2$ 的输出变量集不相交。

只有满足以上 3 条准则的应用问题才可进行并行处理。

（3）并行编程是将实际问题进行代码实现以供计算机计算处理的过程，需要有设计合适的并行算法以及相应的编程工具。

2.1.1　并行计算机的分类

20 世纪 40 年代开始的现代计算机发展历程可以分为两个明显的发展时代：串行计算时代和并行计算时代。

每一个计算时代都从体系结构发展开始，然后是系统软件（特别是编译器与操作系统）、应用软件，最后随着问题求解环境的发展而达到顶峰。创建和使用并行计算机的主要原因是因为并行计算机是解决单处理器速度瓶颈的最好方法之一。

并行计算机是由一组处理单元组成的，这组处理单元通过相互之间的通信与协作，以更快的速度共同完成一项大规模的计算任务。因此，并行计算机的两个最主要的组成部分是计算节点和节点间的通信与协作机制。并行计算机体系结构的发展也主要体现在计算节点性能的提高以及节点间通信技术改进两个方面。20世纪60年代初期，由于晶体管以及磁芯存储器的出现，处理单元变得越来越小，存储器也更加小巧和廉价。这些技术发展的结果导致了并行计算机的出现，这一时期的并行计算机多是规模不大的共享存储多处理器系统，即所谓大型主机（Mainframe）。IBM360是这一时期的典型代表。

到了20世纪60年代末期，同一个处理器开始设置多个功能相同的功能单元，流水线技术也出现了。与单纯提高时钟频率相比，这些并行特性在处理器内部的应用大大提高了并行计算机系统的性能。伊利诺依大学和Burroughs公司此时开始实施IlliacIV计划，研制一台64个CPU的SIMD主机系统，它涉及硬件技术、体系结构、I/O设备、操作系统、程序设计语言直至应用程序在内的众多研究课题。不过当一台规模大大缩小了的16CPU系统终于在1975年面世时，整个计算机界已经发生了巨大变化。

首先是存储系统概念的革新，提出虚拟存储和缓存的思想。IBM360/85系统与360/91系统是属于同一系列的两个机型，360/91的主频高于360/85，所选用的内存速度也较快，并且采用了动态调度的指令流水线；但是360/85的整体性能却高于360/91，唯一的原因就是前者采用了缓存技术，而后者则没有。

其次是半导体存储器开始代替磁芯存储器。最初，半导体存储器只是在某些机器被用作缓存，而CDC7600则率先全面采用这种体积更小、速度更快、可以直接寻址的半导体存储器，磁芯存储器从此退出了历史舞台。与此同时，集成电路也出现了，并迅速应用到了计算机中。元器件技术的这两大革命性突破，使得IlliacIV的设计者们在底层硬件以及并行体系结构方面提出的种种改进都大为逊色。

1976年CRAY-1问世以后，向量计算机从此牢牢地控制着整个高性能计算机市场15年。CRAY-1对所使用的逻辑电路进行了精心的设计，采用了后来称为RISC的精简指令集，还引入了向量寄存器，以完成向量运算。这一系列全新技术手段的使用，使CRAY-1的主频达到了80MHz。

微处理器随着机器的字长从4位、8位、16位一直增加到32位，其性能也随之显著提高。正是因为看到了微处理器的这种潜力，卡内基—梅隆大学开始在当时流行的DEC PDP11小型计算机的基础上研制成功一台由16个PDP11/40处理机通过交叉开关与16个共享存储器模块相连接而成的共享存储多处理器系统C.mmp。

从20世纪80年代开始，微处理器技术一直在高速前进。稍后又出现了非常适合于SMP方式的总线协议，而伯克利加州大学则对总线协议进行了扩展，提出了Cache一致性问题的处理方案。从此，C.mmp开创出的共享存储多处理器之路越走越宽，现在这种体系结构已经基本上统治了服务器和桌面工作站市场。

同一时期，基于消息传递机制的并行计算机也开始不断涌现。20世纪80年代中期，加州理工成功地将64个i8086/i8087处理器通过超立方体互连结构连接起来。此后，便先后出现了Inteli PSC系列、INMOS Transputer系列、Intel Paragon以及IBMSP的前身Vulcan等基于消息传递机制的并行计算机。

20世纪80年代末到90年代初，共享存储器方式的大规模并行计算机又获得了新的发展。IBM将大量早期RISC微处理器通过蝶形互联网络连接起来。人们开始考虑如何才能在实现共享存储器缓存一致的同时，使系统具有一定的可扩展性（Scalability）。

20世纪90年代初期，斯坦福大学提出了DASH计划，它通过维护一个保存有每一缓存块位置信息的目录结构来实现分布式共享存储器的缓存一致性。后来，IEEE（Institute of Electrical and Electronics Engineers，电气与电子工程师协会）在此基础上提出了缓存一致性协议的标准。90年代以来，主要的几种体系结构开始走向融合。属于数据并行类型的CM-5除大量采用商品化的微处理器以外，也允许用户层的程序传递一些简单的消息。CRAY T3D是一台NUMA结构的共享存储型并行计算机，但是它也提供了全局同步机制、消息队列机制，并采取了一些减少消息传递延迟的技术。

随着商品化微处理器、网络设备的发展以及MPI/PVM等并行编程标准的发布，集群架构的并行计算机出现。IBM SP2系列集群系统就是其中的典型代表。在这些系统中，各个节点采用的都是标准的商品化计算机，它们之间通过高速网络连接起来。

今天，越来越多的并行计算机系统采用商品化的微处理器加上商品化的互联网络构造，这种分布存储的并行计算机系统称为集群。国内几乎所有的高性能计算机厂商都生产这种具有极高性能价格比的高性能计算机，并行计算机进入了一个新的时代，并行计算的应用达到了前所未有的广度和深度。

为什么要采用并行计算？这是因为：

（1）它可以加快速度，即在更短的时间内解决相同的问题或在相同的时间内解决更多更复杂的问题，特别是对一些新出现的巨大挑战问题，不使用并行计算是根本无法解决的。

（2）节省投入，并行计算可以以较低的投入完成串行计算才能够完成的任务。

（3）物理极限的约束，光速是不可逾越的速度极限，设备和材料也不可能做得无限小，只有通过并行才能够不断提高速度。

并行计算机即能在同一时间内执行多条指令（或处理多个数据）的计算机，并行计算机是并行计算的物理载体。通过下面对并行计算机不同分类方式的介绍，可以对它有一个总体上的了解，为并行程序设计奠定基础。

1. 指令与数据

根据一个并行计算机能够同时执行的指令与处理数据的多少，可以把并行计算机分为单指令流多数据流并行计算机（SIMD，Single-Instruction Multiple-Data）和多指令流多数据流并行计算机（MIMD，Multiple-Instruction Multiple-Data）（图2.1）。

SIMD计算机同时用相同的指令对不同的数据进行操作，如对于数组赋值运算：

$$A=A+1$$

在SIMD并行机上可以用加法指令同时对数组A的所有元素实现加1，即数组（或向量）运算特别适合在SIMD并行计算机上执行，SIMD并行机可以对这种运算形式进行直接地支持，高效地实现。

MIMD计算机同时有多条指令对不同的数据进行操作，如对于算术表达式：

$$A=B+C+D-E+F*G$$

可以转换为：

$$A=(B+C)+(D-E)+(F*G)$$

即加法B+C，减法D-E，乘法F*G。如果有相应的直接执行部件，则这三个不同的计算可以同时进行。

SIMD和MIMD这种表达方法虽然至今还在广泛使用，但是，随着新的并行计算机组织方式的产生，比照上面的划分方法，人们按同时执行的程序和数据的不同又提出了单程序多数据流并行计算机（SPMD，Single-Program Multiple-Data）和多程序多数据流并行计算机（MPMD，Multiple-Program Multiple-Data）的概念（图2.1）。这种划分方式依据的执行单位不是指令而是程序，显然其划分粒度要大得多。

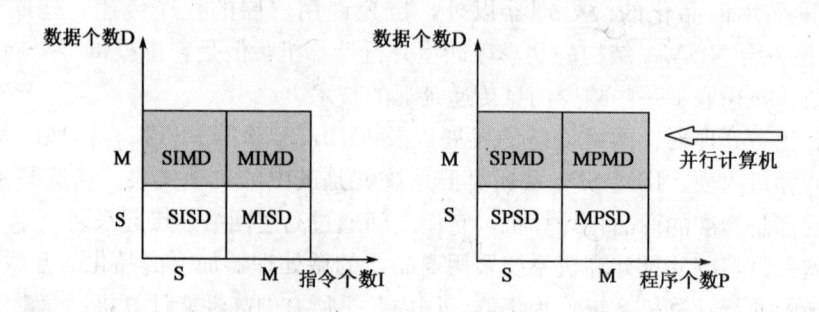

图 2.1 按指令（程序）数据的个数对并行计算机进行分类

如果一个程序的功能就是为一个矩形网格内的不同面片涂上相同的颜色，则对于一个划分得很细的特大矩形面片，可以将它划分为互不交叉的几个部分，每一部分都用相同的程序进行着色。SPMD并行计算机可以很自然地实现类似的计算。一般地，SPMD并行计算机是由多个地位相同的计算机或处理器组成的，而MPMD并行计算机内计算机或处理器的地位是不同的，根据分工的不同，它们擅长完成的工作也不同，因此可以根据需要将不同的程序（任务）放到MPMD并行计算机上执行，使得这些程序协调一致地完成给定的工作。

根据指令流和数据流的不同，通常把计算机系统分为：单指令流单数据流（SISD）、单指令流多数据流（SIMD）、多指令流单数据流（MISD）与多指令流多数据流（MIMD）四类。并行计算机系统除少量专用的SIMD系统外，绝大部分为MIMD系统，包括并行向量机（PVP，Parallel Vector Processor）、对称多处理机（SMP，Symmetric Multiprocessor）、大规模并行处理机（MPP，Massively Parallel Processor）、集群（Cluster）以及分布式共享存储多处理机（DSM，Distributied Shared Memory）。

2. 存储方式

从物理划分上，共享内存和分布式内存是两种基本的并行计算机存储方式，除此之外，分布式共享内存也是一种越来越重要的并行计算机存储方式（图2.2）。

对于共享内存的并行计算机，各个处理单元通过对共享内存的访问来交换信息，协调各处理器对并行任务的处理。对这种共享内存的编程，实现起来相对简单，但共享内存往往成为性能特别是扩展性的重要瓶颈。

对于分布式内存的并行计算机，各个处理单元都拥有自己独立的局部存储器，由于不存在公共可用的存储单元，因此各个处理器之间通过消息传递来交换信息，协调和控制各个处理器的执行。这是本书介绍的消息传递并行编程模型所面对的并行计算机的存储方式。不难看出，通信对分布式内存并行计算机的性能有重要的影响，复杂的消息传递语句的编写成为在这种并行计算机上进行并行程序设计的难点所在。但是对于这种类型的并行计算机，由于它有很好的扩展性和很高的性能，因此它的应用非常广泛。

分布式共享内存的并行计算机结合了前两者的特点，是当今新一代并行计算机的一种重要发展方向。对于目前越来越流行的集群计算（Cluster Computing），大多采用这种形式的结构。通过提高一个局部节点内的计算能力，使它成为所谓的"超节点"，不仅提高了整个

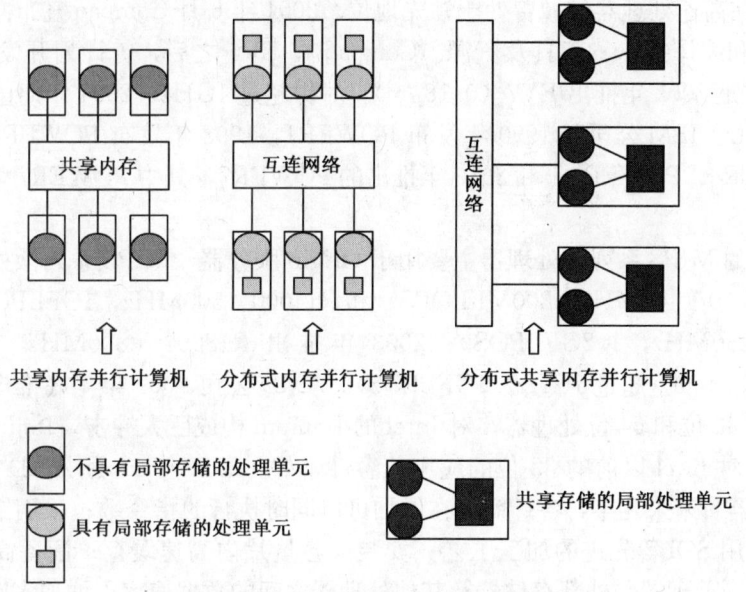

图 2.2　按存储方式对并行计算机进行分类

系统的计算能力，而且可以提高系统的模块性和扩展性，有利于快速构造超大型的计算系统。

3. 集群计算机系统

集群计算机系统以其低成本、高性能、高可靠性、可扩展性、升级和维修方便等突出优点，越来越受到国内外重视。

集群计算机系统的最大优点是成本低廉，结构紧凑，可扩展性好，可以随意调整系统的节点数目以改变规模，同时只需更换部分部件就可以轻松地对系统实现升级。构建集群计算机系统的关键是如何给它配上合适的软件环境和掌握高超的并行程序设计技术。

集群节点机一般为 PC、工作站以及对称多处理器（SMP，Symmetrical Multi-Processing），其基本组成为处理器、内存和缓存、磁盘、系统总线等。20 多年来，微处理器结构（RISC、CISC、VLIW 和向量处理器）及其工艺发展迅速，今天单片 CPU 比 20 年前的超级计算机更为强大。

1) 节点 CPU 技术的发展

随着 CPU 主频向 GHz 时代的推进，长期处于实验室阶段的铜工艺取得了突破性进展，有望取代铝工艺而成为 CPU 制造的主流技术。铜工艺最大的好处是使 CPU 在高频率下的运行更加稳定。要解决微处理器提速难题，改进制造工艺只是目前通用的一种方法，采用新型晶体管结构也是目前业界正在研究的重点课题。从 2000 年年底开始，Intel、AMD、IBM、贝尔实验室都公布了类似的最新科研成果。

Intel 推出第一代的 IA-64Itanium 后，已成功进军高端服务器市场。新一代 Itanium 在一枚芯片上集成一级缓存（16KB，数据传输带宽为 19.2GB/s），二级缓存（256KB，数据传输带宽为 72GB/s），三级缓存（3MB，数据传输带宽达 64GB/s），工作频率达 1.2GHz 以上；2010 年推出 32 纳米的 westmere，最高 6 核心；2011 年推出 SandyBridge，具有 128 位 SSE 指令，最高 8 核心；2012 年推出 22 纳米的 IvyBridge，具有 256 位 AVX 指令，最高 12 核心。

Compaq 在高速处理器领域曾处于领先地位。2001 年 6 月 Compaq 宣布向 Intel 转让 Alpha 微处理器和编译技术、工具及资源。Compaq 在 EV6 之后，曾计划开发 EV7、EV8 甚至 EV9，具体是 2002 年推出 EV7 ($0.18\mu m$)，时钟超过 1GHz；2004 年期望获得 EV8，时钟超过 1.5GHz。IBM 公司于 1990 年发布 POWER1，1993 年发布 POWER2，目前的主力型号有 POWER6、POWER6＋和 2010 年推出的 POWER7，其中 POWER7 峰值计算能力达到了 2TFLOPS。

SGI 公司的 MIPS 系列微处理器主要用于 Origin 服务器。MIPS 系列微处理器目前的主力产品是 R12000（400MHz，800MFLOPS）和 R14000（500MHz，1GFLPOS）。2002 年推出 R16000（650MHz，1.2GFLPOS）；2003 年推出 R18000（800MHz，3.2GFLPOS）；2004 年推出 R20000（超过 1GHz，4GFLPOS）。AMD 公司 2002 年年底推出的 Opteron 处理器能够兼容 32 位和 64 位处理器，对 Intel 的 Itanium 构成巨大冲击，Itanium 现在为用户所诟病的就是对 Intel 以前的 32 位的应用兼容性不好。2011 年 11 月 AMD 推出了 16 核心 Opteron 处理器。未来几年，各厂商将在增加可以同时执行的指令数；采用铜布线等新的半导体技术；采用 SOI 等先进的加工工艺；安装大容量片内高速缓存；配备高速存储器输入输出设备，提高处理器与外部存储器及其他处理器之间的数据速率；增加多媒体功能等多方面持续改进。这些高性能微处理器在处理性能方面都将比现有产品有大幅提高。

2）节点操作系统

进程是一个程序，同时包含它的执行环境（内存、寄存器、程序计数器等），是操作系统中独立存在的可执行的基本程序单位；多个进程可以同时存在于单机内同一操作系统：由操作系统负责调度分时共享处理机资源（CPU、内存、存储、外设等）。进程间可以相互交换信息：例如数据交换、同步等待，消息是这些交换信息的基本单位，消息传递是指这些信息在进程间的相互交换，是实现进程间通信的唯一方式。最基本的消息传递操作包括发送消息（send）、接受消息（receive）、进程同步（barrier）和规约（reduction）。

现代操作系统为用户提供两个基本的功能，第一是使计算机更容易使用，用户使用的是操作系统提供的虚拟机而无须与计算机硬件直接打交道。第二是可让用户共享硬件资源。多任务操作系统为每个进程分配要执行的工作，为每个进程分配内存和系统资源，在一个进程中，至少要分配一个执行的线程或一个可执行单元。现代操作系统还支持在程序内部对多线程进行控制，因此并行处理能够以进程内多线程的方式进行。

目前集群系统节点中最流行的操作系统恐怕是 Linux 了。Linux 最初是由芬兰赫尔辛基大学计算机系大学生 Linus Torvalds 在从 1990 年年底到 1991 年的几个月中陆续编写的。1993 年，Linus 决定转向 GPL 出售版权。一些软件公司如 Red Hat、InfoMagic 等适时推出以 Linux 为核心的操作系统版本，大大地推动了 Linux 的商品化。Linux 的主要特点是开放性、标准化、多用户、多任务，Linux 可以连续运行数月、数年而无须重新启动，一台 Linux 服务器支持 100～300 个用户毫无问题。Linux 向用户提供 3 种界面：用户命令界面、系统调用界面和图形用户界面。Linux 一般由四个部分组成：内核、Shell、文件系统和实用工具。内核是运行程序和管理磁盘、打印机等硬件设备的核心程序。Shell 是系统的用户界面，提供了系统与内核进行交互操作的一种接口。它接受用户输入的命令，并把它送到内核去执行。实际上 Shell 是一个命令解释器，Shell 有自己的编程语言，它允许用户编写由 Shell 命令组成的程序。每个 Linux 系统的用户可以拥有自己的用户界面和 Shell，用以满足他们自己专门的 Shell 需要。同 Linux 一样，Shell 也有多种不同的版本，目前主要有下列版本的 Shell：Bourne Shell（贝尔实验室开发）、Bash（GNU 的 Bourne AgainShell，是 GNU 操作系统上默认的 Shell）、Korn Shell（对 Bourne Shell 的发展，大部分与 Bourne Shell 兼容）以及 C Shell（Sun 公司 Shell 的 BSD 版本）。Linux 实用工具可以分为 3 类：编辑器、过滤器与交互程序。Linux 的内核版本是在 Linus 领导下的开发小组开发出的系统内核的版本号。一般说来，以序号的第二位为偶数的版本表明这是一个可以使用的稳定的版本。一些组织和厂商将 Linux 的系统内核与应用程序和文档包装起来，并提供一些安装界面和系统设定的管理工具，这样就构成了一个发行套件。

3）国内集群机的最新发展

我国的"银河"巨型机、"曙光"并行机都是高性能计算机的先驱。曙光 1000A、曙光 2000、曙光 3000、曙光 4000L 等都是集群（或工作站集群，COW）架构的并行计算机。COW 的每个系统都是一个完整的工作站，一个节点可以是一台 PC 或 SMP，各个节点一般由商品化的网络互连，每个节点一般有本地磁盘，节点上的网络接口是松散耦合到 I/O 总线上的，一个完整的操作系统驻留在每个节点上。国内主要的高性能计算机厂商如曙光、联想、浪潮生产的都是 Cluster 架构的并行计算机；集群在较低的费用下，具有高性能、可扩展性、高吞吐量、易用性等特点。

2.1.2　并行编程模型与并行语言

1. 并行编程模型

目前两种最重要的并行编程模型是数据并行和消息传递，数据并行编程模型的编程级别比较高，编程相对简单，但它仅适用于数据并行问题；消息传递编程模型的编程级别相对较低，但消息传递编程模型可以有更广泛的应用范围。

数据并行即将相同的操作同时作用于不同的数据，因此适合在 SIMD 及 SPMD 并行计算机上运行，在向量机上通过数据并行求解问题的实践也说明数据并行是可以高效地解决一大类科学与工程计算问题的。

数据并行编程模型是一种较高层次上的模型，它提供给编程者一个全局的地址空间，一般这种形式的语言本身就提供并行执行的语义。对于编程者来说，只需要简单地指明执行什么样的并行操作和并行操作的对象，就实现了数据并行的编程。因此，数据并行的表达是相对简单和简洁的，它不需要编程者关心并行机是如何对该操作进行并行执行的。

数据并行编程模型虽然可以解决一大类科学与工程计算问题，但是对于非数据并行类的问题，如果通过数据并行的方式来解决，一般难以取得较高的效率，数据并行不容易表达甚至无法表达其他形式的并行特征。此外，高效的编译实现成为数据并行面临的一个主要问题；有了高效的编译器，数据并行程序才可以在共享内存和分布式内存的并行机上都取得高效率，进而提高并行程序的开发效率及并行程序的可移植性，进一步推广并行程序设计。

消息传递即各个并行执行的部分之间通过传递消息来交换信息、协调步伐、控制执行。消息传递一般是面向分布式内存的，但是它也可适用于共享内存的并行机。消息传递为编程者提供了更灵活的控制手段和表达并行的方法，一些用数据并行方法很难表达的并行算法，都可以用消息传递模型来实现。灵活性和控制手段的多样化，是消息传递并行程序能提供高的执行效率的重要原因。

消息传递模型一方面为编程者提供了灵活性；另一方面，它也将各个并行执行部分之间

· 41 ·

复杂信息的交换、协调以及任务的控制交给了编程者,这在一定程度上增加了编程者的负担,这也是消息传递编程模型编程级别低的主要原因。虽然如此,消息传递的基本通信模式是简单和清楚的,学习和掌握这些部分并不困难。因此,目前大量的并行程序设计仍然采用消息传递并行编程模式。

此外,还存在有共享变量模型、函数式模型等并行编程模型,但它们的应用都不如数据并行和消息传递那样普遍。

2. 并行语言

并行程序是通过并行语言来表达的。但是由于并行计算至今还没有像串行计算那样统一的冯·诺伊曼模型可供遵循,因此并行机、并行模型、并行算法和并行语言的设计和开发千差万别,没有一个统一的标准。并行语言的发展其实十分迅速,并行语言的种类也非常多,但真正使用起来并被广为接受的却寥寥无几。至今没有任何一种新出现的并行语言能够成为普遍接受的标准。

一种重要的对串行语言的扩充方式就是标注,即将对串行语言的并行扩充作为原来串行语言的注释。对于这样的并行程序,若用原来的串行编译器来编译,标注的并行扩充部分将不起作用,仍将该程序作为一般的串行程序处理;若使用扩充后的并行编译器来编译,则该并行编译器就会根据标注的要求,将原来串行执行的部分转化为并行执行。对串行语言的并行扩充,相对于设计全新的并行语言,显然难度有所降低,但需要重新开发编译器,使它能够支持扩充的并行部分。一般地,这种新的编译器往往和运行时支持的并行库相结合。仅仅提供并行库,是一种对原来的串行程序设计改动最小的并行化方法。这样,原来的串行编译器也能够使用,不需要任何修改,编程者只需在原来的串行程序中加入对并行库的调用,就可实现并行程序设计,MPI并行程序设计就属于这种方式。

2.1.3 并行算法

在并行计算中,由于并行算法可以对性能产生重大影响,因此受到广泛重视,并行算法也成为一个专门的十分活跃的研究领域。并行算法设计也是并行程序设计的前提,没有好的并行算法就没有好的并行程序,因此在并行程序设计之前,必须首先考虑好并行算法。好的并行算法要能够将并行机和实际的问题很好地结合起来,既能够充分利用并行机体系结构的特点,又能够揭示问题内在的并行性。

1. 并行算法分类

算法是解题的精确描述,是一组有穷的规则,它规定了解决某一特定类型问题的一系列运算。并行计算是可同时求解的诸进程的集合,这些进程相互作用和协调动作,并最终获得问题的求解。并行算法就是对并行计算过程的精确描述,是给定并行模型的一种具体、明确的解决方法和步骤。按照不同的划分方法,并行算法有多种不同的分类。

根据运算的基本对象的不同,可将并行算法分为数值并行算法(数值计算)和非数值并行算法(符号计算)。当然,这两种算法也不是截然分开的,比如在数值计算的过程中会用到查找、匹配等非数值计算的成分,非数值计算中一般也会用到数值计算的方法。划分为什么类型的算法主要取决于主要的计算量和宏观的计算方法。

根据进程之间的依赖关系,并行算法可分为同步并行算法(步调一致)、异步并行算法(步调、进展互不相同)和纯并行算法(各部分之间没有关系)。对于同步并行算法,任务的各个部分是同步向前推进的,有一个全局的时钟(不一定是物理的)来控制各部分的步伐。而对于异步并行算法,各部分的步伐是互不相同的,它们根据计算过程的不同阶段决定等待、继续或终止。纯并行算法是最理想的情况,各部分之间可以尽可能快地向前推进,不需要任何同步或等待,但是一般这样的问题是少见的。

根据并行计算任务的大小,并行算法可以分为粗粒度并行算法(一个并行任务包含较长的程序段和较大的计算量)、细粒度并行算法(一个并行任务包含较短的程序段和较小的计算量)以及介于二者之间的中粒度并行算法。一般而言,并行的粒度越小,就有可能开发更多的并行性,提高并行度,这是有利的方面。但是另一个不利的方面就是并行的粒度越小,通信次数和通信量就相对增多,这样就增加了额外的开销。因此,合适的并行粒度需要根据计算量、通信量、计算速度、通信速度进行综合平衡,这样才能够取得高效率。

2. 并行算法的设计

对于相同的并行计算模型,可以有多种不同的并行算法来描述和刻画。由于并行算法设计的不同,可能对程序的执行效率有很大的影响,不同的算法可以有几倍、几十倍甚至上百倍的性能差异是完全正常的。

并行算法基本上是随着并行机的发展而发展的,从本质上说,不同的并行算法是根据问题类别的不同和并行机体系结构的特点产生出来的。一个好的并行算法要既能很好地匹配并行计算机硬件体系结构的特点,又能反映问题内在并行性。

对于 SIMD 并行计算机一般适合同步并行算法,而 MIMD 并行计算机则适合异步并行算法。对于 SPMD 和 MPMD 这些新流行起来的并行计算机,设计并行算法的思路和以前并行算法的思路有很大的不同。下面针对集群系统重点讲一下 SPMD 和 MPMD 并行算法的设计。

对于集群计算,有一个很重要的原则就是设法加大计算时间相对于通信时间的比重,减少通信次数甚至以计算换通信。这是因为,对于集群系统,一次通信的开销要远远大于一次计算的开销,因此要尽可能降低通信的次数,或将两次通信合并为一次通信。基于同样的原因,集群计算的并行粒度不可能太小,因为这样会大大增加通信的开销。如果能够实现计算和通信的重叠,那将会更大地提高整个程序的执行效率。

因此,对于集群计算,可以是数值或非数值的计算,这些都不是影响性能的关键,也可以是同步、松同步或异步的,但以同步和松同步为主,并行的粒度一般是大粒度或中粒度的。一个好的算法一般应该呈现如图 2.3 和图 2.4 的计算模式:

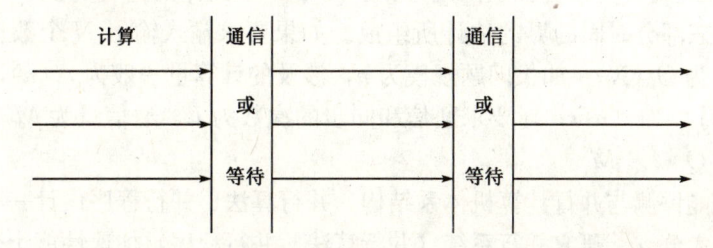

图 2.3 适合集群系统 SPMD 并行算法的计算模式

图 2.3 没有考虑计算与通信的重叠,若能够实现计算与通信的重叠,那将是更理想的计算模式;图 2.4 是加入了计算和通信重叠技术后的 SPMD 并行算法的计算模式。

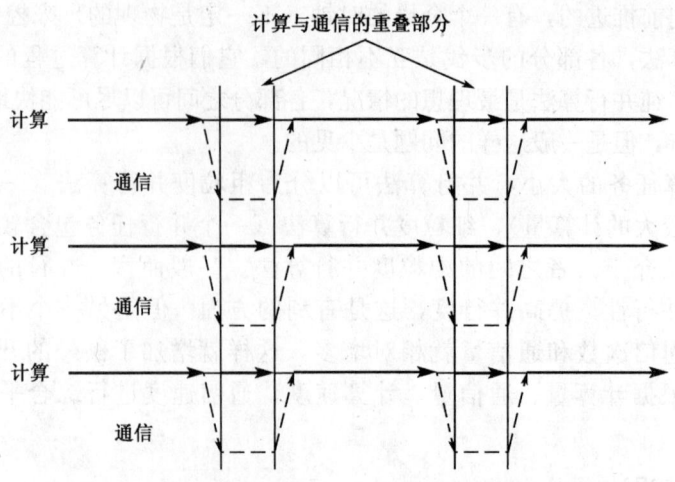

图2.4 计算与通信重叠的SPMD并行算法的计算模式

对于MPMD并行算法,各并行部分一般是异步执行的,而不是像SPMD那样的同步或松同步方式,因此只要能够大大降低通信次数,增大计算相对于通信的比重,则该MPMD算法就可以取得较高的效率。图2.5给出了MPMD算法的一种比较合适的计算模式。

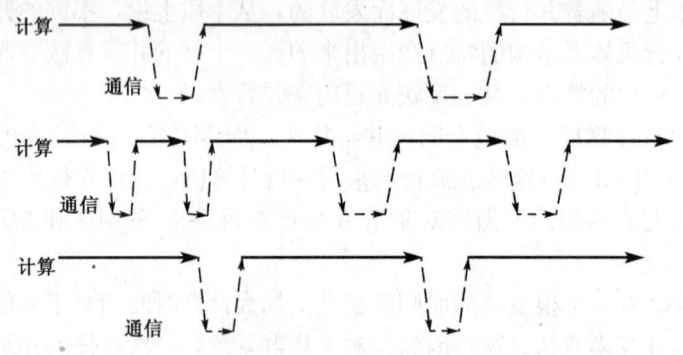

图2.5 适合集群系统的MPMD并行算法

3. 并行计算中的加速比和并行效率

进行并行计算的两个基本目的是:在问题规模一定的情况下,缩短求解时间;在给定时间范围内,扩大问题求解规模。并行算法运行时间表示算法开始直到算法执行完毕的时间,主要包括输入输出(I/O)时间、计算CPU时间和并行开销时间(包括通信、同步等时间)。并行开销是进行并行计算而引入的开销。对于一个具体的并行算法,对其计算时间的估计通常由上述三部分时间的界的估计所组成。如果要求输入输出N个数据,则认为该算法的I/O时间界为$O(N)$;如果问题规模为n,涉及的计算量一般为$t(n)$,则该算法的计算CPU时间界为$O(t(n))$;对要求通信和同步的次数为L、通信量为M个数据,则该算法的并行开销为$O(L+M)$。

并行计算性能评测与并行计算机体系结构、并行算法、并行程序设计一起构成了"并行计算"研究的四大分支。研究并行系统(并行算法、并行程序)加速性能十分重要。随着计算规模的增加和机器规模的扩大,研究计算系统的性能是否能随着处理器数目的增加而按比例的增加,就是并行计算的可扩展问题。为了方便、可比较地评价并行计算机系统的性能,人们提出了许多基准程序,了解这些基准测试程序对于客观公正地评价并行计算机系统非常重要。

一个并行算法（或并行程序）的加速比是指在给定的计算系统上并行算法的执行速度相对于与之对应的串行算法加快的倍数。1967年Amdahl提出的Amdahl定律适用于固定计算规模的加速比描述。其推导出的固定负载的加速公式如下：

$$S=(W_s+W_p)/(W_s+W_p/N)=1/[1/N+f(1-1/N)] \quad (2.1)$$

其中，N为并行计算系统中处理器（或节点）的个数，W为处理问题的规模，W_s为应用程序中串行部分，W_p为可并行部分，f为串行部分的比例（$f=W_s/W$），$1-f$为并行部分的比例，S为加速比。

从式（2.1）中可以发现，当$N\to\infty$时，$S=1/f$，即对于固定规模的问题，并行所能达到的加速上限为$1/f$。

并行计算过程中存在一些额外开销W_o，将式（2.1）修改为：

$$S=(W_s+W_p)/(W_s+W_p/N+W_o)=1/[1/N+f(1-1/N+W_o/W)] \quad (2.2)$$

则有：当$N\to\infty$时，$S=1/(f+W_o/W)$。

由此可见，处理问题中的串行部分及并行过程中的额外开销越大，加速比越小。通过简化，可将加速比简单表示为：$S_{(N)}=T_s/T_p$，其中T_s为对该问题进行单线程串行处理的时间，T_p为N线程并行处理的时间。并行效率为$E=T_s/(T_p*N)=S/N$。

2.2 MPI并行编程技术

高效的并行程序是实现高性能计算的关键，常用的并行编程工具有MPI、PVM、Linda等，其中MPI（Message Passing Interface）是并行计算机消息传递接口标准，是国内外在高性能计算机系统中最广泛应用的并行编程工具之一。MPI具有移植性好、功能强大、效率高等特点，而且有多种不同的免费、高效、实用的版本。虽然产生较晚，但由于MPI吸收了其他多种并行编程环境的优点，同时兼顾性能、功能、移植性等，使其迅速成为消息传递并行编程模式的标准。

MPI并不是一种编程语言，它只是一种消息传递的接口。它的主要功能就是提供数据在不同线程（机器）间进行传递的方法，相当于一个邮递员的作用，可以递送不同形式的包裹到不同的目的地。而整个程序的并行思想和方案其实完全是靠人脑来设计的。例如，程序编写者也许需要两台机器来分工共同完成一件任务，具体每台机器做什么，一台机器需要从另一台机器得到什么或者给予什么后才能继续干下去，两台机器是否需要在适当的时候同步一下保持步调一致，等等，都是需要程序员自己事先分析设定清楚的。而MPI所做的，就是在程序提交后按照程序员的指导思想保持两台机器间的正常通信，包括数据传递、同步等等。

2.2.1 MPI并行语言

1. MPI的定义

对MPI的定义是多种多样的，但不外乎下面三个方面，它们限定了MPI的内涵和外延：

（1）MPI是一个库，而不是一门语言。许多人认为MPI就是一种并行语言，这是不准确的。但是按照并行语言的分类,可以把 Fortran+MPI 或 C+MPI 看做是一种在原来串行语言基础之上扩展后得到的并行语言。MPI 库可以被 Fortran77/C/Fortran90/C++调用,从语法上说,它遵守所有对库函数/过程的调用规则,和一般的函数/过程没有什么区别。

(2) MPI 是一种标准或规范的代表,而不特指某一个对它的具体实现。迄今为止,所有的并行计算机制造商都提供对 MPI 的支持,可以在网上免费得到 MPI 在不同并行计算机上的实现,一个正确的 MPI 程序可以不加修改地在所有的并行机上运行。

(3) MPI 是一种消息传递编程模型,并成为这种编程模型的代表和事实上的标准。MPI 虽然很庞大,但是它的最终目的是服务于进程间通信这一目标的。

在 MPI 上很容易移植其他的并行代码,而且编程者不需要去努力掌握许多其他的全新概念就可以学习编写 MPI 程序。当然,这并不意味着 MPI 已经十分完美,必须承认 MPI 自身还存在着一些缺点。

2. MPI 的产生

许多组织对 MPI 标准付出了努力,它们主要来自美国和欧洲,大约有六十几个人,分属四十几个不同的单位。这包括了并行计算机的多数主要生产商,还有来自大学、政府实验室和工厂的研究人员。

MPI 的初稿诞生于 1992 年 4 月的美国并行计算中心工作会议,为促进其发展,一个称为"MPI 论坛"的非官方组织成立。1993 年 1 月的第一届 MPI 大会,"MPI 论坛"发布 MPI 的第一个版本,1994 年 5 月发布 MPI 标准版,在 1997 年 7 月推出了 MPI 的扩充部分 MPI-2,而把原来的 MPI 各种版本统称为 MPI-1。

MPI 是一个复杂的系统,是一个接口函数的库,应用程序通过调用 MPI 的库来达到并行目的。MPI-1 共有 128 个函数调用接口,在 Fortran77 和 C 语言中可以直接调用。MPI-2 又扩充了对 Fortran90 和 C++语言的支持,共 287 个函数调用接口。MPI 共提供了 4 种不同语言的接口,编程者可以有更多的选择余地。

MPI 是目前应用最广的并行程序设计平台,几乎被所有并行计算环境(共享和分布式存储并行机、MPP、集群系统等)和流行的多进程操作系统(UNIX、WindowsNT)所支持,它是目前高效率的超大规模并行计算(1000 个处理器)最可信赖的平台。基于 MPI 开发的应用程序具有最佳的可移植性;工业、科学与工程计算部门的大量科研和工程软件(气象、石油、地震、空气动力学、核等)目前已经移植到 MPI 平台,发挥了重要作用。

MPI 的主要优点有:

(1) MPI 的实现方式多样化,同一编程界面可有多种开发工具;
(2) MPI 能实现完全的异步通信,立即发送和接受能完全与计算重叠进行;
(3) MPI 能有效地管理消息缓冲区;
(4) MPI 能在 MPP 工作站集群上有效运行;
(5) MPI 异步执行时能保护用户的其他软件不受影响;
(6) MPI 是完全可移植标准平台;

MPI 的不足之处是进程数不能动态改变。

MPI 的具体实现有两种:MPICH 和 LAMMPI(已改名为 OpenMPI),其中 MPICH 最为普遍,可以免费从网上取得。更为重要的是,MPICH 是一个与 MPI-1 规范同步发展的版本,每当 MPI 推出新的版本,就会有相应的 MPICH 的实现版本。目前 MPICH 的最新版本是 MPICH2-1.4.1，于 2011 年 9 月推出，它支持 MPI-2 的同时兼容 MPI-1。

3. MPI 的编译

（1）用 MPI 编译器：

- mpif77 - o mpi_prog mpi_prog.f
- mpicc - o mpi_prog mpi_proc.c
- mpif90 - o mpi_prog mpi_prof.f90
- mpiCC - o mpi_prog mpi_prof.cpp

（2）用 Intel 编译器：

- ifort - o mpi_prog mpi_prog.f
- L/usr/local/mpich-1.2.5/lib - lfmpich - lmpich

4. MPI 并行程序设计入门

MPI 程序要求所有包含 MPI 调用的程序必须加入如下的头文件：

　　Fortran 包含的头文件　　include 'mpif.h'

　　C 包含的头文件　　　　#include "mpi.h"

1）对应的 Fortran 语言 MPI 程序

程序 1　第一个 Fortran77+MPI 程序：

```
        program main
        include'mpif.h'
        character * (MPI_MAX_PROCESSOR_NAME) processor_name
        integer myid, numprocs, namelen, rc, ierr
        call MPI_INIT（ierr）
        call MPI_COMM_RANK（MPI_COMM_WORLD, myid, ierr）
        call MPI_COMM_SIZE（MPI_COMM_WORLD, numprocs, ierr）
        call MPI_GET_PROCESSOR_NAME（processor_name, namelen, ierr）
        write（*, 10）myid, numprocs, processor_name
10      FORMAT（'HelloWorld! Process', I3, 'of', I3, 'on', 20A）
        call MPI_FINALIZE（rc）
        end
```

（1）编译命令：　mpif77 - o　hello.e　hello.f

（2）运行命令：　mpirun - np　4　hello.e

（3）运行效果：MPI 系统选择相同或不同的 4 个处理机，在每个处理机上运行程序代码 hello.e。

程序 1 在一台机器上执行的结果如下：

Hello　World!　Process　1　of　4　on　c0101
Hello　World!　Process　0　of　4　on　c0101
Hello　World!　Process　2　of　4　on　c0101
Hello　World!　Process　3　of　4　on　c0101

程序 1 在四台机器上执行的结果如下：

Hello World! Process 3 of 4 on c0104
Hello World! Process 0 of 4 on c0101
Hello World! Process 2 of 4 on c0103
Hello World! Process 1 of 4 on c0102

2）对应的C语言MPI程序

程序2 简单C+MPI的例子：

```
#include "mpi.h"
main (int argc, char **argv)
{
int numprocs, myrank, i, j, k;
MPI_Status status;
char msg[20];
MPI_Init (&argc, &argv);
MPI_Comm_size (MPI_COMM_WORLD, &numprocs);
MPI_Comm_rank (MPI_COMM_WORLD, &myrank);
if (myrank==0) {
  strcpy (msg," Hello World");
  MPI_Send (msg, strlen (msg) +1, MPI_CHAR, 1, 99, MPI_COMM_WORLD);
  }
  els eif (myrank==1) {
  MPI_Recv (msg, 20, MPI_CHAR, 0, 99, MPI_COMM_WORLD, &status);
  printf ("Receive message=%s\n", msg);
  }
MPI_Finalize ();
}
```

MPI并行程序设计平台由标准消息传递函数及相关辅助函数构成，多个进程通过调用这些函数（类似调用子程序）进行通信。下面是MPI中的一些重要概念：

（1）进程序号（rank）：各进程通过函数MPI_Comm_rank () 获取各自的序号。在一个通信因子中，每个进程都有一个唯一的整数标识符，称为进程ID；进程序号是从0开始的连续整数。

```
if (rank==0) {    //第0进程运行的程序段
}
else if (rank== 1) {//第1进程运行的程序段
}
```

（2）标识符（tag）：由程序员指定为标识一个消息的唯一非负整数值（0~32767）。发送操作和接收操作的标识符一定要匹配，但对于接收操作来说，如果tag指定为MPI_ANY_TAG，则可与任何发送操作的tag相匹配。

（3）通信域（comm）：包含源与目的进程的一组上下文相关的进程集合；在该集合内，

进程间可以相互通信。除非用户自己定义（创建）了新的通信域，否则一般使用系统预先定义的全局通信域 MPI_COMM_WORLD；所有启动的 MPI 进程通过调用函数 MPI_Init() 包含在该通信域内。各进程通过函数 MPI_Comm_size() 获取通信域包含（初始启动）的 MPI 进程个数。

（4）消息：分为信封（envelope）和数据（data）两个部分，信封指出了发送或接收消息的对象及相关信息，而数据是本消息将要传递的内容。

　　数据：＜起始地址，数据个数，数据类型＞
　　信封：＜源/目，标识，通信域＞
　　MPI_Send（buf, count, datatype, dest, tag, comm）
　　　　　　　消息数据　　　消息信封
　　MPI_Recv（buf, count, datatype, source, tag, comm, status）
　　　　　　　消息数据　　　消息信封

（5）进程组：一类进程的集合，在它的基础上可以定义新的通信域。

（6）基本数据类型：对应于 Fortran 和 C 语言的内部数据类型（INTEGER, REAL, DOUBLEPRECISION, COMPLEX, LOGICAL, CHARACTER），MPI 系统提供已定义好的对应数据类型（MPI_INTEGER, MPI_REAL, MPI_DOUBLE_PRECISION, MPI_COMPLEX, MPI_LOGICAL, MPI_CHARACTER）。

（7）自定义数据类型：基于基本数据类型用户自己定义的数据类型。

（8）MPI 对象：MPI 系统内部定义的数据结构，包括数据类型、进程组、通信域等，它们对用户不透明，在 Fortran 语言中，所有 MPI 对象均必须说明为"整型变量 INTEGER"。

（9）MPI 连接器（handle）：连接 MPI 对象和用户的桥梁，用户可以通过它访问和参与相应 MPI 对象的具体操作；例如，MPI 系统内部提供的通信域 MPI_COMM_WORLD；在 Fortran 语言中，所有 MPI 连接器均必须说明为"整型变量 INTEGER"。

（10）静态进程个数：进程数由命令"mpirun-np xxx"初始确定为 xxx 个，程序执行过程中不能动态改变进程的个数。

（11）消息缓存区：应用程序产生的消息包含的数据所处的内存空间。

（12）标准输入：所有进程的标准输入 read（*, *）均省缺为当前终端屏幕，且只能由 0 号进程执行该操作，其他进程需要这些输入参数只能由 0 号进程执行数据广播操作。

（13）标准输出：所有进程可以独立执行标准输出 write（*, *），但其省缺为当前终端屏幕。

（14）缓冲区（buffer）：指应用程序中用于发送或接收数据的消息缓冲区。

（15）数据个数（count）：指发送或接收指定数据类型的个数。数据类型的长度 * 数据个数的值为用户实际传递的消息长度。

（16）目的地（dest）：发送进程指定的接收该消息的目的进程，也就是接收进程的进程号（注意组间通信的情况）。

（17）源（source）：接收进程指定的发送该消息的源进程，也就是发送进程的进程号。如果该值为 MPI_ANY_SOURCE，表示接收任意源进程发来的消息。

（18）状态（status）：对于接收操作，包含了接收消息的源进程（source）和消息的标识符（tag）等。

C——3 个域如下：
　　status. MPI_SOURCE
　　status. MPI_TAG
　　status. MPI_ERROR
Fortran——3 个数组如下：
　　status（MPI_SOURCE）
　　status（MPI_TAG）
　　status（MPI_ERROR）

3）编程注意事项

（1）MPI 函数格式。

Fortran 语言中，最后一个参数为该函数调用是否成功的标志：0 表示成功，其他表示各种可能的错误。

C 语言中，该标志由函数参数返回。
　　C　：ierr＝MPI_Comm_rank（MPI_COMM_WORLD，&myrank）
　　F　：MPI_Comm_rank（MPI_COMM_WORLD，myrank，ierr）

（2）MPI 函数的使用查询。

由函数名查询：man 函数名（MPI_Xxxx），注意大小写。
例如：man MPI_Comm_rank
　　　man MPI_Send
　　　man MPI_Recv

（3）MPI 函数的学习与使用。

注重 MPI 函数的各类功能，由应用程序的通信需求出发，寻找匹配的函数类型，在查找具体函数名，采用 man 命令可以查询该函数的具体参数含义和使用方法。

（4）MPI 程序的一些惯例。

自己程序中避免使用以前缀"MPI_"开头的变量和函数：

Fortran 语言的 MPI 调用一般全为大写：MPI_AAAA_AAAA；

C 语言的 MPI 调用 MPI_后的首字母大写，其余为小写：MPI_Aaaa_aaaa。

MPI 标志符限于 30 个有效符号。

2.2.2　MPI 编程及模式

1. 常用 MPI 函数调用接口及 MPI 程序的一般结构

MPI-1 提供了 128 个函数调用接口，MPI-2 提供了 287 个函数调用接口。但 MPI 所有的通信功能只是集中在 6 个基本函数调用上，也就是说，可以用这 6 个基本调用来完成基本的消息传递并行编程。

（1）MPI 启动：MPI_INIT（ ）是 MPI 的启动例行函数，它完成 MPI 程序所有的初始化工作，也是 MPI 程序的第一条可执行语句。

Fortran：　MPI_INIT（IERR）
C：　　　int MPI_Init　（*argc，*argv）

（2）MPI 结束：MPI_FINALIZE（ ）用于结束 MPI 执行环境，是所有 MPI 程序的

最后一条可执行语句。该函数一旦被应用程序调用，就不能调用 MPI 的其他例行函数（包括 MPI_Init）。

  Fortran： MPI_FINALIZED（IERR）
  C： int MPI_Finalize（void）

（3）获取当前进程标识：MPI_COMM_RANK（comm, rank）返回调用进程在给定的通信域中的进程标识号。有了这一标识号，不同的进程就可以将自身和其他的进程区别开来，实现各进程的并行和协作。指定的通信域内每个进程分配一个独立的进程标识序号，例如有 n 个进程，则其标识为 $0 \sim (n-1)$；一个进程在不同通信域中的进程标识号可能不同。

  Fortran： MPI_Comm_rank（comm, rank, ierr）
      integer :: comm, rank, ierr
  C： int MPI_Comm_rank（MPI_commcomm, int * rank）

参数说明：
IN comm, 通信域；
OUT rank, 通信域中的进程标识号。

（4）通信域包含的进程数：MPI_COMM_SIZE（comm, size）返回给定通信域中所包括的进程的总数；不同的进程通过这一调用得知在给定的通信域中一共有多少个进程在并行执行。

  Fortran： MPI_Comm_size（comm, size, ierr）
      integer :: comm, size, ierr
  C： int MPI_Comm_size（MPI_commcomm, int * size）

参数说明：
IN comm, 通信域；
OUT size, 通信域中的进程个数。

（5）消息发送：MPI_SEND（buf, count, datatype, dest, tag, comm）表示将缓冲区 buf 中的 count 个 datatype 数据类型的数据发送到目的进程 dest；tag 是个整型数，它表明本次发送的消息标志，使用这一标志，就可以把本次发送的消息和本进程向同一目的进程发送的其他消息区别开来。MPI_SEND 操作指定的发送缓冲区是由 count 个类型为 datatype 的连续数据空间组成，起始地址为 buf。

  Fortran： MPI_SEND（buf, count, datatype, dest, tag, comm, ierr）
      <type> buf（*）
      integer :: count, ierr, dest, tag, comm
  C： intMPI_Send（void * buf, intcount, MPI_Datatype datatype,
      intdest, int tag, MPI_Comm comm）

参数说明：
IN buf,   所要发送消息数据的首地址；
IN count, 发送消息数组元素的个数；
IN datatype, 发送消息的数据类型；
IN dest,   接收消息的进程标识号；
IN tag,   消息标签；

IN comm, 通信域。

(6) 消息接收：MPI_RECV (buf, count, datatype, source, tag, comm. status) 表示从指定的进程 source 接收消息，并且该消息的数据类型与消息标识与本接收进程指定的 datatype 和 tag 相一致，接收到的消息所包含的数据元素的个数最多不能超过 count。status 是一个返回状态变量，它保存了发送数据进程的标识、接收消息的大小数量、标志、接收操作返回的错误代码等信息。接收到的消息的源地址、标志以及数量都可以从变量 status 中获取。如在 C 语言中，通过对 status.MPI_SOURCE、status.MPI_TAG、status.MPI_ERROR 引用，可得到返回状态中所包含的发送数据进程的标识、发送数据使用的 tag 标识以及本接收操作返回的错误代码。接收函数可以不指定 SOURCE 和 TAG，而分别用 MPI_ANY_SOURCE 和 MPI_ANY_TAG 来代替。

Fortran：MPI_RECV (buf, count, datatype, source, tag, comm, status, ierr)
    <type> buf(*)
    integer :: count, ierr, source, tag, comm, status (MPI_STATUS_SIZE)
C：int MPI_Recv (void * buf, int count, MPI_Datatype datatype,
    int source, int tag, MPI_Comm comm, MPI_Status * status)

参数说明：
OUT　buf,　　　接收消息数据的首地址；
IN　　count,　　接收消息数组元素的最大个数；
IN　　datatype,　接收消息的数据类型；
IN　　source,　　发送消息的进程标识号；
IN　　tag　　　消息标签；
IN　　comm,　　通信域；
OUT　status,　　接收消息时返回的状态。

此外，还有两个比较特殊的函数：

(1) MPI_Initialized ( )：若程序中不确定是否已经调用了 MPI_Init，可以使用 MPI_Initialized 来检查。它是唯一的可以在 MPI 中任何位置（在调用 MPI_Init 之前）调用的函数。

Fortran：MPI_INITIALIZED (flag, ierr)
C：int MPI_Initialized (int flag)

参数说明：
Out　flag, 如果 MPI_Init 被调用，返回值为 true，否则为 false。

(2) MPI_Wtime ( )：MPI 的时间函数，可以用于运行时间的测定。
int start = MPI_Wtime ( ); // Do some work
int end = MPI_Wtime ( );
int runtime = end - start;

图 2.6 展示的是一般的 MPI 程序设计流程图，从图中可以看出，MPI 程序结构较简单，这也是 MPI 能够被广泛应用的重要原因。其结构主要包括：加入头文件，MPI 并行环境的建立与初始化，获取总进程数及当前进程标识号，应用程序主体，最后退出 MPI 系统。

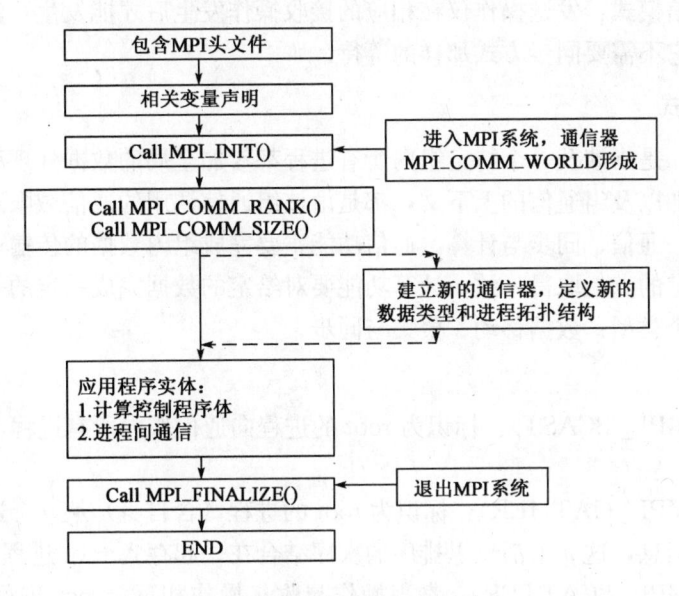

图 2.6　MPI 程序的一般结构

2. MPI 并行编程模式

MPI 具有 2 种最基本的并行程序设计模式：对等模式和主从模式；大部分并行程序都是这两种模式之一或二者的组合。并行程序设计的两种基本模式可概括出程序各个部分的关系。对等模式中程序的各个部分地位相同，功能和代码基本一致，只是处理的数据或对象不同；而主从模式体现出程序通信进程之间的一种主从或依赖关系。并行算法是并行计算的核心，用 MPI 实现并行算法，这两种基本模式基本上可以表达用户的要求，对于复杂的并行算法，在 MPI 中都可以转换成这两种基本模式的组合或嵌套。

3. 点对点通信模式

在点对点通信中，MPI 提供了 2 类发送和接收机制：阻塞和非阻塞。阻塞发送完成的数据已经拷贝出发送缓冲区，即发送缓冲区可以重新分配使用，阻塞接受的完成意味着接收数据已经拷贝到接收缓冲区，即接收方已可以使用；非阻塞操作在必要的硬件支持下，可以实现计算和通信的重叠。基于阻塞和非阻塞的机制，MPI 提供了具有以下语义的 4 种通信模式：标准通信模式、缓存通信模式、同步通信模式以及就绪通信模式。对于非标准通信模式，只有发送操作，没有相应的接收操作，一般用标准接收操作代替。

(1) 标准通信模式：由 MPI 根据系统当前的状况选择缓存发送或者同步发送方式来完成发送。当然缓冲是需要付出代价，它会增加通信时间，占用缓冲区等。

(2) 缓存通信模式：缓冲发送是假设有一定容量的数据缓冲区空间可以使用，发送操作可在相应的接收操作前完成，其完成则发送缓冲区可重用，但数据的发送其实没有真正地完成，而是把发送数据立即存入系统缓冲区中等待相应的接收操作发生并完成。

(3) 同步通信模式：采用同步通信模式的开始并不依赖于接收进程相应的接收操作是否已经启动，但在相应的接收操作未开始之前，发送不能返回。当同步发送返回后，意味着发送缓冲区的数据已经全部被系统缓冲区缓存，并且已经开始发送，发送缓冲区也可以被释放或重新使用。

(4) 就绪通信模式：发送操作仅在相应的接收操作发生后才能发生，其完成后则发送缓冲区可以重用，它不需要同步方式那样的等待。

4. 组通信模式

所谓组通信，是指涉及一个特定组内所有进程都参加全局的数据处理和通信操作。组通信由哪些进程参加以及组通信的上下文，都是由该组通信调用的通信域限定的。组通信一般可实现三个功能：通信、同步与计算。通信功能主要完成组内数据的传输；同步功能确保组内所有进程在特定的点上取得一致；计算功能要对给定的数据完成一定的操作。组通信操作基本可以分成三个类型：数据移动、聚集与同步。

1) **数据移动**

(1) 广播（MPI_BCAST）：标识为 root 的进程向通信域内所有进程（含自身）发送相同消息。

(2) 收集（MPI_GATHER）：标识为 root 的进程（含自身）从 n 个进程中的每一处接收一个私人化的消息，这 n 个消息以排序的次序结合在一起存入 root 进程的接收缓冲区中。

(3) 散射（MPI_SCATTER）：散射操作与收集操作相反，root 进程向 n 个进程中的每一个（包括自身）发送一个私人化的消息。对于所有非 root 进程，消息发送缓冲区被忽略。

(4) 组收集（MPI_ALLGATHER）：相当于通信域内每个进程作为 root 进程执行一次收集调用操作，既每个进程都收集到了其他进程的数据。

(5) 全交换（MPI_ALLTOALL）：每个进程向通信域内 n 个进程的每一个（包括自身）发送一个私人化的消息。

2) **聚集**

(1) 规约（MPI_REDUCE）：将组内所有的进程输入缓冲区中的数据按给定的操作 OP 进行运算，并将结果返回到 root 进程的接收缓冲区中。OP 为规约操作符，MPI 预定义了求最大值、求和等规约操作。

(2) 扫描（MPI_SCAN）：扫描操作要求每一个进程对排在它前面的进程进行规约操作，结果存入自身的输出缓冲区。

3) **同步**

路障（MPI_BARRIER）：路障操作实现通信域内所有进程互相同步，它们将处于等待状态，直到所有进程执行它们各自的 MPI_BARRIER 调用。

5. 编程实践：加速比测试

1) **问题与算法描述**

由于求 π 值的近似方法有很好的并行性，适合并行编程，所以选取计算 π 的值来进行本次测试。设计求 π 值并行算法的关键是构造一个合适的函数 $f(x)$，使它计算起来既简便，误差又小，即

$$\pi = \int_a^b f(x)\,dx = \sum_{i=1}^{N} h * f(x_i)$$

这里取 $a=0$，$b=1$，N 为子区间分割数，于是 $h=1/N$。

根据积分公式：
$$\int_0^1 \frac{1}{1+x^2}dx = \arctan(x) \Big|_0^1 = \arctan(1) - \arctan(0) = \arctan(1) = \frac{\pi}{4}$$

令函数 $f(x) = 4/(1+x^2)$，则有：
$$\int_0^1 f(x)dx = \pi$$

从而得 π 的近似公式为：
$$\pi \approx \frac{1}{N} * \sum_{i=1}^{N} f\left(\frac{i-5}{N}\right)$$

2) 编程实现

使用上述方法利用 C 语言进行编程，得到近似求 π 值的程序代码如下：

```c
#include" mpi.h"
#include<stdio.h>
#include<math.h>
double f (double);
double f (double x) {      /* define fuc f (x) */
  return (4.0/ (1.0+x*x));
}
int main (int argc, char * argv [])
{/* a value of PI */
int done=0, n, myid, numprocs, i;
double PI25DT=3.141592653589793238462643;
double mypi, pi, h, sum, x;
double startwtime=0.0, endwtime;
int namelen;
char processor_name [MPI_MAX_PROCESSOR_NAME];
MPI_Init (&argc, &argv);
  MPI_Comm_size (MPI_COMM_WORLD, &numprocs);
  MPI_Comm_rank (MPI_COMM_WORLD, &myid);
  MPI_Get_processor_name (processor_name, &namelen);
    fprintf (stdout," Process%d of%d on%s \ n", myid, numprocs, processor_name);
      if (myid==0) {
       printf (" Please give N (a integer) =");
       scanf ("%d", &n);                /* n=1000; */
       startwtime=MPI_Wtime ();
      }
    MPI_Bcast (&n, 1, MPI_INT, 0, MPI_COMM_WORLD); /* bcast n */
    h=1.0/ (double) n;    /* get the hight of martix */
```

```
    sum=0.0;              /* init the sum */
    for (i=myid+1; i<=n; i+=numprocs) {
        x=h * ( (double) i-0.5);
        sum+=f (x);
    }
    mypi=h * sum;
    MPI_Reduce (&mypi, &pi, 1, MPI_DOUBLE, MPI_SUM, 0,
                MPI_COMM_WORLD);
    if (myid==0) {/* print the result */
    printf (" pi is approximately%.64f \ n, error is%.64f \ n", pi, fabs (pi-
PI25DT));
        endwtime=MPI_Wtime ();
        printf (" wall clocktime=%f s \ n", endwtime-startwtime);
        fflush (stdout);
    }
    MPI_Finalize ();
}
```

算法实现中用到的 MPI 函数主要有：

MPI_Init——启动 MPI 计算；

MPI_Comm_size——确定进程数；

MPI_Comm_rank——确定自己的进程标识；

MPI_Get_processor_name——获取处理机名字；

MPI_Wtime——获取系统时钟时间，以便记录算法始末运行的时刻和计算算法总的运行时间；

MPI_Bcast——广播进程信息给该组的所有其他进程；

MPI_Reduce——归约，使各个进程所计算的值归约为一个值；

MPI_Finalize——结束 MPI 进程。

此外，比较重要的函数还有：

MPI_Send——发送一条消息；

MPI_Recv——接收一条消息等。

对于足够大的子区间划分数 N 和进程数 p，每个进程均衡完成的计算量为总计算量的 N/p。每一个计算进程通过 MPI_Bcast 函数将自己计算的结果传递给其他进程，最后由某一进程（标识数 Myid 为 0）利用 MPI_Reduce 函数进行归约，从而得到总的计算结果。其中子区间分割数 N 应取为足够大的正整数。

3）测试结果及分析

在设定计算参数时，选取子区间分割数 N 为 10^8。分别使用 1、2、4、8、16、32、64 个 CPU 进行计算。表 2.1 中给出的结果中包括子区间分割数，新计算出来的 π 值，误差数量级及本次计算所用时间。

精确 π 值的前 25 位为 3.1415926535897932384626 43。

表 2.1 测试程序运行结果统计

子区间分割数	CPU 数	所用时间, s	误差数量级	加速比	并行效率
10^8	1	8.386693	10^{-13}	—	—
10^8	2	4.197452	10^{-13}	1.998	99.9%
10^8	4	2.103540	10^{-13}	3.987	99.7%
10^8	8	1.062588	10^{-13}	7.893	98.7%
10^8	16	0.526585	10^{-14}	15.927	99.5%
10^8	32	0.267780	10^{-14}	31.319	97.8%
10^8	64	0.318129	10^{-14}	26.363	28.0%

通过对计算结果的仔细观察、分析和比较，可以得出如下几点结论：

(1) 精度方面：对表中数据简单分析可见，虽然子区间分割数取值较大，但 π 值只计算到小数点后 50 位，通过对已知精确值比较，误差在 10^{-13}～10^{-15} 之间。随着 CPU 数的成倍增多，所得结果的精度并未有大幅度的提高。

分析：由于算法设计本身的局限，虽然取到较大的子区间分割数，但是由于误差的叠加，精确度始终存在一个上限。单独增加 CPU 数并不能永远获得更高的精度。要得到更高精度，应该改进算法本身。

(2) 并行性能方面：多 CPU 的运行时间显示，此次测试的并行性能非常好。加速比基本以 CPU 个数为倍数线性增加，稍有下降。但在 64 个 CPU 处却出现突然下降，出现异常。

分析：算法的并行性较好，花在计算上的时间远超过通信时间，随着 CPU 数量增多，通信量相应增加，使加速比稍有影响，但影响不大，这说明计算量仍占据主要地位。在 64 个 CPU 处出现的加速比陡降是由于所用的 CPU 个数 64 超过了所用节点的所有 CPU 个数之和 58。这样系统默认将多出的任务分配给已用 CPU，大大增加了这些 CPU 的计算量和通信量，增加了所用时间。同时，由于使用了规约函数 MPI_Reduce，导致了其他进程对这些 CPU 的等待。增加的通信量对加速比造成的影响是非常大的，同时产生了消息传递延迟和同步等待延迟，致使其加速比远远低于期待值。

2.3 地震数据并行处理

地球物理软件是地球物理技术的重要载体和体现形式，加强地球物理软件开发是提升中国石油工业核心竞争力、中国石油企业走向国际的必然需要，地球物理软件发展是中国石油工业技术创新体系的重要组成部分。地球物理软件的发展必须紧密结合地球物理技术的发展特点和需求，同时必须准确把握信息技术的发展现状与发展方向。地球物理软件的发展应遵循"需求牵引，技术推动"的方针，即以地球物理技术发展需求拉动软件的发展，以信息技术的发展来推动软件的发展。

目前在石油勘探领域，为了提高分辨率，二维地震勘探已逐渐向三维地震勘探过渡，测线的布置也越来越密集，这就使得野外采集到的数据量成倍增长。以一个 100km² 的三维工区为例，其所采集的数据可以达到几百 GB 甚至上千 GB。对这样大的数据量要求进行高效高质量的处理，是普通计算机无法实现的。计算机领域一直是科技的前沿领域，随着高性能、大规模并行计算机的出现，使得高效高质量地震资料处理成为可能。

进入21世纪之后，多核并行计算技术、GPU计算技术、异构协同并行计算技术（FPGA、GPGPU）、SOA技术（封装成服务）、虚拟化技术、云计算技术、NoSQL数据库技术等得到了突飞猛进的发展。如今，64位软硬件技术已经成为主流，多核技术普遍采用，高密度超级计算机在石油行业应用广泛，国产化高性能计算机与世界领先水平的差距逐步减小。特别是网格技术的发展与应用将改变资源利用模式，使得并行计算在地球物理中的实际应用更加常态化、规模化。并行计算技术的发展可以提高整个地球物理资料处理的水平，给社会创造更多的经济效益；同时，各种技术进步又能促进计算机软硬件成本的降低，引入更多的计算机从事并行计算。

2.3.1 地球物理计算机的发展简介

电子计算机在诞生初期就被引入到地震勘探数据分析。早在1950—1952年间，美国麻省理工学院的研究人员在乔治·瓦德沃兹教授主持下，把著名数学家和控制论专家维纳的时间序列分析理论用于石油地震勘探研究，使用的旋风-I号计算机是当时世界上最快的计算机。但那只是一台裸机，要利用机器指令（加、减、乘、移位、读、写、传递、条件转换、停机及逻辑操作）写程序，所有地址和操作码均用八进制数代码；内存仅1024字，每字16位；没有浮点操作，也没有整数除法指令；用纸带作为输入设备，没有绘图仪。就是在这样环境下，他们完成了世界上第一批地震程序，每天用机一小时为Mobil等石油公司（当时可谓世界上最大的计算机用户之一）处理地震资料。这项工作的意义正像三十多年后美国的一个正式的国家委员会所指出的："维纳的经典数学论著《平稳时间序列的外推、内插和光顺》标志着一个新时代的开始。例如，由于应用维纳和列文逊的理论设计制造出了过滤噪音和识别地震信息的设备，于是就产生了当今规模宏大的石油勘探工业。信息处理技术已在勘探地球物理学中发挥了重要作用。"

计算机技术的进步推动了油气地球物理技术的发展，而油气地球物理对高性能计算的需求反过来又推动了计算机技术的进一步提高。例如，20世纪60年代末70年代初，IBM公司应西方地球物理公司要求研制了2938和3838数组处理机；又如，1966—1973年间，地球物理服务公司（GSI）的子公司得克萨斯仪器公司（TI）设计了一种"先进地震计算机（ASC）"，其关键设计是一个高速共享存储器，可以由多个处理器和通道控制器存取。ASC类似我国在1977年引进的CDC Cyber172-4计算机——由1个CPU（中央处理器）和10个较小的PPU（外围处理器）组成；四核ASC还是最早包含专门向量处理指令的计算机之一。虽然ASC没有成为主流地震计算机，但其超前设计在超级计算机发展历程中留下了不可磨灭的印记。

美国Tulsa大学Chris Liner教授曾经指出，地球物理历史与计算机技术历史是不可分割的。在过去40年间，国际上地球物理计算机经历了4次重大变革：

（1）20世纪70年代：主机＋数组处理机。数组处理机是一种外部向量协处理器，可以对数组进行操作（如地震数据处理中常用的相关、褶积和FFT等）。其典型代表是IBM2938数组处理机（1969）和IBM3838数组处理机（1974），以及FPS公司的AP2120B数组处理机（1975）。主机系统附加数组处理机后，价格只增加1/10，而处理地震数据的性能却提高了4倍以上。

（2）20世纪80年代：向量计算机。向量计算机对数据成批地进行同样的运算，以流水处理为主要特征。其典型代表是Cray-XMP（1982）、Cray-YMP（1988）、IBM3090

(1985)以及国防科技大学的YH-1银河巨型机（1983）。

(3) 20世纪90年代：工作站和并行计算机。交互处理与批量处理被集成起来在UNIX工作站和并行计算机上运行。工作站使用RISC（精简指令计算机）技术，其典型代表是DEC公司的DEC-station3100（1989）、IBM公司的RISC System/6000（1990）。并行计算机代表是IBM ScalablePower PARALLEL-2（1994）、Convex SPP-1000（1994）和SGI Origin2000（1996）。

(4) 21世纪：集群计算机（Cluster）。PC集群是由PC构成的一种松散耦合的计算节点集合。早在2000年，CGG即启动GeoCluster，所有CGG软件支持Linux，并通过优化用于Cluster架构。至2006年，CGG在世界范围的地震数据处理网络实时计算能力超过150Tflop/s（2005年为65Tflop/s，2004年为40Tflop/s，2002年为15Tflop/s）。

我国是20世纪60年代在油田开发领域计算机应用取得有益经验后，于70年代初开始在国产150机（当时国内最大的百万次级的计算机）上研究地震资料处理程序系统。1969年10月，国务院正式批准的"150工程"，由北京大学、电子工业部和石油工业部联合研制面向石油勘探的大型电子计算机；1973年8月27日《人民日报》头版刊登了《我国第一台每秒运行百万次的集成电路电子计算机试制成功》的消息；1973年10月正式生产国产150计算机，该机性能为：运算速度每秒100万次，CPU主频3.3MHz，1MB磁芯内存，150机仍然用机器语言编写程序，所有地址和操作码均用八进制数编码，配备了磁带输入机和剖面显示仪，占地700m^2。在这样环境下，研制了我国第一套地震资料处理程序系统，初期含18个处理功能，后来发展到50余个处理功能；1974年4月2日，首次使用150计算机成功处理了一条海上地震资料。这台机器在1974—1982年间共处理地震资料139038km，为我国地震勘探数字化奠定了基础。"150工程"在我国计算机技术发展历史和地球物理计算机应用技术发展历史中均占据了重要地位。

在硬件引进方面，1977年12月CYBER1724处理系统投产，运算速度每秒1000万次；1983年10月IBM3033处理系统投产，运算速度每秒3000万次；1986年12月IBM3081复合处理系统投产，运算速度每秒1.5亿次；1987年2月国产银河处理系统投产，运算速度每秒1亿次；1992年6月IBM3084/3084/3081复合处理系统投产，运算速度每秒2.7亿次；从1995年到1999年，共分3次引进了IBM-SP2（112个CPU）和SGI Origin2000（32个CPU），总计140个CPU，浮点运算能力为每秒851亿次。这是当时国内最大配置的并行计算机，每年可做少量的PSDM或PSTM。随后，一系列高性能PC Cluster集群系统相继投入使用。

在软件引进方面，1979年以来，我国陆续引进了各种型号计算机系统用于地震数据处理，其中有：在CYBER计算机上CGG公司GEOMASTER软件，在IBM大型机上西方物探公司SPS软件和GSI公司TIPEX软件，在VAX计算机上Cogniseis公司DISCO软件，在PE计算机上CGG的GEOMAXII软件和GSI的TIMAPIV软件等，均各有其特点。这些技术引进，促进了我国地震勘探数字化。20世纪80年代中期以来，我国又相继引进了一批地震解释系统，其中包括：CGG公司的INTERPRET，GSI公司的SIDIS，GeoQuest公司的IES，Landmark公司的A3DI和A2DI，Sierra公司的2DI、3DI和Stratlog及西方物探公司的CRYSTAL等。

在比较长的一段时间里，我国使用的地震软件主要靠进口。同时，在研究院及各主要油气田均建立了地震资料处理和解释中心，培养了一批地震软件队伍。在1986年组建的软件研究所，成为发展地震软件的中坚力量之一，在短短几年内完成了若干重大地震软件，其中包括：

（1）在银河亿次巨型机上建立了大型分布式地震数据处理软件系统，用于二维和三维地震数据处理。

（2）在国产千万次级大型机 KJ18920 机上建立了地震资料处理软件系统，用于西北石油地质研究所处理地震资料。

（3）利用国产阵列机建立起了多阵列机多辅助处理机地震并行处理软件系统。在 7 个单位安装了 15 套这种并行处理系统，成倍地提高了处理能力。

（4）研制成功了新一代的 GRISYS 地震资料处理系统，具有良好的可移植性，可用于二维和三维资料处理。仅在 1992 年 8～11 月间，GRISYS 系统的现场处理机版本已在胜利、冀东、中原、华北等 20 个单位安装了 40 余套系统，可谓石油物探领域国内第一套商品化地震软件。GRISYS 具有先进的地球物理操作系统和丰富的地震功能模块库。GRISYS 面向目标处理系统版本支持人机交互操作和处理解释一体化应用。

计算机技术的进步，推动了油气地球物理计算机应用技术的进步。回顾油气地球物理计算机应用 40 年历程，可以看到：

（1）国内计算机技术和油气地球物理计算机软件开发均取得了长足进步。在几个不同时期应用的国产计算机——150 计算机、银河巨型机和曙光 4000 集群计算机，均是当时国内最先进的计算机。在这些计算机上运行了研制的软件——150 计算机地震资料处理系统、银河地震数据处理系统、GRISYS 地震数据处理系统和 GeoEast 地震数据处理解释一体化系统。

（2）国内油气地球物理计算机更新较国外有所滞后，而且对先进技术的引进受到很长的时间限制。例如，1983 年引进了 IBM3033＋3838，而国外 IBM3033 在 1982 年 9 月就已经不再发展，被其后继者 IBM3081 替代；1991 年引进了 IBM3081 二手机，而国外 IBM3081 早在 1987 年就已经不再发展。

2.3.2　地震数据的并行处理技术

石油工业中对高性能计算需求最突出的是地震资料处理和油藏动态模拟，需要快速计算机，其解决的方法是并行处理。高性能计算的需求和计算技术的发展导致了计算机集群技术的发展和应用。相对其他并行计算机系统而言，计算机集群系统具有用户投资小、开发周期短、升级容易、扩展性好等特点，满足了石油工业对高性能计算的需求。集群计算机系统已经成为地震资料处理中心的标准配置。

随着计算机软硬件技术的发展，地震资料处理能力明显得到了提高，过去一些计算量巨大的工作（如叠前时间偏移处理），如今变成常规化处理流程，提高了地震资料的处理精度及解释水平，为进一步的石油勘探指明了方向。反过来讲，石油勘探节奏明显变快，各种潜在的利益驱动使得地震资料处理对计算机的速度、规模提出了更高的要求；特别是，随着处理解释一体化、交互化可视化处理技术等手段以及高密度空间采集、多波、四维、海上勘探等技术的发展与实际应用，在地震资料数据处理中需要引入更多、更高效的并行处理方法。对于大量地球物理应用程序，系统级的并行可以自动把作业分成并行部分和串行部分。系统利用对作业初步分析得到的信息，内部监控程序确定数据流特征，以及每个作业段的近似计算量，选择以并行方式运行的作业部分。应用软件并行化也包括重新设计一些程序，以便在应用程序内部直接并行化。

地震数据并行处理的编程环境通常有两种：

(1) 消息传送接口——MPI，可以用于C及Fortran语言的并行编程。

(2) 并行虚拟机，将不同类型的计算机构成一个虚拟的并行计算机。

地震数据并行处理一般采用如下几种模式：

(1) 数据分割并行。对大数据体进行分割，使用相同模块同时对分割数据进行处理。地震数据虽然庞大，但在处理时容易实现数据的有效分割及并行处理。例如，在做三维地震资料偏移处理时，可以以炮集为单位进行分割，然后分配到不同的处理单元上进行处理。

(2) 作业分割并行，也称其为流水式并行。先将一个作业进行分割，然后有序地将其在不同处理单元上进行处理。

上述两种并行模式属于粗粒度并行。

(3) 细粒度并行，即算法级并行。在地震资料处理流程中，各个流程的工作量是不均衡的；对于一些大处理量模块，需要引入针对性的并行算法，才能达到高效处理的目的。

地震数据并行处理任务间的通信模型有两种：

(1) 访问共享数据空间。所有处理单元可以访问一个公共的数据空间，编程较为简单。

(2) 消息传递。整个的并行处理系统由多个处理节点集合而成，各个节点间通过消息传递来交换数据。多数地震资料处理系统采用的是消息传递，尽管该通信模型较为复杂。

为了适应并行处理系统体系结构，在地震软件研究中，一方面要研制专用操作系统，支持新应用程序开发，另一方面要研究并行算法。例如，研究表明，相移法偏移 4000×500 数据集延拓2000深度点，需要200亿次浮点操作。一个完整的计算要求多个数据集，但是相移法外层循环可以并行化。在三个嵌套的循环中，只对二维数据点操作，即只要加载了200万个数据点就要执行200亿次浮点操作。也就是说，内存中每个操作数计算强度为1万次浮点运算。这种算法适用于并行处理。

1. 并行处理设计模式

并行技术设计模式提供对处理机间的进程高层次通信和同步机制的支持。并行程序的设计模式概念是从在大量并行应用程序（特别是中粒度和大粒度并行应用）中常见的并行程序设计技术的基础上抽象出来的。

常见的三种地震并行处理基本模式如下：

(1) 流水模式，也称为功能模块顺序分解，即把不同的功能模块分配在不同的处理机节点运行。这是最显而易见的。因为传统的地震处理过程总是组织成为一系列模块的"流程"，如果把这些模块分段放在不同的处理机节点运行，就可以构成流水方式。注意，一个作业被分成不同的阶段，每个阶段包含一个或多个顺序的模块，跨处理机分布。数据必须流经流水线的每个阶段。

(2) 扇出扇入模式，也称为克隆模式。克隆是复制一个应用模块，使它可以同时在许多个处理机上运行，因此，可以有大量相同的模块，针对不同部分数据工作。只有模块中确定读哪些数据的部分需要变化。这种设计模式的数据结构要求输出的子集仅依赖于相应的输入子集。一般来讲，应用或作业流的一部分可能是"可克隆的"，而剩余部分必须在单一节点运行，称其为部分克隆。因此，需要从这个单处理机扇出到"克隆"了的多个处理机，和从

"克隆"了的多个处理机扇入回到一个单处理机。这里，每个节点接受数据的子集、所有模块同步运行，当处理完成时数据同时输出。

（3）主从模式。通常有一个主节点运行主模块（B）和其他模块（A，C，D），另外还有多个从节点运行从模块（b）。从模块（b）由主模块（B）调用。例如，主节点从磁带或磁盘读输入道，并确定输入道应该映射到的面元，则传送数据道到该面元相应的节点，然后读入下一个输入道等。这样，从节点在其输入满足处理要求后，开始计算，完成计算后，通知主节点，并等待来自主节点的新输入。

可以根据实际需要，采用上述三种模式的复合形式。

2. 并行分解技术

前面讨论的都是在系统级实现并行的高层次抽象技术。利用高层次抽象的模式，可以在系统级实现模块间的并行。下面讨论通用分解技术，在应用模块内部实现并行处理。

（1）几何分解：程序模拟物理系统行为，通常包含数据结构，其组织类似被模拟的系统。在地震数据处理中，经常可以按照炮集、道集分割数据。

（2）迭代分解：利用许多串行程序包含循环的特点，每次迭代，做不同量工作。这种迭代分解通常直接支持多处理机，保持一个中心运行任务，按照需要把任务交给处理机。

（3）递归分解：把原来问题分割为两个或多个子问题，并发地解决这些子问题。每个子问题可以递归地分解。

（4）投机分解：在某些应用中，许多不同求解方法可以并行执行，只有第一个完成的结果被保留。

（5）功能分解：假定应用可以分成许多不同段。在常规计算系统中，大部分自然办法实现这种应用时写辅助程序，每个辅助程序尽量长，按次序被再次调用。如果这种辅助程序可以重叠执行，可以最简单地每个利用一个处理机。

3. 计算机并行技术的发展及其对地球物理的影响

传统的串行计算机程序使用一个处理器，每次执行一条指令，处理速度受限于数据在硬件上移动的速度。由于光速为 30cm/ns，铜线极限为 9cm/ns，移动速度存在物理限制。2007 年，微软公司的软件专家 Manferdelli 发表了一篇名为"大市场计算机系统的众核转折点"的文章，讨论了传统计算机串行性能的 3 堵墙：存储器墙、ILP（指令级并行）墙和功耗墙。目前乃至未来相当长时间内，高性能与低能耗都是衡量处理器优劣最重要的指标。随着计算机处理器主频的不断提高、工艺线宽的不断缩小，散热问题、电流泄漏等越来越严重，成为进一步提升主频的主要障碍。例如，计算机主频提高 20%，则功耗提高 50%，但是如果采用 2 个频率低一些的核，同样的功耗可以获得更高的性能。基于这样的原因，计算机厂家纷纷推出双核、四核乃至更多核的计算机处理器。

目前计算机的第一个发展趋向是：性能提升方式从"提高主频"变为"增加核"，实现从多核（Multicore）到众核（Manycores）架构的转变。有人预测，主流计算机处理器核数量每隔两年就会翻一番，即 2009 年为 8 核，2011 年为 16 核，2013 年为 32 核。当然，实际上处理器的发展能否按照这样的指数速率保持持续的增长还是一个未知数。沿着这一趋向发展，未来可能开发出大规模核，即一块芯片能容纳数千个处理核。以往的经验是，随着计算机主频的提高，串行程序性能随硬件性能提高而明显提升（有人称之为"免费午餐"）；如今在多核、众核情况下，随着核数量增加，串行软件的性能增长明显低于硬件性能增长。因此，增加核需要并行程序设计。

计算机的第二个发展趋向是异构，它包括：

(1) 芯片级多处理器 CMP，由多核通用 CPU 和多核协处理器异构耦合而成。通用核负责串行处理和控制，协处理器负责密集型计算任务，如 IBM 的 Cell。

(2) 节点级异构，即将 GPU、FPGA 等作为协处理部件，通过高速接口与主机连接。GPGPU 是异构处理器近年来最热门的研究领域，它利用 GPU 进行通用计算，而非 3D 绘图。GPU 作为协处理器，通过快速总线（如今大约为 8.5GB/s）与 CPU 连接，执行大规模并行任务；CPU 则执行控制和通用串行操作，通过程序将数据拷贝到 GPU 并取回结果，具有共享的功能部件和分级存储器体系。GPU 具有很多浮点计算部件、并行的存储架构、特殊的逻辑电路，价格低廉、使用广泛。目前正在使用的 NVIDIA GPU 卡大约有 6000×10^4 个，还有许多潜在用户。图 2.7 是 Telsa S1070 配置的示意图，其中，HP CPU 连接 4 个 Telsa T10GPU，每个 T10 具有 4GB 存储器、30 个处理器和 240 个核。一些地球物理公司开始应用基于 S1070 的集群计算机，例如，由 736 个节点 S1070 组成的集群计算机。

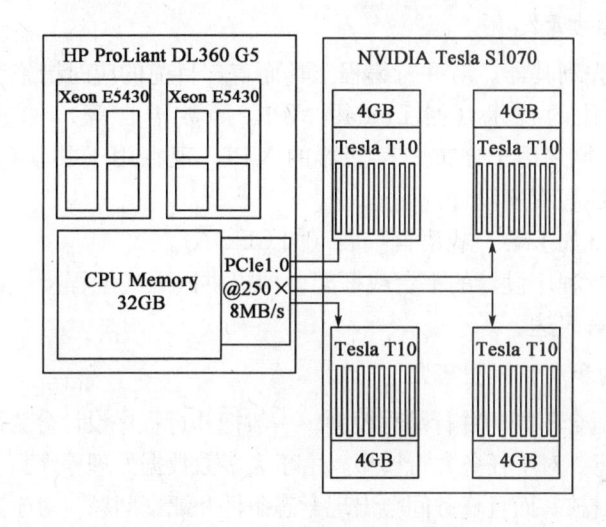

图 2.7 Telsa S1070 架构

(3) 系统级异构，即将不同体系结构的系统通过高速、灵活的互联网络连接起来，如 IBM 的 RoadRunner。这是当时世界上最快的计算机，至 2008 年 5 月 25 日，其运算能力已达到 1.026Pflop/s。

1) 计算机变革对物探软件开发技术的挑战

众核处理器正在引发编程模型的变革，正如美国能源部内部报告所指出的"最终目标是众核，其意义如同从向量机到大规模并行处理机 MPP 转变"。微软公司 Burton Smith 认为"众核转折点，也称为通用并行计算，是对工业的新挑战"。斯坦福大学 William Dally 认为"众核并行编程模型是关键问题"。也有人提出"普适并行程序设计"。用美国 Rapid Mind 公司的计算机科学家 MichaelMcCool 的话说，就是："所有的处理器都将是多核，所有的计算机都将是大规模并行，所有的程序员都将是并行程序设计员，所有的程序都将是并行程序"；遇到的挑战不是"高性能计算专家如何编这种机器的最佳程序"，而是"主流软件开发者如何编这种机器的最佳程序"。

国际上许多计算机科学家纷纷呼吁发展新的程序设计模型，例如，MIT 的 Charles

Leiserson 称"串行计算时代已经结束（The Age of Serial Computin gis Over）"；Microsoft 的 HerbSutter 称"免费午餐已经结束（The Free Lunch Is Over）"；Berkeley 的 Dave Patterson 称"程序设计的拉兹男孩时代结束（End of La-Z-Boy Era of Programming）"。

最近国际上最新推出的主流物探软件均具有两个特点：一是支持技术集成，二是支持多核处理器。例如，Landmark 图形公司 2009 年 1 月推出的在多核 CPU 上有效管理数据的 Seis Space R5000 软件，支持处理和解释流程协同工作和叠前数据解释、3D、4D、5D（叠前）数据可视化；Paradigm 地球物理公司 2009 年 2 月宣布，具有多核建模能力的 SKU-A2009 软件可以在地震和油藏模拟之间架设桥梁。

2005 年推出的 GeoEast 地震数据处理解释一体化系统，已经具有统一的主控、统一的系统服务、统一的应用框架、统一的软件平台，可提供良好的应用集成环境。

现在，物探软件开发的主要技术挑战之一是：如何发展面向多核、众核的并行程序设计机制。应对措施包括：注重并行编程工具的开发；研究并行算法结构和编程模型；注重程序优化；注重人机交互并行程序研究。

2）并行编程工具的开发

工欲善其事，必先利其器。对并行编程工具而言，目前的应对措施有：

——重新研究以往的技术（如 Linda、MPI、函数语言等），扩充现有的语言（如 OpenMP 等）。例如，原来用于分布式存储器的 MPI，现在用于共享存储器也很有效；又如，OpenMP 支持多线程程序设计。

——利用新语言（如 Java）或语言扩展（如 CUDA）。

——构建支持并行程序设计的平台或框架。即提供嵌入式编程接口，使其如同库一样使用，可采用专门的语言表达。

3）并行算法结构和编程模型研究

不同的编程工具适合不同的并行编程模型。一般把并行程序设计分为两大类，其一是任务并行，其二是数据并行。对于任务并行模型，由于大多数数据处理程序只有少量不同任务，自然不能扩展到任意数目核，而且任务间会出现竞态条件和死锁问题。对于数据并行模型，核越多则并行性越高，并且支持流式数据存取，有效利用了存储器。数据并行程序设计较容易调试并能避免竞态条件与死锁问题，特别适用于计算密集的核芯，因而具有良好的发展前景。

在数据并行模型中，目前最热门的研究领域是 MapReduce——Google 提出的一个编程模型，用于大规模数据集（大于 1TB）的并行运算。用户指定一个 map 函数，通过 map 函数处理 key/value（键/值）对，产生一系列的中间 key/value 对，并且使用 reduce 函数来合并所有的具有相同 key 值的中间 key/value 对中间的值部分（图 2.8）。MapReduce 适合粗粒度数据并行，有很好的可扩展性，且简化了编程复杂度，一些串行算法不加修改即可使用，有运行时支持。MapReduce 模型有运行时系统管理并行操作和数据访问，负责进程调度、负载均衡和容错处理等，可以显式指定计算的数据依赖性。由于任务间没有数据依赖关系，可以高度并行执行。Map Reduce 编程模型如图 2.8 所示。

4）程序优化

使用并行程序设计模型和工具，需要有优化过程。举例说明如下：

（1）MPI 在传送数据时，数据块大小明显影响传输率。DaveTurner（Ames 实验室）在双处理器 Compaq DS20 计算机上所做的节点间通信"乒乓"测试结果表明：当传送数据块小于

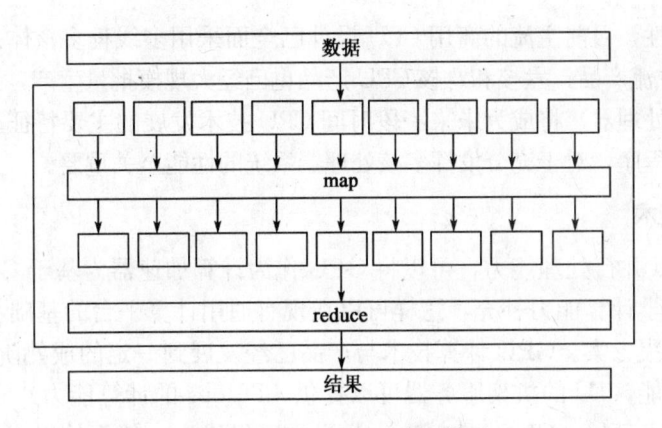

图 2.8 MapReduce 编程模型

4096 Bytes 时，传输率低于 10MB/s；而当数据块大于 262144 Bytes 时，传输率超过 60MB/s。

（2）即使利用在 GPU 上进行计算的新架构——CUDA，采用不同优化手段的效果差异也非常大。Geoscience Technology Hess 公司对 Kirchhoff 叠前深度偏移不同程序版本（版本 1～版本 9）执行偏移计算的能力进行了如下测试：使用纹理存储器；共享存储器图像单元；全局存储器合并；数据道共享存储器使用减少；优化共享存储器使用；整理 if 语句使用，消除或替换某些数学运算；消除 if 和 for 语句；纹理存储器用于获取数据道。结果表明，GPU 程序的初始版本和版本 1 性能低于 CPU 程序，而后来几个优化的 GPU 程序版本性能明显高于 CPU 程序，是 CPU 程序的 10 倍以上。这说明存储器使用优化以及消除 if 与 for 语句，对于计算效率有很大的影响。而 GPU 偏移操作的理论最高速度可达到（70×10^6）次/s，远高于所有这些版本程序。

（3）Colorado 矿业学院的 Dave Hale 曾经利用矩阵乘（C＝A×B）的 Java 语言程序不同版本讨论了程序优化的重要性。

串行版本：单线程程序，在一个四核系统上运行并不比在单核系统上运行快，1 个 CPU 完成所有的工作，其他 3 个 CPU 空转。

多线程版本 1：在指定的线程组启动后汇合，用 Java 的 Threads 和 Runnable 类容易实现，但是这个多线程程序并不快。

多线程版本 2：利用 Java 的 AtomicInteger 类保存共享的外循环下标和增量，4 个线程不需要执行等量工作，所有线程持续运行，速度大约为单线程版本的 4 倍。

2.3.3 地球物理软件的一些新技术

信息技术发展迅速，软件技术也日新月异。近期出现的一些新技术可能将对未来地球物理软件的发展产生深远的影响，如多核并行计算技术、GPU 计算技术、异构协同并行计算技术、SOA 技术、虚拟化技术、云计算技术、NoSQL 数据库技术、脚本语言技术等。

1. 多核并行计算技术

长期以来，计算性能的提高主要得益于微处理器工作频率的提高，莫尔定律主宰着信息技术发展的步伐。然而，主频的提高带来的系统发热问题日趋突出，系统功耗不断上升。因此，近年来 CPU 技术的发展采取了新的思路，主频提高的步伐放慢甚至停止，而提高处理器并行处理能力逐步成为主要技术思路。为了保证微处理器芯片性能的持续提高，更重要的是为了降低芯片功耗和复杂性，目前主流的商用CPU设计已全面采用多线程多核体系结构，双核和四核已成为CPU的主流产品，六核和八核CPU产品也已经大规模批量生产，预计处理器核的持续增加（称为众核处理器）将成为未来一段时间CPU技术发展的主要特征。如何快速有效地开发多核并行计算程序，对于充分发挥多核处理器系统的性能至关重要。

2. GPU计算技术

充分利用GPU并行处理能力，可以将GPU作为计算加速器为基于CPU的通用计算平台提供高性能的科学计算能力补充，这样可以在现有通用计算平台的基础上实现高性能价格比的高性能计算解决方案。GPU计算技术与产品已经发展到一定的成熟阶段，GPU计算产品已达到很高的性能（1U的机架服务器可以提供4TFlops的计算能力）和较高的性能价格比，相应的软件开发环境（CUDA与OpenCL）也已经推出，从而使得GPU计算平台上的应用软件开发比可重构计算平台上的应用软件开发要容易得多，这一点使得GPU计算技术将可以更早地广泛应用于地球物理领域。地球物理计算的特点决定了GPU在未来地球物理计算中将发挥越来越重要的作用，而推动这一工作进程的关键是软件开发与移植工作。

3. 异构协同并行计算技术

在传统CPU由单核向多核（众核）发展的技术路线以外，当前活跃着几条新的技术路线，它们可能代表着未来高性能计算技术发展的重要方向。一个重要方向是基于FPGA（现场可编程门阵列）的可重构计算技术，另一个重要方向是基于GPU的通用计算技术即GPGPU技术。以CPU+GPGPU混合加速为特征的异构并行计算系统将成为未来十年高性能计算的主流产品。无论是国际上还是国内，代表当前最高计算水平的千万亿次计算机系统都是采用了这种异构并行计算系统架构。如何构建异构并行计算系统上的多层次并行计算软件开发框架和编程工具，促进大规模并行计算应用软件的开发与移植，是实现异构并行计算系统大规模普及应用的关键。

4. SOA技术

SOA是一种架构模型，它可以根据需求通过网络对松散耦合的粗粒度应用组件进行分布式部署、组合和使用。面向服务架构（SOA）技术已经成为当前软件技术发展的一个热点。通过面向服务架构的应用部署和面向服务的软件开发，将具有特定功能的应用软件封装成服务，可以将该服务集成到业务流程和应用系统中去。SOA的关键是"服务"概念，服务层是SOA的基础，可以直接被应用调用，从而有效控制系统中与软件代理交互的人为依赖性。在SOA中，资源被作为可通过标准方式访问的独立服务，提供给网络中的其他成员。与传统的系统结构相比，SOA规定了资源间更为灵活的松散耦合关系。

SOA的基本特征包括：可从企业外部访问，随时可用，粗粒度的服务接口，分级，松散耦合，可重用的服务，标准化的服务接口，支持各种消息模式，精确定义的服务契约。

SOA具有编码灵活性、支持多种客户类型、易维护、更好的伸缩性、更高的可用性等优点。SOA能够帮助人们站在一个新的高度理解企业级架构中各种组件的开发、部署形式，它将帮助企业系统架构者以更迅速、更可靠、更具重用性架构整个业务系统。较之以往，以SOA架构的系统能够更加从容地面对业务的急剧变化。

5. 虚拟化技术

虚拟化是资源的逻辑表示，它不受物理限制的约束。这里的资源可以是CPU、内存、存储、网络等硬件资源，也可以是各种软件环境，如操作系统、文件系统、应用程序等。虚拟化的主要目标是对包括基础设施、系统和软件等IT资源的表示、访问和管理进行简化，并为这些资源提供标准的接口来接收输入和提供输出。虚拟化从划分物理资源和逻辑资源的角度为系统管理员、软件开发者、服务提供者创造了丰富的解决方案。

虚拟化分基础设施虚拟化、系统虚拟化、软件虚拟化三大类型，而基础设施虚拟化包括网络虚拟化和存储虚拟化两类。

系统虚拟化的核心思想是使用虚拟化软件在一台物理机上虚拟出一台或多台虚拟机，提供硬件共享、统一管理、系统隔离等。系统虚拟化的最大价值体现在服务器虚拟化，可以有效提高资源利用率、应用兼容性、服务可用性，加速应用部署，动态调度资源，降低运行成本和能源消耗。系统虚拟化的另一应用是桌面虚拟化，同样可以在一个终端环境下运行多个不同的系统。桌面虚拟化将用户的桌面环境与其使用的终端设备解耦合，每个用户的桌面环境完整地保存在服务器上，用户可以用任何具有足够显示能力的兼容设备（如微机、智能手机、掌上PDA等）来访问和使用自己的桌面环境。通过桌面虚拟化，所有数据和认证都能够做到策略一致、统一管理，有效提高企业的信息安全级别，简化轻量级客户端架构。桌面虚拟化技术是瘦客户端系统部署的基础。

软件虚拟化包括应用虚拟化和高级语言虚拟化两种。应用虚拟化将应用程序和操作系统解耦合，为应用程序提供了一个虚拟的运行环境。当用户需要使用某种应用程序时，应用虚拟化服务器可以实时地将用户所需的程序组件以流的方式推送到客户端的应用虚拟化运行环境。虚拟化使应用可以运行在任何共享的计算资源上。

6. 云计算技术

云计算是一种共享的网络交付信息服务的模式，云服务的使用者看到的只是服务本身，而不用关心相关基础设施的具体实现。云计算既指互联网上以服务形式提供的应用，也指在数据中心中提供这些服务的硬件和软件。在云计算中，硬件和软件都是资源并被封装成服务，这些资源在物理上分布式共享，但在逻辑上以单一整体的形式呈现，可以根据需要进行动态扩展和配置，用户可以通过互联网按需地访问和使用这些资源，按实际使用量付费，但无须管理这些资源。

从技术层面看，云计算的产生是芯片及硬件的飞速发展、虚拟化技术的成熟、SOA的广泛应用、软件即服务（SaaS）模式的流行、互联网技术的发展、Web2.0技术的流行等六个方面原动力作用的结果。虚拟化技术是云计算中最关键、最核心的技术原动力，SOA为云中资源与服务的组织提供可行的方案，软件即服务是云计算的先行者，随处可用的互联网使得云计算中跨地域的资源共享和服务成为可能，Web2.0提供了云计算的接入模式。

按服务类型，云计算可以分为三种类型，即基础设施云、平台云和应用云。这反映了云架构的基本层次，即典型云架构分基础设施层、平台层和应用层三个层次。云计算是一种革命性的计算模式，完成了从传统的、面向任务的单一计算模式向现代的、面向服务的多元计算模式的转变。云计算的出现，可以优化产业布局，推进专业分工，提升资源利用率，减少用户的初期投资，降低管理开销。

IBM公司于2010年推出了面向云环境的软件开发解决方案，包括"面向云计算的Rational软件交付服务"和"云环境下IBM智慧的业务开发与测试"，旨在加快企业应用的创建与交付。

2.3.4 地球物理软件技术发展趋势

地震软件正处于更新换代之中。以西方地球物理公司为例，从1964年就开始与IBM公司合作研制的SPS地震处理系统，有300多处理功能，2000多子程序库，一直使用到20世纪80年代末，由交互系统IQueue替代。最近又推出了新一代Omega系统，适用于从工作站到巨型机的Unix系统平台。同时，CogniSeis公司也是在20世纪80年代末推出交互DISCO，而最近又推出了新一代面向对象交互处理系统FOCUS。我国地震软件产业还很薄弱，应该在研究物探数据处理新方法的同时，致力于研究软件集成化、可视化、并行化技术，加强对外开放和合作，利用新技术，提高软件生产率，使我国地震软件事业不断发展。

地球物理软件技术的发展趋势既受石油勘探开发需求和地球物理技术发展需求的制约，又受信息技术尤其是软件技术发展的影响。地球物理软件的发展与其他领域应用软件的发展既有一定的共同特征，又有一定的特殊性。这里仅从宏观上而不是技术细节上来分析地球物理软件技术的发展趋势。

1. 集成化

集成化即一体化，已经成为近年来石油勘探开发应用软件发展的一个重要特征。在系统平台中采用统一的数据模型和数据管理系统，共享统一地学数据库和油藏模型，实现统一的用户管理、工区和项目管理，在统一的用户界面下实现对所有应用功能的访问，实现勘探与开发阶段工作流程的一体化、数据处理和分析解释的一体化，实现支持面向油藏建模和油藏管理的多种油藏地球物理技术应用和油藏动态模拟等油藏开发技术的应用，以形成跨越不同阶段应用功能的无缝集成，而无须在不同应用系统之间进行切换，无须在不同应用系统之间进行数据传输和格式转换。简而言之，实现数据存储管理的一体化、用户界面的一体化、不同学科应用的一体化、工作流程的一体化、不同阶段业务工作的一体化，以及分布式计算资源、存储资源、输入输出资源、可视化资源管理的一体化，是一体化即集成化的未来发展目标。

2. 平台化

平台软件已经成为当前软件发展的一个重要方向，石油工业也不例外。平台化的要点是：充分考虑石油勘探开发中不同学科的应用人员对软件开发和应用的不同需求，既要满足不同专业的需求，又要满足开发人员和应用人员的需求；既要方便开发人员将该平台作为软件开发平台进行的专业应用系统的开发、功能增强二次开发，又要方便软件应用人员将该平台作为软件集成平台进行应用系统的集成应用。

平台化是发展大型应用软件系统的必然需要，平台化也要求人们采用先进的软件架构。基于先进的软件架构，地球物理应用软件平台可以采用软件组件技术以积木式构建的方式添加新的软件功能，扩展软件应用领域。平台化对软件系统稳定性、可靠性提出了较高的要求，对软件的生命周期也提出了更高的要求，要求软件设计具有较强的超前性和系统性，并在采用先进技术与成熟技术方面实现良好的平衡。

3. 协同化

在通信、数据存储、信息共享和应用集成的基础上，越来越多的企业通过网络来实现企业的业务流程重组和全球协同工作，从而明显改善了企业的快速响应能力，降低了企业的运营成本。在网络技术、数据管理技术、虚拟现实技术支持下实现多学科工作组的协同工作，在一个虚拟环境下直观、深入、全面地进行勘探开发决策和方案设计，提高决策效率和决策水平。基于 Web 的网络计算模型，可以在异构、分布式系统环境下实现对勘探开发数据进行存取、处理、分析的协同工作框架，可以通过互联网访问远端数据、运行远端应用、使用远端资源、提供远程研究团队的知识共享和协同工作，密切了客户和服务商之间的合作关系，为多学科合作提供了便利，缩短了项目周期，加快了决策进程。

通过高速卫星数据网络、现代 3G/4G 通信网络实现地震勘探数据采集点（采集船）与远程处理中心、客户之间的连接，使得客户可以在数据采集阶段对项目进展有实时而全面的了解和更强的控制，客户解释人员在采集阶段直接参与资料的质量控制有利于及时调整采集参数、提高采集数据的质量，也有利于缩短处理周期。现代网络和通信技术的发展为地震数据采集队（船）与数据处理中心、研究中心和客户的交流、数据传输提供了便利的手段，随着无线通信网络带宽的不断提高和商业化，有望实现"实时地震勘探"。

4. 网格化

地球物理勘探对高性能计算需求强劲，人们不仅需要一台台超高性能的计算机（如高性能集群计算机系统）来完成各自的数据处理和分析解释任务，同时也希望将不同地理位置上分布的、异构的多种计算资源通过高速网络连接起来，共同完成计算问题，以满足巨大计算任务的需求，同时也希望实现其他计算资源的共享和协同工作。石油工业需要应用网格计算技术来构建业务流程的基础设施，全面实现信息共享、数据共享、存储共享、计算资源共享、软件资源共享、知识共享和协同工作等。

在地球物理勘探中应用网格计算技术，可以带来以下应用效果和效益：提高现有资源的利用率，降低运作成本；使地震成像等高端技术实用化；缩短处理周期，提高处理质量；增加灵活性，产生新的服务模式；实现支持异地、分布式的数据处理、资料解释、可视化分析与设计、多学科决策等一系列远程协同工作甚至全球协同工作。石油勘探开发行业是一个高度依赖于信息技术的行业，网格将成为勘探开发行业应用的基础设施，形成服务于石油勘探开发业务的信息网格、数据网格、计算网格、知识网格和协同工作网格。

当然，随着云计算技术的发展，云计算可能在继承与发展网格计算技术的基础上替代网格计算，成为未来提供的一种主流技术或应用模式，为地球物理软件的服务化提供技术基础。

5. 服务化

服务化可以是狭义的基于 Web 服务技术的应用服务化，也可以是广义的通过通用的、统一的应用门户注册和应用的应用服务化。云计算技术的发展，极大地推动了服务化趋势。作为一种新兴的计算模式，云计算能够将各种各样的资源以服务的方式通过网络交付给用户，这些服务包括种类繁多的互联网应用、运行这些应用的平台以及虚拟化后的计算与存储资源。典型的云架构分三个层次，即基础设施层、平台层和应用层，它们对应着三种服务层次，它们是基础设施即服务（IaaS）、平台即服务（PaaS）和软件即服务（SaaS）。

云计算技术的发展，使得一些新的商业营运模式和服务模式成为可能。例如，通过 IaaS 提供高性能计算与存储资源，通过 SaaS 为地球物理数据处理和分析解释用户提供计算资源和应用软件资源的捆绑服务，用户可以按需使用、按使用付费，无须购置大规模软硬件设备；大型技术研究和服务机构可以构建地球物理云，提供面向技术开发、数据处理、解释用户的 IaaS、PaaS、SaaS 等服务；小型技术研究和服务机构可以租用 IaaS 和 PaaS 服务资源进行技术研究与软件开发，并为石油勘探开发用户提供特色技术的应用服务。

第3章 地球物理软件结构设计框架分析

3.1 软件平台、体系结构与框架综述

近十多年来，国内外石油工业界都十分重视发展油气勘探软件集成平台。应用软件集成（integration）有不同的级别。例如，有的把勘探软件集成分为数据共享、事件共享、对象共享等层次；也有的把勘探软件集成分为静态集成、动态集成、工作流程集成等层次。无论要实现哪种层次的集成，首先都应该重视研究软件体系结构（Software Architecture）。一个系统的软件体系结构由大粒度的软件构件组成，描述系统的组成部分以及在更高层次上这些组成部分如何互动。软件体系结构是大型软件系统设计的重要环节，对于在高层次理解、分析和设计软件非常重要。软件体系结构能提供在整个软件开发过程中共同沟通的基础，指导软件开发团队在关键决策方面达成一致，形成共识；能提供系统原型分析的基础，有助于减少软件开发风险，并估计系统的性能；是最早期的软件设计决策，提供详细设计和软件组织结构的约束；能提供系统的抽象，表示系统结构的模型、系统是如何协同工作的。研究系统在配置不同环境应用时，软件体系结构也有重要价值。

3.1.1 软件平台

开发油气勘探计算机软件系统是一项非常复杂和困难的任务。人们发现，在油气勘探计算机软件系统开发中，大量的程序设计工作花费在系统的底层，而只有少量时间花费在真正的业务领域功能。在这样的情况下，油气勘探软件非常重视软件平台工作。

不但在石油勘探领域，在科学与工程其他计算机应用领域，软件底层研发的困难、软件产品与用户环境和数据整合的困难，也一直是困扰计算机软件开发和应用的两大难题。正是为解决这两大难题，软件平台应运而生。

什么是软件平台？软件平台是指支持软件开发，支撑应用软件运行的软件系统。软件平台并非新概念，它由来已久。通常的操作系统、数据库，就是属于软件平台（也称为操作系统平台）。目前软件平台所发生的变化，是在应用程序与操作系统平台（这些被看做"外部环境"）之间增加了应用软件平台。例如，国际计算机厂家协会定义的公共应用环境 X/Open 体系结构中，考虑了三个实体：应用软件、应用平台和外部环境（图3.1）。

应用平台实体提供支持软件实体的必要环境。石油技术开放标准协会 POSC 的软件集成平台的概念与X/Open 体系结构一致。20世纪90年代初，由国际许多综合油气公司、服务公司和研究机构支持的石油技术开放标准协会 POSC 提出的软件集成平台（SIP），就是石油工业上游的一种业务基础软件平台。POSC

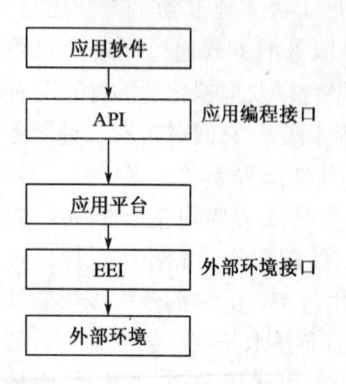

图3.1 X/Open 体系结构中的应用平台

把软件平台定义为：应用软件与其运行环境（数据、用户、系统软件和通信）的接口（图3.2）。

虽然POSC提出的软件集成平台的一系列标准和规范至今很少被完全实现，但是在推动工业界协作，发展石油工业上游应用软件互操作方面仍起着重要作用。

地球物理应用软件平台的开发，是实现地球物理软件对应用技术与工作流程一体化支持目标的前提和基础。地球物理软件平台的功能需求可以概括为以下诸方面：

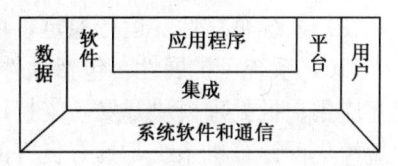

图3.2 POSC软件集成平台（SIP）

（1）一体化地学数据模型（多学科共享数据库）与统一的数据管理工具。

（2）一体化软件开发平台，包括数据平台、图形平台、可视化平台以及通信平台。

（3）一体化应用集成框架。交互应用程序框架：包含架构组件和业务组件，支持快速交互应用程序开发和集成，支持分布式应用，支持功能的即插即用；批处理模块程序框架：包含控制架构、开发模板、通用模块等，支持数据处理模块开发和集成，支持模块代码自动生成、编程、编译、调试、注册，支持大规模并行计算。

（4）应用程序运行方式：支持交互式运行、批处理运行，支持大规模并行化计算，支持基于网络的应用模式（C/S、B/S等）。

（5）地学数据处理作业流程管理：支持作业流程的交互建立、编辑、保存、检查、提交等。

（6）批处理作业执行与运行监控：支持作业运行、监控、控制、异常处理、日志等。

（7）统一的系统主控程序或网络应用门户：支持子系统或实用工具扩充、软件配置、个性化设置、许可证管理等。

（8）系统资源配置与运行监控：支持可用资源监控、运行状态监控、故障报警、运行资源统计等，资源包括CPU、内存、磁盘存储、网络等。

（9）作业调度：支持多用户、多作业、多类型、多节点、并行系统作业调度，支持多种调度策略、作业记账与信息统计。

随着勘探开发需求和地球物理技术的不断发展，未来十年内地震勘探项目的数据量将达到PB级（1000TB即10^{15}字节）规模，计算量将达到10^{23}级（即100ZFlops）规模，海量数据管理和巨量计算成为地球物理软件面临的两大主要挑战。但是，对于地球物理软件尤其是软件平台发展而言，其性能要求是多方面的，主要包括：

（1）海量数据管理：支持1000TB级（1PB，10^{15}字节）规模项目的数据管理，支持单数据集的多文件、分布式存储；单项目支持100万炮，每炮100万道，每道100000个样点。

（2）巨大并行计算：支持1000Tflops级（Tflops：每秒万亿次浮点运算）或万核级并行计算系统，支持多节点、多处理器、多核、GPU等多层次并行计算，应用支持1000~10000万核级并行。

（3）高性能可视化：支持1~10TB级规模数据的实时三维可视化。

（4）支持动态地学数据模型：时变、多版本。

（5）系统伸缩性：支持桌面机（台式机、笔记本机）、工作站（单CPU）、服务器（SMP）、大型并行计算系统、异构协同并行计算系统等多种运行环境。

（6）支持多用户应用：用户数大于100或更高。

(7) 系统安全性：包括应用系统安全、数据安全、应用许可管理。

(8) 系统可管理性：硬件系统资源与软件系统组成可配置。

(9) 系统可靠性：运行稳定，可用性大于 99.7%（每月故障时间小于 2h）。

(10) 系统可扩展性：包括软件可扩充性，功能易于扩充，便于二次开发，支持第三方交互应用、批处理模块开发，支持即插即用；硬件可扩展性，支持单机、多处理器服务器、大规模集群计算机系统，具有良好的并行计算效率；支持云计算环境，支持大规模资源动态配置。

(11) 系统容错性：操作容错处理，大规模并行计算的容错处理、断点保护。

(12) 系统易用性：操作简单、使用方便、错误检查容易。

(13) 标准化：支持主流应用环境，支持标准化数据输入、数据输出和绘图。

(14) 生命周期：大于 10~15a。

大型石油企业迫切需要发展一个石油勘探开发一体化应用软件平台作为油气勘探开发数据处理、数据分析、综合解释、油藏描述、油藏动态管理等石油勘探开发领域的技术研发和集成平台，来支撑石油勘探开发技术的长期、可持续发展，在此基础上根据实际地质条件和勘探开发需求发展一系列有针对性的核心技术、关键技术和特色技术。

国内外所有大型地球物理软件系统都有自己的基础软件平台支撑，在统一基础软件平台支持下开发的应用软件系统具有更好的稳定性、可扩展性，在软件开发上具有更高的代码重用性、软件易维护性和更高的软件开发效率。

地震数据处理解释是石油勘探领域信息技术应用最早、最广泛的领域，它一方面高度依赖于高性能计算技术的发展，同时也高度依赖于地震处理方法技术及其承载实体——软件技术的发展。因此，地震数据处理解释软件平台的发展在石油勘探开发软件领域中具有极其重要的地位，对地球物理技术的发展具有重要的支撑、促进与推动作用。地震数据处理解释软件平台将成为石油物探技术发展、技术集成和软件产品开发的软件支撑平台，上游技术创新的技术支撑平台，并将提高中国地球物理技术创新能力。

(1) 软件平台建设与应用开发滚动式发展。

软件平台建设与应用开发滚动式进行，以解决平台开发周期过长和应用开发需求迫切之间的矛盾，并通过这种滚动式开发检验、修正和完善平台的设计与开发，以满足应用开发对基础软件平台功能与性能的需求。同时，通过这种滚动式开发，可及早地分享软件平台开发的成果和回报。

(2) "大而全"与"小而特"并举发展模式。

从总的发展趋势来说，发展大型综合应用软件系统和小型特色软件产品是两个主要方向，同时还可以集成于不同软件平台系统上的应用模块、插件开发。目前大型应用软件系统特别是地震资料处理软件系统一般都运行于 Linux 开放系统环境下（支持集群计算系统），小型特色软件系统特别是分析解释类软件运行于 Windows 系统环境下。未来这种局面将会被打破，一方面跨平台软件开发技术的成熟将使大多数应用软件产品可以运行于 Linux、Windows 等多种系统下，另一方面未来地球物理软件产品将分布式地运行于多种环境下。

(3) 抓住重点，形成地球物理软件产品系列。

在统一规划、软件平台研发的前提下，以中国石油勘探开发中面临的技术需求为导向，以对计算技术需求较为迫切和关键领域的需求作为突破口和研究开发重点，优先发展地震数据处理软件系统和综合油藏描述软件系统，并逐步形成涵盖地球物理正演模拟、地震采集工程设计、地震采集资料质量评价、地震数据处理、地震偏移成像、综合解释与油藏描述、重磁电数据处理解释等内容的地球物理软件产品系列。

(4) 需求牵引，技术推动。

地球物理软件发展应遵循"需求牵引，技术推动"的方针，即以地球物理技术发展需求拉动软件的发展，以信息技术的发展来推动软件的发展。地球物理软件的发展必须紧密结合地球物理技术的发展特点和需求，同时必须准确把握信息技术的发展现状与发展方向。

(5) 功能丰富，性能优越。

地球物理软件必须具有丰富的功能、优越的性能，足以支撑地球物理专业工作流程，实现较高的工作效率。软件平台发展必须支撑各种地球物理应用功能，地震数据处理软件平台不但要满足常规地面地震、海上地震数据处理的需求，还要面向地球物理新技术的发展与应用，如地震叠前偏移成像技术、高密度单点地震技术、井中地球物理技术、多分量地震技术、时延地震技术等。软件平台设计与开发中要特别关注这些地球物理技术对数据管理、数据处理、数据分析的功能需求与性能需求，而且要考虑这些功能的综合应用。

(6) 面向未来。

软件平台及软件产品设计与开发既要满足当前地球物理技术发展的需求，又要超前考虑地球物理技术的发展趋势，确保软件平台能够满足未来相当一段时间内地球物理技术发展的需求，实现软件的功能扩充与产品升级。

软件平台及软件产品设计与开发既要考虑目前信息技术发展的水平，确保软件系统能够运行于当前主流软硬件环境条件下，充分利用先进的 IT 环境（包括高性能计算环境、可视化环境、存储环境、网络环境等）；同时，还要预测信息技术的未来发展趋势，确保软件系统能够运行于未来的主流软硬件环境条件下，延长软件的生命周期。现正处于信息技术突飞猛进的时代，把握信息技术未来发展方向对于软件系统架构的设计具有十分重要的意义。

(7) 深入分析并广泛采用软件新技术。

对于大量软件开发新技术，如多核并行计算技术、GPU 计算技术、异构协同并行计算技术、SOA 技术、虚拟化技术、云计算技术、NoSQL 数据库技术、软件架构技术、持续集成技术、脚本语言技术等应深入分析，并广泛采用具有良好的发展前景、可能带来效益和效率的新技术，以保证软件平台及其产品的先进性和较长的生命周期。

(8) 提升软件工程技术水平。

在地球物理软件开发过程中，不但要采用先进的地球物理技术与软件开发技术，还要采用先进的软件工程技术，包括软件需求分析技术、系统设计技术、软件编程技术、软件测试技术等，以保证软件开发的周期和质量。抓住设计、集成与测试几个关键环节，实现对整个工程质量的控制。

3.1.2 软件体系结构

前面已经说过，应用平台是体系结构中的一个实体。软件体系结构，也称为软件架构。在油气勘探领域，软件体系结构研究是石油工业上游过去多年统一软件平台努力的继续和发展。一个系统的软件体系结构由软件的大粒度结构组成，它描述系统的组成部分以及在高的层次上这些组成部分如何互动。在某种意义上可以说，软件体系结构是影响一个软件产品在质量上的核心因素。衡量软件产品的质量有许多方面的因素，包括健壮性、灵活性、高性能、简洁性、可维护性以及可理解性，特别是软件产品与用户环境和数据的整合，这些都与软件体系结构密切相关。

1. 软件体系结构的概念

软件体系结构的英文单词是 Architecture，Architecture 的基本词义是建筑、建筑学、建筑风格。虽然软件体系结构已经在软件工程领域中有着广泛的应用，但迄今为止还没有一个软件体系结构的定义被大家所公认。许多专家学者从不同角度和不同侧面对软件体系结构进行了刻画，较为典型的定义有：

（1）Dewayne Perry 和 Alex Wolf 曾这样定义：软件体系结构是具有一定形式的结构化元素，即构件的集合，包括处理构件、数据构件和连接构件。处理构件负责对数据进行加工，数据构件是被加工的信息，连接构件把体系结构的不同部分组合连接起来。这一定义注重区分处理构件、数据构件和连接构件，这一方法在其他的定义和方法中基本上得到保持。

（2）Mary Shaw 和 David Garlan 认为软件体系结构是软件设计过程中的一个层次，这一层次超越计算过程中的算法设计和数据结构设计。体系结构问题包括总体组织和全局控制、通信协议、同步以及数据存取，给设计元素分配特定功能，设计元素的组织、规模和性能，在各设计方案间进行选择等。软件体系结构处理算法与数据结构之上关于整体系统结构设计和描述方面的一些问题，如全局组织和全局控制结构，关于通信、同步与数据存取的协议，设计构件功能定义，物理分布与合成，设计方案的选择、评估与实现等。

（3）Kruchten 指出，软件体系结构有四个角度，它们从不同方面对系统进行描述：概念角度描述系统的主要构件及它们之间的关系；模块角度包含功能分解与层次结构；运行角度描述了一个系统的动态结构；代码角度描述了各种代码和库函数在开发环境中的组织。

（4）Hayes Roth 则认为软件体系结构是一个抽象的系统规范，主要包括用其行为来描述的功能构件和构件之间的相互连接、接口及关系。

（5）David Garlan 和 Dewne Perry 于 1995 年在 IEEE 软件工程学报上又采用如下的定义：软件体系结构是一个程序/系统各构件的结构、它们之间的相互关系以及进行设计的原则和随时间进化的指导方针。

（6）Barry Boehm 和他的学生提出，一个软件体系结构包括一个软件和系统构件，互联及约束的集合；一个系统需求说明的集合；一个基本原理用以说明这一构件，互联和约束能够满足系统需求。

（7）1997 年 Bass、Ctements 和 Kazman 在《使用软件体系结构》一书中给出如下的定义：一个程序或计算机系统的软件体系结构包括一个或一组软件构件、软件构件外部的可见特性及其相互关系。其中，"软件外部的可见特性"是指软件构件提供的服务、性能、特性、错误处理、共享资源使用等。

20 世纪 60 年代的软件危机使得人们开始重视软件工程的研究。起初，人们把软件设计的重点放在数据结构和算法的选择上，随着软件系统规模越来越大、软件复杂度越来越高，还有用户需求不明确、缺乏正确的理论指导等因素，导致软件成本日益增长、开发进度难以控制、软件质量差、软件维护困难，整个系统的结构和规格说明显得越来越重要。软件危机的程度日益加剧，现有的软件工程方法对此显得力不从心。对于大规模的复杂软件系统来说，对总体的系统结构设计和规格说明比起对计算的算法和数据结构的选择已经变得明显重要得多。在此种背景下，人们认识到软件体系结构的重要性，并认为对软件体系结构系统的深入研究将会成为提高软件生产率和解决软件维护问题的新的最有希望的途径。

软件体系结构的开发是大型软件系统开发的关键环节。体系结构在软件生产线的开发中具有至关重要的作用。在这种开发生产中，基于同一个软件体系结构，可以创建具有不同功能的多个系统。在软件产品族之间共享体系结构和一组可重用的构件，可以增加软件工程并降低开发及维护成本。概括地说，软件体系结构为软件系统提供了一个结构、行为和属性的高级抽象，由构成系统的元素的描述、这些元素的相互作用、指导元素集成的模式以及这些模式的约束组成。软件体系结构不仅指定了系统的组织结构和拓扑结构，并且显示了系统需求和构成系统的元素之间的对应关系，提供了一些设计决策的基本原则。

2. 软件体系结构设计原则

软件工程师在多年的实践中，对软件体系结构的设计总结出一些带有普遍性的原则，这些原则和策略多年来一直被广泛地运用着，它们独立于具体的软件开发方法。

1) 抽象

抽象是人们认识复杂事物的基本方法。它的实质是集中表现事物的主要特征和属性，隐藏和忽略细节部分，并用于概括普遍的、具有相同特征和属性的事物。

2) 分而治之

将大的问题分成几个小的问题，软件设计中的分解包括：纵向分解，按照从底层基础到上层问题的方式，将问题分解成相互独立的层次，每层完成局部问题并对上层提供支持；横向分解，在每个层次上将问题分解成多项，相互配合实现完整的解。

3) 封装和信息隐蔽

采用封装的方式，隐藏各部分处理的复杂性，只留出简单的、统一形式的访问方式。这样可以减小各部分的依赖程度，增强可维护性。

4) 模块化

模块是软件被划分成独立命名的并可被独立访问的成分。模块划分，粒度可大可小。模块划分的依据是对应用逻辑结构的理解。

5) 高内聚和低耦合

内聚性是指软件成分的内部特性，成分中各处理元素的关联越紧密越好。耦合性是指软件成分间关系的特性，软件成分间的关联越松散越好。

6) 关注点分离

软件成分被用于不同的场景时，会有对于不同场景的适应性问题。但是所必须适应的内容并非全部，只是一部分，即所谓的关注点。软件设计要将关注点和非关注点分离，关注点的部分可以设定，而非关注点的部分用来复用，非关注点应选择与条件、场景独立的软件成分。

7) 策略和实现的分离

策略指的是软件中用于处理上下文相关的决策、信息语义和解释转换、参数选择等成分，实现指的是软件中规范且完整的执行算法。

软件设计中要将策略成分和实现成分分离，至少在一个软件成分中明显分开。这样可以提高维护性，因为实现的变动远比策略要少得多。

8）接口和实现的分离

软件设计要将接口和实现分离，这样可以保障成分的信息隐蔽性并提高可维护性。

3. 通用的软件体系结构

一般认为，在20世纪90年代，信息系统的体系结构模型从两层体系结构发展为三层体系结构（图3.3）。两层体系结构是指客户（用户界面）请求服务器（数据库）的服务。处理应用部分是在客户环境下，数据库管理程序只提供有关存取数据的处理部分。与服务器通信则通过SQL语句或调用接口。三层分布式客户/服务器体系结构则包括：顶层——表示层（如文本输入、显示管理、会话等）；中间层——应用逻辑（提供工作流管理服务，如进程管理、进程设定、进程监督和进程资源），由多个应用程序共享；第三层——数据存储管理（提供数据库管理以及不使用DBMS语言的专门数据和文件服务）。当需要有效的客户/服务器设计时，采用三层结构比两层结构有助于提高系统的性能、灵活性、可维护性、可复用性和可变规模，并隐蔽了分布式处理的复杂性。这些特征使得三层结构成为INTERNET应用和网络中心信息系统的普遍选择。

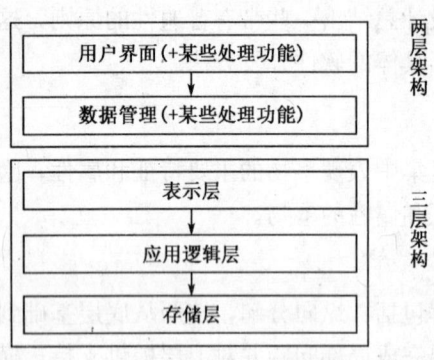

图3.3 两层和三层信息系统体系结构

这里有一种更好的"5+1"软件体系结构模型（图3.4），是在三层体系结构基础上扩展并增加作业调度和通信服务。用户界面层是表示层，它表现的内容是应用功能层（下一层），而应用功能层为表示层提供素材，并提供内容。而执行控制层及其下层都是为应用功能层服务的，是应用功能层能够正常运行提供的几个层次的服务。这个"5+1"软件体系结构已经被用于指导开发地震数据分析软件系统——新一代地震数据处理解释一体化系统（图3.5）。

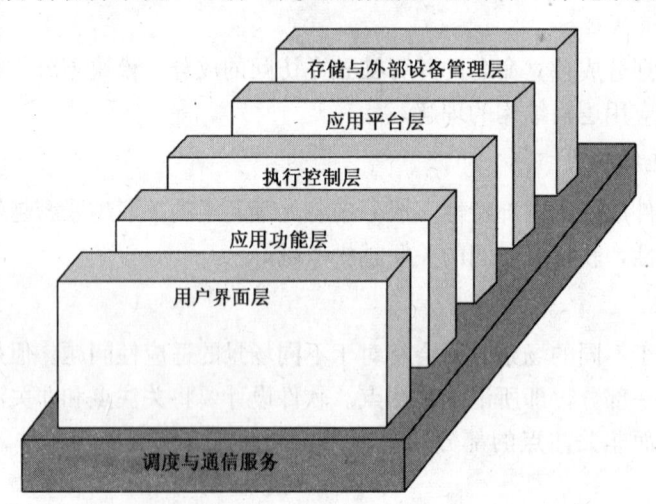

图3.4 "5+1"软件体系结构模型

下面简要描述"5+1"软件体系结构模型。

第一层，用户界面层，包含若干"用户界面（UI）"模块。用户界面模块可以指胖客户终端、瘦客户终端（如浏览器）、手提设备和其他设备。对于客户终端，可以有两类用户界面模块，一是基本用户界面模块（如基于Qt的模块），二是3D可视化模块（如基于Open-

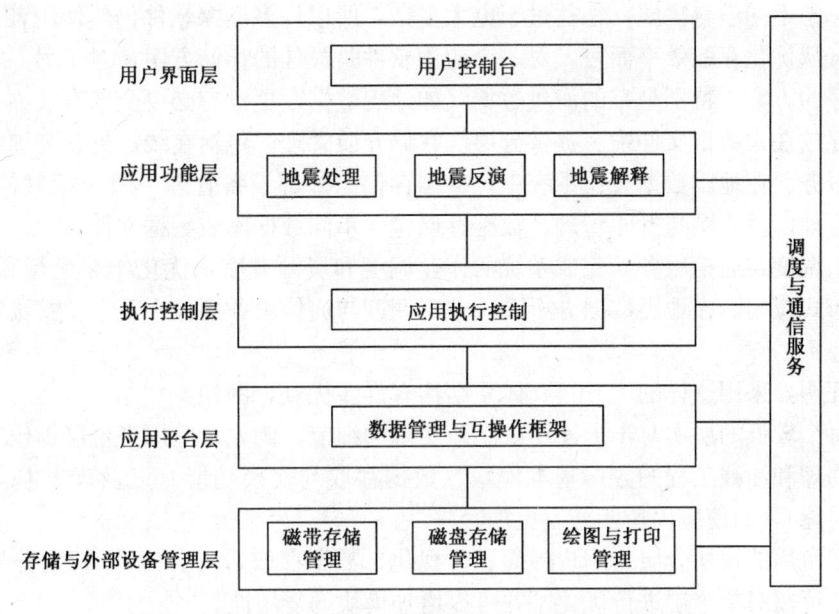

图 3.5 基于"5+1"软件体系结构的地震数据分析系统

Inventor)。在地震数据分析系统中，一般把有关用户界面集成为一个用户主控制台，主控制台包括用于表示数据分析数据流和任务流的树、流程编辑图形界面、工区信息、底图图形界面等。

第二层，应用功能层，是有关领域"实际工作"模块。注意，区分第三层的"实际工作"模块和第一层的"用户界面"模块非常重要。在用户界面模块中，"实际工作"量最小化。应用功能模块是可插入的工具，以内需在运行过程动态加载。应用功能层也包含一些基本模块。基本模块可以被许多应用功能模块调用。可扩展的应用功能模块包括水平方向扩展和垂直方向扩展。地震数据分析一般可以分为地震数据处理、地震数据反演和地震数据解释。在地震数据分析系统中，数据处理、反演和解释都有数十或数百的应用功能模块。

第三层，执行控制层，提供对应用功能模块的管理和驱动。在地震数据分析系统中有一个执行控制程序。其功能有两个方面，一是批量作业执行控制，在这样的作业中，一系列地震模块构成一个处理序列，每个模块从前面模块获取数据，处理后的数据传送给后面的模块，批量执行控制程序，管理处理循环调用和数据流管道。二是交互执行控制，管理交互分析模块的"即插即用"和协同工作。

第四层，应用平台层，提供应用软件与其运行环境的接口。支持分布式数据集成的数据管理和互操作框架，包含数据管理、项目管理、数据目录和存取控制能力。在一个数据服务器中，可以汇集工程数据、地震和油藏数据。在分布式工作环境中提供中心化服务。利用XML标准进行数据编目，加快数据浏览速度。点对点数据流，数据服务与应用间直接访问。应用平台即支持应用功能模块的执行，也支持基于框架的应用功能模块开发。在地震数据分析系统中，包含数据管理和互操作框架。

第五层，存储与外部设备管理层，包含管理不同数据库或数据文件。数据存储一般可以包含一个共享数据库，存放由多个应用软件工具共享的信息，特别是包含有关工区的管理信息。但是不可能要求所有数据都存放在唯一的数据库中，把不同应用软件用的所有数据存放在单一的数据库有许多实际问题。首先是工业界统一数据模型的努力已经多年。统一的数据模型由于考虑不同学科需要，往往过于庞大复杂，所以许多勘探软件仍然使用各自的数据模型。其次，从优化存取效率而言，对一个应用软件是最佳的存储方案，对于另一个应用软件可能不是好的方案。特别是有的海量数据（如地震数据）更没有必要全部存放在商业数据库中，可以存放在大数据文件中。提供分层次存储介质管理，包括在线、近线和离线的数据管理和索引服务。在地震数据分析系统中，数据存储与外部设备管理一般包括磁带存储管理、磁盘存储管理以及绘图与打印管理。数据存储包含不同数据库或数据文件。

最后，调度与通信服务，完成系统的作业调度和资源调度，优化作业运行和资源利用，并支持分布式应用。在地震数据分析系统中，调度与通信服务还包含若干"精灵"进程（即常驻进程）。

实践证明，采用这样的"5+1"体系结构有许多优点，例如：

（1）每个较低的层次对于上面层次隐蔽实现的细节。例如，应用平台层提供有关地球物理、岩石物理和油藏工程的数据基本模块（数据存取与交换功能）以及现实基本模块（图形、图像功能），而使应用功能开发更加容易。

（2）把常用的模块分层（用户界面、可视化、数据存取），允许对于特定分层的外部修改局部化，可以对单个层进行优化，并可以增加模块的复用性。

（3）有助于应用功能模块与数据存储和厂家提供应用编程接口之间的耦合。

（4）提供通过数据共享和模块共享的应用集成策略。

3.1.3 软件框架

框架和类库等概念的出现都是源于人们对复用的渴望。"不要重复发明轮子"，成了软件界的一句经典名言。从最初的单个函数源代码的复用，到面向对象中类的复用（通常以类库的形式体现），再到基于组件编程中二进制组件的复用，人们复用软件的抽象层次越来越高。现在，框架复用是抽象层次的又一提升，框架的复用不仅仅是功能的复用，更是设计的复用。

框架往往是这样产生的：拥有了开发某种类型应用的大量经验，并开发了一些这种类型的应用，人们总结这种类型的应用中共性的东西，将其提炼到一个高的层次中，以备复用。这个"高的层次"的东西便是框架的原型。随着经验的不断积累，框架也会不断地向前完善、发展。框架，正如其名，就是一个应用的骨架，选用的框架的好坏直接决定了基于其上构建的应用的质量。在确定了一个框架后，再在骨架的缝隙里为其添加"血"和"肉"，便成为一个应用。

框架源于应用，却又高于应用。因为框架源于应用，所以在提炼框架的时候往往不自觉地为框架做过多的假设。这些假设来源于孵化框架的具体应用中的一些潜在的"规则"或"约束"。因为在使用了框架之后，这个孵化了框架的应用再基于这个框架来重新构建应该非常简单。这种简单性会在两种情况下出现：一是成功地抽象出了一个非常好的框架；二是抽象出的框架与孵化框架的应用紧密地耦合在一起。如果没有设计框架的经验，陷入第二种情况是必然的。

框架是一组相互协作的类，对于特定的一类软件，框架构成了一种可重用的设计。软件框架是项目软件开发过程中提取特定领域软件的共性部分形成的体系结构，不同领域的软件项目有着不同的框架类型。框架的作用在于：由于提取了特定领域软件的共性部分，因此在此领域内新项目的开发过程中代码不需要从头编写，只需要在框架的基础上进行一些开发和调整便可满足要求；对于开发过程而言，这样做会提高软件的质量，降低成本，缩短开发时间，使开发越做越轻松，效益越做越好，形成一种良性循环。

由于框架通常都是在实践中经过反复使用和检验的，所以质量有一定的保证，使得用更少的时间、更少的编码来实现一个更稳定的系统成为可能。

框架是一个实践的产物，而不是在实验室中理论研究出来的，所以设计一个框架最好的方法就是首先从一个具体的应用开始，以提供同一类型应用的通用解决方案为目标，不断地从具体应用中提炼、萃取框架。然后在应用中使用这个框架，并在使用的过程中不断地修正和完善。需要注意的一点是，正如所有的软件架构设计的要点在于权衡，框架的设计也不例外。框架在为应用提供了一个骨架的同时，也给应用圈定了一个框框，用户只能在这个有限的天地内发挥。所以一个好的框架设计应当采用了一个非常恰当的权衡决策，以使框架提供强大支持的同时，而又对应用作更少的限制。

框架是一个半成品的应用，并且通常具有针对性，例如，专门用于解决底层通信的框架，或专门用于石油勘探领域的框架。可以根据框架针对的领域是否具有通用性而将它们分为通用框架（General Framework）和应用框架（Application Framework）。通用框架可以在不同类型的应用中使用，而应用框架只被使用于某一特定类型的应用中；通用框架所解决的是所有类型的应用都关心的"普遍"问题，而应用框架解决的是某一特定类型的应用关心的问题。

基于框架的软件开发，是面向对象软件开发技术的发展。软件框架的一个重要特征是可复用性和可扩充性：可以利用框架，通过扩充类、实现接口和挂接方法定制一个应用软件。软件框架的一个非常重要的特征是逆向控制：在使用通常的库进行编程，编写控制执行流的程序（主程序）时，库中程序是作为子程序被调用的；在使用框架进行编程时，程序是被充填于框架的特定地方，提供服务。也就是说，基于框架软件开发，通常是用户定义的方法由框架调用，框架起主程序角色。这样，框架就是可扩充的程序骨架，用户提供的方法填充这个骨架，并剪裁为特定的应用软件。

实现表示特定领域的可复用的设计框架，涉及设计模式。每个设计模式描述环境中一次又一次地出现的问题，并描述解决方案的核心，可以一次又一次地利用该方案，而不必做重复的劳动。可以把设计模式看做对于标准的设计问题的标准的解决方案。对于石油工业上游的应用软件有几个标准的设计问题（图 3.6）。

（1）管理过滤模式。每个模块有一组输入和一组输出。模块从输入端读入数据流，并在输出端产生数据流。模块通常需要对数据流进行变换和计算，并且在全部数据输入前就产生输出。用户通过建造的作业描述要使用的模块、参数和数据流程，确定了模块的执行顺序作业建造器按照作业指定的模块执行的顺序组装一个作业。数据经过一系列输入输出口，从一个模块传递到另外一个模块。

（2）数据存储中心模式。从中心数据仓库获取数据，对数据进行分析和变换，然后放回到中心数据仓库。由中心数据仓库表示系统的状态，一组独立的模块对数据仓库操作。数据仓库与外部模块的连接有不同的式样。被动型的传统数据仓库结构——外部模块激发对数据仓库的动作；主动型的仓库结构（如黑板结构）——数据仓库当前状态激发。

（3）出版订阅模式，或称观察者模式。当一个对象的状态改变时，需要更新多个对象。也就是说，多个对象依赖于一个对象；依赖于对象的集合，可在运行时改变。出版订阅模式解决方案是允许依赖的对象（订购者）订购关注的对象（出版者）消息，当出版者的状态变

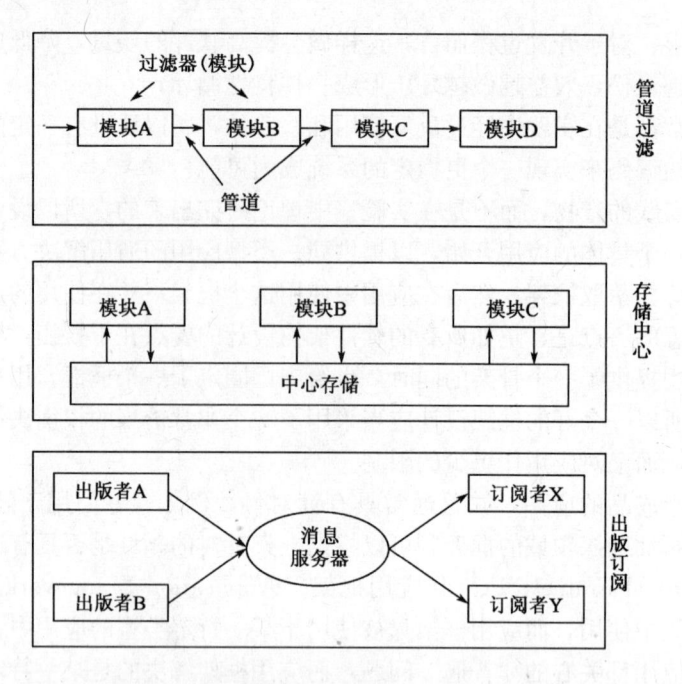

图 3.6 油气勘探数据分析几种常见模式

化时更新它们。出版者可以把状态变化通过消息服务器传送给订购者，订购者根据状态变化消息采取相应的动作。这样，从单个应用程序进程发送的消息可以送给任意数目的关注该消息的应用程序进程。发送消息的进程不必了解接收的进程及接受后如何处理。

油气勘探软件可以有不同类型的软件框架。例如图 3.7 所表示的一个典型的数据处理过程，涉及多种类型的软件框架。一个软件框架可能涉及多个设计模式，一个设计模式可以指导不同软件框架的设计。例如，在图 3.7 中，数据处理软件框架可能涉及管理过滤模式和观察者模式，而数据存储中心模式可以指导业务对象框架、数据对象框架、数据读/写框架以及数据存储连接框架等的实现。

软件框架编程，涉及一种称为 Plugln 的技术。Plugln，即所谓插件模块，是指一个软件模块可以被插入到一个应用框架中去，扩充其功能。一个 Plugln 是单独编译的，针对定义接口编写的程序。它可以动态地连接到框架程序而不需要重新编译框架程序。Plugln 允许增加新功能，而不需要修改已有的成分。Plugln 的用户可以扩充系统而不需要接触已有的源程序。

3.2 地球物理软件结构框架设计

3.2.1 主要用户图形界面

顾名思义，用户界面是软件系统提供给计算机用户进行操作应用时的实际界面，比如大部分地震软件系统提供了许多交互界面便于用户进行分析、解释等作业。用户界面的主要功能是可以创建、修改和执行处理流程，该流程是用户期望对地震数据所做的一系列处理过程的序列。用户通过从功能列表中选择所需的模块来建立一个流程，然后指定流程中每个处理所需要的参数。一个典型的流程包含一个输入的过程、一个或多个数据操作过程以及一个显

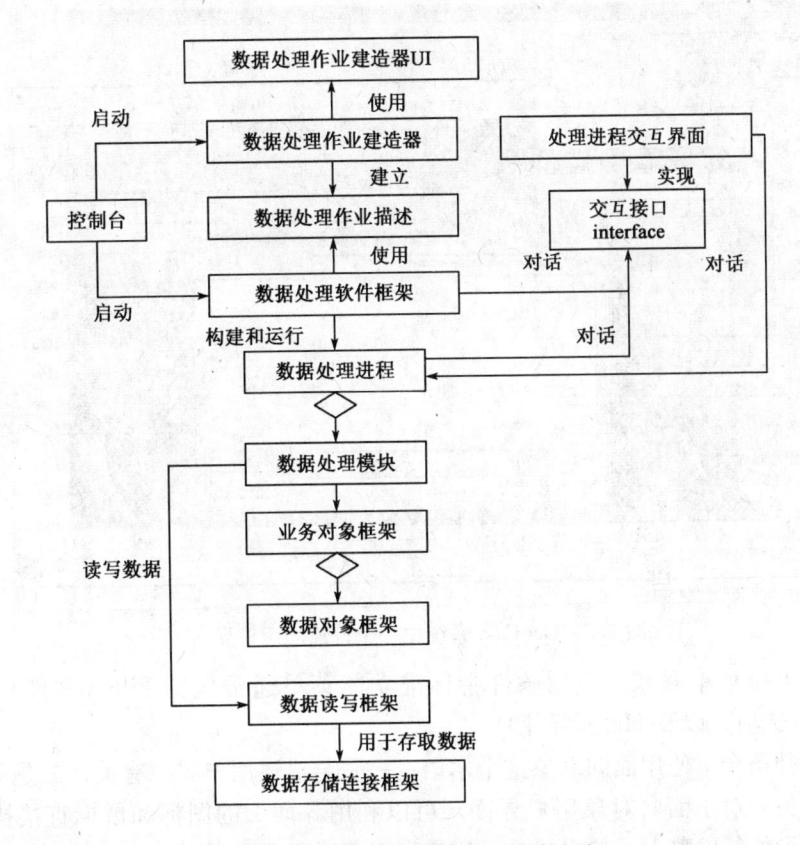

图 3.7　数据处理过程中的软件框架

示和（或）输出过程。可以通过用户界面对数据进行存储。此外，用户界面提供了实用工具函数用于复制、删除和重命名区域、行、流程和地震数据集，访问和操作有序数据库文件和参数表，显示流程中的处理历史记录，并提供有关当前正在运行的作业的信息。用户界面主要通过鼠标驱动并提供指向和单击访问可用功能。

高质量的图形用户界面在日益复杂的石油勘探应用软件设计中占有重要地位。用户希望软件平台能够为不同应用软件提供外观和功能上一致的用户界面，在用户界面设计时为用户着想，以利于用户实际操作，便于用户快速、方便地完成他们的任务。

设计用户界面需要注意的问题有：

（1）采纳用户意见。有助于确定软件的功能需求，也有助于确定展现这些功能的方法。

（2）给予用户控制权。应用软件应该具备灵活性，可重新配置，主次分明。

（3）允许用户直接操作。用户可以利用鼠标直接操作屏幕上的图形对象，模仿现实世界中的操作。

（4）符合用户习惯。屏幕上出现的成分应该按照用途安排，帮助用户决策，减少错误的可能性；减少鼠标的移动；简化用户动作；适当的利用反差把屏幕对象与背景分开。

（5）保持界面一致性。应用软件间及其内部的一致性非常重要，包括：类似的成分，操作类似，功能类似；相同的操作，结果相同；同一成分的功能，前后一致。

GeoEast 系统中的一个普通用户界面如图 3.8 所示。

任何一个应用软件都有一个或多个主窗口。菜单条是用于组织一个应用程序的最常用的成分，它包含许多串接按钮，用于进入下拉面板的菜单系统；下拉面板本身也可能包含串接

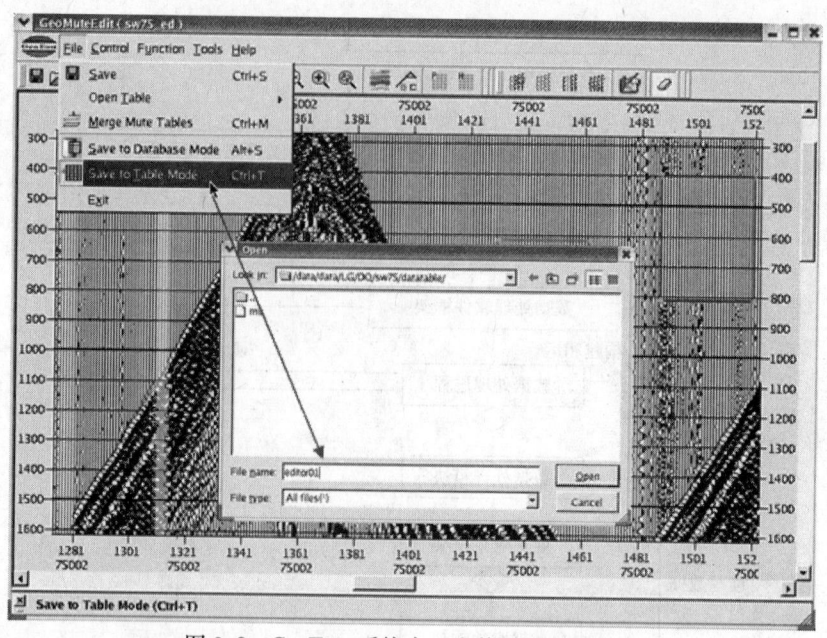

图 3.8 GeoEast 系统中一个普通的用户界面

按钮与相应的下拉菜单联系。应用软件中标准功能菜单通常包括 File（文件）、Edit（编辑）、Option（选项）以及 Help（帮助）。

通常在两种场合下使用面向对象这个术语：一是与描述用户界面有关；二是与面向对象语言和环境有关。对于面向对象用户界面，可以利用界面上的图标和鼠标直接操控显示对象。这里对象指的是屏幕上的信息成分；用户可以把这些成分看做一个实体进行操作，如用鼠标敲击、移动、删除，或改变表示方式。面向对象技术可为交互绘图和图形用户界面技术设计提供新的能力。

从计算机绘图角度讲，交互绘图总是面向对象的，包括对象的表示和操作，如表示方法、编辑、几何变换以及输入的识别。这样则：

（1）对象有自己的数据；
（2）对象有不同的显示特征；
（3）对象可以用其他对象作为组成部分；
（4）对象可以是单一实体，被选择和操作；
（5）某些对象在某些方面有类似特征，有共性描述。

可以看出，面向对象应用框架是面向对象程序设计环境，尤其适合用于勘探交互应用软件设计。

面向对象框架设计是面向对象程序设计基本原理的扩充和发展。因此，面向对象应用框架中，相同的原理被用到整个应用程序或子系统。面向对象框架可以看做一组相关的类，可以被具体化和实例化，以实现一个应用程序或子系统。

这种面向对象应用框架有一个通用的 MVC 框架，包含应用模型（M）、显示窗口（V）、交互控制（C）；而勘探交互应用框架是通用的 MVC 框架的发展。此外，在框架中还采用了动态加载技术，提供了一套接口函数，应用程序可以通过接口函数插入新功能，既便利编程，又扩充了灵活性。一个动态共享对象（DSO）是一个可以被多个执行应用共享使用的对象文件。

3.2.2 系统管理层

1. 作业调度子系统（作业调度系统 GJSS）

作业调度子系统负责调度管理地震勘探软件系统中的批量作业，实现作业发送、排队、调度、执行以及作业的管理、监控。其主要目的是避免人工调度作业，自动查询相对比较空闲的计算节点，充分利用网络计算机资源，保证多作业在系统中的运行效率。

作业调度子系统运行在作业调度服务器上，它的主要功能是：接受客户端发送的作业，将作业放置到作业队列；根据调度策略、作业的资源请求和节点资源状态，将作业分发到最适合于作业运行的节点上运行，并对作业进行管理。

2. 执行控制子系统

早期的地震处理软件的功能模块少，处理流程相对固定，地震程序执行的管理和控制也较简单。例如，150计算机处理地震资料程序系统，第一个版本曾经使用"开关面板"选择作业处理模块：每一位对应一个模块；用户可以通过管理程序命令，使用相应位置的模块。

地震数据处理技术经过几十年的发展，在不断完善处理方法的同时，用户希望计算机系统具备：方便地描述处理流程的能力、对大量处理模块自动调度运行的能力以及对地震数据库的管理能力。因此出现了地震程序执行和控制的软件系统。

GeoEast系统执行控制是大型数据处理中心地震数据处理的控制核心部分。它可支持网络环境、工作站环境以及并行处理环境。地震处理执行控制系统把处理人员提供的地震语言进行翻译、分析、执行、管理、监控，并向处理模块提供架构和支持环境。

3. 数据服务子系统

数据服务子系统通过数据管理、存取等操作为应用程序进行数据访问提供服务。

改善各应用软件数据共享，是应用集成平台的重要目标。在应用平台层提供了一个应用数据接口（ADI），以工业界习惯的概念术语、与具体实现无关的方式进行定义。这个接口具有如工区数据存取与交换、地震数据存取与交换、地质数据存取与交换、空间和地理数据存取与交换以及应用通信和高级数据接口功能。

ADI的体系结构是这样的：一个应用程序调用一个或多个应用程序接口；一个应用数据接口调用一个或多个数据存取与交换（DAE）函数；一个DAE函数与一个数据仓关联。DAE定义了一套操作存取由数据库管理的数据，包括数据生成、查询、更改和删除。

应用数据接口是一套C函数调用。其功能包括：

(1) 地震采集：地震采集活动名称、采集描述信息；采集区域；采集时间；采集间隔；道长度；通道数目、辅通道数目；采集记录格式；采集进度信息等。

(2) 地震观测系统：观测系统名称、描述、观测环境；炮点、检波点位置；面元集数据；采集信息；处理信息等。

(3) 地震处理：处理活动名称、描述；处理流程、参数、测线、设备。

(4) 油藏基本数据：油藏名称、驱动类型等。

(5) 流体数据：油藏流体系统、流体成分等。

4. 外设管理子系统

外设管理子系统能够识别、使用、监控和管理外围设备，根据系统配置信息、设备状态，为应用程序分配合理的外设资源。

以磁带管理系统为例，它是一个实用的、可扩展的、基于局域网络环境的可视化磁带设备和磁带数据文件管理系统。应用程序员可以通过该系统提供的接口透明地访问和控制磁带设备与磁带数据文件，实现对磁带数据存储管理和访问。

此系统的主要功能有：磁带编目管理；网络磁带操作；操作员磁带的分配；可视化磁带设备管理。

此系统提供对局域网环境中不同厂家、不同型号的磁带设备进行管理，对存储在磁带上数据文件进行管理。该系统采用数据库方式对磁带数据文件及其存储的磁带介质进行编目管理，数据库保存磁带文件的磁带卷号、文件名、建立日期、过期日期、最近访问日期、磁带类型及状态等信息，使得用户访问编目磁带数据文件时只需提供文件名就可以访问，而不必具体知道数据存储在哪盘磁带上。

为了方便使用和管理，本系统也提供可视化操作控制台、管理控制台，通过它们可以监控和管理磁带设备、磁带操作。

5. 地震数据的并行处理

三维地震数据处理涉及大量复杂的计算，需要快速计算机。解决的方法是并行处理。对于大量地球物理应用程序，系统级的并行可以自动把作业分成并行部分和串行部分。系统利用对作业初步分析得到的信息、数据流特征以及每个作业段的近似计算量，确定作业是否使用并行方式运行。应用软件并行化也包括重新设计一些程序，使这些程序由串行运行改进为并行运行。

当前，计算机和网络技术的进步，大大改进了地震勘探数据处理和解释工作站的性能，并降低了价格。有多处理机工作站以及工作站集群形式组成的并行计算机，由于其可用性和价格便宜而得到进一步发展。一个多处理机工作站可以有多达数十个处理机通过系统总线进行连接。这些处理机通常共享一个存储器组合体。多处理机工作站具有高的通信带宽，因为有高速系统总线连接到共享存储器。工作站集群包含多个工作站，由局域网络互联。每个工作站具有它自己的局部存储器和输入输出设备。它们通过互联网络相互传递消息，共享信息。

实现并行软件开发有两种类型的消息传送库可供安装选择：PVM 和 MPI。并行虚拟机 PVM 是一个集成的消息传送库和有关软件工具的集合，模拟一个由多个计算机互联构成的、通用灵活的异构并发网络。利用 PVM 建立一个并行应用程序，是作为在一组计算机上运行的一组并发进程。消息传送接口 MPI 是标准的编程语言接口程序库，用于建立 C 或 Fortran 语言编写的、具备可移植性的并行应用程序，在系统性能优化和通信进程拓扑互联方式多样化等方面具有优越性。

3.2.3 应用框架层

现在，工业界越来越重视应用软件行为的一致性，即应用软件的互操作性。有许多途径可以实现应用软件互操作：

（1）数据交换。这是统一应用软件间连接的传统方法。主要要求不同系统数据模型的兼容性。

（2）数据集成平台。由平台上所有应用软件使用公共数据库，检索和存取公共数据。通过应用间通信的办法，相互通知数据变化，采用相应动作。

（3）应用集成平台。采用业务对象作为集成的方法，在平台上构筑应用软件，利用对象请求代理（ORB），存取分布式对象。

地震勘探软件的应用平台有 3 个优点：高层次的复用，高效开发应用软件；容易支持遗留系统；非常高层次的即插即用。

应用集成不仅是数据集成，它有 4 个方面的内容：

显示集成——实现用户界面应用功能一致的视觉感观，把显示与模型功能分割开。

数据集成——实现共享公共数据和信息，遵循 POSC 标准数据模型，支持多种数据模型。

控制集成——实现应用软件互动，支持面向请求和面向通知的机制。

进程集成——实现用户进程级的集成，利用进程模型或其他协同方式指导应用软件工作。

GeoEast 系统主要包含 3 个框架，即交互应用框架、模块生成框架以及三维可视化框架，详细内容见本书第四章第一节的相关内容。

3.2.4 应用系统层

地球物理软件应用系统层主要由处理系统、解释系统以及一体化应用系统所组成。这里主要介绍处理系统的一些主要内容，解释系统以及一体化应用系统相关的内容则在第九章中予以详细介绍。

在地震数据处理系统中，具有野外地震数据解编、观测系统定义、反褶积、动校正、水平叠加、叠前（后）去噪、信号增强和叠后偏移等完备的常规处理功能，同时也具备海上处理和叠前偏移处理功能。

处理系统的批量处理执行架构如图 3.9 所示。其基本执行过程为：

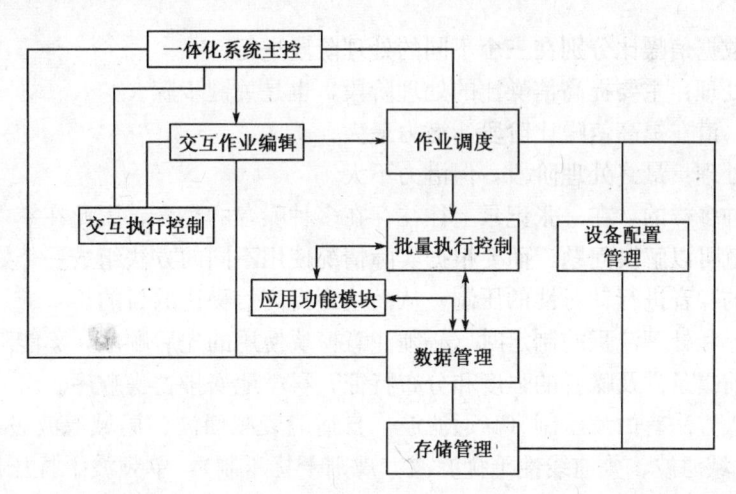

图 3.9 批量处理执行结构图

（1）用户从主控界面启动交互作业编辑程序，编辑批量作业。

（2）用户把作业提交给作业调度程序，作业调度根据计算机资源状态，把作业送计算机节点，启动批量执行控制运行。

（3）批量执行控制根据作业描述文件动态加载应用功能模块执行。

(4) 在上述过程中，主控、作业编辑、作业调度、执行控制和应用功能模块需要访问数据管理，进行数据存取。

(5) 系统设计为面向磁盘、磁带等存储介质。

该层中包含了所有地震数据处理的实际模块，主要有输入输出、振幅处理、静校正、子波处理与反褶积、动校叠加与组合、去噪与信号增强、滤波切除插值、叠后偏移、叠前偏移、AVO处理、海上处理、多波、VSP处理、滤波切除插值、辅助功能等模块，并对这些模块进行统一的组织管理。

1. 振幅处理模块

振幅处理模块的主要功能有振幅均衡、振幅补偿、三维地表一致性振幅补偿、三维地表一致性振幅分析、反射强度增益、时变振幅加权、二维地表一致性振幅补偿、地震道振幅自适应加权、峰值振幅增益以及叠后剩余振幅处理。

这些功能由多个小模块组合实现。

2. 反褶积模块

由于采集条件的变化或处理条件不同，同一工区采集的数据都会存在差异。这就需要提取整形因子对数据进行整形滤波来消除数据之间的差异，从而改善处理效果。

反褶积模块通过输入需要校正的数据道和指定参考数据道，在一定的时间和空间范围内，计算出参考道的平均响应作为滤波器的期望输出；同理计算出需要校正道的平均响应作为滤波器的输入，再利用维纳滤波求出滤波器，即整形滤波因子。该因子保存在由用户指定名字的滤波器数据表中，供整形滤波模块使用。

反褶积模块的主要功能有整形滤波、三维地表一致性反褶积、预测反褶积、零相位反褶积以及脉冲反褶积。

3. 去噪模块

室内提高数据信噪比分别在三个不同的处理阶段进行：

(1) 叠前处理：主要提高信噪比的处理阶段，也是关键步骤。

(2) 叠加：潜在提高信噪比阶段，潜力最大。

(3) 叠后处理：最终处理阶段，但潜力不大。

噪音是多种多样的，在一张记录上往往存在多种噪音的叠合，因此在室内处理中不可能使用一种方法就可以解决问题，而要根据实际情况使用不同的方法组成一个处理流程，对地震资料中不同的噪音进行针对性的压制，从而达到提高信噪比的目的。

在方法选择和处理流程的制定时，必须注意模块使用的先后顺序，不能随意安排。要根据模块设计的前提条件及噪音的强度和分布特征，科学地安排去噪顺序。

常用的去噪方法有面波压制（高通滤波、自适应衰减面波、局域滤波去面波），线性干扰压制（F-K域滤波、叠前线性干扰滤波、规则干扰压制），单频波干扰压制（陷波滤波、单频波压制），强能量干扰压制（高能噪音压制），随机干扰衰减（叠后随机噪声衰减），括号里为相应的处理模块。

4. 静校正模块

几何地震学的理论都是以地面为水平，地表介质均匀为前提假设的，地表起伏不平、低降速带厚度及速度变化剧烈等情况都会严重影响地震剖面质量。为了改善地震剖面质量，要进行表层因素的校正，即静校正。包含的模块主要有静校正量应用、静校正质量控制图、三维地表一致性剩余时差计算、三维地表一致性剩余时差分解、剩余静校正量计算、连续介质静校正、共炮检距初至静校正计算、叠前道集时差微调以及三维校正量调整。

5. 速度分析模块

叠加速度分析及建场可用于进行常规叠加速度分析与速度建场。

模块输入叠前 CMP 道集数据，用实时交互的方式进行速度分析，并根据速度谱、CSUM 道集、叠加剖面等进行速度拾取。程序还可以对拾取的速度进行各种编辑处理，最终在层位约束下建立一个精细速度场。

根据离散程度的不同，叠加速度场可分为两类：稀疏的 T-V 对场和精细速度场。T-V 对场以 T-V 表的形式存储在数据库中；精细速度场以叠后地震数据的格式存储。

模块主要实现以下功能：速度谱的制作和加密，速度谱的交互解释，交互常速扫描速度解释，T-V 对的显示和交互编辑，叠加精细速度场的建立，T-V 对、地震剖面、速度场剖面、层位的叠合显示，速度谱解释与 T-V 对编辑的实时互动。

6. 动校正模块

本模块用于消除由于接收点偏离炮点而引起的正常时差，以实现反射波正常时差动校正。模块利用指定的速度函数，按照动校正公式对输入的每一道记录采用快速的方法计算动校正量，然后对该地震记录道进行动校正。本模块也可以完成反射波正常时差反动校正功能。

7. 偏移模块

（1）二维偏移：二维有限差分波动方程时间偏移模块，根据爆炸反射面模型成像原理，在 X-T 域采用差分法直接求解波动方程的近似式。该方法具有运算速度快、能适应速度变化等特点。

（2）叠前偏移：具有二维/三维叠前时间/深度偏移以及偏移速度分析与建模等功能，能够完成二维/三维叠前时间/深度偏移的基本处理流程；具有基于起伏地表的处理功能、沿层速度分析技术以及波动方程快速叠前深度偏移技术等。此功能包含的主要模块有积分法二维串行叠前深度偏移模块、积分法二维串行叠前时间偏移模块、积分法三维串行叠前时间偏移模块、积分法三维串行叠前深度偏移模块、积分法三维并行叠前时间偏移模块、积分法三维并行叠前拟深度偏移模块、积分法三维并行叠前深度偏移模块、波动方程面炮组合及混合相位编码二维并行叠前深度偏移模块、波动方程面炮组合、混合相位编码三维并行叠前深度偏移模块、二维面炮偏移 CIG 道集分选模块、二维面炮偏移 CIG 道集叠加模块、三维面炮偏移 CIG 道集分选模块以及三维面炮偏移 CIG 道集叠加模块。

3.2.5 两个平台

1. 数据管理平台

数据管理平台是地球物理软件基础平台，在借鉴石油技术开放标准联盟（Petrotechnical Open Software Corporation，POSC）思想的基础上，根据需要和当前主流软件技术特点设计。

数据管理平台通过建立统一的数据模型，提供统一的数据接口，规范及统一数据访问与管理，实现地球物理勘探软件的数据共享。

(1) 统一数据模型：包括概念模型、逻辑模型、物理模型和元模型。

(2) 统一数据接口：包括应用接口、业务对象接口、物理接口和公用接口。

(3) 统一数据管理：包括建立了整个系统的标准数据，统一规范系统数据的取值等。

以 GeoEast 系统为例，GeoEast 地震数据存放结构如下：

文件头： 128 个字节，描述整个数据体的共性参数

存放在 Orcale 中

数据头块：每道 128 个字节，描述本道记录的参数

以文件形式存放在磁盘上

数据体： 每道记录样点数，数据实体

以文件形式存放在磁盘上

GeoEast 运行的每道地震记录：192 个字节道头＋数据

从文件头和数据头块中抽取参数形成 192 字节道头

2. 系统通信平台

系统通信服务是系统中各部分进行通信、传递信息的渠道，支持消息通信、数据通道、远程服务调用等通信类型，具备点对点、广播、发布订阅等多种通信方式。能够透明地处理操作系统和底层网络；提供统一、简洁、过程透明的应用程序接口；具有高可靠性、可扩展性和安全性。

地球物理勘探软件是一个集成批量和交互应用、具备从单机到集群可变规模部署能力、支持多用户协同工作的大型软件，系统各部分之间的通信联系非常复杂。

一个高效、稳定、可扩展、跨操作系统的统一的通信服务平台，对实现系统的层次化、组件化，提高系统运行效率和可靠性，增强系统开放性，进而支撑系统的长远、健康发展是非常重要的。

3.3 常见的地球物理勘探软件平台

地球物理技术及其应用软件的发展日新月异。地球物理软件技术发展表现出先进性、开放性、一体化、自由化、网络化、并行化、可视化、标准化、智能化、普及化等特征。地球物理技术的发展对应用软件提出了更高的功能要求和性能要求，PB 级海量数据管理、每秒千万亿次（PFlops 即 10^{15}）巨量计算是人们面临的主要挑战。集成化、平台化、协同化、服务化将成为地球物理软件的主要发展方向。地球物理软件的发展应遵循"需求牵引，技术推动"的方针。提高软件开发人员的并行编程能力和培养并行软件开发专门人才是当前的一项重要任务。石油工业是一个高风险、高投入、高技术含量的产业，石油工业上游的发展高度依赖于高新技术特别是信息技术的应用。软件在石油勘探开发中起到了核心作用，石油勘探开发技术蕴涵在软件之中，而软件是石油勘探开发技术的载体和具体体现。作为地球物理技术的重要载体，地球物理软件发展飞速、应用广泛，成为石油勘探的一项核心技术。地球物理软件技术的发展直接标志着地球物理技术的进步，从而直接支撑着石油勘探技术的发展，为满足复杂勘探条件下复杂勘探目标的油气勘探取得突破提供了有效的技术支撑。

国内外石油勘探开发应用软件产品类型繁多、规模不等。有来自于大技术服务公司的大

型应用软件产品，有大石油公司的专用软件，也有小公司的特色软件产品。大技术服务公司不断收购小软件公司，已经成为石油软件产业发展的一个重要特征。

国外大的专业技术服务公司都有支持自己核心业务的商品化大型应用软件系统，其特点是：系统庞大，专业齐全，品种配套；拥有核心技术且为石油公司提供技术服务；对外销售软件，但不销售最新技术软件产品，且不允许竞争对手用其软件参与国外市场竞争。一般大石油公司都有综合研究中心，主要目的是发展特色技术，解决特殊需求，提高核心竞争力，控制风险。其特点是：有自己的软件平台、特色技术与核心技术；不对外销售软件，不开展社会化、市场化的技术服务。国内外还有很多小规模的软件公司从事石油勘探开发软件的发展，其特点是：软件系统不大，含专业特色技术；对外销售软件且开展相关技术服务。

在我国石油软件市场上，进口软件占主导地位。多年来，我国石油工业引进了大量软件，促进了我国石油勘探开发技术水平的提高。我国石油工业界在引进和应用国外软件产品的同时，也发展了一系列国产软件产品，取得了一定程度的进步。

近年来，信息技术发展迅速，信息技术在石油地球物理勘探中的应用也得到了持续发展，并且仍然保持着强劲的需求态势。在此背景下，石油地球物理勘探应用软件也处在不断的发展之中，经历了一系列的技术转型和组织变化，例如，软件应用硬件平台、软件系统环境、软件应用及部署方式、软件开发模式等都处于不断的发展与变化之中，国外主要石油勘探应用软件都进行了应用环境的迁移与重要的版本升级，也一直在探索新的技术应用和软件服务方式。因此，开展地球物理软件技术发展趋势的分析与战略研究，有利于减少软件技术发展的盲目性，选准发展方向，实现地球物理技术的快速发展和广泛应用。

3.3.1 三维勘探及其配套技术的发展

二维地震勘探方法是在地面上布置一条条的测线，沿各条测线进行地震勘探施工，采集地下地层反射回地面的地震波信息，然后经过电子计算机处理得出一张张地震剖面图。经过地质解释的地震剖面图就像从地面向下切了一刀，在二维空间（长度和深度方向）上显示地下的地质构造情况。同时几十条相交的二维测线共同使用，即可编制出地下某地质时期沉积前地表的起伏情况。如果发现哪些地方可能储有油气，则可确定其为油气钻探井位。

三维地震勘探技术是从二维地震勘探逐步发展起来的，是地球物理勘探中最重要的方法，也是当前全球石油、天然气、煤炭等地下天然矿产的主要勘探技术。三维地震勘探是根据人工激发地震波在地下岩层中的传播路线和时间，探测地下岩层界面的埋藏深度和形状，认识地下地质构造进而寻找油气藏的技术，与医院使用的 B 超、彩超和 CT 技术类似。地质学家通过三维勘探剖面寻找地下油气藏与医生通过 CT 寻找病人身体内部病变的不同之处在于：人体结构是基本相同的，而地表的条件和地下的地质结构却千变万化，油气的运动方向与赋存部位也无规律可循。可以说，地质学家面临的挑战比医生大得多。正因为如此，为了寻找更多的石油与天然气，三维地震勘探技术近几年发展快速，数据采集、处理和解释的方法不断取得新的突破。每秒几千亿次计算速度的高性能计算机和几百 T（1T＝1000GB）的存储设备，促进了地震勘探技术的发展；同时，三维地震勘探技术也相应促进了计算机硬件、软件的发展，催生了层序地层学、地震地层学等新的边缘学科，这些新的油气勘探理论对复杂油气藏的勘探起到了很好的指导作用。发达国家 20 世纪 70 年代开始使用三维地震技术，其应用目的是为了使地下目标的图像更加清晰、位置预测更加可靠。地震勘探技术的发展历程如图 3.10 所示。

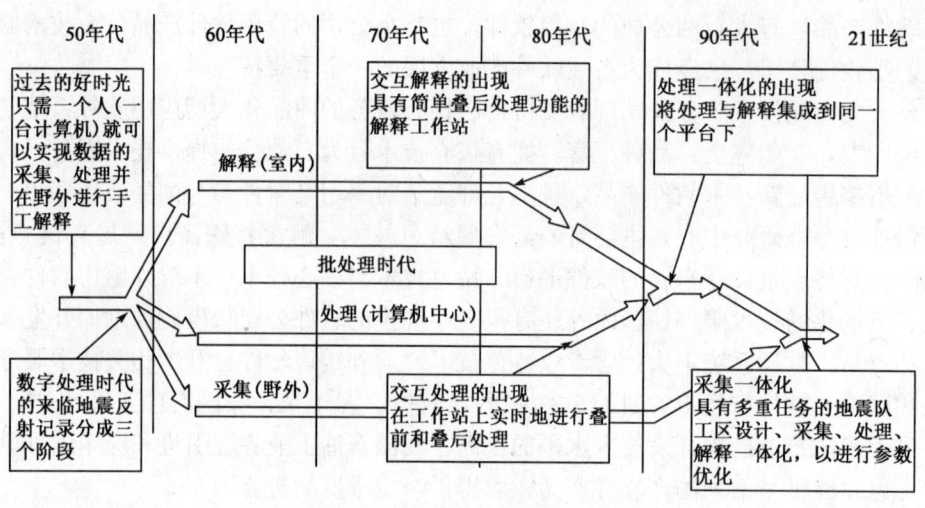

图 3.10　地震勘探技术发展史

三维地震勘探主要由野外地震资料采集、室内地震数据处理、地震资料解释3个步骤组成。这是一项系统工程，其中的每个步骤既相互独立，又相互影响，且每一步骤均需要先进的计算机硬件和软件作为支撑。

1. 野外地震资料采集

野外地震资料采集是在地质工作和其他物探工作初步确定的有含油气希望的地区布置测线，人工激发地震波，并用野外地震仪把地震波传播的情况记录下来。这一阶段的成果是记录了地面振动情况的磁带。

三维地震资料采集始于20世纪70年代晚期，90年代才得到广泛应用，关于三维观测系统的讨论随之深入，现在已经作为地震勘探的主要手段。随着三维地震资料采集技术的发展，万道地震采集技术应运而生。该技术是采用万道地震仪（测线在30000道以上）和数字检波器进行单点激发、单点接收、大动态范围、多记录道数、多分量地震、全方位信息、小面元网格、高覆盖次数的特高精度三维地震采集技术。

2. 地震资料处理

室内地震数据处理是根据地震波的传播理论，利用数字电子计算机对野外获得的原始资料进行各种去粗取精、去伪存真的数据处理工作，以及计算地震波在地层内的传播速度等。这一阶段的成果是地震剖面图和地震波速度资料。地震资料处理主要在配备数字电子计算机的工作站中完成。

为提高地震资料的处理精度，必须发展海量机群并行处理和海量存储技术，同时发展相关的静校正处理、组合处理、叠前时间偏移、叠前深度偏移、全三维各向异性等处理技术，以提高地下成像精度和储层描述精度及含油气分析精度。

3. 地震资料解释

地震资料解释是对经过计算机处理的地震信息进行地质分析研究的过程。运用地震波传播理论和石油地质学原理，综合地质、钻井、测井以及其他物探资料，对地震剖面进行深入的分析研究，对各反射层的地质层位作出正确判断，对地下地质构造的特点作出说明，并绘制反映某些主要层位完整的起伏形态的图件。最后，查明含油气区域构造，提出钻探井位。

石油和天然气主要蕴藏在地下的含油气圈闭中。圈闭主要有构造圈闭、地层圈闭和岩性圈闭，而多数情况是几种圈闭叠合在一起的复合圈闭。总之，圈闭是多种多样、极为复杂的。三维地震方法可以较精确地搞清地下含油气圈闭情况，甚至圈闭的某些细节。三维地震勘探技术已在勘探开发油田工作中作出了巨大的贡献。其主要作用体现在以下四个方面：

（1）查准地下几千米深处极为复杂的构造。中国东部渤海湾大油区的构造是非常复杂的，堪称世界之最，有人说"这里的构造像一个被打碎的碗，掉在地上还踩了三脚"。极为破碎的构造使油田都成为一个个很小的碎块油田，规模极小。国外的油田面积大多是几十、几百或上千平方千米，而中国东部的断块（碎块）油田最小的仅有 $0.01\sim0.05km^2$，可以说是油田的微缩景观。我国地震工作者精心使用三维地震搞准了这些破碎的小碎块。

（2）弄清埋藏很深、幅度平缓的构造。中国西部塔里木盆地中的油田有的埋藏在地下 $5000\sim6000m$，构造的幅度只有 $30\sim50m$，倾角不超过 $1°$，三维地震勘探技术对油气田的勘探开发作出了突出贡献。

（3）为含油气的储层研究提供了很好的成果。利用三维地震资料研究这些储层的分布范围、厚度大小、孔隙大小以及含油气情况的准确度也比较高。

（4）为油田开发服务。在一个油气田开发之前要做开发方案，即确定油井如何分布；在开发时为了提高采收率，要采取一些开发措施，例如注水、注气、化学驱油、聚合物驱油等；即使在开发后期也有很多增产方法。三维地震也可以围绕这些特定的任务提供精确资料，供油田开发工作使用。

随着微机性能的提高、成本的降低以及可视化解释软件的发展，三维可视化解释技术的发展趋向是微机群，即用于解释的微机群将以两种形式存在：一种是集成并行机群，用于大数据量的计算和三维可视化分析；另一种是分布式机群，通过网络连接，用于精细解释研究。

4. 时移地震勘探技术

时移地震技术作为开发地震技术的主要方法之一，近年来得到长足的发展。壳牌（Shell）和英国石油公司（BP）曾认为时移地震技术的应用有可能会使采收率提高 15% 左右，其他的主要服务公司和石油公司在此方面也投入了相当的力量。时移地震技术自 20 世纪 80 年代初期提出以来，经历了若干个过程。在 80 年代初期，比较强调检波器几何位置的绝对重复，为达此目的，甚至把检波器埋于水泥块中，但由于当时检波器技术限制，常导致检波器损坏。更主要的是，这种采集方式使成本大幅上升，导致此技术在相当长时间内处于停滞不前的状态。进入 90 年代，随着三维地震技术的广泛应用，在相当多的地区重复采集了不同时间的三维地震资料。人们开始思考如何利用这些地震资料去解决油藏工程中感兴趣的问题，换言之，就是把重复的三维数据当做时移数据去处理，由此获得油藏变化的信息。在此阶段，工业界开发了相当多的处理、分析和解释技术，并对采集方式提出了相应的建议。进入 21 世纪后，时移地震技术得到了更加迅猛的发展。

5. 高密度三维勘探技术

加密点距、增加地震道数目，PGS 公司推崇"高密度三维地震"，其工作量相当于普通三维的四倍，据称可获得高质量的资料。

高密度三维勘探技术主要表现在如下几个方面：工业化的大量的一致性波场拖缆采样；最密集的拖缆间隔；单震源 16 缆密集道接收；拖拽稳定性和控制降噪技术；多方位高密度

三维道记录。

高密度三维勘探技术的优势主要有：在各方向上优良的空间采样；优越的分辨率；高信噪比改善影像逼真度；增强地下界面亮度；改善储层监测的重复能力；达到每道最低的成本，是一种负担得起的产品。

3.3.2 主流采集软件

应用三维地震方法的激增是采集进步的标志。据 Shell 公司统计，在北美以外三维地震勘探几乎以指数增长率激增：1975 年仅 16km²，1987 年也仅 3000km²，到 1990 年增到 16100km²。采集技术进步还包括道数增加、更好的定位和测量技术以及应用计算机前端。

国内方面，2000 年年底推出了地震采集工程软件系统 KLSeis（图 3.11），包括采集参数论证、二维/三维设计、静校正计算、模型设计分析、地震资料品质分析、SPS 数据处理等内容，该产品推出后，迅速占领国内大部分市场（达到 80%以上）。

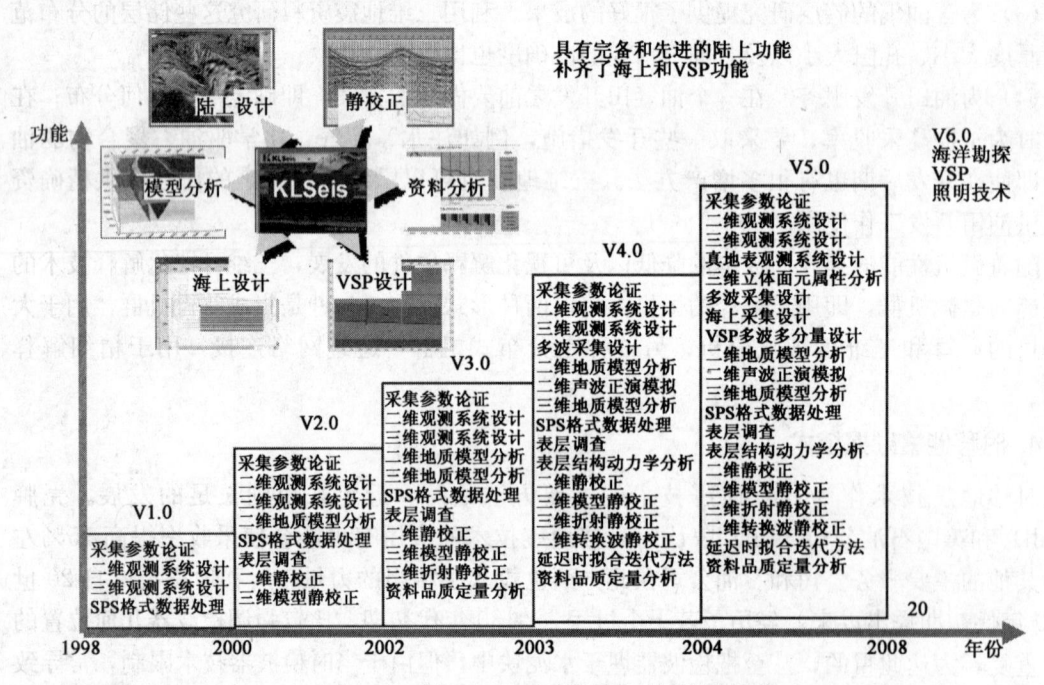

图 3.11 KLSeis 地震采集技术论证软件系统

国际方面，一些主要的采集软件系统有：

(1) 美国绿山（Green Mountain）公司作为一家采集专业技术公司，开发了一套采集设计软件包，包括三维设计、静校正、模型设计分析、项目管理等内容，其产品目前在世界大多数国家都在使用，20 世纪 90 年代进入中国市场。现被 ION 公司收购。

(2) 加拿大佛儿菲尔德公司作为另一家采集技术公司，20 世纪 80 年代与绿山公司合作，研制了绿山设计软件包，90 年代与绿山公司分离，专门从事三维设计及分析软件研究，其中针对三维设计的噪音分析（OMNI NOISE）、速度分析（OMNI Analysis）、动校正分析（OMNI DMO）等软件是其特色内容，在南美及欧洲具有一定的市场份额。

此外，法国 CGG 公司、美国 PGS 公司、以色列 Paradigm 公司均开发了相关的地震采集软件系统。

3.3.3 主流处理软件

在石油地球物理勘探软件平台中,最早出现、最为成熟的就是地震资料处理系统。从计算机发展初期开始,石油公司一直是计算机处理的主要用户。地震资料处理平台的开发有力地促进了计算机工业的发展。我国开发的速度最快的计算机,如 1973 年的每秒运算百万次 150 计算机、80 年代开发的银河计算机以及后来的曙光超级计算机,均应用于地震资料数据处理。

数据处理方法快速进步。以一些物探公司使用的叠加数据方法为例,每一二年就出现一种新技术。地震数据处理用的计算机更是日新月异进步,特别是大规模并行处理技术。如今,世界上用于地震数据处理的计算机早已超过每秒 100 亿浮点运算能力。以前要用几年时间才能完成的先进的三维地震数据处理方法,现在只要几周甚至几天时间。

在软件引进方面,1983 年以前 BGP 主要使用法国 CGG 软件,1983 年 BGP 引进美国西方地球物理公司(WGC)的地震数据处理软件(使用 IBM3033 机器);1994 年 BGP 中断使用 CGG 软件,于是 WGC 的 OMEGA 成为 BGP 的主力软件。从 2005 年开始,西方不再提供 OMEGA 软件的升级,BGP 数据处理的常规处理软件又以 CGG 的 GeoCluster 软件为主;叠前偏移方面,多套软件共存,主要是 GeoDepth (Focus),海外站点有 ProMax 处理软件。

在软件系统研制方面,在国产 150 机器上,石油部联合北京大学、中科院等有关科研单位研制出初步的处理软件,完成了对实际资料的生产处理,处理出来的剖面被称为"争气剖面";20 世纪 80 年代,在国产银河超级并行机上研制开发出配套的处理软件;石油工业部与中科院计算所合作在国产 KJ8920 上研制处理软件。

比较成功的是 GRISYS 地震资料处理系统(图 3.12、图 3.13)。到 2005 年,该系统已升级为 V8.0 版本,具有完备的陆上二维、三维数据常规处理功能、叠前偏移、垂直地震剖面(Vertical Seismic Profiling,VSP)和基本的海上处理能力,并在复杂地表资料处理和高分辨率处理技术上具有特色,为解决中国复杂地质条件的资料处理发挥了显著的作用。

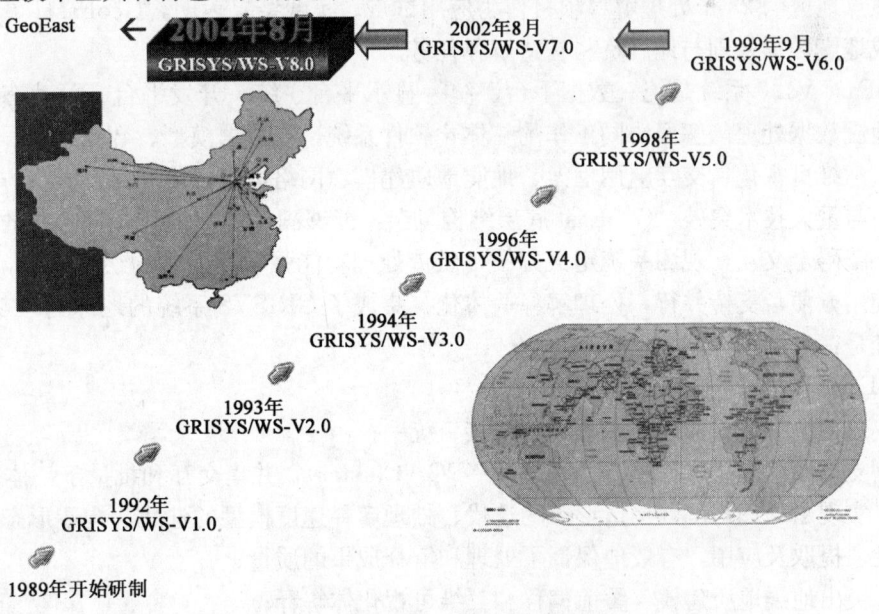

图 3.12 GRISYS 软件系统开发史

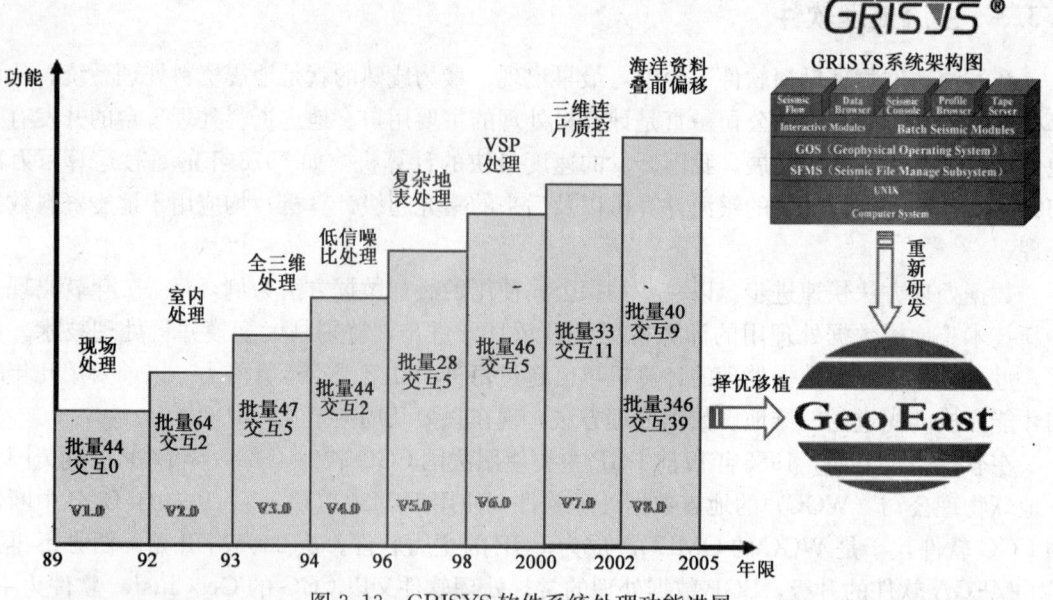

图 3.13 GRISYS 软件系统处理功能进展

GRISYS 的优势是：内核小，结构简单，维护容易，地球物理应用功能较为齐全；不足之处是：用户编码交互性差，观测系统定义复杂，磁带处理薄弱，数据管理简单，绘图功能差，质量控制不方便，不具备叠前偏移生产能力，不能满足大的地震数据处理中心的需要。

GeoEast1.0 地震数据处理解释一体化系统（图 3.14）项目于 2003 年 1 月立项，是中国石油天然气集团公司十大重点项目之一。国家计委专项开发投资 1000 万元，集团公司专项投资 1.4 亿元。2003 年 4 月项目启动。2004 年 12 月，GeoEast1.0 系统研发成功，申报 20 项专利技术、40 项专有技术，其独有的"处理解释一体化工作模式"更是国际首创，取得 10 个方面的创新与重大技术突破。GeoEast1.0 系统选择了东部、西部和国外的 23 个勘探难点、热点地区的 23 个处理解释项目作为应用试点。实践结果表明，GeoEast1.0 系统能较好地完成地震数据处理与地震资料构造解释任务。

GeoEast V1.0 系统是统一数据平台、统一显示平台、统一开发平台、可动态进行系统组装的地震数据处理与解释协同工作的一体化软件系统，在数据模型、数据共享、一体化运行模式、三维可视化、交互应用框架、地震地质建模、网络运行环境和并行处理方面取得了多项创新与重大技术突破。GeoEast 底层结构复杂，能够满足地震数据处理中心的需要，其优势是：编码全交互，观测系统定义方便，磁带处理功能强大，完备的绘图系统，QC 功能齐全，使用方便，支持并行，处理解释一体化，集成了 GRISYS 系统的地球物理功能优点；不足之处是：系统较为庞大。

GeoEast 系统的主要特点如下：

（1）总控统一、界面风格统一、数据接口统一；

（2）支持网络分布式计算、并行处理（PC-Cluster），并集交互和批量于一体；

（3）实现了处理与解释构造形态的迭代、处理解释速度模型的迭代、构造形态约束下的地震属性、提取及应用，有效地保证了处理和解释成果的质量；

（4）突出地震地质建模、叠前偏移和三维可视化体解释；

（5）在高分辨率处理，复杂地表、低信噪比地区资料处理方面处于国际领先水平；

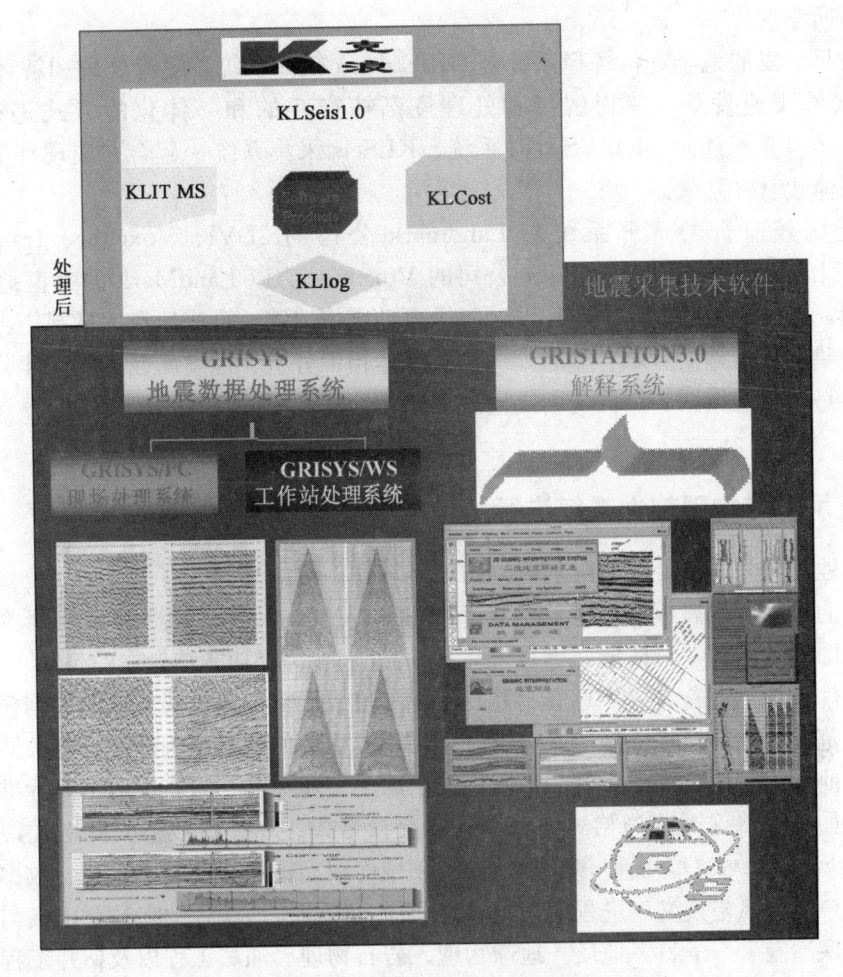

图 3.14 GeoEast 地震数据处理解释一体化系统

（6）系统规模可变，可以根据用户需求灵活配置。

GeoEast V1.0 系统具备统一的处理解释数据平台，真正实现了处理解释信息共享；建立了处理解释一体化的运作模式，实现了地震数据处理与解释工作之间的无缝耦合；提供 20 类、150 个批量与交互处理地震功能应用模块，具有完备的陆上与海上二维、三维地震数据处理和三维叠前深度偏移处理能力；提供先进的二维、三维地震解释功能系列、三维可视化体解释和配套的软件包，具有完备的二维、三维构造解释和三维可视化体解释能力。GeoEast 已形成了同步于国际商业软件的系统平台和处理解释一体化应用功能。目前，GeoEast 系统已升级到 V2.0 版本。

国际市场上的地震资料数据处理系统很多，其中使用较为普遍的软件系统有美国 WGC 公司的 Omega 系统、美国 LANDMARK 公司的 ProMax 系统、法国 CGG 公司的 GeoCluster 系统、以色列 Paradigm 公司的 focus 及 GeoDepth 等。

3.3.4 主流解释软件

20 世纪 90 年代以前，国内从事地震资料解释的工作人员主要是在纸剖面上完成层位追踪等工作。后来，地震交互解释工作站逐步普及，特别是随着三维地震勘探工作的展开，交互解释工作站已成为三维地震解释不可缺少的工具。模式识别、人工神经元网络技术也逐渐为物探人员所掌握。

国内最早开发的地震资料解释系统是 GRIStation 软件系统。随着处理和解释地震数据的硬件和软件飞速发展，使得解释和处理逐渐按交互的和一体化的方式进行。后来，GRIStation 解释系统连同 GRISYS 处理系统、KLSeis 采集系统一起合并成现在的 GeoEast 处理解释一体化软件系统。

国际上比较流行的解释系统有 Landmark 公司的 3DVI、Voxcube、frame；GEO-QUEST 公司的 GeoViz 以及 Paradigm 公司的 VoxelGeo。以 LandMark 的大型地震综合解释软件为例，该软件包括地震资料解释、三维自动层位追踪、合成地震记录制作、三维可视化解释、地质解释与地层对比、叠后处理、数据体相干分析、地震属性提取属性分析、地质建模、断层封堵分析做图、层面与断层模型、储量计算、测井解释、精细目标分析、井位设计等模块。

3.3.5 应用地球物理软件系统进行处理的一些基本方法

新一代地震软件应该是功能配套完整的地震软件：组织和管理有关数据（位置和地理信息数据，井的数据，地震数据和地下模型等），提供友好的用户界面（弹出式菜单或下拉式菜单，面向图形技术和"对话框"等），把先进的处理和解释功能结合在一起。

地震软件系统研究首先要注意应用开发环境和集成平台，提供集成化的数据模型、数据存取接口规范、数据交换格式规范，提供公共用户界面，使所有应用软件具有共同外观和显示方式。目前地震软件系统设计的一个困难在于缺乏工业标准。只有少数工业标准可用于系统定义（例如，SEG-Y 地震道格式、SEG 地学交换格式、AAPG 数据交换格式，以及扩充的彩色图形元文件 CGM），而许多非常重要的领域尚缺乏标准：数据库系统、数据模型和存取系统、用户界面风格定义、进程定义与进程通信、作业流、序列的参数化定义与控制等。

石油勘探涉及多个学科：地质、地球物理、岩石物理、油藏工程以及钻井工程。应该有一种手段，以共享数据。数据共享的方法可以有：其一，一对一传输，每对通路有专用程序，无公共交换格式。其二，紧密集成，要求公共数据库，要重写现有软件，要有设计约定；要考虑公共信息模型、物探数据库的实现、应用编程接口（API）和有关服务程序；公共定义、公共存取方法、公共数据管理是通过逻辑的数据模型实现，使用公共信息模型完成。其三，松散集成，要求公共交换格式，不必重写应用软件；各种应用软件，各有其数据模型；涉及地震数据、界面集合（网络、等值线、交点等）、井的数据、图件数据、子波、岩性代码等；可以按半连接规程，通过一个数据交换程序的外部接口传送和接收数据。在 20 世纪 90 年代，石油勘探多学科数据共享，将逐渐从松散集成走向紧密集成。

1. 接触地球物理软件新系统时需要思考的几个问题

（1）硬件和软件载体（计算机硬件平台、通用系统）；

（2）工作模式（单一工作站、客户服务器、大中心）；

（3）了解新系统工作过程，熟练操作整个过程，如作业编辑、作业管理、作业监控等，重点熟悉数据输入输出部分、观测系统定义；

（4）数据结构；

（5）系统具备的处理应用功能，特色功能必须知道；

（6）清楚新系统和自己熟悉系统的等同功能。

2. 在处理系统中组织处理流程和组织作业的基本方法

（1）根据处理要求（地质目标）和资料特点，明确作业要完成的功能；

（2）制定处理流程和主要作业步骤的关键模块（如反褶积、剩余静校正等）和主要参数，熟悉模块功能及适用条件，掌握参数的物理意义及取值范围，明白参数对效果的影响；

（3）根据主模块对数据的要求，确定配套模块内容，包括配套模块选择、对数据的要求（类型、数据具备的要求）、参数的作用及其对效果的影响与模块运行流程图等；

（4）了解数据情况；

（5）根据处理系统规程，确定作业结构，完成作业的组织、执行；

（6）分析运行结果和效果，一定要和作业的目的、主力模块、参数的适应性结合起来。

3. 进行资料处理时功能模块的选择原则

（1）确定模块功能在作业中是主体还是配套角色，主体模块确定之后，其他模块围绕它来组织；根据配套功能确定其在作业中的位置。

（2）根据模块要求确定对输入数据的要求，如炮集、CMP 集、CRP、OFFSET、单道等。

（3）掌握输出数据及其类型。

（4）熟悉处理系统中功能模块的参数情况。参数有两类，一类是固有参数，如道数、最小大炮检距等；另一类参数如白噪系数，对处理效果影响较为明显，应该通过试验方法进行合理的选取。

4. 作业执行结果的分析方法

（1）作业执行完成后，分析执行结果，对执行结果正确性及效果进行评价。

（2）分析作业出错的原因及对策。

（3）分析作业执行结果，对比效果，确定好坏。学会分析剖面、对比剖面技巧；分析结果，看作业组织的是否合理，参数是否达到最佳。

（4）采取一些质控手段验证结果。

第 4 章　GeoEast 系统介绍

在油气田工业中，地震技术被用来获取地下地质结构的精确图像。软件是客观世界中问题与解空间的具体描述，是客观事物的一种反映，是知识的提炼。地震勘探软件是地震数据采集（采集软件）、处理（处理软件）和解释（解释软件）知识的提炼。

在过去几十年间，地震数据处理方式不断演变。在纯批量处理时代，野外采集的数据记录在磁带上，然后交给计算机处理中心，地震资料处理员用复杂的数理方法对数据进行处理，转换为纸剖面。这些剖面交给地震解释人员，由他们在地震波形中寻找有意义的地质模式，确定钻井位置。地震数据长期以来只用于帮助储层构造的解释。如今密集的三维地震数据，加上处理方法的改进，以及高性能低成本的计算机，可以从地震数据中提取供油藏特征研究的信息。地震数据除了用于构造解释外，还有其他用途。现在已经发展的技术允许地质家提取地震属性信息，并利用这些信息改进岩石物性空间做图。通过对比钻井位置处的地震属性，利用地质统计技术，可进行空间插值。在只有很少井的情况下，通常可以提供比较好的岩石物性图，用于计算储量、建立地质模型以及油藏模拟。

GeoEast 地震数据处理系统具有较先进、高水平的全三维处理、高分辨处理、叠前去噪、交互折射波静校正等物探技术，在复杂地表、低信噪比和高分辨率等处理方面独具特色。通过这些高水平的技术，可以为地质人员提供更多、更准确的地层属性信息，在中国复杂区的油气田勘探开发中发挥了重要作用。

4.1　GeoEast 系统概要

GeoEast 是集处理与解释方法技术于一体的大型软件系统，在 GRISYS8.0（处理软件系统）和 GRIstation3.0（解释软件系统）的基础上进行改造，形成了统一的数据平台、显示平台和开发平台。该软件系统实现了文件、数据管理树状管理模式，实现了处理解释数据以及信息、功能共享。GeoEast 系统可以运行于单机、网络环境及 PC 机群系统。它要求的操作系统是 Linux，软件基础平台有 Oracle、OpenInventor、gcc 等。GeoEast 系统软件产品架构由 1 个主控、4 个子系统、3 个框架、3 个应用子系统和 2 个平台构成，在软件体系结构上主要划分为 4 个层次和 2 个系统平台。

4.1.1　系统简介

地震数据处理解释一体化系统 GeoEastV2.0 能满足油气勘探和开发需要，实现在地震数据处理和解释过程中多种数据信息共享和可视化交互功能，突出叠前偏移成像、储层信息提取与分析、三维可视化立体解释等应用新功能特色，统一数据平台、统一显示平台、统一开发平台，可动态进行系统组装。

GeoEast 软件架构如图 4.1 所示。

GeoEast 系统充分利用先进的高性能计算机和可视化及数据共享技术，建立处理、解释

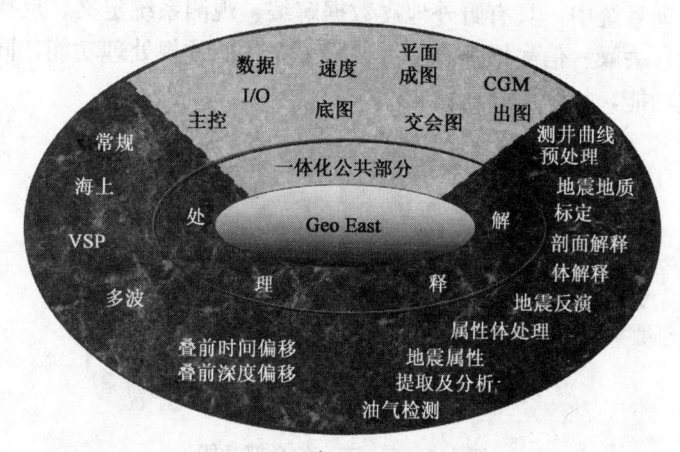

图 4.1 GeoEast 软件结构

一体化的工作模式，集网络、并行、交互、批量于一体，既支持大型地震数据处理中心，支持网络应用环境，也支持单机应用环境（含现场处理），地震处理功能配套齐全，物探技术领先。

系统由 13 部分组成，即 1 个主控、4 个子系统、3 个框架、3 个应用子系统和 2 个平台，简称 "14332" 功能。其中，1 个主控是指系统主控（包括系统主界面、系统管理员界面、操作员界面），4 个子系统分别为作业调度子系统、执行控制子系统、数据服务子系统和外设服务子系统，3 个框架分别为模块生成框架、交互应用框架和三维可视化框架，3 个应用子系统分别为地震数据处理系统、地震数据解释系统以及一体化应用系统，2 个平台是指数据管理平台和系统通信平台。

4.1.2 总体结构

GeoEast V2.0 地震数据处理解释一体化系统在软件体系结构上主要划分为 4 个层次和 2 个系统平台，称为 "4+2" 模型，如图 4.2 所示。4 个层次分别为用户界面层、应用系统层、系统管理层与数据管理层，应用框架层（纵向，表示是开发平台）提供了平台上开发软件的通用接口、系统通信机制进行消息通信与数据传递。

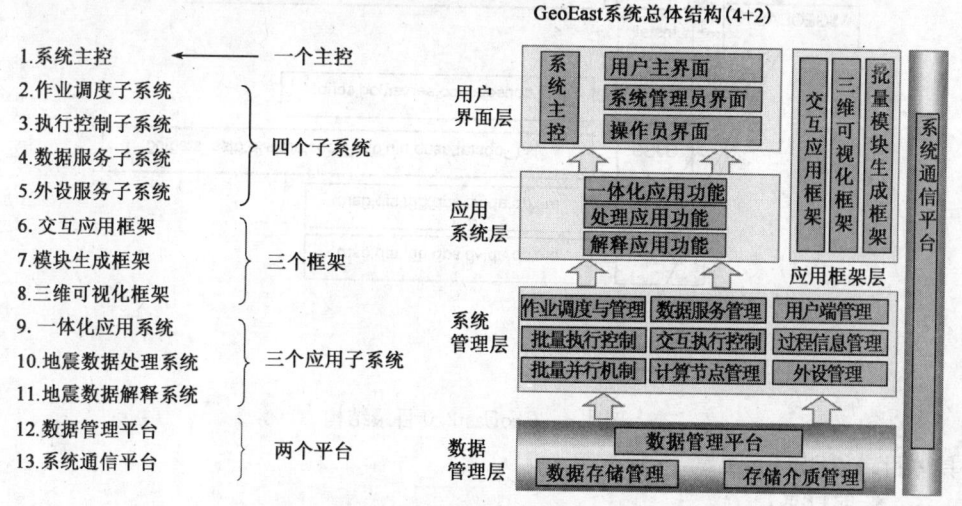

图 4.2 GeoEast 系统总体结构（4+2）

在地震数据处理系统中，具有野外地震数据解编、观测系统定义、反褶积、动校正、水平叠加、叠前（后）去噪、信号增强和叠后偏移等完备的常规处理功能，同时也具备海上处理和叠前偏移处理功能，如图 4.3 所示。

图 4.3　GeoEast 的全部功能

4.1.3　目录结构

GeoEast 系统共有两大类目录，包括系统目录和数据目录。

1. 系统目录

GeoEast2.0 的安装根目录为：$ GEOEAST（环境变量），其系统目录如图 4.4 所示。

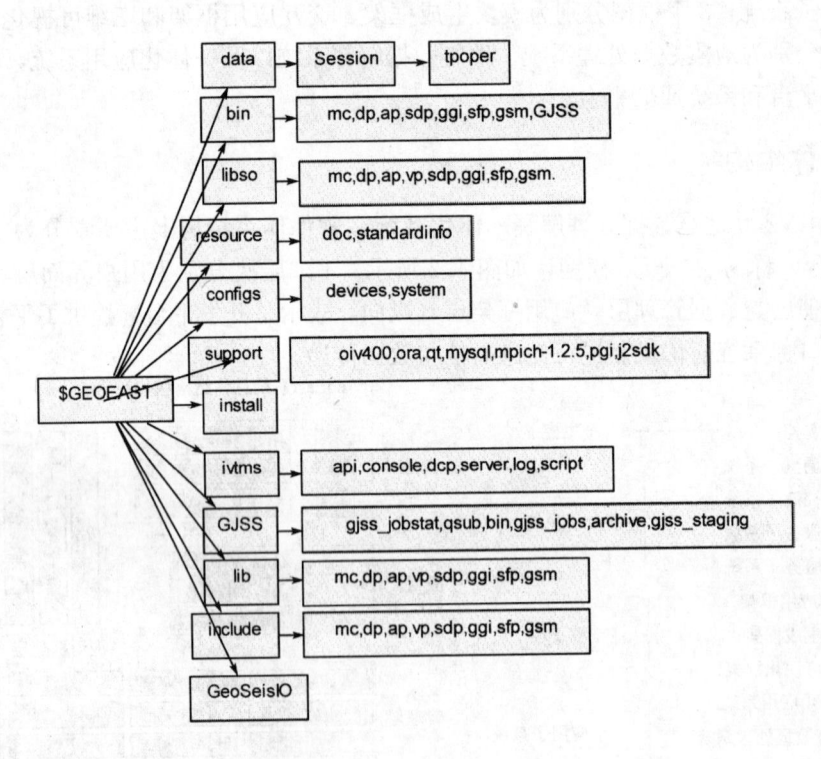

图 4.4　GeoEast2.0 目录结构

具体目录说明如下：

data：数据目录；

bin：执行命令目录，子目录为系统各个部分的可执行程序；
libso：动态共享库目录。子目录为系统各个部分的动态共库；
resource：系统资源目录；
configs：系统配置信息目录；
support：第三方软件支持目录；
install：系统安装目录；
ivtms：磁带管理系统目录；
GJSS：作业调度目录；
lib：系统静态库；
include：系统头文件；
GeoSeisIO：输入输出系统。

GeoEast 系统主要构成部分采用如下缩写（简化目录名称）：
mc：主控；
dp：数据平台；
ap：交互应用平台；
vp：可视化平台；
sdp：处理应用；
ggi：解释应用；
sfp：一体化应用；
gsm：系统管理；
GJSS：作业调度；
IVTMS：磁带管理系统。

2. 数据目录

GeoEast 的数据（指用户的项目数据）一部分存放在数据库中（一般为数据的信息部分），另一部分存放在文件系统中（一般为数据实体文件）。

数据的表现形式有两种，一种是主控的数据树，是以项目、工区、测线为结构的，反映了数据库数据的应用逻辑结构；另一种是数据目录结构，也是以项目、工区、测线为结构的，存储的是数据实体、动态数据。

GeoEast 的数据实体文件存放在逻辑目录 $ GEOEAST/data/目录中，以项目、工区、测线的层次结构来组织，项目层下的目录结构如图 4.5 所示。

两种处理软件 GRISYS 和 GeoEast 优缺点对比如下：GRISYS（20 世纪 90 年代初研发，内核小，不满足大中心需要）优势：结构简单，维护容易，地球物理应用功能齐全；缺点：用户编码交互性差，观测系统定义复杂，磁带处理薄弱，数据管理简单绘图功能差，质量控制不方便，不具备叠前偏移生产能力。GeoEast（2003 年研发，底层结构复杂，能满足大中心需要）优势：编码全交互，观测系统定义方便，磁带处理功能强大，完备的绘图系统，质量控制功能齐全，使用方便，支持并行，处理解释一体化，满足大中心需要，集成了 GRISYS 系统的地球物理功能优点；缺点：系统庞大，面向处理中心设计，可配置为现场处理版本。

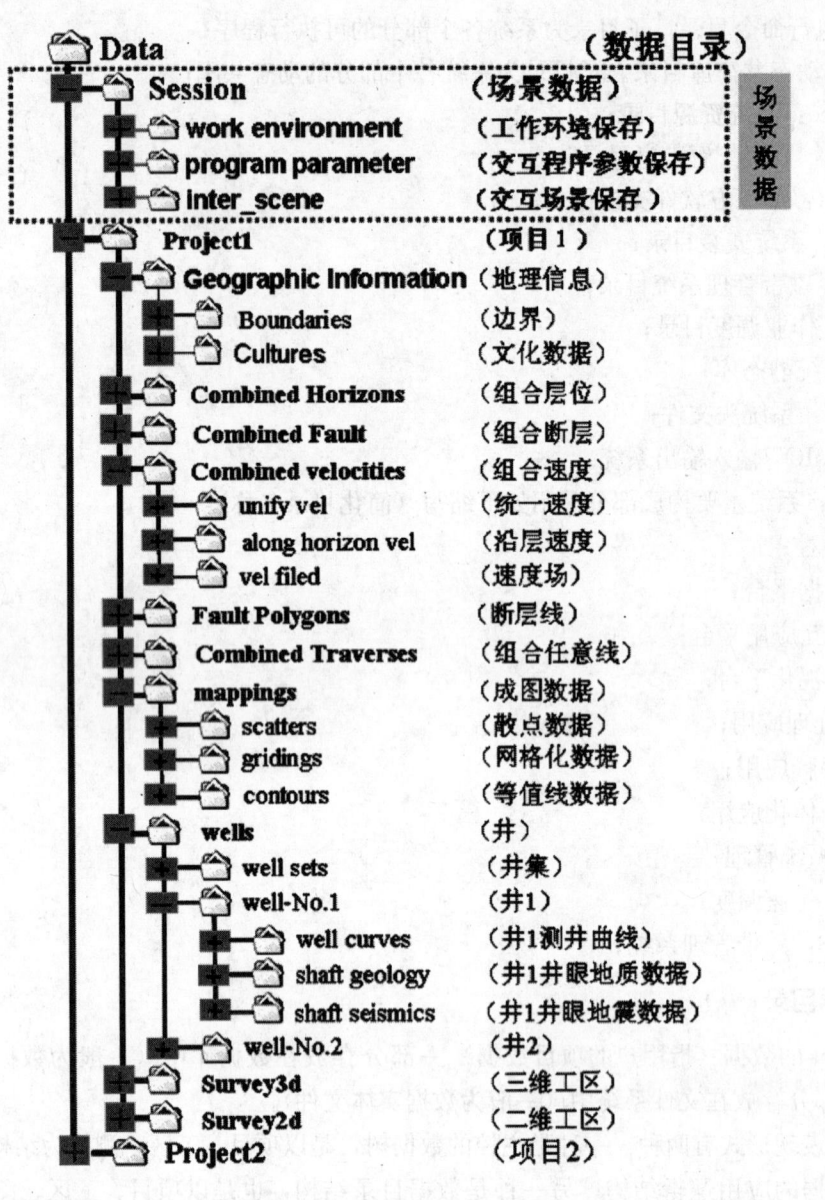

```
📁 Data                                    （数据目录）
 ├─📁 Session                              （场景数据）         ┐
 │  ├─📁 work environment                  （工作环境保存）      │ 场
 │  ├─📁 program parameter                 （交互程序参数保存）  │ 景
 │  └─📁 inter_scene                       （交互场景保存）      │ 数
 │                                                              ┘ 据
 └─📁 Project1                             （项目1）
    ├─📁 Geographic Information            （地理信息）
    │  ├─📁 Boundaries                     （边界）
    │  └─📁 Cultures                       （文化数据）
    ├─📁 Combined Horizons                 （组合层位）
    ├─📁 Combined Fault                    （组合断层）
    ├─📁 Combined velocities               （组合速度）
    │  ├─📁 unify vel                      （统一速度）
    │  ├─📁 along horizon vel              （沿层速度）
    │  └─📁 vel filed                      （速度场）
    ├─📁 Fault Polygons                    （断层线）
    ├─📁 Combined Traverses                （组合任意线）
    ├─📁 mappings                          （成图数据）
    │  ├─📁 scatters                       （散点数据）
    │  ├─📁 gridings                       （网格化数据）
    │  └─📁 contours                       （等值线数据）
    ├─📁 wells                             （井）
    │  ├─📁 well sets                      （井集）
    │  ├─📁 well-No.1                      （井1）
    │  │  ├─📁 well curves                 （井1测井曲线）
    │  │  ├─📁 shaft geology               （井1井眼地质数据）
    │  │  └─📁 shaft seismics              （井1井眼地震数据）
    │  └─📁 well-No.2                      （井2）
    ├─📁 Survey3d                          （三维工区）
    └─📁 Survey2d                          （二维工区）
 └─📁 Project2                             （项目2）
```

图 4.5 项目层下的目录结构

4.1.4 GeoEast 中的主控

GeoEast 系统主控是 GeoEast 用户的主要工作界面，是数据、流程及项目管理的操作平台。主控界面以数据树、流程树为中心，具有项目管理、用户管理、数据管理、流程管理等功能；负责启动交互应用，支撑交互应用间的协同操作。

本节主要介绍 GeoEast 系统的启动及主控界面的操作过程，指导地震资料处理员如何从系统主控界面上开始地震资料处理及一些常用的管理和操作。

主控界面分为用户主界面、系统管理员界面和操作员界面。

（1）用户界面功能：用户通过用户主界面控制、管理处理和解释软件的运行。它以数据树、流程树为中心，具有用户管理、项目管理、流程管理和作业编辑与发送等功能，负责启动交互应用，支撑交互应用间的协同操作，如图 4.6 所示。

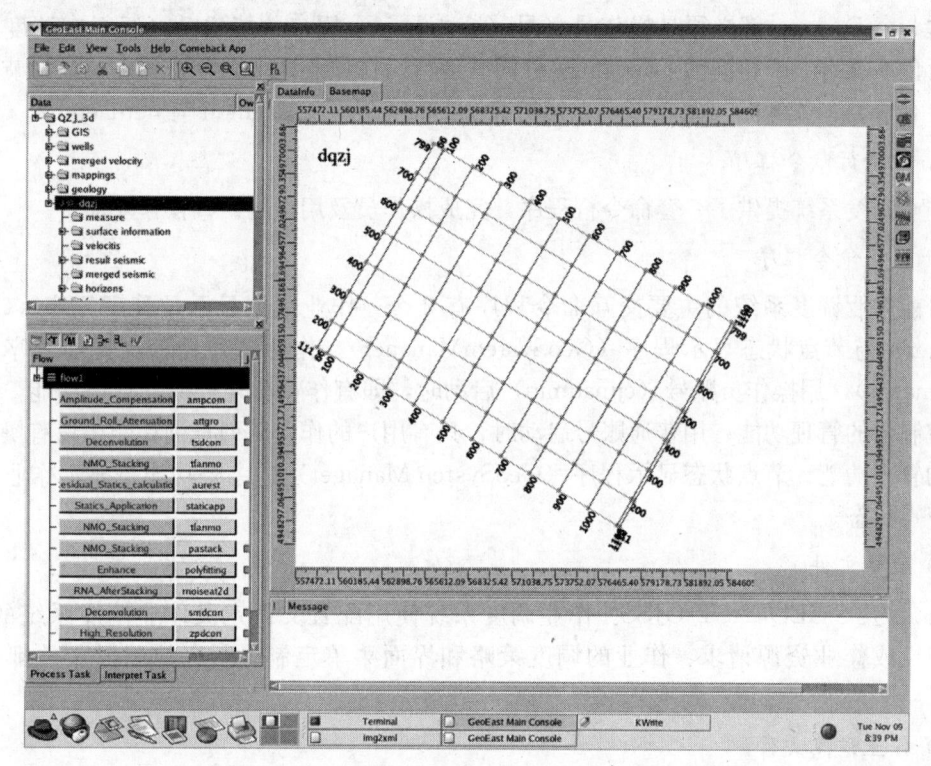

图 4.6　用户主界面功能

（2）系统管理员界面功能：主要是系统的配置、安装、管理、维护，确保 GeoEast 能够在不同的运行环境（网络环境、单机环境等）上安装和运行，并保证系统的运行效率。为此，设计和开发了一系列的组件、工具和界面。

（3）操作员界面功能：是 GeoEast 大型网络处理系统的重要组成部分，主要功能是作业队列管理、资源状态监控、磁带设备分配及管理；保证大型网络处理中心批量作业的正常运行。大型网络处理中心地震资料处理员负责流程作业的组织、编辑、分析，并将作业提交到系统。作业提交后，作业的排队、运行、运行过程中的资源请求（磁带）、作业运行完成后的输出等工作需由操作员使用操作员界面来监控和管理。

4.1.5　GeoEast 中 4 个子系统

GeoEast 的 4 个子系统分别是作业调度子系统、执行控制子系统、数据服务子系统以及外设管理子系统。

1. 作业调度子系统

作业调度系统运行在作业调度服务器上，它的主要功能是：接受客户端发送的作业，将作业放置到作业队列；根据调度策略、作业的资源请求和节点资源状态将作业分发到最适合于作业运行的节点上运行，并对作业进行管理。作业调度子系统主要由守护进程（Daemon）、命令行命令程序、交互命令程序、重要文件和基础技术等几部分组成。

1）守护进程（Daemon）

作业调度系统服务器上有 3 个 Daemon：GJSScntl、GJSS_collect_jobs 以及 GJSS_

check_nodes。

这3个Daemon都必须是操作员账号（cjmadmin）用户才能启动，运行在调度服务器上，而且不能有2个相同的Daemon进程同时运行。在作业调度服务器和每个计算节点上都要安装GNQS。GNQS在每个节点上运行2个Daemon：nqsdaemon与netdaemon。

2）命令行命令程序

作业调度系统提供了一套命令行程序，完成操作员及用户的一些操作功能。

3）交互命令程序

目前作业调度系统的主要交互命令程序有2个：作业队列显示及管理程序（GeoJobManager）与节点状态显示程序（GeoSystemManager）。作业队列显示及管理程序（GeoJobManager），用操作员账号（cjmadmin）启动时，即有作业队列查询及管理功能，也有操作员控制台的管理功能；用普通账号启动时，只有用户的作业队列查询功能，没有操作员控制台的管理功能。节点状态显示程序（GeoSystemManager）的主要功能是显示作业调度系统的节点状态。

4）配置文件

目录为：$GEOEAST/GJSS。作业调度系统使用配置文件定义作业调度系统的资源、作业属性或作业资源请求、作业的调度策略和界面菜单定制。所有的配置文件都是文本文件。

5）作业信息文件

目录：$GEOEAST/GJSS：GJSS_DATABASE，二进制文件格式。作业调度管理的作业的各种信息被保存在GJSS_DATABASE文件中，GJSScntl通过此文件中的信息来完成对作业的调度。在作业调度系统中，为了避免对文件的同时写操作，只有GJSScntl才对此文件进行写操作，若其他程序要修改此文件，需将要修改的内容通过RPC通信通知GJSScntl，由GJSScntl完成对此文件的修改。

6）日志文件

保存目录：$GEOEAST/GJSS。在GJSS系统运行过程中，GJSScntl运行过程中产生的操作信息被保存在GJSS_LOG文件中，这些信息包括备份GJSS_LOG文件、压缩作业信息文件、向作业队列中增加新的作业、作业状态的改变、作业释放的信息；某个节点上为什么没有分配作业以及用户某些对作业属性更改的操作等。

作业发送产生的信息保存在/tmp/gjss_qsub.errlog文件中，这些信息包括作业发送使用的命令以及发送作业是否成功的返回值、用户名等。

7）作业调度过程

当用户在作业编辑器中编辑好自己的作业后，选择Job菜单中的"Send"按钮，作业编辑自动将用户的作业生成符合GJSS格式的作业文件，并将作业发送到作业调度子系统。作业调度根据调度策略选择作业，进行分发。但若计算资源不能满足作业的请求资源，该作业继续等待，作业调度分发下一个作业。作业调度根据调度策略将作业分发到最适合该作业运行的节点。作业分发后，在计算节点上运行，作业在队列的状态改为"运行"。地震资料处理员可使用队列管理界面，查询作业运行状态。作业运行完毕，释放计算节点，作业在队列的状态改为"完成"。

作业调度过程如图 4.7 所示。

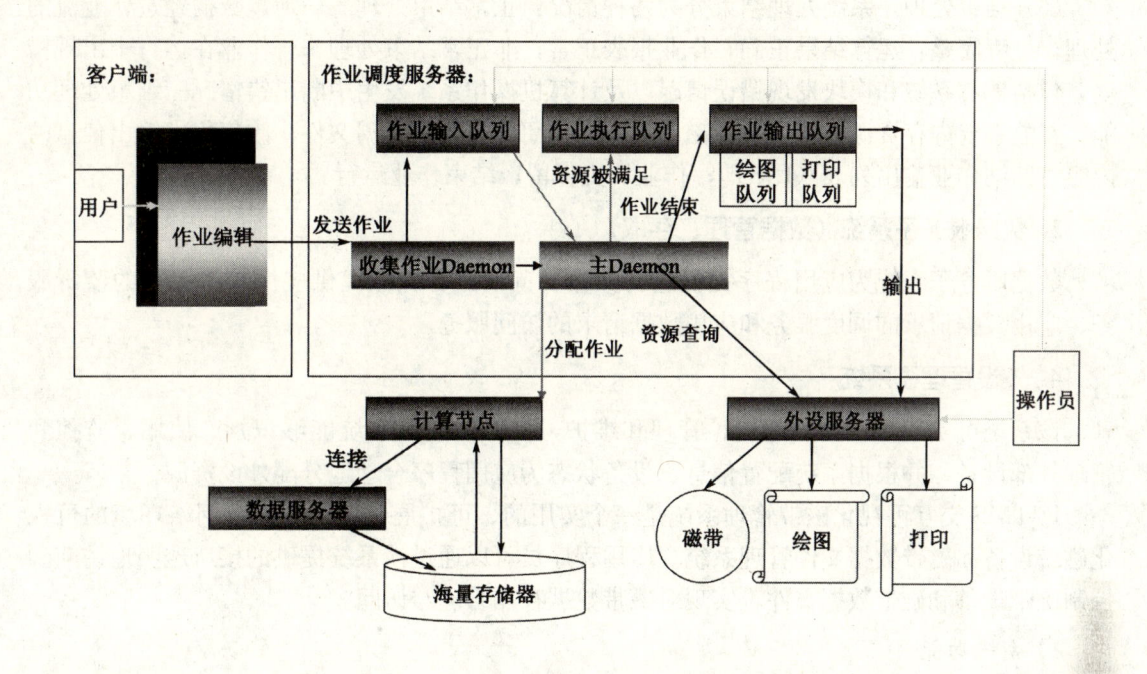

图 4.7 作业调度过程

2. 执行控制子系统（批量作业运行）

GeoEast 系统执行控制是大型数据处理中心地震数据处理的控制核心部分。它可支持网络环境、工作站环境以及并行处理环境。地震处理执行控制系统把处理人员提供的地震语言进行翻译、分析、执行、管理与监控，并控制批量模块运行。

地震作业通过调度管理系统分配到各节点，利用调度脚本启动执行控制系统开始地震作业运行。主要过程有作业翻译、模块加载、模块分析、控制、执行和结束处理。

（1）作业翻译是把作业文件内的以 XML 语言描述的作业流程翻译为计算机能识别的语言代码。

（2）模块加载为动态加载，根据作业的流程加载相应的模块。

（3）模块分析是依次执行模块的分析阶段。每个模块译码取得模块参数。模块根据模块参数向执行控制系统申请私有缓冲区、公共缓冲区、数据通道数等资源。执行控制系统为每个模块动态创建私有缓冲区。待执行完所有模块的分析阶段，执行控制系统为作业计算公共缓冲区长度、数据通道的道数、数据通道数，创建公共缓冲区、数据通道。最后统计作业所用的资源（CM、DISK、CPU 等）。

（4）控制分为两级控制结构。作业控制对象（jobexec）：模块间的控制；模块控制对象（modexec）：模块内部的控制。

（5）执行部分，循环控制执行模块的执行阶段，控制模块的执行顺序以及数据流的流向。模块和执行控制系统是通过 DCB 控制块交换信息的。一般作业按照约定的控制体系自动运行到作业结束，一般单个模块的每次运行不可分割，直到单个模块运行结束。执行控制系统可以接受事件或中断，运行结束后统计各个模块执行的运行信息。

(6) 结束处理。系统处理结束分为两种情况：正常结束处理——地震数据经过作业流的处理，过程完整，运算结果正确，作业报表正常；非正常结束处理——作业在运行中出现错误，包括地震系统和模块发现错误情况以及计算机操作系统发生中断出错情况。结束处理功能：释放系统内存资源；释放暂存磁盘空间；关闭已打开的数据文件；收集集中输出信息的内容；归纳作业输出列表（LIST）；作业历史保留；结束作业运行。

3. 数据服务子系统（数据管理、存取）

数据服务子系统为应用程序提供进行数据访问的服务，即提供应用数据请求的监听服务、应用数据请求的调度服务和应用数据请求的访问服务。

4. 外设管理子系统

该系统可实现对外设的配置、管理和维护，使 GeoEast 系统能够识别、使用、监控和管理外部设备，并根据系统配置信息、设备状态为应用程序合理地分配外设资源。

IVTMS 交互可视化磁带管理系统是一个实用的、可扩展的、基于局域网络环境的可视化磁带设备和磁带数据文件管理系统。应用程序员可以通过该系统提供的接口透明地访问和控制磁带设备和磁带数据文件，实现对磁带数据存储管理与访问。

1) 系统功能

主要功能有磁带编目管理、网络磁带操作、操作员磁带的分配以及可视化磁带设备管理。

IVTMS 提供对局域网环境中不同厂家、不同型号的磁带设备进行管理，对存储在磁带上数据文件进行管理，使得应用系统不依赖于这些具体的设备，不必关心设备的位置，也不必关心数据存储在哪一盘磁带上和在磁带上的位置，只需根据磁带数据文件名就能实现对磁带数据的访问。

该系统采用数据库方式对磁带数据文件及其存储的磁带介质进行编目管理，数据库保存磁带文件的磁带卷号、文件名、建立日期、过期日期、最近访问日期、磁带类型及状态等信息，使得用户访问编目磁带数据文件时只需提供文件名就可以访问，而不必具体知道数据存储在哪盘磁带上。

系统支持 IBM 标准标签、ANSI 标准标签、无标签和非标准标签磁带的跳过标签处理，从而实现了对非编目磁带的访问支持。应用程序员可以使用 IVTMS 系统提供的编程接口实现对磁带设备的访问，而不必关心设备是连接在本机还是远程机器上，从而使本系统可以方便地在不同的应用间进行海量数据交换。

为了方便使用和管理，本系统也提供可视化操作控制台与管理控制台，通过它们可以监控和管理磁带设备与磁带操作。

2) 系统结构

IVTMS 系统使用流行的编程语言（C、JAVA），采用组件模型进行开发，应用面向连接的 socket 进行网络通信，主控服务器应用共享内存、信号灯和消息队列等 IPC 机制进行进程间通信，使之具有良好的移植性和平台独立性。

IVTMS 系统由主控服务器（TMSD）、磁带操作控制台（TPOperConsole）、磁带管理控制台（TPAdminConsole）、编目与资源数据库（TMSCatalogResDB）、磁带设备控制程序（DCP）和客户访问接口库（ClientAPI）等组件构成。

3) 磁带文件编目管理

建立磁带文件编目数据库，该数据库含有如磁带卷号、文件名、建立日期、过期日期、最近访问日期、磁带类型及状态等信息。磁带文件编目的目的是为了使用户对磁带上的数据可以简单地通过文件名来存取，而不必为作业提供输入和输出磁带卷号。

具体功能如下：

(1) 磁带数据文件编目。将磁带文件编目到磁带文件目录中，以便根据用户请求的文件名去查找文件所用的磁带卷序列号。编目管理的磁带类型包括4 mm磁带、8 mm磁带、9轨磁带、3480磁带、3490磁带、3590磁带等目前生产所用的各种磁带。磁带目录采用开放的数据库形式。磁带编目的记录字段内容和磁带文件的命名规则与目前生产系统所使用的相同。

(2) 实时验证和修改磁带文件目录。在进行磁带I/O操作前打开文件时，对磁带卷号和文件进行验证。对于输入带：读取磁带的标签，验证所装的磁带是否正确；对于输出带：读取磁带的标签，提取所装的卷的序列号，检查编目，以验证所装的磁带是可写的暂存（scratch）带，以防止写操作破坏有用的磁带文件，用新输出文件的信息重写标签并编目这盘新输出卷。在对磁带I/O操作完成后关闭文件时，应实时修改磁带编目内容；如果磁带到达磁带末尾（End-Of-Volume，缩写为EOV），则进行EOV处理：卸载当前一盘卷，装下一盘卷，处理新卷的标签。

(3) 能够自动将临时用磁带和过期磁带释放到暂存带池（pool）中，以供生产周转使用。

(4) 支持多卷单文件、单卷多文件。

(5) 建立磁带目录灾难性破坏的预防和恢复功能。

4) 交互可视化磁带操作控制台

IVTMS系统操作控制台提供如下功能：

(1) 实时显示局域网内磁带设备资源情况，包括可用的磁带设备、脱机的磁带设备、正在使用的磁带设备、磁带设备的类型、磁带设备连接的主机等信息。

(2) 实时显示请求磁带机的作业信息，包括时间、作业名、请求类型（输入/输出）、磁带卷类型或卷号、磁带设备信息（设备类型、标签类型等）、用户、发送作业的主机、磁带数据文件名等信息。

(3) 与操作员的交互功能。系统向磁带操作员控制台发出装带、换带请求；系统响应操作员的回答信息，如装带完成、重新选择设备、无法找到所需的磁带等。当作业请求磁带时，一个安装磁带请求将会出现在操作员控制台，操作员在响应安装请求前，应该安装磁带并使磁带设备就绪。操作员可以选择任何型号合适的磁带设备。如果磁带管理系统拒绝已安装的磁带（可能因为标签验证错、非暂存带、打开磁带错等而造成），描述错误情况的对话框将会弹出来。磁带管理系统将再发原来的安装磁带请求，作业将不会通知错误情况。操作员可以更正错误情况，然后再次响应安装请求。如果安装请求不能满足（如磁带不可用等原因），操作员可以删除安装请求和终止请求作业。

(4) 磁带作业日志信息的显示，包括请求时间、磁带卷号、操作类型、磁带设备号、磁带设备连接的主机、作业名、操作完成时间等信息。

5）应用程序编程接口

为应用程序提供一组网络磁带 I/O 操作接口，功能包括：打开磁带文件；读一个磁带文件记录；写一个磁带文件记录；关闭一个磁带文件；写一个或多个文件结束等（End of File，EOF）；向前跳一个或多个文件；向后跳一个或多个文件；向前跳一个或多个记录；向后跳一个或多个记录；返绕磁带到带头（BOT）；卸下磁带；擦写（erase）磁带一定长度。

6）交互磁带管理实用程序

磁带管理实用程序主要功能包括：

(1) 建立磁带目录；

(2) 磁带初始化（TPlabel 实用程序），包括写标准标签（SL，AL）和在无标签带（NL）上写一个 EOF；

(3) 联机查询编目数据库，包括根据磁带数据文件名查询其所在的磁带卷号、文件序列号等磁带标签信息和相应的其他编目信息，也可根据磁带卷号查询其所存储的磁带数据文件信息和标签详细信息，两种条件查询都支持匹配符方式查询；

(4) 修改磁带管理目录，包括文件编目、去编目和重编目，在磁带目录中增加磁带编号范围等；

(5) 磁带信息报告或报表程序，包括根据状态、设备类型、时间、建立用户、卷号范围等选择磁带卷来建立报表并可按建立时间、最后访问时间、建立用户、文件名等排序报表，输出报表到文件或打印机；

(6) 磁带目录备份和恢复。

7）磁带设备和 I/O 操作管理

磁带设备和 I/O 操作管理主要功能包括：

(1) 建立磁带设备数据库，支持磁带编目中所涉及的所有磁带类型所需的磁带设备，包括不同密度和硬件压缩功能，支持 SL、AL、NL 标签处理和 BLP 处理；

(2) 能动态跟踪并显示局域网内的所有磁带设备的状态（忙闲、故障等）；

(3) 完成应用程序请求的磁带 I/O 操作和控制操作，包括本机的磁带设备和局域网内远程的磁带设备，为应用程序返回操作完成状态；

(4) 处理磁带 I/O 操作和设备控制操作错误。

4.1.6 GeoEast 中的三个框架与两个平台

GeoEast 系统由三个框架组成。与其他地球物理软件不同，该系统有两个平台，分别是数据管理平台和系统通信平台。

1. 三个框架

三个框架是交互应用框架、批量模块生成框架以及三维可视化框架。

1）交互应用框架

交互应用框架可为交互软件开发人员提供统一的开发模式，减少重复开发，提高程序的稳定性和可移植性，缩短开发周期。它主要由三部分构成：

（1）应用程序框架库：基于 Doc/View 的主应用框架、交互操作控制技术、交互图层机制及 ZoomView。

（2）地震器件库：地震剖面的二维显示器件、测井器件、树器件、电子表格器件及其他常用器件。

（3）CGM 底层库：CGM 编码库、CGM 解码库以及绘图框架。

2) 批量模块生成框架

批量模块生成框架是用来开发批量模块的工具，通过该工具形成某个批量模块的程序框架。模块生成以交互编程工具实现，其界面包含 5 个页面：①模块定义库（Module），定义所要生成模块的名字等；②参数定义库（Parameter），定义模块的主要参数；③设计参数显示（Parameter Table），设置该模块所显示的参数设置；④填写其他说明（Other Attribute）；⑤输出模块程序框架（framework），生成该模块的程序框架。

3) 三维可视化框架

三维可视化框架完成在 3D 场景下处理、解释和建模任务的实现。在三维可视化框架中，集成了常用的地质数据的显示接口和针对地质信息的交互调节功能、可视化专有器件、可视化算法以及交互操作控制技术。

三维可视化框架平台为应用提供以下功能：地震数据可视化显示；满足复杂构造和大数据量计算的算法；满足复杂的三维交互功能；满足应用软件开发的通用三维可视化器件。

2. 两个平台

1) 数据管理平台

数据管理平台是 GeoEast 系统基础平台，在借鉴 POSC 思想的基础上，根据 GeoEast 系统的需要和当前主流软件技术特点而设计。

数据管理平台通过建立统一的数据模型，提供统一的数据接口，规范及统一数据访问与管理，实现 GeoEast 系统的数据共享。

统一数据模型：包括概念模型、逻辑模型、物理模型和元模型。

统一数据接口：包括应用接口、业务对象接口、物理接口和公用接口。

统一数据管理：包括建立了整个系统的标准数据，统一规范系统数据的取值等。

GeoEast 地震数据存放结构：

（1）文件头：128 个字，描述整个数据体的共性参数，存放在 Orcale 中；

（2）数据头块：每道 128 字，描述本道记录的参数，以文件形式存放在磁盘上；

（3）数据体：每道记录样点数，数据实体以文件形式存放在磁盘上。

GeoEast 运行的每道地震记录：192 个字道头＋数据。从文件头和数据头块中抽取参数行成 192 道头。

2) 系统通信平台

系统通信服务是系统中各部分进行通信、传递信息的渠道，支持消息通信、数据通道、远程服务调用等通信类型；具备点对点、广播、发布订阅等多种通信方式；能够透明地处理操作系统和底层网络；提供了统一、简洁、过程透明的应用程序接口；具有高可靠性、可扩展性和安全性。

GeoEast 是一个集成批量和交互应用、具备从单机到机群可变规模部署能力、支持多用户协同工作的大型软件，系统各部分之间的通信联系非常复杂。一个高效、稳定、可扩展、跨操作系统的统一的通信服务平台，对实现系统的层次化、组件化，提高系统运行效率和可靠性，增强系统开放性，进而支撑系统的长远、健康发展是非常重要的。

通信平台典型应用：鼠标联动，数据变化通知，异机通信，增强系统的开放性。

4.2 GeoEast 系统管理

本节主要介绍了 GeoEast 软件的安装前准备工作（包括软件、硬件要求）以及如何进行安装，需要注意的事项，并介绍了系统安装完毕后的使用、管理、维护等。

4.2.1 系统安装

本小节详细介绍了 GeoEast 软件的安装前准备工作（包括软硬件的要求）以及如何进行安装。

1. Geoeast 软件安装准备工作

硬件环境要求如下：

（1）支持的主机类型：微机、笔记本、工作站、PC‐Cluster 机群。

（2）主机配置：内存 2GB、主频 2GHz、节点的磁盘 80GB。

（3）磁带机：3490、3590、3592、8mm、4mm 等。

（4）绘图仪：OYO24、OYO36、ATLANTEK 等。

（5）共享磁盘：NFS、Lustre、集中存储等。容量根据用户实际需要配置。

（6）显示卡：一般应用为 64M 显存。

（7）三维可视化应用：NVIDIA Quadro FX 3000 显示卡，256M 显存。

（8）操作系统与软件基础平台：Linux：Red HatAS4.3、AS4.4、64bit；Oracl 数据库：oracle10g；OpenInventor：7.0，3DV 应用使用。

（9）pgi 或 Intel：fortran 编译器（用户如需要编译，自己要申购 license）；gcc，g77；Mpich‐1.2.5；qt3.3.4；J2sdk‐1.4.2；Mysql‐3.23.54。

GeoEast 软件分为网络版和单机版。如是网络版，则要检查网络环境，了解账号系统，使用 nis 或者 local 用户；确保网络的各个节点 rsh 互通。对于数据共享盘，要共享配置，使网络中各个节点都可以对共享盘读写操作，mount 点保持一致；确保外部设备连接到计算机节点上，并且连接正常（外部设备包括磁带机、绘图仪、打印机、终端等）。

对于 Linux 系统中用户的创建也有一些要求：

oracle：组名 dba（ORACLE 管理员账号）；

cjmadmin：组名 cjmgroup（作业调度管理员账号）；

geoeast：NIS 账号（geoeast 管理员账号）；

geotest：NIS 账号（一般用户）。

同时约定所有账号的初始口令和用户名称一样。

假如是安装单机版软件，则应建立 local 用户。

2. Oracle 数据库安装

1）安装 Oracle 数据库

安装 Oracle 数据库分为两步：第一步是 Oracle 软件安装过程，第二步是创建数据库过程。

GeoEastV2.0 软件基于 64 位 Linux 系统，需要安装 Oracle10g 版本。此版本的 Oracle 需要在安装前用 root 用户修改系统内核参数文件/etc/sysctl.conf，并执行 sysctl - p 命令，使其生效，如图 4.8 所示。

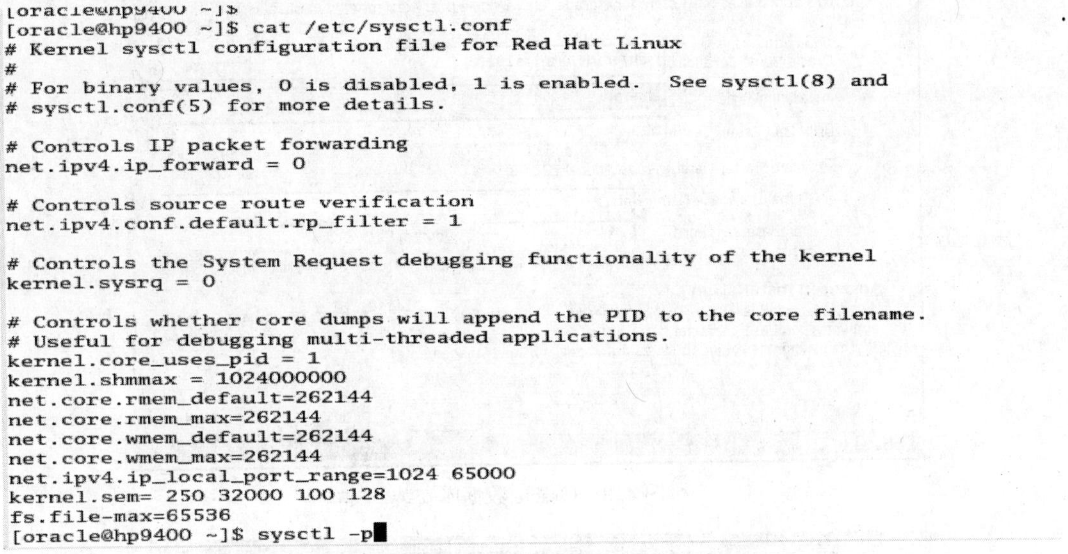

```
[oracle@hp9400 ~]$
[oracle@hp9400 ~]$ cat /etc/sysctl.conf
# Kernel sysctl configuration file for Red Hat Linux
#
# For binary values, 0 is disabled, 1 is enabled.  See sysctl(8) and
# sysctl.conf(5) for more details.

# Controls IP packet forwarding
net.ipv4.ip_forward = 0

# Controls source route verification
net.ipv4.conf.default.rp_filter = 1

# Controls the System Request debugging functionality of the kernel
kernel.sysrq = 0

# Controls whether core dumps will append the PID to the core filename.
# Useful for debugging multi-threaded applications.
kernel.core_uses_pid = 1
kernel.shmmax = 1024000000
net.core.rmem_default=262144
net.core.rmem_max=262144
net.core.wmem_default=262144
net.core.wmem_max=262144
net.ipv4.ip_local_port_range=1024 65000
kernel.sem= 250 32000 100 128
fs.file-max=65536
[oracle@hp9400 ~]$ sysctl -p
```

图 4.8　Oracle 安装前操作

登录 Oracle 用户，进入到 Oracle 用户的工作目录，编辑 Oracle 用户的环境变量 .cshrc 文件。这里的 ORACLE_HOME 变量设定了 Oracle 的实际安装目录。

　　[oracle@sun1 - svr~]$ vi .cshrc
　　setenv ORACLE_BASE /u/GEOEAST/oracle/ora
　　setenv ORACLE_HOME $ ORACLE_BASE/ora1020
　　setenv LD_LIBRARY_PATH $ ORACLE_HOME/lib
　　setenv ORACLE_SID geoeast
　　setenv ORA_NLS33 $ ORACLE_HOME/ocommon/nls/admin/data
　　setenv PATH $ ORACLE_HOME/bin：$ PATH
　　setenv LANG en_US
　　setenv NLS_LANG AMERICAN_AMERICA.ZHS16GBK
　　setenv LD_ASSUME_KERNEL 2.4.1

把 Oracle 软件数据包拷贝到安装目录，并用 tar 命令释放开安装包。进入到 oracle64_install 目录，执行里面的 runInstaller，根据向导进行安装，如图 4.9 所示。

Oracle 软件安装完毕时如图 4.10 所示。

2) 创建数据库

至此只是 Oracle 软件安装完毕，还需要进行数据库的创建，可以使用数据库配置助手 dbca 根据模板文件来创建 geoeast 数据库。首先要把模板 .dbt 文件拷贝到 $ ORACLE_HOME/assistants/dbca/templates 目录下，并修改其读写权限。

登录 Oracle 用户，进入工作目录，执行 source .cshrc 命令，然后执行 dbca 命令。数据库配置助手界面如图 4.11 所示。

图 4.9 Oracle 数据库安装

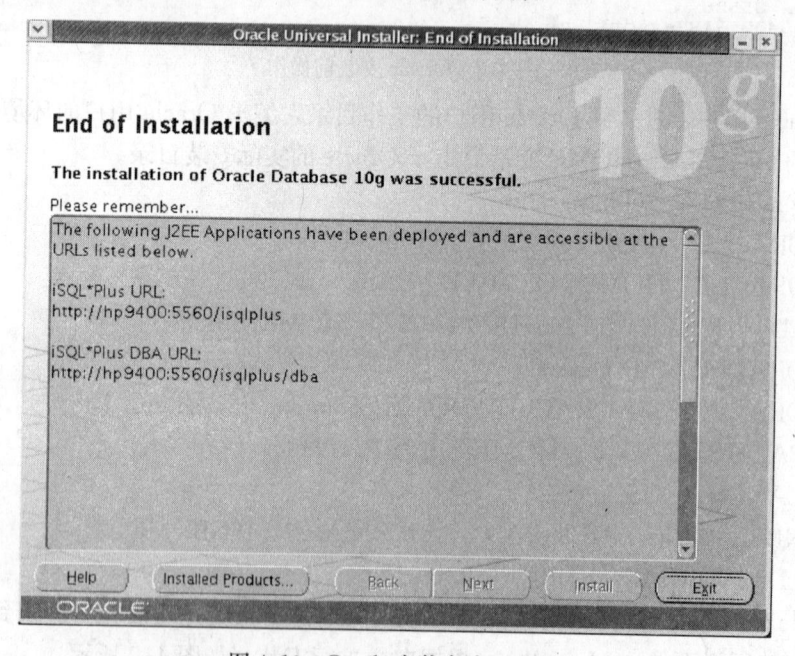

图 4.10 Oracle 安装完毕示意图

数据库创建完毕，还需要使用 Oracle 用户，执行 lsnrctl start 命令启动 Oracle 的监听进程（操作命令：lsnrctl start）。

至此，完成 Oracle 软件安装并创建了 sid 为 geoeast 的数据库，可以往下继续进行 GeoEast 软件的安装及配置。

3. GeoEast 软件安装配置

登录 GeoEast 用户，建立用户环境。".cshrc" 的内容为：

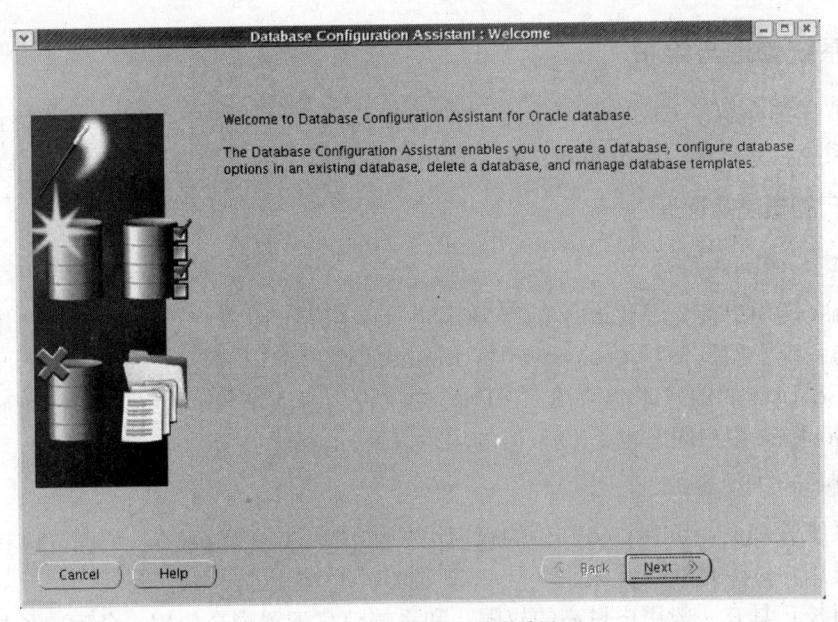

图 4.11　数据库配置助手界面

set GEOEAST /u/geoeast/geoeast　（根据需要指定具体的安装目录）
source $ GEOEAST/configs/. cshrc

重新登录或使用命令"source . cshrc"，启动 GEOEAST 环境。把 GeoEast 软件包拷贝到安装目录，并把软件释放开。进入到释放开后的安装目录 $ GEOEAST/configs，修改". cshrc"文件中的"set GEOEAST /u/geoeast/geoeast"项（和用户环境中的一致）。使用 setup 脚本安装。进入 $ GEOEAST/install 目录，执行 ./setup 命令，启动 setup 脚本。Setup 向导界面如图 4.12 所示。

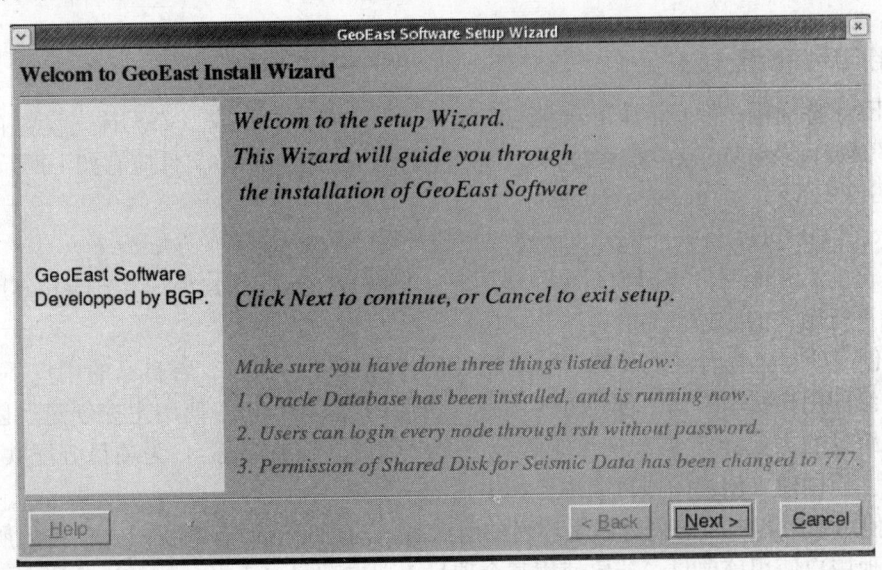

图 4.12　Setup 向导界面

按照相应提示，完成安装。最后，根据提示，输入 root 用户密码，安装向导自动安装好 GJSS 调度系统，并把各个服务的开机自启动脚本写入/etc/rc. local。

至此，完成 GeoEast 软件的安装工作。

4.2.2 系统管理与维护

本小节详细介绍了 GeoEast 系统管理与维护的内容，包括用户的概念及管理、用户环境设置、系统目录结构、数据目录结构、系统信息策略、共享盘分配策略日常维护等内容。

1. 用户的概念及管理

1）创建 GeoEast 用户

GeoEast 的用户首先是 Linux 的登录用户（GeoEast 用户和 Linux 的登录用户同名）。GeoEast 的系统管理员使用 geosystem 将 Linux 的用户登记（创建）后成为 GeoEast 的用户。只有 GeoEast 的用户才能使用 GeoEast 的主控，进入项目、工区，进行相应的解释处理工作。GeoEast 用户同时也是 Oracle 的用户以及 mysql 的用户。

2）GeoEast 用户分级

（1）系统管理员：负责 GeoEast 的管理维护工作，缺省为 geoeast，也可以指定其他用户为管理员用户，但是权限受限。

（2）组长：具有一般用户更高的权限，和系统信息配置配合使用，分配组长权限。

（3）操作员：拥有对 IVTMS 的操作权利。

（4）一般用户：用于作为处理解释工作的一般用户。

3）GeoEast 用户管理

geosystem 工具可配置用户的权限。为了 GeoEast 系统运行使用的安全以及方便对用户的管理，此系统把其用户分为四类：Administrator、User、Operator 以及 GroupGuidance。Administrator 为系统管理员，是最高级别的用户，拥有对系统管理使用操作的一切权限；User 为普通用户；Operator 为操作员；GroupGuidance 为组长，不同类型的用户拥有不同的权限。

2. 用户环境设置

GeoEast 普通用户登录的 Linux 账号缺省的 shell 应为 csh 或 tcsh。首先设置自己的环境；了解安装目录，如：/u/geoeast/geoeast；登录目录的 .cshrc 文件应有如下两行：

set GEOEAST /u/geoeast/geoeast
source $GEOEAST/configs/.cshrc

然后将自己的 Linux 用户登记为 GeoEast 用户。只有 GeoEast 用户使用 geosystem 用户管理部分才能进行用户的添加。

（1）创建项目：查看系统设置，明确哪类用户可以创建项目。若自己的用户不能创建，需向高一级的用户提出申请。创建普通项目（不需跨盘的项目）：使用主控创建；创建特殊项目（需跨盘的大项目）：首先向系统管理员提出申请（项目名称），为项目分配共享磁盘，然后使用主控创建（创建的项目名称要和申请的一致）。

（2）使用项目：项目的创建者是项目的所有者，对项目有所有的权限。项目的所有者可以授权其他用户使用该项目。若要使用某个项目，要向项目（工区、测线）的所有者提出申请，让项目的所有者授权成为项目成员。

3. 系统目录结构说明

GeoEast 的安装目录为：$GEOEAST。目录符号的意义如下：

mc：主控；

dp：数据平台；

ap：交互应用平台；

vp：可视化平台；

sdp：处理应用；

ggi：解释应用；

sfp：一体化应用；

gsm：系统管理；

GJSS：作业调度；

ivtms：可视化磁带管理系统；

GeoSeisIO：地震数据输入输出子系统。

Data 是数据目录，其中，Session：用户场景保存目录；GeoEast：项目建在该目录中，或从该目录中连接到其他磁盘；GeoEast：所有的项目数据都从该目录中引出。

bin：执行命令目录。子目录为系统各个部分的可执行程序。其中，GJSS：作业调度的安装目录；shell：安装脚本；sdp 有 3 个子目录，它们是 bin：执行程序；Cshell：脚本；int：交互程序。

libso：动态共享库目录。子目录为系统各个部分的动态共享库。其中，sdp 有 4 个子目录，pdl：模块及参数定义库；mod：批量模块动态库；sys：批量执行控制系统动态库；util：处理系统底层支持动态库。

resource：系统资源目录。其中，doc 是系统手册、资料、帮助信息以及实例；Standardinfo 是系统的标准数据配置信息、资源。

configs：系统配置信息。Devices 是设备配置信息；system 是系统配置信息。

环境文件：.cshrc 是 GeoEast 的环境文件。包括配置以下内容的相关信息：作业调度环境、可视化平台环境、交互框架环境、数据平台环境、处理系统环境、解释系统环境、输入输出环境以及磁带系统环境。

Support：第三方软件支持目录。在这个目录下，oiv400：Openinventor 软件；ora：数据库客户端软件；qt：qt 软件；MySql：MySql 数据库软件；mpi：mpich - 1.2.5 并行环境；pgi：pgiFORTRAN90 编译器软件；j2sdk：java 软件。

install：系统安装目录。其中，setup：启动安装脚本；configs：系统安装程序使用的配置文件。

ivtms：磁带管理系统目录。其中，api：API 接口动态库；console：ivtmc 控制台相关程序；dcp：dcp 配置文件；log：IVTMS 的日志文件；server：IVTMS 服务器启动文件、配置文件；script：IVTMS 的脚本文件；tmsstart：IVTMS 启动脚本。

GJSS：作业调度目录。

GeoSeisIO：地震数据输入输出子系统目录。其中，bin：输入输出子系统命令；Config：输入输出子系统配置文件，具体详细分类如下：dev 为子系统用的设备定义，images 为子系统用的图标，template 为子系统用的标准道头对应模版，music 为子系统用的操作声音提示。

lib：系统静态库。

include：系统头文件。

4. 数据目录结构

GeoEast 的数据（指用户的项目数据）一部分存放在数据库（一般数据的信息部分）中一部分存放在文件系统（一般数据实体文件）中。数据的表现形式有两种：一种是主控的数据树，是以项目、工区、测线为结构的，反映了数据库数据的应用逻辑结构；另一种是数据目录结构，也是以项目、工区、测线为结构的，存储的是数据实体、动态数据。

GeoEast 的数据实体文件存放在逻辑目录 $ GEOEAST/data/项目中，以项目、工区、测线的层次结构来组织。

5. 系统信息策略

系统信息策略决定着 GeoEast 系统的使用、管理以及地震数据的保存等所涉及的诸多方面的设置工作，这些设置存放在 $ GEOEAST/configs/system/GeoSysInfo.config 系统信息文件中，可以使用 geosystem-sysinfo 显示和修改系统信息。

临时文件存放路径类型：存放在本地盘为 Local，共享盘为 SharedDisk，缺省为 Local。

用户类型：网络用户 nis 和本地用户 local；缺省时为网络用户。

平台类型：此项信息设置 GeoEast 系统的运行平台，缺省为 Linux 平台。

系统版本：此项信息设置 GeoEast 系统的版本号，目前为 1.0。

创建项目的用户类型：此项信息设置 GeoEast 系统中允许创建项目的用户类型，缺省时为 Administrator。只有系统管理员才可以创建项目，因为创建项目要占用系统资源，无限制地任意建立项目，将影响系统的运行效率，所以缺省为只有系统管理员才可以创建项目。这样需要建立项目时，向系统管理员提出申请，申请通过后建立项目，可以控制建立项目的个数。也可以通过配置将建立项目的权限释放给组长或普通用户。具体如何配置，要根据用户的使用情况和管理策略。

创建项目的策略：此项信息设置 GeoEast 系统项目创建策略，可能的取值为 capacity 和 projectNumber，缺省为 Capacity。Capacity：取剩余容量最大的共享盘作为项目的主盘使用。

是否为网络版：此项信息设置系统是网络版还是单机版，YES 表示为网络版，NO 表示为单机版；缺省为网络版。

地震数据文件的大小限制：此项信息设置 GeoEast 系统中地震数据文件大小的上限，目前的设置是系统中的地震数据文件不能大于 10000M。若地震数据大于该值，系统将文件拆分。

地震数据文件的写盘类型：有两种方式，ExtendDisk：把地震数据写到扩展盘上，All：把地震数据写到主盘和扩展盘上，缺省为 All。

地震数据文件的写盘策略：有两种策略，Capacity 指按磁盘的容量写数据，Turn 指按磁盘的顺序写数据，缺省为 Capacity。Capacity：选择剩余容量大的磁盘写数据。Turn：轮流选择该项目的磁盘写数据。

写地震数据文件的最小磁盘空间：此项信息设置要写地震数据磁盘的最小剩余空间，缺省的设置是最小剩余空间不能小于 10000M。

临时数据目录配置：缺省为节点的本地盘：SharedDisk/Local。

共享盘流量门槛值：SharedDiskBusyThreshold，系统在考虑共享盘的负载均衡时的权系数（空间和效率），该值高考虑空间因素多，该值低考虑效率因素多。

6. 共享盘分配策略

在 GeoEast 网络系统运行环境中，地震数据等用户数据都存放在用户数据目录中的项目、工区、测线中。数据目录的逻辑位置为 $ GEOEAST/data。Geoeast 的项目目录创建在数据目录中。一般 $ GEOEAST/data 连接在网络环境的共享海量磁盘中。但是若网络系统中有多个共享海量磁盘可以提供给 GeoEast 使用，那么 Geoeast 如何将这些海量磁盘分配给项目、工区、测线，这由系统的配置分配策略来决定。对海量磁盘进行分配的前提是：Geoeast 运行的网络环境中，各个节点连接已经按 Geoeast 的要求连接完毕，共享海量磁盘已经 MOUNT 到系统的各个节点，被各个节点所接收；共享磁盘信息已经通过 geosystem 工具 Hardware Shared Disk 项配置到 Geoeast 的配置信息数据中。

对一般用户来说，所有的用户数据都在逻辑的目录中。项目数据：$ GEOEAST/data/项目中；项目工区数据：$ GEOEAST/data/项目/工区中；项目工区测线数据：$ GEOEAST/data/项目/工区/测线中；不同的数据存放在不同的数据（目录）中。虽然数据既可能存放在数据库中，也可能存放在目录结构中，但用户只关心逻辑位置，不关心物理位置。

1）分配原则

GeoEast 按项目分配物理磁盘。宏观上以项目作为分配单元，将项目数据均匀地分布在各个共享盘中。

对于一般情况，一个项目分配一个物理盘。一个共享盘可以被分配给多个项目使用。

对于特殊情况，一个项目可以分配多个物理磁盘，主要是解决特大地震数据的跨盘操作，但只有一个磁盘为该项目的主磁盘，其他盘为扩展盘。主磁盘中有项目、工区、测线及所有数据类型的目录结构，可以存放各种数据；扩展盘中有项目、工区、测线及地震数据的目录结构，扩展盘中只存放地震数据。

在写地震数据时，要检查该项目分配的所有磁盘，根据系统信息策略的设置（是按磁盘容量还是按顺序选择磁盘）选择合适的磁盘作为该地震数据（或地震数据一部分）的写磁盘。如果该物理磁盘上空间不够，则可以跨盘存放，原则上为每个大项目应配尽量多的共享盘（或所有的共享盘），这样能够提高系统的整体运行效率。

2）具体实施

若系统中只有一个共享盘，则系统的项目直接创建在 $ GEOEAST/data 中。

对于一般项目，若系统中有多个共享盘，主控创建项目时，系统按照配置策略将项目目录建在合适的共享盘中，然后拉链到 $ GEOEAST/data 上。项目删除时，删除共享盘上的实际目录和数据，然后删除拉链。

对于特殊项目，若系统中只有多个共享盘时，主控创建项目之前，由系统管理员使用 geosystem 为该项目分配主磁盘和扩展盘，根据情况可以将该项目使用的磁盘设置成 RESERVED 状态或 ON 状态（允许或禁止其他项目建立时使用该盘），然后在主控上建立该项目，按照该项目的配置建立相应的目录。删除项目时，删除该项目每个磁盘上的数据。在该项目下创建工区和测线时，分别在该项目的磁盘中创建工区或测线目录结构，以及工区或测线下的数据项目录结构。主磁盘创建所有的数据项目录，扩展盘只创建地震数据目录。主控删除项目时，同时删除关于该项目的系统配置信息。

项目创建时按一定的策略自动分配项目主磁盘，也可以在创建项目之前为项目分配磁盘。项目运行过程中可以为项目动态地添加磁盘（扩展盘），但是不能够删除已经被分配的磁盘。

7. 日常维护

常用命令如下：

geoeast：主控启动；

ivtms：启动 IVTMS 控制台；

geosystem：系统配置程序，某些操作只能 geoeast 账号才能使用；

GeoJobManager：作业调度的队列管理程序；

GeSystemManager：作业调度的节点管理程序；

sjob jobname：批量串行作业运行；

pjob jobname：批量并行作业运行；

cid：显示本机的机器标记码；

getcid：显示各计算节点的机器标记码；

dblist：显示数据库名称；

userlist：显示 GeoEast 的用户列表；

plottrtlist：显示 GeoEast 配置的绘图仪列表；

printertlist：显示 GeoEast 配置的打印机列表；

nodelist：显示 GeoEast 配置的节点列表；

tapelist：显示 GeoEast 配置的磁带机列表；

disklist：显示 GeoEast 配置的共享盘列表；

testOracle：测试 Oracle 是否启动正常；

testGJSS：测试 GJSS 是否启动正常；

testNQS：：测试各个节点的 NQS 是否正常；

testTMS：测试 TMS 的各个 Deamon 是否运行正常；

启动服务：

startGJSS：启动作业调度服务（cjmadmin 账号）；

startNQS：启动各个节点的 NQS 服务（cjmadmin 账号）；

startTMS：启动 IVTMS 服务（geoeast 账号）；

startOracle：启动 Oracle 服务（oracle 账号）；

qmgr nqs start：启动 NQS（root）。

停止服务：

shutdownGJSS（cjmadmin 账号）；

shutdownOracle（cjmadmin 账号）；

shutdownTMS（geoeast 账号）；

shutdownSQL（geoeast 账号）；

qmgr shutdown（root 账号）。

8. 其他

IVTMS 服务器不能启动问题：Tmsd 使用了 ipc 通信机制，所以一般不能使用 kill-9 停止 tmsd 的运行。应使用 tms 控制台管理界面的菜单 file->shutdown server 来停止 tmsd 的运行。

若 tmsd 非正常终止，tmsd 重新启动时将不能正常启动，原因是 tmsd 使用了 IPC 机制，非正常终止时占用的 IPC 资源没有释放，解决办法是可以使用外部命令释放 IPC 资源。可以通过命令"ipcs"查看系统使用的 ipc 资源。

释放 IPC 资源的命令为：
ipcrm －q msgid　释放 Message Queue 消息队列资源；
ipcrm －s semid　释放 semaphore 信号量资源；
ipcrm －m shmid　释放 shared memory 共享内存资源。

4.3 GeoEast 工区管理

本节主要介绍 GeoEast 系统的启动及主控界面的操作过程，指导地震资料处理员如何从系统主控界面上开始地震资料处理及一些常用的管理和操作。

4.3.1 系统启动及工区管理

用户进入 Linux 系统之后，在命令行的操作方式下键入 geoeast，回车即可启动 GeoEast 系统主控界面。

1. 系统主控界面

GeoEast 系统主控界面如图 4.13 所示。

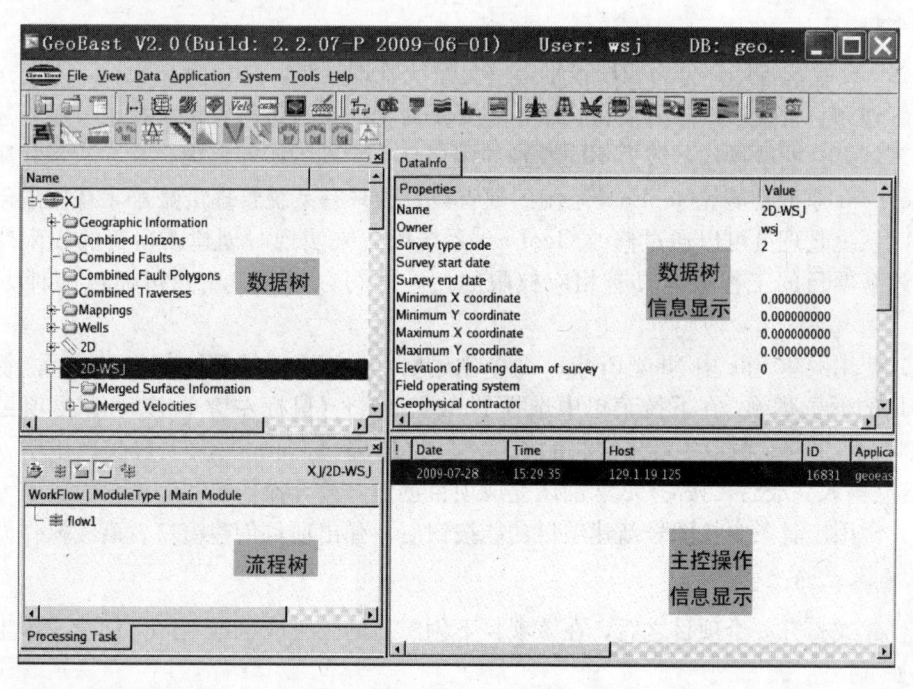

图 4.13　GeoEast 系统主控界面

主控界面主要由以下四个部分组成：
数据树：用于 GeoEast 实体数据浏览和管理；
流程树：分为处理流程树和解释流程树，用于创建和管理工作流程；
数据信息区：用来显示所选中数据的详细信息；

消息区：用来显示各种系统信息，如主控操作信息、出错信息、提示信息等。

GeoEast系统主控界面主要功能包括：

项目管理：项目、工区和测线的创建、打开、删除和属性修改等。

用户管理：在主控界面上的用户管理主要是GeoEast系统用户的项目属性管理。包括项目成员、工区用户权限、测线（线束）用户权限，项目、工区、测线所有者变更等。系统根据用户的项目属性对数据树进行用户过滤。

数据管理：数据树创建、数据输入/输出、数据迁移、数据查询、数据显示、数据删除（数据树节点删除、数据项删除）、数据权限管理等。

基于数据的交互处理：初至拾取，FK滤波，相关分析等基于数据驱动的交互应用。

工作流管理：标准流程库管理，工作流建立、编辑、保存、删除、加载，作业流建立、作业编辑器启动等。

上述管理功能都通过主控菜单、工具条、常用工具箱、数据树、流程树来实现。

GeoEast主界面以数据树、流程树为中心，具有用户管理、项目管理、流程管理等功能，负责启动交互应用，支撑交互应用间的协同操作，控制并管理应用软件的运行。

2. 项目工区、测线的建立

GeoEast系统对于数据的管理分为项目、工区和测线（线束）三级管理。用户使用GeoEast系统功能，首先必须建立相应的项目、工区和测线（线束），并根据需要将数据放置在数据树的相应位置，从而实现对数据、流程的操作和管理。

1) 创建项目

GeoEast系统将用户分为四个级别，一是系统管理员级，账号为geoeast，用于GeoEast系统的管理和日常维护；二是项目长级，主要是对生产项目进行管理及权限分配；三是地震资料处理员级；四是操作员级。不同级别的用户具有不同的操作权限，并在自身权限范围内使用GeoEast系统功能。GeoEast系统的缺省设置为只有系统管理员账号才有权限创建新项目，同时系统管理员可以通过修改GeoEast系统配置来实现对创建新项目的权限修改。因此，创建新项目的工作只能具有相应权限的用户才可以进行。用户可通过两种方法创建项目：

（1）使用菜单File中New Project命令创建项目。用户选择File菜单（鼠标左键单击），弹出File的下拉菜单；在下拉菜单中选择New Project（鼠标左键单击），弹出项目创建窗口；在New Project窗口中输入合法的项目名称（Project Name）及项目属性说明（可以缺省）；信息输入完成后，按"OK"确认完成项目创建，放弃操作按"Cancel"键。

（2）常用工具条中按图号新建项目功能按钮后，弹出项目创建窗口；后续操作同上。

2) 创建二维工区

在创建或打开一个项目之后，在该项目下创建新的二维或三维工区。创建二维工区的操作步骤如下：

（1）在数据树上选择要建立工区的项目，右键单击弹出项目右键菜单。

（2）在右键菜单上选择New 2D Survey（创建二维工区），弹出二维工区的建立窗口。

建立二维工区有两个输入信息页：General信息页和Range信息页。用户在这两个信息页上要填写信息：在General页上输入工区名（2D Survey Name）并编写工区描述；工区名为必填参数，工区描述可缺省。Range页上的工区范围各数据项由用户在此录入，也可缺省,在数据加载后将信息录入系统(加载的数据中必须包括工区范围信息)。观测系统定义之后自动填写此信息。每个页面信息输入完后都要按"OK"确认;放弃操作按"Cancel"键。

3) 创建二维测线

在二维工区创建完成后,可以在该工区下建立相应的二维测线。具体操作方法如下:

(1) 在数据树上选择要建立二维测线的工区,鼠标右键单击弹出工区右键菜单。

(2) 在创建测线右键菜单上选择 New Line 建立测线,弹出测线建立窗口。

(3) 在测线建立窗口中建立测线参数分布在三个不同的标签页,即 General 标签页、Station Coordinates 标签页以及 Station-Trace Relation 标签页。在三个标签页中分别用于填写如下信息:General 标签页中输入测线名(Line Name)和测线描述;测线名为必填参数,测线描述为非必填参数。测线描述也可不必在此填写,可在数据加载(加载的数据中必须包括测线描述信息)或在编辑测线描述时填写。Station Coordinates 标签页为站号(Station)的拐点坐标数据表,该页中的按钮操作是针对于此表的。具体操作功能为:

Add	在数据表最后添加空行;
Insert	在数据表的当前行的前一行添加空行;
Remove	移走当前行;
Remove All	移走数据表中所有数据行;
Up	将当前行上移一行;
Down	将当前行下移一行。

Station-Trace Relation 标签页为拐点站号(Station)与道(Trace)的关系表,该页中的按钮操作是针对于此表的。具体按钮功能与 Station Coordinates 页相同。

Min Trace	最小道号;
Max Trace	最大道号。

每个页面信息输入完成后都要点击"OK"按钮确认;放弃操作则点击"Cancel"。需要说明的是:一般情况下,2D 测线填写测线名称即可,其他内容可以缺省,在完成观测系统定义之后,系统会自动补充相应内容。

另外同理,在三维工区创建完成后,就可以在该工区下建立相应的三维线束。具体操作方法如下:

(1) 在数据树上选择要建立三维线束的工区,鼠标右键单击弹出工区右键菜单。

(2) 在创建线束右键菜单上选择 New Swath 建立线束,弹出线束建立窗口。

在 New Swath 对话框中提供批量创建三维线束功能,Count 参数为批量创建线束个数,Name prefix 为线束名前缀,Name suffix from 为第一个三维线束号,Name suffix intv 为三维线束增量。

4) 场景保存与恢复

GeoEast 系统提供场景保存和恢复功能,所谓场景,即用户当前的主控界面状态和各项界面参数设置,由此可以实现用户个性化的操作界面,如无场景设置,系统自动按照缺省设置进行。

场景保存是指对在主控界面上所启动的交互应用程序某一时刻工作状态的保存。操作如下:

(1) 用户选择 File 菜单（鼠标左键单击），弹出 File 的下拉菜单。

(2) 在下拉菜单中选择 Save Session 命令（鼠标左键单击），弹出状态保存界面。

用户输入场景文件名，按"OK"键确认，便完成了该交互应用程序的场景保存；放弃操作，按"Cancel"键。

场景恢复是指在主控界面上对所保存的交互应用程序某一时刻工作状态的恢复。操作如下：

(1) 用户选择 File 菜单（鼠标左键单击），弹出 File 的下拉菜单。

(2) 在下拉菜单中选择 Load Session 命令（鼠标左键单击），弹出用户场景恢复界面。

(3) 在界面中列出了该用户保存的所有场景文件名，用户选择要恢复的场景文件名（鼠标左键单击），按"OK"键确认，便完成了场景恢复；放弃操作则按"Cancel"键。

5）启动处理流程及作业编辑

工区测线建立完成后，用户就可以组织处理流程和作业了。在 GeoEast 系统主控界面上，流程树显示区用于存放用户当前工区或者测线（线束）下的处理流程和作业，因此在项目、工区和线束/测线创建完成后，流程的组织和作业的编辑均在这里开始。

6）处理流程树

在 GeoEast 系统中引入了工作流概念。在地震处理系统中，工作流是由项目长按工区特点制定的该工区的标准处理工作流程。处理工作流包括功能流程和模块流程两部分。

工作流以树形结构进行管理，称为流程树。流程树位于主控窗口流程管理区，在流程树上显示功能流程和模块流程。处理流程树显示及管理界面如图 4.14 所示。

（1）工区测线（线束）选择。

在创建新的处理流程之前，用户必须要选择一个工区或者测线（线束）作为当前处理位置，后续的处理流程将在当前工区测线（线束）下创建并存放。用户只需在数据树显示区使用鼠标点击相应的工区或者测线（线束）节点即可。

如果工区测线下已经存在创建好的处理流程，用户可以使用鼠标左键选择需要的处理流程并双击直接启动流程及作业编辑器。

需要说明的是，虽然同一个工区和测线可以由多个用户对其进行操作，但是不同用户的处理流程和作业相互是不可视的，也就是说，对于同一工区和测线的不同用户的处理流程和作业是分开存放的，不能共用，但可以通过流程树中的外部文件输入输出功能实现作业的交换。

（2）新处理流程的创建。

在选定了工区或者测线后，用户就可以创建新的处理流程了，具体的操作方法如下：在流程显示区直接点击流程树上方的创建流程按钮，系统自动在当前流程树下创建一个新的节点，并按照缺省给予名字 flow，后缀上系统自动提供的顺序号 1，2，…，用户此时可以选中该 flow 并使用右键菜单如图 4.15 所示进行其他相应操作，其中最常用的是 Delete 和 Rename，鼠标左键选中即可进行相应的操作。

（3）流程启动及作业编辑器 WorkFlow Editor。

创建完新的处理流程后，就可以启动流程及作业编辑器了。用户只需在需要操作的流程节点上双击鼠标左键即可启动 WorkFlow Editor，或者使用节点右键菜单（图 4.15）中的 WorkFlow Editor 选项，弹出情况如图 4.16 所示。

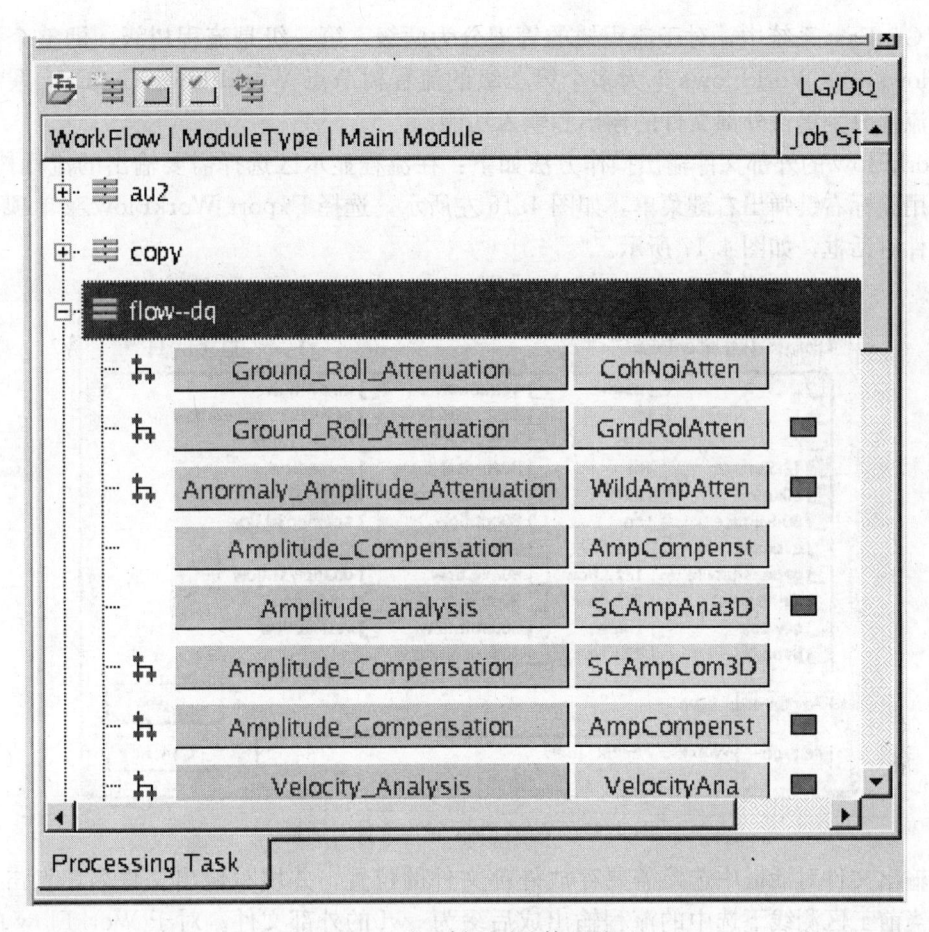

图 4.14 流程树显示及管理界面

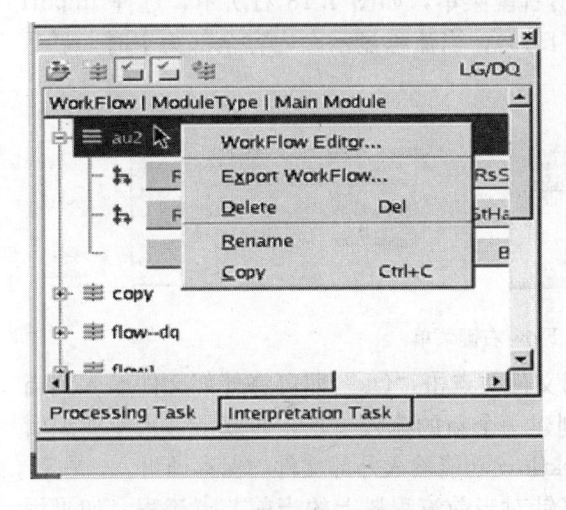

图 4.15 流程树节点右键菜单

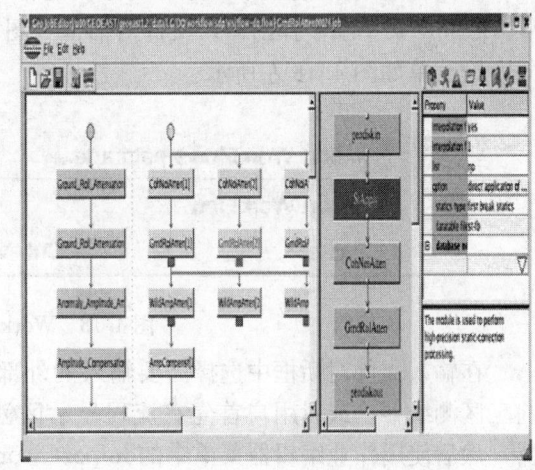

图 4.16 WorkFlow Editor 界面

(4) 流程与作业的输出及引入。

GeoEast 系统主控界面的流程管理提供流程树的外部文件输入和输出，并以此来实现处理流程和作业的相互拷贝。

· 123 ·

在 GeoEast 系统中，对于流程树的管理分为两级，第一级是流程树级，即整个流程树 WorkFlows，在 WorkFlows 下为多个第二级的流程树节点 WorkFlow。GeoEast 系统对这两级的流程分别提供外部文件的输出和输入功能。

WorkFlow 的外部文件输出操作方法如下：在流程显示区选择需要输出的流程树节点，然后使用鼠标右键弹出右键菜单，如图 4.16 左所示，选择 Export WorkFlow 菜单项，弹出输出文件对话框，如图 4.17 所示。

图 4.17　WorkFlow 输出文件对话框

在输出文件对话框中选择需要存放外部文件的位置，并填写输出文件名，点击"Ok"即可将当前工区测线下选中的流程输出成后缀为 .wf 的外部文件。对于 WorkFlow 的外部文件输入，操作方法如下：

在流程显示区的空白处使用鼠标右键弹出右键菜单，如图 4.18 右所示，选择 Import WorkFlow 菜单项，弹出输入文件对话框（图 4.19）；当流程显示区内容全部为空时，显示的右键菜单如图 4.18 左所示。

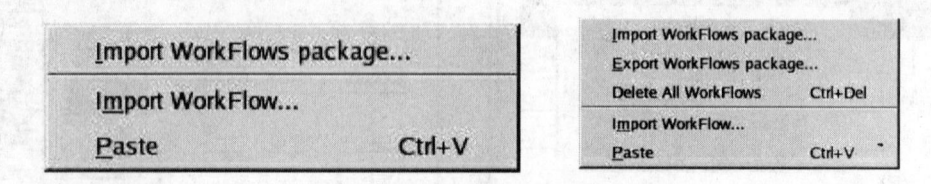

图 4.18　Work Flow 右键菜单

在输入文件对话框中选择需要输入的外部文件并点击"Ok"即可将外部文件输入到当前工区测线下。或者用户首先在流程显示区创建一个新的流程节点，并双击进入作业编辑器，然后使用作业编辑器菜单中的 import workflow 功能输入外部文件，保存即可。

需要注意的是 WorkFlow 的输入和输出仅针对当前流程树上的当前节点流程，如果用户想保存整个流程树，则需要使用打包的方式进行。

WorkFlows Package 的外部文件输出：对于当前流程树的整体打包输出，使用如下操作即可：在流程树显示区空白处点击鼠标右键，弹出右键菜单（如图 4.18 右所示），并选择菜单项 Export WorkFlows package 功能，系统弹出文件选择对话框，如图 4.20 所示，用户根

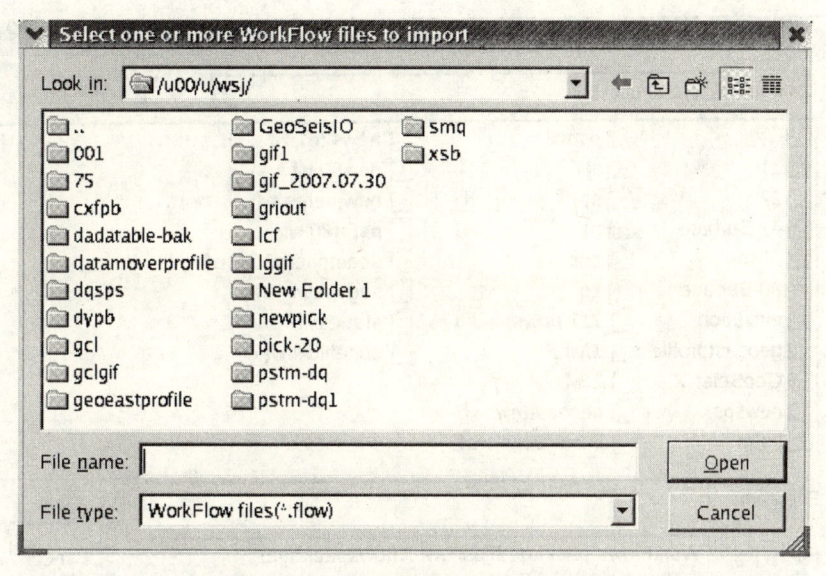

图 4.19　Import WorkFlow 对话框

据需要选择和填写存放外部文件的位置和文件名即可。

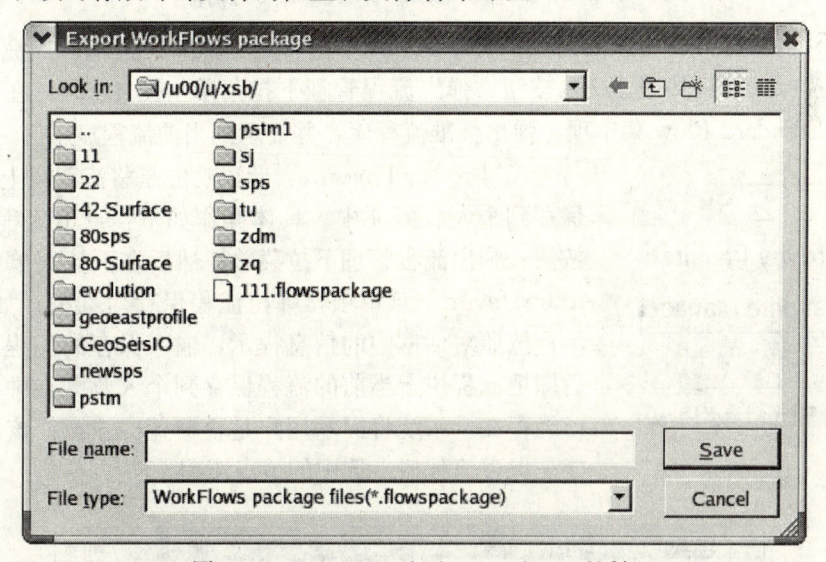

图 4.20　Export WorkFlows package 对话框

WorkFlows Package 的外部文件输入：对于新建的工区或者测线（线束），流程显示区为空，此时使用右键菜单（图 4.18 左）中的 Import WorkFlows package 菜单项可以弹出对话框（图 4.21），用户选择输入的 WorkFlows Package 外部文件名后，点击"open"键即可输入 WorkFlows Package 的外部文件。

对于非空白的流程显示区，用户也可通过右键菜单的方式进行输入，菜单如图 4.18 右所示，但是需要说明的是，一旦用户输入了外部的 WorkFlows Package 文件，该工区或者测线（线束）下所有的流程树将被完全清除，因此应慎用该功能。

（5）除以上常用的流程管理功能外，GeoEast 系统还提供了标准工作流程和个人收藏夹的功能，为用户提供方便。这两项功能均在流程管理按钮的下拉菜单中，主要包括：从标准流程库中加载工作流、从收藏夹中加载工作流、保存工作流到收藏夹以及清除个人收藏夹等。

图 4.21 Import WorkFlows package 对话框

　　Load Standard Flow：其功能是从标准流程库中选择工作流，将其加载到流程树上。操作如下：左键点击流程树上方的 按钮，弹出流程管理下拉菜单（图 4.22），在下拉菜单中选择 Load Standard Flow 菜单项，弹出标准流程库，并显示到当前流程显示区。

　　Add to my Favorite：此项功能是将流程树上的处理流程保存到个人收藏夹中。具体操作如下：点击流程树上方的 按钮，弹出流程管理下拉菜单；然后在下拉菜单中选择 Add to my favorite 菜单项，弹出流程保存对话框，如图 4.23 所示；按照对话框中的信息提示，输入保存的流程名称，确认后即把流程树上当前的流程保存到个人收藏夹中。如果名称已经存在，系统将提示用户是否覆盖。注意：该流程保存功能是保存流程树上选中的节点流程。

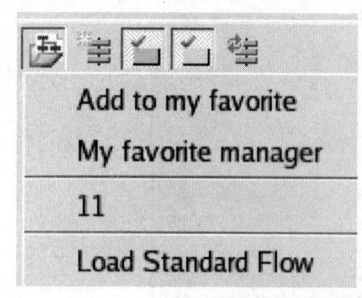

图 4.22　流程管理菜单

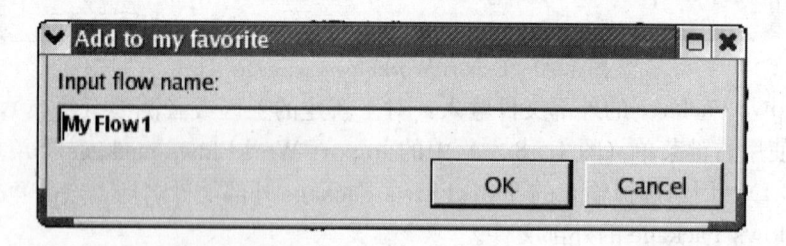

图 4.23　添加收藏夹对话框

　　My favorite manager：此项功能为将用户保存在个人收藏夹中的处理流程加载到流程树上。具体操作如下：点击流程树上方的 按钮（鼠标左键单击），弹出流程管理下拉菜单，选择 My favorite manager 功能项，在弹出的界面（图 4.24）中双击选择个人收藏夹中的流程名如 11，即可将选中的流程加载到流程树上。说明：该流程加载功能是把所保存的流程整个加载到流程树上最后面，但不覆盖流程树上原流程。

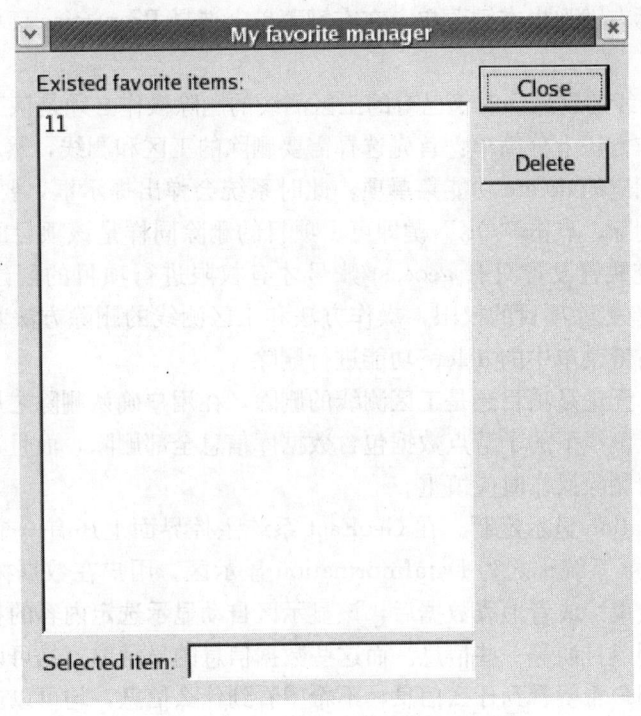

图 4.24　个人流程收藏夹选择对话框

3. 工区管理及其他操作

对于 GeoEast 系统的主控界面，除了上述的一些操作以外，还有一些常用的工区管理及其他操作，这些功能为用户提供了十分方便快捷的数据管理方式。具体操作如下：

（1）切换工区测线。用户在任何状态下都可以通过鼠标左键点击数据树上的工区测线节点来进行工区测线的切换，在工区测线切换的同时，流程树以及 DataInformation 显示区的内容均进行同步切换。

（2）项目属主及其他用户权限的分配。GeoEast 系统的不同用户具有不同的使用权限，同时相同权限下的用户对于同一个工区或者测线同样具有不同的权限，这些权限的设置为用户自身的数据安全提供了可靠保证。一般来说，创建工区的用户为该工区的属主，具有对该工区操作权限的分配权，只有从工区的属主获得操作权限的用户才能在该工区下进行操作，同时操作的权限分为只读和读写均可。这些权限的设置均通过属主进行设置。另外，geoeast 账号作为 GeoEast 系统的管理账号具有最高权限，因此工区的属主可以由属主自己或者 geoeast 系统账号进行重新设置，新的属主具有原属主相同的对该工区操作权限的分配权利。对于与属主具有相同权限的用户账号，在工区创建后自动获得该工区的全部使用权限，因此，如果属主不希望其他用户账号对该工区进行操作，则必须进行权限的分配和设置。设置方法如下：选定需要设置的工区；点击鼠标右键，弹出右键菜单；选择 User privilege 菜单项，弹出权限设置对话框；在权限设置对话框下进行权限的分配和设置，然后点击"OK"，即可完成对当前工区的操作权限的重新设置。

（3）工区测线属性显示。工区测线的属性主要包括如二维起始坐标或者三维网格坐标等一些描述信息，这些信息在完成观测系统定义之后即可生成，而用户可以通过主控界面来查看这些信息。对于工区及测线的属性显示操作方法基本相同。首先选择需要显示的工区或者测线，然后使用鼠标右键弹出右键菜单，在右键菜单上选择 Properties 菜单项，弹出属性显示对话框。

（4）项目工区测线的删除。对于已有的工区测线的删除操作必须是该工区或者测线的属主才可以进行，操作方法十分简单：首先选择需要删除的工区和测线，然后使用鼠标右键弹出右键菜单并选择相应的 delete 功能菜单项，此时系统会弹出提示框，要求用户确认操作，如果用户确认需要删除，点击"OK"键即可。项目的删除同样是该项目的属主才具有的权限，而 GeoEast 系统缺省设置只有 geoeast 账号才有权限进行项目的创建，因此也就只有 geoeast 系统账号才有删除项目的权限，操作方法和工区测线的删除方法基本相同，均是使用数据树项目节点右键菜单中的 delete 功能进行删除。

需要注意的是，无论是项目还是工区测线的删除，在用户确认删除之后，系统会将确认删除的项目、工区及测线下的子节点数据包含数据库信息全部删除，而且这个操作是不可恢复的，因此用户进行删除操作时应慎重。

（5）DataInformation 显示定制。在 GeoEast 系统主控界面上还有一个区域是用于显示数据信息的，GeoEast 系统称之为 DataInformation 显示区。用户在数据树上选定了一个项目、工区、测线（线束）或者地震数据后，该显示区自动显示选定内容的相关信息，包括数据的名称、属主、创建日期等一些信息。而这些数据信息的显示内容是可以由用户自己进行定制的，也就是说用户希望看到什么信息，不希望看到什么信息，均可以通过定制的方法来进行设置。设置方法如下：首先在 GeoEast 系统主控界面的主菜单上选取 View 菜单项，并在下拉菜单上选择 Data Information Customizing 菜单项，弹出定制对话框；然后在定制对话框上进行显示数据的设置，GeoEast 系统缺省是全部显示，此时用户只需要将自己感兴趣的数据项选中即可；在点击"OK"键后，GeoEast 系统将使用新的显示定制方案进行数据信息的显示。

（6）数据树 DataTree 显示定制。同 DataInformation 显示定制一样，用户可以对数据树显示内容进行定制，根据自己的需要选择显示的内容，具体操作如下：首先点击主菜单上的 View 项，并在下拉菜单选择 DataTree Customizing 菜单项，系统弹出定制对话框。在数据树配置窗口中，用户可看到所定制系统详细、完整的数据树结构，用户根据自己的需要配置要在数据树中显示的数据类型。配置方式为：在数据类左侧方框内打钩即表示该数据类在数据树上显示，未打钩的就不在数据树上显示。选择完成后，按"OK"键确认，便完成了数据树的显示配置，系统自动按照新的配置方案刷新数据数的显示内容；放弃则按"Cancel"键。

（7）数据驱动交互模块。在 GeoEast 系统主控界面上，除了标准的工具栏外，还提供了处理及解释系统的交互模块工具栏，用户由此可以启动相应的交互功能模块，如图 4.25 所示。

图 4.25 GeoEast 系统工具栏（一体化和处理功能）

但是 GeoEast 系统交互模块的操作需要数据作为驱动，也就是说用户在启动交互模块之前，必须首先选择需要操作的数据，然后在其右键菜单上选取需要进行操作的交互模块，或者在主控界面上的工具栏中选择自己需要启动的模块，否则交互模块启动后会自动退出并提示用户首先进行数据选择（Geojobeditor、GeoBasemap 和 GeoCGM 除外），这就是 GeoEast 系统独有的数据驱动方式。

（8）数据树刷新。在 GeoEast 系统使用过程中，随着处理流程的不断深入，会生成大量的数据，也就是说，每一次操作都有可能使数据树上的信息发生改变。为此系统提供数据树刷新功能，即工具栏上 按钮和菜单条 File→Fresh from DB 菜单项，值得说明的是，GeoEast 系统的数据树刷新功能仅针对当前选中的数据树节点和该节点以下的内容，也就是说，用户当前选定的是一条二维测线，则仅刷新该测线下的相应信息，而如果用户选定的是项目级，则刷新的是该项目下的所有内容。

（9）数据右键菜单中的 REGRID 使用。一般情况下不用，当需要针对某个数据改变工区网格大小及范围时使用。为防止误操作，把它放在最下边。不熟悉此功能的要慎用。

4.3.2 系统特色

该系统的突出特色包括以下几方面：首先是项目、工区、测线的三级数据管理采用树形结构，再就是引入了工作流概念，以及便捷的处理解释数据的共享功能。

1. 数据树

在 GeoEast 系统中，项目、工区、测线的三级数据管理采用树形结构，使用数据树进行管理。这种管理方法实现了数据模型可视化、数据管理可视化和数据操作可视化。

数据树承担着 GeoEast 系统数据的管理功能，主要包括项目管理、用户属性管理以及数据管理三部分。

1) 项目管理

GeoEast 数据树主干创建项目，项目级树干创建工区，在工区枝干上创建测线，在测线枝干上建立下一级数据子项，直至创建树叶（数据实体或索引）。

2) 用户属性管理

在数据树上，数据用户的属性管理功能主要包括项目成员设置、工区用户权限设置、测线用户权限设置、改变项目（工区、测线）所有者等功能。

3) 数据管理

在数据树上，数据管理功能主要包括：

数据输入：磁带或其他介质上的数据输入到数据树某个节点下；

数据输出：成果数据输出到磁带或其他介质上；

数据迁移：将数据迁移到磁带（或其他介质）上及回迁功能；

数据查询：查询数据的属性；

数据显示：对数据进行显示，包括平面显示和可视化显示；

数据删除：对数据进行删除，包括节点删除和数据删除。

2. 流程树

在 GeoEast 系统中引入了工作流概念。工作流是由按工区特点制定的该工区的标准处理工作流程。处理工作流包括功能流程和模块流程两部分。

工作流以树形结构进行管理，称为流程树。流程树位于主控窗口流程管理区，在流程树上显示功能流程和模块流程。

功能流程是宏观可视工作流，在流程中规定了用户处理的流程步骤。功能流程中的每一步称为一个流程步，严格对应模块功能分类表中的一类模块。在一个处理流程步中，可以是一个交互处理步骤，也可以是一个批量处理步骤。在工作流模块化时，一个流程步对应一个主功能模块。

模块流程是根据工区特点对功能流程进行模块化后所产生的该工区工作流。模块流程中的模块都是对同类模块进行试验选择出来的效果最好的模块。用户可以使用模块流程来组织作业，模块流程中的一个模块可以组成一个作业，也可以将多个模块组成一个作业。

3. 数据驱动的处理方式

GeoEast处理方式是面向数据的处理方式。所有组织的作业流程都面向某一个或多个地震数据。作业的运行时间依赖数据的大小及参数，即数据的采样率、道长及总道数。数据的交互操作必须选定相应的数据然后驱动相应功能。

在处理流水线中，每个模块从前面模块获得输入数据，执行处理后，结果被传送给紧接在其后面的模块。流水线是数据流架构的一种，其优点是地震功能模块可灵活组合，大多数地震模块不需要关心地震数据输入输出具体的操作，因为地震道是由执行控制程序管理。放在输入输出缓冲区中的地震道一般是浮点数格式。

4. 处理解释数据共享

软件基础平台的最基本成分是数据管理层，包括数据管理和数据存储管理，它是实现地震处理解释数据共享的底层支撑，可以使地震处理和解释更紧密地相结合，可以实现多学科共同协作，实现数据共享、信息共享、知识共享，最大限度地发挥各路专家的主观能动性，提高处理和解释精度；可解决传统的地震资料解释系统和地震数据处理系统相互独立、数据独立、相互交流不便的矛盾，解决地质家和地球物理家因地震资料无法满足项目研究而到处理中心重新处理的矛盾，解决为进一步提高处理效果而即将到来的解释性处理，实现真正的处理解释一体化。

4.3.3 用户和多级项目管理

多级项目管理主要分为用户的多级管理和处理项目的多级管理。

1. 用户的多级管理

GeoEast的用户首先是Linux的登录用户（GeoEast用户和Linux的登录用户同名，即键入"geoeast"），GeoEast的系统管理员使用命令"geosystem"将Linux的用户登记（创建）后成为GeoEast的用户。只有GeoEast用户才能使用GeoEast系统，进入项目、工区，进行相应的处理、解释工作。

1) GeoEast用户的分级

GeoEast用户分为四级，即系统管理员、项目长、操作员和一般用户。

系统管理员：负责GeoEast系统的管理维护工作，缺省为GeoEast用户，也可以指定其他用户为管理员用户。

项目长：具有比一般用户更高的权限，和系统信息配置配合使用，分配项目长权限。

操作员：有对IVTMS的操作权限和对地震作业管理权限。

一般用户：一般处理、解释人员。

2）用户权限配置

geosystem工具可配置用户的权限。

为了GeoEast系统运行使用的安全以及方便对用户的管理，GeoEast系统把其用户分为四类，即Administrator、User、Operator以及GroupGuidance。

Administrator为系统管理员，是最高级别的用户，拥有对系统管理使用操作的一切权限；User为一般用户；Operator为操作员；GroupGuidance为项目长。不同类型的用户拥有不同的权限。

2. 处理项目的多级管理

处理项目是以项目、工区、测线为结构的，反映了数据管理的应用逻辑结构。另一种是数据目录结构，也是以项目、工区、测线为结构的，存储的是数据实体、动态数据（参见目录结构）。

第 5 章　GeoEast 数据输入输出与交互观测系统定义

地震勘探工作包括地震数据采集、地震数据处理与地震资料解释三个主要步骤。其中，地震数据的野外采集记录是一切地震勘探的基础，这些野外勘探是地震资料处理和解释的原始依据和工作基础；地震数据的质量直接影响到地震数据处理、解释的结果。地震野外工作随着地震仪器的发展经过了如下几个阶段：模拟光点记录地震记录仪发展阶段；模拟磁带记录阶段；集中控制式数字地震仪阶段；分布式遥测地震仪阶段；新一代分布式遥测地震仪阶段。数据记录容量也从原来的 24 道发展到了现在的上万道，应用范围也从原来的二维发展到了现在的三维，记录的地震数据也空前庞大。本章主要介绍的是地震数据输入输出、野外地震勘探作业中非常重要的观测系统等内容。

5.1　地震数据介绍

由于地震数据数量庞大且复杂，使其与其他类型数据相比更加难以管理与存储。本节对地震数据的存储介质、数据格式和常用的地震数据加以介绍，力求使读者对地震数据有更深入的了解。

5.1.1　地震数据概述

地震数据的存储介质有磁盘、磁带、光盘、U 盘等。其中，盘类是以文件为记录单位形式，用字节数表示文件大小；磁带以记录块为记录单位，一个记录块有若干字节，磁带的逻辑结构如图 5.1 所示。

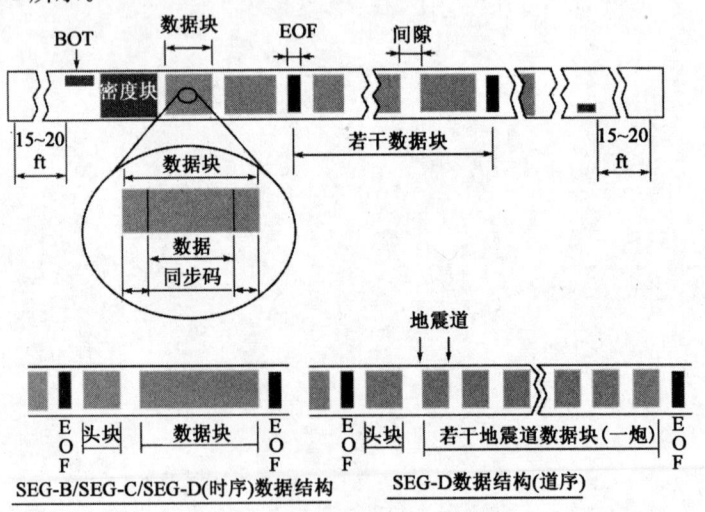

图 5.1　磁带的逻辑结构示意图

地震数据格式从大的方面分为数据格式（文件格式）和记录格式。野外数据的数据格式遵从 SEG（The Society of Exploration Geophysicists）标准，主要格式有 SEG－A、SEG－B、SEG－C、SEG－D、SEG－Y 和 SEG－2 等。成果数据的格式是根据地震系统（如 GRISYS、WGC、CGG、OMEGA 或 GeoEeast 等）的需要而确定的。每一种数据格式里面又分记录格式，如在 SEG－Y 数据格式里 1 代表 IBM32 位浮点，2 代表 32 位定点，3 代表 16 位定点，5 代表 32 位 IEEE（美国电气与电子工程师学会），8 代表 8 位整型；SEG－D 的 0015、0022、0024、0042、0044、0048 时序部分和 8015、8022、8024、8036、8038、8042、8044、8048、8058 道序部分。GRISYS 的记录格式分为 FMT1、FMT2、FMT3、FMT4 和 FMT5。

5.1.2 地震数据记录格式的结构

本小节讲述地震数据记录格式的结构，以 GRISYS 的记录格式举例，GRISYS 格式的记录格式有 FMT1（16 位）、FMT2（增益 16 位）、FMT3（IBM32 位）与 FMT3/FMT5（IEEE32 位）。下面以框图的形式展现各记录格式的结构，以便读者容易理解：

SPI 　　单精度型　　　　　（16 位）

数符	振幅数据值
1 位	15 位

BGN 　　二进制增益型　　　（16 位）

数符	尾数	增益
1 位	11 位	4 位

IBM 　　32 位浮点数

数符	阶码	尾数
1 位	7 位	24 位

IEEE & ANSI/IEEE　　　　　　　（32 位）

数符	阶码	尾数
1 位	8 位	23 位

5.1.3 常用的地震数据

本小节主要讲解常用地震数据的数据格式、记录格式、存储方式以及地震数据输入时提取的主要参数。

1. 常用的数据格式

地震数据常用的数据格式有 SEG－D 与 SEG－Y。

2. 常用的记录格式

地震数据常用的记录格式有 SEG－D 道序中有 8015、8024、8048 和 8058；SEG－Y 有 IBM 浮点和 IEEE。

3. 常用的存储方式

地震数据存储方式以磁带为主，SEG－D 格式居多，SEG－Y 也有。磁盘的利用在野外采集数据时逐渐增多，格式以 SEG-Y 和 SEG-D 为主，室内用于传递数据主要采用SEG-Y。

4. 存储方式为磁盘，地震仪器提交数据时

SEG-Y：

(1) 一个文件一炮（主要是野外采集的数据形式，一般以目录划分束线号，每个目录下有多炮）

(2) 一个文件多炮（室内主要使用形式）

SEG-D：

(1) 一个文件一炮（主要是野外采集的数据形式，一般以目录划分束线号，每个目录下有多炮）

(2) 一个文件多炮（一般一束线一个文件，一个文件中有多炮）

5. 地震数据输入时提取的主要参数

(1) 道长、采样间隔、每道样点数据。

(2) 野外文件号、通道号、每炮道数、道类型。

(3) 炮序号、道序号（一般系统内部给出）。

(4) 辅助道号、辅助道数。

(5) 缆线号（接收线号）、排列上道号、炮线号。

(6) 炮点号、检波点号。

(7) 覆盖次数、炮检距。

(8) 极性、震源类型、检波器类型。

(9) P1/90 或 SPS 辅助数据。

5.1.4　SEG-Y 格式介绍

SEG-Y 是应用最广泛的一种数据格式，它是野外采集数据的标准格式，同时也是各个处理系统或解释系统之间数据传递的一种标准。数据开始是 3200 字节的，EBCDIC 部分用来描述数据的总体说明信息（前面 3200 字节，后面 400 字节）；二进制文件头部分描述该地震数据的公共信息，表 5.1 描述的两种都是标准的 SEG-Y 文件头数据的磁带结构。在地震数据记录中，每道数据块包含固定的 240 字节标识头，紧接着是地震数据（表 5.2）。

SEG-Y rev 0 的数据交换格式公布于 1975 年，一直在工业界广泛使用，并有多种变种。多年来，地震采集和处理技术以及地震硬件的进步，特别是 3D 采集技术和高速大容量存储记录介质的开发，需要对 SEG-Y 进行修订。2002 年公布了 SEG-Y rev 1 标准。

SEG-Y rev 1 标准保留了 SEG-Y rev 0 的一些特征：采用 EBCDIC 编码允许用于文本；3200 字节的文本文件头，400 字节二进制文件头，240 字节道头；最前面的 3200 字节数据位置用于文本文件头。

SEG-Y rev 1 标准修改了 SEG-Y rev 0 而表现出一些特征：SEG-Y 文件可以写到任何可以接纳变长度记录流的介质上；数据字格式扩展到允许 4 字节 IEEE 浮点和 1 字节整数数据字；对 400 字节中的二进制文件头和 240 字节道头一部分进行定义和澄清；引入扩充的文本文件头，由 3200 字节文本块组成。在扩充的文本文件头中，可以存放导航定位、3D 面元、采集参数与处理历史等。

表 5.1 SEG-Y 文件头数据结构

卷头标识 3200 字节	IBG	标识头块 400 字节	IBG	道 1	IBG	道 2	IBG	……
VOL80	VOL80	EOF	卷头标识 3200 字节	IBG	标识头块 400 字节	IBG	道 1	IBG	道 2	IBG	……

注：卷头标识：3200 字节 EBCDIC 码的 CARD IMAGE。
标识头块：400 个字节的二进制码、包括每个数据道的样点数、采样间隔、数据样值格式码等。

表 5.2 SEG-Y 道数据结构

IBG	道头信息 240 字节	样点 1	样点 2	……	样点 n	IBG

值得注意的是两个相邻 IBG 之间为一个数据块，道头与样值数据为一道完整数据道，中间没有 IBG。道头信息与其后第一个 IBG 之间为数据区。

为了便于理解，此处以一个 SEG-Y 磁带实例进行分析（图 5.2）：

```
No.   1   RL=    3200    ST=OK    **** ****   ****  ********  ****        C-卡块
No.   2   RL=     400    ST=OK     0    0      18  15728642     0         文件头块
No.   3   RL=   21200    ST=OK     1    1     495      1        1    ⎫
No.   4   RL=   21200    ST=OK     2    2     495      2        1    ⎬
No.   5   RL=   21200    ST=OK     3    3     495      3        1    ⎪    道头+
      :                                                              ⎬    数据块
      :                                                              ⎪
No.  nnn  RL=   21200    ST=OK     n    n     495      n        1    ⎭
No.  nnn  RL=       0    ST=EOK
No.  nnn  RL=       0    ST=EOK
```

图 5.2 SEG-Y 磁带卸带分析

5.1.5 道序 SEG-D 格式介绍

道序 SEG-D 结构常用格式有 8015、8022、8024、8036、8042、8044、8048 与 8058。图 5.3 是道序 SEG-D 的磁带结构，图 5.4 是每炮记录块分布情况。

图 5.3 道序 SEG-D 磁带结构

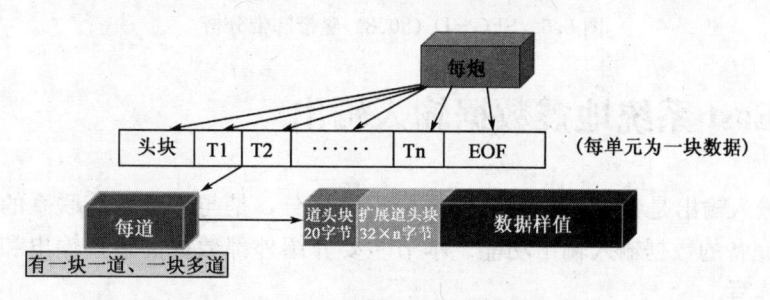

图 5.4 每炮记录块分布情况

SEG-D 总头块（32 字节），SEG-D 道头块（每道数据的 1~20 字节），每个字节都有其特定的指代，表 5.3 描述的是 SEG-D 总头块常用字节的指代，表 5.4 描述的是 SEG-D 道头块字节的指代。

表 5.3 道序 SEG-D 总头块

文件号		1~2
格式码		3~4
……		…
每个扫描的字节数		19~20
		21~22
采样间隔	极性	23~24
	记录类型	记录长度	25~26
记录长度	扫描类型	27~28
通道组数	扫描块数目	29~30
扩展头块数	外部头块数	21~32

表 5.4 道序 SEG-D 道头块

文件号		1~2 字节
扫描类型	通道组号	3~4 字节
通道号		5~6 字节
……		7~20 字节

此处的一个实例：SEG-D (8058) 磁带卸带分析（图 5.5）如下：

```
2388058        0      9421    36210122   13000000
      0        0         1          1F   40030000
      0    F0000     24800           0        301
01010000 FA06DAF     29003    20000370          0
01020000 FA06DAF   2401003    20000370          0
```

块数		块长		文件号	通道组		
No.	1	RL=	2656 ST=OK	2388058	0	总头块
No.	2	RL=	16056 ST=OK	2380101	10000	
No.	3	RL=	16056 ST=OK	2380101	20000	数据块
No.	4	RL=	16056 ST=OK	2380101	30000	
⋮						
No.	241	RL=	16056 ST=OK	2380101	240000000	
No.	242	RL=	16056 ST=OK	2380102	10000	
No.	243	RL=	0 ST=OK	0	0	(EOF)

图 5.5 SEG-D (8058) 磁带卸带分析

5.2 GeoEast 系统地震数据输入输出

地震数据输入输出是数据处理系统的重要组成部分，是与外部系统联系的通道。GeoEast 系统具有完备的数据输入输出功能。本节主要介绍外部数据的输入输出和 GeoEast 系统内部数据的读写。

5.2.1 GeoEast 输入/输出简介

在 GeoEast 系统中地震数据的输入/输出有两个含义。
(1) 外部地震数据 I/O。

输入或加载：将系统外部的地震数据输入 GeoEast 系统内的过程，包括的模块有：
(GeoSeisIO；geoseisinput；GeoSeisImport)

输出或导出：将 GeoEast 系统内部地震数据转换成系统外部格式的过程，包括的模块有：
(GeoSeisIO；geoseisouut；GeoSeisExport)

(2) 内部地震数据 I/O。

数据抽取：地震数据在 GeoEast 系统内的读入，是按数据类型的方式读入，包括的模块有：
(geodiskin；geosortin)

数据的回写：地震数据在 GeoEast 系统内的写出，是以输入顺序而写出的，包括的模块有：
(geodiskout)

数据的备份与恢复：将 GeoEast 数据进行有效的备份，再用时恢复的过程，包括的模块有：
(GeoEast 迁移工具；geotapeout/geotapein)

在 GeoEast V2.3 以后的版本中，地震数据输入输出子系统包括（图 5.6）：

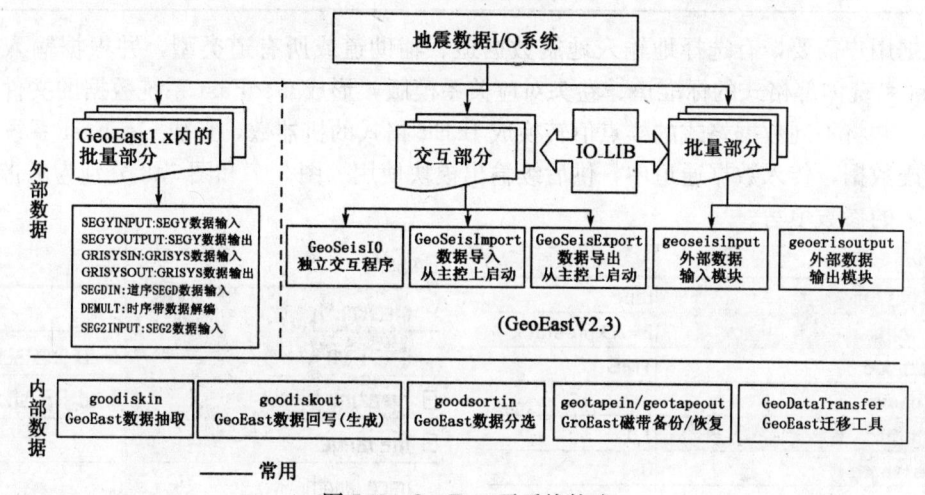

图 5.6 GeoEast 子系统构成

外部地震数据输入/输出：

(1) geoseisinput 批量多格式地震数据输入模块。

(2) geoseisoutput 批量多格式地震数据输出模块。

(3) GeoSeisIO 交互多格式地震数据输入输出、数据分析、拷贝、显示、DUMP 工具软件包。

内部地震数据读写（抽取/回写）：

(1) geodiskin 批量 GeoEast 地震数据读入（抽取）模块。

(2) geosortin 批量 GeoEast 地震数据分选模块。

(3) geodiskout 批量 GeoEast 地震数据生成（回写）模块。

5.2.2 外部数据输入/输出

1. 批量输入模块 geoseisinput

1) 模块简介

geoseisinput 地震数据输入模块的任务是将 GeoEast 外部多种格式的地震数据输入 Geo-

East 系统中。该模块根据用户编码的输入介质类型和外部设备使用方式向 GeoEast 系统请求输入设备并自动分析输入数据的格式，用户不必填写输入格式。geoseisinput 模块可自动识别输入的格式及输入介质，见表 5.5。

表 5.5 geoseisinput 模块支持数据类型表

序 号	允许格式	磁 带	磁盘格式	GeoSeisIO 仿磁带磁盘文件
1	SEGB	√	×	√
2	SEGC	√	×	√
3	SEGD（80xx/00xx）	√	√	√
4	SEGY	√	√	√
5	SEG-2	×	√	√
6	GRISYS	√	√	√
7	CGG	√	√	√
8	OMEGA	×	√	√

根据用户需要，有选择地输入地震数据道、辅助道或所有道类型，并根据输入格式与 GeoEast 系统内部格式的标准道、卷头对应关系模版，形成 GeoEast 系统数据的文件头和头块文件；并将不同数据格式的样点值转换成 IEEE 格式的机器数，形成 GeoEast 系统内部格式的地震数据，传入数据通道中，供后续输出模块使用。图 5.7 和图 5.8 分别为磁带和磁盘介质输入的参数填写。

Property	Value
medium type	tape
data form	2=2D prestack
tape mode	TMS
reel name	
reel table	1,1
trace length	0
sample interval	0
origin trace length	0
origin sample interval	0
gather type	source
trace type	all traces
read files	1
start sequence number	0
tape label	NL
tape type	IBM3490E
true value	0
print interval	1
head-relation	

图 5.7 磁带介质输入的编码例子

Property	Value
medium type	disk
data form	2=2D prestack
filename	/Mod_PP_shot.sgy.l...
file range	
trace length	0
sample interval	
origin trace length	0
origin sample interval	
gather type	source
trace type	all traces
start sequence number	0
true value	0
print interval	1
head-relation	

图 5.8 磁盘介质输入的编码例子

2）应用实例

下面是一个从磁带上输入二维叠前炮集数据的例子：从 1～2 号带上输入野外文件 4～6，从 3 号带的带头开始输入直到输入完野外文件 3 为止，从 4 号带的野外文件 7 开始输入直到输入完野外文件 10 为止，如图 5.9 所示。

图 5.9　geoseisinput 应用实例一（左：作业及参数；右：reel table 参数）

其中，关键的参数有：

medium type	介质类型（磁盘、磁带）。
data form	标示地震数据记录类型。
tape_mode	磁带操作方式。GeoEast 系统中有网络磁带管理（TMS）和本地磁带管理（LOCAL）两种方式。
filename	磁盘文件名（只磁盘方式使用）。
file range	定义磁盘文件的输入范围（只磁盘方式使用）。
reel name	定义磁带带号前缀名称（只磁带方式使用）。
reel table	请求磁带带号表，用来定义磁带卷号和野外文件号范围（只磁带方式使用），<reel name>与< reel table>参数联合拼成要请求输入的磁带卷标。
tape type	定义磁带设备的类型。当在 tape mode 中选择了 TMS 时，它是必填参数。

下面是一个从磁盘上输入三维叠前炮集数据的例子：从文件 1.sgy 上输入野外文件 1~22，从文件 2.sgy 上输入野外文件 23~117，从文件 3.sgy 上输入野外文件 118~194，从文件 4.sgy 上输入野外文件 195~238，从文件 5.sgy 上输入野外文件 239~344，如图 5.10 所示。

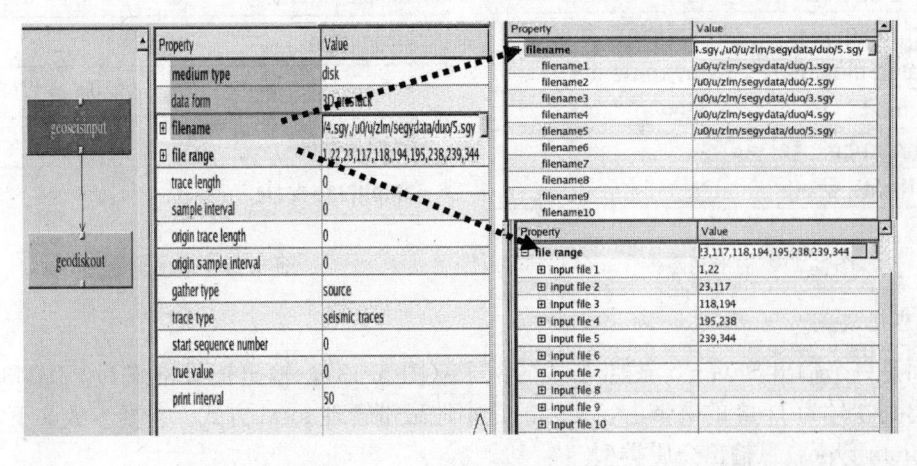

图 5.10　geoseisinput 应用实例二（左：作业及参数界面；右：输入文件和范围控制参数）

磁盘输入不同于磁带输入，不需要进行磁带机响应操作，因此只需将磁盘文件所在的绝对路径填写正确即可。作业发送后，系统自动按照输入文件排列的顺序和输入范围依次完成所有文件内容的读入，并转换成 GeoEast 系统内部格式。

注意事项：

（1）每组织一个作业只允许同一特征的数据输入。如果有些炮的格式、道长、采样不一致，则不能在同一个作业中输入，应利用 GeoSeisIO 或其他数据编辑、拷贝工具进行处理后再输入。

（2）本模块在一个作业中不同时支持磁带和磁盘混合输入。

（3）对于道记录类型（SEG-Y 道头 29～30）不规范的 SEG-Y 数据，应使用 "trace type" 的 "all traces" 参数。

（4）外部数据加载，用户需要自己控制道卷头转换时，应参考 GeoSeisIO 用户手册中模版定义有关章节。

2. 批量输出模块 geoseisoutput

1) 模块简介

geoseisoutput 模块完成 GeoEast 系统内部的地震数据通过数据格式转换和道头内容提取组装成标准的 GeoEast 系统外部格式的数据。目前输出的格式种类有 SEG-Y 和 GRISYS，并将输出数据记录到用户指定的磁盘文件或磁带上以方便系统间的数据应用，图 5.11 和图 5.12 分别为输出到磁带和磁盘的参数填写。

Property	Value
medium type	tape
format type	GRISYS
data format	IBM floating point
tape mode	local
reel name	
⊞ **reel table**	1,6
trace length	0
sample interval	0
report table	simple
repeated filename	override file
write mode	new
head-relation	
amplitude scale	1

图 5.11 输出到磁带

Property	Value
medium type	disk
format type	GRISYS
filename	
data format	IBM floating point
trace length	0
sample interval	0
report table	simple
repeated filename	override file
head-relation	
amplitude scale	1

图 5.12 输出到磁盘

2) 应用实例

下面是一个输出 SEG-Y 磁带格式的例子（图 5.13），输出记录格式为：IBM32 位浮点。输出到卷号为 1～3 的磁带上，使用的是本地磁带管理 local 方式。主要参数如下：

  medium type 输出介质类型。
  filename 磁盘文件名（只磁盘方式使用）。

format type	输出的数据格式。
reel name	定义磁带带号前缀名称（只磁带方式使用）。
reel table	请求磁带输出带号表，用来定义输出卷号（只磁带方式使用）。
tape mode	定义磁带操作方式的选择（只磁带方式使用）。
tape type	定义设备类型。适用于磁带 TMS 方式，当在 tape_mode 中选择了 TMS 时，它是必填参数（只磁带方式使用）。

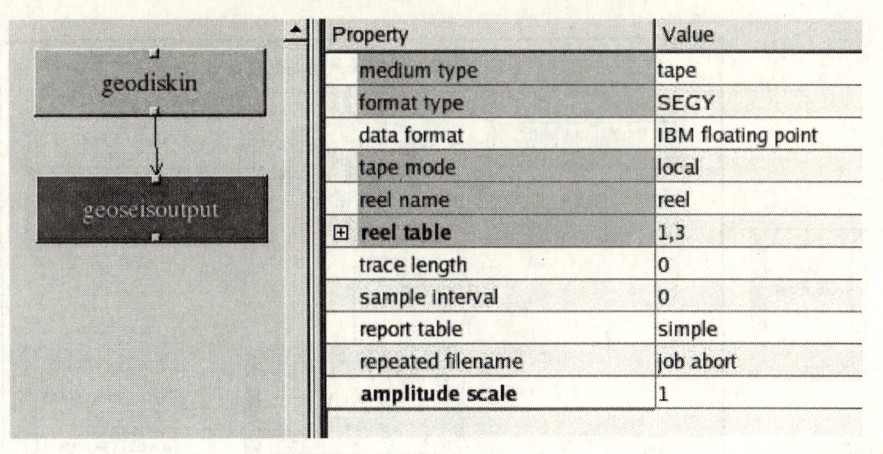

图 5.13　geoseisoutput 应用实例一

需要注意的是，上面的例子使用本地磁带机进行输出，因此，在作业执行阶段要进行磁带分配操作，操作方式同 geoseisinput 模块。

下面是将一个三维叠后数据输出成 GRISYS 格式磁盘文件的例子（图 5.14），输入数据排序：line、cmp，旗标为 line。输出 GRISYS 磁盘文件名：grisysout；输出数据格式：IBM32 位浮点（FMT3）。

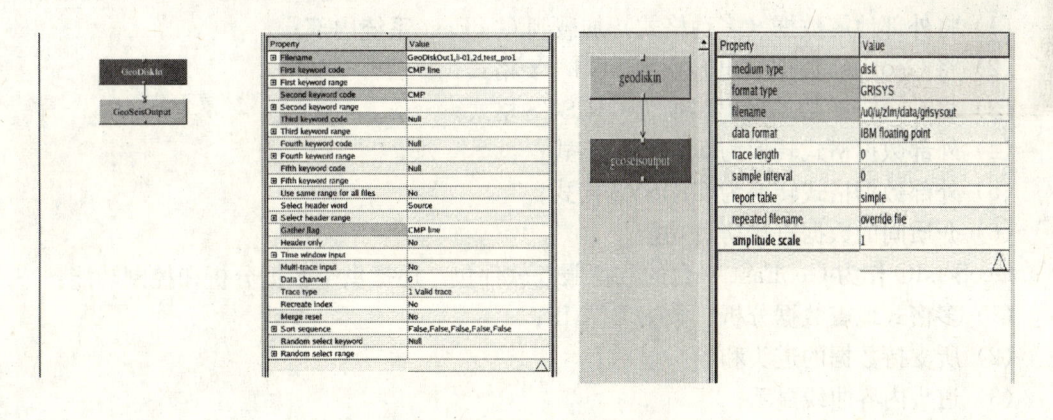

图 5.14　geoseisoutput 应用实例二

对于磁盘数据的输出，无论是 SEG-Y 数据还是 GRISYS 数据输出，建议均采用缺省的数据记录格式，即 SEG-Y 采用 IBM 浮点 32 位，GRISYS 采用 FMT3 格式输出。不同数据道集类型的输出是由 geodiskin 模块中的排序关键字决定的，不同的排序关键字的数据抽取输出成不同的道集数据。

· 141 ·

3. 交互地震数据输入/输出（交互软件包 GeoSeisIO）

1）程序简介

GeoEast 输入输出子系统包含两个基本部分（图 5.15）：交互部分和批量模块部分。其中，交互部分包含 GeoSeisIO 交互实用程序；批量模块部分包括 geoseisinput 和 geoseisoutput 两个模块。

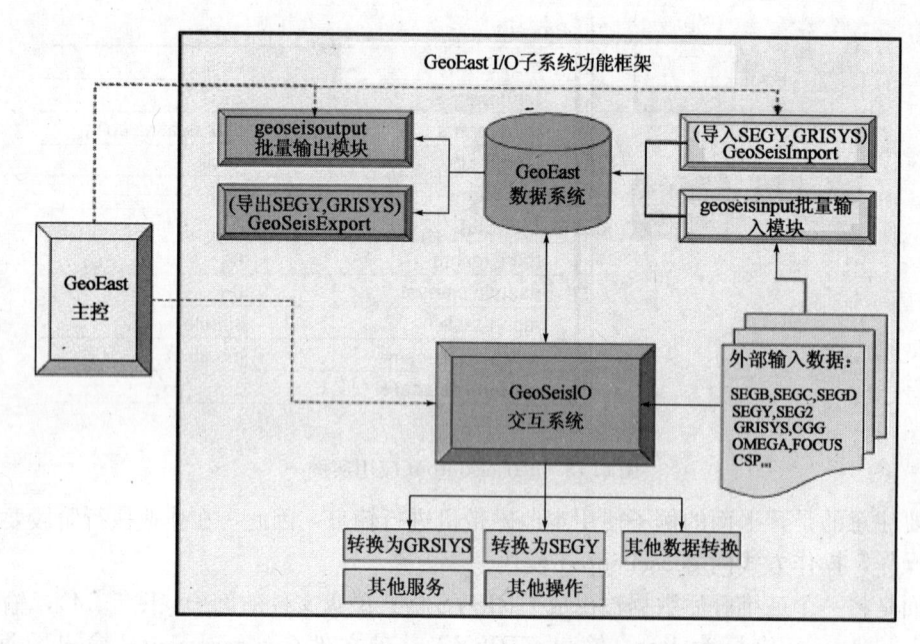

图 5.15　GeoEast 输入输出子系统的功能框架

GeoSeisIO 是一个服务于 GeoEast 的交互地震数据输入/输出软件包，主要功能包括：
(1) 将外部地震数据（多种格式）加载到 GeoEast 系统内部；
(2) 将 GeoEast 数据导出转换为 SEG-Y 格式；
(3) 将 GeoEast 数据导出转换为 GRISYS 格式；
(4) 外部数据格式转换为 SEG-Y 格式；
(5) 外部数据格式转换为 GRISYS 格式；
(6) 介质间的数据直接拷贝功能。

GeoSeisIO 作为 GeoEast 平台的数据服务软件包，还提供了数据分析和控制功能：
(1) 多格式地震数据分析、数据 DUMP；
(2) 所支持数据的道头和卷头显示；
(3) 道头内容曲线显示；
(4) 数据振幅统计及屏幕显示；
(5) 所支持数据的实时屏幕绘图。

注意：GeoSeisIO 支持的外部数据格式包括野外数据格式：SEG-B、SEG-C、SEG-D、SEG-2；处理系统格式：GRISYS、CGG、OMEGA；通用交换格式：SEG-Y。

GeoSeisIO 允许输入设备上的数据转换成 GeoEast、SEGY 和 GRISYS 格式输出以及原始格式直接拷贝输出。GeoSeisIO 子系统数据流如图 5.16 所示。

GeoSeisIO 交互系统可以使用本地的磁带机和本地硬盘设备，也可以通过 TMS 使用网络上的磁带设备，GeoSeisIO 设备框图如图 5.17 所示。

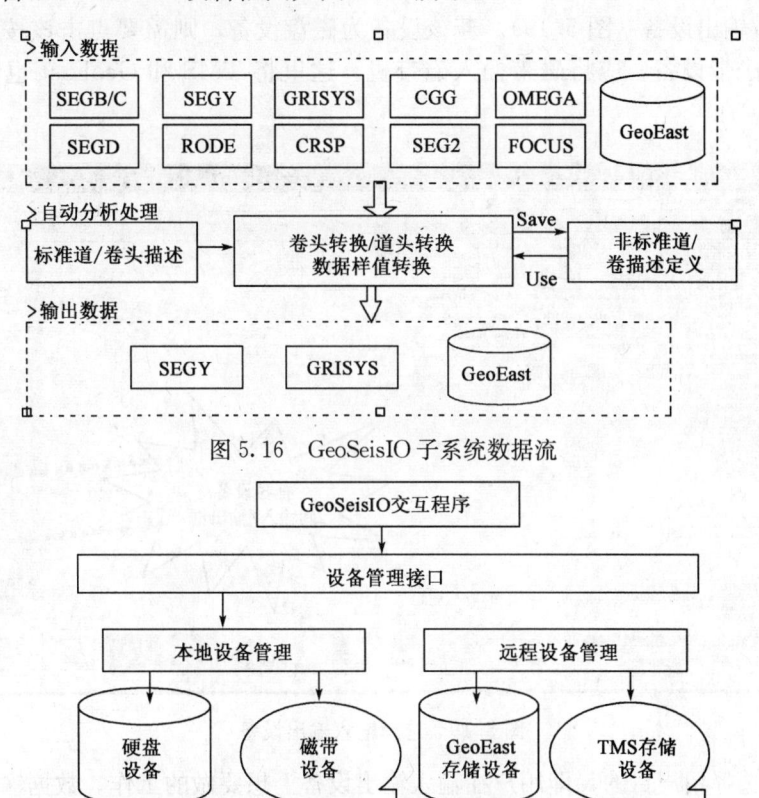

图 5.16　GeoSeisIO 子系统数据流

图 5.17　GeoSeisIO 设备框图

2）GeoSeisIO 应用实例

下面是一个磁带数据输入到 GeoEast 系统内部的操作步骤。

第一步：启动 GeoSeisIO 系统。

在 GeoEast 主控上，选择 Data 菜单中的 Seismic data import and export，启动本软件。系统主界面如图 5.18 所示。

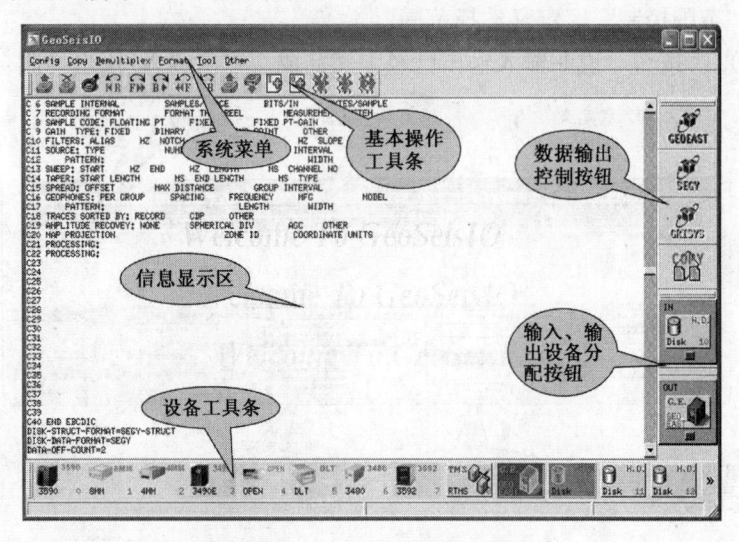

图 5.18　GeoSeisIO 系统主界面

第二步：选择输入输出设备。从设备工具条上拖拉一个设备到输入/输出按钮上，则该设备成为输入/输出设备（图5.19）。若该设备为磁盘设备，则需要点击该按钮定义要输出的文件；若是磁带设备，应将磁带插入磁带机。这里将 TMS 和 GeoEast 也看成一种设备类型。

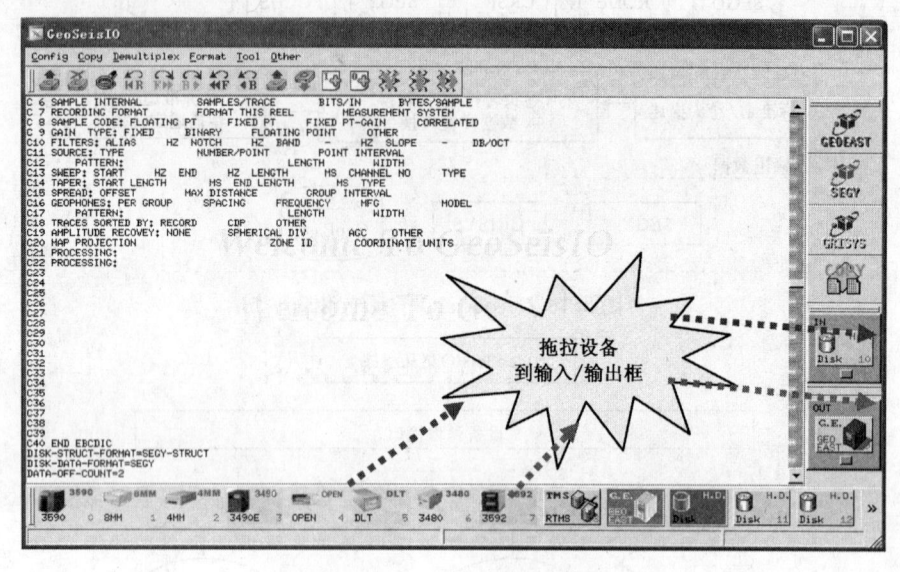

图5.19　选择输入输出设备

第三步：选择用户目的，即用户在输入输出设备上想要做的工作。数据输出控制按钮中有4种选择：生成 GeoEast 数据；生成 SEG-Y 数据；生成 GRISYS 数据；数据拷贝。例如，将一个外部数据文件转成 GeoEast 数据，则选按钮 即可。

第四步：系统弹出如图5.20所示作业运行控制窗口，用户在此窗口的主要工作是：

(1) 在"输入定义"区定义所输入的各个磁带卷名及一个或多个文件名。

(2) 在"输出定义"区定义输出的文件名和测线名。若想覆盖原有文件，在"GeoEast 测线选择"区双击要输出的数据文件，并选择"overlay"即可。

(3) 可在"范围控制"区定义选择范围。

(4) 按"OK"按钮，说明输入输出已经定义完成。弹出输入/输出控制台。

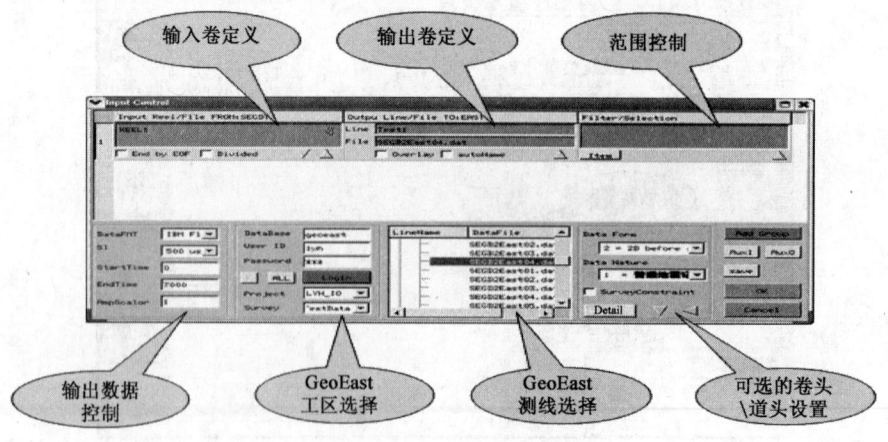

图5.20　作业运行控制窗口

注意：GeoSeisIO系统已经预先给每一种数据格式定义了卷头、道头缺省值以及输入输出数据间的卷头、道头对应关系。在实际应用中用户可以根据需要自己定义卷头、道头的各个数据域以及输入输出之间的卷头、道头对应关系。点击图5.20界面上的"Detail"按钮，可以随时了解或更改这些缺省定义或增加用户自己的道头定义，如图5.21所示。

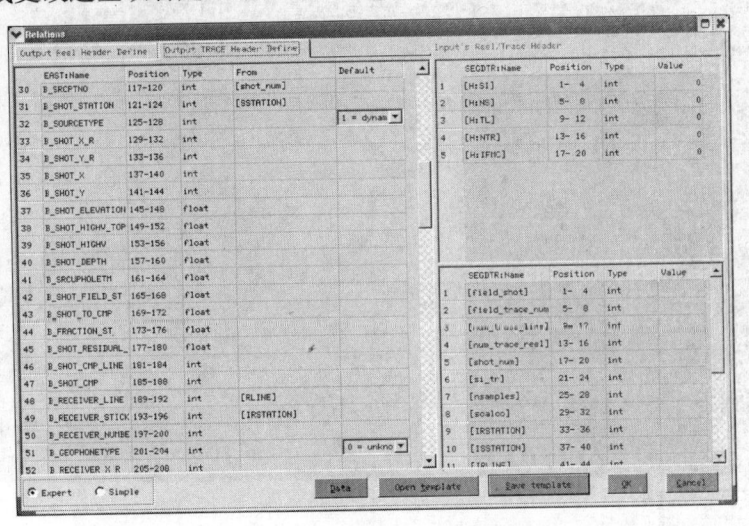

图5.21 卷、道头自定义调整界面

第五步：按"OK"按钮后，弹出输入/输出控制台。确认输入设备无误，按"ENTER"确认操作；确认输出设备无误，按"ENTER"按钮确认操作，作业开始运行，如图5.22所示。

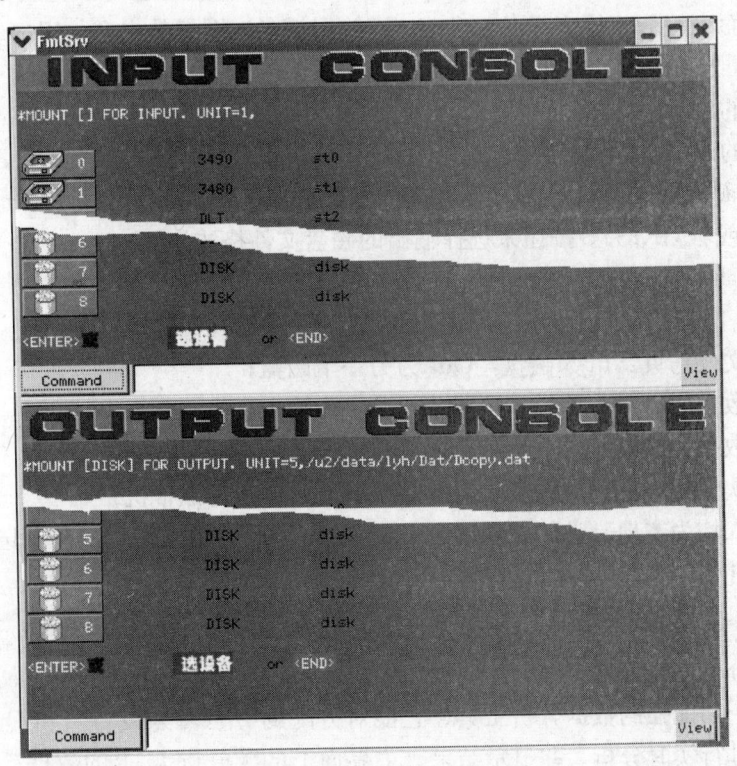

图5.22 输入/输出控制台

第六步：作业执行完成后，系统将产生作业列表并显示，如图 5.23 所示。

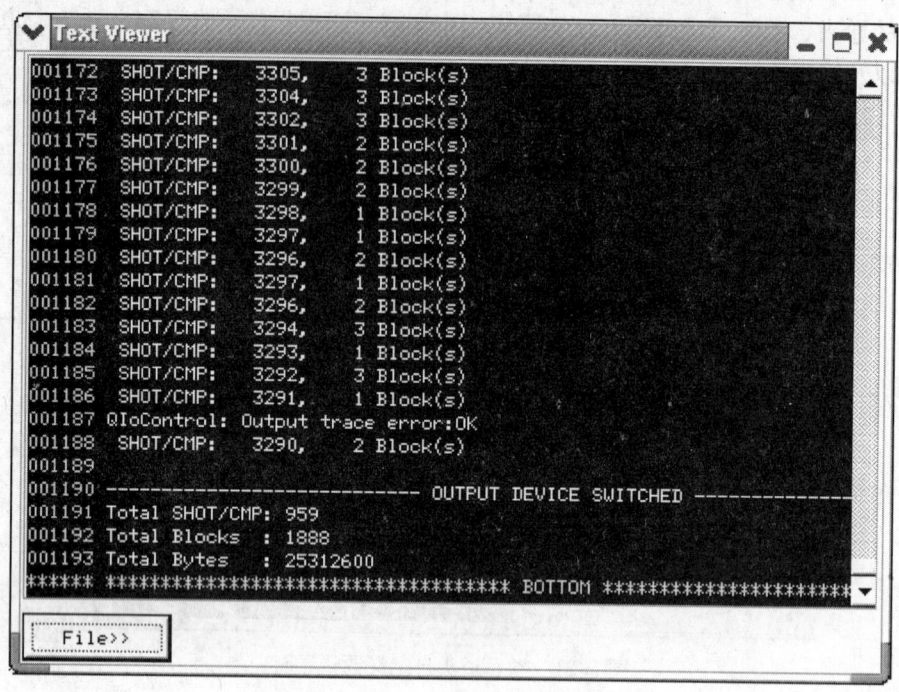

图 5.23　输入/输出作业列表

GeoSeisIO 软件是一个综合性的数据输入和输出交互工具，不仅可以完成外部磁带和磁盘文件的输入，同样可以实现 GeoEast 系统数据加载与输出，也可以完成数据的拷贝，其关键点在于界面中的 In（输入设备）和 Out（输出设备）图标的内容，用户从设备表中可以任选一种到 In 或 Out 中，来确定自己的输入和输出。一般有以下几种情况：

（1）外部的磁盘文件加载到 GeoEast 系统中：In 为本地硬盘，Out 为 GeoEast；

（2）外部的磁带数据加载到 GeoEast 系统中：In 为磁带机，Out 为 GeoEast；

（3）GeoEast 系统文件输出成外部磁盘文件：In 为 GeoEast，Out 为本地硬盘，此时可以选择 SEGY 或者 GRISYS 按钮来选择输出的磁盘文件格式；

（4）GeoEast 系统文件输出成外部磁带文件：In 为 GeoEast，Out 为磁带机，此时可以选择 SEGY 或者 GRISYS 按钮来选择输出的磁带文件格式；

（5）磁盘文件拷贝：In 为磁盘，Out 为另一个磁盘；

（6）磁带数据拷贝：In 为输入磁带机，Out 为输出磁带机；

（7）磁带数据做成磁盘映象：In 为磁带机，Out 为本地磁盘；

（8）磁盘映像文件输出成磁带：In 为本地磁盘，Out 为磁带机；

所有的输入均为本地磁盘的，要通过点击 In 图标来弹出文件对话框，选择磁盘文件的存放位置和文件名。

3）GeoSeisIO 数据分析

地震数据分析是输入输出中认识数据的手段，有着非常重要的作用。GeoSeisIO 软件是一个界面友好、功能强的数据分析工具、它能对分配到 In（输入设备）和 Out（输出设备）图标上的数据进行实时分析，并显示结果。主界面上的 分析 In 上的数据； 分析 Out 上的数据。分析完成的结果按 SEG - Y 地震数据形式进行显示，如图 5.24 和图 5.25 所示。

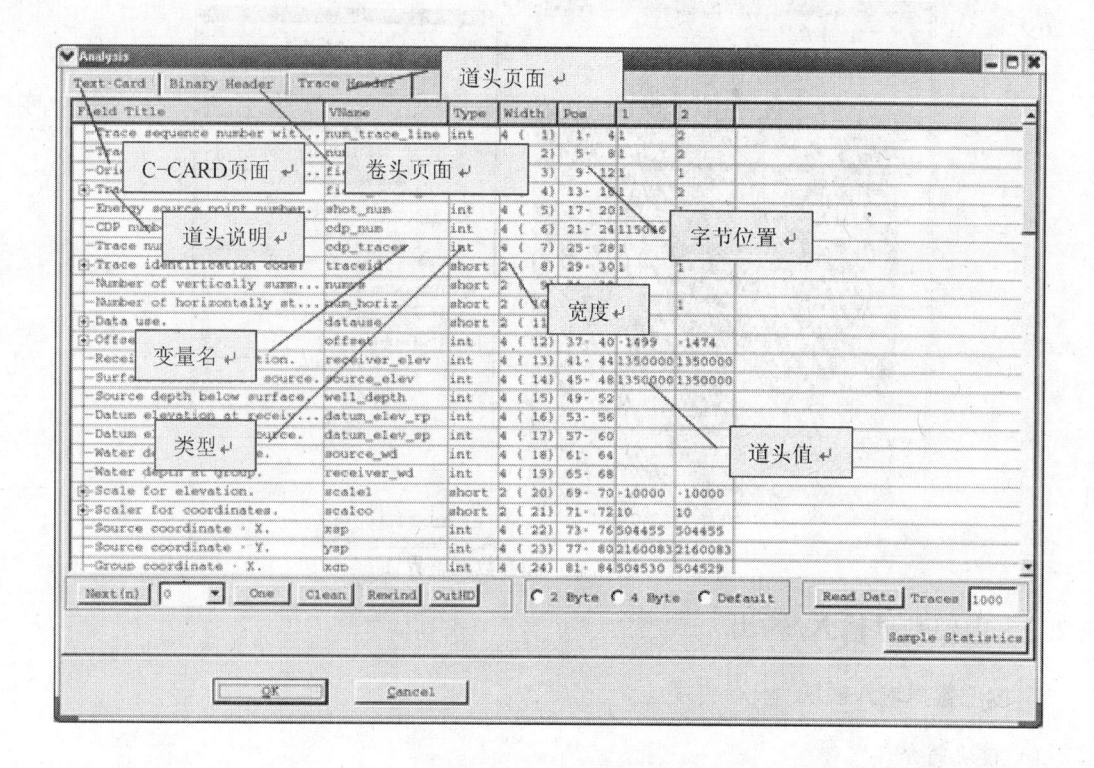

图 5.24 数据分析界面介绍

图 5.25 数据分析界面

4) GeoSeisIO 外部地震数据显示

对外部地震数据的显示是检查数据的一种重要手段，GeoSeisIO 软件能对分配到 In（输入设备）和 Out（输出设备）图标上的数据进行显示。主界面上的 ▣ 显示 In 上的数据，▣ 显示 Out 上的数据，如图 5.26 所示。

· 147 ·

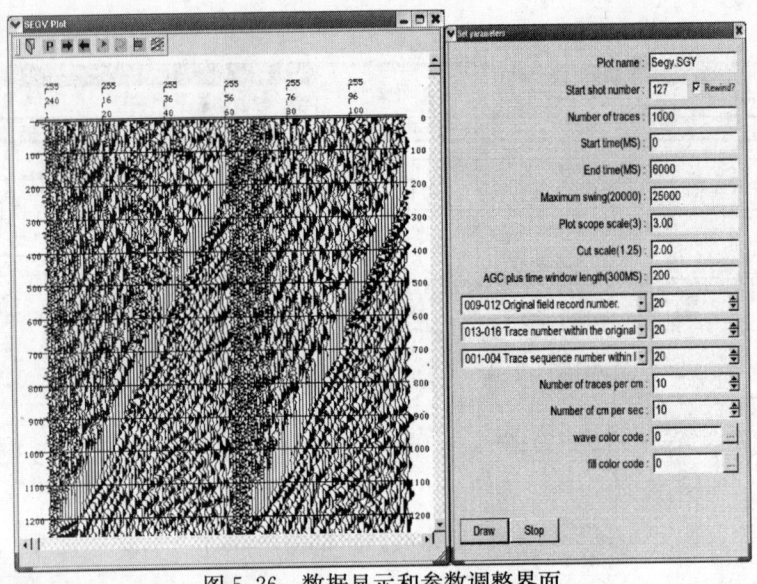

图5.26　数据显示和参数调整界面

5.2.3　内部数据输入/输出

1. 内部数据输入模块

1) 模块简介

内部数据输入批量模块主要有 GeoEast 输入（geodiskin）和 GeoEast 分选输入（geosortin）。

geodiskin 模块根据用户需要抽取地震道，把数据的文件头、头块数据进行拼合组成批量作业使用的动态道头放入道头缓冲区，供后续处理模块使用。该模块具有单文件和多文件输入方式以及单道输入和集方式的多道输入方式，并且用户可在索引范围内选择输入数据的范围；可以根据某一道头字设定符合该道头字的范围作为输入；可在索引类型范围内组合创建需要的数据索引，并能重建索引；可按用户需要设置数据集的标志；可任意选取区间长度输入；可根据索引对数据进行排序、数据分选、束线合并等。

geosortin 是将 GeoEast 系统的地震数据分选输入的批量模块。其排序方法是采用与 geodiskin 不同的方法，实现对地震数据的抽取。在适用于大数据体，并改变数据类型的处理时使用，如三维束线合并，以便提高效率。使用时要求有本节点硬盘和内存容量较大的配置。

2) geodiskin 应用实例

下面是将3个三维叠前数据合并到工区下，进行后续处理的例子（图5.27），输入数据索引的第一、第二、第三关键字分别为 line、cmp 与 trace，数据集结束标志为 cmp。主要参数如下：

filename	输入地震数据的文件名（项目、工区、测线）
first keyword code	地震数据索引的第一关键字数据类型代码。
first keyword range	第一关键字数据选取范围（起始、终了、增量、分组、容差）
second keyword code	地震数据索引的第二关键字数据类型代码。
second keyword range	第二关键字数据选取范围。
third keyword code	地震数据索引的第三关键字数据类型代码。
third keyword range	第三关键字数据选取范围。
gather flag	置数据集结束标识。

gather input	道集方式输入。
trace type	输入道类型。
merge reset	线束合并参数。
recreate index	重建索引。
sort sequence	反序抽取数据参数。

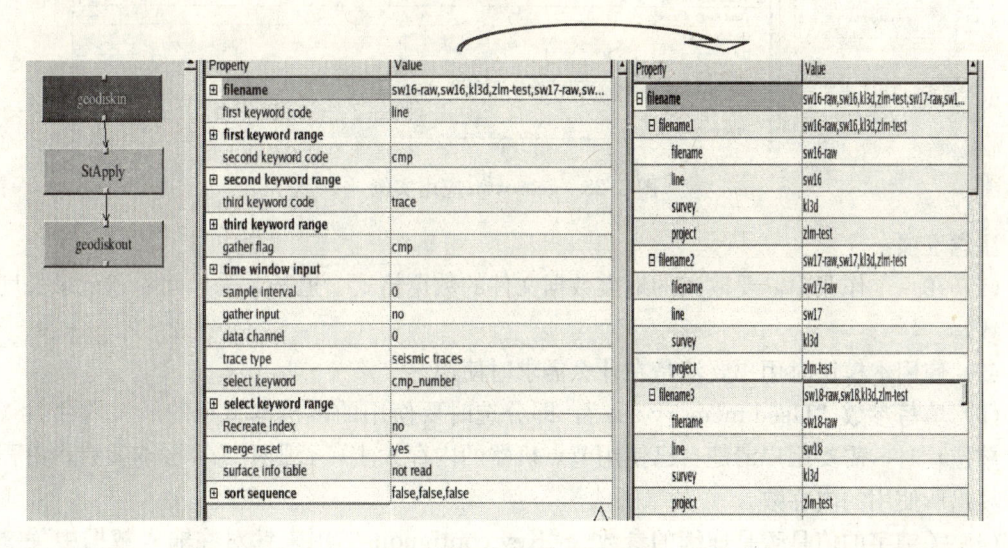

图 5.27 geodiskin 应用实例

注意事项：

(1) 在一个作业中，要输入的地震数据文件的数据格式、道长、采样间隔和记录长度必须一致。

(2) 要输入的地震数据的索引唯一，即一道数据对应唯一一个索引内容。不唯一时要重建索引。

(3) 如果道集中的道数非常多，考虑内存因素，应选用道集方式输入数据。

(4) 本模块在使用选择范围参数时，规定均为大于或等于 0 的值；在输入按从小到大顺序时方能使用。

3) geosortin 应用实例

下面是将 2 个三维叠前数据合并到工区下，进行后续处理的例子（图 5.28），输入数据索引的第一、第二、第三关键字分别为 line、cmp 与 trace，数据集结束标志为 cmp。主要参数如下：

Filename	分选所用的输入地震数据文件名。
First key code	第一分选关键字数据类型代码。
First key range	第一分选关键字数据选取范围。
Second key code	第二分选关键字数据选取类型代码。
Second key range	第二分选关键字数据选取范围。
Third key code	地震数据索引的第三分选关键字数据类型代码。
Third key range	第三分选关键字数据选取范围。
Gather flag	置数据集结束标识。

Property	Value
⊞ Filename	sw1-raw,sw1,ytd3d,zlm-test,sw2-raw,sw2,ytd3d,zlm-test
First key code	line
⊞ First key range	
First key tolerance	0
Second key code	cmp
⊞ Second key range	
Second key tolerance	0
Third key code	trace
⊞ Third key range	
Third key tolerance	0
Gather flag	cmp
Data channel	0
Trace type	seismic traces
⊞ Sort sequence	false,false,false
Key continuous	yes
Used memory size	0

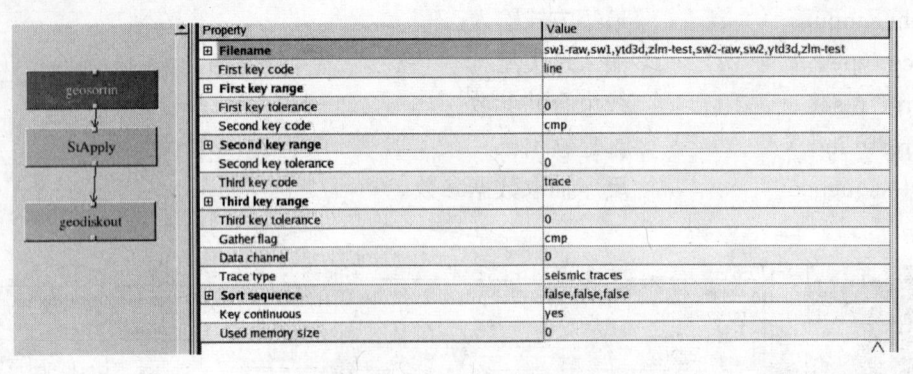

图 5.28 geosortin 应用实例

注意事项：

（1）在一个作业中，要输入的地震数据文件的数据格式、道长、采样间隔和记录长度必须一致。

（2）使用本模块时用户要清楚在什么需求时使用。

（3）填写参数"Used memory size"，即分选时要使用的本机本节点的最大内存数（以兆为单位）时，需要用户清楚自己使用节点机器的内存大小；否则不需填写本参数，由程序自动算出所使用的内存数。

（4）关键字的值是否是连续的参数。"Key continuous"用来针对在输入数据中关键字有大的间隔号的数据。使用此参数需要用户清楚要输入数据的第一分选关键字是否中间有大的间隔，选择相应的参数，以提高效率，否则会影响效率。

2. 内部数据输出模块

1）模块简介

geodiskout 模块是 GeoEast 系统内部的磁盘地震数据生成模块，将数据通道中的数据放入用户当前所在的项目、工区、测线下，以文件方式存储，形成 *.dat 文件；将道头缓冲区中的批量动态道头内容根据各道头关键字的内容分别回写到文件头；道头块文件；将文件头信息以文件的形式 *.header 存入用户当前所在的项目、工区、测线下，供再次输入时使用。若是工区级数据，则放入用户当前所在的项目、工区下。

2）geodiskout 应用实例

下面是将数据输出到当前用户所在的项目、工区、测线的例子（图 5.29），输出文件名：sw16 - sw17 - stapply，数据类型：3D 叠前。主要参数如下：

filename   输出地震数据的文件名。
line   测线名。
survey   工区名。
project   项目名。
缺省为当前用户所在的项目、工区、测线输出地震数据文件。
data format   地震数据输出的记录格式。
data form   输出的地震数据类型。
repeated filename 定义输出相同文件名处理。

图 5.29　geodiskout 应用实例

注意事项：

（1）用户从外部数据输入使用本模块生成 GeoEast 数据时，数据类型参数（data form）应按实际数据类型设置，以避免生成数据后数据类型的错误。如果此时选择 original（与原始输入相同），这样生成的数据由于不知道数据类型（叠前还是叠后），在主控数据树上将看不到该数据。因此，使用 geodiskout 模块初次生成数据时，要按实际数据设置该参数。

（2）为保护已生成好的地震数据，用户在相同项目、工区或测线下使用相同输出文件名时，应选用〈repeated filename〉参数来确定是否要覆盖原来的文件，否则作业退出。

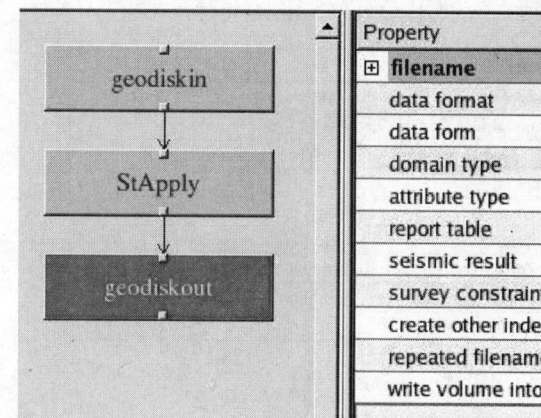

5.2.4　地震数据备份与磁带管理子系统

1. 地震数据备份

在任何系统中，地震数据备份是非常重要的，只是某一个系统备份数据的手段不尽相同。针对 GeoEast 系统的数据备份，除"数据迁移"外，同时开发了基于地震数据的"磁带备份"手段。它是利用磁带管理子系统以批量模块的形式实现。

模块名称：

geotapeout——GeoEast 磁带格式备份。

geotapein——GeoEast 磁带格式数据恢复。

备份种类：

AL 带——标准标签带（有系统标签的磁带），按带库方式管理。

NL 带——非标准标签带（无标签的磁带），按普通带管理。

注意：在 GeoEast 系统使用中，只有 geotapeout 和 geotapein 使用标准标签带，其他程序均使用非标准标签带（NL 带），只是分带方式有 TMS 和 LOCAL 两种。

1）应用实例一

编目带输出 AL：使用 TMS 按编目磁带文件格式输出（图 5.30）。输出到编目带上的文件名是 GT＄GeoEastTape01（图 5.31）的数据输出到编目好的磁带上（编目好的磁带如 3590）。用户要想查看这个文件所存放的带号或存放范围，应使用 IVTMS 工具查看。

2）应用实例二

编目带输入 AL：使用 TMS 按编目磁带文件格式输入（图 5.32）。将编目带上的文件名是 GT＄GeoEastTape01 的数据恢复到 GeoEast 系统内部（编目好的磁带如 3590）。用户要想查看这个文件所存放的带号或存放范围，应使用 IVTMS 工具查看。

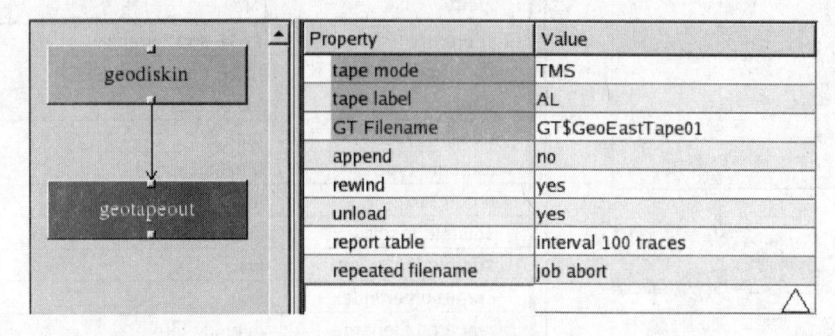

图 5.30　应用实例一（参数设置）

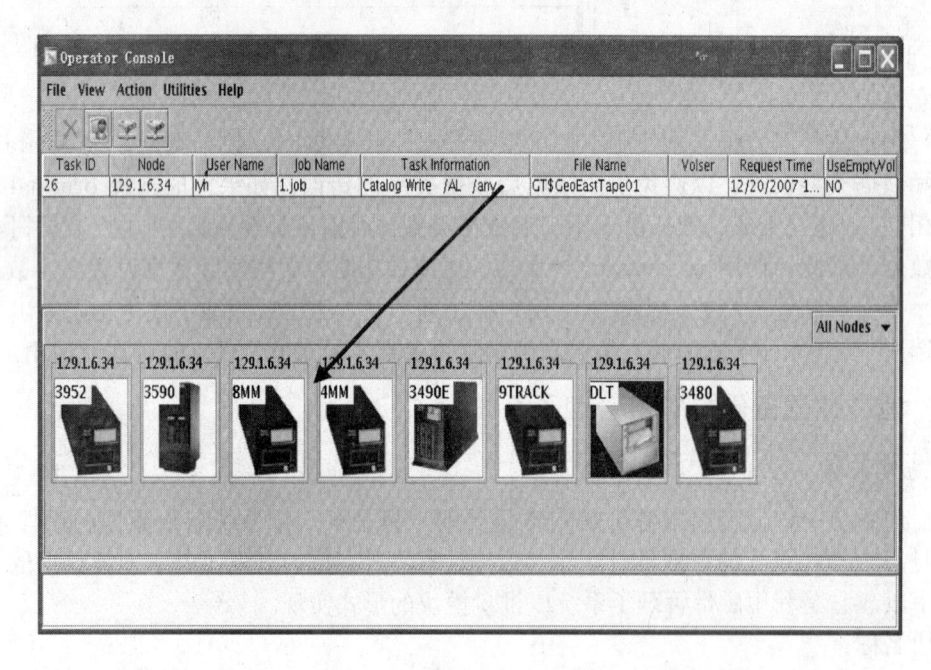

图 5.31　应用实例一（操作）

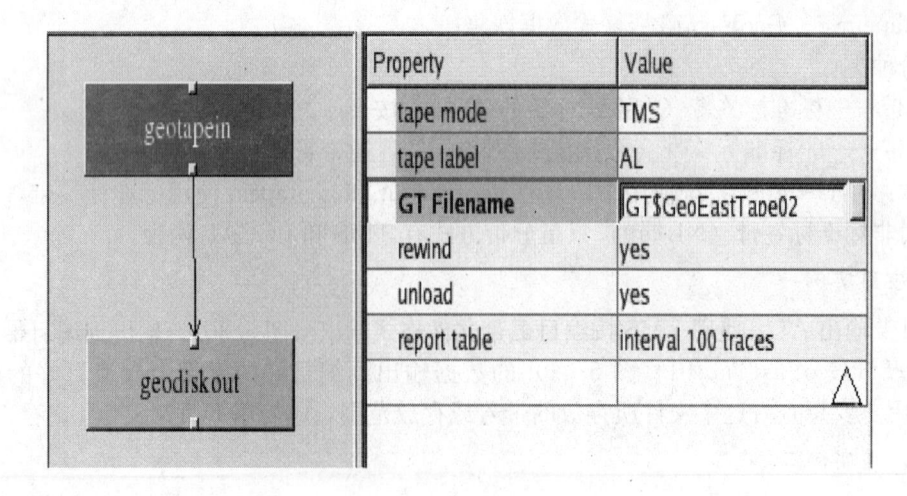

图 5.32　应用实例二

· 152 ·

2. 磁带管理子系统

使用磁带设备的作业执行之后，系统需要人工分配作业所需要的磁带设备。GeoEast 有两种磁带设备管理方式（图 5.33）：网络磁带管理（TMS），是使用网络上磁带设备的模式，在 IVTMS 安装配置完成后，由地震资料处理员发送作业，由操作员进行磁带设备的分配，需两种角色协同完成磁带数据的输入输出；本地磁带管理（LOCAL），是只能使用本机连接磁带设备的管理模式，适用于野外现场处理，在使用时，现场资料地震资料处理员发送作业后可直接分配磁带机的使用。

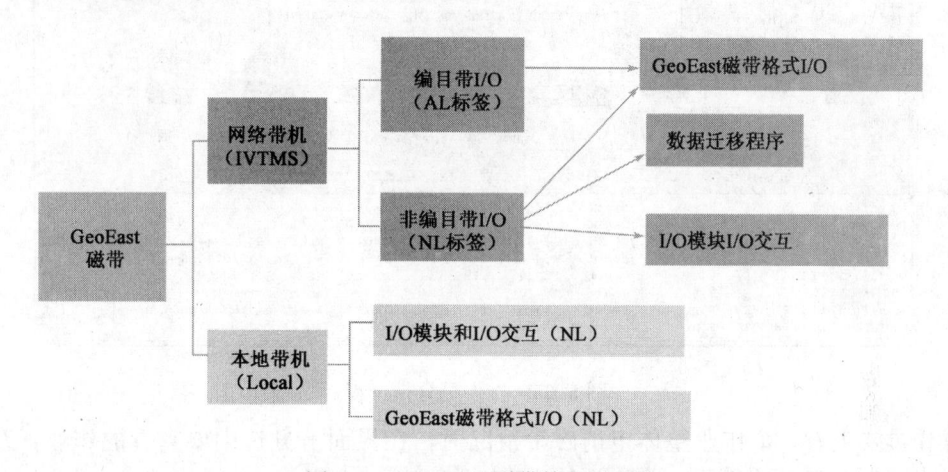

图 5.33　GeoEast 磁带管理子系统

1) TMS（网络磁带管理）使用实例

在作业发送之后，系统显示作业正在执行，此时由操作员使用命令 IVTMS 启动网络磁带管理子系统，界面如图 5.34 所示磁带机状态，在界面中显示了网络内各节点安装的磁带设备，每个图标代表一个磁带机，而界面的上部显示目前需要磁带响应的所有作业进程，界面下方有提示要安装磁带信息和带卷号。操作员找到要分配的作业，然后点击磁带所在的磁带机图标，系统弹出对话框，点击"ok"即可。图 5.35 给出了操作员分带过程。

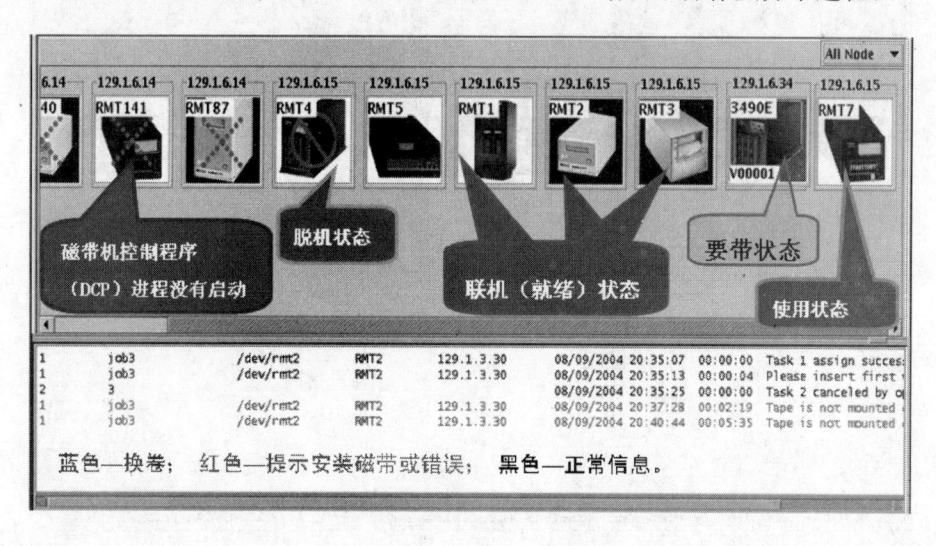

图 5.34　磁带机状态

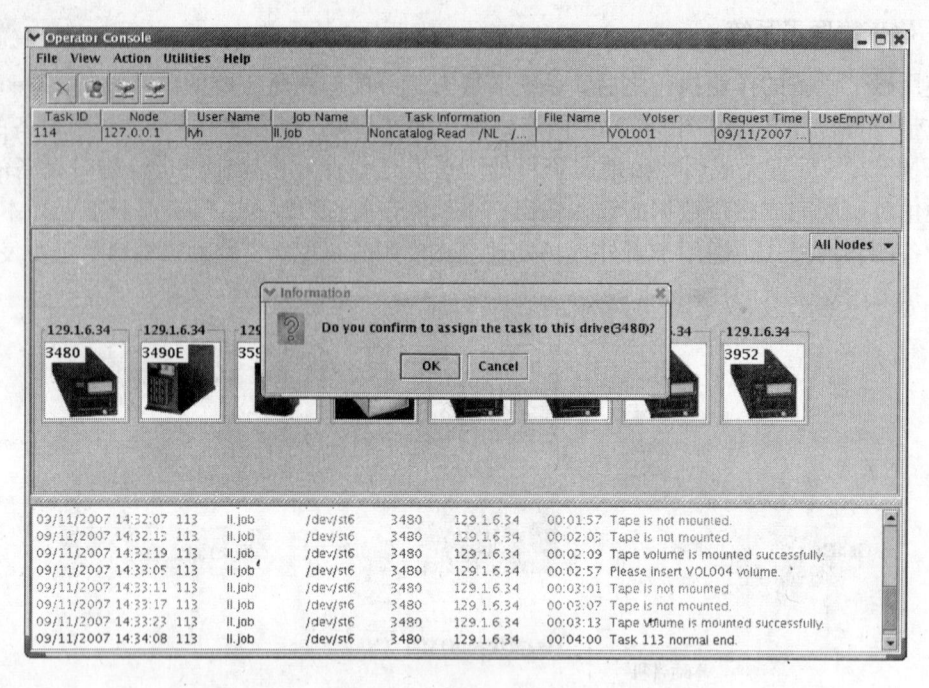

图 5.35 操作员分带过程

操作员要查看一个作业整体申请磁带情况时，在界面上方选中要查看的作业，双击鼠标，弹出该作业需要的所有磁带卷号表，界面如图 5.36 所示。

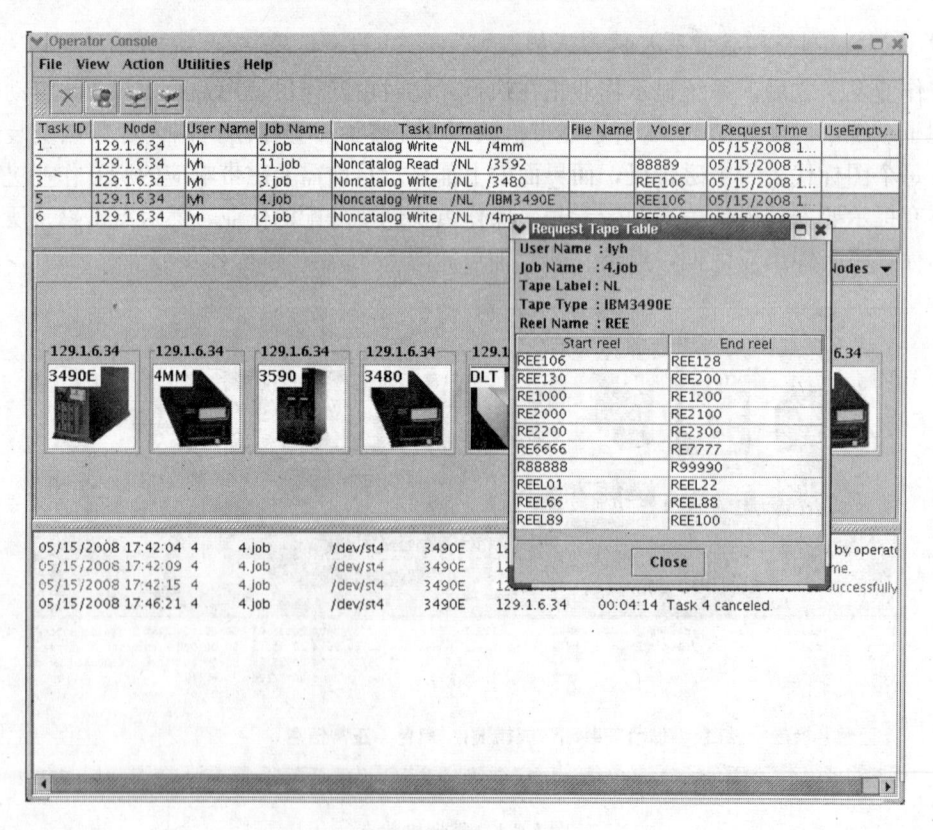

图 5.36 操作员查看作业需要磁带过程

2）LOCAL（本地磁带设备管理）使用实例

在作业发送之后，系统显示作业正在执行，此时使用命令 tpoper 启动本地磁带机管理界面，如图 5.37 所示。在界面中显示了本地的所有磁带机，每个图标代表一个磁带机，而界面的中部显示目前需要磁带响应的所有进程。只要找到自己的作业，然后点击磁带所在的磁带机图标，再点击作业，系统弹出对话框，点击"Yes"即可。此时系统将自动将选定磁带机的内容按照作业的参数读入 GeoEast 系统，在完成了一盘磁带的读入之后，系统弹出磁带，并再次等待。用户只需更换磁带，并按照上述操作方式即可完成后续的磁带读入。

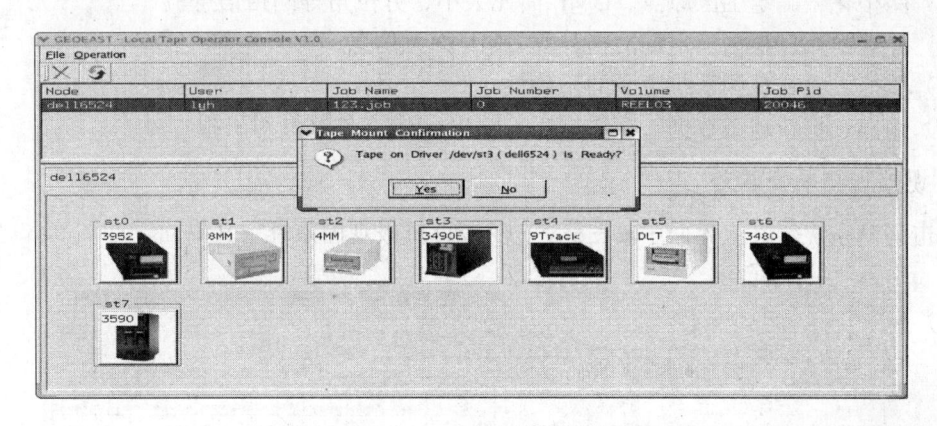

图 5.37　LOCAL 本地磁带管理操作界面

5.3　GeoEast 交互观测系统定义

观测系统定义就是把野外的观测信息加载到 GeoEast 系统中，使得观测信息与实际数据一一对应。本节主要介绍 GeoEast V2.0 的观测系统定义过程，具体细节请参见交互观测系统定义地震资料处理员手册。

5.3.1　概述

在 GeoEast 系统主控界面菜单条选择 Application→Process→GeoGeometry 或在工具箱点按，也或在工作窗口的％提示符下键入"GeoGeometry"，启动观测系统定义主窗口（图 5.38）。

GeoEast V2.0 可完成对二维班报观测系统定义、三维班报观测系统定义、SPS 观测系统定义、弯线观测系统定义、海上观测系统定义、多波观测系统定义以及 VSP 观测系统定义。

GeoEastV2.0 观测系统定义具有电子表格式设计，使数据录入方便快捷；网格化技术，表现形式直观；多种质控手段，保证观测系统定义的正确性；可以转出标准 SPS 格式文件，以备后用；界面友好，操作方便，简单易用；全程提供缺省参数，突出人性化设计。

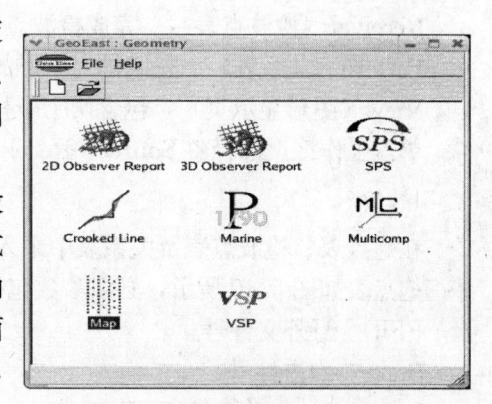

图 5.38　交互观测系统定义主窗口

5.3.2 二维观测系统定义

根据提供的野外信息不同，二维观测系统定义分为利用班报定义观测系统和利用 SPS 定义观测系统两种。班报观测系统定义适用于用户有电子班报或纸班报的情况；SPS 观测系统定义适用于用户有 SPS 文件的情况。

观测系统定义的主要步骤如下：
（1）输入：纸班报的键入或 SPS 文件的读取；
（2）网格化：确定工区原点、CMP 面元大小、方位角等网格信息；
（3）计算面元：根据确定的网格计算 CMP 面元信息；
（4）质控：检查观测系统定义的正确性；
（5）输出：更新地震数据，写数据库，输出 SPS 文件（针对班报）。

1. 班报观测系统定义

双击观测系统定义主界面中 ![icon] 图标，进入 2D 班报观测系统定义界面，如图 5.39 所示。

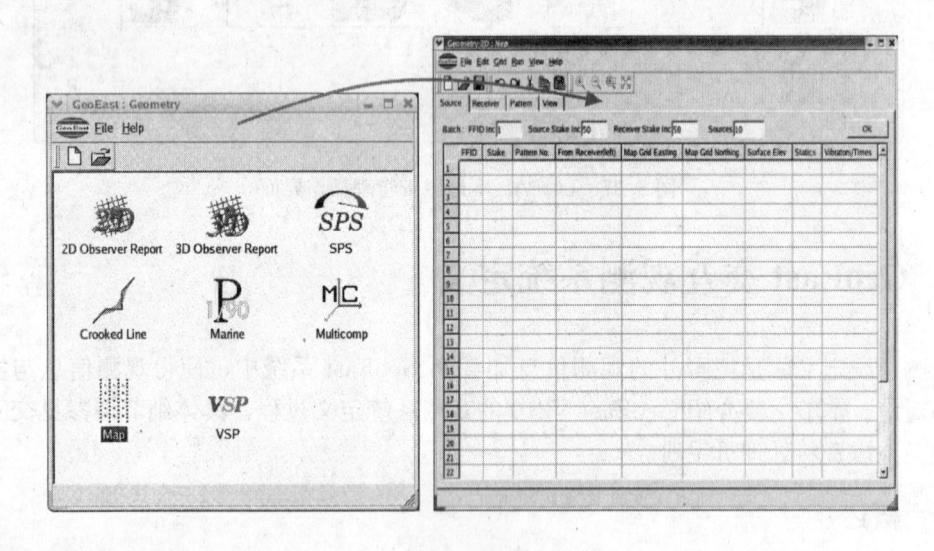

图 5.39　2D 班报观测系统定义界面

2D 班报观测系统定义工作区包括 4 个标签页：
Source（炮点表）　完成炮点信息的录入；
Receiver（检波点表）　完成检波点信息的录入；
Pattern（关系表）　完成排列图形的定义；
View（图形显示页）　包含两个子标签页。
单击工作区上部标签 Source、Receiver、Pattern 与 View，可以在各页面之间切换。

1）输入

在炮点表、检波点表及关系表中录入相关信息。
炮点表如图 5.40 所示，必填参数包括：
FFID　野外文件号；
Stake　炮点桩号；
Pattern No.　排列图形号；

From Receiver (left)　　起始排列首检波点桩号；
Map Grid Easting　东坐标（X）；
Map Grid Northing　北坐标（Y）。

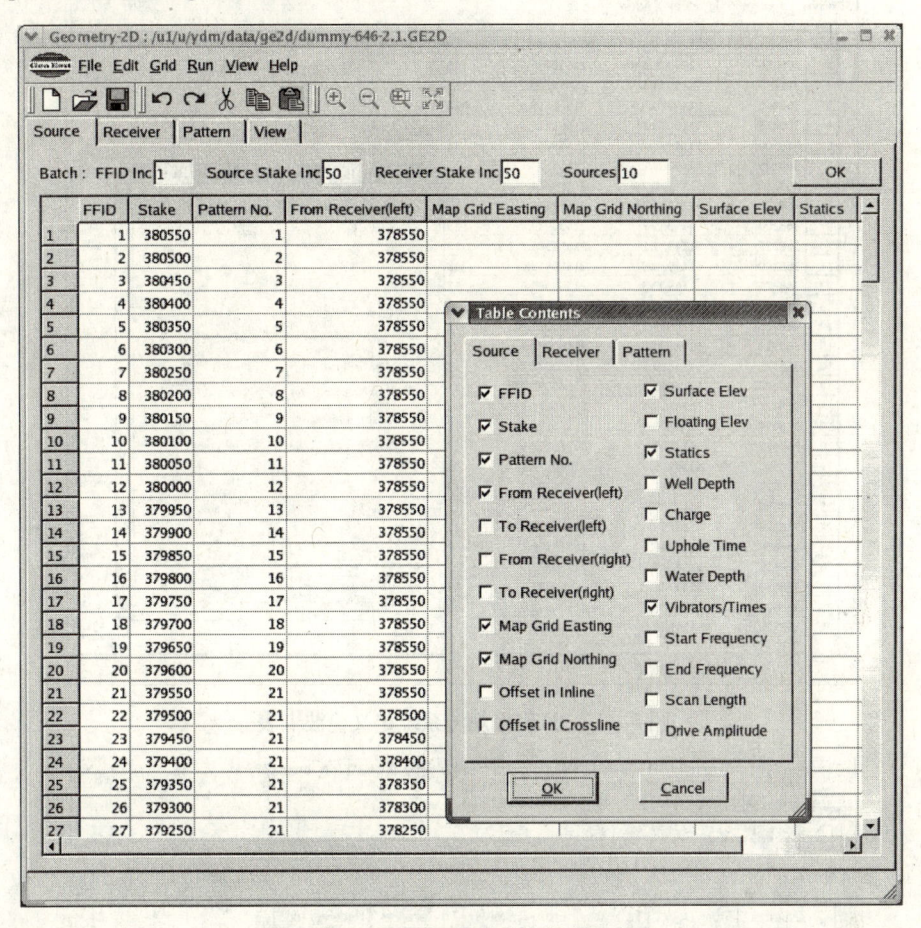

图 5.40　2D 班报观测系统定义炮点表

检波点表如图 5.41 所示，必填参数包括：
Stake　　检波点桩号；
Map Grid Easting　东坐标（X）；
Map Grid Northing　北坐标（Y）。
关系表如图 5.42 所示，必填参数包括：
Number　　　　排列图形号；
From Trace　　　起始道号；
To Trace　　　　终了道号；
From Receiver　　起始道号对应的检波点号（相对值）；
To Receiver　　　终止道号对应的检波点号（相对值）。

注意：如果炮点坐标没有提供，但提供了检波点坐标，可以从检波点映射炮点坐标。操作方式：菜单条 Edit→Config，弹出配置对话框，如图 5.43 所示，将 Map Source from Receiver 栏中的 X 或 Y 前面的小框打对勾，即可根据检波点坐标，内插出炮点坐标。炮点高程和野外静校正量也可以由检波点插值得到。

· 157 ·

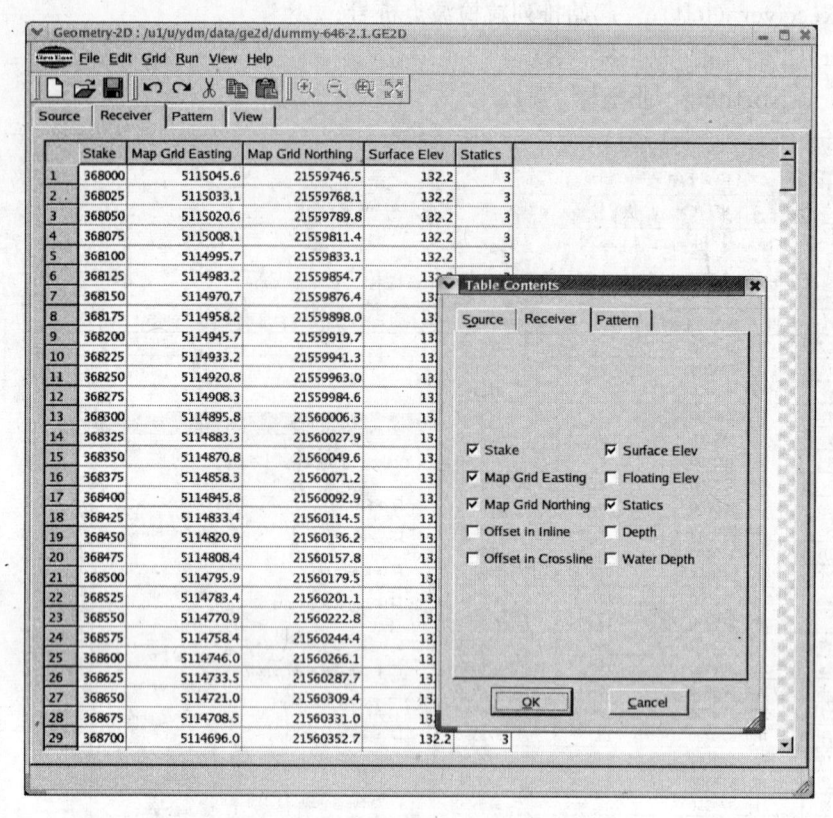

图 5.41 2D 班报观测系统定义检波点表

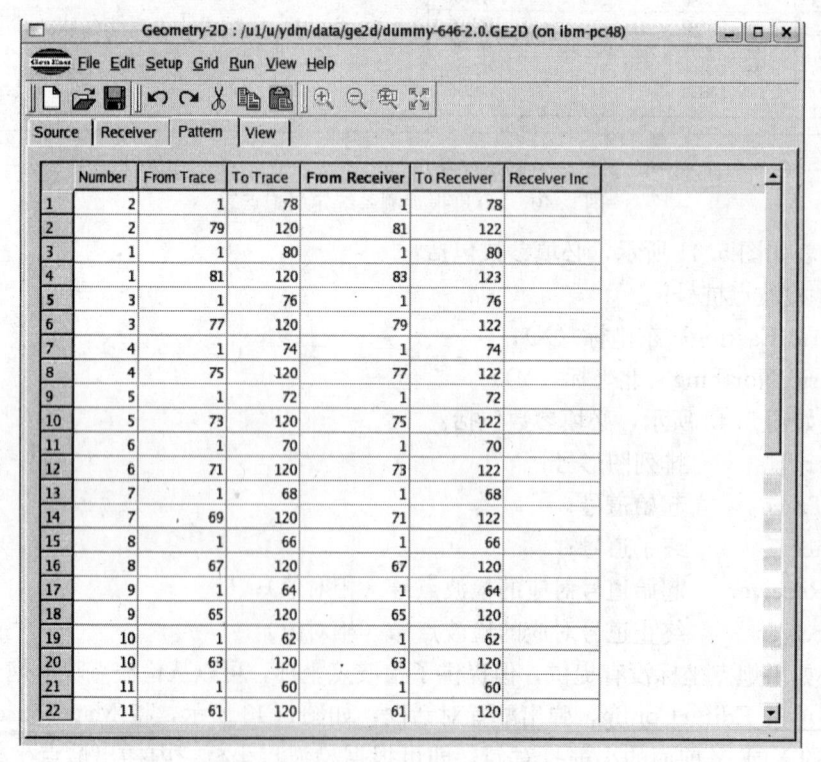

图 5.42 2D 班报观测系统定义关系表

· 158 ·

2) 网格化

三个表格内容填写完成后，进行网格化工作。在2D观测系统定义窗口菜单条选择 Grid→Gridding，弹出网格化对话框，如图5.44所示。对话框包括两个标签页：网格参数页（Grid Parameters）和网格调整页（Adjust）。

网格参数页：此页面包括两组（共8个）参数，既可以通过程序计算得到，也可以完全由用户自定义填写。缺省显示的参数由程序计算出，如果不合适，可进行修改。

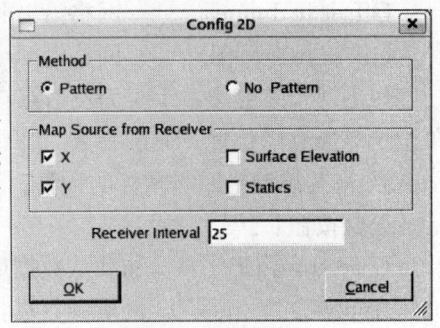

图5.43 配置对话框

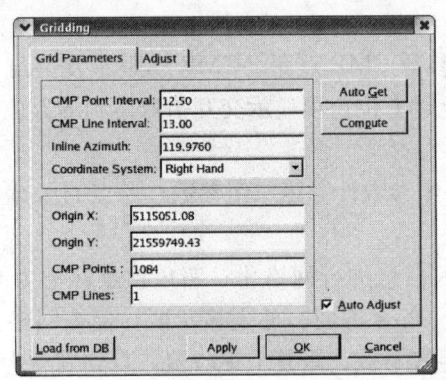

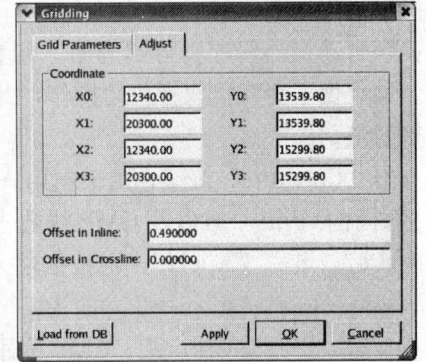

图5.44 网格化对话框

第一组参数：

CMP Point Interval	CMP点距；
CMP Line Interval	CMP线距；
Inline Azimuth	测线方位角（角度）；
Coordinate System	坐标旋转系统，缺省为右手系。

第二组参数（点击"Compute"按钮后获得）：

Origin X	原点的X坐标；
Origin Y	原点的Y坐标；
CMP Points	Inline方向上CMP点数；
CMP Lines	CMP线数。

操作按钮：

Auto Get	将本线计算得到的第一组参数填入到相应参数框中；
Compute	根据第一组参数值计算第二组参数；
Auto Adjust	开关按钮。应用Apply时，确认是否自动进行调整（原点坐标及CMP线距）。

网格调整页：此页面对网格原点进行调整。在网格面元大小合适的情况下，调整网格原点位置，使炮检中点尽量分布在网格中心位置。

Coordinate	网格四个顶点的坐标；

Offset in Inline	网格沿 Inline 方向的位移，单位为面元个数；
Offset in Crossline	网格沿 Crossline 方向的位移，单位为面元个数。

以上两个参数小于1时为反射点在面元中位置的微调；当此两参数大于1时，以面元为单位调整原点的位置。通过参数"Offset in Inline、Offset in Crossline、CMP Points、CMP Lines"来实现网格四点坐标的计算、缩放。

公共按钮：

Load from DB	加载从数据库获得的网格信息。
Apply	网格参数页：应用网格参数页中的参数计算网格并显示。
	网格调整页：根据 Offset 参数框中的参数将原点平移至相应位置。
OK	将此网格保存到数据库中，并关闭对话框。
Cancel	取消操作，关闭对话框。

具体操作过程如下：

首先程序自动将当前计算得到的第一组参数 CMP 点距、CMP 线距、方位角填入相应的参数框。如果做了交互拾取方位角操作，此时方位角项显示交互拾取得到的方位角，而不是程序算得的值。

然后点击"Compute"按钮，则根据第一组参数计算第二组参数：原点的 X 坐标、Y 坐标、Inline 方向的 CMP 个数以及 CMP 线数。

参数确认后，点击"Apply"，则根据输入信息进行网格化，四角顶点标记为 0、1、2、3，0→1 方向为 Inline 方向，0→2 方向为 Crossline 方向。放大显示区，检查网格大小是否合适，如不合适，修改 CMP 点距、CMP 线距等参数，重复上述步骤，直到满意为止。

如果希望对网格进行调整，可切换至 Adjust 标签页，在 Offset 参数框中填入相应的值，点击"Apply"，则网格原点沿 Inline 及 Crossline 方向平移（此功能可用于扩大网格）。

点击"OK"，将网格信息存入数据库。

3）计算 CMP 面元及质控

网格定好后，计算 CMP 面元。在菜单条选择 Run→Bin，弹出计算 CMP 对话框，如图 5.45 所示。该处主要显示与计算面元相关的参数信息，包括工区网格四个顶点坐标、CMP 间距与线距、方位角以及坐标系统。这些参数从数据库中获得，不可修改。单击"OK"按钮，计算面元。

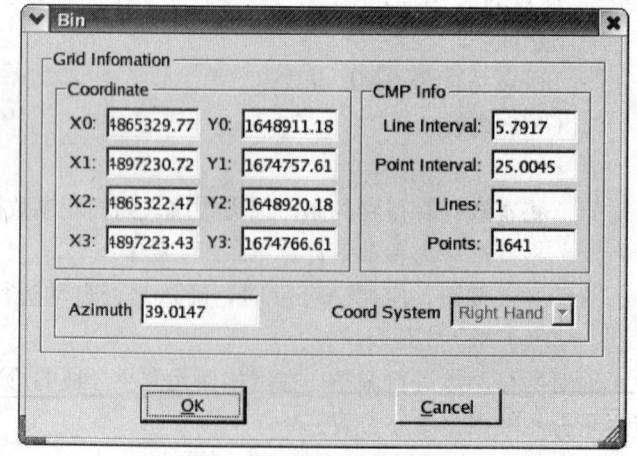

图 5.45 计算面元对话框

计算面元完成后，显示区绘出 CMP 覆盖次数图（以不同颜色区分覆盖次数），如图 5.46 所示，并且显示观测系统图（排列图形），如图 5.47 所示。

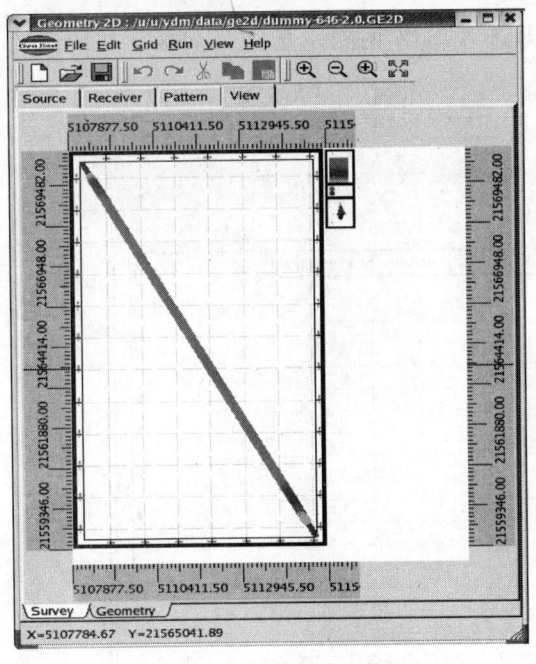

图 5.46　CMP 覆盖次数图　　　　　　图 5.47　观测系统图

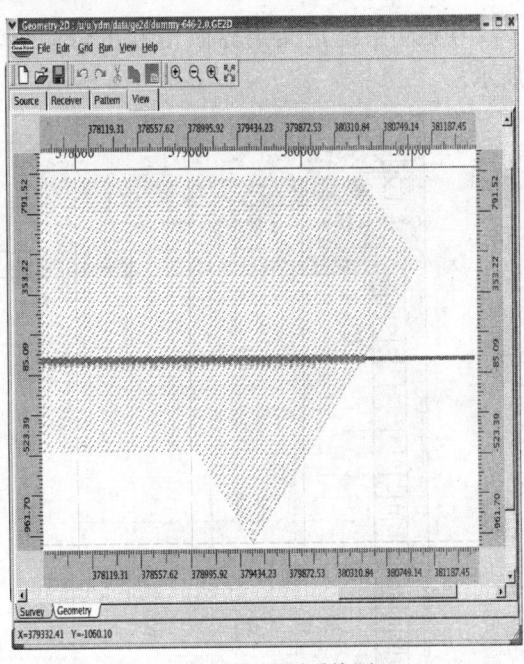

4）输出

地震数据头块更新及炮点、检波点、CMP 信息输出到数据库，完成整个 2D 班报观测系统定义工作。菜单条选择 Run→Update，弹出如图 5.48 所示窗口。

Seismic Data　　开关按钮，表明将要对地震数据头块进行更新（已固化）。

Database　　开关按钮，表明将要把炮点、检波点、CMP 等信息写入数据库中（已固化）。

Reset Trace Type（B4）开关按钮，确认是否重置地震道类型。若选中，则根据当前的 SPS 文件设置某一地震道是否为无效道。

Reset Source No. 确认是否重置炮号。如果选中，则系统自动按照炮线号、炮点桩号的顺序对炮号进行重排，保证炮号递增的顺序即炮点桩号递增的顺序。

Trace Interval　道间距。

SPS 和后缀 GE2D 文件输出：

（1）表格中录入的信息可以通过 File→Save 保存到以 .GE2D 为后缀的外部文件，并通过 File→Open 读取。

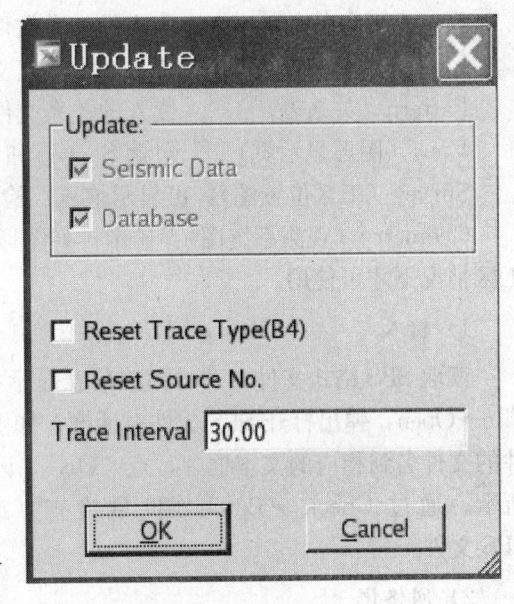

图 5.48　Updata 对话框

· 161 ·

(2) 可以将班报（即表格内容）转成标准格式 SPS 文件输出：Run→Export SPS。

2. SPS 观测系统定义

在观测系统定义主界面中双击 图标，即进入 SPS 观测系统定义界面，如图 5.49 所示。

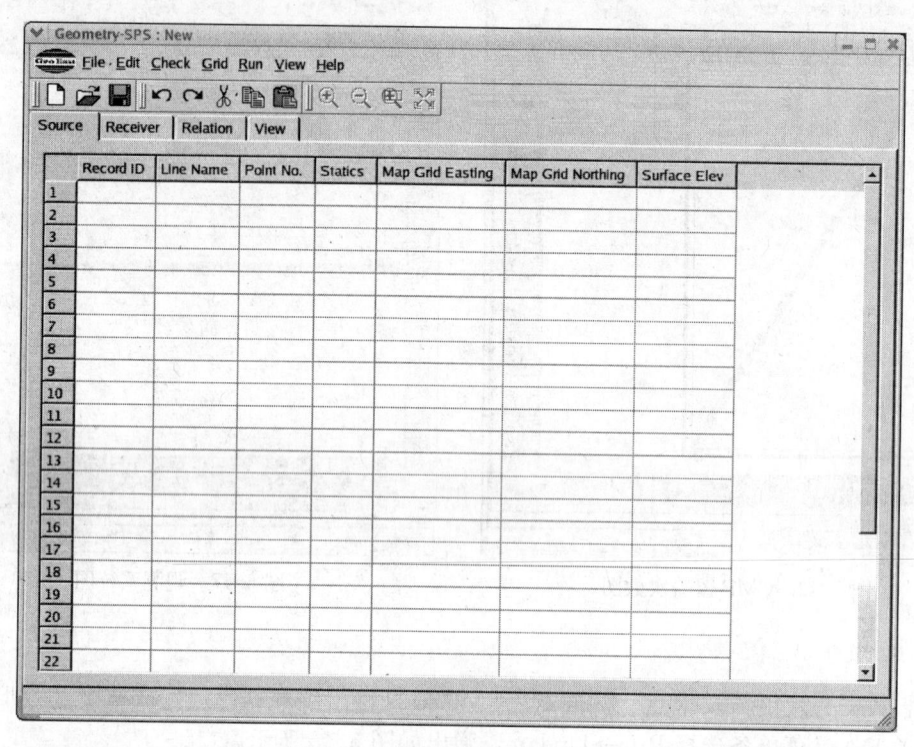

图 5.49 SPS 观测系统定义界面

SPS 观测系统定义工作区包括 4 个标签页：
Source（炮点表）　　　读入的炮点文件信息。
Receiver（检波点表）　读入的检波点文件信息。
Pattern（关系表）　　　读入的关系文件信息。
View（图形显示页）　　包含 Survey 和 Geometry 两个子标签页。
Survey（工区位置图）：可显示炮点、检波点位置、CMP 分布图（覆盖次数图）；
Geometry（观测系统图）：显示排列图形，用以进行观测系统检查。此页面只有在二维工区情况下才可使用。

1) 输入

读取 SPS 格式文件，并将相关信息显示在炮点表格、检波点表格及关系表格中。选择 File→Open，弹出打开 SPS 文件对话框，如图 5.50 所示，分别填入炮点、检波点、关系文件的文件名到相应的文本框中，点"OK"，读入后的表格形式如图 5.51、图 5.52、图 5.53 所示。通过 Check→Batch（批量检查）或 Check→Step by Step（逐步检查）检查 SPS 文件。

2) 网格化

三个表格中内容确认无误后，在 SPS 观测系统定义窗口菜单条选择 Grid→Gridding，

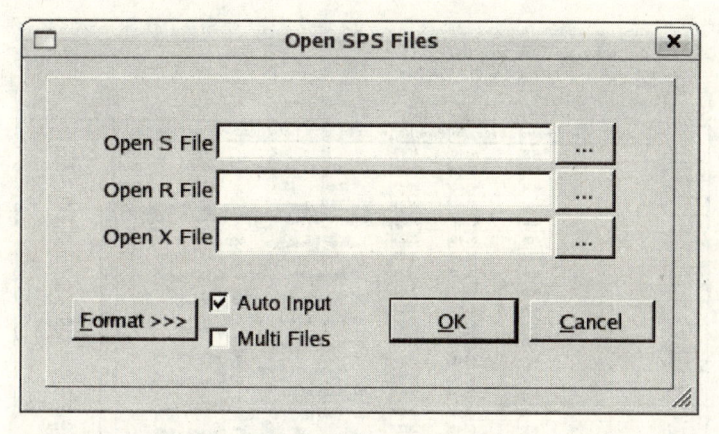

图 5.50　打开 SPS

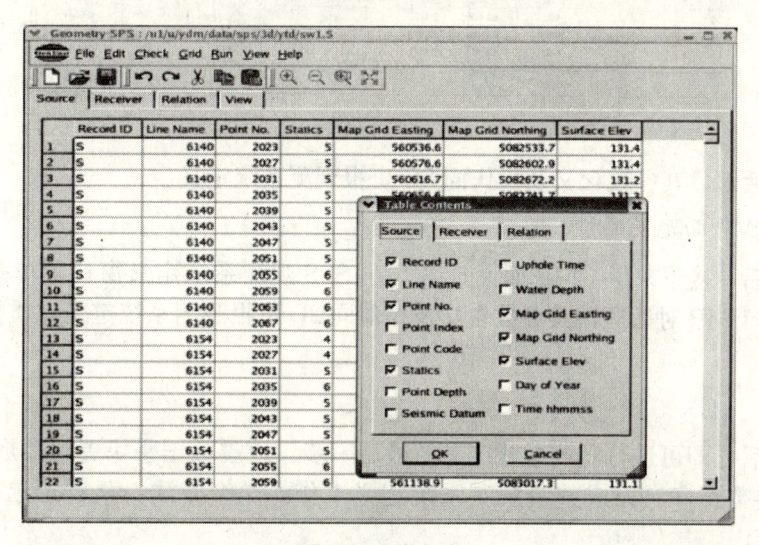

图 5.51　炮点表

图 5.52　检波点表

· 163 ·

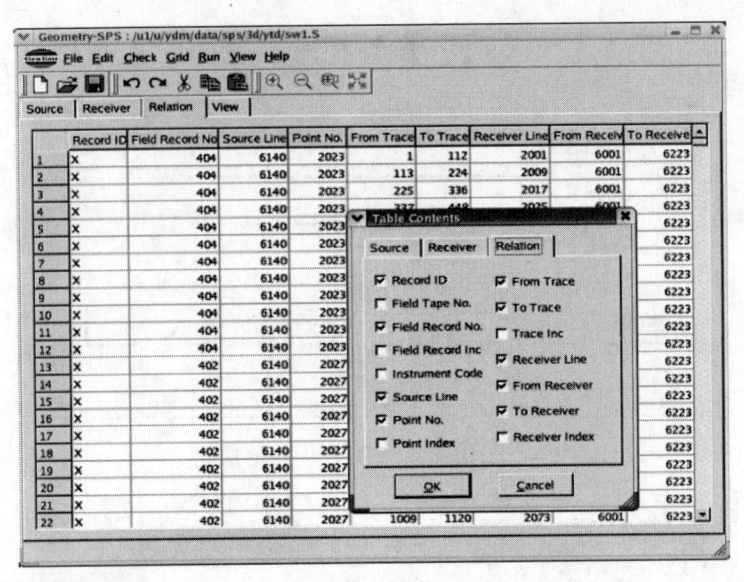

图 5.53 关系表

弹出网格化对话框，其参数含义及操作同 2D 班报观测系统定义。

3) 计算 CMP 面元及质控

网格定好后，接下来做 CMP 面元计算。在 SPS 观测系统定义窗口菜单条选择 Run→Bin，弹出计算 CMP 对话框，其参数含义及操作同 2D 班报观测系统定义，质控也同班报观测系统定义。

4) 输出

检查无误后，即可进行观测系统定义的最后一步：地震数据头块更新及炮点、检波点、CMP 信息输出数据库，完成整个观测系统定义工作。操作方法：菜单条选择 Run→Update。

注意事项如下：

在进行 Update 的时候，系统会弹出对话框，并显示在进行观测系统定义时 SPS 文件和实际数据有出入的地方，应根据该显示内容进行检查，确认无误再继续后续的处理工作。如果是 SPS 文件出现了问题，应及时修改 SPS 文件，重新进行观测系统定义。对于与显示信息有关的地震道，系统在进行 Update 的时候自动将 SPS 文件中找不到的地震道全部置成无效道，而被置成无效道的地震道在下一次的输入和输出中将被自动滤除。因此经常会出现完成观测系统之后，执行了一步处理，输出数据的道数和数据文件大小变小的情况，请务必确认这种现象是否正常。

如果已经进行了一次 Update，而 SPS 进行了修改需要重新定义观测系统时，应首先使用界面中 File→Project 对话框中的 "delete survey info" 功能将数据库中原有的信息清除，再进行观测系统定义，而且在 Update 中将 "Reset Trace Type（B4）" 选项选中，恢复因前次错误定义的地震道的有效性。

5.3.3 三维观测系统定义

1. 3D 班报观测系统定义

在观测系统定义主界面中双击 图标，即进入 3D 班报观测系统定义界面（类似 2D 班报观测系统定义界面）。3D班报观测系统定义工作区包括4个标签页：

  Source（炮点表） 完成炮点信息的录入。

  Receiver（检波点表） 完成检波点信息的录入。

  Pattern（关系表） 完成排列图形的定义。

  View（图形显示页） 可显示炮点、检波点位置以及CMP分布图（覆盖次数图）。

  单击工作区上部标签Source、Receiver、Pattern与View，可以在各个页面之间切换。

1）输入

在炮点表、检波点表及关系表中填入相关信息。

炮点表必填参数包括：

FFID	野外文件号；
Line No.	炮线号；
Stake	炮点桩号；
Pattern No.	排列图形号；
From Receiver	起始排列首检波点桩号；
Map Grid Easting	大地坐标X；
Map Grid Northing	大地坐标Y。

检波点表必填参数包括：

Line No.	检波线号；
Stake	检波点桩号；
Map Grid Easting	大地坐标X；
Map Grid Northing	大地坐标Y。

关系表必填参数包括：

Number	排列图形号；
From Trace	起始道号；
To Trace	终了道号；
Receiver Line	检波线号；
From Receiver	起始道对应的检波点号（相对值）；
To Receiver	终止道号对应的检波点号（相对值）。

  如果炮点、检波点坐标没有提供，可根据桩号、线距、点距信息自动生成大地坐标。操作方式：菜单条Setup→Config，弹出配置对话框，如图5.54所示，将Auto-Coordinate选项前面的小框打对勾，填入以下参数：

Source Line Interval	炮线距；
Source Point Interval	炮点距；
Receiver Line Interval	检波线距；
Receiver Point Interval	检波点距。

即可自动由线号、桩号推算出炮检点坐标。

  限制条件：炮线方向与检波线方向垂直；炮检点线号、桩号属于同一坐标系统。

  2）网格化

三个表格中内容填写完成后即可进行网格化工作。通常情况下网格定义只需做一次，即

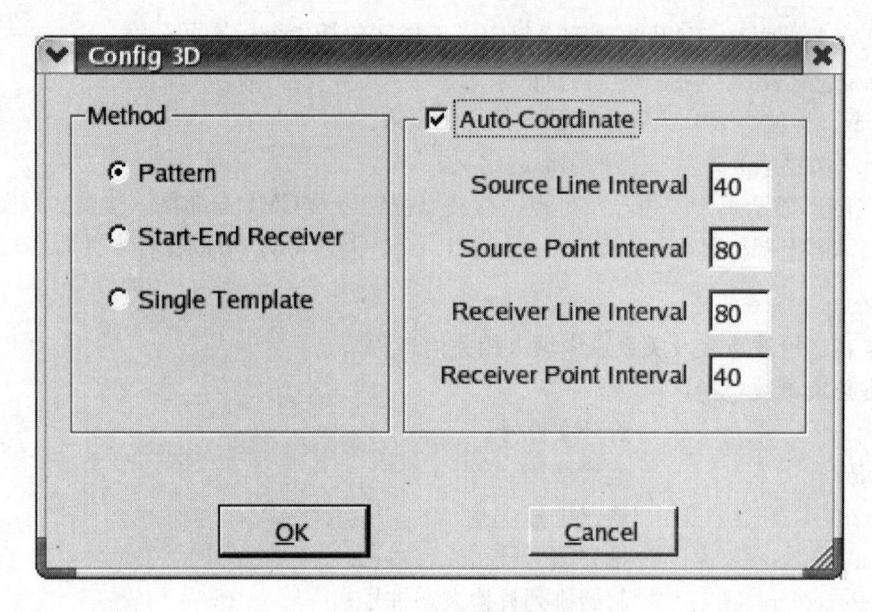

图 5.54　配置对话框

加载整个工区的班报文件，网格化，得到工区的网格参数，存入数据库。以后对各束线分别定义时，直接计算面元就可以了。

在 3D 观测系统定义窗口菜单条选择 Grid→Gridding，弹出网格化对话框。对话框包括两个标签页：网格参数页（Grid Parameters）和网格调整页（Adjust）。

具体计算操作过程如下：

首先，程序自动将当前计算得到的第一组参数 CMP 点距、CMP 线距以及方位角填入相应的参数框。如果做了交互拾取方位角操作，此时方位角项显示交互拾取得到的方位角，而不是程序算得的值。

然后点击"Compute"按钮，则根据第一组参数计算第二组参数：原点的 X 坐标与 Y 坐标、Inline 方向的 CMP 个数以及 CMP 线数。

参数确认后，点击"Apply"，则根据输入信息进行网格化，四角顶点标记为 0、1、2、3，0→1 方向为 Inline 方向，0→2 方向为 Crossline 方向。放大显示区，检查网格大小是否合适。如网格大小不合适，修改 CMP 点距、CMP 线距等参数，重复上述步骤，直到满意为止。

如果希望对网格进行调整，可切换至 Adjust 标签页，在 Offset 参数框中填入相应的值，点击"Apply"，则网格原点沿 Inline 及 Crossline 方向平移（此功能可用于扩大网格）。

点击"OK"，将网格信息存入数据库。

3）计算 CMP 面元及质控

网格定好后，接下来做 CMP 面元计算。在 3D 观测系统定义窗口菜单条选择 Run→Bin，弹出计算 CMP 面元对话框，如图 5.55 所示。

对话框中参数由程序从数据库中自动调出，均不能修改。点击"OK"，开始计算。因为三维每束线的定义均以整个工区的网格为准，只需第一次定义整个工区的网格时将网格保存至数据库，其余时间不必再进行网格化，直接选择 Run→Bin 计算 CMP 面元。

计算面元完成后，显示区绘出 CMP 覆盖次数图如图 5.56 所示。

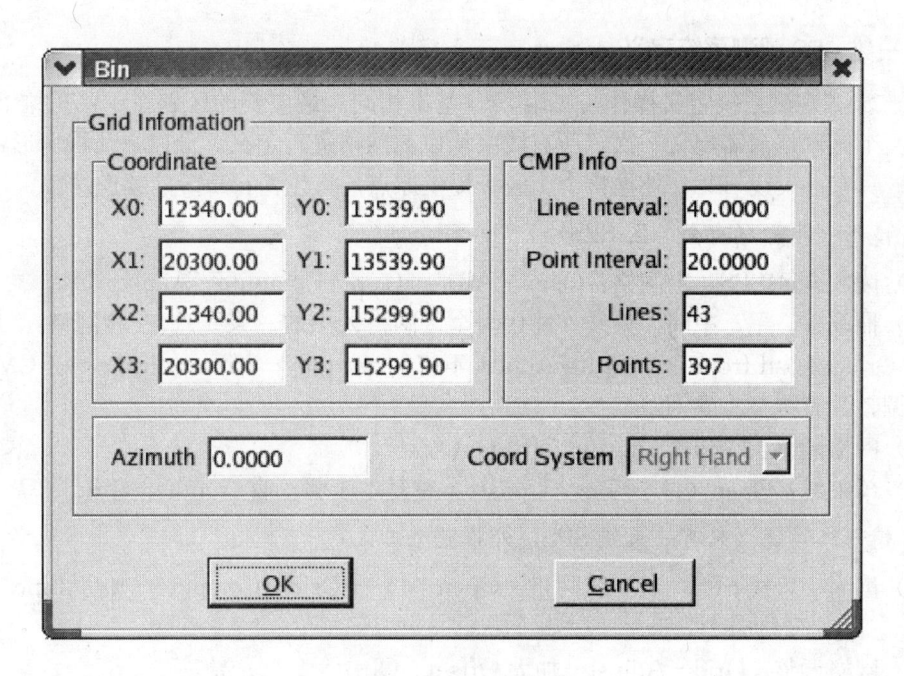

图 5.55　计算面元对话框

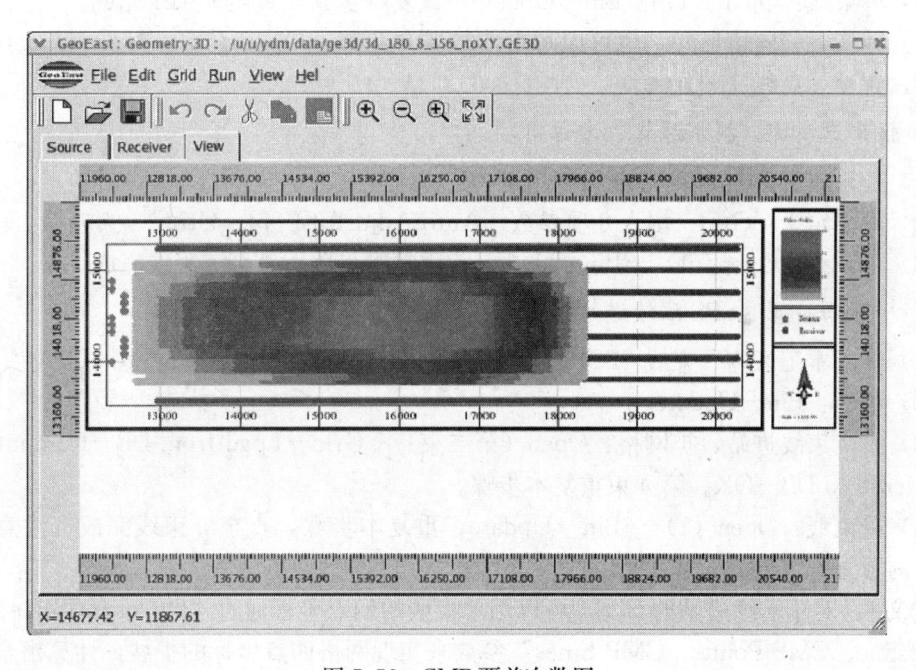

图 5.56　CMP 覆盖次数图

4) 输出

检查无误后，即可进行最后一步：选择菜单条 Run→Update，地震数据头块更新及炮点、检波点、CMP 信息写入数据库，完成 3D 班报观测系统定义。

SPS 和后缀 GE3D 文件输出：

(1) 表格信息可通过 File Save 保存成以 .GE3D 为后缀的外部文件；

(2) 可以将班报（即表格内容）转成标准格式 SPS 文件输出：Run→Export SPS。

2. 三维 SPS 观测系统定义

三维 SPS 观测系统定义操作与二维 SPS 基本相同。最主要的区别在于：三维 SPS 观测系统定义工区网格只需定义一次，所有线束均以此网格进行定义。分以下几种情形：有全工区 SPS；只有一束线 SPS，外推整个工区；提供原点、方位角；SPS 陆续进站。

1) 情形一步骤（有全工区 SPS）

(1) 读入全区 SPS，定网格：Open（All）－Grid－Compute－Apply－Ok。

(2) 抽取首、尾、中间 3 束线（能代表全区网格大小的三束线），校验网格：Open（3）－Bin－Grid－Load from DB－Auto Adjust 不打勾－Apply－View－Property－CMP Grid。如无须调整，直接至步骤 ④。

(3) 网格调整：Grid－Adjust－Offset－Ok。

(4) 单束线：Open（1）－Bin－Update，重复本步骤，直至 n 束线完成。

2) 情形二步骤（只有一束线 SPS，外推整个工区）

(1) 读入一束线 SPS，定本线网格：Open（1）－Grid－Compute－加大 Lines、Points－Apply。

(2) 网格调整：Grid－Adjust－加大 Offset－Ok。

(3) 单束线：Open（1）－Bin－Update，重复本步骤，直至 n 束线完成。

(4) 网格校验同情形一，也可以每束线校验单束线：Open（1）－Bin－Update，重复本步骤，直至 n 束线完成。

3) 情形三步骤（提供原点、方位角）

(1) 读入本工区内一束线 SPS：Open（1）。

(2) 网格定义：Grid－填入 8 项参数－Auto Adjust 不打勾－OK。

(3) 单束线：Open（1）－Bin－Update，重复本步骤，直至 n 束线完成。

4) 情形四步骤（SPS 陆续进站）

(1) 读入本工区内一束线 SPS，定网格：Open（1）－Grid－Compute－OK。

(2) 更新：Bin－Update。

(3) 第二束线进站，扩网格：Open（第二束）－Grid－Load from DB－Compute－Apply－Merge to DB－OK。第 n 束重复本步骤。

(4) 单束线：Open（1）－Bin－Update，重复本步骤，直至 n 束线完成（注意：以前定义过的数据都需要重新定义）。

建议 1：对于陆续进站的 SPS，可以用单束线的四点坐标通过"Offset in Inline、Offset in Crossline、CMP Points、CMP Lines"参数来实现网格四点坐标的扩展，计算出全工区的四点坐标，然后存到数据库，利用全工区的四点坐标定义陆续进站的每束线。

建议 2：加载整个工区的全部 SPS 文件时，推荐通过"cat"命令，将各个线束的 SPS 文件按炮、检、关系分别合成三个大的 SPS 文件。

5.3.4 弯线观测系统定义

1. 输入

弯线观测系统定义输入同 SPS 观测系统定义。

2. 网格化

三个表格内容填写完成后,可以进行网格化工作。网格化操作步骤如下:

(1) 菜单条选择 Grid→Draw Survey,显示区显示炮检点及炮检中点。

(2) 画出 CMP 中心参考线:菜单条选择 Grid→Draw Center Line。如果希望自己定义 CMP 中心线:Grid→Manual;修改中心线:Grid→Modify,可以移动(左键)、增加(中键)、删减(右键)中心线拐点及整条线。

(3) 网格化:Grid→Gridding,弹出如图 5.57 所示的对话框,对话框中的参数均可以修改。

图 5.57 网格化对话框

CMP Point Interval	CMP 间距;
CMP Line Interval	CMP 线距;
Inline Azimuth	Inline 线方向方位角(首位检波点连线的方位角,无须修改);
Coordinate System	坐标系统(左手系或右手系)。

单击"apply"或"OK"按钮,图形区绘出面元网格,此网格依据 CMP 中心线向外延拓而成,图中位于区域中点的点是实际的炮检中点,如图 5.58 和图 5.59 所示,拐点以落在炮检中点簇的中心为宜。

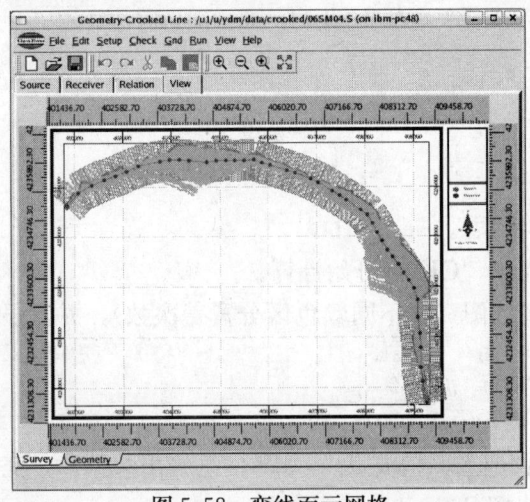

图 5.58 弯线面元网格

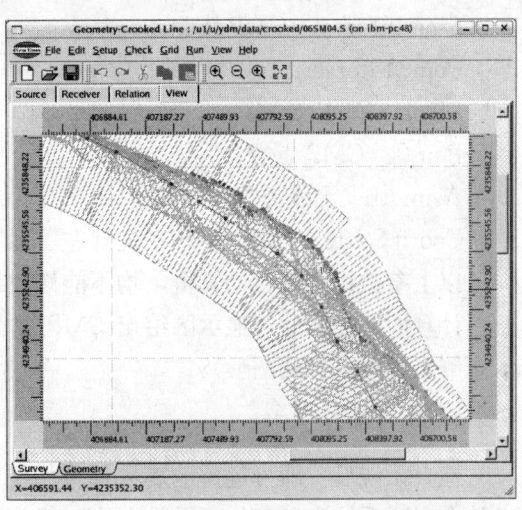

图 5.59 弯线面元网格——局部放大图

3. 计算 CMP 面元及质控

网格定好后，接下来做 CMP 面元计算。操作方法：在弯线观测系统定义窗口菜单条选择 Run→Bin，弹出计算 CMP 面元对话框，如图 5.60 所示。

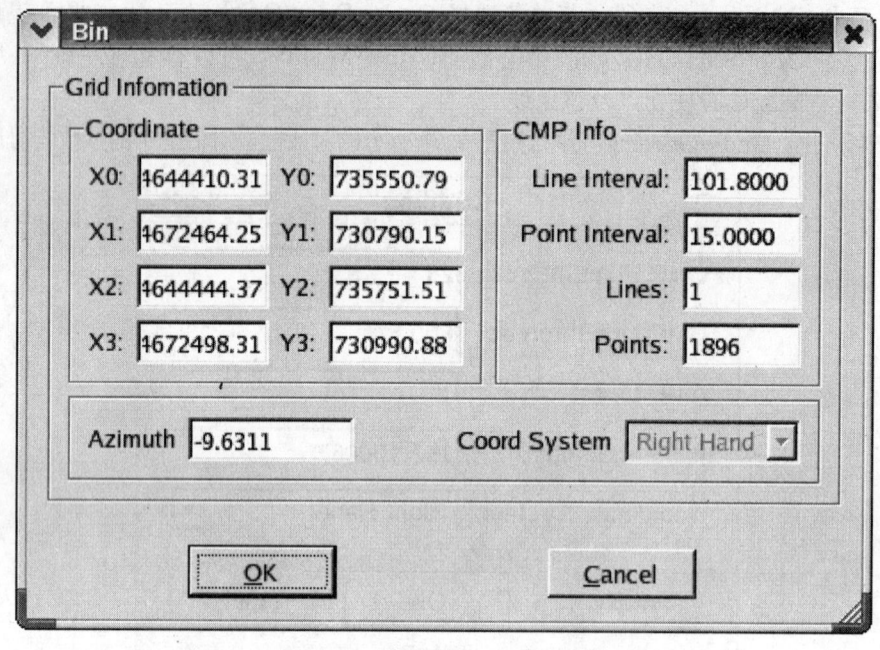

图 5.60 计算 CMP 面元对话框

Coordinate 工区顶点坐标参数：

X0、Y0　第 0 点坐标；
X1、Y1　第 1 点坐标；
X2、Y2　第 2 点坐标；
X3、Y3　第 3 点坐标。
(0：网格原点，0→1：Inline 方向，0→2：Crossline 方向)
CMP Info CMP 参数：
Line Interval　CMP 线距；
Point Interval　CMP 点距；
Lines　CMP 线数；
Points　CMP 点数；
Azimuth　测线方位角（角度）；
Coord System　坐标旋转系统（左手系/右手系）。

以上参数由程序自动算得，均不能修改。点击"OK"，开始计算。

计算面元完成后，显示区绘出 CMP 覆盖次数图（以不同颜色区分覆盖次数），并且显示观测系统图（排列图形）。

4. 输出

检查无误后，即可进行地震数据头块更新及炮点、检波点、CMP 信息输出数据库，完成整个观测系统定义工作。操作方法：菜单条选择 Run→Update。

5.3.5 海上观测系统定义

海上观测系统定义分浅海（OBC）和深海（拖缆）两种情况。在观测系统定义主界面中双击海上观测系统定义图标（P1/90），弹出 OBC 或拖缆模式选择对话框。如图 5.61 所示。

1. OBC 观测系统定义

在海上观测系统定义模式中选中，进入 OBC 观测系统定义主界面，如图 5.62 所示。OBC 观测系统定义工作区包括两部分：左侧部为显示区，右侧为信息区。

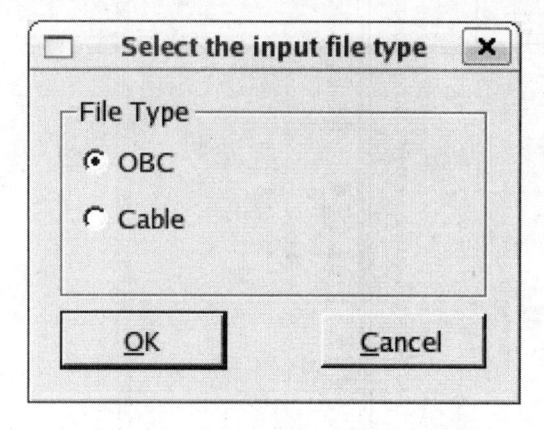

图 5.61 海上观测系统定义模式选择对话框 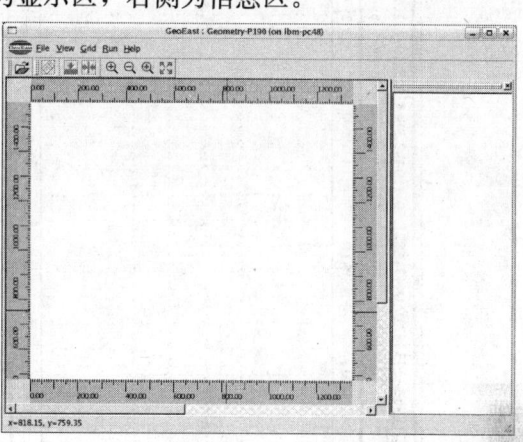　　　图 5.62 OBC 观测系统定义界面

1）输入

加载 UKOOA 格式文件及炮、检、关系文件。通过 File Open，弹出打开 OBC 文件对话框。对话框上部为 UKOOA 文件输入列表，下部为关系文件输入列表（此关系文件由批量模块从地震数据中提取得到）。

　　Add　　　　　从文件夹中选取文件（支持多选）；
　　Format　　　 设置炮检点文件格式；
　　Line Name　　线名替换，使炮检点文件中的线名与地震数据中炮检点线名一致。

文件选取完毕，单击"Read"按钮加载。文件打开成功后的界面如图 5.63 所示。显示区画出炮点、检波点，右侧信息栏显示工区相关信息。

2）网格化

网格化同陆地 SPS 观测系统定义。

3）计算炮检中点

在观测系统定义主窗口菜单条单击 Run→Read Midpoint，读取 OBC 关系文件，按照关系文件中记录的炮点和检波点的关系，过滤掉没有炮检关系的炮点和检波点，然后计算出所有炮检中点，显示在主窗口中。

4）计算 CMP 面元及质控

计算 CMP 面元同陆地 SPS 观测系统定义。计算面元完成后，显示区绘出 CMP 覆盖次数图。

5）输出

地震数据头块更新及炮点、检波点、CMP 信息输出数据库，完成整个观测系统定义工

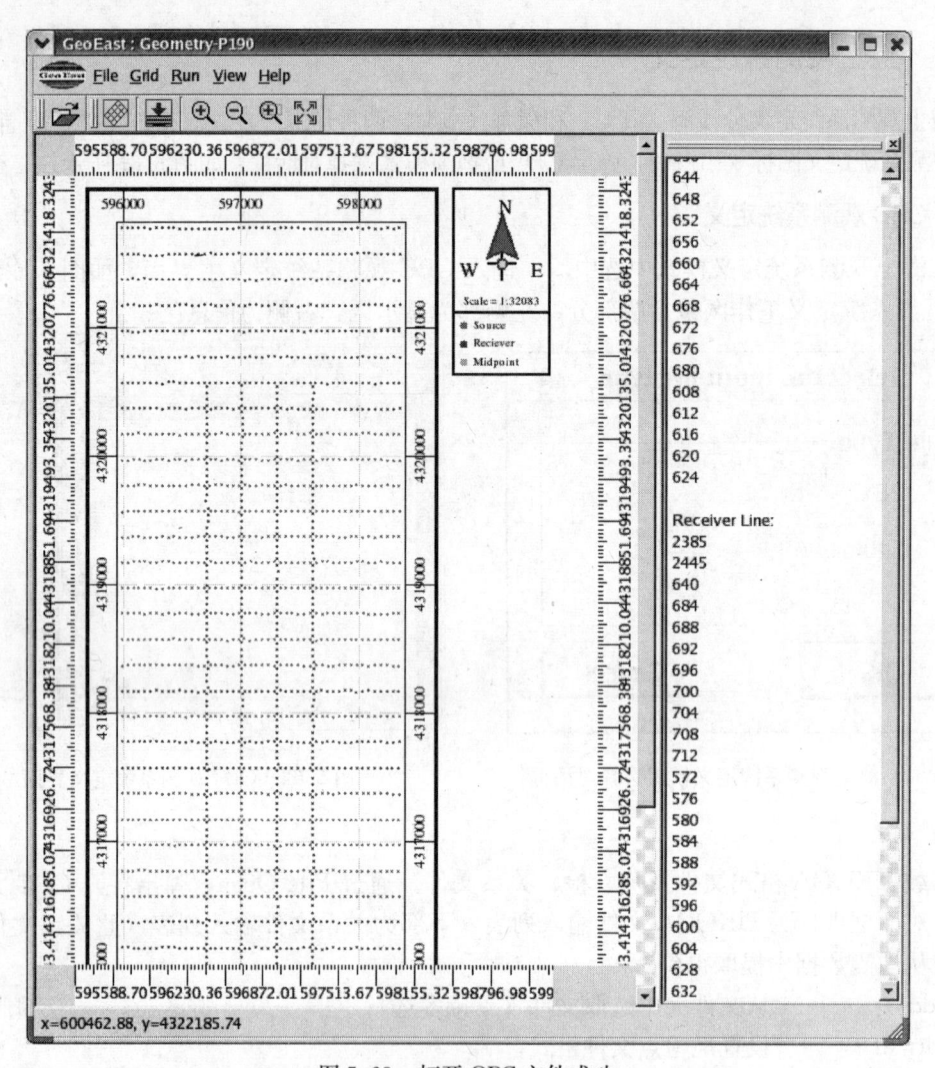

图 5.63 打开 OBC 文件成功

作。操作方法：菜单条选择 Run→Update。

2. 拖缆观测系统定义

在海上观测系统定义模式选中 Cable 项，单击"OK"进入拖缆观测系统定义，同 OBC 观测系统定义相同，工作区也包括两部分：左侧为显示区，右侧为信息区。

1）输入

加载 P1/90 格式文件。操作方式：File→Open，弹出打开 P1/90 文件对话框。在对话框中，点按"Add"按钮从文件夹中选取文件（支持多选）。文件选取完毕，单击"Read"按钮加载。文件打开成功后的界面如图 5.64 所示，显示区画出炮点位置，右侧信息栏显示工区相关信息。

2）网格化

网格后的结果如图 5.65 所示。

3）计算炮检中点、CMP 面元及质控

网格定好后，接下来计算炮检中点：主窗口菜单条单击 Run→Read Midpoint，将重新读取文件列表，记录文件中的检波点信息，计算炮检中点；然后进行 CMP 面元计算：选择 Run Bin，弹出计算 CMP 对话框，单击"OK"按钮，计算面元，并在显示区绘出 CMP 覆盖次数图（以不同颜色区分覆盖次数）。

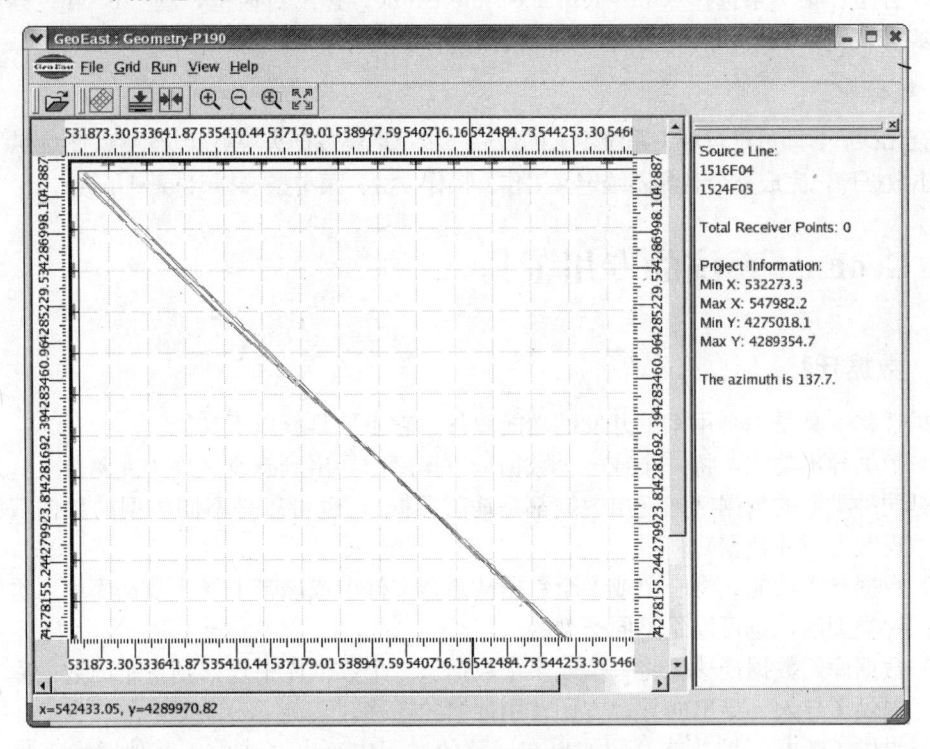

图 5.64 打开 P1/90 文件成功

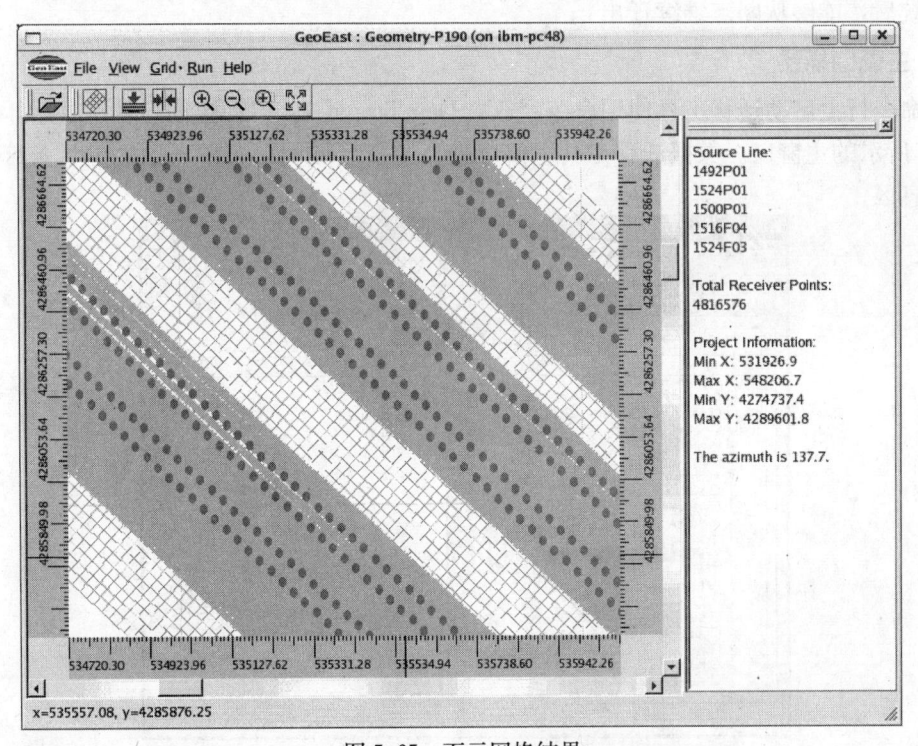

图 5.65 面元网格结果

4）线名替换

由于拖缆导航数据文件中的炮线名与地震数据的道头中炮线号不一致，必须做线名替换。操作方法：菜单条选择 Run→Replace Line Name，弹出对话框，在"From"列中显示的是原线名，在"To"列中显示的是替换后的新线名。

5）输出

检查无误后，即可进行观测系统定义的最后一步：地震数据头块更新及炮点、检波点、CMP 信息输出数据库，完成整个观测系统定义工作。操作方法：菜单条选择 Run→Update。

5.4 GeoEast 系统的专用工具

5.4.1 数据迁移

数据迁移工具是一个用 QT 开发的功能软件，它主要具有以下功能：

（1）数据导出功能，将一个或多个数据从数据库中导出到磁盘文件中或磁带上。这些数据可以是同种类型的数据（如迁出数据都是地震数据），也可以是不同类型的数据（如迁出数据是地震数据或井数据）。

（2）数据导入功能，将一个或多个数据从磁盘文件中或磁带上导入数据库中。这些数据可以是同种类型的，也可以是不同类型的。

（3）数据库间数据迁移，将一个或多个数据从一个数据库中迁移到指定的数据库中。

（4）提供了导入、导出向导，方便常用数据的迁移。

（5）提供了断电保护功能，即如果在迁移的过程中断电（或由于其他因素系统退出），重启系统后，能够从断点继续迁出。

1. 主窗口描述

在命令行上启动迁移工具使用命令：%GeoDataTransfer。启动数据迁移工具后，弹出如图 5.66 所示的主窗口。数据迁移工具主窗口分为 4 个区域，即菜单条区、工具条区、工作区和信息区。

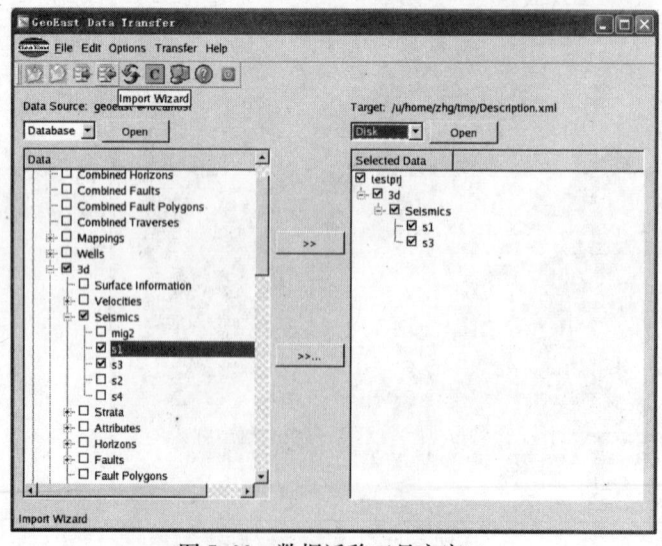

图 5.66 数据迁移工具主窗口

2) 各个区域介绍

(1) 菜单条区如图 5.66 所示，其中：

File　　　　建立源数据库连接和目标数据库连接；
Edit　　　　对数据进行刷新、删除等操作；
Options　　 设置迁移参数；
Transfer　　数据迁移向导，包括导入向导和导出向导；
Help　　　　帮助。

(2) 工具栏在主窗口位于菜单的下面，其中包括导出向导、导入向导、刷新和模型比较等。

(3) 窗口的大部分是工作区，该区包括三部分：数据源区、功能按钮区与数据目标区。

(4) 窗口底部是信息提示区，在操作过程中随时提示用户如何操作。

3. 断电保护功能介绍

对于一个耗时较长（数据量较大）数据迁出作业来说，如果在迁移的过程中断电（或由于其他因素系统退出），重启系统后，能够从断点继续迁出，将会得到用户所想要的结果，该功能主要就是解决这一问题。

如果有未完成的迁出作业，在系统启动后，会自动弹出是否要进行旧作业的继续迁出，如图 5.67 所示。

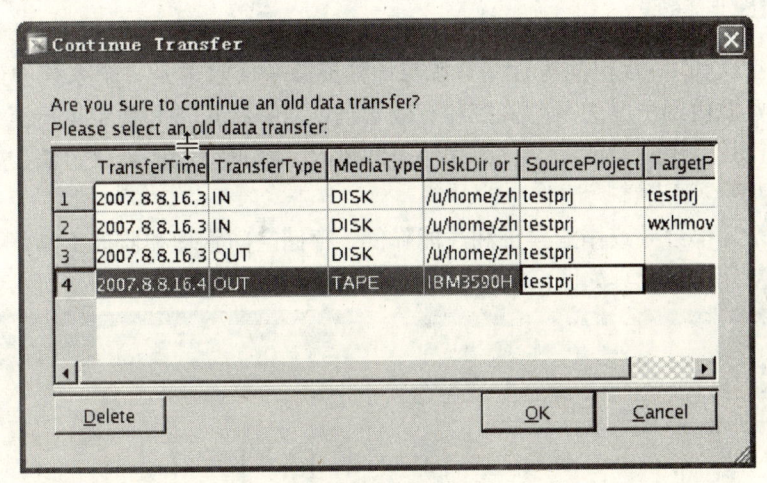

图 5.67　规划图

在图 5.67 中，每一行是一个原来没有迁移完的作业，其中：

TransferTime　　　　　该迁移作业开始迁移的时间；
TransferType　　　　　迁入（IN）还是迁出（OUT）；
MediaType　　　　　　移动介质的类型，包括磁带和活动硬盘；
DiskDir or TapeType　 带机类型或移动硬盘的路径；
SourceProject　　　　 源项目；
TargetProject　　　　 目标项目，迁出时没有目标项目。

4. 注意事项

(1) 虽然有断电保护功能，但在往磁带迁移的过程中该功能尚有欠缺，故建议最好直接迁移到磁盘上。

（2）在参数设置部分有是否删除已导出数据（Delete Source Data）功能，建议使用"No"选项。这是因为，若选择"Yes"选项，则在迁出过程中是边迁出边删除，一旦迁出失败，就会造成数据丢失；而选择"No"选项，在迁出成功且迁入也成功后，可以将原始数据删除，故强烈建议使用"No"选项。

（3）关于井集（well_set）的迁移。在本版本的数据迁移工具中，不支持嵌套井集（所谓嵌套，是指在 GeoEast 数据树上井集下还有井集）的迁移功能，如果选中的数据中存在嵌套井集，将有可能导致数据无法加载到新的目标数据库中。建议先删除嵌套井集，然后再进行迁移。

（4）在进行地震数据的导入过程中，数据迁移严禁使用 Linux 的 strace 命令查看数据迁移工具进程，这种操作在某些 Linux 版本中会导致地震数据加载失败。

（5）如果采用磁盘保存数据迁移出来的 dump 文件，最好采用活动硬盘的方式保存，如果放在网络文件系统盘上进行文件传输协议，则有可能造成数据遗失。

（6）在数据迁移的过程中，无论是导出还是导入，最好保证 nfs 盘上无其他进程进行 I/O 操作，确保迁移的效率。

（7）迁移出来的 dump 文件应该是只读的，若确有需要进行修改，最好请专业人士进行。

5.4.2 存储空间监控

数据库表空间和 IO 盘空间等存储资源与计算资源一样永远是一个系统中最紧缺的资源之一，对存储资源使用情况的及时监控和有效管理，对系统正常和稳定运行至关重要。

系统在生产运行中主要面临三方面存储空间风险：数据库服务器磁盘满、数据库表空间满以及 IO 共享盘空间满。

无论哪种情况都会导致作业异常和性能降低，存储空间管理和监控工具就是用来解决上述问题。存储空间管理工具如图 5.68 所示。存储空间监控工具如图 5.69 所示。

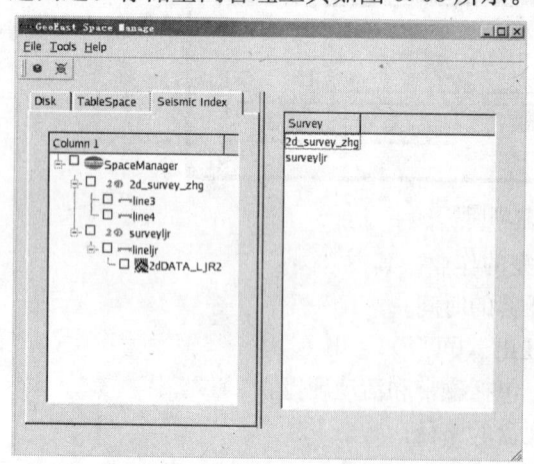

图 5.68　存储空间管理工具　　　　图 5.69　存储空间监控工具

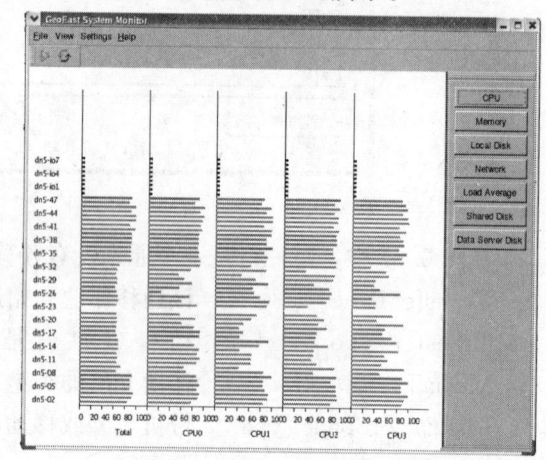

5.4.3 检查点机制

对叠前偏移等计算密集性应用，一个作业可能需要在数十个节点上连续运行几天到几周的时间。期间任何一个节点上任何一个软硬件部件的故障都可能导致作业失败，一切工作需要从头再来。随着并行规模上升，此问题越发明显。

一个有效的办法是在作业运行期间对作业的中间状态进行周期性保存，一旦系统出现问题，作业可以恢复到最后一次的运行状态，继续执行，而不需要重新开始，从而可节省大量的时间和资源，提高作业运行的可靠性。这就是检查点技术。图 5.70 描述了 GeoEast 检查点作业的一般运行过程。

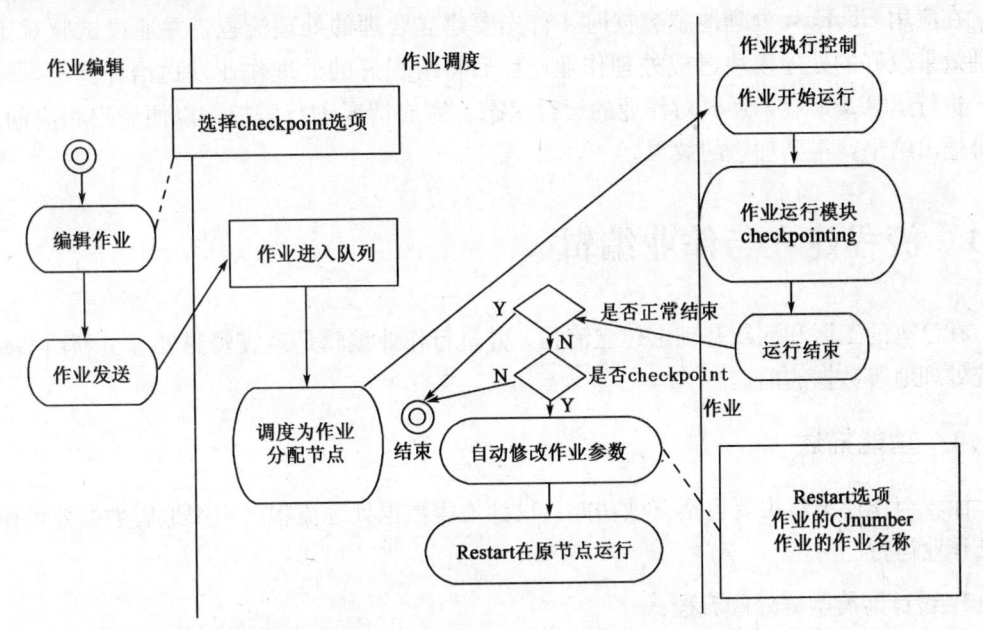

图 5.70 GeoEast 检查点作业的一般运行过程

检查点机制的主要设计考虑如下：
(1) 主要面向少数的计算密集型批量模块。
(2) 提供一个应用层的检查点实现框架。
①应用层实现（非系统层，易移植，开发量小，效率高）。
②支持串行和并行两种作业类型。
③对调度和执行控制系统影响小，可实现作业自动重启。

第 6 章　GeoEast 流程与作业编辑

在应用 GeoEast 处理地震数据时，首先要建立合理的处理流程，并通过试验对比选择处理效果较好的处理模块形成处理作业；然后将组织好的处理作业发送给计算机，分配节点，进行运算；最后，还要对作业的运行状态、完成情况进行监控，以便做出相应的处理，获得输出结果，得到理想的效果。

6.1　流程建立与作业编辑

在已有的工区和测线基础上建立流程，并进行作业编辑是地震资料处理员利用 GeoEast 系统处理地震数据的前提。

6.1.1　功能描述

流程与作业编辑主要包括三项功能：设计地震数据处理流程、组织地震数据处理作业和提交作业运行。

1. 设计地震数据处理流程

地震数据处理流程是指地震数据处理生产过程中所使用的处理步骤组成的序列，可以分为功能流程和模块流程。

功能流程中包括多个功能步，每个功能步完成一项处理功能，因此每个功能步也称为一个处理步。

为实现一个功能步处理功能，需要用完成该功能的关键模块和辅助模块来组成作业。该作业用其主模块名表示，称此作业为模块步。为了对该模块步的作业运行结果进行质量控制，模块步还会有若干个质控作业。由模块步组成的流程称为模块流程。因此，每一处理流程步由功能步和模块步组成，每一处理流程步的模块步由完成该处理流程步骤功能的作业和进行质量控制的若干个质控作业组成，功能流程和模块流程位于流程编辑区中，如图 6.1 所示。

在处理流程的设计阶段，需要经常对能够完成同一功能的不同模块进行处理效果对比试验，以确定哪一个模块针对当前的地震数据处理效果最好，并将其设置为该流程步的关键处理模块，在地震处理上这些步骤称为模块试验。与此类似的另外一种过程，就是对同一模块使用不同参数进行的参数对比试验，并最终确定该模块的最佳使用参数，这种试验称为参数试验。模块试验分支图如图 6.2 所示。

每个处理流程步的功能最终由该流程步中的作业来实现，利用作业编辑区和模块参数编辑区来对流程步中的作业进行编辑。

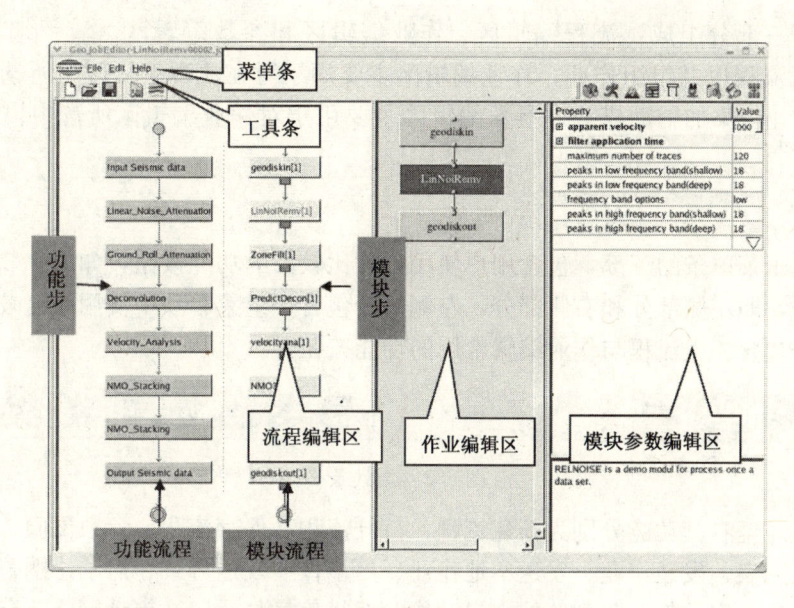

图 6.1 GeoJobEditor 主界面

2. 组织地震数据处理作业

一般来讲，模块流程中的单个模块是不能独立运行的，要将模块流程中的模块步（功能步所使用的关键模块）与数据输入、输出模块以及其他辅助模块按一定次序组成一个地震作业，才能运行。一个模块步可以组成一个作业，也可以将多个模块步串联在一起组成一个作业。因此，流程编辑的另一项重要功能就是组织地震作业。组织一个作业需要完成作业编辑和模块参数编辑两项工作。

作业编辑包括两方面内容：一是确定作业所包括模块步范围，是单个模块步组成一个作业，还是多个模块步组成一个作业，形成作业序列；二是在作业中添加、删除辅助模块，调整作业中模块的执行顺序。确定作业所包括模块步范围在流程区的模块流程上进行，作业编辑在作业编辑区中进行。

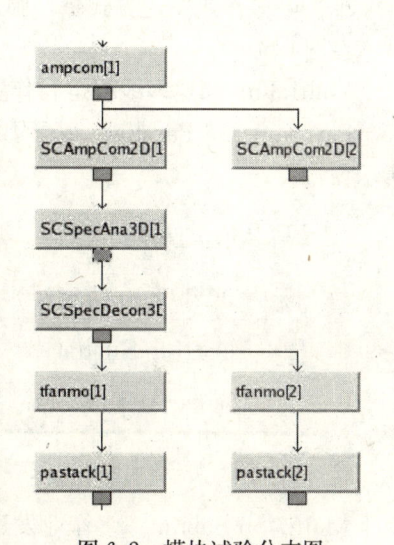

图 6.2 模块试验分支图

参数编辑主要是填写或修改模块参数。此项工作在模块编辑区进行，如图 6.1 所示。

组织地震作业功能还包括合并地震作业、克隆地震作业、拆分地震作业、删除已组织的地震作业等。

3. 提交作业运行

将组织好的作业提交到系统中运行，用户可随时监控作业的运行状态。

6.1.2 操作界面简介及相关操作

流程与作业编辑主窗口由菜单条、工具条与工作区三部分组成，如图 6.1 所示。

菜单条包括多个菜单项，当被激发时，显示下拉菜单。

工具条是执行菜单项中常用操作的图形按钮（一系列快速功能键），方便用户的操作。

工作区由三部分组成：流程编辑区、作业编辑区和参数编辑区。流程编辑区主要用于设计和编辑流程以及组织作业；作业编辑区主要用于对在流程编辑区中所选中的作业进行编辑，向作业中添加辅助模块；参数编辑区主要用于对作业编辑区所选中模块进行参数编辑。

1. 工具条

工具条位于菜单条的下部，包含用户使用频度比较高的功能按钮，如图 6.3 所示。工具条包括两部分，即左侧部分和右侧部分，左侧部分包含一组菜单项中使用频度较高的功能按钮，右侧部分包含一组流程与作业编辑常用的功能按钮。

图 6.3 工具条

工具条从左至右其功能分别为新建流程、打开流程、保存流程、参数试验、综合数据显示、显示模块列表、发送作业、发送本地作业、更多作业发送方式、启动绘图管理、显示本地用户作业列表、启动作业队列监控、启动作业运行信息显示以及启动网络节点显示。

单击更多作业发送方式，弹出如图 6.4 所示菜单。

在图 6.4 中：

Multi Thread　多线程运行作业；

Partition and Parallel　基于数据分割的并行作业运行，点击此菜单项，弹出如图 6.5 所示窗口；

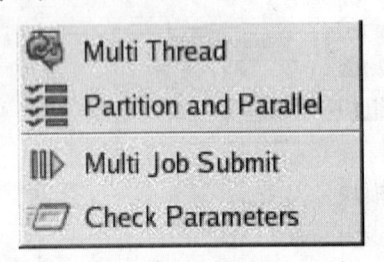

图 6.4 作业发送方式　　　　图 6.5 并行作业菜单

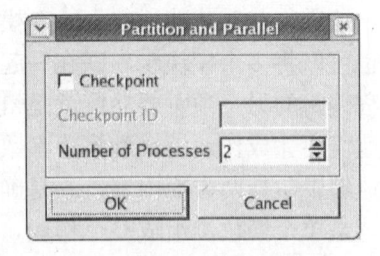

Multi Job Submit　多作业发送；

Check Parameters　只运行作业的译码阶段，不运行作业的执行阶段；

Queue Run　作业队列运行，只在单机版时出现。

在图 6.5 中：

Checkpoint　启用检查点功能，检查点功能是当作业意外中断后，可恢复作业从记录的检查点处运行而不必从头开始运行；

Checkpoint ID　作业调度号，使用检查点功能恢复作业运行时，可恢复运行作业的作业调度号；

Number of Processes　并行进程的个数。

2. 流程编辑区

流程编辑区用于设计和编辑流程。流程编辑区以中间的虚线分成功能流程区和模块流程区。功能流程区顺序地显示流程中的各个流程步，各个流程步的功能模块相应地显示在模块流程区。如图 6.6 所示，左侧图标代表流程步，该流程步使用的模块显示在其右侧。

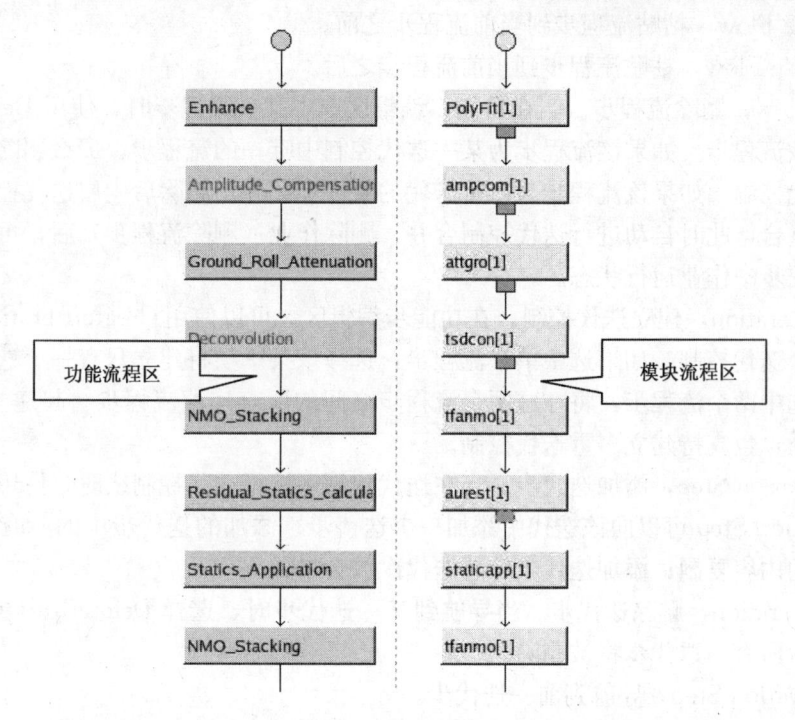

图 6.6 流程编辑区

1) 功能流程编辑操作说明

当鼠标移动到流程图标上时，将显示其提示信息，单击则选中。

功能步编辑区右键菜单如图 6.7 所示（右键菜单在不同的编辑状态下内容不同，图 6.7 为其中一示例，所有可能出现的菜单内容均在菜单项描述中列出）。

Add New Flow，添加流程步。在功能步编辑区的空白处，或选中某一流程步，点击鼠标右键，弹出快捷菜单，选择 Add New Flow，这时出现下一级子菜单。该子菜单显示处理流程支持的所有功能列表，选中功能列表中某项，此时会出现所有完成该项功能的模块，选中需要的模块完成流程步的添加动作。可以在以下 3 种情况使用该操作：

（1）如果是一个没有任何流程步的空流程，在空白处使用该操作可以添加第一个流程步；

（2）如果是流程中已存在流程步，在空白处使用该操作可以在现有流程尾部添加流程步；

图 6.7 功能步右键菜单

（3）如果是在流程中选择已存在的流程步，使用该操作可以在该流程步的后面添加流程步。

Pre Insert Flow，插入流程步。与 Add New Flow 类似，使用该操作主要是在选中某一流程步时在其前面插入一个流程步。

Copy Flow，拷贝选中的流程步。

Cut Flow，剪切选中的流程步。

Pre Paste Flow，粘贴流程步到当前流程步之前。

Post Paste Flow，粘贴流程步到当前流程步之后。

Delete Flow，删除流程步。当在功能步编辑区选中某一流程步时，使用 Delete Flow 命令可以删除该流程步。如果该流程步为某一迭代控制中唯一的流程步，那么删除该流程步将同时删除迭代控制。如果该流程步为多重迭代的某一步，并且删除后内层迭代控制与外层迭代控制发生重合，此时自动进行迭代控制合并。删除作业（删除流程步）后，可能会影响到其后面的流程步中作业运行状态。

Create Iteration，建立迭代控制。在功能步编辑区，可以使用 Create Iteration 命令来建立一个或多个迭代控制。如果选中单个流程步，选择该菜单项将建立只有一个迭代步的迭代控制；如果选中两个流程步，将在这两个流程步之间的所有连续流程步一起建立迭代控制。除单重迭代外，也支持建立多重迭代控制。

Add Iteration Step，添加迭代步。当在迭代控制区选择迭代控制线时，使用快捷菜单选择 Add Iteration Step 可以向该迭代中添加一个迭代步；添加的迭代步中的所有流程步为前一迭代步中的内容复制；添加迭代步后总迭代次数会增加。

Delete Iteration，删除迭代步。当导航到某一迭代步时，选择 Delete Iteration，此时该迭代步及以后所有的迭代步将被删除。

Prev Iteration Step，导航到前一迭代步。

Next Iteration Step，导航到下一迭代步。

Cursor Message，显示鼠标信息。鼠标移动到流程步图标上时，显示流程步信息。

2) 模块流程编辑操作说明

有关模块编辑、作业组织、质控等相关操作均在模块流程区进行。

在本程序中，每一个作业可能存在两种状态，即已发送过状态和未发送过状态。这两种状态由模块步的状态显示框标示，已发送过状态为红色，未发送过状态为绿色。

每个作业中的输入、输出模块由本程序自动添加，输入、输出模块的数据文件名也由本程序自动填写。这是基于本程序中整个流程所产生的地震数据并通过磁盘文件进行衔接的，这样就能够自动在整个流程中监控相邻作业之间的输出/输入文件名。在缺省情况下，输出文件名由该作业的最后一个关键模块的名称与内部作业号构成，该名称后面加上 .job 就是实际作业的名称。当然用户也可在参数编辑区修改 geodiskout 模块输出的文件名。结束作业编辑后，自动改变其后继作业中的 geodiskin 模块的输入文件名。

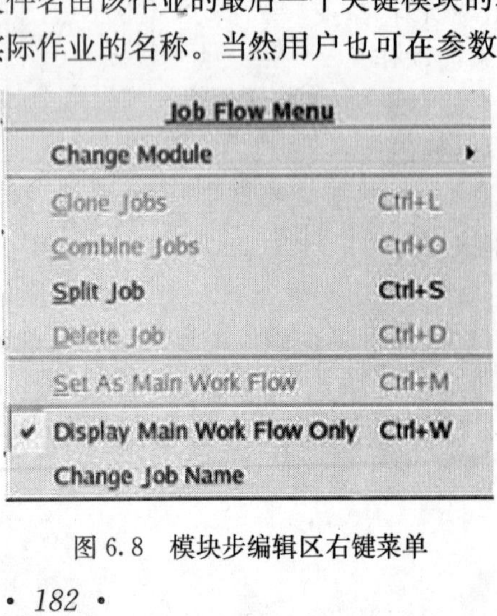

(1) 模块步编辑。

模块步编辑区右键菜单如图 6.8 所示（右键菜单在不同的编辑状态下内容不同，图 6.8 为其中一示例，所有可能出现的菜单内容均在菜单项描述中列出）。

Change Module，替换关键模块。如果某一流程步的功能可以由多个功能模块来实现，则可以通过该操作来实现模块替换。为了改变关键模块，首先使用鼠标在模块流程区选中某一关键模块，弹出

图 6.8 模块步编辑区右键菜单

右键菜单，在右键菜单中选择 Change Module，弹出该功能下的模块列表（下级子菜单），在模块列表中选择新的关键模块，完成模块替换操作。Change Module 常与 Clone Jobs 配合使用，实现"模块试验"。

　　Combine Jobs，合并作业。使用合并作业可将位于同一分支上多个连续的作业合并为一个作业。与该命令相对的一个命令为 Split Job，用于拆分作业。

　　Clone Jobs，克隆作业。克隆作业是建立分支进行"模块试验"和"参数试验"的主要手段。作业克隆后，新作业中的模块及相应的参数与被克隆的作业一致。当选中含作业控制点的单个关键模块时，使用 Clone Jobs 将克隆单个作业。当选中同一分支上两个含作业控制点的关键模块时，使用 Clone Jobs 将建立一条新分支，该分支上包含已克隆的两个作业之间的多个连续的作业。如果选中的作业已经跨过迭代控制，克隆多个作业将失败。如果 Clone Jobs 命令不可用，关闭"Display Main Work Flow Only"开关，以便接通到分支流程显示模式。

　　Split Job，拆分作业。使用该功能，必须先选中某一含合并作业的功能模块。

　　Delete Job，删除作业。当用鼠标选中某一非主流程分支上的含作业控制点的关键模块时，使用右键菜单的 Delete Job 命令，可以删除选中位置处的作业；如果该分支上在其后面含有其他作业，这些作业一并被删除。

　　Output Seismic Data，设置输出地震数据标志开关。有些关键模块在执行后并不实际产生新的地震数据或用户不想对产生的地震数据存盘，可以使用该开关命令通知本程序不要产生（geodiskout）输出。使用该功能，要选中某一含作业控制点的关键模块，然后使用右键菜单的 Output Seismic Data 命令。

　　Delete Job Result，删除作业执行结果。目前，执行该操作并不能将实际的结果数据删除，仅仅清除作业执行过的标志。

　　Set As Main Work Flow，将分支中的流程步设为主流程中的流程步。

　　Display Main Work Flow Only，控制是否显示分支流程。

　　Add QC Task，添加一个质控作业。

　　Change Job Name，修改作业名。

　　每个生成的作业都有一个默认的作业名，用户可根据需要自己为作业命名。选择此菜单后弹出作业名更改窗口，如图 6.9 所示。

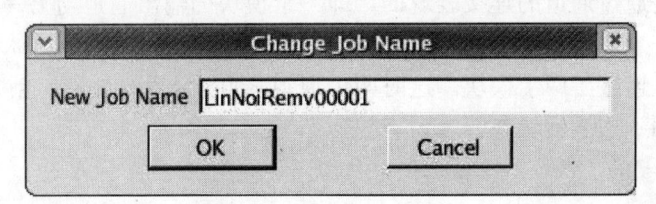

图 6.9　作业重命名菜单

（2）启动作业编辑。

　　在模块步编辑区，双击某一含作业控制点的关键模块，该作业进入编辑状态。此时，主窗口标题条上显示正在编辑的作业文件名及其所在的路径。

3. 作业编辑区

　　在作业编辑区可以编辑每个流程步的作业。编辑区中用矩形块图标来表示组成作业的模块，矩形块图标上显示对应的模块名，如图 6.10 所示。图标上部和下部的小按钮分别表示该模块的输入通道和输出通道，一个小按钮表示一个通道，多个按钮表示多个通道，一个输入通道只能和一个输出通道相连接，而一个输出通道可以和多个输入通道相连，以将该输出通道的数据分别拷贝到相连接的输入通道中。

通常情况下模块列表窗口是隐藏的，要想显示该窗口，单击工具条中的按钮 即可显示。如图 6.11 所示，模块列表窗口由三部分组成，最上面的列表是处理系统中模块的功能列表，中间的是模块列表，最下面是模块搜索输入框。当用户选中功能列表中的某项时，则该功能项中所有模块显示在模块列表中。搜索输入框可供用户进行模糊查询，当用户在输入框中输入字符时，包含输入字符串的模块就会显示在模块列表中。模块列表中的各个模块可供用户向作业编辑区中插入。

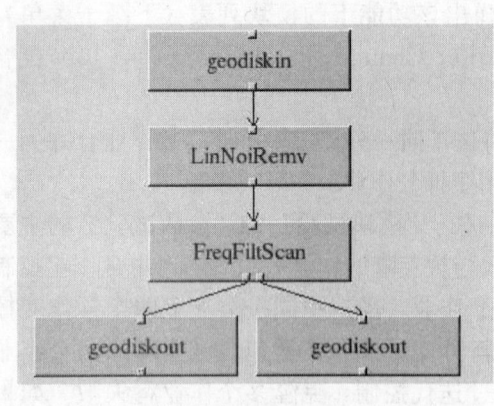

图 6.10 作业编辑区

1) 添加模块

配合使用模块列表窗口，向作业编辑区中添加模块的操作方式有如下两种：

（1）双击模块列表中的模块名，可以将模块添加到作业中。双击模块时，如果作业编辑区中有模块处于选中状态，则将新模块添加到选中模块的后面，并将新模块的第一输入通道和选中模块的第一输出通道相连接，如果选中模块中有输出通道被激活，则将新模块的第一输入通道和选中模块的激活通道相连接；如果作业编辑区中没有模块处于选中状态，则将新模块添加到作业尾，不和任何模块连接。

（2）拖动模块列表中的模块名到作业编辑区中连接通道的连接线上，当连接线变成白色时释放鼠标，则将新模块插入到连接线两端的模块之间。

2) 连接模块

将模块上代表通道的小按钮按下，表示激活此通道；小按钮弹起表示此通道处于非激活状态；同一时刻一个模块中只能有一个通道处于激活状态。

模块的连接是通过通道的连接表现的，即一个模块的输出通道与另一模块的输入通道相连接。首先激活一个模块的输入（出）通道，再激活另一模块的输出（入）通道，即可连接两个通道，也就是连接了两个模块。这时两个通道之间会显示出一条连接线，连接完成后，激活的两个通道回到非激活状态。

3) 断开通道连接

分别激活连接线两端的通道，即可将此连接断开。通道断开后，激活的两个通道回到非激活状态。

4) 启动编辑模块

模块编辑右键菜单如图 6.12 所示。其中，Paste After，粘贴模块到当前模块之后。如果当前模块没有通道被激活，则直接将被粘贴模块的首模块的第一输入通道连接到当前模块的第一输出通道上。例如，在 FreqFiltScan 模块后粘贴 AmpEqu 模块，没有通道处于激活状态，使用 Paste After 操作后，粘贴结果如图 6.13 所示；如果有激活通道，则将被粘贴模块的首模块的第一输入通道连接到激活通道，例如在 FreqFiltScan 模块后粘贴 AmpEqu 模块，第一通道处于被激活状态，使用 Paste After 操作后，粘贴结果如图 6.14 所示。

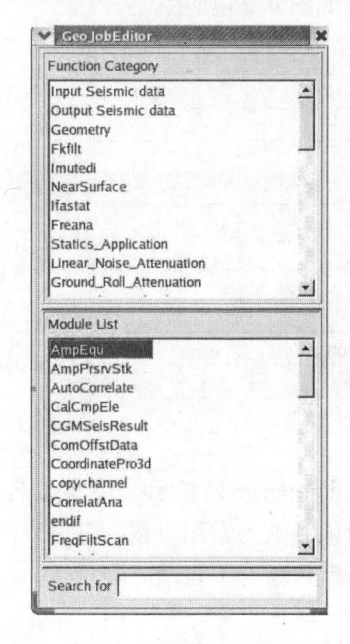

图 6.11　模块编辑区　　　　　　　　　图 6.12　模块编辑右键菜单

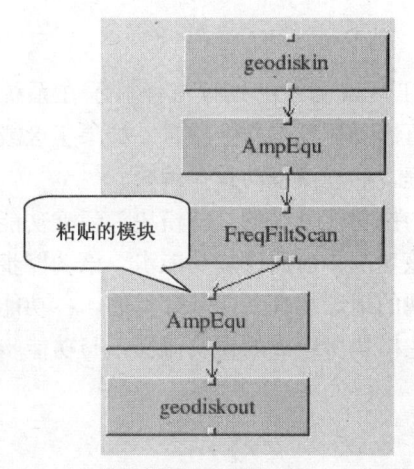

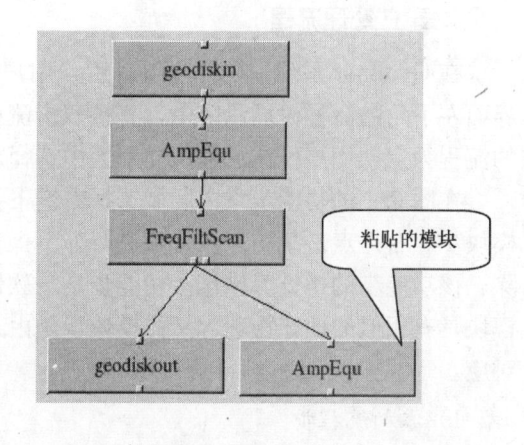

图 6.13　当前模块没有通道被激活时模块粘贴　　图 6.14　当前模块有通道被激活时模块粘贴

Paste Before，粘贴模块到当前模块之前。如果当前模块没有通道被激活，则直接将粘贴模块的尾模块的第一输出通道连接到当前模块的第一输入通道上；如果当前模块有激活通道，并且该通道没有和其他通道连接，则将被粘贴模块的尾模块的第一输出通道连接到激活通道。

Disconnect All，断开模块的所有通道连接。

Activate，将当前模块状态设为可用状态。

Inactivate，将当前模块状态设为不可用状态，在作业中该模块被忽略。

Export，导出作业。

Import，导入作业。

Reference Manual，显示当前处理模块的参考手册。

· 185 ·

4. 参数编辑区

参数编辑区显示模块参数，供用户填写处理参数，如图 6.15 所示。

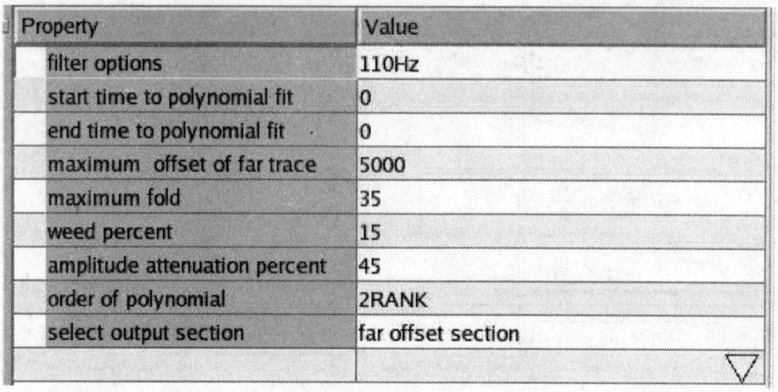

Property	Value
filter options	110Hz
start time to polynomial fit	0
end time to polynomial fit	0
maximum offset of far trace	5000
maximum fold	35
weed percent	15
amplitude attenuation percent	45
order of polynomial	2RANK
select output section	far offset section

图 6.15　参数编辑区

每个参数行可分为两列：Property 列和 Value 列。Property 列显示模块参数名，Value 列为参数值编辑列。参数名区域被阴影覆盖的部分表示该参数为常用参数，最后一个显示行的下三角为扩展按钮，单击可显示模块的不常用参数（默认情况下自动隐藏）。

6.1.3　处理流程的建立与作业编辑

1. 建立处理流程

在 GeoEast 系统中，打开项目后，用户选择的工区或测线的处理流程显示在系统主控界面左下角的流程树显示区中，直接双击流程步就可启动流程与作业编辑。如果工区或测线的流程为空，用户可在流程树显示区中选择新建流程，启动流程与作业编辑。

在图 6.1 的功能步空白区域选择右键下拉菜单的按功能分类的具体模块，建立功能步和模块步。右键点击某功能步，可进行如下操作：在该功能步前后添加功能步、该功能步的删除、该功能步的拷贝等操作。功能步是按软件所实现的地球物理功能来分类的，各功能内的模块具有相似的地球物理含义；模块步是由某一个主模块所组成的模块流程，与功能步一一对应。

1）添加流程步

在功能步编辑区空白处，或选中某一流程步，点击鼠标右键，弹出右键菜单，在菜单中选择 Add New Flow，弹出二级子菜单（该子菜单中包括处理系统模块功能类列表）。在二级子菜单继续选中功能列表中某项（某一功能类），弹出三级子菜单（在三级子菜单包括所选功能类中所有模块），如图 6.16 所示。

从三级菜单中选择模块后，该流程步添加成功。

2）插入流程步

在流程编辑区的功能步编辑区中选择一个流程步，在其图标上单击鼠标右键，弹出菜单，选择 Pre Insert Flow 即可在选中的流程步前插入流程步。

3）使用迭代

在实际生产中，经常需要对某些连续的步骤进行多次迭代处理，直到得到满意的结果为

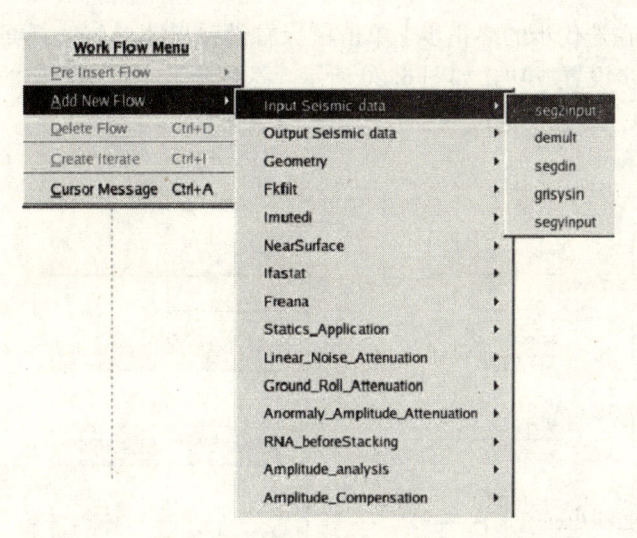

图 6.16 功能步编辑区右键菜单

止。例如，速度分析与剩余静校正的迭代，迭代结果是获得满意的速度和满意的剩余静校正量。每一次这种迭代处理称为一个迭代步，含有多个迭代步的容器称为迭代控制。

在迭代控制的基础上，可以对迭代步进行导航、添加、删除等操作。当然，迭代控制本身也可被删除，这时，除第一个迭代步外，其他所有的迭代步将被删除。

在功能步编辑区选中迭代的起始流程步，如图 6.17 所示，按下"Shift"键，同时选择迭代步的终止步，如图 6.18 所示。

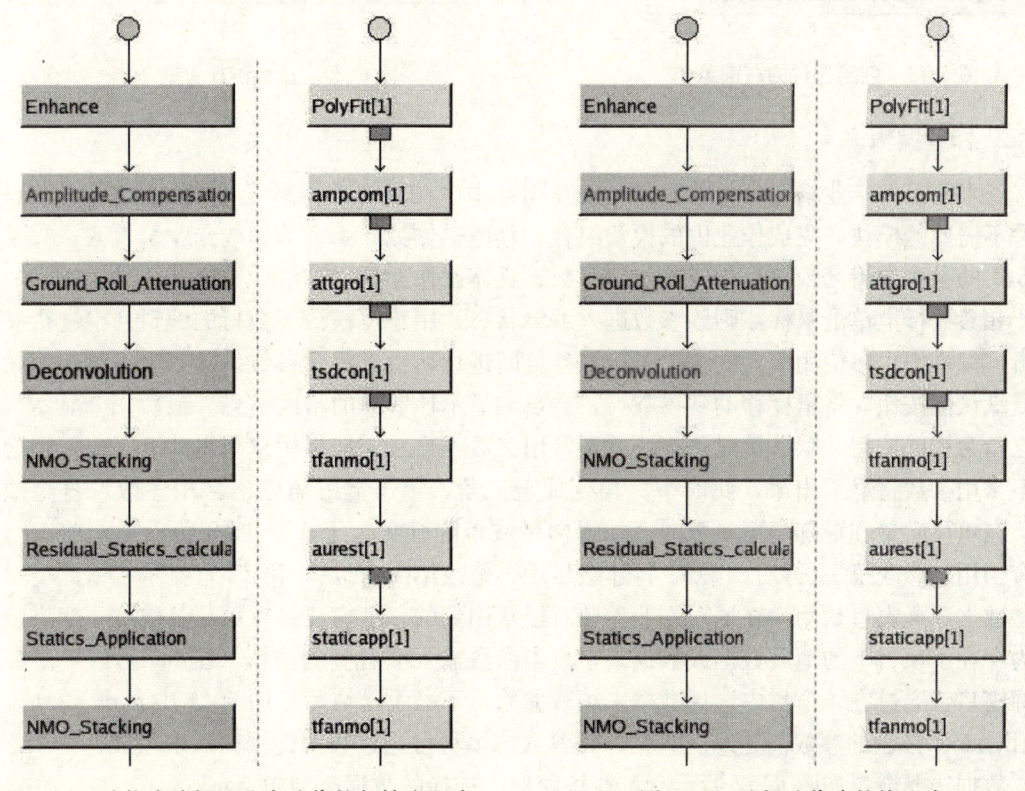

图 6.17 功能步编辑区选中迭代的起始流程步　　　图 6.18 选择迭代步的终止步

· 187 ·

释放"Shift",在迭代步的终止步上单击鼠标右键弹出菜单,选择 Create Iteration,如图 6.19 所示。迭代步设置成功,如图 6.20 所示。迭代步数字框中数字的含义是当前所在的迭代步/迭代步总数。

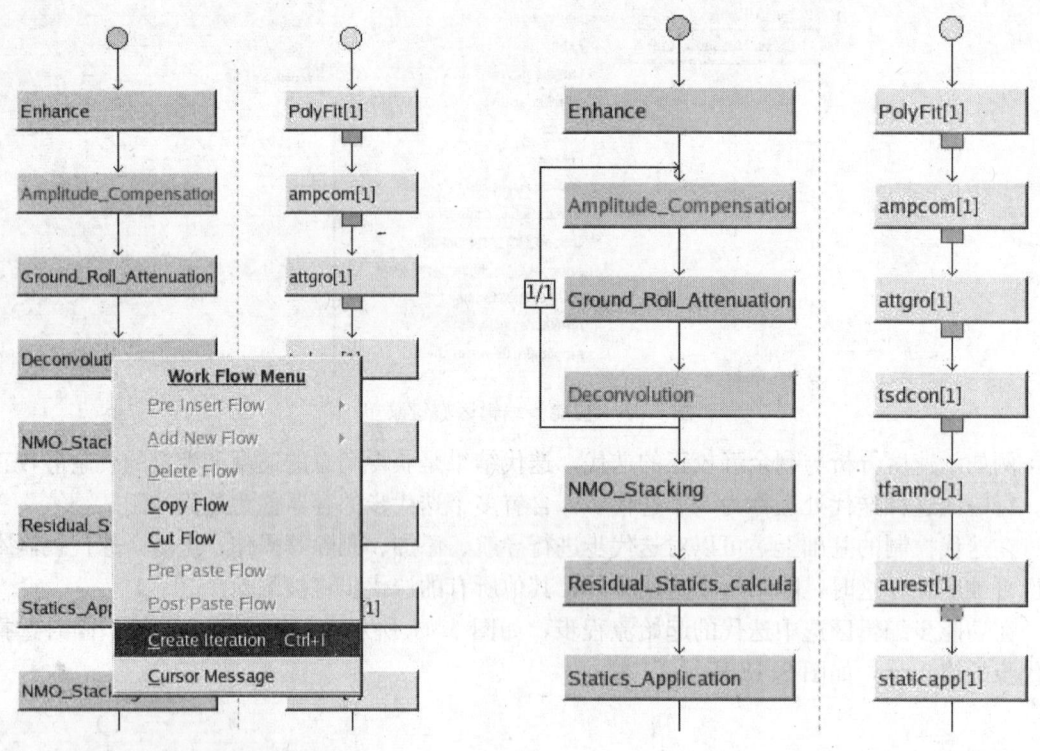

图 6.19 创建迭代的右键菜单　　　　　　图 6.20 迭代步设置成功

2. 作业编辑

一个完整的作业编辑分为两步,一是在图 6.1 中的模块编辑区内添加、连接所需模块,删除不需要的模块,完成作业内的模块组合,具体操作见 6.1.2 节中的作业编辑区;二是在图 6.1 的参数编辑区内填写相应的处理参数,具体操作如下:

在参数行上单击鼠标,则该参数进入编辑状态。用户可在该参数行的编辑列中进行参数编辑。编辑中也可使用键盘的上、下键在参数间进行切换。每个参数编辑行最右侧的按钮是恢复默认值按钮。将鼠标移动到参数行,会自动显示该参数的帮助信息。最后一个显示行的下三角为扩展按钮,默认情况下模块的不常用参数不显示。如果用户单击此下三角,则隐藏的不常用参数将显示出来,此时下三角变成上三角,单击上三角则不常用参数恢复隐藏状态。在填写向量和矩阵类型参数时,如果向量或矩阵维数大于 10,展开后只显示前 10 行,只有当用户修改第 10 行后,第 11 行才会显示,修改第 11 行后,第 12 行显示,依此类推。

数据选择窗口是用户在填写作业参数时经常用到的一个窗口。在填写参数时,如果参数值为存在于项目下的地震数据或数据表,点击参数输入框右侧的按钮(图 6.21),弹出数据选择窗口,通过在该窗口中选择数据来填写参数,不必手动填写。图 6.21 中 geodiskin 模块的 filename 参数的参数值是地震数据,该参数的填写可通过数据选择窗口来完成。

数据选择窗口如图 6.22 所示。可在该窗口中选择的数据类型包括:

(1)项目下的子波、井以及井曲线。

(2) 二维工区下的 Merged horizons 目录下的数据。

(3) 二维工区、测线下的 Horizons、Seismics、Attributes、datatable、Filter、Velocities、Mute 类型的数据。

(4) 三维工区下的 Horizons、Seismics、Attributes、datatable、Filter、Velocities、Mute 类型的数据。

(5) 三维工区、线束下的 Seismics、datatable、Filter、Velocities、Mute 类型的数据。

(6) VSP 工区下的 Merged Velocities (1d)、Merged Velocities (2d)、Merged Velocities (3d) 类型的数据。

(7) VSP 工区、测线下的 Horizons、Seismics、Attributes、datatable、Filter、Velocities、Mute、Hodograph、Operator、Polarization、Static 类型的数据。

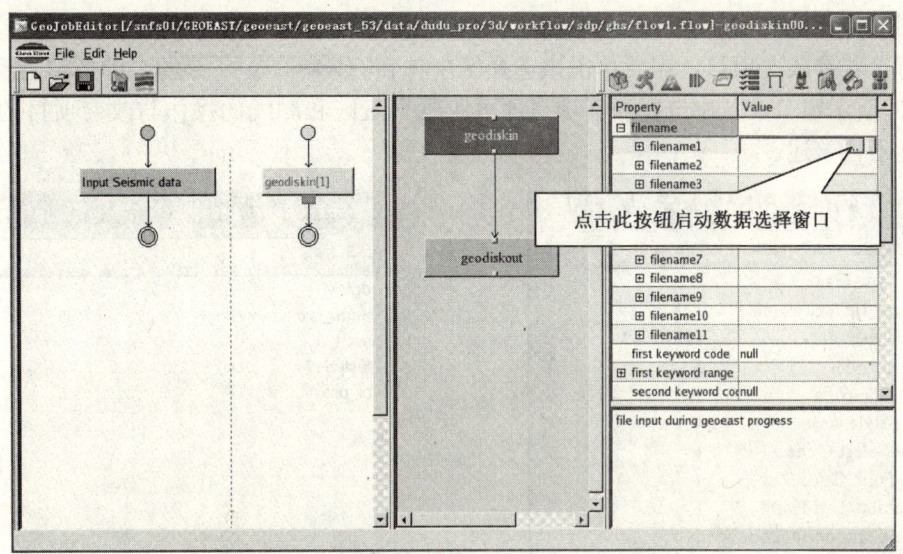

图 6.21 地震数据输入

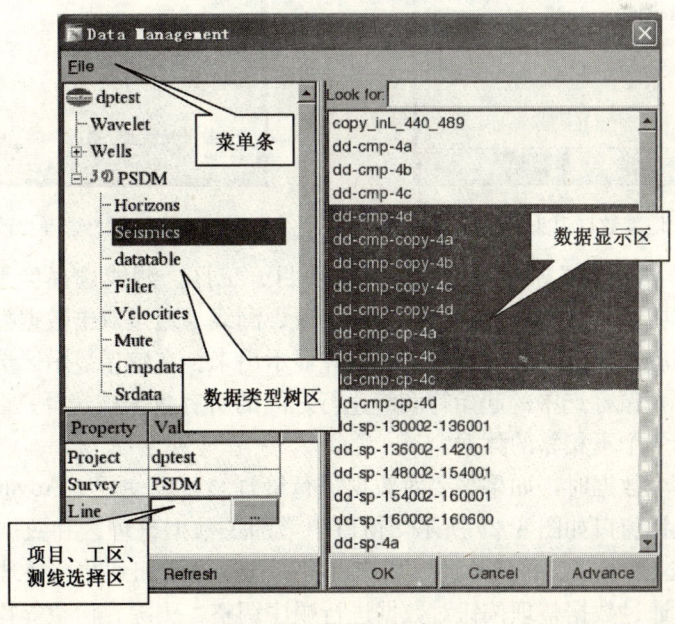

图 6.22 数据选择窗口

窗口的最上方是菜单条，包含 File 菜单，该菜单下包括 Refresh 菜单项，其功能为刷新数据显示区显示的数据；左侧中间是数据类型树区，整体结构呈树形，由项目、工区、测线和数据类型组成，用户在此选择数据类型后，右侧数据显示区将显示相应的数据列表。在数据显示区中的数据上点击右键，出现右键菜单 Delete，利用快捷菜单可以删除所选数据，支持多选删除，但不支持对 Seismics 类型数据的删除。当在数据类型树上选择 Seismics 时，在数据显示区的数据上点击右键，出现右键菜单 Show Header Info，单击此菜单项会显示所选地震数据的道头信息，如图 6.23 所示。数据选择窗口的右半部分是数据显示区，显示当前项目、工区、测线和数据类型下的所有数据，供用户选择，可多选。系统提供了 Look for 搜索工具栏，用于数据的模糊查找，符合查找条件的数据名显示在数据显示区内。

如果用户想要选择其他项目、工区、测线下的各种类型的数据信息，则需要改变当前数据类型树上显示的项目、工区、测线信息。具体操作要在图 6.22 中的项目、工区、测线选择区进行。若要改变项目，需要单击该选择区中项目行 Project dptest 中的按钮，弹出如图 6.24 所示窗口，从中选择所需项目即可。改变工区和测线的操作与改变项目的操作一致，在此不再赘述。

图 6.23　地震数据道头信息　　　　　　　　图 6.24　选择更改项目

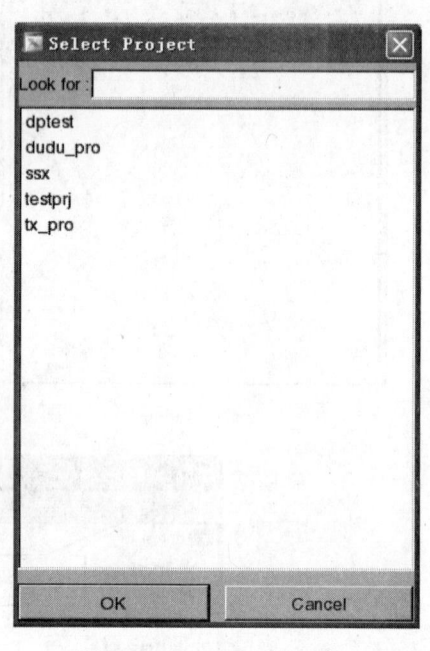

当项目、工区、测线都选择完毕后，单击项目、工区、测线选择区下方的按钮 Refresh，即可刷新数据类型树，显示用户所选的项目、工区、测线。通过双击数据类型树显示区内数据类型，即可将相应数据添加到数据显示区，并显示出来。在数据显示区选择数据时，若按下"Shift"键选择，鼠标选中的起始行和终止行之间的所有数据被选择；若按下"Ctrl"键选择，可自由选择多个不相邻的数据。

当用户选择多个数据时，如果需要对数据进行管理，可以使用"Advance"按钮。点击此按钮后，数据选择窗口如图 6.25 所示，窗口中增加了数据整理区和数据整理按钮，同时"Advance"按钮被 Hide 按钮替代，此时用户可将所选数据添加到数据整理区内。在数据整理区内，用户可以通过数据整理按钮对数据进行顺序调整、删除、清空等操作，形成用户最终数据需求,点击数据显示区下方的"OK"按钮,完成地震数据选择,单击"Hide"即可恢复到图 6.22 所示的数据选择窗口界面。

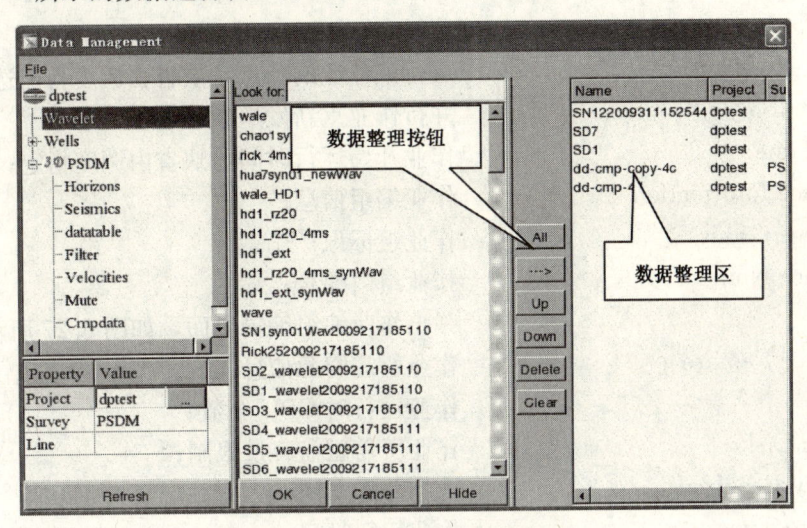

图 6.25 Advance 数据管理窗口

6.2 作业发送

串行执行控制也称常规执行控制,是 GeoEast 系统应用最为广泛的执行控制,其运行的地震作业也称为常规作业。发送方式有 2 种:一是通过作业调度系统运行的常规作业发送,二是在本地运行的常规作业发送。

6.2.1 常规作业发送

常规作业发送主要有 2 种方式:一是使用作业调度系统,另一个就是使用本地运行方式。

1. 通过作业调度系统运行的常规作业发送

在流程与作业编辑器中编好作业后,在工具条点按发送作业按钮 弹出发送作业窗口,如图 6.26 所示。

作业发送窗口主参数区有 2 个,即 Job Script File Name(作业脚本文件名)和 Job Schedule Parameters(作业调度参数),后者又包含 23 个部分:

Base Information	基本信息
Job Name	作业名;
Run Class	运行级别;
Department	部门名;
Priority	优先级;
Tasks per Node	每个节点可运行任务数;
Min child Nodes	作业运行最少节点数;
Max child Nodes	作业运行最多节点数;

Project	项目名；
Survey	工区名；
Line ID	测线名；
Target Node	运行该作业的节点，缺省由调度自己选择；
Restart Job	并行作业重新发送参数选择；
Start Time	作业开始运行时间，缺省由调度指定；
Sequence Information	作业编组信息；
Sequence Group	作业组标识；
Sequence Number	作业组内编号；
Edit	弹出作业编组编辑界面，如图 6.27 所示。
Resource Require	作业所需资源信息
CPUs	作业运行时 CPU 个数；
Scratch Disk	作业所需磁盘容量限制；
Memory Required	内存分配空间；
Estimate Time	作业运行时间。

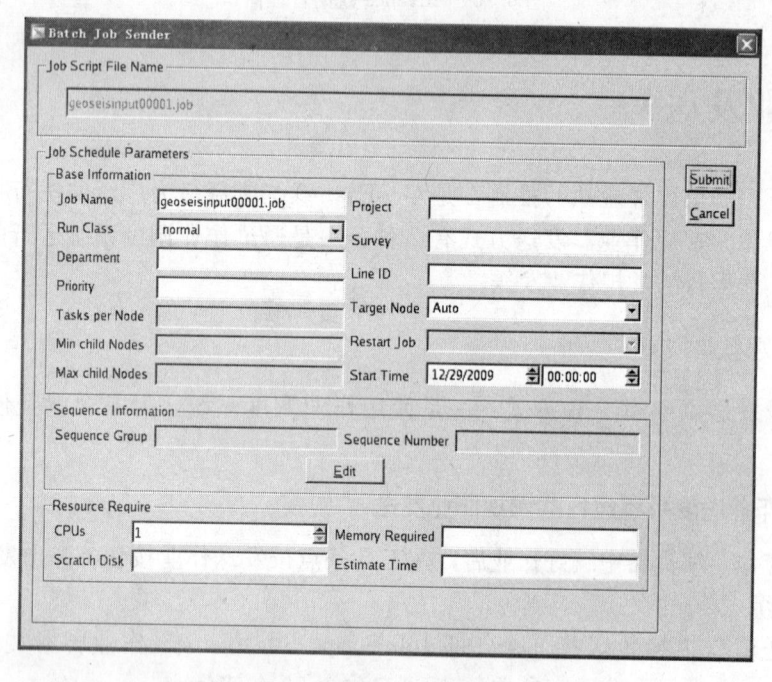

图 6.26　作业发送窗口

作业发送窗口最右侧是作业发送的控制按钮。单击"Submit"，提交作业；单击"Cancel"，取消作业发送，同时编辑过的作业发送参数会丢失。

当用户需要发送一组相互之间具有依赖关系的作业时，调度系统的实现是将用户的多个作业分成一组，制定一个组号（在图 6.27 弹出的作业编组信息编辑器中定义），该组中每个作业有一个作业序号，作业调度依次挑选序号最小的作业释放运行，直到该组作业运行完毕。此时在需要对作业编组信息进行编辑时，可以使用已经存在的编组，也可以自己新建组。如果使用已经存在的编组，鼠标选中"Using Existing Sequence Group ID"复选框，在下面的"Group ID"中选择已存在的组号，在右侧的"Sequence Number"作业组内编号框

· 192 ·

中填写相应编号。

如果该作业新建编组，则选中"Set New Sequence Group ID"复选框，设置新的组号，填写相应的 Sequence Group（组号）和 Sequenc Number（组内编号）。

最后单击"OK"，将编辑好的组号信息返回给作业发送窗口（图 6.26），并关闭此窗口。

在一切准备完成后，在图 6.26 所示窗口中单击"Submit"，提交作业。

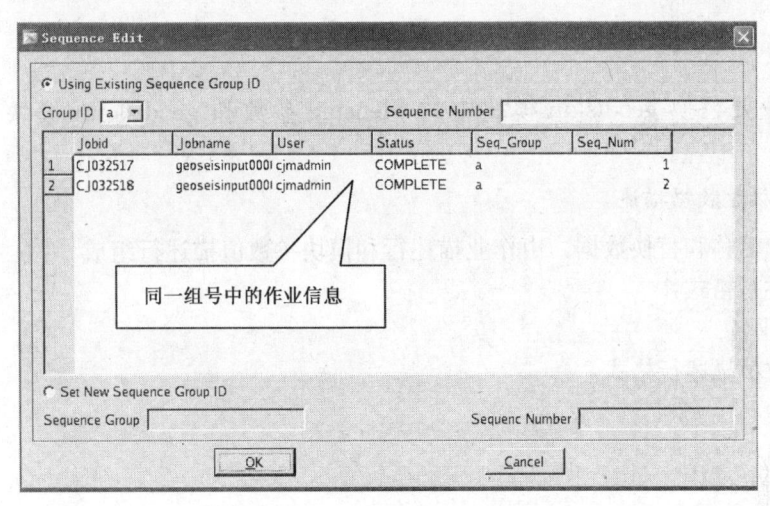

图 6.27　作业编组信息编辑器

2. 本地运行常规作业发送

如果是单机版或用户就想在本节点上运行作业，则使用本地运行按钮进行作业的发送，并使用图标启动现场处理作业队列监控程序，来监控作业执行的状态。

6.2.2　多作业发送

当进行地震资料处理时，在批量作业的处理流程中一个作业步有时需要发送多个作业。这些作业的内容基本相同，只是对某些模块的某些参数进行了修改。此程序的功能就是当需要发送多个相似作业时，以一个作业（在这里称为多作业模板）为模板，创建其他相似作业，并将这些作业同时发送。

1. 输入与输出

在批量作业处理过程中要同时发送多个作业，这些作业基本相同，这时需要提供一个多作业模板，作为输入创建相似的作业。

输出分为两部分，一部分是多作业发送描述文件，另一部分是作业文件。下面简要介绍一下多作业发送描述文件。此文件的后缀名为 .mjob，其内容分为两部分，一是模块参数描述，二是作业参数数据描述。两个部分是相互对应的。

1) 模块参数描述

描述多作业替换的模块和参数，由模块描述行和参数描述行组成，参数描述行在其对应的模块描述行之后。

模块描述行格式为：

module：模块名
参数描述行格式为：
参数名
举例说明：
module：geodiskin
filename
module：geodiskout
filename
每个作业要替换 geodiskin 模块中的 filename 参数和 geodiskout 模块中的 filename 参数。

2）作业参数数据描述

描述作业名称和替换数据，由作业描述行和模块参数值描述行组成。
作业描述行格式：
job：作业名
模块参数值描述行格式：
参数值
举例说明：
job：job1
  file1
  fileout1
job：job2
  file2
  fileout2

多作业描述文件举例如下：用以上两个例子，完整的多作业描述文件为：
#Module & Parameters
module：geodiskin
filename
module：geodiskout
filename
#End of M&P
#Job name & Parameters' values
job：job1
  file1
  fileout1
job：job2
  file2
  fielout2
#End of J&PV

说明：#后面的字符为注释。此文件表示另外发送两个作业，第一个作业名为job1，输入数据为file1，输出数据为fileout1，作业的其他模块、参数、参数值与作业模板一致；

第二个作业名为 job2，输入数据为 file2，输出数据为 fileout2，作业的其他模块、参数、参数值与作业模板一致。

2. 程序启动及相关操作

在 GeoEast 主控界面上选中 Application→Process→GeoJobEditor，弹出作业编辑窗口。在该作业编辑窗口中，单击多作业发送按钮，弹出多作业发送窗口，多作业发送主窗口由菜单条、工具条和文件显示区三部分组成，如图 6.28 所示。

1) 启动参数修改窗口

在多作业发送窗口中，单击"Select Parameters"按钮，弹出参数选择修改窗口，如图 6.29 所示。

在参数选择树上可以选择参数进行修改。在窗口右上方作业信息即作业修改区中，可以填写生成作业数量，设定通配符范围，显示作业列表等。窗口右侧下半部分是参数修改区，选中要修改的作业，可以进行修改。小窗口中的第一列是模块名，第二列是参数名，最后一列是参数值。

图 6.28 多作业发送窗口

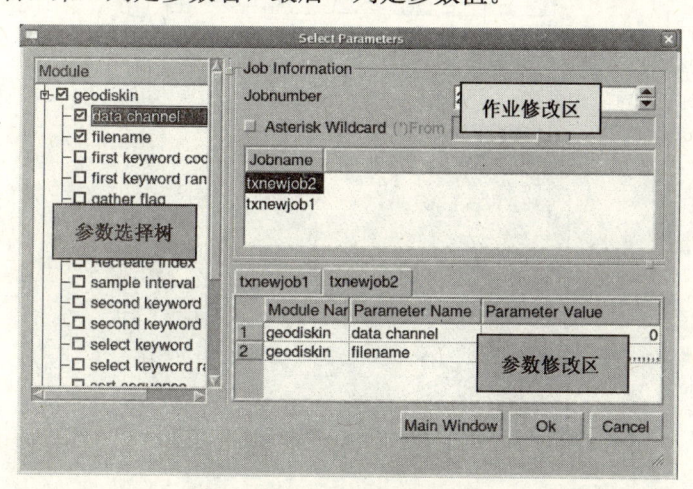

图 6.29 参数选择修改窗口

2) 选择参数并修改

首先在参数选择树中选择需要修改的参数，然后在作业修改区输入需要增加的作业数量，此时在作业列表中会生成新的作业名称（作业名 newjob1，作业名 newjob2……作业名 newjob$n$，此例模板作业名称为 sample.job），在参数修改区显示各个作业需要修改参数的参数表。接下来在参数修改区中选中需要修改的参数，双击"Parameter Value"表格项，此表格项处于编辑状态，这时可修改参数值。

如果需要修改新作业名称，可以在作业列表中选中作业，单击选中作业，作业名称处于编辑状态（图 6.30），这时可修改作业名称。

在修改参数完毕后，通过单击"Main Window"，激活 Multi Job Submit 主窗口，显示多作业描述文件，查看参数修改情况，如图 6.31 所示。

当在参数选择树中又选择了几个需要修改的参数时，单击作业列表中的作业，参数修改

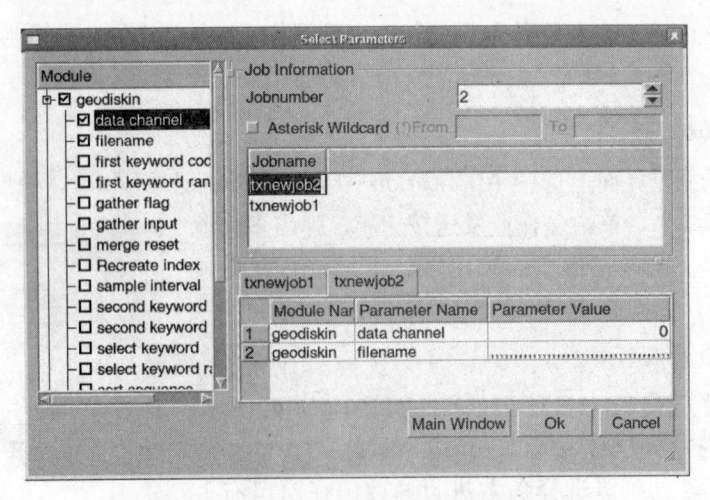

图 6.30　修改作业名称

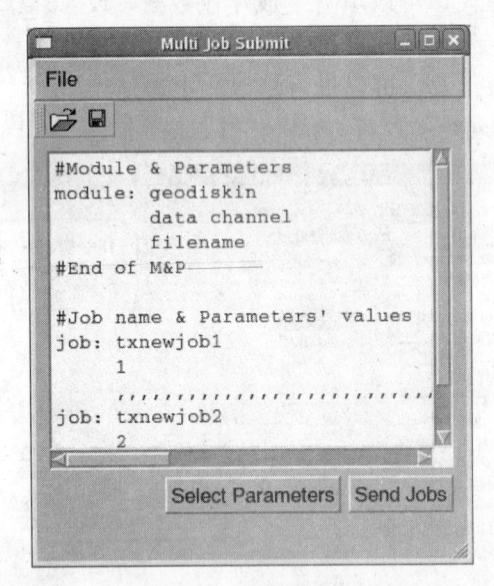

图 6.31　多作业描述

区的参数表格刷新，新选中的参数项加入到参数表格中。

　　当删除一个作业时，在作业列表中选中这个作业，单击右键，弹出右键菜单（图 6.32），单击右键菜单中的"Delete"，弹出"Delete Information"窗口，点击"Yes"删除此作业项和此作业对应的参数表格。

　　确定参数修改完成后，单击"Ok"按钮，关闭"Select Parameters"窗口，激活"Multi Job Submit"主窗口，显示多作业描述文件（图 6.31）。

　　对于只改变输入和输出模块数据文件名称的多作业，它们的数据文件名称命名都有一定的规则，一般名称中只是序号部分不同，且序号部分都是按等比数列（公差为 1）依次排列。因此，在修改具有此种特点模块参数时，可以选择使用通配符，即在参数选择树选择参数后，选中"Asterisk Wildcard"，创建一个含有通配符的作业参数模板，编辑参数修改区中的参数，在需要修改的位置插入通配符，并设定好通配符范围，系统会自动修改参数，如图 6.33 和图 6.34 所示。

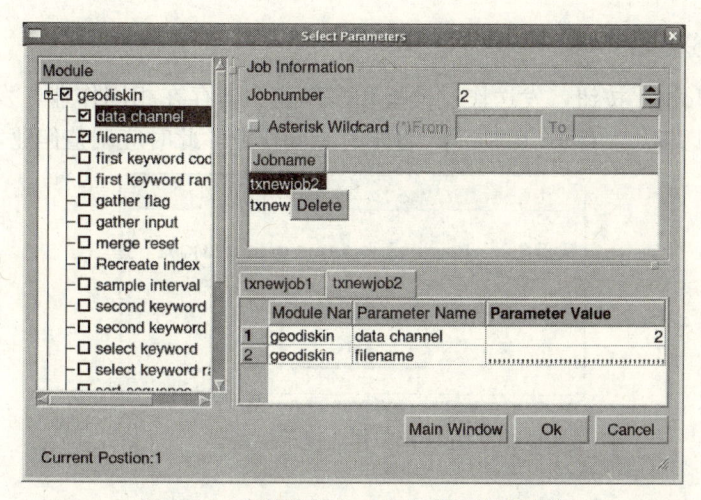

图 6.32 参数编辑窗口作业删除快捷菜单

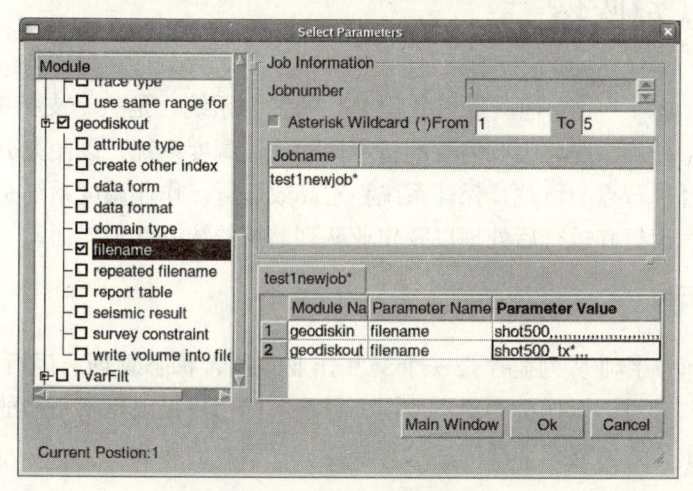

图 6.33 设定通配符范围

图 6.34 使用通配符修改后的作业参数描述

· 197 ·

3. 多作业发送

单击"SendJobs"按钮，发送作业模板和多作业。若存在相同作业，发送时弹出"File Information"对话框，如图 6.35 所示，告知有相同作业。此时应调整作业，重新发送。

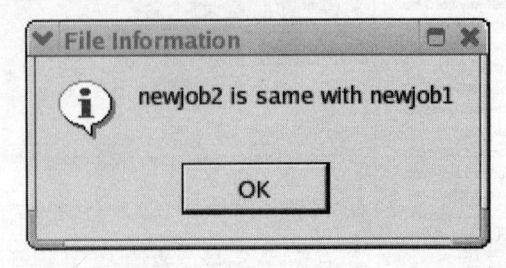

图 6.35 作业提示信息

6.3 作业队列监控

GeoEast 系统是一个面向地震资料处理中心的复合系统，是一个支持多用户、多任务、多作业类型的大型处理系统，因此需要配备专用的作业调度系统，以便充分利用计算机集群资源，平衡各个计算节点的负载，保证系统稳定高效运行。作业调度系统是可以完成作业收集、调度、发送、运行和运行后处理以及作业队列监控的统一管理界面。

6.3.1 作业管理

GeoJobManager 作业队列监控是一个交互作业监测、状态管理、运行作业状态查询的工具，可供系统管理员、操作员和用户使用。只是不同用户权限是不一样的。以普通账号启动时，只有用户的作业队列查询功能，没有操作员控制台的功能。

普通用户：
查看作业信息；
可以按队列状态、用户、部门、项目等信息选择排序查询作业信息；
修改作业的部分属性；
终止某个作业的运行（普通用户只能终止自己的作业）。
操作员用户：
作业优先级的修改；
并行作业的节点预定；
修改和刷新配置文件；
停止 Daemon 的运行；
LOG 文件管理；
作业信息文件管理（压缩已终止和已完成的作业）。

1. GeoJobManager 的启动

在流程与作业编辑主窗口（图 6.36）工具条点击 按钮，启动 GeoJobManager 作业队列监控子系统。

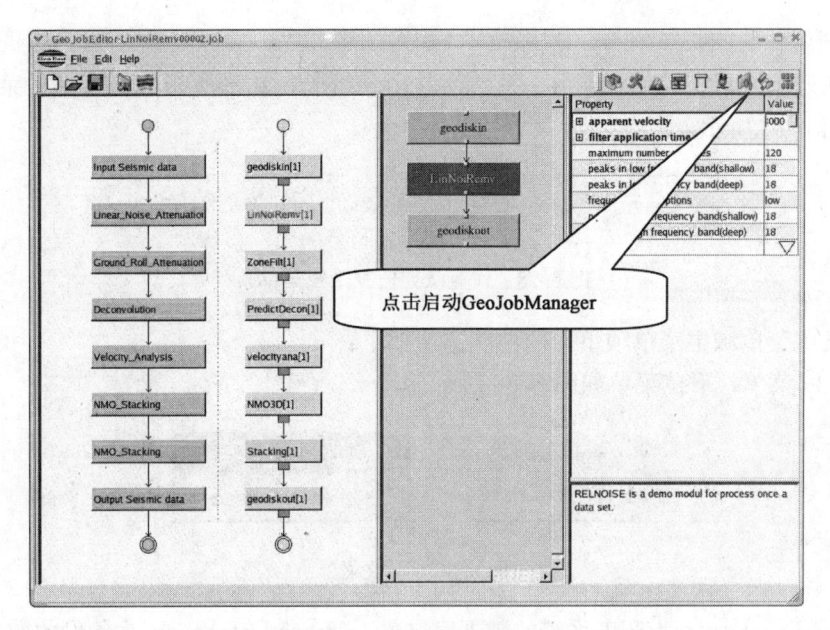

图 6.36 作业编辑主窗口

2. 主窗口及功能

作业队列监控系统提供了良好的人机界面，其主窗口如图 6.37 所示。

图 6.37 作业队列监控系统

作业队列监控主窗口包括以下五部分：菜单条；工具条，提供一些常用的快捷方式；作业列表显示区，显示用户需要显示的作业；操作输出信息区，输出监视系统操作的输出信息；状态条，显示当前的操作状态。

· 199 ·

1) 菜单条

作业队列监控系统的菜单条由一系列菜单命令组成，几乎所有的功能都是菜单驱动的。菜单条如图 6.38 所示。

```
File  View  Sort  Job  Operator  RefreshConfig  Display  Setting
```

图 6.38 作业队列监控系统菜单条

菜单条主菜单和主菜单项下面的功能选项如下：

(1) File 菜单，下拉菜单如图 6.39 所示。

```
Open      ▶     GJSS Database
Quit Ctrl+Q     Other Database
```

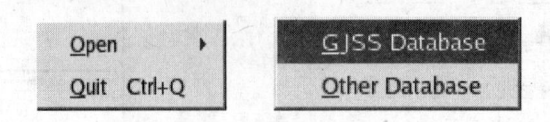

图 6.39 下拉菜单

其中，GJSS Database，为调度系统的数据库文件；Other Database，为备份的数据库文件。

作业队列监控系统缺省是从调度系统的数据库文件（GJSS Database）读取作业列表，也可以从备份的数据库文件中读取作业列表。备份的数据库文件由系统管理员定期（一般设为每天定时）备份，存放在指定的目录下。

(2) View 菜单实现对作业的过滤。用户在使用作业队列监控系统的过程中，可能只想显示自己的作业或自己的处于某种状态的作业。通过 View 菜单提供的功能，作业队列监控系统不但可以实现单个条件的过滤，同时也可以实现两个条件的与操作和或操作。

(3) Sort 菜单提供了对作业显示列表的排序功能，可以实现按时间、作业名、节点等排序。也可以通过直接点击作业列表显示区上方的标题栏来实现排序功能。

(4) Job 菜单的功能是选择作业，然后修改作业的参数。由于调度系统管理员和普通用户都可以使用监视系统，所以在 Job 菜单中就有了权限的控制，普通用户只能修改自己作业的部分参数，而调度系统管理员可以修改任何作业的任何参数。在主窗口选择菜单 Job，弹出如图 6.40 所示的下拉菜单。

```
Job Parameters  ▶
Job Actions     ▶
Select All
Deselect All
Delete Job
```

图 6.40 Job 下拉菜单

其中，Job Parameters，作业参数，用于修改选中作业的参数；Job Actions，作业状态控制；Select All，全选，选中的作业会加亮显示，只有先选中作业，才可以修改作业的参数；Deselect All，取消作业的选择；Delete Job，删除用户指定的作业。

(5) Operator 菜单是专门提供给系统管理员使用的功能菜单，普通用户不能使用这些功能。系统管理员通过这些功能实现与调度系统主 daemon 的交互。

(6) Refresh Config 提供了刷新配置文件的功能。作业调度系统在运行过程中，系统管理员可能修改了某些配置，通过 Refresh Config 提供的功能，可以通知调度系统对配置的变化做出相应的处理。

(7) Display 菜单可以显示调度系统当前的系统配置和资源信息。

(8) Setting 菜单可以配置监视系统的作业显示属性和自动刷新频率。

2）工具条

作业队列监控系统的工具条提供了用户最常用的功能，如图 6.41 所示。

图 6.41 工具条

3）作业列表显示区

作业列表显示区显示了用户需要显示的所有作业，提供了作业的选择功能。作业队列监控系统的作业列表显示区如图 6.42 所示。

在作业上单击鼠标右键，弹出作业结果查看列表。其中，View List，查看作业的 List 文件；View Log，查看作业的 Log 信息；View Plot，查看作业生成的 Plot 文件；View CGM，查看作业生成的 CGM 文件；View Run.Temp.Output，查看作业运行过程中生成的 .run、.temp 和 .dat 文件。

图 6.42 作业列表显示区邮件菜单

4）操作输出信息区

作业列表显示区下方是操作输出信息区，显示当前操作的一些细节信息，如图 6.43 所示。

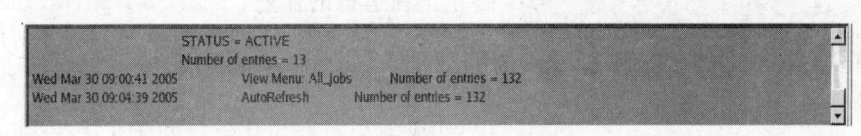

图 6.43 操作输出信息区

6.3.2 现场处理作业队列监控

GeoEast 系统根据用户的需要可以定制为不同的版本，而现场处理版一般安装在单机上，因此没有配备作业调度系统，而是采用本地执行方式进行作业运行，因此需要针对本地运行方式的作业队列监控工具，用以替代作业调度的作业监控功能。

1. 功能概述

现场处理作业队列监控工具主要包括以下功能：
（1）显示本机正在运行、处于等待和处于暂停状态的作业；
（2）显示指定项目、工区、测线下的作业历史列表；
（3）显示作业的 list 文件、log 文件、plot 文件、cgm 文件和 run 文件的内容以及 temp 文件与 data 文件的大小。

2. 界面介绍

首先启动现场作业监控，打开 GeoJobEditor，工具栏上单击 ，启动现场处理主窗口，如图 6.44 所示。

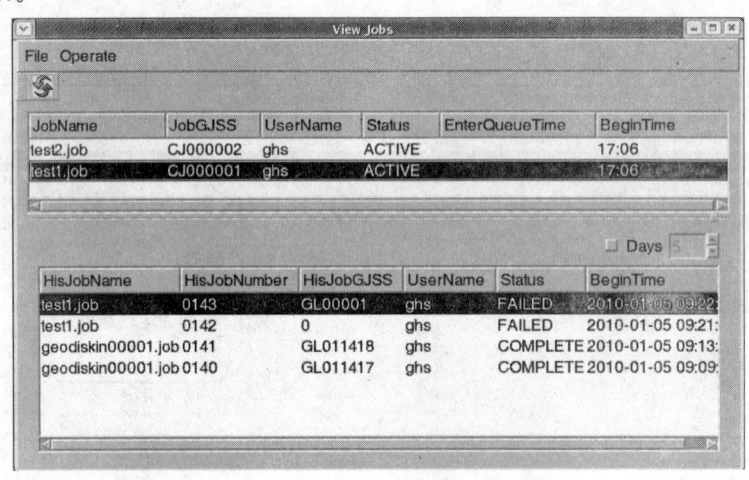

图 6.44　现场作业监控主窗口

现场处理作业监控主窗口包括以下四部分：菜单条；工具条，提供一些常用的快捷方式；作业列表显示区，显示正在运行、处于等待状态和处于暂停状态的作业；作业历史显示区，显示作业历史列表。

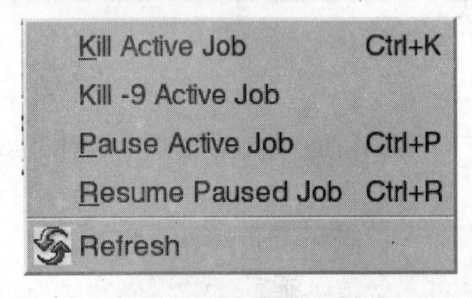

图 6.45　Operate 下拉菜单

1) 菜单条

菜单条包含两项：File 和 Operate。File 菜单的下拉菜单是关闭窗口选项。单击"Operate"，下拉菜单如图 6.45 所示。其中，Kill Active Job 表示终止正在运行的作业；Kill-9 Active Job 也表示终止正在运行的作业，是在 Kill Active Job 不能终止正在运行的作业的情况下进行该操作；Pause Active Job 表示暂停正在运行的作业；Resume Paused Job 表示恢复暂停的作业；Refresh 表示刷新作业运行状态和作业历史。

2) 作业列表显示区

作业列表显示区用于显示正在运行、处于等待状态和处于暂停状态的作业，如图 6.46 所示。

JobName	JobGJSS	UserName	Status	EnterQueueTime	BeginTime
test2.job	CJ000002	ghs	ACTIVE		17:06
test1.job	CJ000001	ghs	ACTIVE		17:06

图 6.46　作业列表显示区

从第一列开始向后数，表头分别表示作业名（JobName）、作业调度号（JobGJSS）、用户名（UserName）、作业运行状态（Status）、作业进入作业队列的时间（EnterQueueTime）以及作业开始运行的时间（BeginTime）。其中，作业状态有 3 种，分别是正在运行（ACTIVE）、在队列中等待（WAIT）与作业暂停（PAUSED）。

3）作业历史显示区

作业历史显示区用于显示作业历史文件，如图 6.47 所示。

HisJobName	HisJobNumber	HisJobGJSS	UserName	Status	BeginTime
test2.job	0120	CJ000002	ghs	COMPLETE	2009-12-22 15:42:07
test1.job	0119	CJ000001	ghs	COMPLETE	2009-12-22 15:41:54
test1.job	0118	CJ000001	ghs	FAILED	2009-12-17 11:28:36
test2.job	0115	CJ000002	ghs	FAILED	2009-12-17 11:27:08
test2.job	0114	CJ000002	ghs	FAILED	2009-12-17 11:27:02
test1.job	0113	CJ000001	ghs	FAILED	2009-12-17 11:26:58

图 6.47　作业历史显示区

通过作业历史显示情况可以知道历史作业的相关信息，如作业名称、调度号、拥有者、运行结束后的状态以及作业起始时间。

4）时间设定栏

在作业列表显示区和作业历史显示区中间有一个带有复选框的时间设定栏，通过勾选复选框，可以设定时间（以天为单位），控制显示该设定日期内的历史作业列表，默认时间为 5 天，如图 6.48 所示。

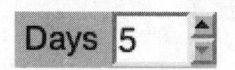

图 6.48　时间设定栏

3. 操作说明

现场处理作业监控主要用于监控作业的运行状态和运行结束后的相关信息，部分状态信息在监控主窗口可以获得，更多的作业信息要通过相关的文件显示。

1）显示文件

选中一个运行作业，点击右键，弹出右键菜单，点击右键菜单项，显示该项内容，如图 6.49 所示。

（1）显示作业列表。

选中"View List"，显示 list 文件，如图 6.50 所示。

（2）显示作业日志。

选中"View Log"，显示 log 文件，如图 6.51 所示。

在选中"View List"或"View Log"时，如果相关的 list 文件或 log 文件不存在，会弹出报错信息对话框，如图 6.52 所示。

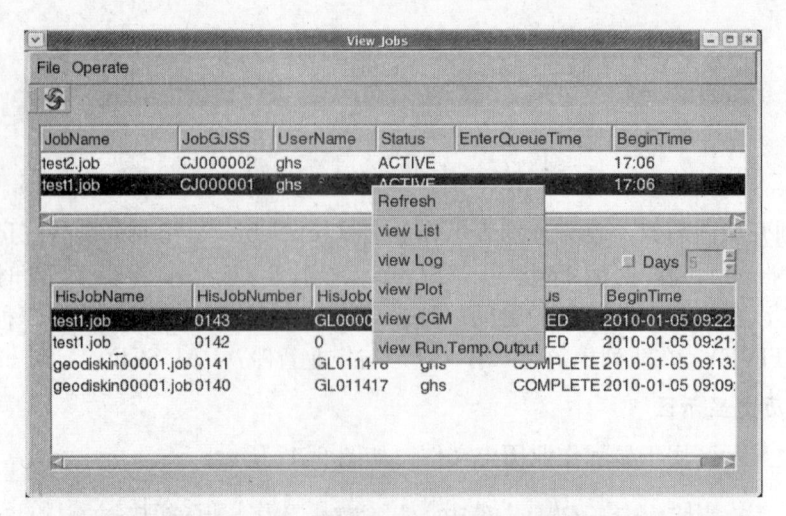

图 6.49 现场作业监控管理右键菜单

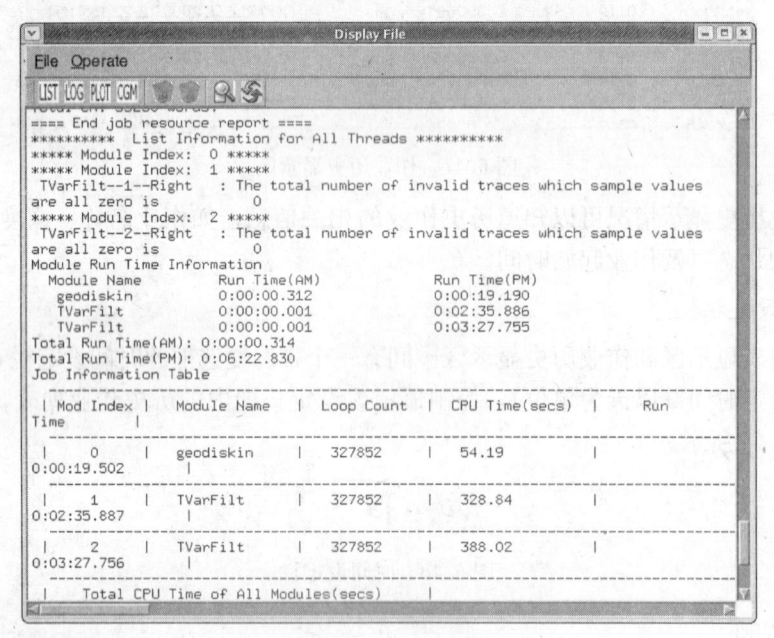

图 6.50 作业列表

这种情况主要是因为所查阅的作业信息不属于当前项目、工区或者测线，因此需要用户指定工区或者测线位置，此时单击"Ok"按钮，弹出"PSL Information"对话框，可以输入项目、工区、测线信息，改变当前的项目、工区、测线，如图 6.53 所示。

(3) 显示作业运行信息、临时文件和输出数据。

选中"View Run. temp. output"，弹出"Display Filelist And OutputFile"对话框，如图 6.54 所示。对话框的上半部分列表栏显示作业运行过程中各模块产生的文件列表，下半部分显示当前作业的运行进度。如果没有选中任何文件，单击"Refresh"按钮，列表中的文件大小和文本框中的文件内容同时刷新。

如果列表中有 list 文件，选中 list 文件右键打开或双击，可以打开 list 文件，文件内容显示在文本框中，如图 6.55 所示。选中 list 文件时点击"Refresh"按钮，list 文件将被刷新。

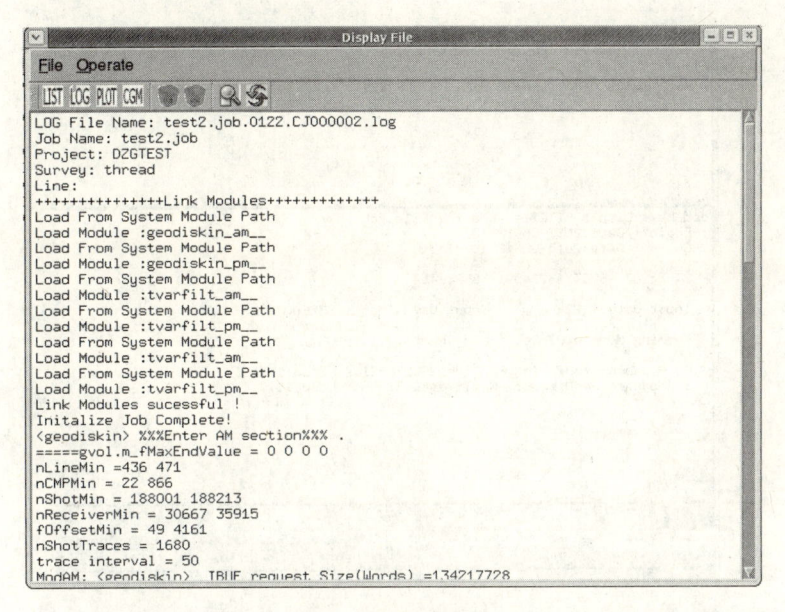

图 6.51　作业日志

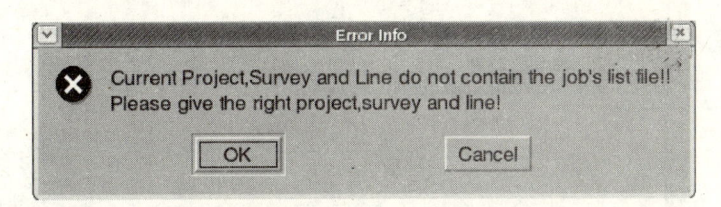

图 6.52　报错对话框

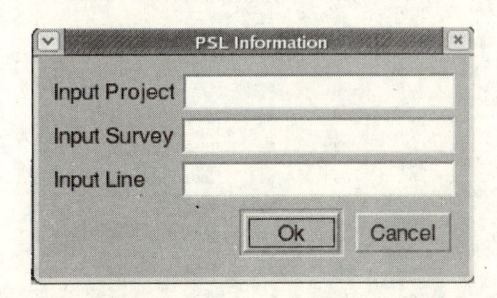

图 6.53　"PSL Information"对话框

2）改变作业状态

在作业列表区中选中一个或多个作业，选中"operate"弹出下拉菜单，选中下拉菜单中的某一项，对作业状态做相应的操作，如图 6.56 所示。

6.3.3　作业运行信息显示

Data browser 是 GeoEast 系统中查看作业处理各种相关数据和处理结果的工具。其主要功能有：

（1）查看工作流的相关信息；

（2）查看各种数据表，对其进行编辑拷贝及删除等操作；

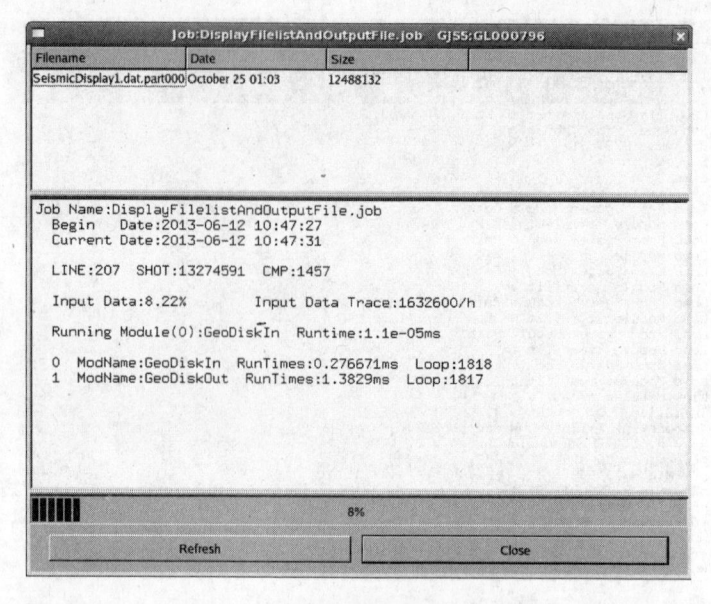

图 6.54　作业列表和输出文件信息

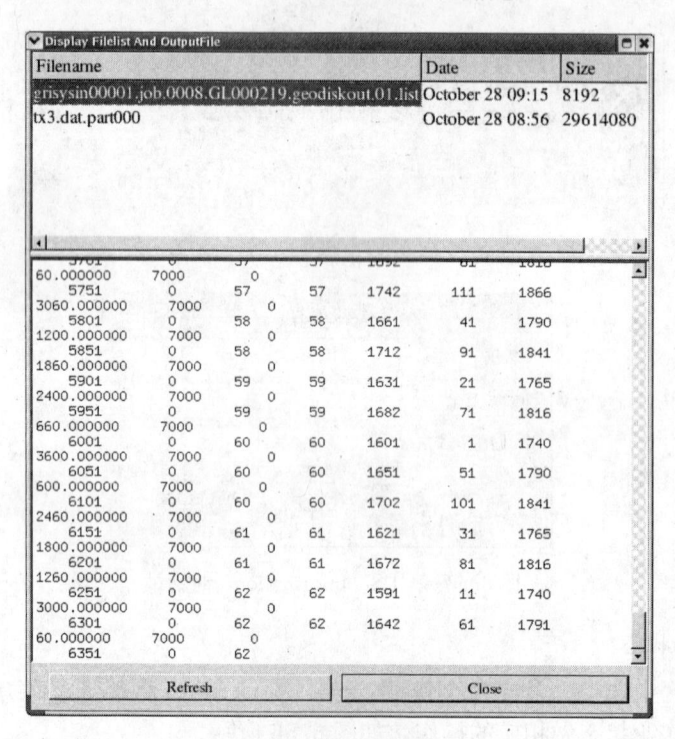

图 6.55　输出文件信息

(3) 查看作业的处理历史，对处理历史进行管理；
(4) 查看处理作业产生的列表文件，并对其进行右键菜单提供的相关操作；
(5) 查看处理作业产生的绘图文件，并对其进行右键菜单提供的相关操作；
(6) 查看处理作业产生的日志文件，并对其进行右键菜单提供的相关操作；
(7) 查看临时文件。

· 206 ·

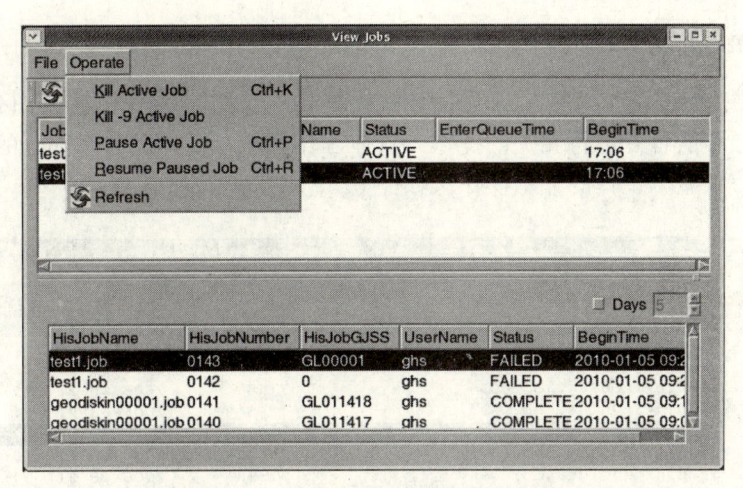

图 6.56　更改作业运行状态右键菜单

1. 作业运行信息管理主界面

在作业编辑主窗口中点击参数编辑上方的图标，启动作业运行信息管理窗口，如图 6.57 所示。

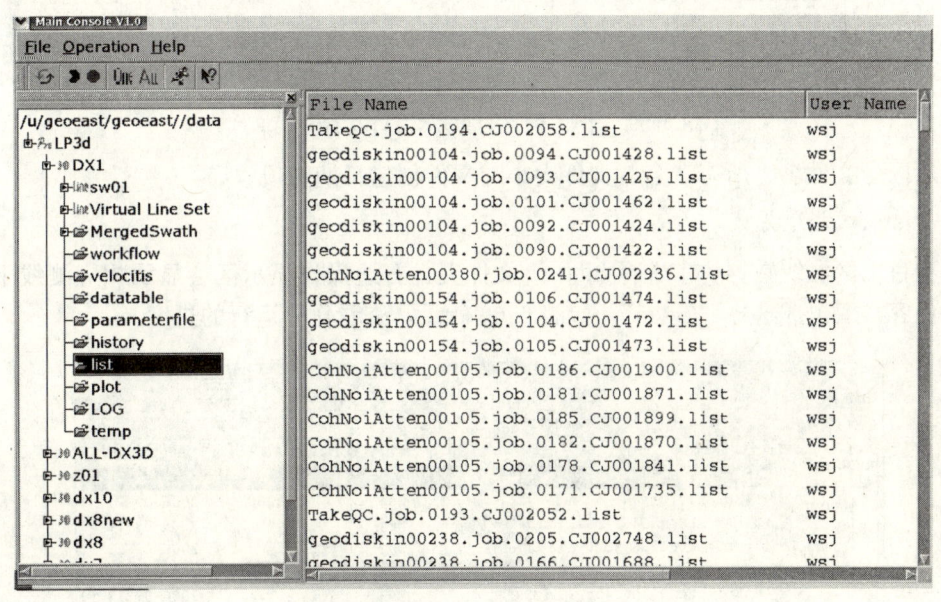

图 6.57　作业运行信息管理窗口

作业运行信息管理主界面由四部分组成：菜单条、工具条、项目工区测线数据树（左半部分）以及显示操作区（右半部分）作业运行信息显示工具的菜单条，Operation 的下拉菜单如图 6.58 所示。

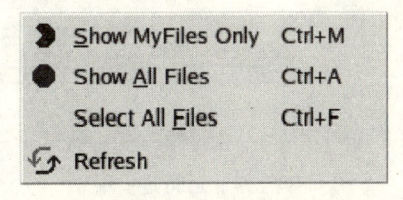

图 6.58　Operation 下拉菜单

2. 显示操作区的常用操作

作业运行信息显示工具的项目工区测线数据树，主要功能是用来浏览工区及测线级别下各个数据项的详细信息并进行相关的操作，具体工作区域在主界面右半部分的显示操作区。

作业运行信息显示工具的显示操作区如图6.59所示。

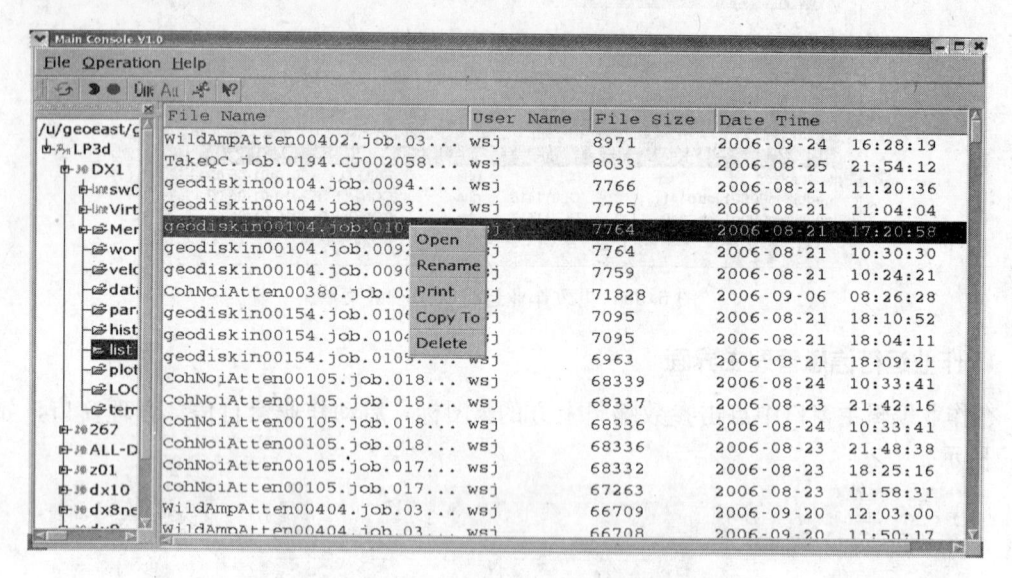

图6.59 作业运行信息显示窗口及右键菜单

显示区分文件名、所有者名、文件大小与文件创建日期四项。

1) history 文件夹

在项目工区测线数据树中选择history文件夹，右边操作显示区会显示相应测线下的处理进展内容，双击或选择"Open"，如图6.60所示，查看作业运行的进度。

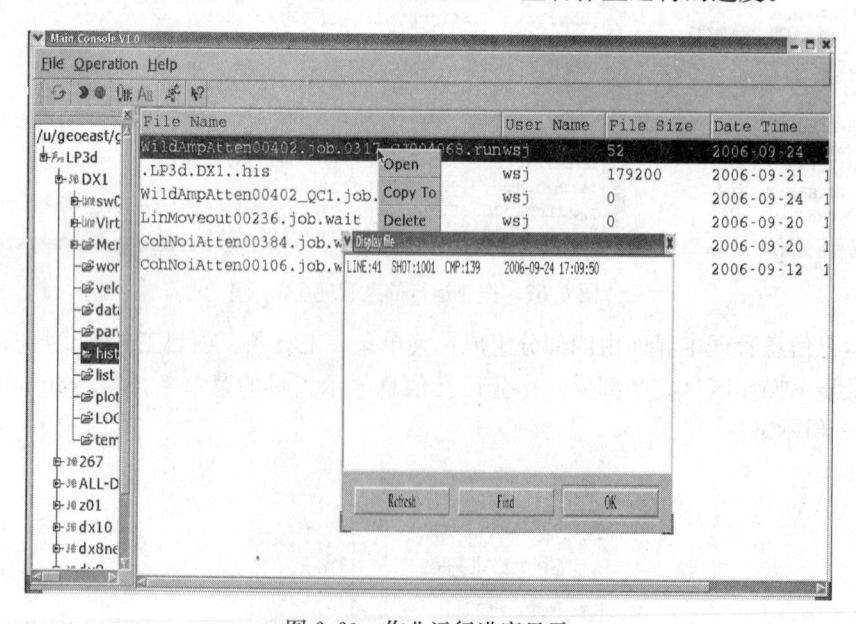

图6.60 作业运行进度显示

Copy To，拷贝当前文件到指定的目录，目录选择如图 6.60 左所示。若用户不具有写权限，则拷贝失败。

Delete，删除用户选中的文件，若用户没有写权限，则删除失败。选中的文件可以是一个，也可以是多个，删除时要进行删除确认。

2）list/LOG 文件夹

list 和 LOG 文件夹操作相同，这里以 list 文件夹的操作为例进行说明。

在项目工区测线数据树中选择 list 文件夹时，右侧显示此测线下处理作业所产生的列表文件信息，如图 6.61 所示。双击或者使用右键菜单中的"Open"选项可查看其内容，如图 6.62 所示。

图 6.61 列表文件信息

图 6.62 作业内容显示

3）plot 文件夹

在项目工区测线数据树中选择 plot 文件夹时，右侧显示操作区显示此工区或者测线下处理作业所产生的绘图文件信息，如图 6.63 所示。

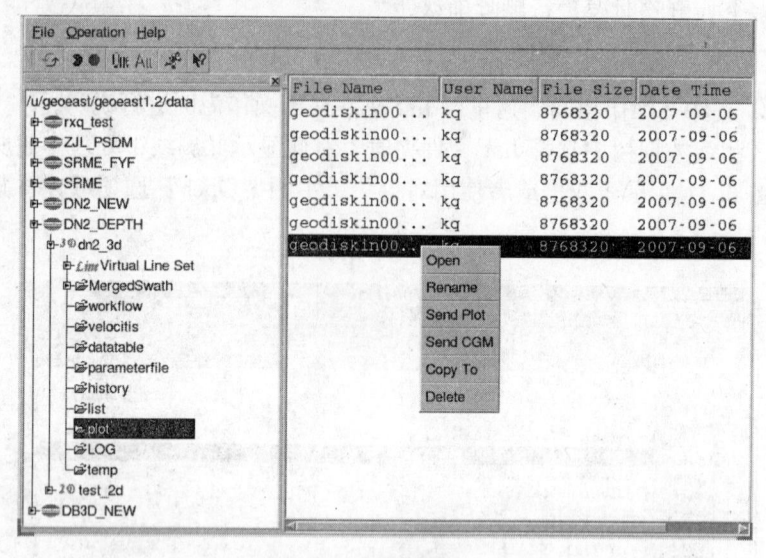

图 6.63 绘图文件信息

通过右键菜单的 Open 项或者双击可打开绘图文件，查看其具体图形内容，了解作业的执行情况和处理效果，如图 6.64 所示。

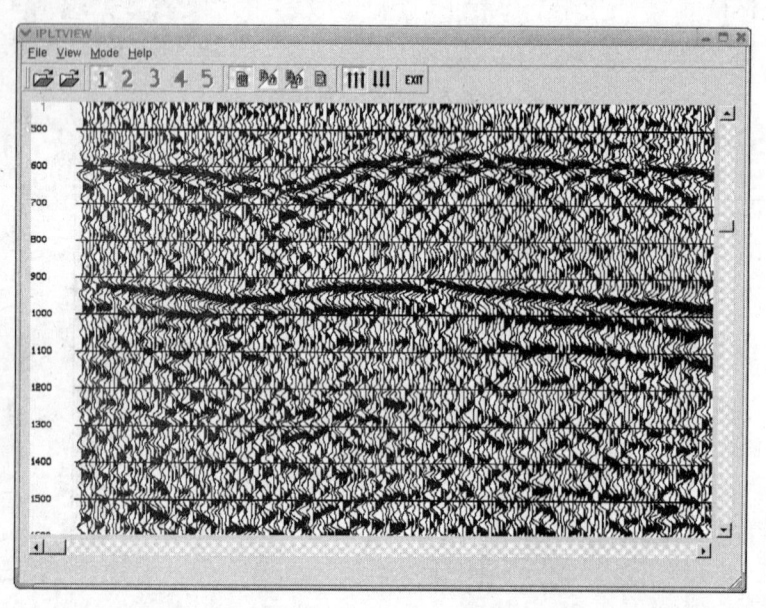

图 6.64 Plot 图形浏览

其中，点击图 6.63 右键菜单中的 Send Plot 或 Send CGM 菜单项，弹出"Plotter"对话框，如图 6.65 所示。

选择绘图设备（如果在绘图文件发送后要删除绘图文件，选择左下方"Delete"项），点击"OK"按钮，发送绘图文件。

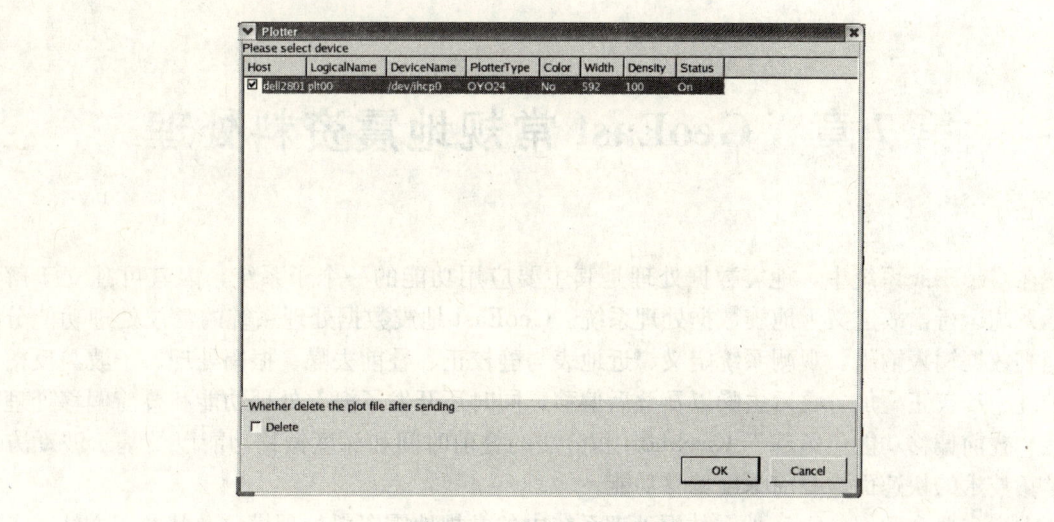

图 6.65 "Plotter"对话框

第 7 章 GeoEast 常规地震资料处理

在 GeoEast 系统中，地震数据处理是其主要应用功能的一个子系统，因其可独立于解释子系统运行，故定义为地震数据处理系统。GeoEast 地震数据处理系统的常规处理功能分为地震数据输入输出、观测系统定义、近地表与静校正、叠前去噪、振幅处理、子波与反褶积处理、动校正叠加、叠后去噪以及叠后偏移，同时还开发了海上处理功能和叠前偏移处理功能。叠前偏移功能包括基于 Kirchhoff 积分法的叠前时间和深度偏移功能以及基于波动方程延拓技术的快速面炮叠前深度偏移功能。

本章主要介绍 GeoEast 地震数据处理系统中的常规地震资料处理模块及其使用方法。

7.1 GeoEast 静校正

常用的静校正方法有折射波静校正和反射波静校正。野外静校正是由采集单位提供的、利用折射波方法计算的静校正量。地震数据应用折射波静校正量后仍然存在的静校正量，叫剩余静校正量。剩余静校正影响 CMP 叠加质量，必须对它进行剩余静校正量估算和校正。剩余静校正分为两种，一种是利用反射波信息的地表一致性剩余静校正和非地表一致性剩余静校正，另一种是利用初至信息的初至波剩余静校正。GeoEast 中对于静校正量的存放根据其类型不同而不同，具体的存放位置有：

（1）野外静校正量：通过 SPS 文件完成观测系统定义的数据自动保存在数据道头字中，同时保存到数据库中的类别 Field Statics 中，版本号为 1；通过外部文件输入的方式输入的野外校正量保存到数据道头字中，同时保存到数据库中，类别同样是 Field Statics，版本号由用户在作业中自己定义。

（2）折射波静校正量（含层析法静校正量）：只保存到数据库中，类别为 Field Statics，版本号由用户定义。

（3）高程静校正量：根据作业的不同存放到道头字中和数据库中，存放类别为 Surface to floating Datum，版本号在作业执行时由用户定义。

（4）二维折射波剩余静校正量：存放到数据库中，存放类别为 First Break Statics，版本号由用户自定义；也可以根据需要存放在数据道头字中。

（5）三维折射波剩余静校正量：根据作业参数的不同存放在数据表中或者数据库中，如果存放在数据库中，类别为 First Break Statics，版本号由用户自己定义。

（6）反射波剩余静校正量：根据作业参数的不同存放在数据表中或者数据库中，如果存放在数据库中，类别为 Residual Statics，版本号由用户自己定义。

（7）野外校正量高低频分离后的高低频校正量：高频存放在数据道头字中；低频存放在数据道头字中以及数据库中，版本由用户自定义，类别为 CMP to Floating Datum。

对于不同的校正量，如果存放在数据库中，可以通过 GeoEast 主控界面数据树上选择二维测线或者三维工区，右键点击选择 DB Check→near ground information，在弹出的数据库浏览工具中进行查询。

GeoEast 地震数据处理系统与静校正有关的道头字：HD102 存放炮点野外校正量；HD121 存放检波点野外校正量；HD85 存放 CMP 参考面校正量；HD103 存放炮点到 CMP 参考面校正量；HD122 存放检波点到 CMP 参考面校正量；HD41 存放静校正标识。

7.1.1 野外静校正及其应用

野外静校正是资料处理应用静校正的第一步工作，可以使用野外提供的静校正量或者室内计算得到的模型静校正量，根据需要选择合适的方法（直接应用法、两步法）进行应用。野外静校正量是将数据由地表面校正到浮动基准面的校正量，可以分离为两部分：低频部分（长波长）和高频部分（短波长）。GeoEast 系统通过模块 StApply 应用野外静校正量，该模块只针对地震数据道头字中的炮点和检波点野外校正量（HD102、HD121），即只应用道头字中的野外静校正量值。

1. 静校正量写入道头字

在应用静校正量之前需要确认地震数据道头字中存放的是否是需要应用的野外静校正量，如果不是，就需要通过以下 2 种方法将存放在外部文件或者数据库中的野外静校正量读出并写入数据道头字中，再进行应用。

1) IoStEle 模块从外部文件写入静校正量和高程

该模块从输入数据中提取野外静校正量或高程，写成 ASCII 文件；当以 ASCII 文件的形式输入野外静校正量或高程时，就要修改地震数据中野外静校正量或高程的道头，并将和地震数据相关的野外静校正量或高程写入数据库。注意事项如下：

(1) 无论文本文件中的校正量值是何种静校正量，该模块都认为是野外校正量，并将其覆盖地震数据道头中的炮点检波点野外校正量（shot_field_st、receiver_filed_st），数据库存放类型为 field statics。

(2) 使用该模块后，地震数据中原有道头字 shot_field_st、receiver_filed_st 中的值将自动覆盖。

(3) 输出到数据库中的版本号不要和已有校正量的版本号一致，以免被覆盖。

(4) 外部文件书写格式由三列组成：检波点（炮点）线号、检波点（炮点）点号以及检波点（炮点）校正量；三列之间用空格分开，右侧对齐即可；且该文件中的线号、点号应与地震数据中道头字 88、90、108 与 109 一一对应。

(5) GeoEast 系统在定义观测系统的时候自动将 88、90、108、109 四个道头字×100，而静校正文件中要求是和 SPS 文件保持一致，也就是 ASCII 文件中的线号、点号×100＝道头字值。

应用实例如图 7.1 所示，流程为 geodiskin→IoStEle→StApply→geodiskout。输入地震数据，IoStEle 模块中的 operation type 选择 header and database 选项（外部文件输入）将 2 个 ASCII 文件（source/receiver information filename 参数）中存放的炮点和检波点校正量写入数据道头和数据库版本号（statics version of source and receiver）中，并且由 StApply 应用该野外静校正量。

2) TrStatics 模块将数据库内不同版本号中的校正量写入数据道头中

当用户想调用数据库中指定的某个版本的野外静校正量或者剩余静校正量，而这些量与当前数据道头字中的校正量不相同时，就需要使用 TrStatics 模块将指定版本号存放的数据

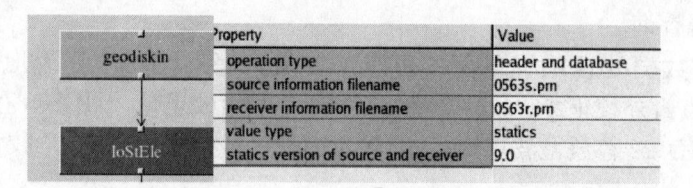

图 7.1 IoStEle 模块应用实例

库中的校正量读出写入当前数据道头,再由 StApply 应用。该方法多用于不同版本的野外静校正量应用对比试验。该模块主要有 2 个参数,statics version 是指读出该数据库版本号的静校正,statics type 是静校正类型,此处选择 field statics。

2. 野外静校正应用

GeoEast 处理系统中对静校正应用有两种方式:一是直接应用,二是对高低频进行分离应用。当静校正量较小时,通常采用第一种应用方式;当静校正量较大时,为使 CMP 道集上同相轴满足双曲规律,通常采用第二种应用方式。在第二种应用方式中的低频部分指 CMP 参考面到浮动基准面的校正量,高频部分指炮点和接收点到 CMP 参考面的校正量。

下面介绍两种野外静校正量的应用方法,用户可以根据自己的需要选择是直接应用还是分两步法,只要注意不同的应用方式采用不同的地震数据输入控制即可。

1)两步法应用野外静校正量

两步法应用野外静校正量就是首先对野外静校正量进行高低频分离,应用野外静校正量的高频部分将数据静校到 CMP 参考面;在 CMP 参考面对数据进行去噪、速度分析、振幅处理等,当处理到一定程度需要在浮动基准面上进行处理时,再应用静校正量的低频部分将地震数据校正到浮动基准面上,从而完成野外静校正处理。两步法应用实例如图 7.2 所示。

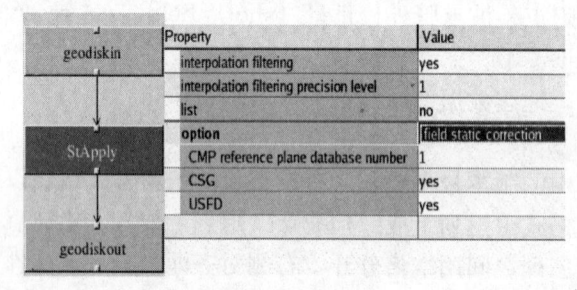

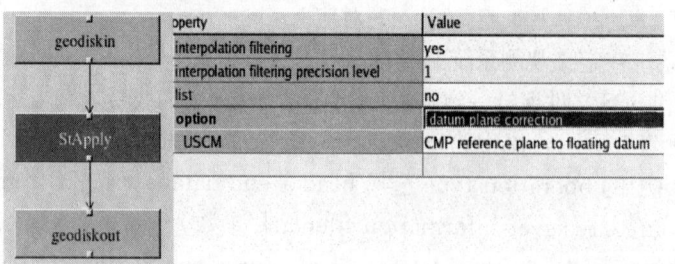

图 7.2 野外静校正量的两步法应用(左图为第一步,右图为第二步)

第一步:输入控制 CMP、Trace,旗标(gather flag)CMP(二维);CMP Line、CMP、Trace,旗标 CMP(三维)。option 选件 field static correction。此时模块将根据输入的地震数据道头字中存放的野外校正量计算 CMP 参考面,并将野外校正量进行高低频分离，写入相应的道头字，最后将高频校正量应用到地震数据中，将地震数据校正到CMP参考面。无论是二维还是三维处理，只要是用两步法野外静校正应用，输入数据必须包括该二维测线或者三维工区内所有相关的叠前道集数据，如果是多数据输入，必须打开geodiskin模块中的merge reset选件（置为yes）。

第二步：StApply模块进行USCM处理，应用低频校正将地震数据从CMP参考面校正到统一（浮动）基准面。option选件datum plane correction。

2）直接应用野外静校正量

野外校正量也可以不分高低频一次校正完成，即野外静校正量直接应用，这种方法一般应用于地表起伏变化不大的情况下。直接应用只需option选项选择direct application of static correction选件，statics type选择field statics即可。由于是单道处理，所以输入可以不加任何控制。

3. 高程静校正计算及其应用

对于没有提供野外静校正量的地震数据来说，可以用高程静校正的方式替代野外静校正。StApply模块提供了利用炮点检波点高程计算高程静校正量并应用的功能，即在GeoEast系统中要完成高程静校正。首先计算出高程静校正量，然后再进行应用，即两次StApply模块完成高程静校正应用。高程静校正也是野外静校正的一种，其应用方式同野外静校正一样有两种：两步法和直接应用。一般在进行高程静校正时，在作业中同时串接两个StApply，前一个用于计算高程校正量，后一个用于应用。高程静校正应用实例如图7.3所示。

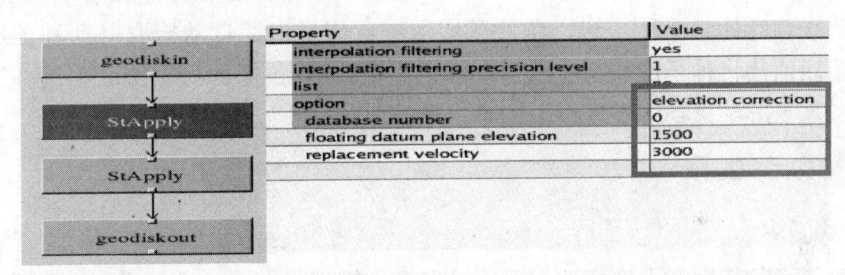

图7.3 高程静校正计算及应用第一个StApply模块参数填写

第一个StApply模块计算高程静校正量并保存（计算之前需确认地震数据道头字中存放了炮点和检波点的地表高程值）：输入地震数据，采用基准面1500m，填充速度3000m/s计算高程校正量，保存到道头字或者数据库中，option选件elevation correction。数据库版本号为0，缺省也为0。需要说明的是，如果使用缺省值0，则意味着模块只计算高程校正量并写入数据中的炮点检波点野外静校正量道头字（shot_field_st、receiver_filed_st）中，如果填写1～99，则不仅写入地震数据道头，而且以填写的数值为版本号写入数据库中的Surface to floating Datum类别中。

4. 常量校正

在地震资料处理中，某些情况下需要进行常量校正，如基准面调整等，此时需要使用StApply中的常量校正功能完成：在option选件中选择constant correction，并填写需要校正的时间量即可。此时模块会对所有的输入地震道进行常量校正并输出，模块为单道运行，因此输入没有控制要求。

7.1.2 交互初至波拾取 (GeoFBPicking)

获得初至时间的方法主要是通过初至波拾取工具 GeoFBPicking 来完成。二维和三维的部分操作不同，三维初至拾取见 8.3。

1. 输入输出数据要求

对于 GeoEast 内部的叠前炮集地震数据，二维数据以测线为单位，三维数据以线束为单位，数据加载以一束线为最大单位，即用户在使用初至拾取工具的时候要一束一束地拾取，每一束线均为独立的输入和输出。要求数据已经完成观测系统定义，数据体中必须存在炮检点的相对或者绝对位置关系，另外地表高程信息也应存放于数据体的相应位置中。对于需要进行折射波静校正计算或者层析反演静校正计算的地震数据，其输入数据为完成观测系统定义的叠前炮集数据；对于需要进行初至波剩余静校正计算的地震数据，输入数据为完成了野外静校正量直接应用后的叠前炮集数据。

拾取后的初至时间可以保存在地震数据道头字中，或者通过拾取工具保存在 GeoEast 系统约定格式的外部文件中，供后续的静校正计算模块使用。

2. GeoFBPicking 功能

利用交互方式，手工拾取并计算当前炮的初至时间，三维部分可以在单炮上拾取，也可以在某条检波线上拾取。2D 可利用地表一致性法约束拾取初至时间，利用前一炮或后一炮的拾取结果为约束，计算当前炮的初至时间；能量相关综合法拾取初至时间，由地震数据道头提供的地表信息计算出种子炮，在种子炮上进行能量追踪自动拾取得到种子炮的初至时间，然后用插值法将种子炮初至应用到全部数据上。3D 数据的初至拾取采用种子点控制和横纵向参考炮点的约束功能实现批量的半自动拾取。

3. 二维初至波拾取

1) 数据截取

在主控界面的数据树上选择地震数据，鼠标右键选择 "First Break picking"。地震数据按照炮号、道号的排列方式在界面中显示，用户可以根据实际情况调整显示参数，以保证初至清晰可辨。

首先调整显示方式按照偏移距排序，点击 ▨ 或 Display→By Offset，此时显示窗口中底层地震道为右排列道，上层地震道为左排列道。然后定义初至数据截取时窗，鼠标左键沿初至时间点击两次定义速度，模块按照缺省时窗参数定义数据截取时窗并显示在界面上，如图 7.4 所示，根据自己的需要进行截取时窗调整。

◀ ▶ 对加载的地震数据进行前后翻动，▤ 进行跳炮显示，观察截取时窗是否适用于所有单炮。

确认截取时窗后，点击 File→Save 或 ▤ 进行数据截取并保存，保存完成后在主控界面数据树上形成截取的初至数据，数据文件名为：原始数据文件名＋.lmodata。对于同一个数据体的初至拾取，首次启动需要定义初至截取时窗并保存截取数据，后续的修改工作（lmodata 数据已经存在）只需启动截取界面。File→Open 打开后缀为 .mas 文件。显示文件中指定的地震数据及相关线性动校正参数定义的时窗，并直接切换到拾取状态即可。

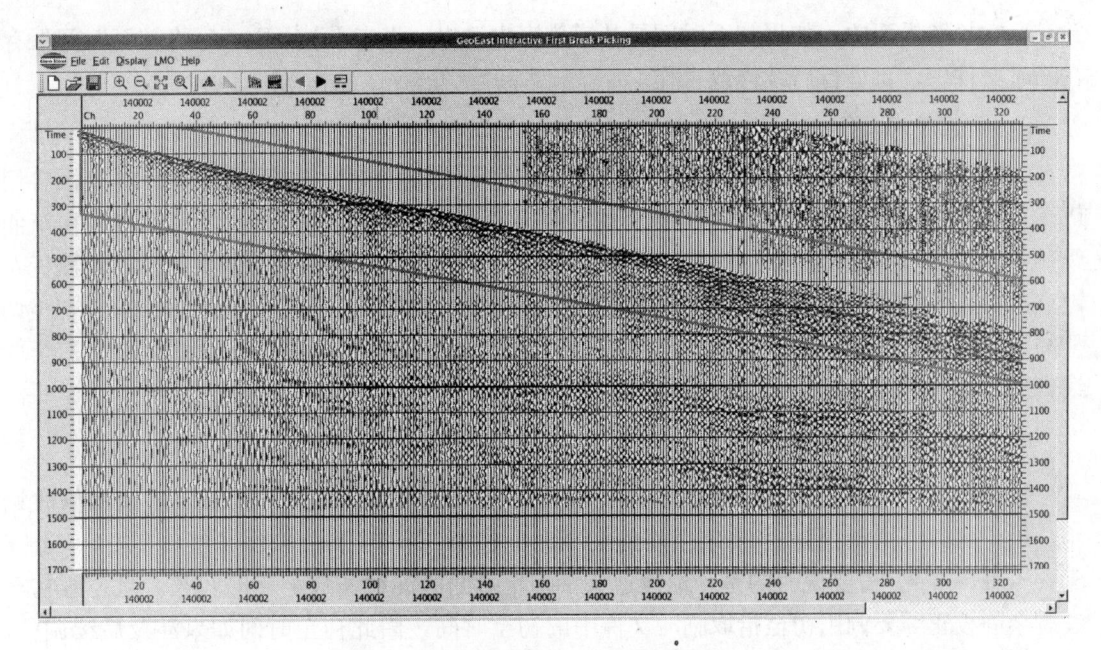

图 7.4　数据截取界面：数据截取时窗显示

数据截取完成后，用户的当前目录下自动生成以项目名称、工区名称、测线名称及文件名命名的目录结构，用于存放初至拾取时的临时文件。由于其他用户无法共享使用，因此同一个数据的初至拾取工作需要使用相同的账号完成。

2）初至拾取

如果用户已经保存了线性动校正后的数据，File→switch to picking 可直接切换到初至拾取窗口。初至拾取界面弹出后，可以使用 Display→parameters 调整显示参数。根据工作状态的不同分为首次拾取和初至修改。

首次拾取：对于初至信噪比较高的地震数据采用 picking→mer 自动拾取，弹出自动拾取对话框，填写自动拾取参数，点击"OK"，模块将对选定的数据进行初至的自动拾取，并显示在初至拾取界面中。

对于信噪比较低的地震数据，采用系统提供的种子点外推的方法进行逐步拾取。具体方法：首先选择信噪比较高的一个单炮，使用 提供的方法进行种子炮的初至拾取。按钮按下表示当前拾取状态为该按钮标识的拾取状态，如果四个按钮全部抬起，表示目前状态为自动拾取；点击鼠标左键，系统自动从鼠标当前位置向左自动拾取，点击鼠标右键，系统自动从鼠标当前位置向右自动拾取，以下同。种子炮拾取完成后，使用↑↓按钮进行初至时间外推，点击一次外推一炮，同时种子点炮相应移动一炮，使用 进行调整，继续外推，依次完成所有单炮的初至拾取。或者直接采用 seed→forward all line、backward all line 进行前后外推，这两项是以当前种子炮为开始，一直外推至最后或者最前一炮。需要说明的是，种子点外推处理涉及的所有单炮初至将会自动覆盖原有的初至时间，应慎用。拾取过程中可以使用 按钮进行前后翻动，观察并修改异常的初至时间。

初至修改：对于已经完成或者部分完成初至拾取并保存有初至文件的地震数据，在切换到初至拾取状态之后，点击 File→Paste FBT 即可将原有的初至时间读回并显示在拾取界面。对于初至时间保存在道头字（HD136）中的，可以通过 File→Read From Header 加载并显示在拾取界面中。如果初至时间是从道头字中读出，点击 File→Save，将初至时间保存在临时文件中，再进行后续修改工作。

3）初至时间 QC

在初至拾取或者修改的过程中，可以随时使用 QC 功能对初至时间进行监控，启用 Picking→FBT QC 功能，系统弹出初至曲线显示框。在 FBT QC 界面，使用 打开初至曲线显示参数，调整显示的横纵比例，以方便寻找初至异常点。找到初至异常点后，用鼠标左键点击对应的曲线，初至拾取界面将自动切换到当前炮，并显示在中心炮位置。完成初至调整的异常点在 FBTQC 显示窗中的对应曲线位置，自动使用红色标识。使用 刷新初至曲线，即可修正已经完成初至修改的曲线。

4）初至时间保存和输出

模块提供两种方式保存：第一种为保存在临时的文件中，File→Save 供后续的修改调用，用户可以根据情况随时保存当前的初至时间；第二种为保存在数据道头字中，File→Save to Header。需要说明的是，地震道头字初至时间的加载和保存耗时较长，且二维初至波剩余静校正需要调用初至拾取临时文件中的初至时间，因此初至时间如果涉及后续调整，最好保存在临时文件中，后面的调整只需点击 File→Paste FBT 即可读回保存在临时文件中的初至时间。

对于折射波静校正和层析法静校正来说，其调用的初至时间需要通过 GeoEast 系统约定的格式进行传递，因此需要输出初至时间，选择 File→Export file 即可。需要注意的是，对于折射波静校正和层析法静校正来说，如果输入数据已经完成了野外静校正量应用，必须选中初至时间输出参数框的 DeApply Field ST 选项，将已经应用的野外静校正量反掉，从而得到原始的初至时间。

7.1.3 静校正其他相关模块

1. 连续介质静校正（ContiMediSt）

该模块利用地震记录上的折射波初至时间求出反射波在低速带中的实际旅行时，按照反射波的射线路径进行静校正。它适用于低速带速度和厚度横向变化剧烈且高速折射界面比较平坦、倾角不大的黄土塬地区。连续介质静校正模块主要由两部分功能组成：一部分根据炮集记录上的初至折射波时间自动计算出静校正量，另一部分根据所求出的静校正量作高保真插值滤波静校正。ContiMediSt 利用初至折射波逐道求取静校正量，不用分离炮点和检波点静校正量，也不用计算低速带的厚度，更不用建立近地表模型，参数易于提取，自动化程度高。具体限制和注意事项如下：

（1）高速折射界面速度的选取准则：用选取的速度对炮集记录做线性动校正，能将初至折射波拉平。

（2）用本模块进行静校正，需要有较平坦且倾角不大的高速折射界面。

（3）近炮检距折射波盲区的道可以舍弃，避免用折射波计算静校正量时产生错误。

（4）用本模块进行静校正，需要使用其他静校正模块——高程校正配合。

ContiMediSt 模块前面的数据输入模块中道集模式必须选择炮集，使用单道输入。图 7.5 的例子使用炮集分组，采用两组静校正参数（Number of parameter groups 为 2）；第

100炮到第105炮使用一组参数（100，830，3600，63）；第105炮以后的所有数据采用第二组参数（105，800，3500，65）。

	Property	Value
DiskIn	grouping by SP or CMP	SP
↓	number of parameter groups	2
ContiMediSt	⊟ parameter groups	100,830,3600,63,105,800,350...
↓	⊞ ParaGrp 1	100,830,3600,63
DiskOut	⊞ ParaGrp 2	105,800,3500,65
	⊞ ParaGrp 3	
	⊞ ParaGrp 4	
	⊞ ParaGrp 5	
	list	no

图 7.5　ContiMediSt 模块应用实例

2. 静校正质量控制图（StQcPlot）

本模块将单炮初至波数据经线性动校正后，按照炮点及检波点的空间位置顺序进行重排，经后续 TrcPlot 模块显示，可用做质量控制。其主要参数有：

window length for saving first break data　截取初至数据的时窗长度，以毫秒为单位，缺省值为 400ms。

linear NMO velocity　线性动校正的速度，以米/秒为单位，缺省值为 2000m/s。

reference offset　线性动校正的参考炮检距，以米为单位。

reference time　对应于线性动校正参考炮检距的参考时间，以毫秒为单位。

interval between adjacent time windows　在时间方向上显示相邻两时窗的时间间隔，单位为毫秒，缺省为 50ms。

number of sources per array　每列炮数。

number of traces between adjacent arrays　每两列之间要空的道数，缺省值为 10。

gain options for first break data　增益选件。yes 表示对每一道的初至数据作增益处理；no 表示不对每一道的初至数据做增益处理（缺省）。

7.1.4　地表一致性剩余静校正

1. 输入输出数据描述

输入数据为动校正后的 CMP 道集数据；输出数据为反射波剩余静校正量，保存在数据库或者数据表中供后续应用模块使用。

2. 二维地表一致性剩余静校正

RsStCalculat 是最常用的二维地表一致性剩余静校正模块。

该模块需要关注的主要参数有：

maximum traces per source/receiver covers　每个炮点或接收点所跨越的最大道数；

maximum CMPs per source/receiver covers　每个炮点或接收点所跨越的 CMP 数；

static table filename　本模块生成的剩余静校正量数据表的文件名；

static table version number　本模块生成的剩余静校正量数据表的版本号；

number of CMPs for dip scan　倾角扫描所需要的 CMP 数；

maximum stations between sources　在定义观测系统的数据表中改变炮点位置时相邻炮号间跨越的最大站数。

本模块的缺省选件是最佳的参数选择值，建议用户尽量使用缺省参数值。对于该模块二维的应用来说，最关键的参数是 dip defined for scanning，即定义自动拾取反射层所用的空间、时间以及扫描倾角范围，最多定义 20 组参数，其中，dip1 和 dip2 应在定义的时空范围内倾角最大的反射同相轴上选取。倾角的计算为相邻 12 个 CMP 范围内的时差。反射同相轴的时间沿处理方向减小时倾角为正，反之为负。要处理的第一和最后一个 CMP 的倾角范围必须定义，时窗缺省时为输入道长。若中间某一个 CMP 的时窗或倾角范围未定义，则使用前、后 CMP 控制点的相应参数插值得到。CMP 的定义可以和输入模块中的 CMP 定义不一致，这种情况下以本模块定义为准。需要注意的是，如果在统一面上进行剩余静校正量的计算，则时窗也要在完成统一面校正后的叠加剖面上选取。

具体的时窗定义方式有两种（图 7.6）：一是控制点方式，在全线选择数个控制点，并填写相应的倾角和时窗参数，控制点之间程序自动插值形成全线的计算时窗和倾角参数；二是区域划分法方式，将整条二维测线划分成若干段，每段使用一组时窗控制参数来定义计算时窗，段间保留一定的空间用于时窗和倾角参数插值。

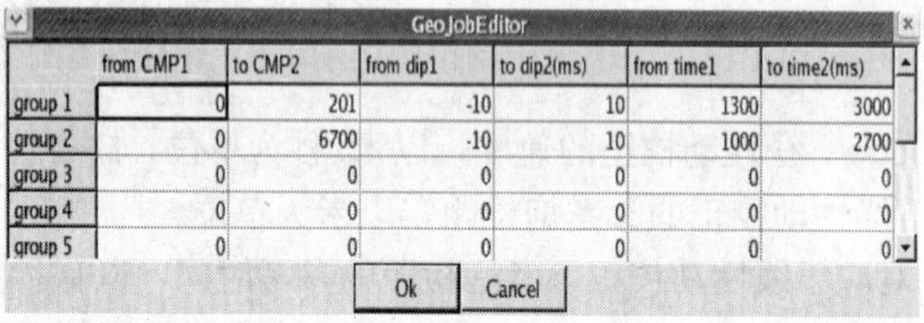
GeoJobEditor

	from CMP1	to CMP2	from dip1	to dip2(ms)	from time1	to time2(ms)
group 1	0	201	-10	10	1300	3000
group 2	0	6700	-10	10	1000	2700
group 3	0	0	0	0	0	0
group 4	0	0	0	0	0	0
group 5	0	0	0	0	0	0

Ok　Cancel

(a)控制点方式

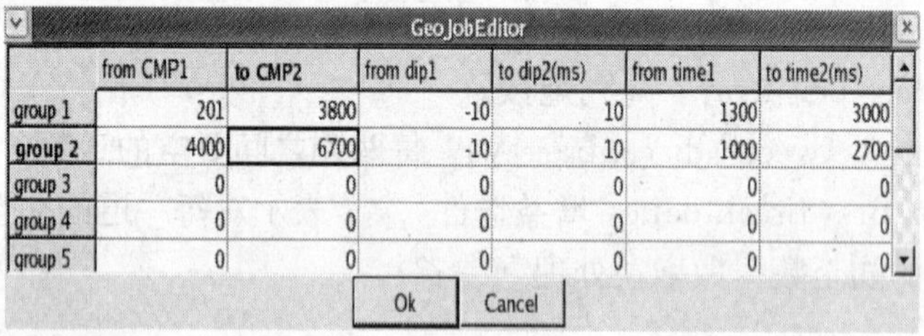
GeoJobEditor

	from CMP1	to CMP2	from dip1	to dip2(ms)	from time1	to time2(ms)
group 1	201	3800	-10	10	1300	3000
group 2	4000	6700	-10	10	1000	2700
group 3	0	0	0	0	0	0
group 4	0	0	0	0	0	0
group 5	0	0	0	0	0	0

Ok　Cancel

(b)区域划分法方式

图 7.6　时窗定义方式

二维地表一致性剩余静校正的具体应用实例如图 7.7 所示。数据输入关键字控制为 CMP、trace，旗标为 CMP。二维反射波剩余静校正要求输入动校正之后的道集数据，因此，该模块应用的数据在完成动校正（NMO3D 模块）之后，需要加一个优势频带带通滤波（TVarFilt 模块）和 500ms 时窗的动平衡（AmpEqu 模块），以便得到静校正效果。然后是一个基准面校正（StApply 模块），这是针对采用 CMP 参考面进行静校正处理的方式，如果输入数据是在 CMP 参考面上，在计算剩余静校正量之前最好加上 USCM 的基准面校正，也就是说剩余静校正要求在统一（浮动）基准面上进行求取，尤其是对地表起伏比较大的地区更应如此。由于剩余静校正量只是一个地震道的静态时移量，因此即使在统一面上求得的剩余校正量用在 CMP 面的数据上也没有问题。RsStCalculat 采用自动拾取反射层位选件（picking horizon options 参数）处理，计算后的剩余校正量保存在数据表（static table filename 填写数据表名）中供后续的模块调用。

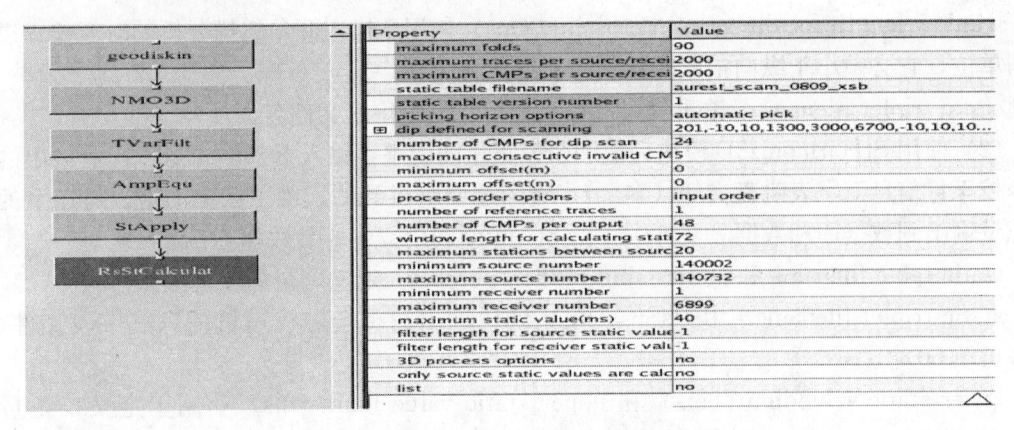

图 7.7 二维地表一致性剩余静校正实例

3. 三维地表一致性静校正

GeoEast 系统中的三维地表一致性剩余静校正量计算主要有 3 种：

1) 剩余静校正量计算 RsStCalculat + 静校正量调整 StHarmoniz3D

RsStCalculat 模块用于三维处理时，首先分块利用动校正后的 CMP 道集数据，计算炮检点的剩余静校正量，将炮号或接收点站号、计算该炮或接收点剩余静校正量所用的道数、剩余静校正量写成静校正量二进制文件（简称为三字表文件）保存在工区的 datatable 目录下，然后使用 StHarmoniz3D 对全工区各块的静校正量三字表文件进行调整，得到全工区的剩余静校正量，供 StApply 使用。使用三维选件时，不能使用 user pick 选件定义反射层时间数。

由于方法问题，该模块在进行三维处理时一次不易做线太多，因此需要将整块三维分为若干个部分，每个部分之间略有重叠，一般 15～20 条线为一个作业，其中可以选择起止线号叠加作为该作业的内部模型道。依次对每一部分的数据进行剩余静校正量计算并输出三字表文件。因需完成多个作业，造成计算出的剩余静校正量值不同，所以需要使用 StHarmoniz3D 模块进行调整，确定出一套合理的全工区剩余校正量。

具体应用实例如下所述：

（1）首先使用 RsStCalculat 模块进行剩余校正量的求取，输入应用野外静校正以及必要的初至波剩余静校正和动校正后的 CMP 道集，输入关键字控制为 CMP、Line、trace，旗标 CMP，输出剩余静校正量三字表文件。同二维一样，对于计算剩余静校正的输入数据也需要进行滤波、动平衡等处理。

在三维处理中，除了和二维相同的一些参数需要关注以外，以下参数需特别关注：

static table filename 和 static table version number 当输出到 DATATABLE 下填写；如果只需输出三字表文件，则不需填写。

first line number 和 total number of lines 用于划分本次进行剩余静校正量计算的三维工区的 CMP 线范围，划分的相邻块之间需要重叠几条线。

start line number for dip analysis 和 end line number for dip analysis 用于定义倾角分析的 CMP 线范围，并由该范围内的线形成中心叠加道。

maximum dip in crossline (ms) 被扫描的最大横向倾角绝对值，该值以横向 12 条线范围内反射同相轴的毫秒数表示。

window length for dip scan in crossline (ms)　　用于横向倾角扫描分析的时窗长：以毫秒为单位，它必须小于纵向拾取时窗长，缺省值为 200。

static triplet filename　输出剩余静校正量信息的三字表文件名。

（2）使用 StHarmoniz3D 模块完成剩余校正量的调整，输入 RsStCalculat 作业输出的剩余静校正量信息三字表磁盘文件（多个）。将经过调整得到的三维工区上的炮、检点上的静校正量输出到数据库和数据表文件中，由 StApply 调用。主要参数如下：

static table filename 和 static table version number　定义剩余静校正量保存的位置。

static triplet filename　由 RsStCalculat 模块输出的剩余静校正量信息三字表文件名，最多可填 60 个。

lower static value limit (ms) 和 upper static value limit (ms)　用于定义校正量门槛值。

2）三维地表一致性剩余时差计算 SCRsCal3D＋三维地表一致性剩余时差分解 SCRsDecom3D

SCRsCal3D 模块利用模型道与地震道的互相关拾取时差和品质因子（即相似系数），并存放在指定的数据表中，供 SCRsDecom3D 模块求取剩余静校正量。该模块要求输入 CMP 道集和相应的叠加道，对于 CMP 道集和叠加道可以作相应的处理（滤波和振幅均衡等）。该模块在形成模型道过程中同时考虑 inline 和 crossline 方向的影响，因而是一种真正的三维时差拾取。SCRsDecom3D 模块根据 SCRsCal3D 模块拾取的时差和品质因子，利用高斯—赛德尔迭代法求取剩余静校正量，然后用求出的炮点剩余静校正量和接收点剩余静校正量建立剩余静校正数据表。最后由 StApply 模块完成静校正处理。这套方法也可以用于二维地震资料处理。具体注意事项如下：

——SCRsCal3D 三维处理的数据与 RsStCalculat 模块所需的数据排放顺序是不同的，SCRsCal3D 要求按 inline 线排序，而 RsStCalculat 则要求按 CMP 线排序。

——SCRsCal3D 要求输入的模型道数据必须是三维叠后数据，其中内部模型道选件也需要输入模型道数据。当分块拾取时，模型数据最好也分块，这样可以节省内存和运行时间。如果分块拾取，则建议输出范围不重叠。

具体应用实例及模块主要参数描述如下：

（1）SCRsCal3D 模块的输入数据同样为动校正后的三维叠前 CMP 道集数据，同样加上优势频带的滤波和动平衡，即 Geodiskin→NMO3D→TVarFilt→AmpEqu→SCRsCal3D。输入控制为 line、CMP、trace，旗标 CMP，这里使用外部模型道 stk‐prerna‐all‐n（model filename 参数）进行计算，输出的品质因子保存在文件 0327‐moveout1（moveout data table name 参数）中。

输入数据相关参数：

maximum number of CMPs per line, minimum line number, minimum cell number, minimum CMP number　这 4 个参数不建议填写，系统自动从数据库中取出相应参数，缺省即可。当模块运行出现此参数没有填写的错误时，说明数据库中没有此参数，这时需要人工填写。

model type 模型类型参数　有两种选择：external 和 internal（对外部模型进行组合形成新模型）。选择内部模型道时必填 inline 和 crossline 两组组合参数。

时窗相关参数：

window parameters　每一行为一个时窗的起止时间，这个时窗在不同的 CMP 和 line 上可以有不同的起止时间，也可以有多组时窗参数。如果数据类型是 2D，不用填写线号，使用缺省 0。

相关时移参数：

time shift limit parameters　相关时移限制参数，每一行为给定的 CMP 和 line 上的相关时移参数限制值。如果数据类型为 2D，不用填写线号，缺省为 0。

time shift interpolation type　相关时移参数的插值方式，可选择。

time shift interpolation angle　相关时移参数的插值角度。取值范围为 $-90°\sim 90°$，缺省为 $90°$。

关于模型道：一般使用当前数据的叠加数据作为模型道，可以利用叠后去噪模块适当去噪；另外也需使用和 SCRsCal3D 模块计算时相同的滤波和动平衡参数进行处理，确保模型数据在能量和频率特征上与输入数据相匹配。

(2) 输出时差和品质因子后使用 SCRsDecom3D 模块，该模块独立运行。其输入为上一步的输出 0327—moveout1，完成剩余静校正计算，并保存在数据表 mesa—0327 中。主要参数有：

maximum cell number　最大面元号，要处理的面元个数的最大值。可以通过调显叠加剖面最后一条 CMP 线的最后一个 CMP 点的道头字读取该参数。

statics file type　输出文件类型，当选择 data table 时，填写 datatable filename；选择 database 时，填写 database number。

the first moveout data table name　第一个时差数据表名，由 SCRsCal3D 模块建立，本模块从该文件中读取时差和质量因子。最多为 20 个时差数据表名。

4. 地表一致性剩余静校正量的应用

对于二维和三维来说，地表一致性剩余静校正量的应用是相同的，均使用 StApply 模块中的直接应用选件 direct application of static correction，类型为 residual statics。需要注意的是，应用剩余校正量时，需要根据校正量存放的位置进行正确的调用，才可能准确地完成剩余静校正量的应用。

GeoEast 系统中对剩余校正量的保存主要有两个位置：数据表和数据库，所以应用方法也分两种：

(1) 数据表剩余静校正量应用：调用数据表文件名（datatable filename）中保存的剩余校正量，并直接应用到数据体中，单道运算，无需特殊输入控制。

(2) 数据库剩余静校正量应用：调用数据库版本号（database number）中保存的剩余校正量，并直接应用到数据体中，单道运算，无需特殊输入控制。

需要说明的是，如果数据库中有多套校正量，并且彼此是迭代关系，可以在一次应用中填写多个版本号，程序自动将所有校正量相加之后一次完成应用。这种方法最大的好处是可以避免单次应用时由于静校正量的精度过高（小数点后保留 4 位）而有被忽略的校正量。

7.1.5　非地表一致性剩余静校正（Trim3D）

Trim3D 是利用经过动校正的 CMP 道集内的各道与输入的模型道，在用户定义的时窗内做互相关处理，获得相对时移，即非地表一致性静校正量，并对原始 CMP 道集在频率域通过相位变换实现时移。要求模型道与输入的道集数据基准面一致，且数据一一对应。该模块可同时用于二维和三维处理。需要注意的是，该模块只能在静校正基本解决的情况下使用，并且最好采用较大计算时窗和较小的校正量限制。

该模块的应用流程：geodiskin→NMO3D→Trim3D→geodiskout。该模块输入动校正后的道集数据，输入控制为 line、CMP、trace，旗标为 CMP（二维为 CMP、trace，旗标为 CMP），使用模型道文件 stk-srd-rs-rna-pure-all 计算非地表一致性剩余静校正并应用到数据体上（非地表一致性剩余静校正无法输出校正量文件），输出地震数据供后续处理使用。

该模块的时窗参数（CMP vs time window）的定义与地表一致性静校正计算模块一样。处理输出的地震数据可直接用于后续处理，而在计算时由于动校正时已经完成了对数据体切除且不可恢复，所以在进行该处理前切除库的定义需要谨慎。

Trim3D 主要用于非地表一致性剩余静校正，但其还可通过迭代平均技术得到炮点和检波点的地表一致性剩余静校正量。该模块既有非地表一致性剩余静校正功能，又有地表一致性剩余静校正功能，根据资料情况及处理步骤可以选择不同的功能。其主要参数有：

  maximum statics   最大静校正量允许值。单位为毫秒，范围为 0～1000。
  output SC statics   是否计算并输出地表一致性静校正量，选"yes"。
  input stack filename   叠加文件名，即模型道文件名。
  CMP vs time window   定义时窗。每行参数包括 3 列，共 10 行。其中有 CMP 号；start time（ms）时窗的起始时间，单位为毫秒；end time（ms）时窗的终止时间，单位为毫秒。在计算时，对于小于第一行的 CMP 值的 CMP 点，时窗采用第一行的时窗数据；对于大于最后一有效行的 CMP 值的 CMP 点，时窗采用最后一有效行的时窗数据；对于 CMP 值在参数定义范围内的，采用相邻两个时窗线性内插。

  binary statics filename   用于存储静校正量的数据表文件。
  statics version number   静校正版本号，用于向数据库中写入静校正量，缺省值为 1。
  apply SC statics   是否应用地表一致性静校正量到 CMP 数据，yes 表示应用，no 表示不应用。如果选择应用，则作业中该模块之后串接 geodskout 模块，保存完成静校正之后的地震数据。

图 7.8 的例子是使用外部模型道 stk-srd-rs-rna-pure-all 计算地表一致性剩余静校正量，校正量保存在数据表 trimstatic.db 中，数据的输入控制为 line、CMP、trace，旗标 CMP。

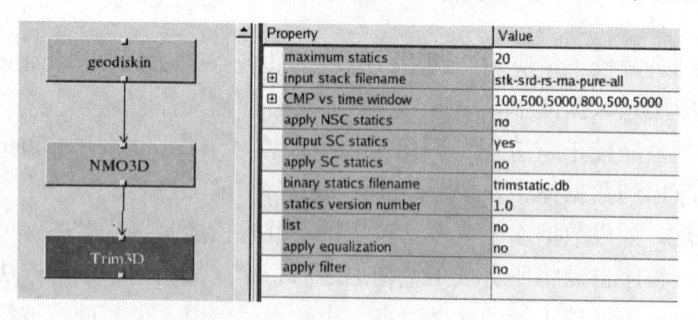

图 7.8 叠前 CMP 道集时差微调 Trim3D 实例

7.1.6 初至波剩余静校正

  初至波剩余静校正是在应用了野外静校正量的基础上通过初至时间求取剩余校正量的一种方法。实践证明，在风化层横向变化剧烈、相邻两个接收点之间的静校正值差别很大的地区，应用野外静校正后，还存在静校正问题，利用常规的反射波剩余静校正不能取得满意效果。此时使用初至波静校正方法进行剩余校正量的求取并应用，可以有效地改善地震资料的成像效果，目前该方法已经广泛应用于地震资料处理中，尤其是对于复杂地表地区地震资料处理。

1. 初至波剩余静校正的使用步骤

（1）数据准备。为初至波拾取提供输入数据，此时需要完成野外校正量应用之后的地震数据。需要说明的是，初至波拾取工具二维以测线为单位，三维以一束线为单位，因此对于二维来说，需要准备一个数据用于初至波拾取，而三维则需要每束线单独准备一个数据分别用于初至波拾取。

（2）初至波拾取。拾取方法参见"GeoFBPicking 交互初至时间拾取"部分内容。

（3）初至波剩余校正量计算。二维和三维的计算方式是不同的，前者使用交互的方式完成计算，后者则使用批量的方式进行。三维初至波剩余校正量计算介绍详见 8.3。

（4）初至波剩余校正量应用。二维初至波剩余校正量可以通过 StApply 直接调用并应用。应用选件为 direct application of static correction，静校正类型为 first break static，填写相应的数据库号即可。无论是二维还是三维，通过 S_R option 参数控制可以选择炮点检波点校正量均应用、单独使用炮点校正量或检波点校正量。

如果剩余静校正量保存在数据道头中，应用方式同上，只是将数据库的版本号定义为0，即使用缺省值，此时模块将自动读取数据道头字中的校正量并应用。

2. 二维初至波剩余静校正量计算 GeoFBStatics

在主控界面选择完成了初至波拾取的测线，右键弹出菜单选择 First break statics 启动模块。模块启动后，弹出模块主界面和初至时间文件选择对话框。用户切换到保存有初至时间临时文件的目录（该目录在初至波拾取时自动生成，缺省路径为当前用户下使用项目名、工区名、测线名和地震数据文件名组成的目录，文件名为初至波拾取数据文件名+.mas 的文件）下，选中该文件，模块自动加载初至时间，并将初至时间曲线显示在界面中，完成初至时间加载。在该界面中，上层显示的是已经拾取好的初至时间曲线，下层则为炮点和检波点的地表高程曲线。

1) 交互分层

在复杂地表地区，大都难以在全区追踪一个标准折射层，甚至不可能追踪一个稳定的波组。用户可在空间一定范围内选取一个比较稳定的信噪比较高的初至波组（称为分层计算），对全区可以选取几个这样的初至波组。用一个初至波组计算静校正量后，可继续用另外的波组进行迭代计算。

每个波组或层位是由空间一系列炮点作为控制点确定的，这些控制点上层位的炮检距范围可交互确定，其他炮点上的炮检距范围通过内插求得。在静校正量窗口中移动光标能激活光标所在处炮的初至旅行时曲线，该曲线会高亮显示。

第一次进入本模块，无论需要选层与否，都要进行一次插值计算，即在计算之前选择一次 Calculate→Interpolate，此时程序按照缺省参数进行计算范围圈定。

控制点计算范围定义：单击鼠标左键选定一个控制点，程序弹出控制点初至显示窗口。在控制点初至显示窗中使用鼠标左键点击并拖动，选择该控制点需要参与计算的炮检距范围，左右排列分别定义，如图7.9左所示。

(a)控制点计算范围定义

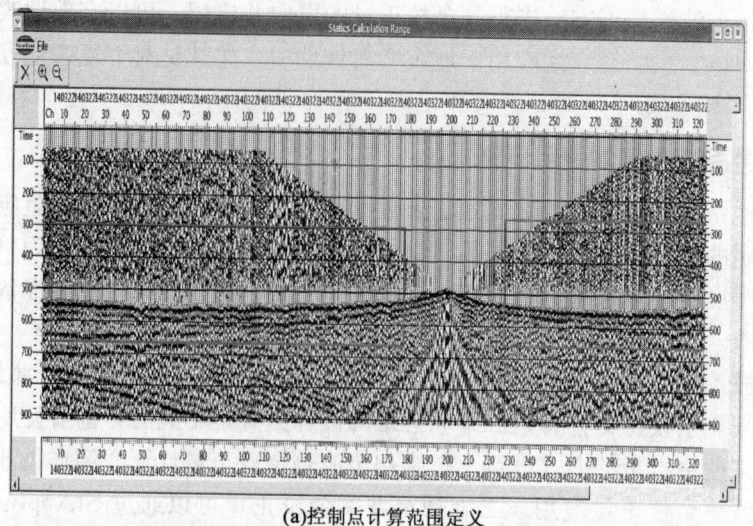

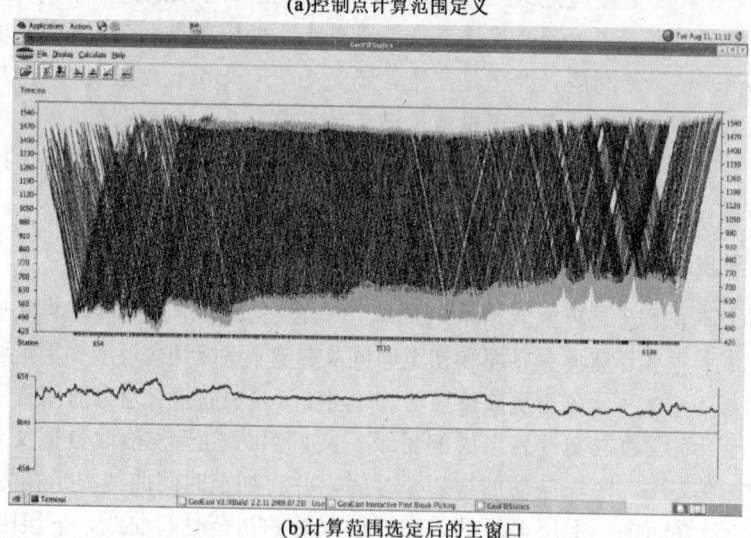

(b)计算范围选定后的主窗口

图7.9 控制点计算范围定义

此时可以根据自己需要进行下一个控制点的选择，在需要增加控制点的位置点击鼠标左键，弹出控制点初至显示窗，并选定范围，即可完成另一个控制点的定义。此时模块将根据多个控制点定义的范围自动进行插值和外推，形成全线计算范围，并调整主窗口中初至时间曲线的显示颜色。

控制点修改：将鼠标滑动到需要修改的控制点初至时间曲线上点击，在弹出的控制点初至显示框进行修改，程序自动进行全线计算范围的重新计算。

2) 剩余校正量迭代计算

在静校正量计算窗口选择 Calculate→Calculate，弹出迭代计算静校正量（Calculate）窗口。在该窗口中选择一种算法，完成一次迭代计算。在多次迭代的过程中，用户可以根据自己的需要选择需要使用的计算方法，从而完成多方法多次的迭代过程，同时在静校正量计算主窗口的上半部分显示剩余校正量曲线相应的变化，随时显示最新的计算结果，下半部分除显示炮点和接收点的高程外，当迭代计算静校正量时，同时显示炮点和接收点的静校正量，

· 226 ·

如图 7.10 所示。

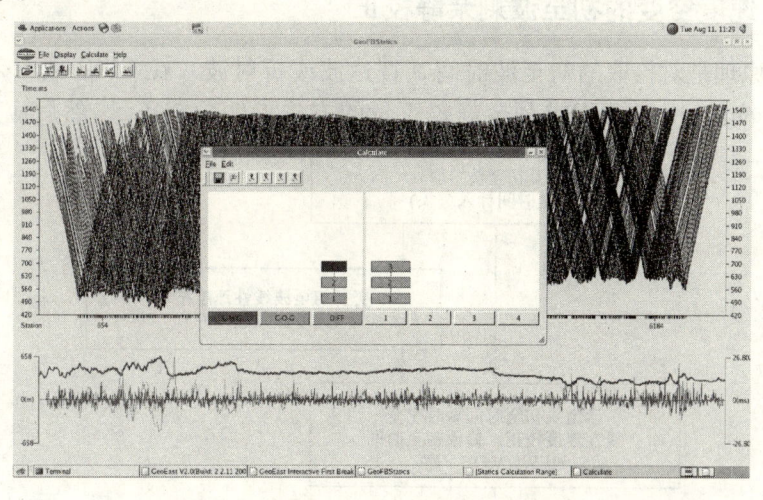

图 7.10　迭代计算界面

3) 剩余校正量 QC 和保存

为了选择最佳的静校正结果输出，程序可以对比任意两个静校正量结果，既可以是两套校正量的最终结果，也可以是两套中任意两个迭代步骤的结果，还可以是同一套校正量中某两个迭代步骤的结果。在迭代过程中，缺省是将最新的结果同没有应用校正量时的情况进行对比。

在 Calculate 窗口，单击表示两个迭代步骤的数字，则在 Seismic QC 窗口中可对比这两个迭代步骤的结果。选择完成后，选择主窗口 Calculate→QC，弹出对比框，窗口中显示静校正应用前后的单炮初至，使用拉帘显示的方式便于对比。用户可以观察不同单炮静校正应用前后的对比效果，从而控制全线的剩余静校正量质量。确认计算没有问题后，在 Calculate 窗口选择 File→Save，保存当前显示的静校正量，以便以后进行调取。

4) 剩余校正量输出

剩余静校正结果需要输出供后续模块调用时，需要首先将其输出到道头字或者数据库中，建议输出到数据库中。在 Calculate 窗口选择 File→output to DB，弹出"output"对话框，首先选择 Output list No.，即计算窗口中保存的那一套计算结果，然后选择 output step No.，即需要保存该套计算结果中的第几次迭代，填写输出的数据库版本号（1～99），选择 output to table，点击"OK"，即可将选定的计算结果用指定的版本号保存到数据库中。

3. 初至波剩余静校正量的应用

对于二维初至波剩余校正量来说，由于是保存在数据库中，因此可以通过 StApply 模块来直接调用并应用，应用选件为 direct application of static correction，选择静校正类型 first break static，填写相应的数据库号即可。

如果二维初至波剩余静校正保存在数据道头中，应用方式同上，只是将数据库的版本号定义为 0，即使用缺省值，此时模块将自动读取数据道头字中的校正量并应用。

无论是二维还是三维，在应用初至波剩余静校正量时，可以同时选择炮点、检波点校正量，也可以单独使用炮点校正量或者检波点校正量，通过 S_R option 参数控制即可。

7.1.7 线性速度空变的初至波剩余静校正

该方法的原理是对拾取的初至波时间（直达波或折射波）在 CMP 域中采用空变线性速度进行线性校正，用MISER求剩余静校正量的方法求解静校正量，然后应用，如图7.11所示。

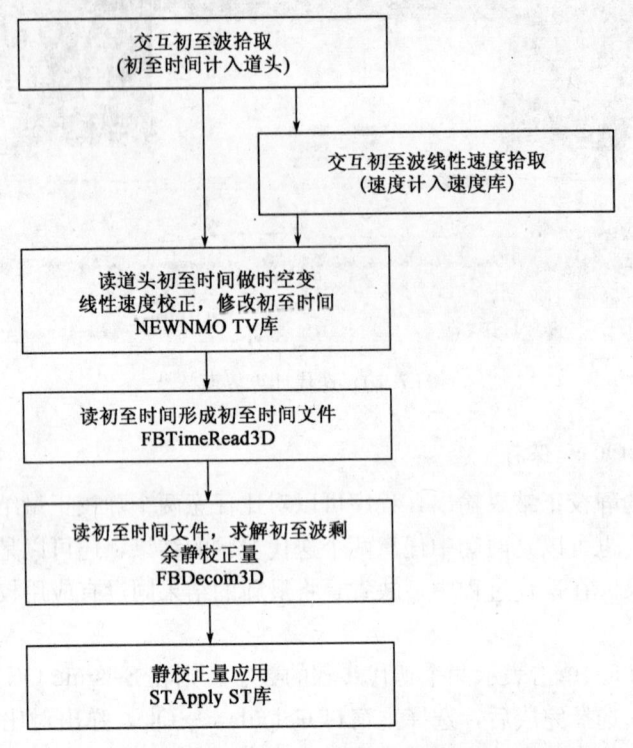

图 7.11 线性速度空变的初至波剩余静校正处理流程

注意：拾取初至时可全部道拾取；拟合拾取线性速度时最好用同一折射波的初至；要拾取直达波时都拾取直达波，直达波和折射波不要同时使用。具体操作步骤为：

（1）在炮域中拾取初至波，初至时间计入道头（见交互初至拾取程序 GeoFBPicking）。

（2）将数据分选到 CMP 域，对初至时间进行线性速度拟合求取线性速度（等线间隔、等 CMP 间隔），保留到速度库（线性速度拾取在 GeoSeismicView 的 Function→Pick Apparent Velocity 中，选择 Linear Correction 选件完成）。

（3）注意：在存库时，VF 值要比实际值大一点即可，否则使用 NewNMO 校不直。

（4）使用 NEWNMO 进行线性校正，同时修改初至时间（批量），如图 7.12 所示。

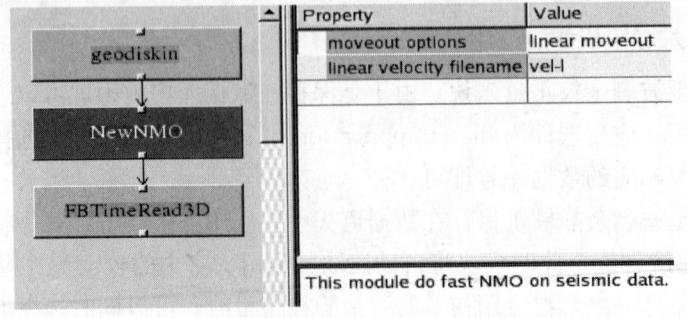

图 7.12 使用 NEWNMO 进行线性校正

(5) 用 FBTimeRead3D 读初至时间，形成初至时间文件（批量），模块介绍详见 8.3.5。
(6) 用 FBDecom3D 求解静校正量（批量），模块介绍详见 8.3.5。
(7) 用 StApply 应用静校正量（批量），模块介绍详见 7.1.1。

7.2 GeoEast 信号增强处理

7.2.1 叠前去噪

叠前去噪流程要遵循能量先强后弱、频率先低后高、先规则干扰后随机干扰的基本原则，在对各种干扰压制模块参数进行充分试验的基础上，合理组织去噪流程。

去噪流程的基本原则：首先根据原始资料分析出噪声的类型及特征，然后按照能量先强后弱、频率先低后高，多域、多个模块串联迭代选择去噪方法和模块，最后进行效果分析掌握去噪适度。

GeoEast 系统有完备的针对各种干扰的叠前去噪模块，按照干扰类型不同，分为线性干扰压制、面波压制、强能量干扰压制和叠前随机干扰压制等功能模块。用户可以根据数据中各种干扰的实际情况，依照上述叠前去噪处理流程的制定原则，选择合理的去噪模块和参数，制定合理的叠前去噪流程，从而达到提高信噪比的目的。使用叠前去噪的注意事项为：

(1) 噪音分布和特征具体情况具体分析，多域分析和多域去噪试验是必要的。
(2) 在使用去噪模块时，注意输入模块的 gather flag 控制参数。
(3) 去噪流程的制定可以串联也可以迭代进行。
(4) 输出噪音剖面并叠加，进行质量控制。

1. 面波压制

1) 自适应面波衰减模块（GrndRolAtten）

该模块利用时频分析的方法，根据面波和反射波在频率分布特征、空间分布范围、能量等方面的差异，首先检测出面波在时间和空间上的分布范围，再根据其固有特征对面波范围进行第二次分析，以确定面波能量的频率分布特征，并根据这种特征对其进行加权压制。该方法适用于面波与反射波频率差异较大的地震资料。输入数据排序：二维 Source、Trace，旗标为 Source（或 Trace）；三维 Source、Line、Trace，旗标为 Line（或 Trace）。其主要参数有：

maximum apparent velocity of ground roll　面波的最大视速度，单位为米/秒，整型，缺省为 1000m/s。模块只有在小于该视速度范围内识别和压制面波。该参数主要是为了节省计算量，若该参数值定义过小，有可能使检测范围之外的面波不能被识别。

dominant frequence of reflections　反射波的视主频（Hz），整型，取值范围为 20～300Hz，缺省为 30Hz。

dominant frequence of ground roll　面波的视主频（Hz），整型，取值范围为 5～30Hz，缺省为 10Hz。该模块适用于反射波的视主频和面波的视主频有一定差异的数据，否则模块的应用效果会受到影响。

threshold for defining ground roll　面波的门槛值，取值范围为 1～100，缺省为 5。该

值越小，对检测面波的要求条件越严格。

图 7.13 是二维面波衰减的例子，其中面波视速度：800m/s，面波主频：10Hz，反射波主频：30Hz。

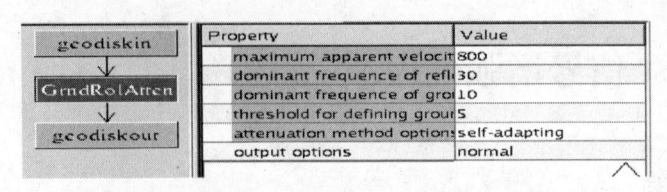

图 7.13　GrndRolAtten 模块二维面波衰减实例

2) 局域滤波去面波模块（ZoneFilt）

该模块由视速度确定面波存在的区域，在确定的面波区域内对数据进行高通滤波，分离出面波，最后从原始数据减去面波。它适用于压制低频、低速、规律性较强的面波。输入数据排序为：Source、Trace，旗标 Source（二维）；Source、Reciever Line、Trace，旗标 Reciever Line（三维）。其主要参数有：

maximum apparent velocity of ground roll　面波的最大视速度，单位为米/秒，整型，缺省为 800m/s。

dominant frequence of ground roll　面波的主频，整型，缺省为 10Hz。

maximum number of traces per source　炮集的最大道数，整型，缺省为 120。

3) 高通滤波模块（TVarFilt）

该模块适用于干扰波和有效波频率分布差异较大的资料。但是一般来说干扰波和有效波频率分布经常重叠，此时使用有效波也很容易被滤除，尤其是资料信噪比较低时不要轻易使用。高通滤波应用实例如图 7.14 所示。

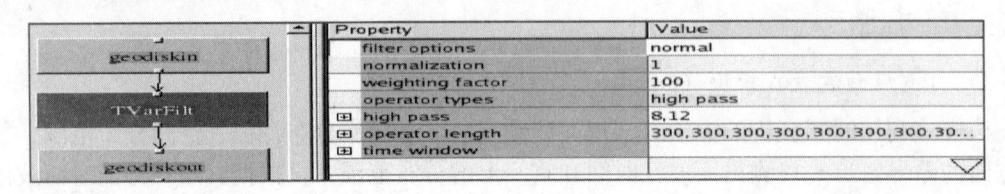

图 7.14　高通滤波应用实例

2. 线性干扰压制

线性干扰压制模块具有三个基本假设：一是干扰波具有线性同相轴特性；二是干扰波视速度与有效波视速度有一定的差别；三是线性干扰在一定的时间和空间范围内频率和能量基本相同。

1) 叠前线性干扰压制模块（LinNoiRemv）

该模块是根据线性干扰波和有效波之间在视速度、位置和能量上的差异，在 t-x 域采用倾斜叠加和向前、向后线性预测的方法确定线性干扰的视速度、分布范围及规律，将识别出来的线性干扰从原始数据中减去，实现线性干扰波的压制。被滤除的部分主要集中在干扰波覆盖的区域，其他部分则不受影响，具有振幅保持和波形不畸变等特点。它适用于叠前二维和三维炮集或共检波点集数据，同时也可以用于 CMP 道集数据。该模块在处理二维叠前地震资料时可以取得很好的去噪效果，但是处理三维资料的效果却不尽如人意。建议用速度迭代的方式完成线性噪音压制，视速度的分段在 1000 左右。输入数据的关键字顺序为 Source、Trace，旗标 Source（2D）；Source、Reciver line、Trace，旗标 Reciver line（3D）。其主要参数有：

apparent velocity 线性干扰波的视速度，通过 GeoMuteEdit 测得。minimum apparent velocity（线性干扰波最小视速度）和 maximum apparent velocity（线性干扰波最大视速度）这两个参数决定了该模块对于线性干扰的压制范围。

maximum number of traces 每次处理的最大道数，用于申请私有缓冲区，缺省为 120。

peaks in low frequency band（shallow）、peaks in low frequency band（deep）、peaks in high frequency band（shallow）和 peaks in high frequency band（deep） 任意视速度方向上连续出现的正极性个数，缺省为 18，它们对于干扰波的识别起着重要作用，对处理效果有明显的影响。

从以上参数可以看出，该模块在处理三维资料时是把每一个排列当成一个二维单炮进行处理。

2）三维线性干扰压制模块（CohNoiRem3D）

该模块是根据三维叠前地震数据的特点，采用逐点识别的方法识别规则干扰，然后在 FK 域对规则干扰进行压制。二维资料可以作为三维资料的特例采用同样方式处理。数据分选输入（geodiskin 模块）关键字顺序应为 Source、Trace，旗标 Source（2D）；Source、Receiver line、Trace，旗标 Receiver line（3D）。其主要参数有：

maximum slope 线性干扰的时差，以 10 道跨越的时间（ms）来计算，取值范围是 50～4000。

minimum apparent velocity 反射波的最小视速度，保证反射信号不被压制，取值范围是 500～5000。

control parameter 道间距参数，缺省为 100，表示从道头取实际道间距。

dominant frequency of linear noise 线性干扰的主频（Hz），取值为 5～100，通过频率扫描来确定。

input gather type 输入道集类型，例如，处理三维叠前地震资料时，选择 3D prestack。

需要注意的是：每炮限制 3000 道；叠后限制 3000 个 CMP，大于 3000 个 CMP 应分开做。

3）叠前规则干扰压制模块（CohNoiAtten）

该模块是根据给定的相干干扰的时差和主频等参数将相干干扰自动地识别出来并逐道进行压制。其特点是：局部压制效应，其他部分数据不受影响，适用于压制三维叠前地震资料中的低频线性面波；克服了 FK 域和 $\tau-p$ 域压制线性干扰的弱点，避免了蚯蚓化现象的产生。该模块数据分选输入（geodiskin 模块）的关键字顺序：Source、Trace，旗标 Source（2D）；Source、Reciver line、Trace，旗标推荐 Reciver Line（3D）。其主要参数有：

maximum number of traces 最大地震道数（实际为炮集中单个排列的最大道数），省略为 600 道。

number of linear noise traces 倾角扫描时所采用的道数。当干扰比较规则时，应取相对较大的值，但此时会增加计算量，取值范围为 3～17 道，缺省值为 9 道。

time window length of linear noise traces 干扰窗长，单位为毫秒，一般情况下应至少包含干扰波形的一个相位，取值范围是 10～100ms，缺省为 50 ms。

maximum apparent dip of linear noise 倾斜规则干扰的最大视倾角，以其同相轴在 10 道间的时差来表示，单位是毫秒，取值范围是 1～1000ms，缺省为 300 ms。该关键参数应仔细试验选取。

maximum apparent dip of reflection 有效反射波的同相轴在做动校正之前远炮检距道所具有的最大视倾角，以反射波同相轴在 10 道间的时差来表示，单位是毫秒。模块对视倾角小于它的同相轴将予以保留，对于大于它的能量同相轴则认为是规则干扰并予以压制。缺省为 50 ms。该关键参数应仔细试验选取。

suppression method 压制方法，有两种：median filtering（采用中值滤波法压制规则噪音）和 predictive filtering（采用预测滤波法压制规则噪音）。

linear velocity 线性动校正速度（三维时使用）。

noise dominant frequency 干扰波主频，取值范围为 5～60Hz，缺省为 10Hz。该参数通过频率扫描来确定。

需要注意的事项如下：

(1) 该模块用于未做反褶积处理的叠前记录。应用本模块前应做好野外静校正和初至静校正。

(2) 本模块原则上用于叠前，但通过道头字变换也可用于叠后；与 CohNoiRem3D 模块一样一次输入道数不得超过 3000 道。采样间隔决定了本模块的计算精度，数据采样间隔应该不低于 2ms。

(3) 本模块如果选用 3D 选件后，H _ SHOT _ RESIDUAL _ ST 和 H _ RESIDUAL _ ST 的内容将被修改，在以后的处理中这两个道头字不再有任何意义。

(4) 定义最大、最小炮检距及所对应的时间是为了定义切除库，以便在处理时绕开初至的影响。

图 7.15 是三维叠前线性干扰压制的实例，用于压制主频 10Hz 的线性干扰，输入数据排序为：Source、Receiver Line、Trace，旗标为 Receiver Line。

Property	Value
maximum number of traces	140
number of linear noise traces	9
time window length of linear noise traces	50
maximum apparent dip of linear noise	**600**
maximum apparent dip of reflection	150
suppression method	median filtering
output result	normal
data dimension	3D
linear velocity	2550
noise dominant frequency	12
maximum offset	3900
start time in maximum offset trace	2200
minimum offset	50
start time in minimum offset trace	400

图 7.15 叠前规则干扰压制模块（CohNoiAtten）应用实例

3. 叠前大倾角规则噪声衰减模块（RegularNoiAtten）

该模块在时空域采用逐点多道识别、单道计算的方法来识别各种倾角的规则噪声，并采用中值滤波和预测滤波对检测到的规则噪声进行压制，而且处理结果不产生假象。该方法主要用于压制炮集记录中的各种大倾角强能量的规则噪声。本模块要求输入经过静校正且未做反褶积处理的炮集数据。输入数据关键字顺序：source、trace，旗标 source（2D）；source、receiver line、trace，旗标 receiver line（3D）。其主要参数有：

number of linear noise traces 倾角扫描时所用的道数。当噪音比较规则时，应取相对较大的值，但此时会增加计算量；取值范围为 3~17 道，缺省为 9 道。

time window length of linear noise traces 噪音窗长，单位为毫秒。一般情况下应至少包含噪音波形的一个相位。取值范围为 10~100ms，缺省为 50ms。

maximum apparent dip of linear noise 倾斜规则噪音的最大视倾角，以其同相轴在 10 道间的时差来表示，单位是毫秒，取值范围为 1~1000ms，缺省为 300ms。

maximum apparent dip of reflection 有效反射波的同相轴在做动校正之前远炮检距道所具有的最大视倾角，以反射波同相轴在 10 道间的时差来表示，单位是毫秒。模块对视倾角小于它的同相轴将予以保留，对大于它的能量同相轴则认为是规则噪音并予以压制。缺省为 50ms。

4. 异常振幅压制模块（WildAmpAtten）

该模块根据"多道识别、单道去噪、分频压制"的思想，在不同的频带内自动识别地震记录中存在的强能量干扰，确定出干扰出现的空间位置，根据用户定义的门槛值和衰减系数，采用时变、空变的方式予以压制。该模块保真度高，适用于猝发脉冲、异常扰动、声波干扰等。三维资料输入数据排序为：Source、Line、Trace，旗标为 Line。其主要参数有：

number of traces 识别干扰时所用的横向道数。不论叠前叠后，建议该值小于或等于 240。在炮集上去噪时，该值可取每炮道数，也可分为几组，填写每组的道数，缺省值为每炮道数；在 CMP 道集上去噪时，可为最大覆盖次数，也可分组，缺省值为最大覆盖次数。

time vs threshold 时间门槛值参数对。threshold value 为 time 时刻对应的门槛值，即对 time 时刻大于信号能量门槛值某倍的干扰进行压制，通过试验来确定该组参数。

band pass frequencies 分频处理的频带参数。在选择本参数时应根据数据实际情况，使分频带内的信号与干扰在能量分布上有所差异，且各频带应有所重叠，通过扫描来确定该组参数。

图 7.16 是三维异常振幅压判实例。

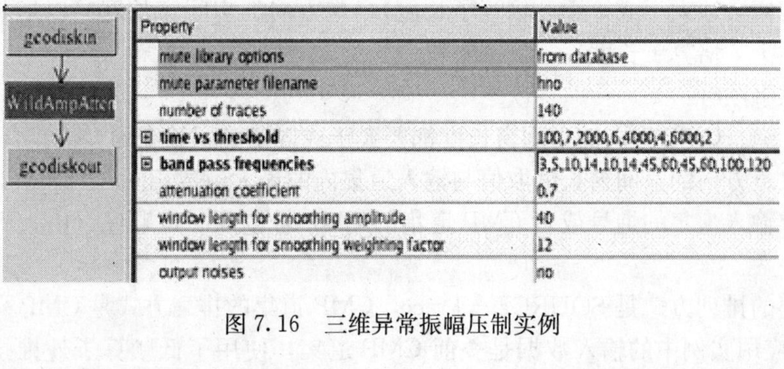

图 7.16 三维异常振幅压制实例

5. 自适应高频干扰衰减模块（HiFNoiAtten）

该模块利用反射波与高频噪音在频率、空间分布、能量上的差异压制噪音，既可以直接从记录中识别高频干扰，也可以根据给出的记录主频利用经验准则来确定各类高频干扰，然后对高频干扰进行压制。当高频干扰只在局部范围出现时，应根据记录的特点自动识别高频干扰并进行干扰压制（auto 选件）；当高频干扰普遍存在时，则应以给出的记录主频为基础，程序利用经验准则来识别和压制高频干扰（dom‑freq 选件）。该模块适用于有效波与高频干扰波差异较大的资料。

图 7.17 应用实例输入数据为叠前炮集记录；最小、最大炮检距分别为 60m、2900m；最小、最大炮检距道的初至时间分别为 100ms、1500ms；原始记录的主频（dominant frequency）为 30Hz；自动识别高频干扰并进行干扰压制（noise suppression option 选件 auto）；输入控制 source、trace，旗标 trace。

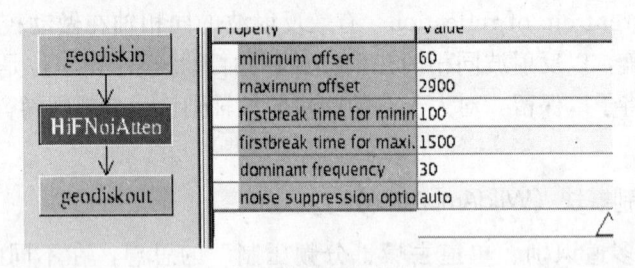

图 7.17　自适应高频干扰衰减（HiFNoiAtten）实例

6. 二维叠前随机干扰衰减模块（PreStkRNA2D）

本模块把二维叠前地震数据视为一个三维数据体，一维为炮号或 CMP 号，另一维为道号或炮检距，第三维为记录时间，对其进行随机干扰衰减。主要特点是：输入数据的炮点号、CMP 号必须是连续的；具有低频算子外推的功能；输出数据的能量与输入的能量相匹配。输入应用了静校正和动校正后的二维叠前地震数据，输出经过随机干扰衰减后的二维叠前地震数据。其主要参数有：

operator length　算子长度，以道数计，且算子长度必须大于或等于 3。

time window length、start frequency for noise attenuation、end frequency for noise attenuation　时间窗长度（构造复杂时其值应取小一些），进行去噪处理的起始—结束频率，进行预测算子低频外推的起始频率。

start source、end source、start trace、end trace　必填参数，道方向的空间窗长度（以道数计，且其值必须大于或等于 2 倍算子长度），炮方向的空间窗长度（以炮数计，且其值必须大于或等于 2 倍算子长度）。

主要注意事项有：

(1) 道、炮、CMP 方向的空间窗长度都要大于或等于算子长度的 2 倍。

(2) 建议道方向的空间窗长度取值与输入道集内的最大道数相同。

(3) 要求输入炮集的炮号或者 CMP 道集的 CMP 号按照一定顺序（由大到小或者由小到大）排列。

(4) 炮集的排列方式是 SOURCE‑Trace，CMP 道集的排列方式是 CMP‑Trace。

图 7.18 应用实例中的输入数据是叠前 CMP 道集，使用了低频算子外推技术，进行预测算子低频外推的起始频率为 16Hz，对 RNA 输出数据不进行动平衡处理，对输出数据进行混波处理。

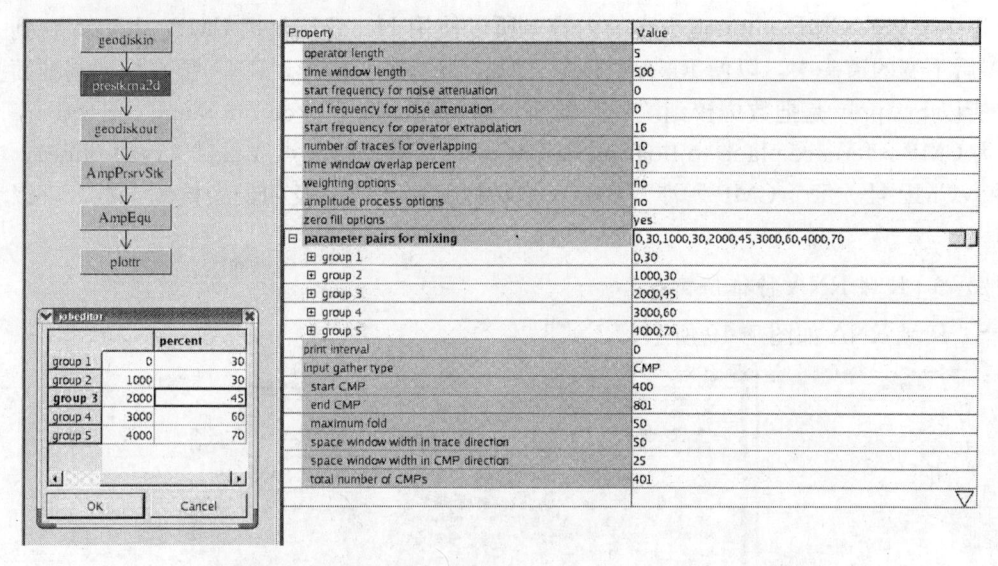

图 7.18 二维叠前随机干扰衰减模块（PreStkRNA2D）实例

7. 三维叠前随机噪音衰减模块（PreStkRNA3D）

本模块将三维叠前地震数据视为一个四维数据体，由线号、CMP 号、覆盖次数和记录时间构成，利用 F‑XYZ 预测理论求取每一个频率成分的预测算子，把预测算子应用于三维叠前地震数据，达到衰减三维叠前随机噪声的目的。PPreStkRNA3D 是 PreStkRNA3D 的并行模块，参数内容基本一致。本模块的主要特点是输入数据的炮点必须按照一定的顺序排列；具有低频算子外推的功能；输出数据的能量与输入的能量相匹配。

PreStkRNA3D 常用于以下几种道集数据上：

（1）动校正后的 CMP 道集上；

（2）动校正后重排炮集（称炮检域 RNA）上；

（3）叠前偏移的 CRP 道集上。

炮检域 RNA 三维叠前随机噪音衰减的处理流程为：动校正→数据重排→三维 RNA→数据恢复→反动校正。

PreStkRNA3D 的输入数据为叠前地震数据，应该是应用了静校正、动校正和数据重排后的 CMP 道集数据，输出数据是经过随机干扰衰减后的叠前炮集地震数据。其注意事项有：

（1）本模块需要较大的磁盘空间存储临时文件（约 2 倍的 X 方向上空间窗数据）。

（2）所有的空间窗长度都必须大于或等于 2 倍的算子长度。

（3）本模块所选用数据范围最好不大于 geodiskin 输入的数据范围，当最大线参数大于实际输入最大线时，取实际输入的最大线作为最大线参数进行处理。

以下按三维叠前随机噪音衰减的处理流程介绍一个具体实例。

1）动校正、数据重排

模块流程为：geodiskin→NMO3D→HeadMath→StApply→reoderline→geodiskout。输入数据关键字排序为：line、CMP、offset，旗标 line。为了保留更多的地震信息，RNA 前的 NMO3D 切除应比叠加时的动校正切除的少，以免损失靠近初至的有效信号。因重排序的过程中要修改 CMP_line 道头字的内容，所以使用 HeadMath 把 CMP_line 保存到一个 RNA 后不变的道头中，以便 RNA 后恢复 CMP_line 道头内容。RNA 要在统一基准面上去噪，所以 StApply 是把数据校到统一基准面，即 option 选件为 datum plane correction，USCM 为 CMP reference plane to floating datum plane。数据检波点线重排（reoderline），参数有最小 CMP 号、每个 CMP 所涉及的最大炮数以及每条线涉及的最大检波点数，可以填大一点。

2) S_R 域 RNA 特征值输入

S_R 域 RNA 如图 7.19 所示。

Property	Value
minimum line number	1
maximum line number	881
minimum CMP number	352
maximum cmp number	891
minimum fold	1
maximum fold	80
space window width in crossline direction(X)	32
space window width in inline direction(Y)	32
space window width in fold direction(Z)	32
window length	500
operator length	5
number of overlay traces in space	0
time window overlay percent	10
white noise coefficient	10
starting frequency for noise attenuation	8
ending frequency for noise attenuation	80
parameter pairs for mixing	
print interval	0
starting frequency of prediction operator extrapolation	
zero fill options	yes
Weighting options	not weighting
dynamic balancing for output options	yes
number_of_tasks	15
input file name	nmo-modhed-reorder
output data file name	nm<input data file name]
data contrast options	not contrast

图 7.19　三维叠前随机噪音衰减（PreStkRNA3D）模块

并行炮检域 RNA 模块自带输入输出，其发送命令为 psjob　jobfile　tasks　hostlist_file。其中，psjob 是并行作业发送命令；jobfile 是作业文件名；tasks 是任务个数（CPU 个数）；hostlist_file 是节点文件名，节点文件中的第一个节点必须是当前发送作业的节点，节点文件格式（机器名：进程数）如下：

dn6-45：1

dn6-46：1……

dn6-45 为当前发送作业的节点，冒号后面的数字为申请的 CPU 个数。

3) 数据恢复、反动校正

模块流程为：geodiskin→HeadMath→HeadMath→StApply→NMO3D→HeadMath→geodiskout。其中第一个 HeadMath 修改道头，恢复 CMP_line 道头字的内容；第二个 HeadMath 修改 CMP 参考面道头内容，以便其后 StApply 把数据恢复到 CMP 参考面；NMO3D 进行反动校正；最后一个 HeadMath 修改道头，恢复 CMP 参考面的实际值。

8. 单频波干扰压制

该模块的功用是在时间域内，根据用户给定的特性参数，自动识别出噪音模型道，用计算出的噪音模型道与含有这种记号的地震道相减来压制或清除单一干扰波。它对剔除有较强单一频率干扰的记录是非常有效的，并且计算过程不损害地震道记录中的有效反射信号。MonoNoiAtten 和 SingFreqAtten 两个模块都假设这些单频干扰波的频率、振幅和时延在整个地震记录道内是稳定不变的，且为常数。

1) 单频波压制模块（MonoNoiAtten）

该模块用于压制地震记录上的强单频干扰波（如50Hz工业干扰）。一般而言，在时间剖面上，深层时间段有效波的能量比浅层有效波的能量弱得多。利用深层时间段来估算强单频干扰波的频率、振幅和时延，使用频率扫描和快速时延扫描，估算强单频干扰波的频率和时延，然后采用最小二乘法估算强单频干扰波的振幅，把它作为整道地震记录上的强单频干扰波。从原始地震道中减去估算的强单频干扰波，得到去除强单频干扰波的地震记录。输入控制为 receiver station、offset、trace，旗标 trace，单道运行模块。其主要参数有：

frequency of strong noise 压制的强单频干扰波频率，模块在该频率加减正负1的范围内寻找准确的频率，整型数，缺省时仅压制50Hz干扰波。

start time 计算单频干扰波频率的起始时间，一般要避开浅层强有效波，单位为毫秒。整型数，缺省为3000ms。

length of time window 振幅标定的时窗长度，模块按该值大小把地震记录划分成几个时窗，各个时窗分别求时延，利用最后一个时窗进行振幅标定，一般该参数不能小于1000ms，整型数，缺省为1000ms。

special processing parameter 特殊道的特殊处理参数。

具体注意事项如下：

(1) 在模块运行之前最好进行频谱分析，以确定频率值。模块仅仅在所填写频率加减正负1的范围内寻找准确的频率。如果执行一次之后还有剩余单频干扰波，可以串联执行两次。

(2) 必须在使用任何振幅处理模块之前使用该模块，以确保处理的有效性。

2) 时间域单频干扰压制模块（SingFreqAtten）

该模块是一个压制地震记录上强单频干扰波的模块，利用初至前或深层时间段记录估算强单频干扰波的频率、振幅和时延，把它作为整道地震记录上的强单频干扰并从原始地震道减去，得到去除强单频干扰波后的地震记录。其主要参数有：

start time 分析时窗起始时间，一般要避开浅层强振幅，单位为ms。

window length 最小分析时窗长度，一般不能小于1000ms。

frequency 需要压制的单频干扰波频率，模块最多可以同时处理3个频率，单位为Hz。

mute file name 切除库文件名，该切除库用于提供各道的初至时间。如果用户提供了切除库，当当前道的初至时间大于最小分析时窗长度时，模块利用当前道初至前的记录估计单频干扰波的参数，否则使用 start time 之后的记录来估计单频干扰波的参数。

3) 单频噪音剔除模块（MonoNoiRemv）

该模块用于剔除有较强单一频率干扰的单频波。它适用于有较强的单一频率干扰的地震道。本方法对于剔除有较强单一频率干扰的记录是非常有效的，并且计算过程不损害地震道记录中的有效反射信号。其限制条件和注意事项有：

(1) 程序定义中心频率为（最大噪声频率－最小噪声频率）/2，由于方程 $A\sin(2\pi fT+E)=A$ 中的频率 f 和初始相位 E 的解有周期性，求取的单一频率不可偏离中心频率过大。

(2) 根据以往处理经验，建议按如下公式选取初始相位时窗长度和频率计算时窗长度参数：

初始相位时窗长度＝频率计算时窗长度＝$T/4+n*T$

初始相位时窗长度＝频率计算时窗长度＝$3*T/4+n*T$（其中，$n=1，2，3……，T$为单一频率噪音的周期）。

(3) 通常情况下使用带通滤波突出单一频率噪音的优势频带，该滤波不影响输出。计算时窗应选择在道记录中单一频率干扰相对较强的时间段，且计算时窗长要超过1500ms为好。

单频噪音剔除实例如图7.20所示。

Property	Value
method options	fast calculate
windows	2000,4000,6000
bandpass	30,40,60,80
window length for calculating frequency	50
minimum frequency of noise	48
maximum frequency of noise	52
threshold	2100
multiples of mean error	1.8
window length for initial phase calculation	26
list	no

图7.20 单频噪音剔除（MonoNoiRemv）实例

7.2.2 反褶积

在地震数据采集过程中，由于激发、接收条件不同，从而导致采集的原始地震数据在振幅、时延、地震子波等方面存在差异。地表一致性处理就是消除这些差异的技术手段。地表一致性反褶积主要消除子波差异。本章主要介绍GeoEast系统的地表一致性反褶积模块，即两步法统计子波反褶积和单道反褶积。

1. 地表一致性反褶积

在地表一致性反褶积中，第一步对数据功率谱（或复赛谱）的计算量很大，但所用内存不大；第二步迭代分解过程不但计算量大，所用内存空间也很大；最后一步做地表一致性反褶积的计算量与单道反褶积的计算量相当。GeoEast处理系统对地表一致性反褶积的处理提供了4种方法：

一步完成 SCDecon3D（三维地表一致性反褶积）。

两步完成 SCSpecAna3D（三维地表一致性谱分析）＋SCSpecDecon3D（三维地表一致性反褶积）。

三步完成 LogSpectrum（对数谱、复赛谱计算模块）＋SCSpecDecon3D（谱分解）＋SCSpecDecon3D（三维地表一致性反褶积）。

SRDecon 两步法统计子波反褶积。

1) SCDecon3D 三维地表一致性反褶积（对数功率谱）

SCDecon3D一般用于二维或小数据量三维。对数功率谱4项地表一致性分解依次为炮点、检波点、CMP以及共炮检距，由此计算地表一致性反褶积算子并应用。其主要参数及注意事项如下：

(1) 每炮最大道数应大于实际道数。

(2) 本模块使用较灵活，在一个作业里可以开多个时窗完成谱分解和反褶积。在求解算子时，应注意是考虑平均谱分量还是不考虑平均谱分量这个选件。如果不考虑平均谱分量，则反褶积结果只去掉炮点与检波点异常，仅做地表一致性整形处理；如果考虑平均谱分量，则对输入道进行地表一致性反褶积。

（3）当开多个时窗时，应用反褶积算子，在相邻两个时窗中点间线性插值。第一个和末一个时窗由各自中点外推。

图 7.21 的例子是 SCDecon3D 脉冲反褶积，选件 deconvolution type 选择 spike，二维处理，不考虑平均谱分量（include mean spectrum or not），主要进行波形一致性处理。

Property	Value
survey type	2D
total number of sources	500
maximum traces per source	240
total number of receiver points	2400
maximum CMPs per line	2500
mute parameter filename	mute.mu
number of iterations	3
include mean spectrum or not	no
deconvolution type	spike
parameters for spike	300,1500,300,1010,1200,2500,300,1015,...

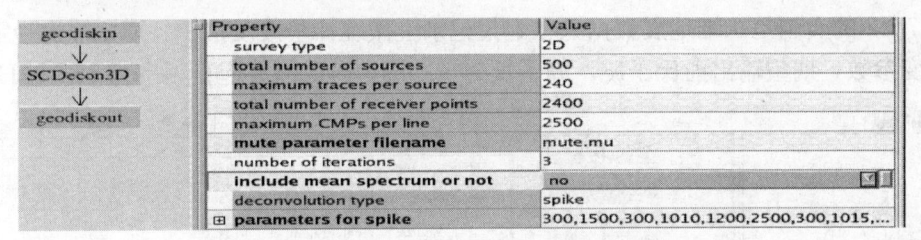

图 7.21 一步法 SCDecon3D 地表一致性反褶积实例

2）SRDecon 两步法统计子波反褶积

本模块中两步法是指：首先在炮集记录上提取统计子波（最小相位），根据不同的期望子波（包括相位特性：零相位或最小相位）做反褶积处理，消除炮点对子波的影响，第一步期望输出波形为最小相位。然后在共接收点道集上提取统计子波（最小相位或零相位，应与炮集上所用期望子波相位特性相同），根据不同的期望子波做反褶积处理，消除共接收点对子波的影响，第二步期望输出为零相位。本模块也可仅在炮集记录上提取子波，进行反褶积处理，即完成两步法中的第一步。本模块不仅能校正压缩激发震源子波波形，还可以消除近地表响应。从这个意义上讲，它具有一定的地表一致性反褶积效果。其注意事项有：

（1）本模块对输出道的最大振幅值进行修改。

（2）当记录中的强能量干扰的道数大于总道数的一半时，本方法无法识别噪音，不宜使用本模块。

（3）空变点最多可定义 5 个。定义空变计算时窗时，只能定义一组计算时窗；不定义空变计算时窗时，最多可定义 3 组时变计算时窗。空变点的第一个和末一个进行外推。

（4）每组计算时窗必须有对应的应用时窗，且相邻两组计算时窗对应的应用时窗之间不可重叠。

（5）如果本模块定义切除数据库，仅用于调整计算时窗，并不作数据真切除。如果输入记录已用 Muting 模块做过真切除，则不需要填写此参数。

主要参数如下：

function options 功能选项，有 4 个，分别是：

decon in common source gather，在炮集记录上提取子波做反褶积，该选项完成两步法中的第一步，即只在炮集记录上提取子波，然后进行反褶积。子波为极小相位，期望输出也是极小相位。用户在第一个流程使用该选项后，在下一个流程必须使用"在接收点集记录上提取子波做反褶积"继续处理，结果才正确。

decon in common receiver gather，在接收点集记录上提取子波做反褶积，该选项是在完成"在炮集记录上提取子波做反褶积"的基础上，进一步在接收点集记录上提取子波进行反褶积处理。子波为小相位，期望输出零相位。

zero phase decon in common source gather，在炮集记录上提取子波做零相位反褶积，

本选件只在炮集记录上完成统计子波反褶积，子波为小相位，期望输出零相位。用户可在下一个流程中选用"在接收点集记录上提取子波做零相位反褶积"选项继续处理，也可以直接以本选件结果作为最终输出。

zero phase decon in common receiver gather，在接收点集记录上提取子波做零相位反褶积，该选件在完成"在炮集记录上提取子波做零相位反褶积"选项的基础上，进一步在共接收点道集上提取统计子波，期望输出为零相位。

图 7.22 的实例是二维地震数据只在炮集记录上做统计子波反褶积，期望输出为零相位。选用时变参数，期望输出俞氏子波。算子长为 120ms，俞氏子波起止频率为 12～60Hz。

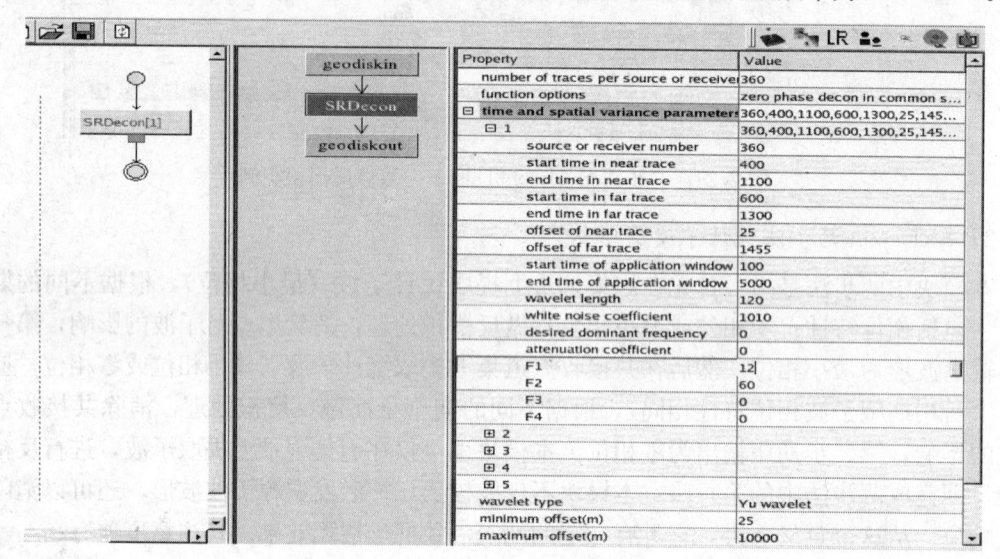

图 7.22　SRDecon 模块两步法统计子波反褶积实例

3) SCSpecAna3D / SCSpecDecon3D 三维地表一致性反褶积（对数功率谱或复赛谱）

SCSpecAna3D 是地表一致性反褶积处理中的第一个模块。该模块对输入的地震数据按时窗求取其对数功率谱（或复赛谱），将对数功率谱按同一分量分别进行累加，对共炮点、共检波点、共偏移距、共中心点等 5 个分量进行地表一致性相关分析。最终由 SCSpecDecon3D 模块利用 SCSpecAna3D 模块算出的地表一致性反褶积的谱分析结果对输入的地震道先进行地表一致性反褶积算子的求取，然后利用该算子进行地表一致性反褶积。

填写参数时需要注意的是：对于 SCSpecAna3D 中的时窗定义，其时窗范围尽量大一些，以便包括较多的有效层。实际处理时，该模块选择 2 个分量进行分解较为合适，推荐选择炮点作为第一分量，检波点作为第二分量。SCSpecDecon3D 中 percentage of additional power spectrum outside bandpass 参数是加入通放带外的功率谱的百分比，缺省为 50，此时兼顾了信噪比与分辨率，该值变小时分辨率提高，变大时信噪比提高（不建议选此参数）。

图 7.23 是两步地表一致性反褶积实例。第一个作业：执行 SCSpecAna3D 模块，按炮检距定义时窗（window definition type 选择 offset），输出对数功率谱（或复赛谱）文件（spectrum filename）scspecana3d-1，该文件存在/项目/工区/下的 datatable 子目录中。第二个作业：执行 SCSpecDecon3D 模块，调用对数功率谱（或复赛谱）文件（power spectrum filename）scspecana3d-1，做三维地表一致性预测反褶积，算子长为 120ms，预测距离为 24ms。

(a)第一个作业SCSpecAna3D　　　　　　　　(b)第二个作业SCSpecDeconD

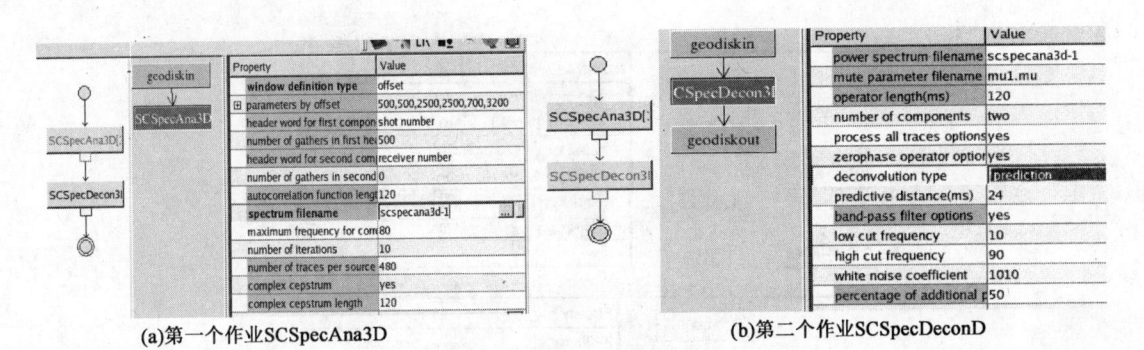

图7.23　多道两步完成地表一致性反褶积实例

4）LogSpectrum / SCSpecDecom3D/ SCSpecDecon3D 三维地表一致性反褶积对数功率谱（或复赛谱）

该方法由3个模块分3步完成：LogSpectrum 是地表一致性反褶积处理中的第一个模块。该模块对输入的地震数据按时窗求取其对数功率谱（或复赛谱），然后由三维地表一致性谱分解模块（SCSpecDecom3D）将其进行地表一致性分解。最终由三维地表一致性反褶积模块（SCSpecDecon3D）求出共炮点、共检波点分量的反褶积算子并应用在地震道上。LogSpectrum 模块可以输出对数功率谱和复赛谱，当地震数据很大时，可以选择复赛谱选件输出复赛谱。其主要参数及注意事项如下：

（1）如果三维地表一致性谱分解模块（SCSpecDecom3D）所要分解的数据量比较大，则在第一步求取振幅谱时建议选用复赛谱选件（complex cepstrum）中的 yes 选件。

（2）当有多个数据输入，所输入数据的谱类型及参数必须相同，即在对数谱作业中的参数应完全相同。

（3）实际处理时，SCSpecDecom3D 模块仅选择2个分量进行分解较为合适，建议分选的第一分量为炮点项，第二分量为检波点项。

（4）为了节省时间，推荐选择炮点和检波点分量。

应用实例如图7.24所示。

第一步：执行 LogSpectrum 模块，按炮检距定义时窗（window definition type 选择 offset），输出对数功率谱（或复赛谱），此输出由 geodiskout 模块输出。第二步：执行 SCSpecDecom3D 模块，输入数据关键字顺序：source、trace，旗标 source。把 shot number 作为第一分量（header sord for first correction），receiver number 作为第二分量（header word for second correction）。对 LogSpectrum 输出的复赛谱（或对数功率谱）进行谱分解，求出的各分量记录记入表文件（spectrum filename）scspecdecom3d 中。scspecdecom3d 文件存在/项目/工区/下的 datatable 目录下。第三步：执行 SCSpecDecon3D 模块，调用复赛谱文件（power spectrum filename 参数）scspecdecom3d，做地表一致性预测反褶积（deconvolution type 选件 prediction），算子长为120ms，预测距离为24ms。

2. 单道反褶积

1）预测反褶积模块（PredictDecon）

该模块是假设反射系数序列为白噪序列，地震子波为最小相位，在以上两个假设的前提下在时域进行反褶积。该模块既可以用于消除地震记录中的长、短周期多次波，又可以用来

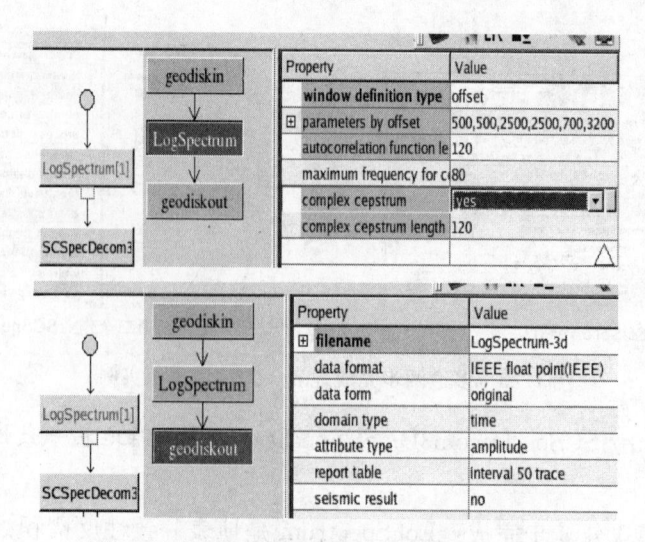

(a)多道三步完成地表一致性反褶积第一步LogSpectrum模块

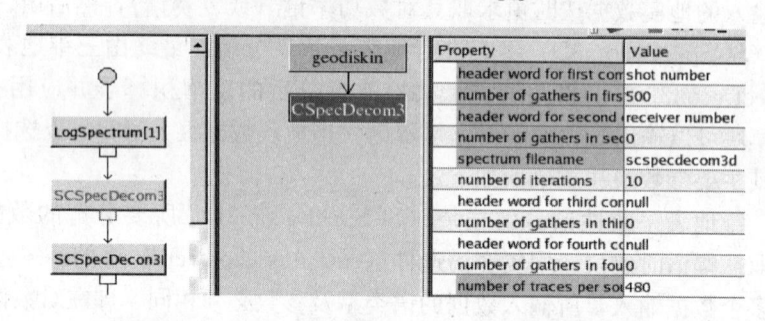

(b)多道三步完成地表一致性反褶积第二步SCSpecDecom3D模块

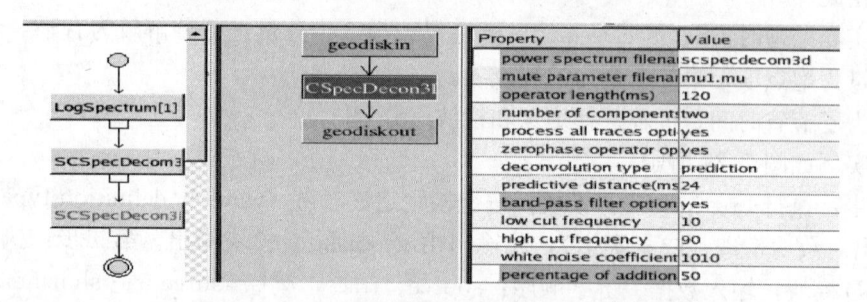

(c)多道三步完成地表一致性反褶积第三步SCSpecDecom3D模块

图 7.24　多道三步完成地表一致性反褶积实例

提高地震记录的分辨率。该模块既可输出反褶积后的数据，又可输出反褶积因子。其主要参数有：

　　operator length　算子长度，单位为毫秒。此参数不能大于记录道长的五分之一，缺省为120ms。

　　start time for subtracting predicted result　从地震记录中减去预测道的起始时间，单位为毫秒，缺省为0。

　　parameters without spatial variance　不需要空变时定义反褶积算子参数。该矩阵最多允许有3行，即最多定义3个反褶积算子。

· 242 ·

options for defining space range　反褶积算子空变选项，此参数用来定义区间范围。有 4 个选项，即 shot，按炮号定义区间范围（缺省）；CMP，按 CMP 号定义区间范围；receiver station，按接收点站号定义区间范围；offset，按炮检距定义区间范围。

parameters with spatial variance　需要空变时定义反褶积算子参数。在空变的情况下最多允许定义 10 个区间范围，每个区间范围最多允许定义 3 个预测算子，且每个区间内的预测算子个数相同。

2）脉冲反褶积模块（SpikDecon）

该模块利用最小平方法求取地震记录的反褶积算子，对地震记录道进行时变褶积运算，从而提高反射地震记录的分辨率。根据用户要求，从切除数据表中检索切除时间函数，确定反褶积计算时窗的起始位置。

7.2.3　叠后去噪

在叠后，为了取得较好的成像效果，应进行叠后去噪处理。GeoEast 系统提供了多个叠后去噪模块，可根据实际情况及模块设计的前提条件，选择合适的模块进行叠后去噪处理。

1. 多项式拟合模块（PolyFit）

该模块基于地震道数据具有横向相干性的原理，通过多项式拟合，求出地震信号相位时间、标准波形和振幅加权系数，然后将它们组合成拟合地震道；拟合地震道与原始道混波后得到最终结果。该方法是针对复杂构造的极低信噪比资料而研发的，其结果只能用于构造解释，输入数据可以是叠后 CMP 地震数据、叠前炮集地震数据、共炮检距集地震数据以及动校正后的单炮地震数据。它适用于二维叠前、叠后地震资料或三维叠后地震资料，二维叠前地震资料输入数据排序视道集类型不同而不同；叠后输入数据排序为 CMP line、CMP，旗标为 CMP line（三维）。其主要参数有：

number of traces in a region　一个区域内的处理道数，整型，奇数，缺省值为 11，如果缺省值是偶数，程序自动加 1，取值范围为 3～31。

window length　一个区域内的处理长度，以毫秒为单位，整型，缺省值为 100，取值范围为 1 个采样间隔至道长。

highest order for polynomial fitting　用于拟合的多项式的最高次数，整型，缺省值为 3，表示用三次多项式做拟合，取值范围为 1～3 。

coefficient for defining practical mixing percentage　求取实际混波百分比时使用的系数。它用于公式：$percent = v \cdot k + (100 - v) \cdot phsi$，其中，$percent$ 表示实际混波百分比，v 表示求取实际混波百分比时使用的系数，k 表示人工提供的混波百分比，$phsi$ 表示程序求取的混波百分比。$0 \leqslant v \leqslant 100$，缺省时 $v=0$，即采用程序求取的混波比，这时人工提供的混波百分比不起作用。

dip scan parameters　按时空范围定义扫描倾角的参数（仅用于叠后 CMP 资料处理）。缺省时不空变，即该参数不用填写，所有的处理道都用同一倾角参数。

需要注意的是：不能输入三维叠前地震数据；如果拟合后在原输入剖面上相邻两道之间插入的道数大于或等于 1，那么模块 geodiskin 中的参数 gather input 必须为"no"。

多项式拟合实例如图 7.25 所示。

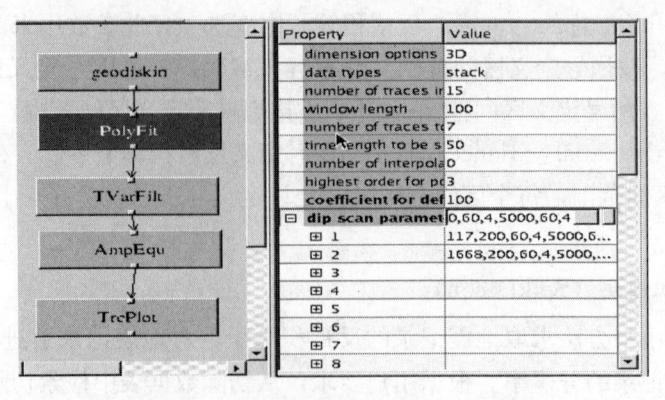

图 7.25 多项式拟合（PolyFit）实例

2. 叠后二维随机噪声衰减模块（RNA2D）

该模块用于叠后二维数据的随机噪音衰减。利用 F‐X 域预测理论，假设有若干信号，各自有不同的倾角、振幅以及波形，但每个信号的倾角、振幅以及波形无横向变化。根据原始数据可以统计出每个频率的空间预测算子，应用此算子得到的预测结果可显著衰减噪音。其主要参数如下：

predictive operator length　预测滤波算子长度（道数），缺省值为 7。

spacial overlap percent　空间分段重叠系数，按百分比提供。填零时，重叠长度等于滤波算子长度。

time overlap percent　时窗重叠系数，按百分比提供。

CMP range and time vs add‐back percent CMP　控制点或控制范围以及相应的混波时间和混波比对。混波时，CMP 号必须以增序定义；在同一 CMP 控制点（或控制范围）内，时间必须以增序定义。

output options　输出剖面类型，有两个选项：normal 输出去噪后的剖面（缺省）；noise 先输出二维随机噪声剖面，然后再输出去噪后的剖面。

time window length　窗口的大小由空间窗口宽度和时窗长度来决定，空间窗口宽度必须大于预测算子长度的 4 倍，时窗之间应有重叠。建议空间窗口宽度为 100 道，时窗长度为 500ms。对于一般资料选用这样的参数均能取得较好的效果。

predict operator length　为了省机时，提高处理效率，选用 7 道的算子。当记录的噪声较强时，算子大一些，以便减弱背景噪声，增加预测的准确性。因窗口宽度大于算子长 4 倍，所以增加算子长，窗口宽度也应增加。这样对倾角变化较大的资料处理效果不一定就好，需通过试验来确定算子长和窗口大小。算子长度范围在 3~14 之间。

叠后二维随机噪声衰减实例如图 7.26 所示。

3. 叠后三维随机噪声衰减模块（RNA3D）

本模块用于叠后三维数据的随机噪声衰减。利用 FXY 域预测理论，根据原始数据可以统计出每个频率的空间预测算子，应用此算子得到的预测结果可显著衰减噪声，能完成叠后三维随机噪声衰减。本模块可选择频段进行算子求取，求取后的算子用于全频。本模块还可对去噪后的剖面加入一定百分比的原始道，以获得较满意的剖面。输入数据排序为 CMP line、CMP，旗标为 CMP line。其注意事项有：

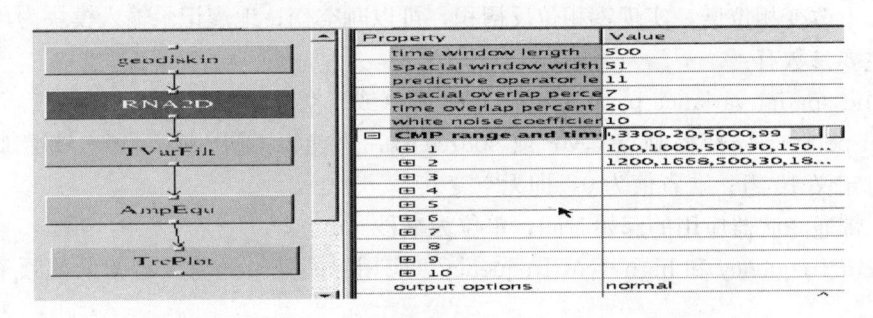

图 7.26　叠后二维随机噪声衰减（RNA2D）实例

（1）要求空间窗的 inline 方向的道数与 crossline 方向的道数都大于 2 倍的预测算子长度。

（2）要求所做处理的线数和每条线的 CMP 数也都大于 2 倍的预测算子长度。

（3）要求所填的最小线号、最大线号、最小 CMP 号和最大 CMP 号与实际输入数据相符。

叠后三维随机噪声衰减实例如图 7.27 所示。

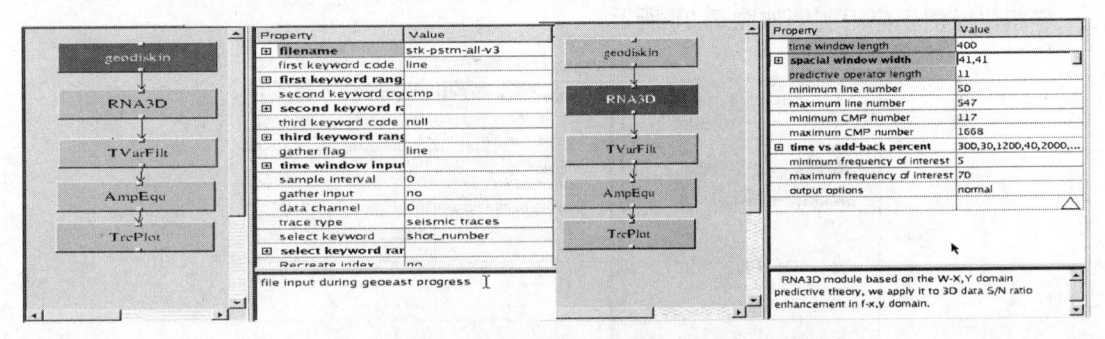

图 7.27　叠后三维随机噪声衰减（RNA3D）实例

7.2.4　叠后提高分辨率

在叠后，为了取得较好的成像效果，除了进行叠后去噪处理，也应进行提高分辨率的处理。GeoEast 系统提供了多个提高分辨率模块，可根据实际情况及模块设计的前提条件，选择合适的模块进行提高分辨率处理。

1. 蓝色滤波模块（BlueFilt）

该模块针对反褶积后反射系数序列的有色成分进行补偿，以期得到更高分辨率的剖面。它一般用于叠后资料处理，采取地震记录输入模块单道输入模式，不能时空变。其主要参数有：

Alpha　滤波算子的自回归系数。Alpha 为绝对值小于 1 的负实数，缺省值为 -0.4。

Beta　滤波算子的移动平均系数，为绝对值小于 1 的负实数，缺省值为 -0.8，并且有 $|Beta| > |Alpha|$。

2. 零相位反褶积模块（ZeroPhasDecon）

该模块定义一系列带通滤波器，对输入数据进行滤波；然后利用振幅均衡的手段把各频率成分的信号均衡到同一水平上，再叠加输出；实现在有效频率范围内展宽频带，并且只改变振幅谱，不改变相位谱，实现零相位反褶积，可以时空变；地震记录输入模块为单道输入模式。其主要参数有：

  time and spatial variance parameters 时变和（或）空变参数。

  control points 空变控制点 CMP 或 source 号，只能以 CMP 或 source 号增加方式定义；最多可定义 10 组；缺省值为 0，即无空变。

  time 带通滤波器应用的起始时间，单位为毫秒（ms）。

  low‐cut frequency 和 high‐cut frequency 应用时间处带通滤波器的低截频率、高截频率。

两个 CMP 或 source 控制点之间的时窗起止时间由空间内插得到，同一时窗内的带通滤波器应保持一致。若仅时变，只需在参数 control points 处填写 0；若仅空变，则参数 control points 处填写空变控制点 CMP 或 source 号，同时只填第一组（应用时间、低截频率、高截频率）；若既不空变也不时变，只填第一组（应用时间、低截频率、高截频率）。

  filter length 滤波算子长度，用毫秒（ms）表示，缺省为 300ms。

  high frequency enhancement factor 高频加强因子，缺省为 0。高截频处加权系数为：1＋高频加强因子/100。

零相位反褶积应用实例如图 7.28 所示。

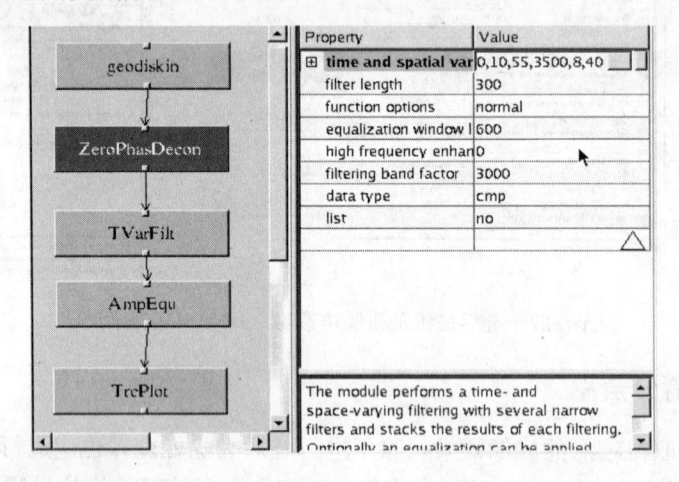

图 7.28 零相位反褶积（ZeroPhasDecon）实例

3. 频率域谱白化模块（FreqSpecWhiten）

该模块可以将输入地震记录道的任意时段、任意频段按要求进行振幅谱白化处理，是提高地震记录分辨率的一种有效方法。该模块在用户规定的有效信号频带内将输入道的振幅谱时变地控制到同一水平，而对频带以外的频率振幅进行压制，这一过程称为时变谱白化。用户可通过参数定义较小的时间窗和频率间隔，精细地进行时变谱白化处理；也可以定义较大的时间窗，做一般处理也可得到很好的效果。

7.3 振幅处理

振幅处理的目的是在相对保持振幅的前提下，通过振幅处理，解决由于由激发、接收、地层吸收等因素引起的接收道的能量差异。GeoEast 处理系统解决振幅问题主要有炮间能量均衡，即解决炮间的能量差异；几何扩散补偿，即解决纵向的能量差异；地表一致性振幅补偿，即解决横向的能量差异。

GeoEast 提供的相关振幅处理模块有振幅均衡（AmpEqu）、几何扩散补偿（AmpCompenst）、二维地表一致性振幅补偿（SCAmpCom2D）、三维地表一致性振幅分析（SCAmpAna3D）、三维地表一致性振幅文件合并（SCAmpSum3D）、三维地表一致性振幅补偿（SCAmpCom3D）、振幅分析（AmpAna）、叠后剩余振幅处理（PostRsAmpPro）、反射强度增益（RtStrnthGain）、时变振幅加权（TVarScal）、地震道振幅自适应加权（AmpClipWeight）以及峰值振幅增益（PeakAmpGain）。本节主要介绍 GeoEast 系统的振幅均衡模块与几何扩散补偿模块、地表一致性振幅补偿模块以及振幅分析模块。

7.3.1 振幅均衡模块（AmpEqu）

在野外原始记录或经叠加处理后的记录上，由于波前扩散和地层吸收作用，会出现浅、中、深层反射波的能量差异较大或者道与道间能量不均衡的情形。针对波前扩散引起的能量不均衡问题，地震道振幅动态平衡模块以较大的时空步长将记录振幅平衡到人为设定的某一级别上，以便于地震记录的显示和绘图。动态平衡是指平衡因子在时间和空间上是变化的，因子的大小直接与记录振幅级别相联系。该模块的主要参数有：

equalization options 平衡处理选项，有 6 个。

equalization level 平衡级别，用来调整振幅，缺省为 5000，用于单道、整道、多时窗域和单炮平衡。

RMS level 均方根平衡级别，缺省为 2000，用于均方根平衡和瞬时平衡。

apply true mute 应用真切除，yes 表示真切，输出的切除部分数据冲零；no 表示不真切，输出的数据不切除。

注意事项如下：

（1）做单道空变平衡时，时窗按两个处理。

（2）做单道不空变平衡时，时窗由 end time 定义，计算平衡因子的时窗长度由 window length 定义。

（3）做整道平衡时，由 start time 和 end time 定义一个时窗，不需要定义计算平衡因子的时窗长度。

（4）做多时窗区域平衡时，由 end time 定义多个时窗，不需要定义计算平衡因子的时窗长度；number of traces 为一次处理的均衡道数。

（5）做均方根平衡时，由 window length 定义时窗长度，最多 3 个，缺省值为 256、512 和 1024。

（6）做瞬时平衡时，由 window length 定义一个时窗长度。

（7）做单炮平衡时，由 start time 和 end time 定义一个时窗，不需要定义计算平衡因子的时窗长度。

（8）应用道平衡和反应用道平衡是互斥的。

振幅均衡模块应用实例如图 7.29 所示。

7.3.2 几何扩散补偿模块（AmpCompenst）

在实际资料中，影响反射波振幅的因素主要包括激发与接收因素、波前扩散、地层吸

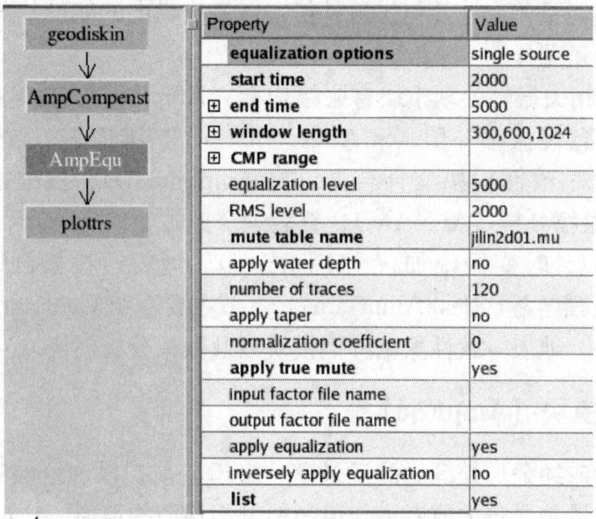

图 7.29 振幅均衡（AmpEqu）模块实例

收、地层层状结构、反射界面的形态以及各种干扰波等。这些因素造成反射波在浅、中、深不同位置上波形和能量存在较大差异，记录道之间或炮记录之间的波形和能量也不相同。这种波形和能量上的差异严重影响反褶积、动校正、静校正和速度分析的精度。因此，在叠前进行振幅补偿显得尤为重要。该模块的主要参数有：

compensation method options　补偿方法选项，有 4 个，分别为球面扩散补偿（spherical divergence，缺省）、地层吸收补偿（stratum absorption）、能量分贝补偿［energy（db）］以及海上补偿（marine）。

几何扩散补偿模块选择球面扩散补偿的参数如图 7.30 所示。

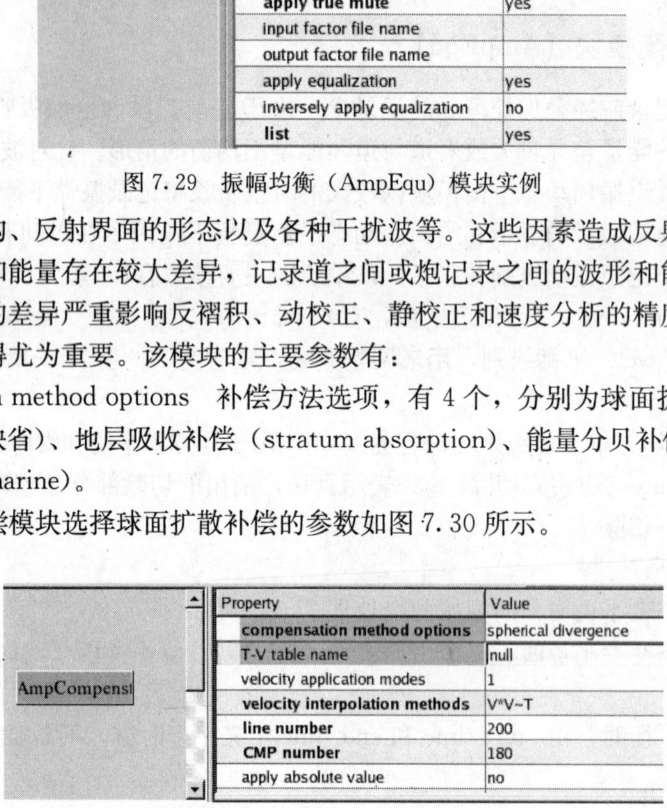

图 7.30　AmpCompenst 模块补偿方法选择球面扩散补偿参数

在球面扩散补偿参数卡中需要填写 velocity application modes，当选择 interpolated velocity function（速度内插）时需要选择 velocity interpolation methods（速度内插方式）。建议输出补偿因子（output factor file name），以便将来需要时可进行反补偿。

7.3.3　地表一致性振幅补偿模块

地表一致性振幅补偿主要是消除由激发、接收等因素引起的地震记录在空间方向的振幅差异。

1. 二维地表一致性振幅补偿模块（SCAmpCom2D）

本模块是一个叠前振幅补偿程序，其主要目的是去除由激发、接收等因素引起的接收道的能量差异。它包含两方面的内容：一是几何扩散和吸收系数补偿，二是地表一致性振幅道平衡。本模块利用地表一致性统计的方法，使得叠前振幅保持相对均衡；求取地表一致性低频振幅能量曲线，进行叠前几何发散和吸收项的精确补偿。

该模块的主要参数及注意事项有：

(1) 在选择起始时间和时窗时，几何扩散补偿的起始时间一般从初至开始，整道计算。地表一致性道均衡振幅补偿的起始时间一般选在初至波等强波的下面，以避开这些强振幅对整道的影响，采用整道或选取适当长度计算。

(2) 本模块适合长记录处理。当记录道较短时，需适当调整参数，以保证各记录道中做几何扩散和吸收补偿的实际处理长度大于半时窗长度的 6 倍。

(3) 有些地震数据做完本模块之后，地震道出现拉直杠现象，这时需要调整"compensation threshold"参数，适当调大该参数。

(4) options 选件有 3 个选项。all（缺省），做几何扩散和吸收补偿及地表一致性振幅道均衡；no balance，只做几何扩散和吸收系数补偿；balance，只做地表一致性振幅补偿。

地表一致性振幅补偿应用实例如图 7.31 所示，在做二维地表一致性振幅补偿时建议对输入数据做整炮均衡后再选择本模块中的 all 选项，完成二维地表一致性振幅补偿。

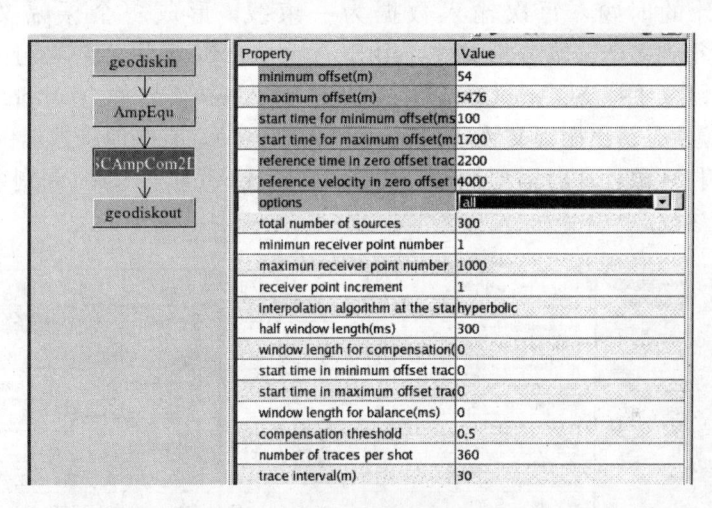

图 7.31 地表一致性振幅补偿实例

2. 三维地表一致性振幅补偿模块（SCAmpCom3D）

假设在炮点处近地表的影响只表现为由该炮点所造成的振幅不同，而与信号的记录位置无关；同样地，检波点处近地表的影响也只表现为由该检波点所造成的振幅不同，而与信号的炮点位置无关。根据这一假设进行地表一致性振幅补偿，实现地震数据的道间能量均衡。

1) 实现步骤

第一步：SCAmpAna3D（三维地表一致性振幅分析）产生振幅谱文件。Geodiskin→SCAmpAna3D。

第二步：SCAmpSum3D（三维地表一致性振幅文件合并）。在处理三维资料时，首先在线束上运行 SCAmpAna3D，得到多个振幅分析文件，然后运行该模块将其合并。Geodiskin→SCAmpSum3D。

第三步：SCAmpCom3D（三维地表一致性振幅补偿）。调用上一步合并后振幅谱文件进行地表一致性分解，求出炮点和检波点的补偿因子，对地震数据进行补偿。Geodiskin→SCAmpCom3D→geodiskout。

2）注意事项

（1）SCAmpAna3D 中用于定义地表一致性分析的三个道头字不能相同。通常第一个道头字为 H_SHOT_NUMBER；第二个道头字为 H_RECEIVER_NUMBER；第三个道头字为 H_CMP_NUMBER。

（2）SCAmpSum3D 中输入的振幅分析文件最多可定义 50 个振幅分析文件。

（3）SCAmpCom3D 模块在迭代过程中采用两轮迭代，每轮迭代的次数由用户定义。完成第一轮迭代后，若剩余误差超过门槛值，则该道不参加第二轮迭代。这样就减少了不可靠振幅对计算结果的影响，确保了计算精度。本模块设计了振幅反补偿功能，用于消除原振幅补偿的影响。

3）应用实例

如图 7.32 所示，对三维地震数据通过时窗参数表格（window parameter）根据炮检距来定义振幅统计的时窗，每次输入数据为一束线，形成一个振幅文件（amplitude filename），依次得到多个振幅分析文件，用 SCAmpSum3D 模块合并并输出（output table name）一个振幅文件。SCAmpCom3D 模块是输入振幅文件（amplitude filename），SCAmpSum3D 模块是输出振幅文件（amplitude filename）。有些地震数据做完本模块之后，地震道出现拉直杠现象，这时需要调整 threshold of residual difference 剩余误差门槛值参数，适当调大该参数。

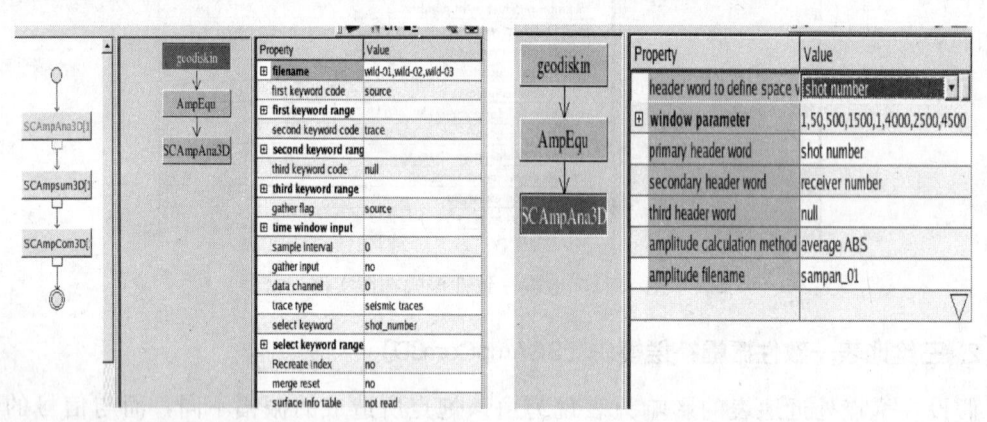

图 7.32 三维地表一致性振幅补偿实例

7.3.4 振幅分析模块（AmpAna）

该模块对振幅进行定量分析。它计算随炮检距变化的平均振幅值和随时间变化的平均振幅值，用于分析由于介质吸收和球面扩散影响而引起的振幅能量衰减情况。用户通过不同的参数可获得不同的 CGM 图件。用户通过显示方式（display mode）参数可决定采用对数比例绘图还是常规方式。通过输出图形（output graphs）参数可获得所需 CGM 图件。输入数据为炮集数据，建议先进行切除处理，炮的范围和炮内地震道的选择由输入模块控制。键入"gecgm"，启动 GeoCGM 可查看输出的 CGM 图件，选择 File→Raster Plot→CGM 图件，再通过绘图命令输出光栅化后的文件到绘图仪。该模块的主要参数有：

output CGM filename　输出的 CGM 文件名，缺省时放在绘图队列（系统定义的 CGM 文件目录下）。文件名为作业名＋.cgm。

number of offsets　要处理的炮检距个数，缺省为 120。

maximum traces each offset　每个炮检距的最大叠加道数，缺省时叠加统一炮检距的全部输入道。

display mode　显示方式，有 2 种：decibel（采用对数比例绘图方式）和 normal（采用常规绘图方式）。

output graphs　输出图形，有 2 种：Summary graph，只输出综合振幅图（不做均化处理）；three graphs，输出 3 种图形，即随时间变化的振幅图（均化处理）、随偏移距变化的平均振幅图（均化处理）以及综合振幅图（均化处理）。

振幅分析模块应用实例如图 7.33 所示。

图 7.33　振幅分析（AmpAna）模块实例

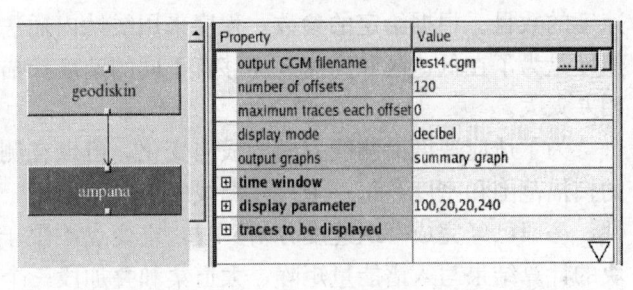

7.4　GeoEast 速度分析与 DMO 叠加

GeoEast 速度分析的过程是首先利用批量模块 VelocityAna 进行速度谱计算，然后用交互速度分析模块对产生的速度谱进行速度解释及速度建场，获得较为精确的叠加速度、偏移速度和时深转换速度，这不仅是满足构造成像的必要条件，也是属性反演的基本条件之一。

三维速度场（体场）建立过程：构造模型上加载 Z-V 对→层速度在层面上横向插值→层速度在层面上纵向插值。

应用地震构造解释数据和三维可视化技术建立地质模型，不仅可以有效地指导油田的勘探和开发，而且通过模型正演可以检验解释结果的正确性，指导下一轮野外采集观测系统的布设；为测井储层信息约束下的储层模型建立提供三维空间的构造约束。利用地震构造解释数据建立地质模型，由构造建模和速度充填两部分构成：利用交互软件加载层位、断层等信息，建立构造模型；加载构造模型和层速度，并沿层速度插值，即可填充速度。

速度分析与建场的工作流程如图 7.34 所示。

7.4.1　速度谱计算模块（VelocityAna）

本模块采用一系列的动校正速度，对从叠前数据中输入的 CMP 道集（转换波速度分析时为 CCP 道集）进行动校正叠加或者偏移叠加，然后把计算结果写入磁盘文件，供交

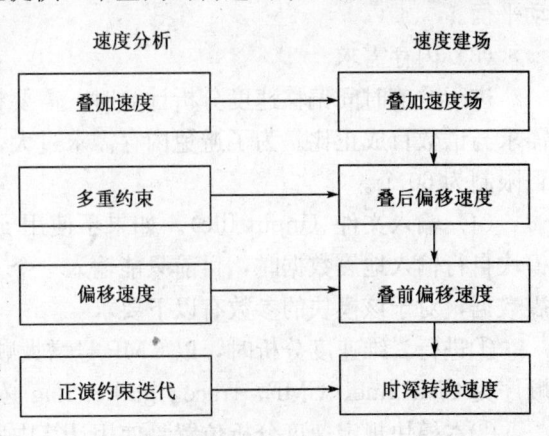

图 7.34　速度分析与建场的工作流程

互速度分析模块调用,获得叠加速度、转换波速度或叠前时间偏移速度。该模块可适应各向同性和各向异性介质假设。

叠加速度谱和转换波速度谱在 CMP 参考面制作,叠前时间偏移速度谱在统一基准面上制作。

本模块中采用两种方式进行速度扫描,一种是可变间隔的常速扫描,另一种是局部等间隔变速扫描,用户可根据实际情况,灵活地规定动校正速度的扫描区域和密度,从而提高计算效率。其中,常速扫描是依次指定若干对起始速度和间隔,扫描速度以递增的方式给定;变速扫描是以 TV 对的形式规定扫描中心速度、扫描速度下限和扫描速度上限,并指定扫描速度的数目。根据给定的参数,程序采用线性内插法确定各个扫描速度函数。使用中心扫描速度是为了在低速区和高速区能够有不同的速度扫描间隔,避免在两个区域中的动校正时差相差太大。

为了适应速度沿测线方向的横向变化,可以在测线的不同位置分别规定最多 10 个不同的扫描范围和密度,每一个只在测线的一段中使用。使用已确定的 TV 库中的速度(速度文件,一般已经完成一次速度分析)时,空变点不限于 10 个,而且可以实现测线间变化。模块的计算结果写入谱能量矩阵、大道集和叠加段三个磁盘文件,以便将来使用相应的绘图模块绘制速度谱图,或使用交互速度分析模块进行交互解释。

该模块的主要处理参数及注意事项如下:

(1) 进行三维速度分析时,该模块只能在工区下执行。

(2) 数据准备。

① 输入数据中的野值会对速度分析结果造成严重后果,表现为速度谱上不合正常规律的能量团分布,并且严重压制正常能量团的显示,所以对输入数据必须事先进行去野值处理。

② 振幅太大的面波会严重干扰正常反射信号的叠加结果,极大地降低速度分析结果的信噪比和可靠性,所以对输入数据必须事先进行去面波处理。

③ 动平衡时窗太大时,输入数据可能存在较大的道间振幅差异,其表现也是速度谱上不合正常规律的能量团分布,此时排除能量异常的输入数据或者缩短动平衡时窗会改善速度分析结果。

④ 为了改善速度分析计算效果而对输入数据进行滤波和动平衡时,应先滤波,再进行动平衡。

(3) 内存需求。

进行叠前时间偏移速度分析计算时,需要将每个谱的叠加结果存储在内存中,所以内存需求与谱数目成正比。为了避免内存需求过大,目前单个作业一次可以计算完成的速度谱数目限制为 60 个。

(4) 输入文件(input file)。如果不使用 geodiskin 模块,则使用此参数自行输入数据。模块自行输入地震数据时,目前只能输入一个文件内的数据。如果使用磁盘输入模块输入地震数据,对于该模块的参数有以下要求:

①进行二维速度分析时,以 CMP 号增大顺序。进行三维速度分析时,输入模块关键字顺序为 CMP line、CMP、trace,gather flag 必须是 CMP。

②本模块规定速度分析位置是使用计算中所用若干 CMP(其数目由叠加段中 CMP 数目与矩阵中 CMP 数目乘以谱中矩阵数目结果中较大者确定)的中心点,即输出结果中标注的

CMP号，而计算往往需要中心 CMP 前后的若干 CMP 道集，因此在填写输入模块参数时，要使它提供速度分析计算所需的合适数据。

(5) 输出文件。如果未指定，则使用输入文件名，如果输入文件名也未指定，则使用所发送的作业名。其输出文件名形式为 ff.tt.v.vv，其中 ff 为文件名，tt 为输出文件类型，v.vv 为版本号。本模块输出的文件类型有三种：pwr 速度谱数据、gth 大道集数据和 stk 叠加段。若 result file name（输出文件名的前缀）定义的输入文件名为 vel1，result file version number 定义的版本号为 2.00，则实际输出的三个文件的名字为 Vel1.gth.2.00、Vel1.stk.2.00 和 Vel1.pwr.2.00。

(6) 速度类型（velocity type）：有 3 类，stacking 表示进行叠加速度分析；migration 表示进行叠前时间偏移速度分析；PS wave 表示进行转换波速度分析。

(7) irregular line and CMP：不规则的速度谱计算时填写，由表格输入。

(8) number of CMPs in a matrix、number of matrixes in a spectrum：由几个 CMP 做成一个矩阵，由几个矩阵做一个谱。高陡构造下要求两个参数尽量小，以避免时差。

(9) number of traces in supergather：大道集的道数，相当于覆盖次数，大道集中的叠加间隔等于最大炮检距除以该参数。

(10) number of stack segments：叠加段个数。spacing between stack segments：叠加段的增量，初次速度分析可大些，最终速度分析增量应为 1，提高叠加段间的精度，当填写不合适时，程序根据叠加段个数和速度扫描线数自动修改该参数。叠加段之间的扫描速度函数序号间隔最小值为 1（中心扫描速度临近的扫描速度形成叠加段），最大值为（扫描速度数目－1）/（叠加段数目－1），缺省值为 2（中心扫描速度临近的扫描速度每隔一个形成叠加段）。如果大于（扫描速度数目－1）/（叠加段数目－1），则使用最大值。number of CMPs in stack segment：叠加段中 CMP 的数目，最小值为 1，最大值为 25，缺省值为 12。在进行叠前时间偏移速度分析时，此参数决定所需内存规模和作业运行时间，因此在满足需要的前提下应尽量小。

(11) sample interval of spectrum lines：谱线采样间隔（ms），最小值为 10，最大值为 50，必须大于输入地震道采样间隔 SI 的 6 倍，缺省值随输入数据采样间隔而定，SI<2 时为 10，SI>4 时为 50，其他情况下为 25。

(12) 速度分析的参考速度：有 3 种方式，优先级别依次为：TV pair file name 提供先前速度分析速度文件名（调用先前速度分析时确定的速度）；constant velocity scan 常速扫描（若干对起始扫描速度和速度间隔）；scan velocity 变速扫描（以 TV 对的形式规定扫描中心速度、扫描速度下限和扫描速度上限，每三行为 1 组，最多 10 组）。

(13) default high and low limit sacle：不具体规定扫描范围上下限时采用的中心扫描速度的比例。上限的最小值为 1.1，最大值为 1.5，缺省值为 1.3；下限的最小值为 0.6，最大值为 0.9，缺省值为 0.8。

(14) number of scan velocity function：扫描速度函数的数目，最小值为 21，最大值为 61，缺省值为 41。为了对称于中心扫描速度，此参数应为奇数；如果填写偶数 n，实际上使用 $n+1$。

(15) 切除数据表（mute data table）：不同炮检距处的切除时间及其应用位置，且必须是 CMP 域切除库。如果指定了切除文件名（mute data name），则上面的切除数据表不起作用。对于山地资料，一定要在动校正的大道集上选取一个合适的切除来做速度分析。

(16) filter operator length (ms)：带通滤波算子长度（ms），范围为 100～1000，缺省值为 400。此参数仅仅对速度谱数据起作用，对大道集和叠加段的滤波由速度谱交互解释软件中的参数控制。

以三维叠加速度谱的制作为例（图 7.35），输入数据是叠前 CMP 道集数据，且对数据进行了滤波和动平衡处理，输入关键字顺序为 CMP line、CMP、trace，旗标为 CMP。

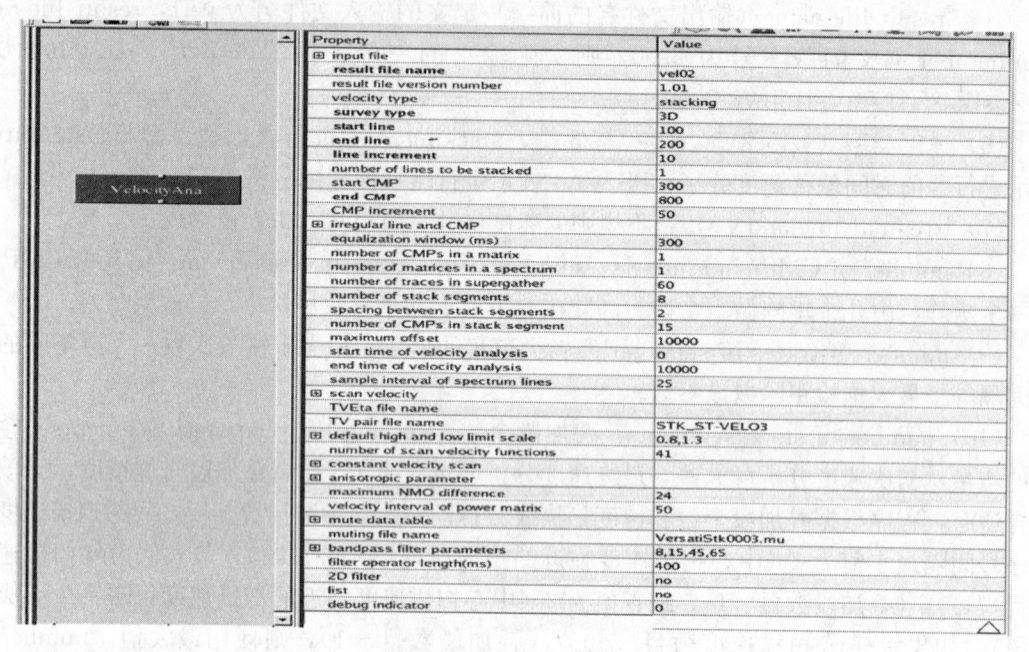

图 7.35　速度谱计算作业参数界面（VelocityAna）

7.4.2　常速扫描模块（ConstVStk）

该模块是一个常速度扫描模块，叠加时可以调用切除库、滤波库，同时完成浅层加权和滤波处理。该模块可以用于输出绘图，也可以用于速度扫描拾取。

1. 输出绘图

在绘图时，TrcPlot 模块参数 Velocity Scan 选项为"Yes"才能够在速度扫描结果上打印出速度值。速度扫描的目的是找出一个准确的区域速度，用于叠加或速度制作的参考速度，即通过速度扫描选取一个较准确的区域速度，用于制作速度谱，实例如图 7.36 所示。

2. 用于速度扫描拾取

需要注意的是 geodiskout 模块参数 attribute type 为 unknown。输出的文件为 cvscan2，在交互常速叠加速度分析解释，即叠加速度分析及建场模块主窗口菜单栏 pick→Constant Velocity Stack Panel 弹出的数据选择窗口选择 cvscan2 文件，进行后续操作（详细操作方法见 7.4.3）。常速扫描模块用于速度扫描拾取实例如图 7.37 所示。

7.4.3　速度谱解释

叠加速度分析与建场模块提供了对速度谱交互解释以及高效、快捷的操作方式。该模块

(a)ConstVStk模块参数　　　　　　　　　　(b)TrcPlot模块参数

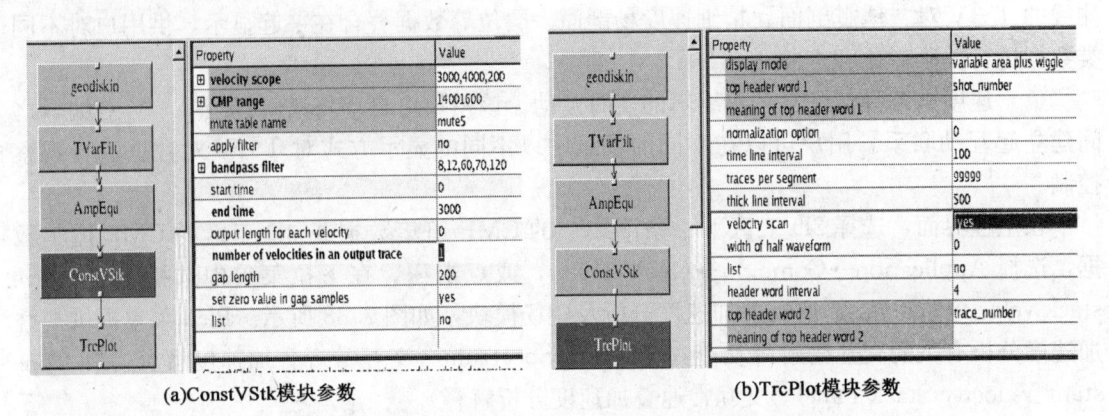

图7.36　常速扫描模块ConstVStk用于输出绘图实例

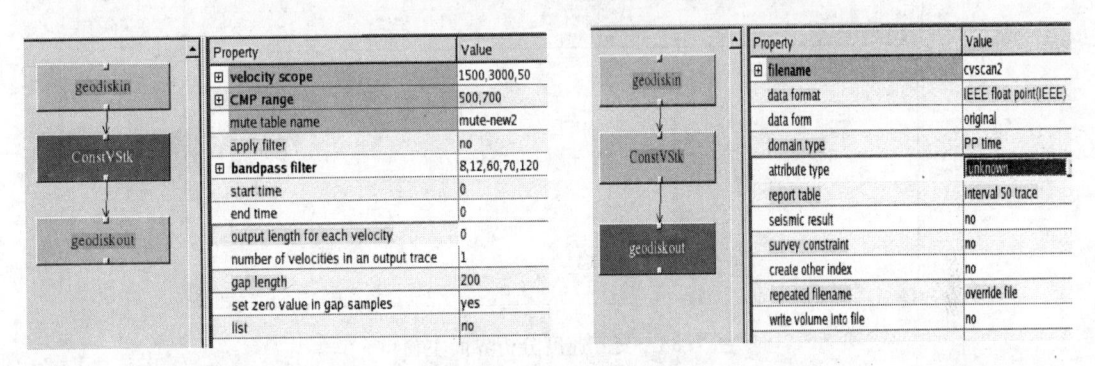

图7.37　常速扫描模块用于速度扫描拾取实例

输入叠前CMP道集数据,用实时交互的方式进行速度分析,并根据速度谱、叠加剖面等进行速度拾取,对拾取的速度进行编辑处理,最终在层约束下建立一个精细速度场,同时提供多种图件和显示方式,供用户质量控制。

根据离散程度的不同,叠加速度场可分为两类:稀疏的T-V对场和精细速度场。T-V对场以T-V表的形式存储在数据库中;精细场以叠后地震数据的格式存储,每个时间样点都有速度值。

对于二维工区,每条测线的速度场都是独立的,即每条测线的T-V对场和精细场分别存成独立的数据。对于三维工区,速度场以工区为单位存在,其主要功能有:

(1) 速度谱的制作和加密。速度谱包括两类,即常速速度谱和变速速度谱。

(2) 速度谱的交互解释。该模块提供高效、快捷的操作方式对速度谱进行交互解释,并可进行能量矩阵、CSUM道集以及叠加段的综合对比解释与层位约束速度谱解释,以获得精确的速度数据。

(3) 常速扫描速度解释。该模块还能通过常速扫描剖面进行速度的修正和编辑。

(4) T-V对的显示和交互编辑。对于T-V对场数据,模块提供了普通的、速度趋势图与等速图3种显示模式,并可进行T-V对的增加、修改、删除等多种编辑操作。

(5) 叠加精细速度场的建立。速度分析后得到T-V对方式表示的速度场,在地震反射T0层位的约束下,通过插值计算出动校正所需的V(T_i,CMP_i)的精细速度场。T_i的增量为Δt,CMP_i的增量为ΔCMP。

(6) T-V对、地震剖面、速度场剖面与层位的叠合显示。叠合对比显示功能可将同一测线的 T-V 对、地震剖面、精细速度场剖面、层位等数据叠合在一起显示，供用户对不同类数据进行关联对比和查验。

（7）速度谱解释与 T-V 对编辑的实时互动。该模块可自动将谱解释与 T-V 对编辑之间建立起互动联系。用户可以在不同的场景中以不同的显示方式对 T-V 对数据进行观察控制。

在主控界面，选择 2D 工区下一条测线上的 CMP 道集数据或 3D 工区的 CMP 道集数据，选择 Application→Common→GeoVelocity，或点击▨，在下拉菜单中选择 PP_wave stack velocity analysis，启动叠加速度分析及建场模块，如图 7.38 所示。Pick 菜单提供与叠加速度分析有关的交互谱解释功能：Stacking Spectrum（交互常规叠加速度解释）和 Constant Velocity Stack Panel（交互常速叠加速度分析解释）。

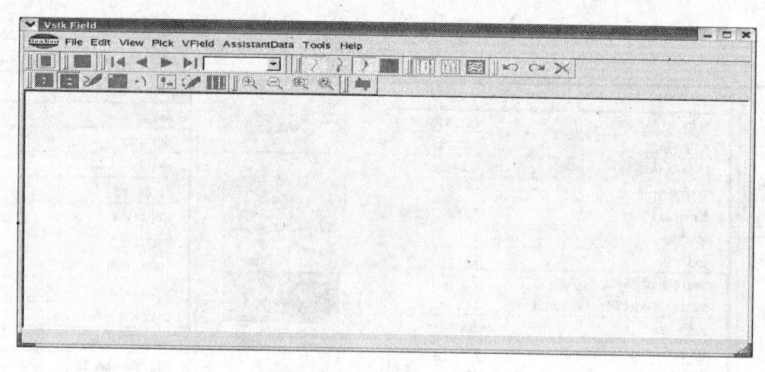

图 7.38 交互速度分析界面主窗口

1. 常规叠加速度解释

主窗口选择 Pick→Stacking Spectrum，弹出对应当前工区类型的 2D 或 3D 谱数据选择窗口，选择需要进行交互速度解释的常规叠加速度谱数据文件名，确定后系统弹出一个新窗口——谱解释子窗口，即可进入谱解释状态。

1）常规叠加速度谱解释操作

拾取时间—速度（T-V）对：当弹出谱解释子窗口进入谱解释状态时，系统缺省即进入拾取状态，相应的拾取按钮▨和菜单选项（Pick→Append 或工作区右键菜单中的 Append）处于按下状态，光标为"+"形状。当▨或菜单选项处于弹起状态，即退出拾取状态，光标为"↑"形状。在拾取状态下，单击鼠标左键，进行拾取操作。拾取操作只能在能量矩阵显示区、叠加段显示区上进行，能量极值曲线显示区、CSUM 道集显示区上不提供拾取功能。在约束拾取状态下，同一时间值上只能拾取一个速度点（拾取的是能量极值点的速度），即当用户在同一时间线上拾取新的速度点时，该点不能被拾取。

单个速度点的选中：将光标对准能量矩阵上的速度点或叠加段上的小三角，单击鼠标左键，该速度点高亮，表示被选中；同时，其他原来已被选中的速度点取消选中。需要注意的是：拾取、微调、矩形框放大状态下，不提供速度点的选中功能。

多个速度点的选中：按住"Shift"键，再单击鼠标左键选中速度点，其他原来已被选中的速度点仍保持选中状态；矩形框选择：按下鼠标左键并拖动光标形成一个矩形框，当光标移动到合适位置后放开鼠标左键，则矩形框内的所有速度点被选中；Shift＋矩形框选择：按住"Shift"键，再按下鼠标左键并拖动光标移动，形成一个矩形框，当光标移动到合适位置后放开鼠标左键,则矩形框内所有原来未被选中的速度点将被选中,而矩形框内所有原来已被选中的速度点将被取消选中。

取消速度点的选中:对准已选中的速度点,按住"Shift"键,再单击鼠标左键,该点取消选中,其他原来已被选中的速度点仍保持选中状态;在空白处单击鼠标左键,所有原来已被选中的速度点同时都被取消选中。

速度点的删除:选中速度点后,按键盘上的"Delete"键;或选择 Edit→Delete;或单击鼠标右键,选择右键菜单中的 Delete 菜单项;或点击工具栏中 ⊠;或者直接使用鼠标中键选择已经拾取的速度点。需要注意的是,在能量矩阵上删除速度点时,CSUM 道集上对应速度点的双曲线、叠加段上对应的速度点(小三角)也同时被删除;在叠加段上删除速度点(小三角)时,能量矩阵上对应的速度点、CSUM 道集上对应速度点的双曲线也同时被删除。

速度点的拖动修改:对选中的速度点按住左键并拖动鼠标移动,则速度点位置可随光标的拖动而移动,以修改选中速度点的时间、速度值。需要注意的是,在能量矩阵上拖动速度点时,速度点的时间值改变范围限制在其上一个和下一个速度点的时间值之间。选中速度点的时间、速度值的改变实时影响 CSUM 道集显示区和叠加段区。在叠加段上拖动速度点(小三角)时,只改变选中速度点的时间值,并实时影响能量矩阵显示区和 CSUM 道集显示区。在叠加段上只能在时间方向(纵向)拖动速度点,横向不可拖动,并且选中速度点的时间值改变范围限制在其上一个和下一个速度点的时间值之间。

点击 ▤ 或选择 File→Save,弹出 T-V 对数据存储对话框,可进行 T-V 对存储。对速度点的拾取、删除、拖动修改、微调操作,点击 ↺ 或 Edit→UnDo 撤消上一次操作;点击 ↻ 或 Edit→ReDo,重复上一次的操作;点击 ⏮、◀、▶、⏭ 即可进行谱点、谱线的切换操作;也可直接选择谱解释工具条中线号 Line 16 和 CMP 号 CMP 220 下拉列表框完成切换功能。

2) 能量矩阵、叠加段以及 CSUM 道集对比解释

为提高速度谱解释的精度和可靠性,系统不仅可以进行能量矩阵的显示和速度解释,还提供能量极值曲线、CSUM 道集、叠加段数据的分区显示功能,并且允许用户同时在能量矩阵和叠加段上进行综合对比解释。用户在能量矩阵和叠加段上的解释操作实时互动、互相对应,便于用户对比约束。另外,CSUM 道集显示区上的拟合双曲线和 NMO 道集数据的两种显示,为用户检验在能量矩阵和叠加段上的解释效果提供了控制对比手段。

按下/弹起谱解释工具条 ▣、≡、▦ 或选择 Pick→Display Area→Gate Peaks Log、Pick→Display Area→Gather、Pick→Display Area→Stack,可控制能量极值曲线、CSUM 道集、叠加段显示区的打开和关闭。系统缺省设置为四个显示区均打开,能量矩阵显示区不可关闭。

3) 层位约束速度谱解释

精细处理时,系统提供层位约束速度谱解释功能,即在能量矩阵显示区的左面用与层位颜色相同的水平短线标记出该 CMP 处对应的约束层位的 T0 位置,并且在叠加段显示区上用与层位相同颜色的水平横线标记出该 CMP 位置对应的约束层位的 T0 位置,如图 7.39 所示。

在这些时间位置处,要求应拾取速度点。如果在约束层位时间值的上、下各 50ms 范围内没有拾取速度点,则禁止翻页到下一个谱点。

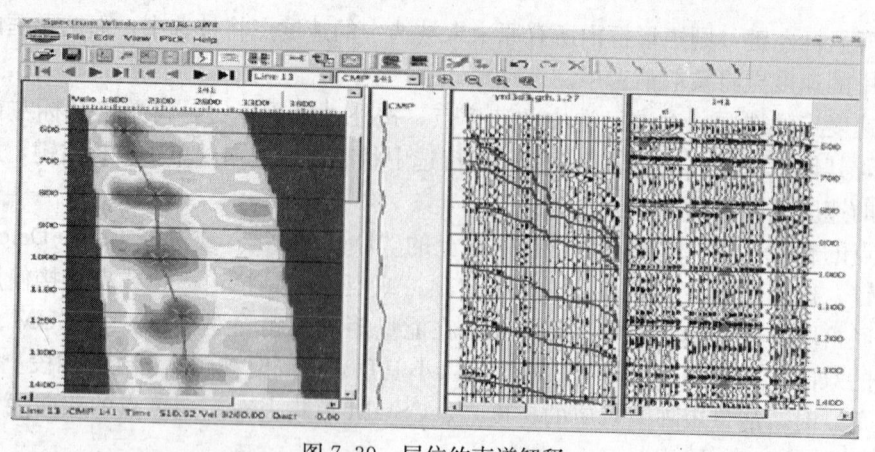

图 7.39 层位约束谱解释

约束层位的选择：选择 Pick→Horizons Selecting 或点击 ▣，弹出层位选择对话框。确认后，用户选择的层位将显示在能量矩阵和叠加段剖面上，同时系统自动打开层位约束功能。

层位约束功能的打开和关闭：按下/弹起 ▣ 或选择 Pick→Horizons Restriction，即可控制层位约束功能的打开和关闭。当该功能关闭时，取消能量矩阵和叠加段上的层位线显示，并且翻页时不再进行约束限制；当该功能再次打开时，层位线重新显示，并进行层位约束。

2. 常速叠加速度分析解释

此项功能用来启动常速扫描速度解释功能，显示常速扫描叠加段数据，进入交互常速扫描速度解释状态。在主窗口选择 Pick→Constant Velocity Stack Panel，弹出叠加段数据选择窗口，选择需要显示的常速扫描叠加段数据文件名。弹出子窗口如图 7.40 所示，在其上可进行常速扫描速度解释操作。

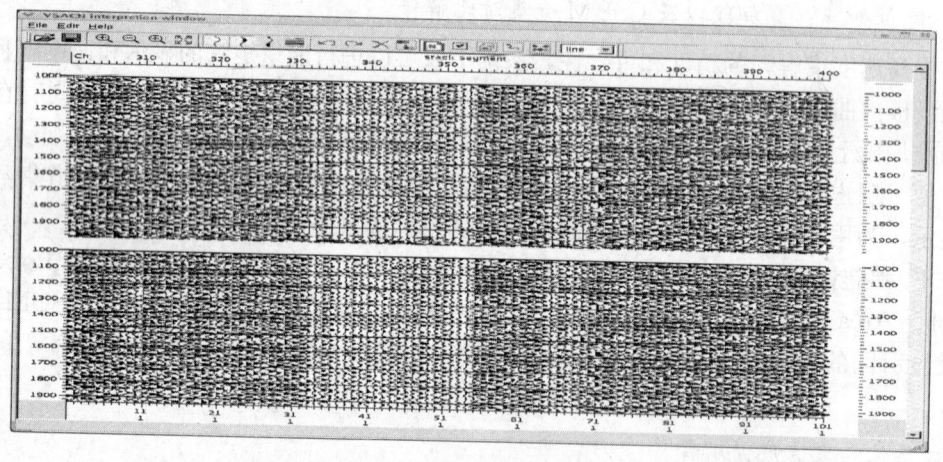

图 7.40 常速扫描解释窗口

拾取速度：点击 ▣，进入点拾取状态。在认为合适的剖面（不同的速度对应不同的剖面）的合适位置左键点击拾取第一个点。此时，这个点是蓝色的，随着鼠标的移动，会在这个点引出绿色的虚线，跟踪鼠标的移动。在点击第二个点后，在第一个、第二个点之间连接成实线。一般情况下，出于操作上的简单，用户从左到右不断拾取，但不是必需的。用户可以在任意位置拾取，如果这个点在两个点之间，在拾取后会插到中间，以表明速度在横向上的连续性。双击鼠标左键结束本段的拾取工作，点击鼠标左键可以开始另一段的拾取工作。拾取过程中连续按鼠标中键，可以连续回退当前拾取的点。

窗口的中央为工作区，从上至下依次显示每一个叠加速度对应的叠加剖面。在工作区的每一个地震剖面上都显示了一套解释的结果，差别仅在线条的颜色和节点的不同。

点或线的选择：点击☑或按 Ctrl+L，进入选择状态，将鼠标移动到要选择的点或线，点或线由 line 框标识，点击鼠标左键，目标被选中；按住鼠标左键，不释放鼠标，移动鼠标位置，再释放鼠标，可实现拉矩形框选择多线或多点。选择状态下，如果左键按下时同时按下"Shift"键，将在原有选择目标的基础上加入新的选择目标。只有在本剖面上拾取获得的线或点可以选择，选中后颜色改变，表示已经选中。

点或线的修改：点击☑或按 Ctrl+M，进入修改状态。根据当前选择对象模式是线或点，确定修改的目标是已选择到的点或线，点击鼠标左键，移动鼠标，然后释放鼠标，将选择的目标移动到虚线或虚点指示的位置。

添加点：在进入加点状态之前，必须选中一条线且只选中一条线，点击☑，进入加点状态，同时光标变为十字叉，移动鼠标到需要的位置，点击左键，鼠标位置的点被加入到已选择的线上。

删除：点击×或按 Ctrl+D，将删除已被选择到的一组点。

撤销/重做：点击↶或按 Ctrl+Z，将执行 Undo 操作；点击↷或按 Ctrl+Y，将执行 Redo 操作。

装入/保存拾取速度：常速扫描速度解释时，允许保存、读取解释的结果，以保证每次可以完成部分工作。在需要读取文件或保存解释结果时，选择 File→Open/Save 来完成相关操作。

合并速度：点击☑，将解释的速度对与用户在速度分析系统主窗口中打开的 T-V 对进行合并，并更新主窗口工作区内的显示。合并时，在其时间上、下 50ms 内修改原有点，50ms 以内没有点时增加一个点；在其他速度相同的时间上的映射不允许再合并，只能删除原有点，重新拾取。

7.4.4 速度建场

在叠加速度分析及建场模块的主窗口 VField 菜单进行有关速度场的操作，主要包括 T-V 对场编辑（T-V Field Edit）、插值建速度场（interpolation）与速度场显示（Field Section Display）。

1. T-V 对场编辑

此项功能用来启动 T-V 对场的编辑功能，显示 T-V 对数据，进入交互 T-V 对编辑状态。T-V 对数据的显示有 3 种方式：等速剖面显示、速度趋势剖面与普通 T-V 对剖面显示，可进行 T-V 对编辑操作。此项功能对二维工区和三维工区数据均可用。具体操作过程如下：

（1）选择并显示 T-V 对场文件名。在主窗口选择 VField→T-V Field Edit，则根据当前工作工区的类型（2D/3D）对应弹出 2D 或 3D T-V 对场数据选择窗口，选择需要显示的T-V 对场文件名。

（2）在主窗口工作区中进行 T-V 对场编辑操作。

T-V对场数据显示如图7.41所示，分别为普通直杠图方式、速度趋势图方式以及等速图方式。3种显示方式之间可以互相切换。在主窗口点击▦或工作区中对应右键菜单选项Edit T-V，即可进入T-V对速度场编辑状态。弹起▦或工作区中对应右键菜单选项，即可退出T-V对速度场编辑状态。

(a)普通直杠图方式

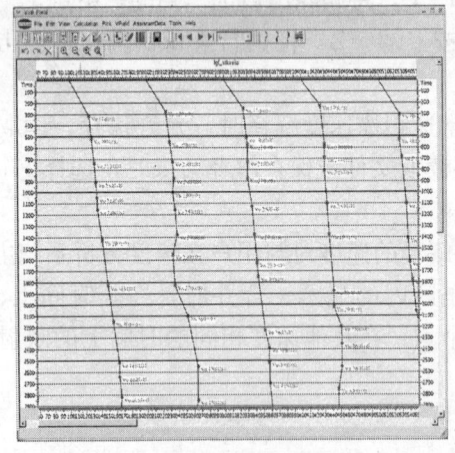

(b)速度趋势图方式

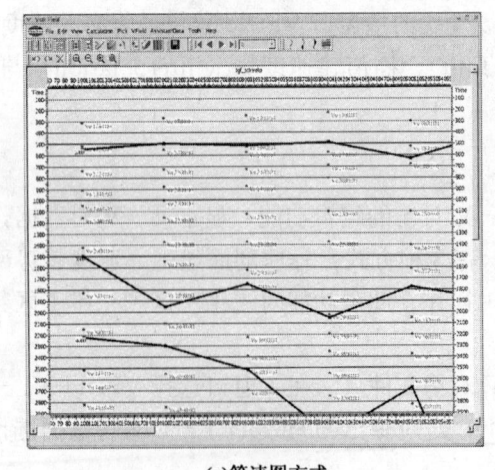

(c)等速图方式

图7.41 T-V对场数据显示

2. 插值建速度场

在地震反射 T0 层位的约束下，叠加 T-V 对数据可进行插值，得到精细速度场。对二维工区，一条测线建立一个精细叠加速度场；对三维工区，整个工区建立一个精细叠加速度场，即系统按照二维测线的模式自动对三维测线一条一条地循环进行创建和存储，每条测线构建得到的精细场都要自动存入同一个精细叠加速度场文件中。需要注意的是，对三维工区，系统只对 T-V 对文件中所包含的测线进行插值，不包含 T-V 对的三维测线则不能建场。对三维工区，一个精细叠加速度场文件就是一个片场集合，每片即对应着一条三维测线的精细叠加速度场。

具体操作过程：在主窗口选择 VField→Interpolation，弹出速度建场对话框，选择用于叠加速度建场的 T-V 对数据与 T0 层位数据，在对话框中输入建场参数和输出的叠加速度场文件名，确认后，系统即进行层位约束下的插值建场计算，并将数据保存到用户选定的速度场文件中。

3. 速度场显示

此项功能用来以二维场景显示精细速度场，但不提供编辑功能。对于二维工区，可显示 2D 测线的速度场数据；对于三维工区，可沿主测线显示速度场数据。地震剖面和精细速度场剖面不能同时显示。如果当前工作区中已显示有地震剖面，则该地震剖面将从工作区中清除，替换显示选择的速度场数据；如果当前工作区中已选择有 T-V 对数据显示，则需要显示的精细速度场的线号根据 T-V 对数据的线号而定。

具体操作过程：在主窗口选择 Field→Field Section Display，根据当前工作工区的类型（2D/3D），将对应弹出 2D 或 3D 速度场数据选择窗口，选择需要显示的速度场文件名；确认后关闭速度场数据选择窗口，系统将从速度场中提取测线对应的速度数据，在主窗口工作区中显示。

7.4.5 动校正模块（NMO3D）

本模块用于消除由于接收点偏离炮点而引起的正常时差，以实现反射波正常时差动校正；可以完成二维测线动校正和三维测线动校正，也可以完成反动校正以及线性动校正。其主要参数及注意事项如下：

(1) 输入数据时应注意关键字的选择：二维时输入控制是 CMP、Trace；三维时输入控制可以按处理需要选择 Line、CMP、Trace 或其他方式控制数据的输入，但要选择配套的道集标志关键字 CMP。

(2) 动校正有 2 个选件，可以根据需要选择做动校正、反动校正和线性动校正。

(3) 当切除表名为空时，采用拉伸畸变切除。

(4) 动校正速度可以是速度表或速度场。当使用速度表时，模块内部中完成速度内插，模块利用叠加速度表内插某一 CMP 点的速度函数。为获得每个 CMP 上所需时间的速度值，需要进行点间、线间速度内插。对 4 种速度内插方式应根据不同地区速度参数变化的实际情况来选定。

图 7.42 的例子中完成了 GeoEast 格式数据的输入、动校正、叠加、基准面校正、振幅均衡和绘图。动校正使用的速度（velocity filename）为速度表，速度内插方式（velocity interpolation method）为 VT 与 T 呈线性关系。本模块的参数交互界面及参数如图 7.42

所示。

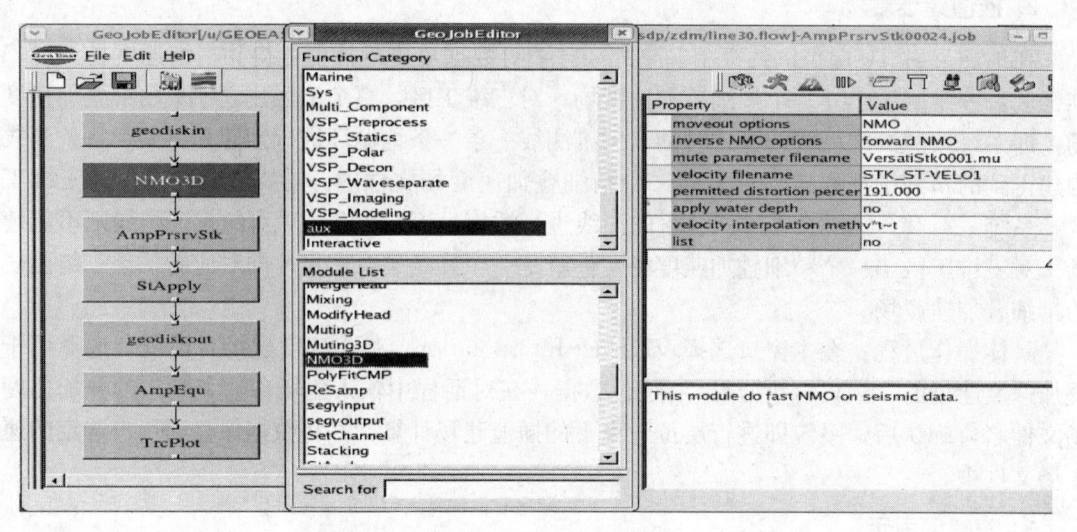

图7.42 动校正模块（NMO3D）实例

7.4.6 常规叠加

在实际资料处理中，地质结构简单，地下界面接近水平界面，速度比较简单，可以选择两种常用的叠加模块，即水平叠加或相对振幅保持叠加；地质结构比较复杂，倾角变化大及速度横向变化时，可考虑做DMO处理。

GeoEast常用的叠加方法主要包括水平叠加与相对振幅保持叠加。水平叠加（Stacking）是常规的CMP道集叠加模块，该模块具有加权叠加功能，可以根据给定的加权函数对不同炮检距地震道进行加权处理；相对振幅保持叠加（AmpPrsrvStk）能够进行保持振幅处理，即在叠加前先对数据进行均衡处理，在叠加后再利用前面求出的均衡因子对叠加数据进行反均衡处理，得到保持振幅叠加剖面。叠加模块既适用于二维数据，也适用于三维数据。在对实际资料进行常规叠加处理时，建议使用AmpPrsrvStk模块。这两种叠加方法的应用流程相近，均可参如图7.42所示的流程。

1. 水平叠加（Stacking）

水平叠加的主要参数及注意事项如下：

（1）输入数据时应注意关键字顺序：CMP、Trace（2D）；CMP Line、CMP、Trace（3D），旗标为CMP。

（2）参与叠加的数据道选择（trace selection options）有5个选项，可根据具体的要求按道号、炮号、炮检距和炮检相对位置进行选择。注意的是满覆盖次数的叠加选择是最常用的方法；选择功能只是在某些特殊情况下使用，因此必须对原始数据的特征有十分明确的了解，选择时目的要明确。

（3）根据参与叠加道的 trace number、shot number 或 offset 选择不同的范围。

（4）当进行弯线或三维处理时，可使用线选择、坐标选择参数功能，选择要处理的线号与坐标范围。

（5）应确认是否应用加权处理功能，并且给定合适的加权系数。

2. 相对振幅保持叠加（AmpPrsrvStk）

相对振幅保持叠加的主要参数及注意事项如下：

（1）输入数据时应注意关键字顺序：CMP、Trace（2D）；CMP Line、CMP、Trace（3D），旗标为 CMP。

（2）道选择可根据具体的要求按道号、炮号、炮检距和炮检相对位置进行选择。注意的是满覆盖次数的叠加选择是最常用的方法；选择功能只是在某些特殊情况下使用，因此必须对原始数据的特征有十分明确的了解，选择时目的要明确。

（3）当进行弯线或三维处理时，可使用线选择与坐标选择参数功能，选择要处理的线号以及坐标范围。

（4）可以选择是否应用加权处理功能，并且给定合适的加权系数。

（5）建议选择输出保幅处理的叠加道选项。

7.4.7 倾角时差校正（DMO）

GeoEast 处理系统提供了振幅保持 DMO（AmpPrsrvDMO）模块。DMO 又称为叠前部分偏移，本模块采用 Kirchhoff 积分算法，对 NMO 校正后的地震数据进行倾角校正—叠前部分偏移，使非零炮检距接收的地震数据校正到零炮检距，并消除倾角因素对速度的影响，使得 CMP 道集内倾斜反射同相轴能够同相叠加，提高叠加结果的信噪比。该模块既适用于二维处理，又适用于三维处理，并可以选择输出 DMO 后的叠加数据或 DMO 后的道集数据。另外，在动校正过程中，要求使用不受倾角影响的均方根速度，即输出 DMO 道集，然后反动校正，在反动校正后数据上进行速度分析得到的速度。该模块的主要参数及注意事项如下：

（1）输入控制为 CMP、trace，旗标为 CMP（2D）；CMP Line、CMP、trace，旗标为 CMP Line（3D）。如果是同时输入多个文件，则将 merge reset 置"yes"。

（2）DMO 道集只用来做速度分析，提取的速度用于 DMO 和偏移。

（3）给定输出最小的 CMP 号和输出最大的 CMP 号，此参数控制输出的范围。

（4）3D 处理输出道集数据时，给定测线间距、输出最小的测线号和输出最大的测线号。

（5）输出道集时，注意选择合适的最小、最大炮检距和输出 DMO 道集炮检距的增量参数。最小炮检距与炮检距的增量参数在做 DMO 叠加时无意义，但当输出 DMO 道集数据时用于确定每个 DMO 道的炮检距，它决定了输出道集的覆盖次数。DMO 道集只是用来做速度分析，提取的速度用于偏移。

（6）成像倾角（image dip）参数取值范围为 0～90，90 对应最大倾角。倾角小时会影响成像效果，倾角大时会影响执行时间，倾角越大执行时间越长，可根据实际构造形态取值，做到既可使倾斜层成像，也可提高信噪比。

（7）对最大炮检距（maximum offset）不要取特殊值。如三维观测，某一炮偏离甚远，此炮检距就特别大，可不予以考虑，填一个正常的最大炮检距即可。

（8）输出类型（output option）有 2 种：DMO 后的叠加数据（stack）或 DMO 后的道集数据（gather）。

DMO 叠加实例如图 7.43 所示。动校正叠加与 DMO 叠加的效果对比如图 7.44 所示。

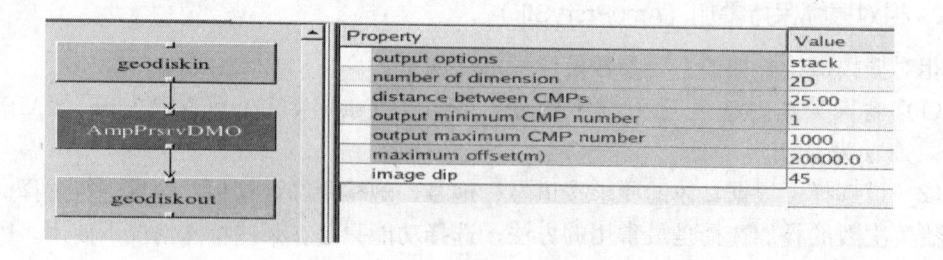

Property	Value
output options	stack
number of dimension	2D
distance between CMPs	25.00
output minimum CMP number	1
output maximum CMP number	1000
maximum offset(m)	20000.0
image dip	45

图 7.43 DMO 叠加实例

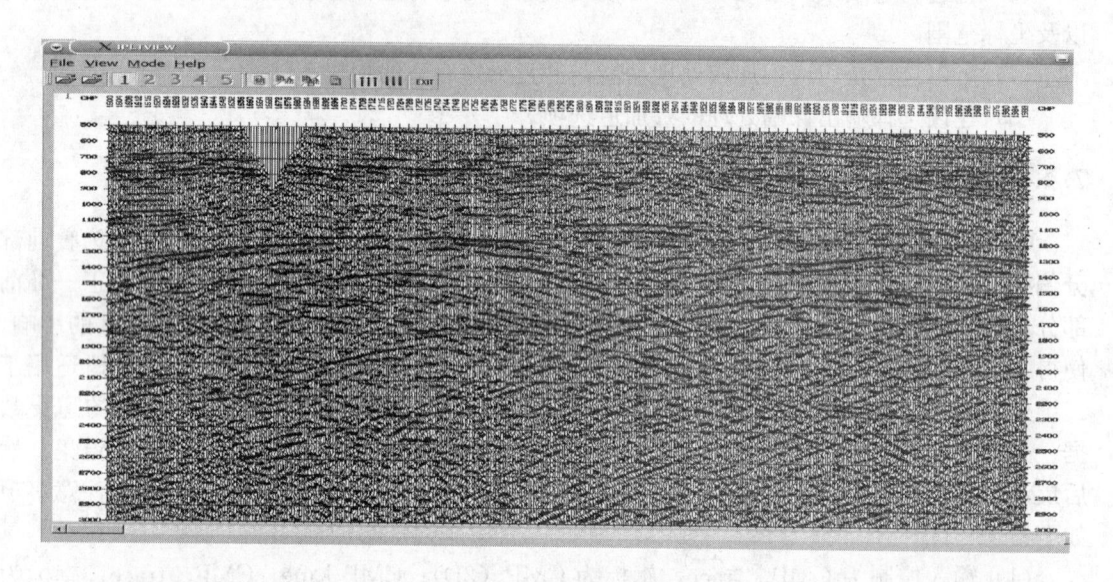

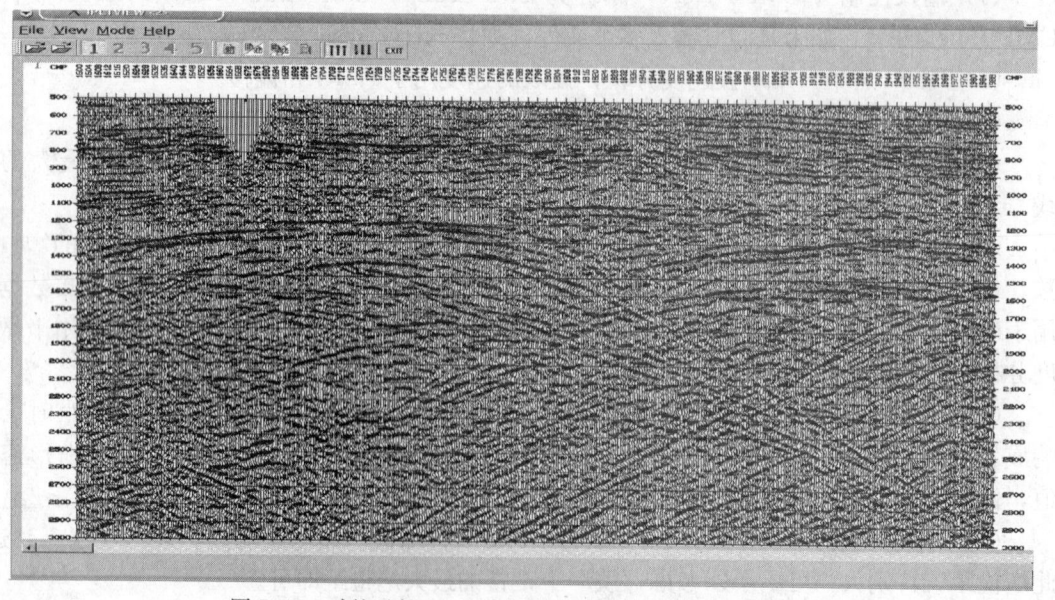

图 7.44 动校叠加（上）与 DMO 叠加（下）的效果对比

第 8 章 GeoEast 地震资料偏移技术

根据速度横向变化程度和构造复杂程度选择偏移方法。当构造由简单向复杂变化时，由叠后偏移向叠前偏移延伸；当速度由平缓向剧烈变化时，由叠前时间偏移向叠前深度偏移延伸。

具体的选择策略是：当构造简单、速度横向变化不大时，选择叠后时间偏移；当构造复杂、速度横向变化不大时，选择叠前时间偏移；当构造简单、速度横向变化大时，选择叠后深度偏移；当构造复杂、速度横向变化大时，选择叠前深度偏移。

本章前两节主要介绍 GeoEast 处理系统提供的叠后时间偏移模块和叠前时间偏移模块，在第三节连片处理技术中将介绍三维处理与二维处理的不同之处。

8.1 GeoEast 叠后时间偏移

叠后时间偏移是指地震数据水平叠加之后进行的时间偏移。偏移算法主要分三大类，分别是基于波动方程的有限差分法、基于波动方程的克希霍夫积分法和基于 F-K 变换法。

有限差分法的优点是输出偏移剖面噪声小，由于采用了递推算法，在形式上能针对速度的纵、横向变化进行处理。缺点是受反射界面倾角的限制，当倾角较大时会产生频散现象，使波形畸变；对资料的质量要求较高，对不均匀的地震信息和所谓的数值较大的野值反应灵敏；此外还要求等间隔剖分网格。

克希霍夫积分法偏移建立在物理地震学的基础之上，它利用克希霍夫绕射积分公式把分散在地表各接收道上来自于同一个绕射点的能量汇聚到一起，置于地下相应的物理绕射点上。该方法能适应任意倾角的反射界面，对剖分网格要求较灵活。缺点是难以处理横向速度变化，偏移噪声大，"划弧"现象严重，确定偏移参数较困难，计算孔径选取不合适会大大影响偏移剖面的质量。

频率—波数域偏移方法（F-K 变换法）兼具有限差分法和克希霍夫积分法二者的优点，计算效率高，耗时少；无倾角限制，无频散现象；精度高，稳定性好。缺点是速度横向变化时，会使反射界面畸变；对偏移速度误差较敏感。

从偏移效果和效率两方面来考虑偏移成像问题，可以遵循以下原则：

(1) 在地质结构比较完整，速度比较简单，没有明显的空间变化时可使用 F-K 变换法。

(2) 在地质结构比较完整，倾角变化大，但速度函数主要是垂直变化时可以采用相移法进行偏移。

(3) 在地质结构比较复杂，速度在空间上变化较大的地区应当使用有限差分法。如果倾角不大，一般可以使用 15°偏移方程；如果倾角较大，应当使用高阶偏移方法。

8.1.1 二维叠后时间偏移

GeoEast 处理系统提供了二维差分法叠后时间偏移（FDMig2D）、二维拟合差分偏移

(FitFDMig2D)、二维相移法偏移（PShiftMig2D）以及 F-X 域有限差分波动方程偏移（FXFDMig）4 种偏移方法。

1. 二维差分法叠后时间偏移模块（FDMig2D）

FDMig2D 模块在 X-T 域采用差分法直接求解二维波动方程的旁轴近似式，并根据爆炸反射面模型成像原理，得到地震数据的偏移成像结果，具有运算速度快、能适应速度变化等特点。为了适应不同地层倾角偏移成像的要求，该模块包含了以下两种偏移算法（migration algorithm）：有限差分 15°偏移（FD15），适应于地层倾角小于 30°的地震剖面，是最常用的偏移方法之一；有限差分 45°偏移（FD45），适应于地层倾角小于 60°的地震剖面，其计算量是有限差分 15°偏移计算量的 1.4 倍。

图 8.1 是二维差分法叠后时间偏移流程的实例，对输入数据进行动平衡后，再进行偏移，然后输出数据。该实例的 CMP 范围是 130~890（start/end CMP number），CMP 间距（CMP interval）是 25m。偏移速度为均方根 T-V 对（Velocity table name）：mig2d.tv。偏移输出道长（trace length）：6000ms；偏移延拓步长（step size）：24ms；其他参数选择缺省值。其中，velocity correction 是速度校正选项，"yes"表示对速度表的速度进行校正，"no"表示不校正（缺省）。

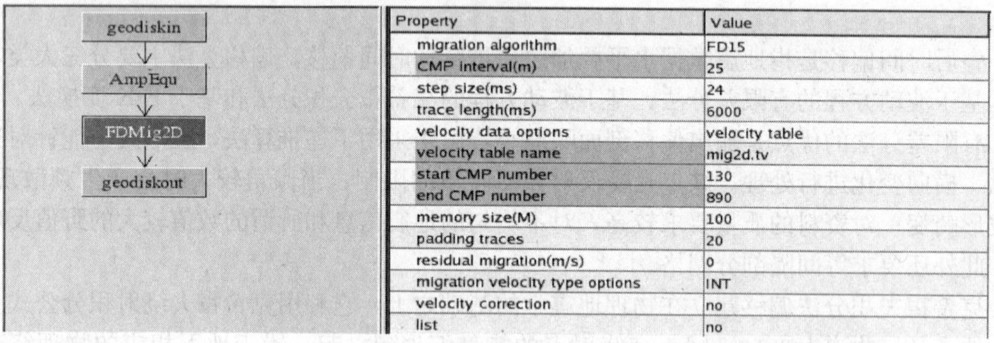

图 8.1 二维差分法叠后时间偏移流程及参数界面

需要注意的是，start CMP number 和 end CMP number 必须和输入模块的 CMP 关键字范围一致，并且在输入模块中必须填写。内存大小参数直接影响偏移过程中数据的存放和传输形式，对偏移的计算效率影响较大，因而要合理选择参数。

假设 M=内存大小；N=偏移道数＋2×镶边道数；L=偏移道长（样点数）；τ=延拓步长（样点数）。

（1）$M \geqslant N \cdot L$：输入剖面全部放在内存中，偏移效率最高。

（2）$N \cdot L > M \geqslant N \cdot \tau$：输入剖面分 M/N 个记录放在文件中，偏移时访问磁盘次数较多，偏移效率较低。

（3）如果 $M < N \cdot \tau$，则无法进行偏移，模块将报出错误信息。

叠加与偏移的效果对比如图 8.2 所示。

2. 二维拟合差分偏移模块（FitFDMig2D）

拟合差分偏移是差分法偏移的一个改进算法，在求取数值算子系数时，差分法采取对各

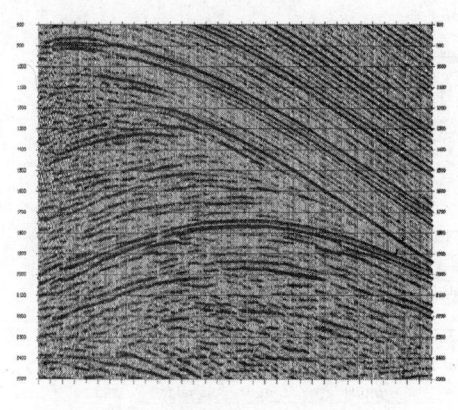

(a)叠加图  (b)偏移图

图 8.2 叠加与偏移的效果对比图

偏微分算子项简单级数截断的办法得到数值方程,而拟合法则依据偏微分方程总体关系得到最佳拟合数值方程,这使得拟合法的精度明显高于差分法。由于延拓步长,样点间隔和局部速度等方程参数均参与数值方程和偏微分方程的总体拟合,所得到的拟合方程与差分方程相比,具有精度较高、频散较低、适应数值样点间隔以及延拓步长和速度变化的特点。除了在求取数值方程系数上不同之外,拟合法偏移完全同于差分法偏移,这样拟合法保留了差分法的全部优点。本模块具有多条测线连续处理的功能,既可用于二维偏移处理,又可用于三维偏移处理。该模块的主要参数如下:

CMP interval (m) CMP 间距,实型,单位为 m。

step size (ms) 延拓步长,整型,单位为 ms,一般为采样间隔的整数倍,否则模块自动取采样间隔的整数倍作为延拓步长。

migration algorithm 偏移方法,有 2 种选择:fitting finite difference migration 拟合有限差分偏移(缺省)和 finite difference migration 有限差分偏移。

residual migration velocity (m/s) 前次偏移(通常为 F-K 域偏移)中所用的常速度参数,必须小于或等于速度数据表中的最小速度。此参数非零时做剩余偏移,其值为剩余偏移速度。缺省时为 0,做一般偏移。

migration velocity type options 速度类型,可选择:INT 速度数据体中提供的是层速度;RMS 速度数据体中提供的是均方根速度(缺省)。

number of CMPs for velocity smoothing 速度插值时参与空间方向平滑的点数(CMP个数),整型,缺省值为 1,即不做空间方向上的平滑。

number of migration steps for velocity smoothing 为速度插值时参与时间方向平滑的点数(延拓步数),整型,缺省值为 1,即不做时间方向上的平滑。

图 8.3 的实例是用 geodiskin 模块输入数据库的数据,其关键字顺序:line、CMP,旗标为 line,对 300 道进行拟合有限差分偏移。

二维拟合差分偏移的主要注意事项如下:

(1) 关于 memory size 参数的填写原则:通过 memory size 参数的大小确定了偏移过程中数据的存放和传输形式,同时也影响到偏移的效率。

(2) 假设 $N=$(偏移道数$+2\times$镶边道数);$L=$偏移道长(样点数);$\tau=$延拓步长(样

Property	Value
number of traces	300
CMP interval(m)	25
step size(ms)	20
velocity type	TV pairs
velocity file name	xjp.tv
memory size(MB)	100
trace length(ms)	5000
padding traces	24
migration velocity type options	RMS
residual migration velocity(m/s)	0
list	no
number of CMPs for velocity smoothi	1
number of migration steps for velocity	1
migration algorithm	fitting finite difference migration

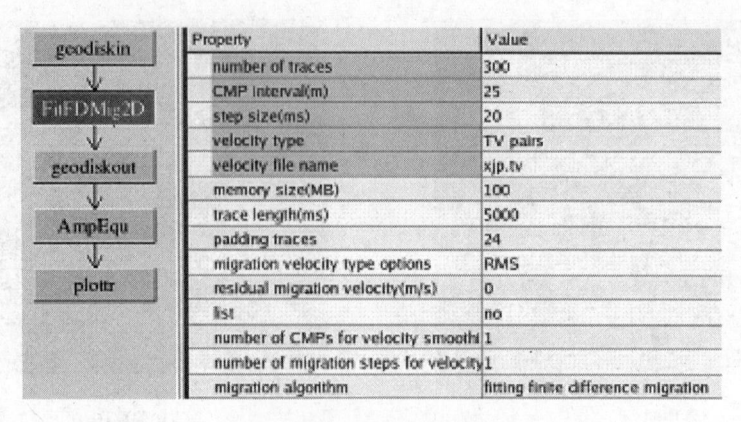

图 8.3　二维拟合差分偏移（FitFDMig2D）实例

点数）。当 memory size$\geqslant N \cdot L$ 时，输入数据全部放在内存中，偏移效率最高；当 $N \cdot \tau \leqslant$ memory size$\leqslant N \cdot L$ 时，输入数据分多个记录放在文件中，偏移时访盘次数较多，偏移效率较低；当 memory size$< N \cdot \tau$ 时，则无法进行偏移，模块将报出错误信息。

（3）目前最多仅允许 20 个数据文件输入。

（4）进行三维测线偏移时，对于一个作业模块每次处理一条测线，最多允许连续处理 450 条 CMP 线。

（5）目前模块仅允许输入一个 TV 数据库名或一个速度场。

（6）本模块可连续处理多条二维测线，数据输入输出按 CMP 测线来控制。在填写 geodiskin 模块时，第一关键字应填写 line，第二关键字应填写 cmp，道集旗标置为 cmp_line。

3. 二维相移法偏移模块（PShiftMig2D）

本模块采用相移法实现地下反射层位的偏移归位。所谓相移法，就是利用全声波方程分离出上行波方程，在频率—波数域中通过相移来实现波场延拓。该方法不受倾角限制，能准确归位，尤其适用于陡倾角构造的归位处理。由于该方法是以层状介质为假设，所以模块将输入速度在空间方向处理成单一速度函数。该模块采用两种处理方式：当延拓步长等于时间采样间隔时，采用频率求和；当延拓步长大于时间采样间隔时，采用波场内插。该模块的主要参数如下：

FFT control coefficient　富氏变换计道控制系数（取值在 1.0～1.5 之间）。计道方法为：道数$=2n\geqslant$偏移道数$\times f$。f 值的范围为 1～1.5，缺省值为 1.3。当叠加剖面具有陡倾角构造且接近边道时，f 参数可相对取大一些，以增加富氏变换的道数，这样有利于消除边界效应；相反，当叠加剖面无陡倾角构造时，f 参数可相对取小一些，这样可相对减少模块的运行时间。相移法偏移实例如图 8.4 所示。

需要注意的是，由于相移法采用的偏移速度对低速部位较为有利，即不容易产生归位过头的偏移结果，但对高速部位会产生偏移不足的现象。又由于所用速度相当于区域速度，因而对长测线或多构造区，处理时最好分段或分构造处理，将获得较为精确的偏移结果。当延拓步长等于时间采样间隔时，模块采用频率求和，偏移结果精确，但耗费机时；当延拓步长大于时间采样间隔时，模块采用波场内插；当延拓步长过大时，偏移结果存在较大误差，通常选延拓步长为 20ms。此种处理方法虽存在一定误差，但所用机时相对较少。

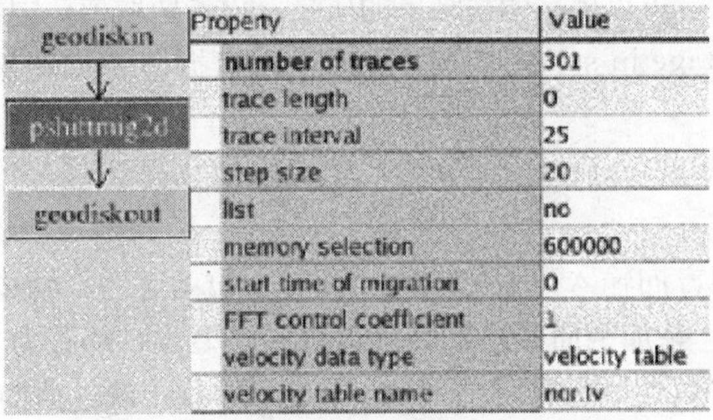

(a)偏移结果记盘输出

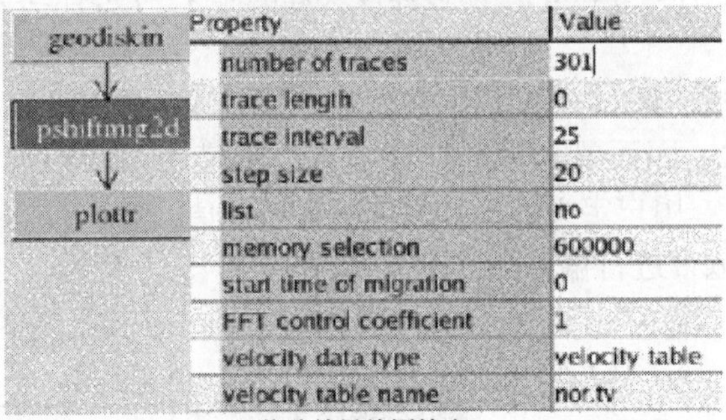

(b)偏移结果绘图输出

图 8.4　相移法偏移（PShiftMig2D）实例

4．F-X 域有限差分波动方程偏移模块（FXFDMig）

本模块是一个包含 3 种偏移角度（45°、65°、80°）的二维频率空间域有限差分波动方程偏移模块。本模块通过在频率域对各个频率成分单独进行偏移处理，从而达到使叠加剖面上的倾斜层归位、使绕射波收敛的目的。

FXFDMig 包含以下 3 种偏移方法（migration algorithm）：频率空间域 45°偏移是利用 N-S 格式求解频率域 45°上行波方程，适用于底层倾角小于 45°的叠加数据；频率空间域 65°偏移是通过求解优化系数的 45°上行波方程，最大偏移角度可以达到 65°，计算量和 45°的相同；频率空间域 80°偏移是通过求解两个串联优化系数的 45°上行波方程，最大偏移角度可以提高到 80°，计算量大致是前两种偏移方法计算量的 2 倍，适用于大倾角的叠后偏移，同前两种方法比较，差分频散较大。

该模块的输入数据是二维叠后的速度库（TV）文件，其主要参数有：

frequency options　频带选项，可以选择使用单一频带（fixed band）或变频带（variant bands）。

time point　时变频带的时间点。

minimum frequency　单一频带的最低频率，缺省值为 8。

maximum frequency　单一频带的最高频率。

variant bands matrix　时变频带参数矩阵。

其中，time point 表示时变频带的时间点，单位为毫秒；minimum frequency 时变频带的低频，整型数，值是递增的；maximum frequency 时变频带的高频，整型数，小于尼奎斯特频率，参数值递减。

difference precision coefficient　改善 CMP 方向差分精度的系数，理论值是 1/6。缺省值为

0.115，合理使用本参数，可以提高偏移结果的质量。该参数取值范围在 [0.1，0.25]。

attenuation percentage in space CMP方向输入数据第一道和最后一道的衰减百分比，缺省值为50。

attenuation percentage in time 时间方向输入叠加数据最后一个样点的衰减百分比，缺省值为50。

taper length 时间方向输入数据的斜坡长度，单位为毫秒，缺省值为100。

attenuation traces 叠加剖面两边的衰减道数，整型数，缺省为3。

memory size 内存数据区长度，整型数，单位为Mb，缺省值为100。

migration velocity type options 偏移速度类型选项，可选择均方根速度（RMS）或层速度（INT）。

需要注意的是，参数内存大小的值直接影响偏移过程中数据的存放和传输形式，对偏移的计算效率影响比较大，因而要合理选择该参数。本模块内存申请大小的最小值为：2×（频率个数×偏移道数），用户定义的参数值应稍大于此值。

用45°方程和单一频带进行偏移如图8.5所示。用45°方程和2个变频带进行偏移如图8.6所示。

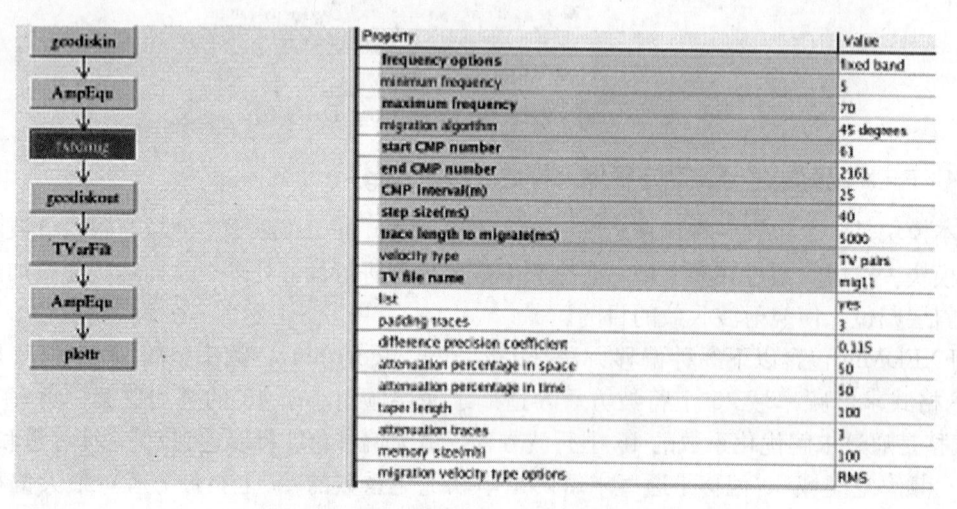

图8.5 用45°方程和单一频带进行偏移

图8.6 用45°方程和2个变频带进行偏移

8.1.2 三维叠后时间偏移

GeoEast 处理系统提供了三维叠后差分偏移（OmpFDMig3D、PFDTMig3D）、带匹配吸收层的三维叠后时间偏移（AbsorbLMig3D）以及三维相移法偏移（PShiftMig3D）3 种偏移方法。

1. 三维拟合差分法偏移模块（OmpFDMig3D）

OmpFDMig3D 模块为三维一步法波动方程时间偏移多线程并行模块。根据"爆炸反射面"模型成像原理，在 X-T 域采用数字拟合差分算法直接求解经 π/4 坐标旋转的具有吸收边界的全声波方程，从而实现具有 P-R 分裂形式的三维一步法偏移。该方法具有精度高、频散低、使大倾角归位、边界吸收整洁等优点。模块采用多项快速算法，计算效率高，是一个具有高精度和高效率的叠后三维偏移模块。需要注意的事项如下：

（1）为提高偏移模块运行效率，应尽量采用本地磁盘来存储偏移模块运行过程中所生成的临时数据文件。具体做法是在本模块前增加 SysResource 模块，并设置"temp file location"参数为"local"即可。需要注意的是，在作业运行前要保证本地磁盘有足够的剩余空间，一般 4~5 倍输入地震数据大小即能满足要求。

（2）内存大小直接影响偏移过程中数据的存放和传输形式，对偏移的计算效率影响较大，在内存空间足够大的情况下应适当申请使用较大的内存量。具体做法是设置本模块的"memory size（Mb）"参数和 SysResource 模块的"Request IBUF size（M words）"参数。该模块申请内存大小的最小值为 $M=6$（CMP 数×测线数），用户定义的值应不小于此值。如果增加 N 个时间片的内存量 N（CMP 数×测线数），那么磁盘数据的传输量将减少到原来的 $(N+1)$ 分之一，从而大大提高效率。

（3）为进一步提高偏移模块运行效率，在确保输入地震数据有效频带基本不变的前提下，采用较大的时间采样间隔对输入数据进行重采样，可有效减少输入地震数据量及计算量，从而缩短偏移模块的运行时间。

（4）延拓步长（step size）大小也直接影响偏移模块的运行效率，延拓步长越大，运行效率越高，但精度有所降低。对于倾角较小的测线，可适当选取较大的延拓步长以提高计算效率。另外，在延拓步长相等的情况下，本算法的精度要高于方向导数差分法。在精度相同时，延拓步长可选方向导数差分法的 $\sqrt{2}$ 倍。

（5）需要说明的是，延拓步长选择过大可能导致算法的不稳定，致使偏移结果出现异常。一旦出现异常现象，就需尝试减小延拓步长大小。

（6）在条件许可的情况下，应尽量保障偏移作业独占一个节点运行，以减少系统任务切换和调度等的开销，提高偏移模块运行效率。

（7）当偏移速度类型（migration velocity type）为 RMS 时，要求输入的偏移速度不能有速度反转点。

（8）为提高偏移精度，减少假频，最好在偏移前做 crossline 方向插值处理，使线间距与 CMP 间距相同。

对 GeoEast 格式的输入地震数据进行差分法时间偏移，偏移前对输入数据进行振幅动平衡，偏移结束后输出 GeoEast 格式数据，作业流程如图 8.7 所示。偏移算法（migration algorithm）为拟合差分法（fitting difference）。具体参数如下：

CMP 范围 30~1500;
偏移延拓步长 20ms;
线的范围 2~39;
CMP 间距 25m;
线间距 50m;
偏移速度为叠加 T-V 对 fdmig3d.tv;
Inline 方向镶边道数 20;
crossline 方向镶边道数 20;
其他参数选择缺省值。

Property	Value
migration algorithm	fitting difference
start CMP number	30
end CMP number	1500
start line number	2
end line number	39
CMP interval(m)	25
line interval(m)	50
velocity data options	velocity table
velocity table name	fdmig3d.tv
memory size(M)	100
in-line padding traces	20
cross-line padding traces	20
trace length(ms)	0
step size(ms)	20
migration velocity type	RMS
velocity correction	no
velocity percentage	100
list	no

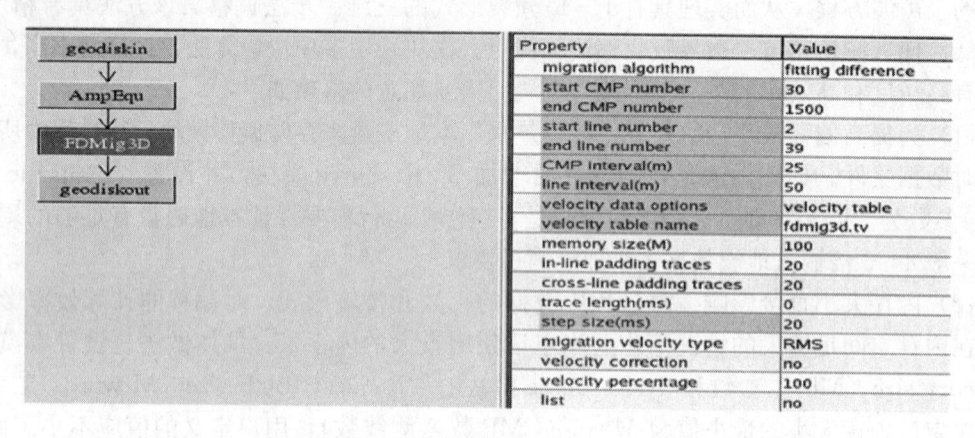

图 8.7　三维拟合差分法偏移（OmpFDMig3D）流程及参数界面

2. 并行有限差分法三维叠后时间偏移模块（PFDTMig3D）

本模块是一个频率空间域的三维并行有限差分叠后时间偏移模块。本模块通过对偏移频带内的频率进行分段，分发到各个进程进行单独偏移处理，从而实现有限差分法叠后时间偏移的并行计算。和串行作业不同的是，并行作业中不需要 GeoEast 的标准输入输出模块，而是以一个单独模块的形式提交作业，并行模块本身负责数据的输入和输出。该模块的主要参数与其他偏移模块不同的有：

number of tasks　本作业启动任务的个数，最多不能超过 256 个。整型，必填参数。在用 psjob 命令提交作业时，该参数的值不起作用，但进行交互提交并行作业时，该参数的值会有用。

input data filename　输入数据文件名，必填参数。

output filename　输出的偏移数据文件名，必填参数。

temporary filename　临时输出文件名。若指定共享盘路径，则所有节点输出的临时文件将都写在该路径下，作业效率比较低；若指定本地盘路径，则要求所有节点上必须切实存在该路径且可写，这时作业效率会比较高。通常以/dev/开头的为本地磁盘，在其中选择一个容量最大且具有可写权限的目录即可，如/u0/data/，然后在路径后面一定要加上文件名，如/u0/data/091124test。如果参与计算的某个节点上不存在这个目录，则作业会出错。注意提交作业的节点上也必须存在这个目录且可写。当程序正常结束后，这些临时文件将被删除。

extrapolation step（ms）　延拓步长，单位为毫秒，必须是数据采样间隔的整数倍，缺省为 20ms。

具体主要注意事项如下：

(1) 输入速度必须为均方根速度，且不能有速度反转点。

(2) 若每个节点只有一个 CPU，则每个节点只能分配一个任务；若每个节点含有多个 CPU，则每个节点所分配的最大任务数不能超过 2 个。

(3) 每次偏移的线数和 CMP 个数最好不要少于 50，否则会影响成像效果。

为充分利用机器资源，每个作业提交的任务个数应遵循以下原则：由于本模块是按照频率来并行计算，作业发送之前首先计算一下本次作业所要偏移的频率个数，其计算公式如下：

$$fre\_num = (f_n - f_1) \times (nt + 1000) \times dt + 1$$

其中，fre_num 为偏移频率个数，f_n 和 f_1 分别为偏移最大频率和最小频率，nt 为输入数据样点数，dt 为采样间隔，单位为秒。

如果有足够的节点，则作业可提交的最大任务个数为 fre_num，此时每个任务只计算一个频率；如果没有足够的节点，则每个任务需要计算 n ($n \geqslant 2$) 个频率，若 fre_num 为 n 的整数倍，则提交 $\frac{fre\_num}{n}$ 个任务即可，否则需提交 $\mathrm{int}\left(\frac{fre\_num}{n}\right) + 1$ 个任务。这里还要注意所提交的最大任务数不能超过 256 个。

图 8.8 的例子中偏移最大频率 $f_n = 60\mathrm{Hz}$，最小频率 $f_1 = 8\mathrm{Hz}$，输入数据样点数 $nt = 3500$，采样间隔 $dt = 0.002\mathrm{s}$，则偏移计算的频率个数为 $fre\_num = 469$ 个。由于频率个数超过了所能提交的最大任务数 256，因此每个任务需要计算多个频率。如果每个任务计算 2 个频率，则需提交 $\mathrm{int}\left(\frac{469}{2} + 1\right) = 235$ 个任务，每个任务计算 3 个频率则需提交 $\mathrm{int}\left(\frac{469}{3} + 1\right) = 157$ 个任务。依次类推，用户可根据实际情况来决定本次作业提交多少个任务。

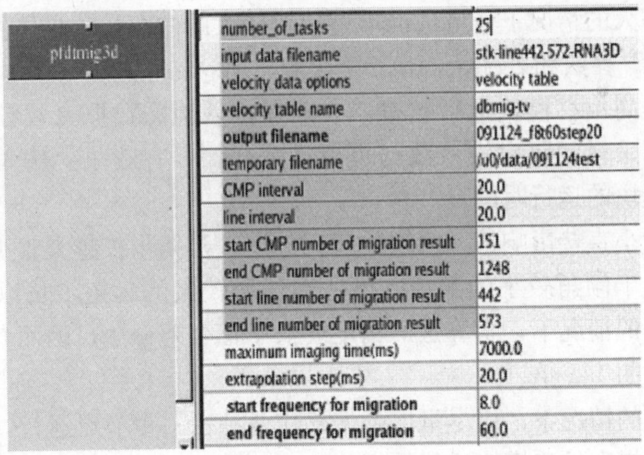

图 8.8 并行有限差分法三维叠后时间偏移（PFDTMig3D）实例

利用批命令的方式提交作业：psjob jobname 100 hostfile>log1&，其中，jobname 是作业名称，数字 100 是任务的个数，log1 是输出列表，它会存放在当前目录下，VI 编辑这个文件可以查看作业的进行情况，hostfile 是一个 ASCII 码文件，内有参与本次计算的机器节点的名称和本结点上打算分配的任务个数（该数字不能大于相应结点上的 CPU 个数）。一个 hostfile 的例子如下：

dn5 - 14：2
dn5 - 15：2
dn5 - 16：2
dn5 - 17：2
dn5 - 18：2

提交作业的节点必须是上述列表中的第一个结点。作业运行的任务个数要小于或等于所有结点文件名冒号后数字之和。任务的分配按照列表中的任务个数从前到后依次进行。以上述列表为例：若作业的任务数为 10，则每个结点分配 2 个任务；若作业的任务数为 5，则 dn5 - 14 和 dn5 - 15 两个结点分配 2 个任务，dn5 - 16 结点分配 1 个任务，其他结点不分配任务。

3. 带匹配吸收层的三维叠后时间偏移模块（AbsorbLMig3D）

本模块是一个适用于三维不规则区域、45°倾角的单程波一步法叠后时间偏移模块。该模块采用加吸收层的方法，解决了以往不规则三维叠后数据由加零道构成规则区域再进行三维偏移所带来的问题，具有高信噪比、能处理复杂边界的优点。同时根据三维数据的特点，采用了较先进的算法，具有较高的运算效率。该模块的主要参数与其他偏移模块不同的是：

absorbing coefficient 吸收层内的吸收系数，取值为 0～2000。该值越大，吸收效果越强，可根据数据实际情况及试验结果选择，缺省为 2000。

主要注意事项如下：

（1）为提高偏移模块运行效率，应尽量采用本地磁盘来存储偏移模块运行过程中所生成的临时数据文件。具体做法是在本模块前增加 SysResource 模块，并设置"temp file location"参数为"local"即可，需要注意的是在作业运行前要保证本地磁盘有足够的剩余空间，一般 4～5 倍输入地震数据大小即能满足要求。

（2）内存大小直接影响偏移过程中数据的存放和传输形式，对偏移的计算效率影响较大。在内存空间足够大的情况下，应适当申请使用较大的内存量。具体做法是设置本模块的"memory size（Mb）"参数和 SysResource 模块的"Request IBUF size（M words）"参数。

（3）为进一步提高偏移模块运行效率，在确保输入地震数据有效频带基本不变的前提下，采用较大的时间采样间隔对输入数据进行重采样，可有效减少输入地震数据量及计算量，从而缩短偏移模块的运行时间。

（4）延拓步长大小直接影响偏移模块的运行效率，延拓步长越大，则运行效率越高，但精度会有所降低，对于倾角较小的测线，可适当选取较大的延拓步长以提高计算效率。另外，在延拓步长相等的情况下，本算法的精度要低于拟合差分法，因而在精度相同时，延拓步长需选拟合差分法的 1/2 倍。

（5）在条件许可的情况下，应尽量保障偏移作业独占一个节点运行，以减少系统任务切换和调度等的开销，提高偏移模块运行效率。

（6）当偏移速度类型为 RMS 时，要求输入的偏移速度不能有速度反转点。

（7）为提高偏移精度，减少假频，最好在偏移前做 crossline 方向插值处理，使线间距与 CMP 间距相同。

图 8.9 的例子由 geodiskin 输入三维叠加数据，选择单道输入。对于 AbsorbLMig3D 模块，偏移的 CMP 范围为 71～1092，线的范围为 2～40，CMP 间距为 20m，线间距为 40m，偏移速度表名称为 mig3d.tv，偏移延拓步长为 20ms，偏移输出道长为 4000ms，吸收系数为

2000，Inline 方向的镶边道数为 10，crossline 方向的镶边道数为 5，其他参数选择缺省值。

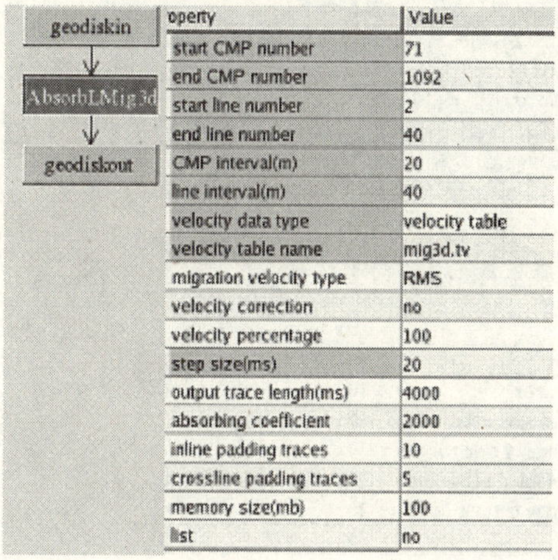

4. 三维相移法偏移模块（PShiftMig3D）

本模块是叠后三维相位一步法偏移。本偏移是在频率—波数域通过相位移动来实现波场延拓，该方法具有归位准确、频散低、能实现陡倾角构造的归位等明显优点。本模块可以提供两种方式的偏移处理：相移法三维一步法偏移和相移法三维一步法偏移加有限差分法剩余偏移。该模块参数与其他偏移模块不同的是：

migration algorithm 偏移算法，可选择 phase shift migration 相移法偏移（缺省）或 phase shift migration plus residual migration 相移法偏移加剩余偏移。

number of attenuated side traces 边道衰减道数，缺省为 40。该参数应小于镶边后的线数的一半，也应小于镶边后的 CMP 数的一半。

图 8.9 带匹配吸收层的三维叠后时间偏移（AbsorbLMig3D）实例

attenuation percentage of side trace 最边道衰减要乘的百分数，缺省为 30。

attenuation length of trace bottom 记录道底部的衰减长度，单位为毫秒，缺省为 50ms，该参数应小于道长的 1/2。

attenuation percentage of trace bottom 记录最底部衰减要乘的百分数，缺省为 30。

主要注意事项有：

（1）当偏移算法选择相移法偏移加剩余偏移时，如果剖面有异常现象，则有可能是速度横向变化太大的问题。

（2）由于要用到傅氏变换，因此 CMP 方向和 LINE 方向的镶边道数 X 应满足：$X \times 2$ +CMP 数（或 LINE 数）小于某一个 2^n，以节省内存空间。

（3）为本模块提供的速度数据必须是均方根速度。

图 8.10 的例子是由 geodiskin 输入三维叠加数据，选择单道输入（不选道集方式）。对于 PShiftMig3D 模块，偏移方法选择相移法三维一步法偏移，偏移速度选择速度表方式是 TV table，偏移的频率范围为 5～75Hz，偏移的 CMP 范围为 72～1000，line 的范围为 1～65，CMP 与 line 的间隔分别为 20m、40m；偏移算法选择相移法偏移，其他参数选择默认值。

8.2 GeoEast 叠前时间偏移

根据速度横向变化程度和构造复杂程度选择偏移方法。当构造由简单向复杂变化时，由叠后偏移向叠前偏移延伸；当速度由平缓向剧烈变化时，由叠前时间偏移向叠前深度偏移延伸。

处理解释一体化的体现为：

（1）构造约束下叠前时间偏移速度场的建立，在构造解释及井资料的应用是一体化的具体体现。

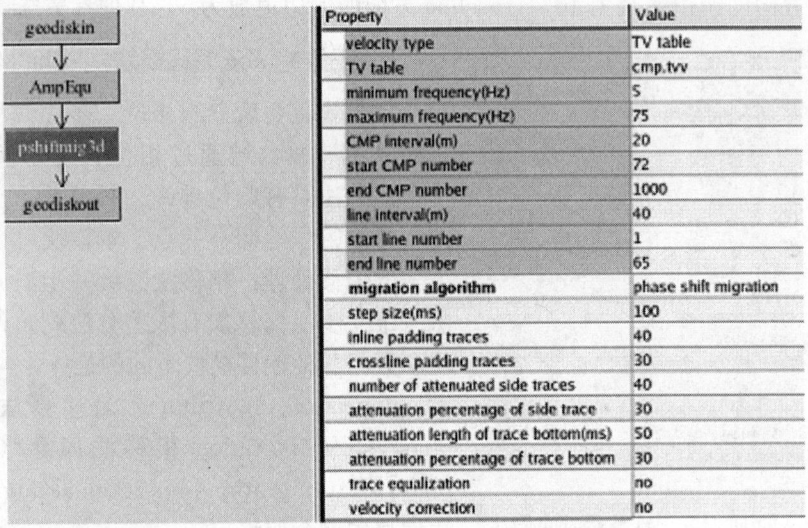

图 8.10 三维相移法偏移 (PShiftMig3D) 实例

(2) 叠前深度偏移最关键点是深度—速度模型的建立，这个环节必须通过处理解释一体化才能实现。最重要的是偏移速度的分析、速度变化规律的研究以及层位断层的解释，判断是否符合地质规律，排除由于静校正变化带来的速度变化、偏移速度分析时引起的不合理的速度变化，达到提高最终成果的可靠性的目的。

(3) 构造模型的建立、构造样式的解释要符合区域地质背景，是解释人员贯彻地质目标的重要环节。

(4) 对于深度偏移成果与实钻井深度的标定，要充分应用钻井资料和测井资料对地震偏移处理的深度进行校正。

叠后时间偏移与叠前时间偏移的优缺点如下：

(1) 从假设条件分析，叠后时间偏移是建立在自激自收模型假设的前提下，其实现方法基于两个基本假设：输入数据是自激自收的零炮检距剖面；反射界面上覆地层为均匀介质，射线为直射线。但是当地下构造复杂，反射界面倾斜时，常规的多次覆盖叠加并不是自激自收的零炮检距剖面，而且即使应用倾角时差校正（DMO），也难以满足叠后时间偏移输入数据是零炮检距自激自收记录的要求，最终导致无法实现真正的共反射点叠加，从而得不到正确的成像结果。理论上，在均匀介质条件下 NMO＋DMO＋叠后时间偏移＝叠前时间偏移。

(2) 对于倾斜地层，动校正叠加难以满足共反射点叠加，难以满足实现自激自收。在实际情况下，经过 NMO＋DMO 处理，严格地讲仍然得不到自激自收零炮检距剖面。

(3) 相比之下，从理论上来说，叠前时间偏移没有输入数据为零炮检距数据的假设，避免了 NMO 校正叠加所产生的畸变，与叠后时间偏移相比，保存了更多的叠前地震信息，能够取得较理想的偏移归位效果，是速度场横向变化不大的复杂构造地区地震资料处理成像较理想的方法。

叠前时间偏移相对叠后时间偏移有以下优点：

(1) 叠前偏移后的叠加是共反射点的叠加，倾斜反射层空间归位更加准确。

(2) 叠前时间偏移之后的共反射点（CRP）道集可以用于 AVO (Amplitude Versus

Offset，振幅随炮检距变化）和波阻抗等叠前反演。

（3）可以提供准确的均方根速度场，转为层速度可以作为叠前深度偏移处理的初始速度模型。

（4）偏移叠加数据可以用于建立叠前深度偏移的初始构造模型。

叠前时间偏移的应用条件如下：

（1）振幅尽量均衡、静校正问题基本得到解决，面元均化，覆盖次数尽量均匀。

（2）速度场的优化处理：要平缓变化，不要突变。

（3）合理选择偏移基准面。

8.2.1 概述

叠前时间偏移直接对叠前数据进行偏移成像，与叠后时间偏移相比，保存了更多的叠前地震信息，能够取得较理想的偏移归位效果，是速度场横向变化不大的复杂构造地区地震资料偏移成像较理想的方法。

输入初始的 RMS 速度场，选一定数量的目标线做叠前时间偏移，对该目标线的 CRP 道集做反动校后的道集做速度谱，解释该速度谱后得到的速度作为第二轮叠前时间偏移的输入速度，再进行第二次偏移。如此多次迭代，直到 CRP 道集被校平，偏移剖面上绕射波归位合理为止。最后用此速度做整体数据的叠前时间偏移。处理流程如图8.11 所示。

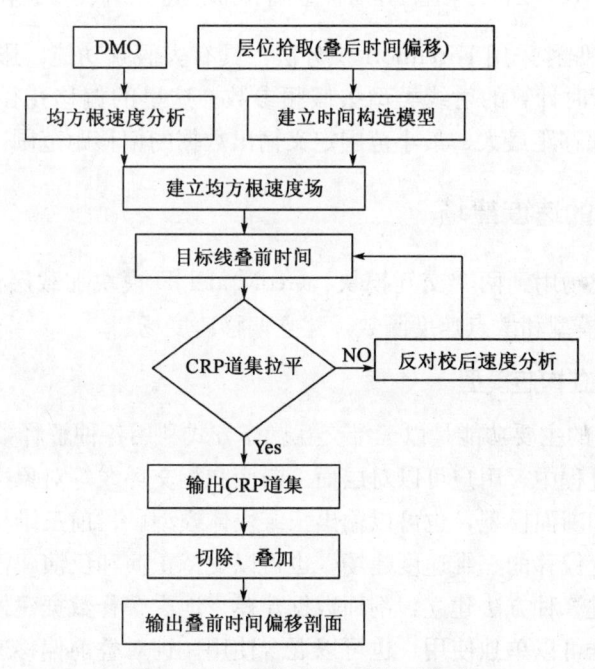

图 8.11 叠前时间偏移处理流程

（1）层位拾取：在叠后时间偏移剖面上拾取一定数量的层位（建立时间构造模型）。

（2）建立初始的均方根速度场（基于模型）。

（3）进行第一轮叠前时间偏移处理：选取目标线，进行叠前时间偏移，并输出 CRP 道集进行质量控制。

（4）对第一轮输出的 CRP 道集做反动校后速度分析，加密速度分析控制点，多次重复该步骤，直到CRP道集拉平，建立最终均方根速度场。

（5）整体数据的叠前时间偏移，并对CRP道集进行精细的切除与叠前、叠后去噪及适度地提高分辨率处理。

叠前时间偏移的两个关键因素是求取合理的偏移速度和选取合适的偏移参数。Geoeast2.0提供了交互速度分析和建场以及批量叠前时间偏移模块。

GeoEast2.0发挥处理解释一体化的优势，形成了具有自己特色的交互速度建场方式，其中包括层位约束下的速度建场与利用散点速度函数直接建场两种方式，层位约束速度建场和直接利用散点速度函数建场流程如图8.12所示。

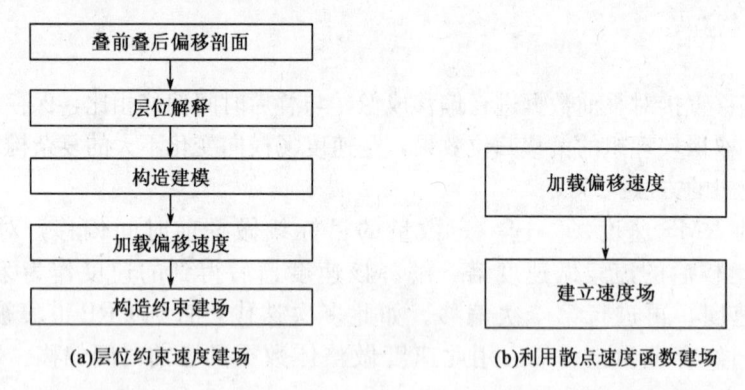

图8.12 层位约束速度建场和直接利用散点速度函数建场流程

GeoEast叠前时间偏移采用Kirchhoff积分法，具有去假频功能。影响偏移效果的参数主要有孔径参数、旅行时计算的射线类型去假频参数。这里的偏移孔径指的是半径。GeoEast自动根据数据的偏移距最大、最小范围定义输出数据的偏移距范围。

8.2.2 构造约束下的速度建场

构造约束下速度建场用到两个交互模块：GeoModel3D模块加载层位，建立构造模型；GeoVelocity加载构造模型和散点速度函数，建立偏移速度场。

1. GeoModel：建立构造模型

GeoModel3D软件的主要功能是以三维交互操作方式利用各种解释数据快速建立三维地质构造模型。在建模过程中，用户可以对层面、断面和相交环线等对象进行编辑，可以输出虚拟现实格式的层面和断面模型，也可以输出三维块体模型。目前三维构造模型主要用于叠前时间偏移和叠前深度偏移的三维速度建场，也可以支持正演和反演建模。

构造模型可以通过3种方法建立：剖面数据建模；地震解释数据建模；直接生成水平层面模型。以上3种数据可以单独使用，也可以混合使用。针对叠前偏移速度建场对模型的要求，系统还提供了层面自动分块建模的方式，它可以有效地解决大的逆掩断层存在时层面的多值断裂建模问题。

界面启动：在主控界面选择工区，点击▣或选择菜单Application→Common→GeoModel3D，启动Geomodel子系统，弹出如图8.13所示界面，本界面由菜单条、工具条、数据树、状态条、工具箱、信息区和工作区几部分组成。

创建模型范围：选择File→New，弹出"Select Model Range"对话框，对话框中初始

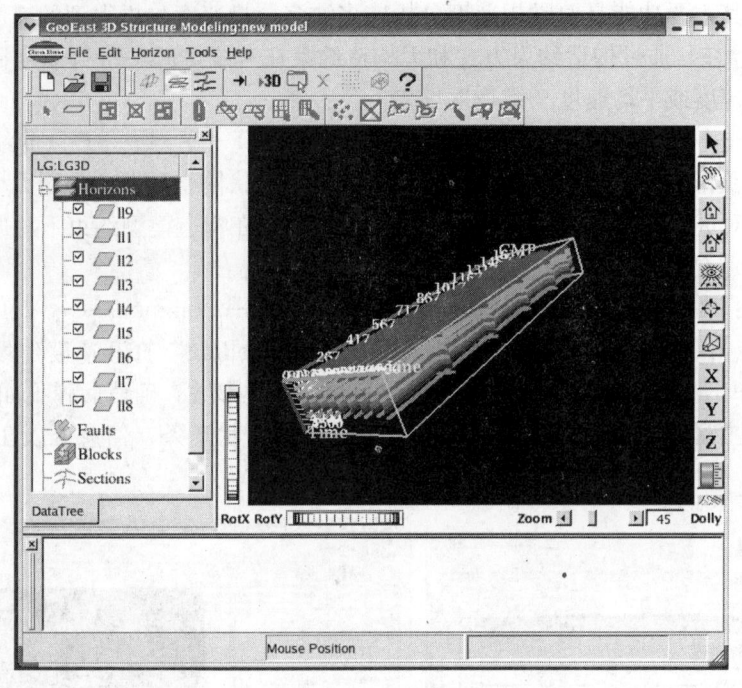

图 8.13 加载层位图

的信息是从数据库中取得的，缺省模型范围为整个地震工区的范围，灰化的部分为用户不可修改的。创建模型范围完毕后，工作区显示出整个模型的范围框。File→Save 保存当前模型场景，File→Open 弹出对话框，选择要打开的场景名称，打开所选场景。

构造模型所用的数据来源有两个途径，一个是已经解释好的地震层位和断层数据，另一个是直接从数据库加载。如果该工区没有层位和断层数据，那么可以在本系统中创建。本小节主要介绍从数据库加载的情况。

操作过程：首先右键点击数据树上的 Horizons，选择 Load Horizon Data From DataBase...，弹出数据加载（Load Horizon Data From DataBase）对话框，选中所需层位，逐层加载，如图 8.13 所示。还可以根据需要选择 Horizon→Add Horizontal Plane…或点击 ，弹出"Add Horizon Plane"对话框，输入层位名称及层位时间（或深度），快速生成水平层状模型。需要注意的是，由于层位数据的 z 值有正（如时间域）有负（如深度域），因此用户输入数据时要搞清楚原始数据的 z 轴方向（主要看 z 值是正还是负）。

完成所有层位加载后，选择 Edit→Modeling 或点击 ，生成初始三维模型。检查初始模型每层有无局部异常、有无层位相交，可以通过在层面上添加、删除、移动控制点改变层面的形态，消除局部异常及层位相交。检查完选择 Horizon→Select Horizon 或点击 ，弹出"Select a Horizon"对话框，选中层位名后点击 给选中的层加边界环线。所有层加完后，构造模型建立完毕。如果层位不需检查，点击 按钮一次完成生成层位模型和加环线的功能，建立构造模型。

构造模型保存：选择 File→save to VRML，填写输出模型名称，保存模型，供下一步使用。

2. GeoVelocity 交互子系统速度场构建

GeoVelocityModelling 是一个以叠前时间偏移或叠前深度偏移三维速度建场为目的的速

· 279 ·

度建模软件，其主要功能是对常规速度分析或多波多分量速度分析得到的速度信息（主要以 T－V 对形式存在）通过构造约束方式和无构造约束在三维空间中进行速度插值，形成叠加速度、均方根速度或平均速度三维速度场。

GeoVelocityModelling 具有以下主要功能：可加载 T－V 对、T－D 曲线、关键剖面速度等速度数据及作为构造约束信息的构造模型数据和块状模型数据；采用无构造模型约束法直接对 T－V 对进行纵向和横向插值形成三维速度场；在构造模型约束下对原始速度信息进行空间插值，建立三维速度场；对三维速度场进行浏览。

界面启动：在主控界面选择工区，选择 Application→Common→GeoVelocity→Velocity modelling 或点击▣，弹出选项框，点击"velocity modelling"打开速度建场界面。根据需要修改"Select Range"对话框的工区范围、道长、采样参数，确认后弹出如图 8.14 所示界面。本子系统主窗口主要由菜单条、工具条、数据树、状态条、信息区及工作区六个部分组成。

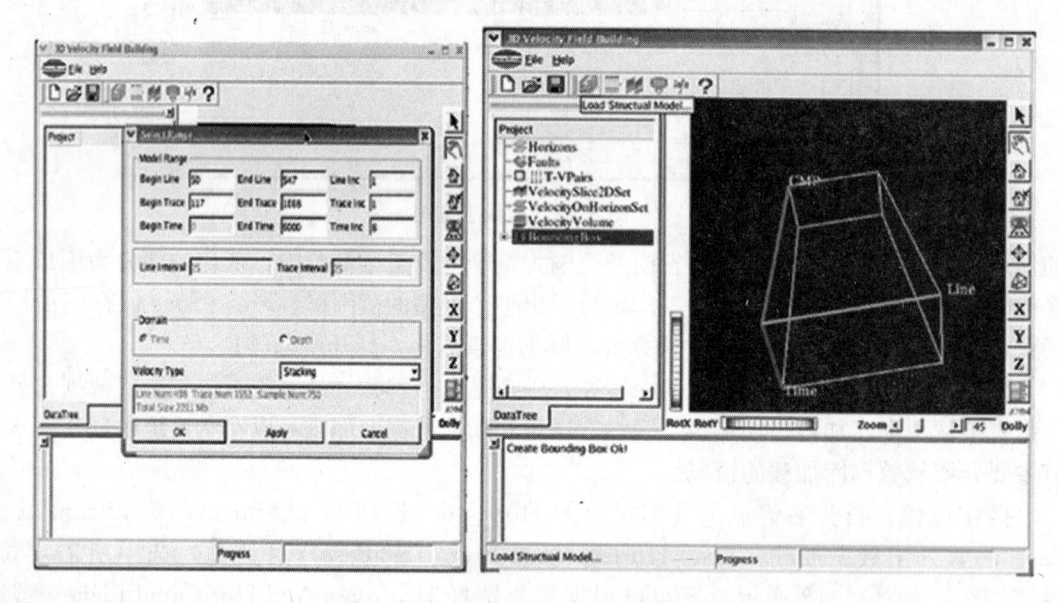

图 8.14 GeoVelocity 速度建场界面

1）三维速度建场

在进行三维速度建场时，流程图如图 8.15 所示，可采用以下 3 种方式：

（1）不使用构造模型约束建立三维速度场。不用构造模型约束，直接对 T－V 对进行纵向和横向插值形成三维速度场。该方法插值速度快，占用内存少，严格遵从原始数据。当 T－V 对数据较少、分布不均，而且构造横向变化剧烈时，应采用构造约束下的速度场插值方法。

（2）在构造模型（wrl 格式）约束下建立三维速度场。首先沿层位进行速度插值，然后进行层间插值形成三维速度场。该方法插值速度较慢，占用的内存也要多一些，但能够适用于复杂的地质情况。

（3）在块状模型（blk 格式）约束下建立三维层速度场。该方法利用块状模型进行约束建立层速度场。在插值时可以以块体为单位填充一个常速度，也可以横向变速插值。

2）构造约束下速度建场过程

在菜单栏选择 File→Load Structual Model…或点击▣（Load Structure Model）加载

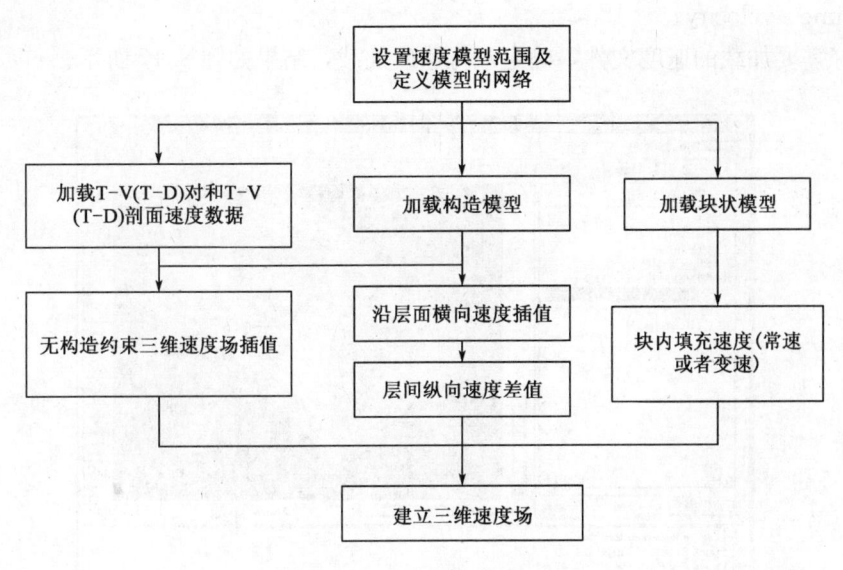

图 8.15 三维速度建场流程

GeoModel3D 输出的构造模型，如图 8.16 所示。

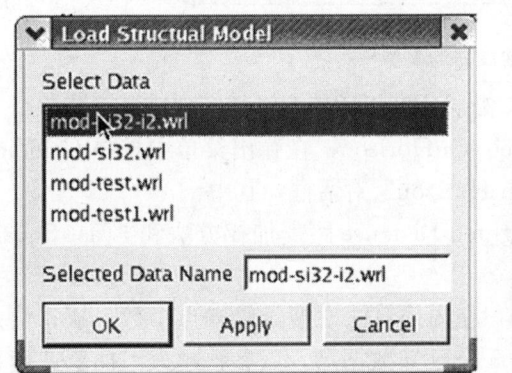

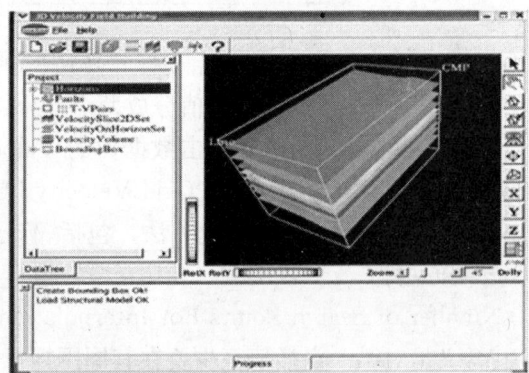

图 8.16 加载构造模型

构造模型加载完毕后，在数据树上选择 T_VPairs 或菜单上选择 File→Load T-V Pairs…，弹出选项框，选择速度文件的输入方式（2 种）：加载磁盘文件（Load T-V Pairs From Disk File…），或从数据库加载速度文件（Load T-V Pairs From Database…）。

选择从数据库加载速度文件，弹出"Select T-V Pairs From Database"对话框，其中：

Select Velocity Type 选择速度数据在数据库中的存储格式，包括 TvPair、Scatter 和 VeloOnHorizon。

Select Property Type 选择各种属性数据类型，主要是为了支持多波的各向异性地质模型建立，包括 4 种：velo 速度参数；chi 各向异性参数；gme 等效速度比；gm0 垂直速度比。

Add the new velo to the loaded velo 如果选中此项，则添加选择的速度数据到已经加载的数据中，两者进行合并，否则用选择的数据替换已经加载的数据。

选择加载磁盘文件，弹出"Select T-V Pairs from disk file"对话框，选择文件。其数据文件的格式为：第一行为总的 T-V 对个数；第二行以后为具体的 T-V 对，格式为 line trace time velocity。

选择好需要加载的速度文件，确定进行速度加载，结果如图8.17所示。

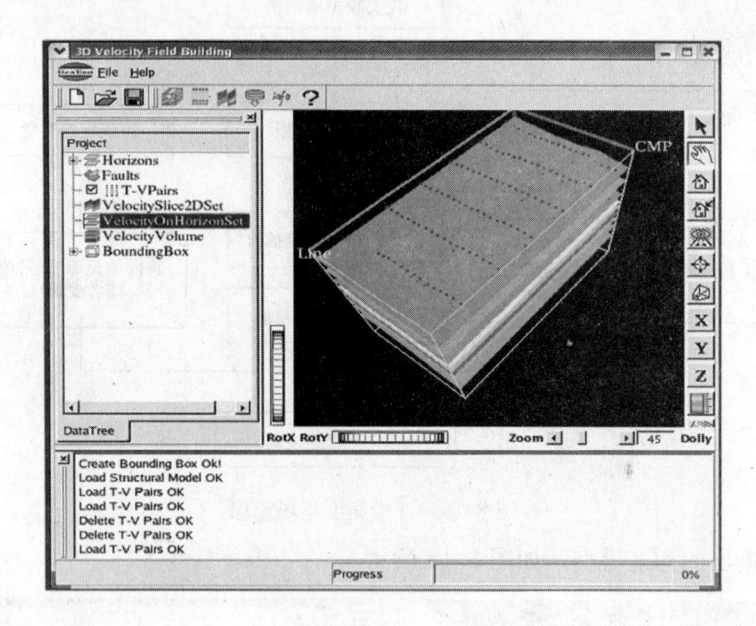

图 8.17 加载速度后的模型

构造模型约束下速度场插值分成两个部分：沿层速度场插值和沿层间速度场插值。

沿层速度场插值：右键点击数据树的 VelocityOnHorizon，在弹出菜单中选择 Gridding Velocity On Horizons，弹出"Grid Velocity On Horizon"对话框，其中：

Gridding Method　网格化方法，包括 Weighted Distance 距离加权方法和 Least Square 最小二乘方法。

Number of Search Points For Interpolation　在内插算法中搜索已知点个数，缺省值是5。其含义是对某一点插值至少要在其周围搜索5个已知数据点。该参数越大，插值速度越慢，结果越光滑；反之则速度快。当选择最小二乘算法时，该参数不宜过小，当此参数小于3时，插值可能会出现异常情况。

Use Velocity Slice 2D　是否使用关键剖面速度数据进行三维速度场插值。

Use T-V Pairs　是否使用T-V对数据进行三维速度场插值。用户必须至少选择 Use Velocity Slice2D 和 Use T-V Pairs 其中的一个，也可以都选。

Set Const Velocity　是否设置层位常速，这个选项选择以后，下面的选项才能变亮。选择一个层位，对其进行设置。

Set Selected Horizon Const Velocity　是否设置选择的层位为常速，选中表示设置选择的层位为常速，则在下面的编辑框中设置速度值。

Velocity　设置选择层位的速度值。

可以通过修改 Number of Search Points For Interpolation 来决定速度场的平滑程度，该值越大，速度场越平滑。确认后开始插值，插值结果如图8.18所示。

沿层间速度场插值：右键点击数据树的 Velocity Volume，在弹出菜单中选择 Interpolate With Structual…，弹出"Interpolation with model"对话框，点击"OK"按钮，开始计算，最后生成的数据保存到数据库中。

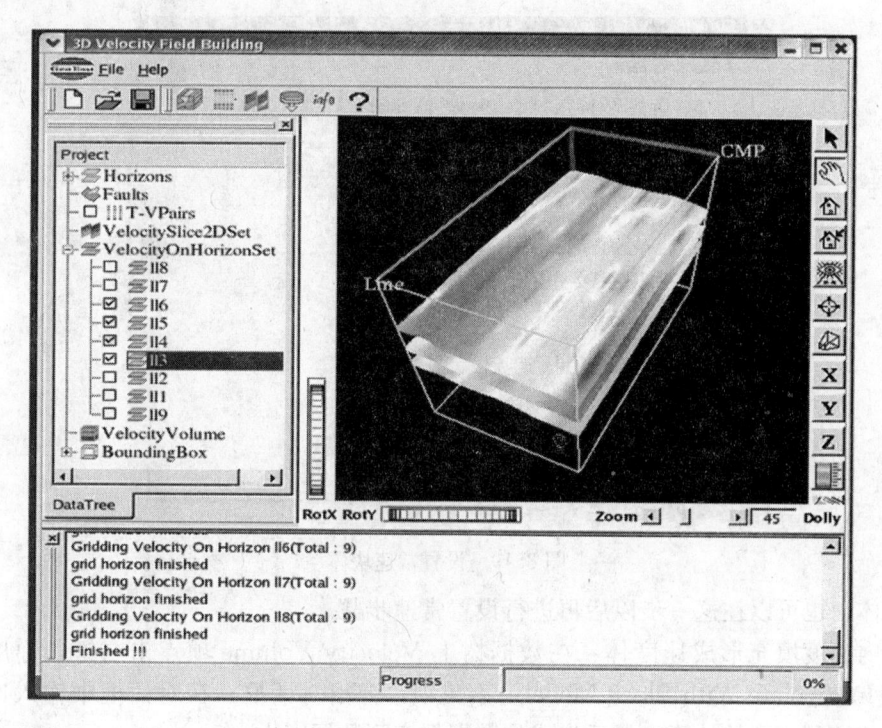

图 8.18　沿层速度场插值

速度体加载和显示：点击加载三维速度场按钮，弹出"Select Data form Database"对话框，选择速度场文件加载速度场。

速度场数据卸载：当不用数据体时，可以把三维速度体数据从场景中卸载，以释放内存。在数据树上右键点击，选择 Unload Volume。

3) 块状模型约束下速度场插值

块状模型约束下速度场插值是在块状模型的约束下进行速度场插值。块状模型的建立来自于三维构造模型。在三维构造模型中提取了构造块以后，需要保存块状模型，其存储的文件格式为 .blk 文件，因此在速度建模中加载块状模型时需要选择 .blk 格式的文件。

加载块状模型：在菜单栏选择 File→Load Structual Model…或点击 (Load Structure Model) 加载 GeoModel3D 输出的构造模型（blk 格式）。

加载速度数据（T-V 对）：2 种方式，从数据库或从磁盘文件加载，详细介绍见构造约束下速度场。

设置常速块体：可以把部分块体设置为常速，其他没有设置常速的块体则利用加载的 T-V 对数据在块体内进行内插，如图 8.19 所示。其中：

Set Const Velo　是否设置块体为常速，如果想把某一个块体设置为常速，则在这个块体的第一列位置打勾，然后第三列变为可编辑状态，这时候用户可以输入速度值，否则不能编辑。

BlockName　块体的名称。

Velocity　设置速度值，此编辑框只有在第一列选中的情况下才可以编辑。

速度数据在块体内横向内插：在数据树上 Blocks 项点击右键，在弹出的菜单中选择 Set Velocity From Z-V Pair…，则把加载的速度数据内插到块体内。内插的块体不包括设置为

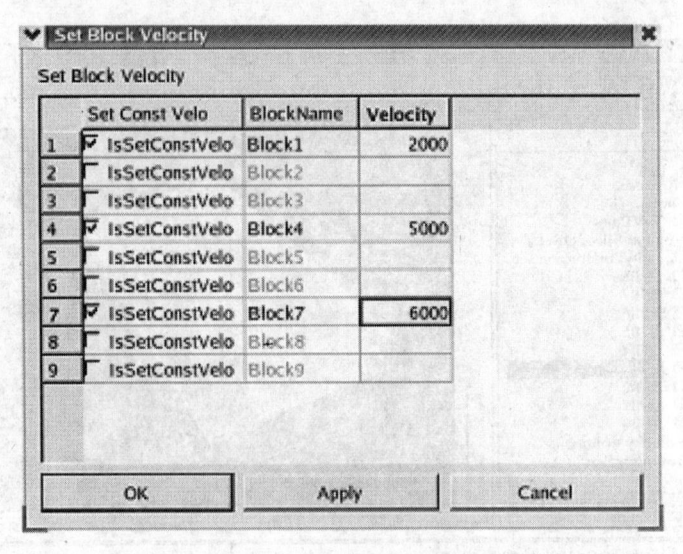

图 8.19 设置常速块体

常速的块体，也可以在这一步以后再进行设置常速步骤。

块体内速度填充形成速度体：在数据树上 Velocity Volume 项点击右键，弹出右键菜单，选择 Interpolate With Block Model…菜单项，弹出对话框，在对话框中输入速度体名称，点击"OK"，开始计算，最后生成的数据保存到数据库中。

8.2.3 无构造约束速度建场

无构造约束速度建场是建立速度场的另一种方式，即不用构造模型约束，直接对 T-V 对进行纵向和横向插值形成三维速度场。这种方法插值速度快，占用内存少，严格遵从原始数据。这种插值方法对于 T-V 对数据较少、分布不均、构造横向变化剧烈的情况生成的速度场可能不光滑，此时需要用构造约束下速度场插值方法。

操作步骤：选择 velo→velocity modelling 打开界面，从数据树上选择 T-VPairs 加载速度文件。然后右键点击数据树上 Velocity Volume，选择 Interpolate Without Structual…，弹出速度场插值（Interpolation Without model）对话框，其中：

用户必须至少选择 Use Velocity Slice 2D（是否使用关键剖面速度数据进行三维速度场插值）和 Use T-V Pairs（是否使用 T-V 对数据进行三维速度场插值）其中的一个，也可以都选。

Top Velocity　用于设置模型的顶部速度。

Bottom Velocity　用于设置模型的底部速度。

Velocity Name　用于输入速度场的名称，这个名称将存放在数据库中，并且不能和数据库中的数据体名字相同，否则会提示错误。

Floating（32-bit）　以 32 位浮点型数据格式保存速度场到数据库。

Integer（16-bit）　以 16 位整型数据格式保存速度场到数据库。

Set Sea Water Velocity　是否设置海水填充速度。

Sea Bottom Surface　选择海底面。这个面为一个层位数据，这个层面数据如果没有内插，则程序内部对这个层进行内插，最后进行速度插值时则把海底面以上的部分填充为设置的速度值。

Sea Water Velocity   设置海水速度。

Smooth Velocity Volume   是否对速度模型进行光滑处理。

Smooth Radius   光滑半径，设置光滑参数，包含 Line 方向、Trace 方向和 Time 方向光滑步长。

确认后插值生成速度场，速度模型计算生成后自动保存到数据库中。

8.2.4 GeoEast V2.4 新增模块

1. VelIntp 速度插值模块

本模块通过时间与空间插值的方式将交互速度分析拾取的时间域 T－V 对数据插值为速度体数据，供偏移模块调用。本模块的参数交互界面如图 8.20 所示。

Property	Value
input T-V pairs filename	wh_test_ljf
output velocity filename	wh_test_test03
repeated filename	job abort
output velocity field type	vel cube
spatial interpolation methods	biquadratic
temporal interpolation methods	v*v~t
trace length	6000
sample interval	2.0
minimum CMP line	200
maximum CMP line	300
CMP line increment	1
minimum CMP	200
maximum CMP	600
CMP increment	1
replacement velocity	1480
output datum type	CMP reference plane
CMP reference plane database number	1.0

图 8.20 VelIntp 速度插值模块参数

2. VelSmooth 速度平滑模块

本模块采用基于阻尼最小二乘法（damped least squares）的平滑算法对二维、三维速度体进行平滑，可使偏移算法中的射线追踪更加稳定，以改善成像效果。本模块的参数界面如图 8.21 所示。

3. 叠前时间偏移速度分析

VelocityAna 模块能够进行纵波和转换波的叠加速度分析、叠前时间偏移速度分析、叠前时间偏移更新速度分析以及方位各向异性速度分析计算。根据功能不同，可用于各向同性介质、各向异性介质或者均可（偏移谱计算参数及交互解释详见常规速度分析部分）。并行三维叠前时间偏移速度谱计算参数如图 8.22 所示，注意"parallel mode"参数为"yes"。采用并行运算模式时，必须采用自行输入数据方式。注意目前并行作业不能在作业编辑界面上发送，只能在作业编辑完成后以"psjob"命令发送。

4. 叠前时间偏移剩余速度分析

PSTMResVel 模块利用二维或三维的均方根速度场和叠前时间偏移的 CRP 道集生成叠

Property	Value
input velocity filename	wh_test_vel.vel
output velocity filename	wh_test_vel_smooth_01
repeated filename	job abort
smoothing operator length in time dimension	31.00
smoothing operator length in CMP dimension	31.00
smoothing operator length in line dimension	7.0
number of iterations	2
weighting coefficient at bottom	1.0
smoothing on velocity or slowness	velocity
clips of min velocity before smoothing	0
clips of max velocity before smoothing	99999.00000
tmp file directory	/u0/data/

图 8.21 VelSmooth 速度平滑模块参数

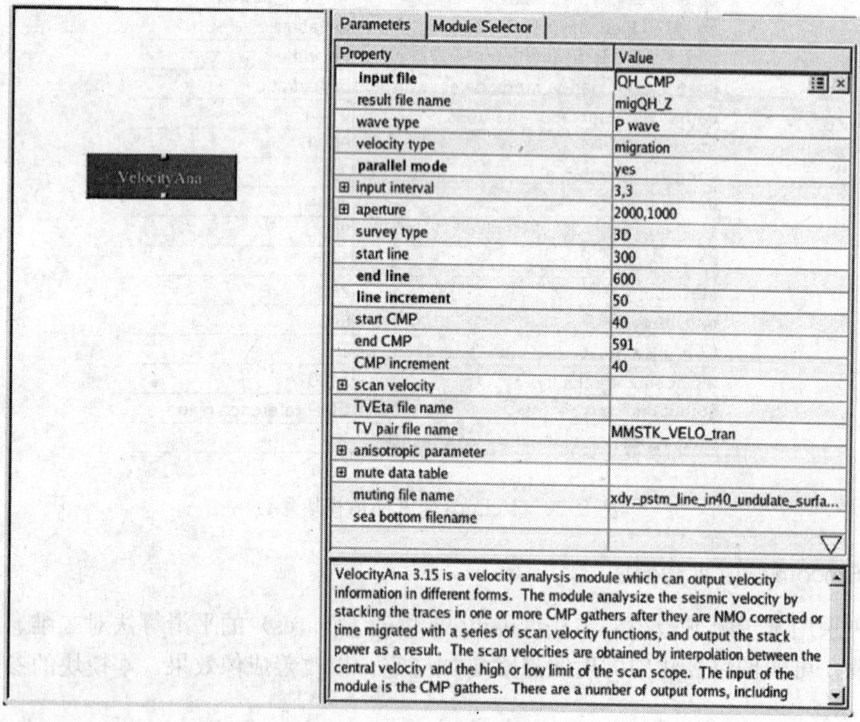

Property	Value
input file	QH_CMP
result file name	migQH_Z
wave type	P wave
velocity type	migration
parallel mode	yes
input interval	3,3
aperture	2000,1000
survey type	3D
start line	300
end line	600
line increment	50
start CMP	40
end CMP	591
CMP increment	40
scan velocity	
TVEta file name	
TV pair file name	MMSTK_VELO_tran
anisotropic parameter	
mute data table	
muting file name	xdy_pstm_line_in40_undulate_surfa...
sea bottom filename	

VelocityAna 3.15 is a velocity analysis module which can output velocity information in different forms. The module analyze the seismic velocity by stacking the traces in one or more CMP gathers after they are NMO corrected or time migrated with a series of scan velocity functions, and output the stack power as a result. The scan velocities are obtained by interpolation between the central velocity and the high or low limit of the scan scope. The input of the module is the CMP gathers. There are a number of output forms, including

图 8.22 VelocityAna 模块参数

前时间偏移的剩余速度谱，交互解释后更新前一次偏移速度对，完成对下一轮偏移的均方根速度场的优化。该模块既可以处理水平地表的情形，也可以处理起伏地表的资料，只需输入的 CRP 道集数据和均方根速度场都在同一个基准面上。

该模块不需要 GeoEast 的标准输入输出模块，而是以一个单独模块的形式提交作业，模块本身负责数据的输入和输出。该模块可以输入共反射点（CRP）道集文件和均方根速度场，输出剩余速度谱和对应点处的共反射点道集文件。

输入数据为用于进行叠前时间偏移的均方根速度场（经过速度插值后的离散速度体）和经过叠前时间偏移输出的 CRP 道集。速度场和 CRP 道集数据必须是 GeoEast 格式而且都必须位于同一基准面上。输出数据为剩余速度谱和对应的共反射点道集（为后续的交互剩余速度分析做准备），其中速度谱的文件名以".pwr"结尾，共反射点道集文件以".gth"结尾。输出数据的基准面和输入数据的基准面一致（交互解释详见 GeoVelPreSTMRES 叠前时间偏移剩余速度分析及建场部分）。本模块的参数界面如图 8.23 所示。

Property	Value
survey type	3D
file name of input velocity	kl2_rms_vel
file name of input CRP gather	kl2_crp_mute
file name of output velocity spectrum	kl2_spectrumnew1
line range	13,53,40
Xline range	196,1156,120
velocity scanning range	1000
velocity scanning interval	20
start time	0
end time	0
number of CRP gathers involved in stacking	0
maximum offset	6000.0
spectrum smoothing times	5
spectrum calculation interval in time	1
type of spectrum interpolation	spline
process CRP gather	yes
spectrum filtering	no
irregular line and CMP	
debug indicator	no

图 8.23　PSTMResVel 模块参数界面

8.2.5　叠前时间偏移模块（PKirTMig2D3D）

本模块利用均方根速度场，在 PC-Cluster 上以并行的方式实现克希霍夫积分法二维、三维叠前时间偏移。该模块既能处理水平地表资料，又能处理起伏地表资料。该模块具有直射线和弯曲射线两种选择：采用直射线时，均方根速度可以反转；采用弯曲射线时，则不能反转。

和串行作业不同的是，并行作业中不需要 GeoEast 的标准输入输出模块，而是以一个单独模块的形式提交作业，模块本身负责数据的输入和输出。该模块可以输出共成像点道集并且一次输入多个地震数据文件。

1.　输入输出数据描述

输入数据：经过预处理的三维叠前地震数据和叠后地震数据形式的均方根速度场。三维叠前地震数据可以是 GeoEast 格式或者 SEGY 格式，存放顺序必须是：线，CMP，道号或偏移距。均方根速度场必须是 GeoEast 格式，且每条线每个 CMP 的每个样点上都有速度值，其采样率可以和地震数据不同。处理水平地表资料时，叠前数据、均方根速度场以及偏移结果必须位于同一个水平面上；处理起伏地表资料时，叠前数据、均方根速度场以及偏移结果必须置于 CMP 参考面上，地震数据只能是 GeoEast 格式，并且道头信息中必须包含有静校正量的低频分量。

GeoEast 数据体中必须要具备正确的线道号和坐标值；SEGY 数据的坐标要按照 SEGY 标准放置，即炮点的 X、Y 坐标要分别位于 73~76 和 77~80 字节，检波点的 X、Y 坐标要分别位于 81～84 和 85～88 字节。输入的速度场数据体中必须要包含正确的 inline 线与 Xline 线信息。

输出数据：当输出共成像点道集的道数为 1 时，输出的是经过三维叠前时间偏移的叠加数据体；该道数大于 1 时，输出的是叠前时间偏移后的共成像点道集。输出数据的水平基准面和输入数据的水平基准面一致。

2. 主要参数描述

本模块的二维处理参数交互界面如图 8.24 所示，三维处理参数交互界面如图 8.25 所示。该模块的参数较多，总体分为两大类，一类是与输入数据有关的基本参数，另一类是与运行计算有关的参数。

Property	Value
number of tasks	1
ray type	bending
restart an old job	no
number of traces to save tmp result	1000000
survey type	2D
topographic condition	horizontal surface
input data format	GeoEast
filename of input data	predata_on_flat
velocity field filename	VeloVolumeNew111
temporary output filename	/u0/data/wsh-test
filename of output data	pstm_gather_test
CMP range of the line	1,10000,1
the left point	1.0
the right point	1.0
coordinate type	absolute
xy coordinate scalar	-10
CMP interval	20.0
output cmp range	1,10000,1
2D migration aperture	1000.0,2000.0,4000.0,5000.0
offset range	100,5500,100
start migration time	0
end migration time	6000
migration interval	4
amplitude weigthing	yes
antialiasing size	25.00
maximum memory per node	4000
job status filename	stat_116-4t

图 8.24　二维处理参数交互界面

1）与偏移数据相关的参数

ray type　射线类型，必填参数，有两个选项：straight 直射线，速度可以倒转；bending 弯曲射线，要求均方根速度不能发生倒转，否则程序会出错。

topographic condition　地表条件是水平地表（horizontal surface）还是起伏地表（undulate surface），必填参数。

input data format　输入数据的格式，必填参数，其选项与 topographic condition 参数的选择有关。GeoEast 输入数据为 GeoEast 格式（当 topographic condition 参数选择 horizontal surface 和 undulate surface 时，该选项都出现）。SEGY 输入数据格式为 SEGY - IEEE 浮点格式（只在 topographic condition 参数选择 horizontal surface 时出现）。

velocity field filename　输入的速度场文件名，必须是 GeoEast 格式。在 GeoEast 中，速度场被作为叠后地震数据管理。

the first（second/third）point　3D 处理参数。定义工区的前 3 个点的线号、道号、X 坐

	number of tasks	1
	ray type	bending
	restart an old job	no
	number of traces to save tmp result	1000000
	survey type	3D
	topographic condition	horizontal surface
pkirtmig2d3d	input data format	GeoEast
	filename of input data	predata_line6_line198_on_flat,predata_line1
	velocity field filename	Vrms_on_flat_grisysin
	temporary output filename	/u0/data/wsh-test
	filename of output data	pstm_gather_test
	survey inline range	1,1022,1
	survey Xline range	1,1335,1
	the first point	6.0,380.00,716739.187500,4660413.000000
	the second point	6.0,1335.0000,721133.187500,4641825.000
	the third point	1022.0000,380.00,756289.125000,4669762.
	coordinate type	absolute
	xy coordinate scalar	-10
	line interval	40.0
	CMP interval	20.0
	output inline range	225,265,20
	output Xline range	239,1335,1
	3D migration aperture	1000.0,1000.0,1000.0,4000.0,1000.0,1000.0
	offset range	100,5500,100
	start migration time	0
	end migration time	6000
	migration interval	1
	amplitude weigthing	yes
	antialiasing size of inline	40.0
	antialiasing size of Xline	20.0
	maximum memory per node	4000
	job status filename	stat_116-4t

图 8.25　叠前时间偏移 PKirTMig2D3D 模块实例

标、Y 坐标，坐标值必须是消除掉坐标比例因子影响后的真实值。以上 3 个点不能共线，建议选用工区定义时所使用的四点坐标信息。二维时按照三维定义，参数为 the left/right point。

coordinate type　坐标类型，当 input data format 选择 GeoEast 时，该参数出现。有两个选项：relative 从相对坐标道头字中读取坐标信息，absolute 从绝对坐标道头字中读取坐标信息。

xy coordinate scaler xy　坐标比例因子，当 input data format 选择 GeoEast 时，该参数出现。对地震道头中的炮点、检波点的 X、Y 坐标数据使用该比例因子后给出真值，如果是正数，则乘上比例因子；如果是负数，则除以比例因子；如果为零，则不变。

migration aperture　定义偏移孔径的 3 个参数：时间、X 方向孔径值和 Y 方向孔径值。这里的孔径为半径，孔径参数需要根据不同资料试验后确定。

output inline range　偏移结果输出 inline 线的最小值、最大值和增量值。

output Xline range　偏移结果输出 Xline 线的最小值、最大值和增量值。

antialiasing size of inline　inline 方向反假频的尺寸，一般填线间隔即可。

antialiasing size of Xline　Xline 方向反假频的尺寸，一般填 CMP 间隔即可。

2) 与运算节点及运算状态有关的参数。

number of tasks　本作业启动任务的个数，最多不能超过 256 个。在用"psjob"命令提交作业时该参数的值不起作用，但交互提交并行作业时该参数的值会有用。

restart an old job　是否启动一个前面中断的旧作业。有两个选项：no 不启动前面中断的旧作业，开始一个新作业；yes 继续以前中断的作业，这时要求所有的参数必须和以前的作业参数完全相同，且提交作业的任务个数、作业运行目录都必须和以前的完全相同。

temporary output filename　偏移结果的临时输出文件名。若指定共享盘路径，则所有节点输出的临时文件将都写在该路径下，作业效率比较低；若指定本地盘路径，则要求所有节点上必须切实存在该路径且可写，这时作业效率会比较高。当程序正常结束后，这些临时文件将被删除；当程序非正常结束时，这些临时文件将被保留，作业重启动时将要调用这些文件。为了防止程序在写临时文件的过程中出现问题，在写临时文件前预先对该文件进行了备份，备份文件名为：原文件名.bak，该文件只有在程序写临时文件的过程中出错而需要重新启动时才被用到，这时在重启动作业之前必须把备份文件名修改为原临时文件名。作业正常结束后备份临时文件将自动被删除。

maximum memory per node　所用计算节点的最大内存，单位为 MB。如果每个节点打算发送 k 个任务，k 个任务需要的最大内存（见最大内存参数）之和不能超过每个节点的最大内存，通常可以通过试验确定。

job status filename　作业状态文件名，用于记录作业进行重新启动所需要的信息。该文件很小，若不填写路径只填写一个文件名，它就放在用户提交作业的当前目录下；也可以指定路径。

3. 注意事项

（1）输出结果将按 Line—CMP 排序。
（2）当输出道集时，将输入道偏移到最近的道集。

4. 应用实例

本实例中的叠前时间偏移输入的是 3D 叠前地震道集数据，有两个文件，它已经校正到水平基准面，输入的均方根速度场已经和数据位于同一个基准面上，输出三条目标线。作业及参数取值如图 8.25 所示。叠前时间偏移中的四点坐标和线道号的对应关系来源于工区右键下拉菜单中属性信息的坐标和线道号。

5. 作业准备与提交

1) 作业准备

由于并行计算的特殊性，其发送作业的方式和常规的处理模块不同，目前仅提供批量发送的方式。首先准备好输入数据及其配套的叠前时间偏移作业，该作业名为 *.job；在 PC-Cluster 系统中选择需要参与计算的节点；将选择好的节点名称和每个节点上打算分配的任务个数（不能大于相应节点上的 CPU 个数）组织成一个 ASCII 码文本文件，保存在作业所在目录下。

例如，若想用 dn1-01，dn1-02，…，dn1-20 共 20 个节点进行叠前时间偏移，计算节点文件中的内容（机器名：CPU 个数）如下：

dn1-01：2
dn1-02：2
……
dn1-020：2

提交作业的节点必须是列表中的第一个节点，节点顺序不影响计算。作业运行的节点个数要小于或等于文件中申请 CPU 个数的总和。

2) 作业提交

作业提交分两种方式，一种是点击 提交，弹出"Batch Job Sender"界面，系统根据作业内请求的 number of tasks 自动分配节点；另一种是在后台用"psjob"命令提交。首先执行一个远端命令（rsh）到计算节点序列的首个节点中，并且切换到存放作业和节点序列文件的目录，使用批命令发送：psjob jobname 100 hostfile＞log1 &。其中，jobname 是作业名称，数字 100 就是任务的个数，log1 是输出列表，它会放在当前目录下，hostfile 计算节点文件。利用计算机文本编辑器（vi）编辑这个文件，可以查看作业的进行情况。

本模块具有重启动功能，重启动时要求所有的参数与提交作业的任务个数必须与之前的完全相同。另外，如果临时文件存放在共享盘，则提交作业节点、计算节点可以与上个作业不同；如果临时文件存放在本地盘，则提交作业节点和计算节点都必须与上个作业完全相同，否则作业重新启动时找不到临时文件。每个作业输出文件的大小应小于 number of tasks 乘以 maximum memory per CPU 的值。

8.2.6 PKirTMigOffset 并行共炮检距域积分法叠前时间偏移

本模块在 PC-Cluster 上以并行的方式实现克希霍夫积分法二维、三维叠前时间偏移，不仅能处理水平地表的情形，而且能完成起伏地表的叠前时间偏移。继承了 PKirTMig2D3D（并行克希霍夫积分法二维三维叠前时间偏移）模块的所有功能，并增加了各向异性处理功能，使偏移选项增加到 8 项，是针对大规模硬件平台而设计的。在任何硬件规模情况下，该程序的计算效率都要优于 PKirTMig2D3D 模块。本模块采用的并行算法彻底解决了克希霍夫积分法叠前时间偏移存在的加速比瓶颈问题，实际测试验证在 256 节点（6144 核）环境下本模块的加速比接近于理论值。

1. 输入数据

输入数据包括以下 3 类：

1) 叠前地震数据

叠前地震数据可以是 GeoEast 格式或者 SEGY 格式，存放顺序必须是：inline，xline，道号或炮检距。处理起伏地表资料时，要求地震数据位于 CMP 参考面上。地震数据道头中必须有以下信息：inline 号、xline 号、炮点 X 坐标、炮点 Y 坐标、检波点 X 坐标以及检波点 Y 坐标；最好有顶部切除时间道头信息，可以减少冗余计算；山地资料地震数据道头字必须有静校正量低频分量（DACT）信息，海洋资料最好有水深道头信息。

2) 均方根速度场

均方根速度场必须是 GeoEast 叠后地震数据格式，可以由 GeoEast 速度建模子系统建立，也可以直接把外部速度场加载到 GeoEast 系统中使用。地震道头中必须有以下信息：inline 号与 xline 号。处理水平地表资料时，叠前数据、均方根速度场以及偏移结果必须位于同一个水平面上；处理起伏地表资料时，叠前数据、均方根速度场以及偏移结果必须置于 CMP 参考面上。

3) 各向异性场

各向异性场仅在各向异性偏移时使用，其要求完全类同于均方根速度场。

2. 输出数据

当输出共成像点道集的覆盖次数大于 1 时，输出数据是叠前时间偏移共成像点（CRP）道集；当输出共成像点道集的道数为 1 时，输出的是经过叠前时间偏移的叠加数据体。输出数据的基准面和输入数据的基准面应保持一致。

3. 界面参数

本模块既能处理二维资料又能处理三维资料。二维处理参数交互界面如图 8.26 所示，三维处理参数交互界面如图 8.27 所示。

Property	Value
ray type	straight
restart an old job	no
survey type	2D
topographic condition	undulate surface
input data format	GeoEast
⊞ filename of input GeoEast data	predata_on_cmp_datum
velocity field filename	Vrms7_Volumeon_cmp_datum
temporary output filename	/u0/data/wsh_tmp
filename of output data	wsh_pstm_gather_test
⊞ **2D coordinate relation**	188.000,2790.000,1744.0000,26130.0000
coordinate type	relative
xy coordinate scalar	0
CMP interval	15.000000
⊞ output CMP range	188,1744,1
⊞ migration time range	3000,4
⊞ 2D migration aperture	100.0,1000.0
⊞ offset range	0,5400,5400
amplitude weigthing	yes
antialiasing size	15.000000

图 8.26　PKirTMigOffset 模块二维处理参数交互界面

Property	Value
ray type	bending
restart an old job	no
survey type	3D
topographic condition	horizontal surface
input data format	SEGY
⊞ **SEGY header relation**	CMP,21,4,int,CMP line,189,4,int,coordin...
SEGY data format	4 bytes
⊞ filename of input SEGY data	/u60/data/wsh-data/zg54/predata_line29...
velocity field filename	Vrms_Volume
temporary output filename	/u0/data/wsh_tmp
filename of output data	wsh_pstm_gather_test
⊞ **3D coordinate relation**	597140.42450,4339617.664900000
line interval	25.000000
CMP interval	25.000000
⊞ output range in inline	810,814,1
⊞ output range in xline	1,1696,1
⊞ migration time range	3000,4
⊞ 3D migration aperture	100.0,1000.0,1000.0,1000.0,1000.0,100...
⊞ offset range	0,7500,150
amplitude weigthing	yes
antialiasing size in inline	40.000000
antialiasing size in xline	20.000000

图 8.27　PKirTMigOffset 模块三维处理参数交互界面

第 9 章　GeoEast 解释与一体化应用

地震资料解释是将地震信息转换成地质信息，其核心就是依据地震剖面的反射特征和反射结构，应用地震勘探原理和地质基础理论，赋予其明确的地质意义和概念模型。

到目前为止，地震解释分为 3 个发展阶段：地震构造解释阶段——在构造地质学和地震成像基本原理的基础上，确定地下主要反射界面的埋藏深度，落实和描述地下岩层的构造形态特征，为钻探提供有利的构造圈闭；地震沉积解释阶段——以地震地层学和层序地层学理论（思想方法）为基础，落实隐蔽油气藏，描述地下储层空间几何形态；地震资料综合解释阶段——以地震资料为基础，综合一切可能获得的资料（包括地质、钻井、测井以及地球化学和其他地球物理资料），合理判断和分析各种地震信息的地质意义，以精确重现地下地质情况。

本章主要介绍地震资料解释中的基本应用功能、GeoEast 软件中一体化应用与成图功能以及 GeoEast 中交互分析与应用模块。

9.1　地震资料解释应用功能

地震资料解释模块主要包括测井曲线预处理、地震地质标定、剖面解释、三维可视化体解释、地震反演、属性体处理、地震属性提取与分析以及油气检测。目前地震资料解释主要的手段仍然是人机交互解释，本节主要介绍了人机交互解释的产生与发展、地震资料解释系统应用软件的基本功能以及人机交互解释的基本方法与技术。

9.1.1　人机交互解释的产生与发展

地震资料解释经历从手工解释到人机交互解释的历史过程，计算机技术的发展使地震资料解释工作更加方便，所研究的内容更加细致。

1. 地震资料手工解释

反射波法地震勘探资料解释就是从反射波法地震勘探资料所获得的地震反射波信息中寻找地下地质体有关的信息（时间、振幅、速度、频率、相位等），并赋予一定的地质含义，回答在油气勘探中所提出的有关构造、岩性、储层、圈闭以及油气藏特征和分布规律等地质问题，为油气勘探指出有利方向，提供具体钻探井位意见。

地震资料解释的主要工作步骤如下：
(1) 寻找出与地下勘探目的层地质体有关的地震反射响应；
(2) 根据地震反射波的波组特征和标准差或目的层反射的波形特征进行横向追踪对比；
(3) 对做图层位的时间值进行构造做图，获得做图层位的构造等深线平面图；
(4) 进行地质分析和评价；
(5) 编写解释成果报告。

随着油气勘探的深入发展，勘探目标变深、变小，变得更加隐蔽、复杂，对地震勘探提出了更高要求。地震资料手工解释的作业方式日益难以适应这种高标准、严要求，在实践中逐渐暴露出许多不易克服的缺陷，主要表现在以下几点：

（1）简单、机械的手工劳动繁重；
（2）效率低；
（3）资源利用率低；
（4）精度低；
（5）地质反射信息利用率低。

当三维地震勘探技术在生产中实际推广应用之后，由于三维地震勘探空间采样密度增大，地震资料的数量千百倍地增加，资料类型也增多了，而对数据量、信息量如此巨大的地震数据体，手工解释的弱点就更加明显暴露出来，解释人员无法深入地消化这么多的资料，也无法在有限的时间内细致地解释全部资料，只得把侧向抽稀，降低资料利用率，降低空间分辨率，把三维资料当成二维资料来解释，使得三维地震勘探不能充分发挥其应有的作用。地震资料解释尤其是三维地震资料解释的作业方式急需跟随科学技术的进步找出新的途径。

2. 地震资料人机交互解释

随着计算能力的提升，以三维地震资料解释为目标的解释系统诞生了。十多年来，地震资料解释系统一直保持着蓬勃发展的势头。地震资料解释系统的出现和应用，不但使解释的作业方式发生了变化，而且改变了解释的工作流程，并在解释实践中逐步形成了一套人机交互解释技术。

在地震资料解释（尤其是三维地震资料解释）中，解释系统发挥了明显作用，与手工解释相比，人机交互解释有以下主要特点：

（1）在资料解释前，利用磁带机、数字化桌等外部输入设备把测量、地震、测井、地质等数据加载到磁盘中，以便随时查询或调用。

（2）从磁盘中调出数据，转换成相应的图形显示在屏幕上，资料解释是在屏幕上显示的各种图形上进行的。方便灵活的显示控制（放大、缩小、步进、动画）实现了三维地震资料的动态观察，使解释人员能更深入有效地观察地震资料中信息特征的变化及内含的地质规律。丰富艳丽的彩色显示不仅提高了地震信息显示的动态范围，而且可以因地制宜地反映出信息特征分布的地质含义。

（3）多种层位拾取方式，尤其是数据体层位自动追踪，不但拾取速度快，精度高，质量可靠，而且提高了资料利用率，为断层组合、信息提取和层位数据运算打下了良好的基础。

（4）计算机做图和人机交互做图提高了做图速度和精度。功能很强的交互编辑手段能让解释人员得到满意的等值线图件或彩色图件。通过比例绘图程序，可以随时按照解释人员要求的比例尺迅速绘制出任意数量的剖面、切片等图件。

（5）数据处理加工能力强，运算速度快，精度高，能及时进行多种信息提取、数理统计，提供多种信息图件，为充分利用反射波动力学特征创造了条件，为信息综合分析奠定了物质基础。多元统计、模式判别技术的应用为信息综合分析提供了有力手段，使地质判别和油气判别依据更加充分。

（6）人机交互解释过程中的交互处理功能有利于地质目标的精细处理和解释，使地质资料的解释质量和勘探效果得到进一步提高。

（7）在人机交互解释过程中可以较充分地应用模型正演、反演技术，先导试验和成果模拟试验使地震解释成果的可靠性增强。

（8）多种输出手段可以方便地为勘探单位提供多种需要的高质量的成果资料。

（9）各种原始资料和解释成果资料可以保存在磁带、软盘或光盘上，有利于长期存储和方便使用。

生产实践日益证明：地震资料人机交互解释有许多手工解释无法比拟的优点和潜在能力，地震解释系统已经成为三维地震资料精细解释和地质目标综合研究不可缺少的有效工具以及地震地质解释人员的得力助手。

3. 人机交互解释的发展

地震资料处理技术的发展与计算机技术的发展息息相关。从模拟处理到数字处理；从简单的陆上二维资料处理到复杂的山地资料处理、全三维资料处理、高分辨率和深层资料处理等；从常规资料的处理到处理解释一体化的叠前深度偏移技术，每一次地球物理技术的进步都离不开计算机技术的进步和应用软件的发展。在我国石油天然气勘探中应用解释系统开展地震资料人机交互解释工作已有近二十年历史。早在1983—1984年，石油工业部地球物理勘探局与美国地球物理服务公司（GSI）合作，在中原油田文留三维地震勘探中，使用SDS解释系统进行了三维地震资料构造解释和濮深4井区、文东地区的精细目标解释。1985年以后石油工业部开始少量引进WGC的CRYSTAL、GSI的SIDIS、CGG的INTERPRET、LANDMARK的LMKⅢ等解释系统。1988年以后又先后大批量引进了LANDMARK的LMKⅣ等解释系统，形成了一支初具规模的人机交互解释队伍。与此同时，各单位结合研究任务，开发和编写了一批有实用价值的解释、处理及地质分析研究应用软件。在"八五"期间中国石油天然气总公司组织中原油田、石油勘探开发科学研究院等单位着手研制和开发地震资料解释工作站与油气勘探综合解释研究系统。1992年GRIStation三维综合解释工作站软件系统被列入中国石油天然气总公司的科技攻关计划，标志着中国对自主研发三维地震资料解释软件的决心，经历7年研发，GRIStation/ws－v3.0综合地震地质解释系统于1999年完成。2002年后，我国致力对地震资料处理及解释软件的研发，经过10年的历程，完成了GeoEast地震资料处理解释一体化大型地震资料处理解释软件。

近年来，虽然世界范围内油气勘探行业发展比较快，以工作站技术为核心的人机交互解释系统和解释技术的发展的一直保持着上升的趋势。

在专业工作站应用软件向深层次开发的基础上，高效率、多学科、多技术融合的综合型解释系统是今后几年工作站发展的重点。地震资料人机交互解释技术将会在以下几个方面有突破性的发展：

（1）地震解释工作站的处理功能和处理能力将日益加强；

（2）以油气藏描述为目标的地震、测井、地质等多专业横向综合将更加密切；

（3）模型正演、反演技术将得到更广泛的应用；

（4）其他学科中新理论和新算法正被日益广泛地应用到地震资料解释和研究领域中。

9.1.2 GeoEast地震资料解释系统应用软件的基本功能

1. 工区建立、数据输入与管理

任何上机解释项目都必须根据该项目（工区）所使用的三维地震资料范围和数量定义相

应的工区目录文件，以便用户选用并管理与该工区有关的数据、文件存取和进程通信等，主要的内容是工区的建立及数据的输入与管理。

(1) 输入数据的类型，主要有测量资料：工区测网信息，即测区三点坐标；三维地震偏移处理成果资料；各种特殊处理成果资料；钻井、地质和测井资料；其他可以利用的曲线图和平面图。

(2) 数据输入的方式：磁带输入；磁盘输入。

(3) 输入磁带格式，测量数据：UKOOA，ASCII；地震数据：SEG - Y、CGG、CODE4、CODE7 以及其他已知磁带格式；测井数据：LAS、国内 716 以及 ASCII 等格式。

(4) 地震数据加载：检查磁带格式；定义有关加载参数；运行加载作业；作业监视和错误信息提示。

(5) 加载地震数据的简单处理：极性反转；道号反序；零线时移；振幅统计分析；振幅切除和比例变位；重采样；时间切片生成。

(6) 文件输入：内部格式文件输入；ASCII 码格式文件输入；用户定义格式文件输入；网络文件输入。

(7) 测井资料输入：井位坐标；井轨迹；井深、井类型；钻井分层数据；时深转换数据；岩性柱状剖面；油、气、水解释结果；其他有关井信息；测井曲线。

(8) 数据管理：通过主控数据树可以完成各类输入数据的管理功能，如对数据的删除、编辑（修改）、浏览和查询。

2. 数据显示与控制

交互解释的对象是屏幕上显示出的各种图形和图像，各种数据的图形或图像显示是交互解释的基础。GeoEast 的数据显示包括：地震数据的显示、测网数据的显示、测井数据的显示、成图数据的显示、解释数据（层位和断层）的显示、速度数据的显示等。解释人员在进行交互解释之前，必须选择某种类型的数据，在屏幕上指定的显示窗中显示出相应的图形或图像。根据三维地震资料解释工作的需要，解释系统应具备以下显示功能；地震数据显示；图件显示；测井数据显示；立体透视显示（可视化显示）。

除此之外，还有对显示的控制，包括显示窗的控制、显示参数定义与修改、颜色的选择控制及画面控制。

3. 地震地质层位标定

地震地质层位标定就是根据地质层位在地震资料中标定出与之相应的地震响应，作为地震层位追踪对比的依据。地震地质层位标定是地震资料构造解释、岩性研究、储层横向预测、油气藏描述等各项工作的基础和关键，因此解释系统应用软件应有比较完善和灵活的层位标定功能。

(1) 合成记录制作：选择井位后选取资料，通常选用声波时差和密度曲线来制作合成记录。也可以选用视电阻率曲线通过 Faust 或 Gardner 经验公式转换成层速度，进行合成地震道计算。然后进行测井曲线深时转换和重采样，计算波阻抗和反射系数，选取子波后进行褶积，合成地震道。

(2) 单井层位标定：选取井名；单井标定资料选取；标定资料的综合显示——生成单井标定图；标注地质层位；井旁地震道与测井曲线、合成地震道或 VSP 资料进行交互相关对比，确定与地质层位相当的地震层位；漂移时间校正及深时转换速度计算。

(3) 连井地震剖面的多井层位标定：多井横剖面建立，在底图上交互定义连井任意测线；选取测线上各井标定后的合成记录；连井任意测线垂直剖面和各井标定资料的综合显示；井间地层对比；连井剖面层位拾取和断层拾取；消除（或恢复）地震资料显示，保留层位和断层拾取线显示；编辑修改。

4. 层位和断层解释

在显示窗中已显示出的纵测线、横测线和任意测线垂直剖面以及时间切片或层切片上都能够交互进行层位和断层拾取，并作为解释成果数据保存下来。

(1) 层位拾取：垂直剖面上的层位拾取；时间切片上的层位拾取；数据体层位自动拾取；断层解释。

(2) 断层段的拾取：定义断层名及其属性；选择和改变工作断层；采用手动拾取方式在垂直剖面或切片上拾取断层段，并实时显示拾取线；断层段的编辑、保留拾取；选择断层显示；层位/断层拾取快速转换；断层文件转换成层位文件；断层面计算。

(3) 断层组合分析：在层位进程图或底图上将属于同一断层特征的断点连接成断层线，从而得到解释层位的断裂系统图，包括选择层位；在层位进程图或底图上显示断点标识符号，手动拾取或自动连接断层线；断层特征参数计算；断层特征参数平面图上断层线连接；断层线拷贝与组合；不同层位断裂系统图的叠合与断层线编辑；断裂系统的存储与删除。

5. 等值线做图

利用层位数据或网格化数据进行等值线做图是地震资料解释工作中十分重要的环节，也是获得解释成果图件的主要手段，主要包括时间等时线做图、时深转换做图、控制点等值线做图、厚度计算与做图以及等值线图叠合等。

(1) 时间等值线做图。手动编辑等值线：对时间等值线图可以进行手动编辑，GeoEast 有灵活方便的等值线编辑功能；自动计算等值线：利用层位数据经过网络化和等值化计算出等值线图。

(2) 时深转换做图：在三维地震资料解释中，通过时深转换做图，将时间等值线图变成深度等值线图。

(3) 控制点等值线做图：利用已知井提供的数据作为控制点数据，进行等值线计算。

(4) 厚度计算与做图。计算厚度的方法主要有直接用深度等值线计算厚度、利用时差图来计算厚度以及利用振幅图转换计算厚度。

(5) 等值线图叠合：选取叠合和被叠合的等值线文件，叠合成新的图。GeoEast 可以很方便地形成等值线叠合图。

6. 层位数据分析

经过对数据的计算及分析，能够得到一些有利于地震勘探精细解释的信息。

(1) 层位数据运算。层位数据与常数的算术运算；两个层位数据的算术运算；一个层位数据的数学函数运算；平滑滤波；按照定义的公式进行层位运算（例如图像增强处理）。

(2) 振幅提取与统计。振幅提取：在常规三维地震勘探数据体中，利用已经拾取的层位时间数据，可以提取出与之相应的层位振幅数据；同理，在其他特殊处理的三维地震数据体中，则可以提取出与之相应的层位属性数据；可以沿层提取振幅，也可以沿层加减时间常量后再提取振幅。振幅统计：在不同的三维地震数据体中，可以在给定的时窗内统计出振幅

（其他属性）的平均值、均方根值或最大值、最小值。

7. 数据输出

数据输出是地震资料人机交互解释中不可忽视的工作，也是向成果资料使用单位提供最终解释成果的重要阶段。

（1）绘图输出。报告图册建立与显示：将解释成果图件或典型的垂直剖面、时间切片以及能说明问题的分析图件集中有序排放在一个图册文件中，以便输出绘图或现场演示；输出无比例绘图：无比例绘图就是屏幕拷贝绘图，通过屏幕拷贝彩色绘图仪（热敏彩色绘图仪），把屏幕上的图形或图像绘到绘图纸或胶片上；输出比例绘图：将图形数据按给定的比例尺，用笔式绘图仪或彩色静电绘图仪在绘图纸或胶片上绘图。

（2）记带输出。输出数据类型：常用的记带输出数据为地震数据、解释成果数据和测井数据。输出磁带格式：地震磁带记录格式一般采用标准 SEG-Y 格式，或者按用户定义格式记带；测井数据磁带一般采用 LIS、BIT、国内 716 格式，或者按用户定义格式记带；解释成果数据一般按内部文件格式记录。

（3）文件输出格式：一般可输出内部格式文件、ASCⅡ码格式文件、二进制格式文件以及用户定义格式文件；文件输出介质：磁带、磁盘与光盘。

9.1.3 人机交互解释的基本方法与技术

本小节主要介绍人机交互解释系统的应用方法和技术，主要包括以下几个方面的内容：上机前的资料准备工作；地震数据的解释性目标处理；各类数据的显示；三维地震资料的交互解释；油气藏特征地震描述方法。

1. 上机前的资料准备工作

进行人机交互解释的资料要符合一定的要求，需要准备好资料。一般地震工区分为二维和三维两种。

1）数据准备：

（1）地震资料：主要包括常规处理成果和特殊处理成果的准备。常规处理成果包括纯波记录和修饰性处理成果，两种均需收集，并行使用；特殊处理成果包括波阻抗处理、三瞬处理、岩性模拟处理、反射系数剖面、AVO 处理、NSP 处理、亮点处理等多种特殊处理手段的处理成果。

（2）钻井、测井及地质资料：井位数据（包括井名、井坐标及井的类型）；钻孔轨迹（包括直井和斜井）；各种测井数据；钻井属性柱状图；钻井分层数据；测井综合解释成果（包含油气水情况与孔隙度、渗透率、饱和度数据等）；野外地质露头情况；各类测井数据与地质参数的交会图。

（3）人文地理资料：包括主要地名、城镇、河流、公路、铁路等，这些内容对于野外施工、布设井位等都有非常现实的意义，不可忽视。

2）数据加载

在交互解释工作站上开展工作的首要环节是数据加载。所谓数据加载，是将交互解释需要的有关数据通过磁带、磁盘、光盘等介质存储的各种成果数据格式加载并转换成 GeoEast 系统可以识别的内部格式数据。

2. 地震数据的解释性目标处理

解释性目标处理是指针对具体的地质目标，根据解释工作的需要，对已经加载到解释系统上的地震数据进行再处理。这种处理不同于计算中心的批量处理，主要针对局部地质体，在解释工作站上进行一些更有针对性的精细处理。这种处理要求解释员与地震资料处理员密切结合，适时地为解释工作服务。

解释工作站上配备的处理模块主要有：

（1）叠前处理，包括 I/O 数据模块、解编、道编辑、重采样、折射静校正、面波处理、速度分析、动校正（NMO）、倾角时差校正（DMO）、剩余静校正、频谱分析、f-k 谱分析、时域滤波、频域滤波、相移滤波、反褶积、预测反褶积、f-k 二维滤波、增益处理、道均衡、区域均衡、水平叠加、偏移、VSP 处理、3D 处理以及叠前深度偏移等。

（2）叠后处理，包括提高信噪比的处理模块：多项式拟合、叠后随机噪声衰减、矢量分解压制噪声、多道相干噪声衰减、二维（三维）相干加强、径向预测滤波等，其主要目的是压制各种噪声，提高叠后地震资料的信噪比；提高分辨率模块：时变谱白化、串联反 Q 滤波、已知子波反褶积、剩余子波反褶积、预测反褶积、最小熵反褶积以及混合相位反褶积等，其主要目的是提高叠后地震资料的分辨率；振幅处理模块：叠后相对振幅保持增益、振幅球面扩散补偿等，这些处理对沿层地震信息的分析有重要意义；叠后偏移模块：串联偏移、拟合差分偏移以及波动方程逆时偏移等。

（3）解释性处理，包括瞬时信息计算：瞬时包络、瞬时相位、瞬时频率、正交道、包络峰值的视极性、响应频率、响应相位、瞬时相位余弦、波组时间剖面以及乘积剖面。这些瞬时信息的计算为沿层信息分析、层间信息分析提供了丰富的基础数据，使地震波动力学特征能更好地为物探解释服务；各种地震反演处理模块：地震岩性模拟（SLIM）、波阻抗反演、道积分处理，计算反射系数剖面、吸收系数剖面、孔隙度剖面、密度剖面、压力剖面等，为利用地震资料进行储层横向预测提供各种反演剖面，是岩性解释的重要手段；计算各类地震数据的切片和层位平切片，为构造解释和岩性解释提供平面信息；子波提取、频谱分析、f-k 二维谱分析、沿反射层的频谱分析等模块，为研究地震波动力学特征提供手段；AVO 处理用于预测储层的含气性；VSP 处理用于层位标定与速度研究；时间谱处理为层序构造解释提供重要依据；叠加速度谱计算与分析为建立变速场提供基础数据；常相位校正模块，使地震子波零相位化。

3. 各类数据的显示

在屏幕上显示的资料内容包括平面图、地震数据、井数据、立体透视图与色标等。

（1）底图显示。在开展地震交互解释时，要有一个底图的窗口，便于观察各种解释研究成果的平面分布情况。建立一个底窗口，设置底图窗口的显示内容，主要包括：测线位置图；井的分层数据；井位及井轨迹在地面的投影；未组合的断层段；组合的断层线；断面三角网格数据生成的断面等值线；反射层面的等值线；反射层面的控制点数据；反射层位的数据；相应反射层位的水平断距；人文地理背景图形，屏幕上显示的地震剖面的测线位置；自动追踪的控制图多边形等。

（2）地震数据显示。可在底图窗口内选择测线，显示相应的地震剖面或时间切片，供解释员进行解释。主要包括建立地震剖面窗口，地震数据的显示类型包括变密度显示、波形显示、变面积充填显示、波形加变面积充填显示等。地震数据的显示方式既包括单剖面和三维数据体显示，还包括层拉平显示，通过层拉平能为古构造分析提供方便手段，当解释员指定把某个反射层拉平后，其上下的解释层位和地震数据均可以在瞬间以拉平后的形态显示在屏幕上。对于三维资料，指定被拉平的反射层后，可以生成被拉平后的地震数据体时间切片，解释人员可以在拉平后的地震数据体上进行古构造解释。如果利用波阻抗数据计算层位拉平后的波阻抗数据体和波阻抗的层拉平切片，对岩性横向分布分析也会有很大的帮助。

（3）井数据的显示。目前常用的井资料主要有以下几种：底图上的钻井井位；井孔轨迹；钻井分层数据；测井曲线数据；岩性数据；油气水数据；岩心录井数据等。

（4）三维可视化显示。为了观测解释方案（包括反射层和断层）在空间的分布情况，可以用三维可视化显示，并加以旋转，使解释员能从多个角度检查解释方案及断层在空间分布的合理性。

4. 三维地震资料的交互解释

当前常规的地震交互解释工作主要是：地震地质层位标定；反射层位解释；断层解释；精细构造解释；反射层位的数据运算；地震信息提取。

1）地震地质层位的标定：

（1）人工合成记录的制作：①对加载的测井曲线进行测井环境校正；②从地震记录提取子波，进行子波的频谱分析，得到不同时间段的子波主频与极性；③利用经过测井环境校正后的声波和密度测井数据以及子波分析结果，制作人工合成记录。

（2）层位标定方法：①把人工合成记录插入地震道中进行对比和速度调整；②利用解释系统的功能，把岩心录井资料经深时转换后，可插入地震道中进行对比和标定；③各种原始测井数据可经过深时转换插入地震道中显示，有助于标定工作；④VSP桥式标定，利用VSP走廊叠加记录直接插入地震道，进行反射层位的标定，其优点是不受速度影响；⑤直接利用各种有关岩性解释的特殊处理剖面来标定储层。

2）反射层位解释

（1）反射层位的拾取方法。常用的拾取方法有手动方式、倾角自动拾取方式、沿道自动拾取、相关方式拾取以及数据体层位空间自动追踪。

（2）反射层位拾取的质量检查。在屏幕上调出不同方向的剖面，反复闭合，在解释系统上本条剖面上的层位解释结果会自动投影到相交测线的交点上，这样可以快速找到不闭合的位置，以便修改解释方案；用任意线（连井线）、闭合线方式调剖面，与之相交测线的解释方案均会投影到此剖面上，用来寻找解释不合理的一方，以便修改。在任意线上修改后的解释方案也会自动投影到相交的各测线交点上，反复检查；用时间切片检查垂直剖面的解释质量，时间切片切过的所有测线上的解释结果都会投影到时间切片上，可以根据构造的平面形态检查并修改解释方案；在平面图上显示光栅层的解释结果，可以在平面图上的测线交点处利用光栅层的颜色在两条测线交点处是否一样来检查解释质量。

3）断层解释

断层解释包括断层线拾取、断层组合及做图。

（1）断层线拾取：在断层拾取状态下，用手工方式根据断点追踪断层，拾取的断层线应在断棱处与反射层位线相连。

（2）相关（组合）断层：首先选择要组合的断层，然后将选择的断层组合。

（3）计算断距：当用户在地震剖面上解释完断层线后，需要计算断距。主要有两种：一种是计算垂直断距，为数据网格化生成等值线作准备；另一种是计算水平断距，使断层位置在平面图上显示出来，便于断层的平面组合。

（4）断层解释技术：①转换断层面数据到层位数据；②利用断层切片研究次生断层（断层切片是指沿着断层面或断面平行的若干曲面切片上的地震信息），在产生断层切片之前要先完成断层解释，并转换为层位数据，然后以此层位的位置为零时刻的断层切片，给出断层切片的步长，再进行计算，就得到若干断层切片；③断层走向投影落差等值线形态分析：用来判断断层面组合方案是否合理的一种手段；④利用层位地震属性资料解释检验断层，沿层地震属性平面图上的断层分析，利用垂直剖面的瞬时属性对比断层。

（5）断层解释的质量控制手段：平面断点及其组合图，检查断层的水平断距；断面的三角点计算等值线，检查断层的空间形态解释是否合理；三维可视化显示断层线的空间分布，检查断层线的解释是否合理；断层数据转变为层位数据后的层平面图，把断面当做大倾角反射层进行对比解释，用来进一步修改断层面的解释。

4) **精细构造解释**

精细构造解释技术和方法可归纳为：加密解释测网的密度；充分利用解释系统的多种显示功能；层位自动追踪；断层精细解释；时间切片的解释与做图；变速时深转换和丰富多彩的构造结果图件。

（1）对于二维资料来说，解释系统能灵活地适应不同的资料情况：在工区范围内，可以随时加入用户所需要的任一年、任一队施工、任一年处理的不同资料，加以对比解释。对于三维地震资料来说，测线间距较小，为提高解释精度，必须加密解释测网的密度，即充分利用全部三维测线资料，要沿纵测线和横测线方向逐线逐道进行解释。

（2）充分利用解释系统的多种显示功能。解释系统具有多种显示方式，包括显示纵测线、横测线、任意连井线和闭合圈测线，剖面在屏幕上可以左右移动对比，可以改变显示的时间范围，显示时间切片和垂直剖面，可以层位拉平显示等。灵活的显示比例变化与多种地震剖面的显示类型给解释人员不同的视觉感受，提高了视觉分辨率，可以帮助解释人员从多个角度反复认识地下结构，反复修改解释方案，达到精细解释的目的。

（3）发挥层位自动追踪的作用。三维层位自动追踪不仅可以保证逐线逐道均有解释结果，而且自动追踪拾取的数值比手动方式拾取更精确，使多方案解释成为现实，从而保证了解释质量，为以后的断层组合分析、沿层信息提取与分析奠定了基础。

（4）断层精细解释。断层精细解释是构造精细解释中的重要环节。主要做法：加密解释测网密度；认真细致地搞好垂直剖面的断层解释；时间切片与垂直剖面解释紧密结合，保证断层的闭合，掌握断层展布规律和切割关系；认真挖掘解释系统上有关断层解释的功能，充分应用多种断层解释方法，综合分析多种资料，做好断层组合连接；结合钻井、测井、试油及开发资料，检验断层组合断块划分的合理性。

（5）时间切片解释与做图。对于三维地震资料的精细构造解释，必须充分应用时间切片解释方法。

（6）变速时深转换。在进行时深转换时，每一层的速度是不同的，用此速度进行时深转换，能够更加准确地进行精细构造解释。

5) **反射层位的数据运算**

手工拾取层位的各类属性数据工作量大、效率低、精度也低，对这些数据进行运算更加困难。而在解释系统上，反射层位可以自动拾取，进行层位运算的内容极其丰富，而且速度快、精度高。层位运算结果可以为地震资料解释提供更多可用于分析的信息。

(1) 层位数据内插。为了提高反射层位数据点的密度，并使得数据点分布均匀，可以对拾取的反射层位数据进行内插运算。

(2) 层位数据平滑。由于地震数据存在着噪音干扰，再加上层位拾取精度的影响及层位闭合差的影响，反射层位数据中存在着随机的异常值。通过层位数据的平滑滤波，可消除这些随机的异常值影响，滤掉高频成分，反映出层位数据的变化趋势。

(3) 层位数据运算。这是指对某一层位数据进行常数的四则运算；层位数据与另一层位数据的四则运算；对层位数据的函数运算或者层位数据按给定的公式进行运算。

6) 地震信息提取

在地震记录中蕴藏着丰富的地震反射波属性信息，利用解释系统中的信息提取功能，解释人员可以根据需要从三维地震数据体中快速提取与研究目的层有关的地震信息。这些信息包括沿层地震信息、指定时窗的地震信息、两个相邻时窗的地震信息和层间地震信息。

(1) 沿层地震信息提取：指在已经解释好的地震反射层位上沿层提取地震信息，提取后的沿层地震信息平面图显示用于地质分析。主要提取信息有地震反射波振幅、地震反射波的瞬时信息、沿层的 AVO 特征以及沿层的泊松比。

(2) 沿层时窗地震信息提取：指在地震记录上针对某个目的层选取一个合适的时窗长度，对时窗内的记录段计算各种地震特征参数。主要参数包括自相关特征、功率谱特征、傅里叶谱特征、振幅特征、地震记录分辨率、地震记录信噪比、自回归分析、地层平均吸收性质以及地震波形的分维特征。

(3) 两个相邻时窗的地震信息提取：指以已解释好的地震层位为中心，在其上、下各取一个时窗，对这两个相邻时窗的地震信息进行计算。可提取出复赛谱算法的吸收系数衰减率、傅里叶谱算法的吸收系数衰减率、功率谱算法的吸收系数衰减率、主频吸收比以及低频能量比。

(4) 层间地震信息提取：指从已解释好的多个地震反射层位中选取任意层位，并对其层间地震信息进行统计，然后进行综合分析。

(5) 各种地震信息平面图的图分析技术：提供的倾角和倾向方位角算法对各类地震属性平面图的分析都有很大的帮助。通过不同信息的倾角图和倾向方位角图与测井资料的对比，可以分析相变方位，划分出含油气区。

5. 油气藏特征地震描述方法

通过准确层位标定与精细解释、变速时深转换，可最后获得储层顶面精确的几何形态。主要内容有以下几点。

1) 储层厚度求取

根据地震反射波长分析和储层的具体情况，可以用以下几种方法求取储层厚度：

(1) 薄储层厚度的求取。当储层厚度小于 1/4 波长时，储层顶底在地震记录上是不可分辨的，这时求取薄层厚度的方法是：①利用地震反射的振幅并与标出的储层厚度通过交会图求取线性关系式的系数，然后利用公式求取薄层厚度；②利用储层界面反射的主振幅、主频率，与井点已知储层厚度，通过公式求取薄层厚度。

(2) 厚储层厚度的求取。当储层厚度大于 1/4 波长时，储层顶底界面反射在地震记录上可以分辨，那么储层厚度可以用储层顶底反射界面的深度构造图相减求得，也可以利用储层顶底界面的单程旅行时差与层速度的相乘求得。

（3）储层厚度渐变型（由薄到厚）厚度的求取。在这种情况下，可以利用储层顶底界面反射时差和积分振幅的乘积值与储层厚度的近线性关系来估算储层厚度，而且无论薄层还是厚层，均可利用这种方法来求取厚度。

（4）用频谱低频面积与主振幅联合求取薄层厚度。这种方法求取的厚度精度较高。

2）储层物性计算

（1）孔隙度的求取：

①利用灰色理论对测井曲线进行处理，处理后可得到孔隙度参数。这种数据可以作为孔隙度平面预测的依据。

②用协克星金法计算孔隙度参数。以少量稀疏、不规则分布的井中测量结果为约束条件，把三维地震规则网格点的地震参数转换为储层参数。该算法采用最小平方误差滤波原理。根据网格分布的地震参数（例如单位厚度储层的地震垂直旅行时间或波阻抗）与储层孔隙度参数分布的相关关系，通过滤波把孔隙度对地震参数的影响从其他因素的干扰中分离出来，以便达到重建孔隙度空间分布的参数预测。

③由井点的孔隙度和过井 PIVT 剖面的数值，通过交会图找到它们之间的关系式和有关参数，进而由地震的波阻抗（或层速度）值转换成孔隙度值。

（2）渗透率和含油饱和度的求取：一般多采用交会图技术。

①利用井点已知的孔隙度与渗透率数据，统计并交会出它们之间的关系式和相应的系数，然后将由地震数据求得的孔隙度平面图转换成渗透率平面图。

②如果某种地震信息与渗透率存在着某种统计关系，则可利用这种地震信息平面图转换成渗透率平面图。

3）利用地震资料研究沉积层序

为了寻找有利的沉积相带，预测油气藏的分布范围，有可能利用地震资料研究地层沉积过程及地质目标的内部构造。地震资料的时间谱分析法是研究沉积层序的可行方法。

（1）利用时频谱进行分析的原理：由于沉积运动的方向性，造成沉积具有旋回性。这种旋回性主要反映在岩石粒度、岩性成分和孔隙度等。当对地震道进行频率扫描后，地震反射频率纵向上的变化与沉积旋回有对应关系。

（2）地震道时间谱处理：地震道时间谱是用一系列的滤波器对地震道进行频率滤波的结果。

（3）时间谱的解释：根据反射频率变化的差异性，即在一定频率范围内剖面上同相轴的连续性、方向性和间断性来识别地震旋回类型的界线。

4）油气综合判别

（1）测井地质分析评价。测井和地震的结合是当前国内油气勘探和开发的发展趋势。数控测井仪器的引进和使用，提供了越来越多的地下信息。用灰色理论处理这些资料，可以用来对储层进行精细评价，并可提供评价地层和描述油气藏的一系列特征参数，包括各类储层地质参数、物性、含油气性、岩性及储层综合评价结果。

（2）地震多参数模式识别。通过提取多种地震特征参数进行模式识别，实现储层横向预测和油气分布预测。通常反映油气藏的地震异常主要体现为振幅异常、能量异常、频率异常、速度异常、时间速度异常、地震记录波形异常等。为了使油气藏预测工作取得成功，除了提高地震野外采集和处理的水平外，应该利用多种地震资料的综合研究，根据已知到未知的相似原则，进行模式识别，对油气藏类型及其空间的分布进行有效的预测。

（3）利用地震资料进行油气藏异常预测：利用沿层、层间和沿层时窗内的多种地震信息，使用不同的模式识别方法，可以识别油气藏的存在及其分布范围。这些是寻找油气异常的方法，已在我国东部和西部的许多油田勘探开发中获得良好效果。

9.2 GeoEast 处理解释共享功能

GeoEast 处理解释共享功能主要包括：

（1）速度分析和建场。获得较为准确的叠加速度、偏移速度和时深转换速度，准确的速度不仅是满足构造成像的必要条件，也是属性反演的基本条件之一。

（2）地震地质建模。应用地震构造解释数据和三维可视化技术建立地质模型，不仅可以有效地指导油田的勘探和开发，还可通过模型正演检验解释结果的正确性，指导下一轮野外采集观测系统的布设，为测井储层信息约束下的储层模型建立提供三维空间的构造约束；利用地震构造解释数据建立地质模型，由构造建模和速度充填两部分构成。

（3）项目底图和平面成图。

（4）CGM 出图。CGM（Computer Graphic Metafile）是美国国家标准化委员会（ANSI）制定的一项有关计算机图形文件格式的国际标准，主要用于图形交换以及 CAD 和图形系统的打印与绘图。CGM 出图部分主要包括 CGM 文件编码库、CGM 文件解码库、交互软件 CGM 图形输出框架、CGM 图形交互编辑以及地震剖面成果图件输出批量模块等。

速度分析和建场已经在第 7 章第 4 节中介绍过，具体内容请参照该节内容。本节主要介绍地震地质建模、项目底图和平面成图以及 CGM 出图。

9.2.1 地震地质建模

作为 GeoEast 系统中的一个子系统，GeoVelocityModelling 是一个以叠前时间偏移或叠前深度偏移三维速度建场为目的的速度建模软件，其主要功能是对常规速度分析或多波多分量速度分析得到的速度信息（主要以 T-V 对形成）通过构造约束方式在三维空间中进行速度插值，形成叠加速度、均方根速度或平均速度三维速度场。

GeoVelocityModelling 具有以下主要功能：

（1）可加载 T-V 对、T-D 曲线、关键剖面速度等速度数据及作为构造约束信息的构造模型数据和块状模型数据。

（2）采用无构造模型约束法直接对 T-V 对进行纵向和横向插值形成三维速度场。

（3）在构造模型约束下对原始速度信息进行空间插值，建立三维速度场。

（4）对三维速度场进行浏览。

1. 主界面介绍

本子系统从 GeoEast 主控启动，并按照以下步骤操作：

（1）启动 GeoEast 主控界面。

（2）选择项目（Project）。

(3) 选择工区 (Survey)。

(4) 在主控界面菜单条中选择 Application→Common→GeoVelocity→Velocity Modelling。如图 9.1 所示。

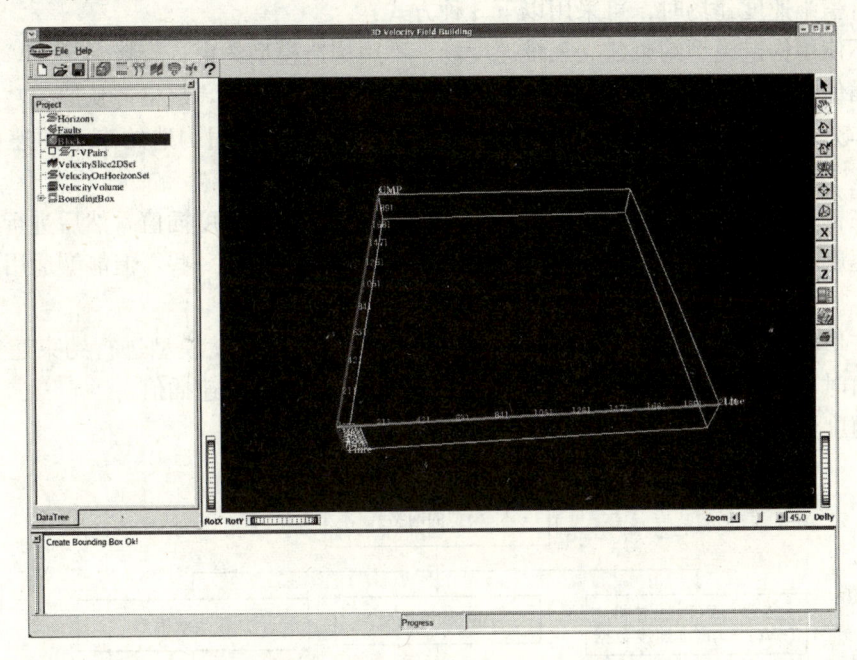

图 9.1 GeoVelocityModelling 主界面

数据树位于子系统主窗口的左部，如图 9.2 所示，其功能是控制数据的显示和属性设置，提供数据的加载和删除等操作。

在数据树上包括以下数据类型：

Horizons　层位数据，来自于加载的构造模型。

Faults　断层数据，来自于加载的构造模型。

Blocks　断块数据，用于层速度模型的建立。

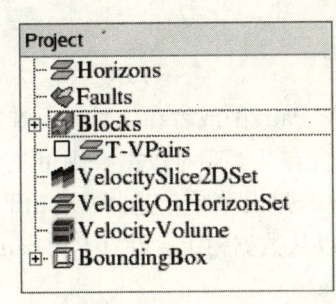

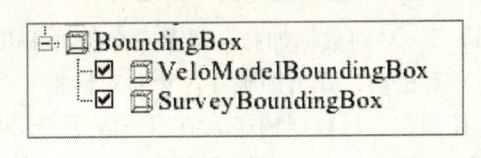

图 9.2 GeoVelocityModelling 数据树 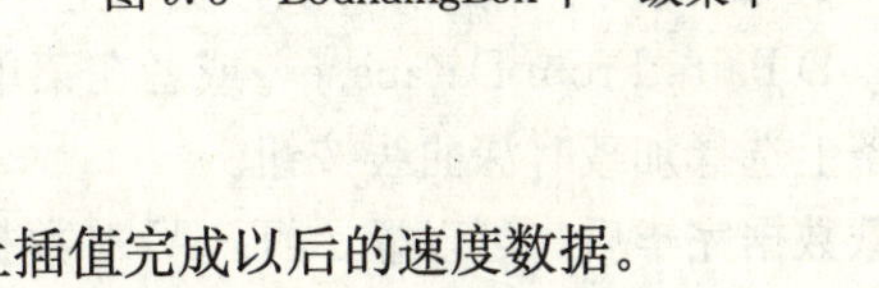　　　　图 9.3 BoundingBox 下一级菜单

T－VPairs　T－V 对数据。

VelocitySlice2DSet　关键剖面速度数据。

VelocityOnHorizonSet T－V 对　在层面上插值完成以后的速度数据。

VelocityVolume　三维速度体数据。

BoundingBox　模型范围，其下一级包含两项，如图 9.3 所示。

VeloModelBoundingBox　用户定义的模型范围。

SurveyBoundingBox 整个工区的范围。

2. 三维速度建场

在进行三维速度建场时，可采用以下 3 种方式：

（1）不使用构造模型约束建立三维速度场。不用构造模型约束，直接对 T-V 对进行纵向和横向插值形成三维速度场。该方法插值速度快，占用内存少，严格遵从原始数据。当 T-V 对数据较少、分布不均，而且构造横向变化剧烈时，应采用构造约束下的速度场插值方法。

（2）在构造模型约束下建立三维速度场。首先沿层位进行速度插值，然后进行层间插值形成三维速度场。该方法插值速度较慢，而且占用的内存也要多一些，但能够适用于复杂的地质情况。

（3）在块状模型约束下建立三维层速度场。该方法利用块状模型进行约束建立层速度场。在插值时可以以块体为单位填充一个常速度，也可以横向变速插值。

三维速度建场的具体流程如图 9.4 所示。

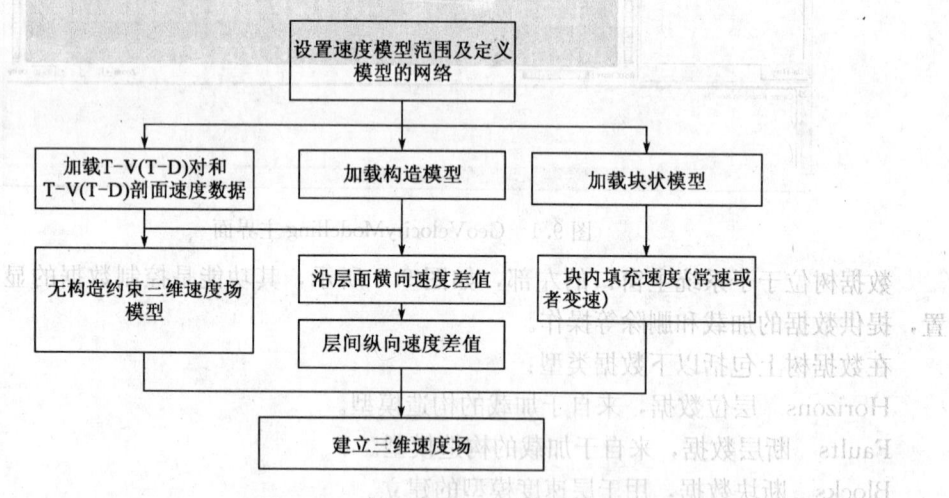

图 9.4　三维速度建场流程

1）不使用构造模型建立三维速度场

（1）T-V 对数据加载：从菜单条选择 File→Load T-V Pairs…或者在工具栏上选择加载 T-V 对按钮，弹出加载 T-V 对对话框。如果数据库中含有 T-V 对数据，则可从数据库中直接加载。从数据树上，在 T-V Pairs 项上点击右键，弹出菜单，选择 Load T-V Pairs From Database…。若 T-V 对数据在磁盘文件中，可以从数据树上，在 T-V Pairs 项上点击右键，弹出菜单，选择 Load T-V Pairs From Database…。

（2）T-D 曲线数据加载：从数据树上，在 T-D Pairs 项上点击右键，弹出菜单，选择 Load T-D Pairs From Database…或者在菜单条中选择 File→Load T-D Curves…，也可以在工具条上选择加载时深曲线按钮。

加载数据完毕后，可以显示 T-V 对数据，进行时深转换后，可以显示深度域的速度变化。

在数据树上右键点击 VelocityVolume 项，弹出右键菜单，选择 Interpolate Without Structual…菜单项，弹出速度场插值对话框，如图 9.5 所示。各项参数含义如下：

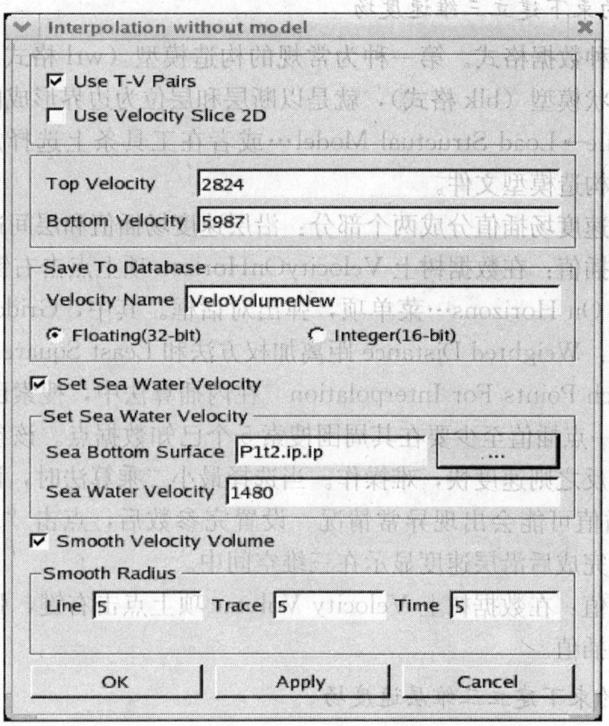

图9.5 无构造模型约束速度场差值对话框

Use T-V Pairs 是否使用 T-V 对数据进行三维速度场插值。

Use Velocity Slice 2D 是否使用关键剖面速度数据进行三维速度场插值。用户必须至少选择 Use Velocity Slice 2D 和 Use T-V Pairs 其中的一个,也可以都选。

Top Velocity 用于设置模型的顶部速度。

Bottom Velocity 用于设置模型的底部速度。

Velocity Name 用于输入速度场的名称,这个名称存放在数据库中,不能和数据库中的数据体名字相同,否则会提示错误。

Floating (32-bit) 以32位浮点型数据格式保存速度场到数据库。

Integer (16-bit) 以16位整型数据格式保存速度场到数据库。

Set Sea Water Velocity 是否设置海水填充速度。

Sea Bottom Surface 选择海底面。这个面为一个层位数据,这个层面数据如果没有内插,则程序内部对这个层进行内插;在进行速度插值的同时,把海底面以上的部分填充为设置的速度值。

Sea Water Velocity 设置海水速度。

Smooth Velocity Volume 是否对速度模型进行光滑处理。

Smooth Radius 光滑半径,设置光滑参数。

Line 线方向光滑步长。

Trace 道方向光滑步长。

Time 时间方向光滑步长。

速度模型计算生成后自动保存到数据库中。

2) 在构造模型约束下建立三维速度场

构造模型分为2种数据格式。第一种为常规的构造模型（wrl 格式），模型中包括断层和层位；第二种为块状模型（blk 格式），就是以断层和层位为边界形成的闭合的块。

在菜单条选择 File→Load Structual Model…或者在工具条上选择加载构造模型按钮，然后选择所要加载的构造模型文件。

构造模型约束下速度场插值分成两个部分：沿层速度场插值和层间速度场插值。

(1) 沿层速度场插值：在数据树上 VelocityOnHorizon 项上点击右键，在右键菜单中选择 Gridding Velocity On Horizons…菜单项，弹出对话框。其中，Gridding Method 网格化方法，包括两种方法：Weighted Distance 距离加权方法和 Least Square 最小二乘方法。

Number of Search Points For Interpolation 在内插算法中，搜索已知点个数，缺省值是5。其含义是对某一点插值至少要在其周围搜索5个已知数据点。该参数越大，插值速度越慢，结果越光滑；反之则速度快，难操作。当选择最小二乘算法时，该参数不宜过小，当该参数小于3时，插值可能会出现异常情况。设置完参数后，点击"Apply"或者"OK"按钮开始沿层插值，完成后沿层速度显示在三维空间中。

(2) 层间速度插值：在数据树上 Velocity Volume 项上点击右键，弹出右键菜单。设置完顶底速度后，进行插值。

3) 在块状模型约束下建立三维层速度场

在工具条上选择加载三维速度场按钮，弹出从数据库加载速度场数据对话框。设置所要加载数据体的范围大小，缺省时加载整个三维数据体，用户可以选择其中一部分进行加载。

块状模型约束下速度场插值是在块状模型约束下进行速度场插值。块状模型的建立来自于三维构造模型。在三维构造模型中提取了构造块以后，需要保存块状模型，其存储的文件格式为 blk 文件，因此在速度建模中加载块状模型时，需要选择 blk 格式的文件。主要步骤如下：

(1) 加载块状模型。

(2) 加载速度数据。

(3) 设置常速块体：可以把部分块体设置为常速，其他没有设置常速的块体则利用加载的 T‐V Pair 数据在块体内进行内插。

(4) 速度数据在块体内横向内插：在数据树上 Blocks 项点击右键，在弹出的菜单中选择 Set Velocity From Z‐V Pair…，则把加载的速度数据内插到块体内。内插的块体不包括设置为常速的块体，也可以在这一步以后再进行设置常速步骤。

(5) 块体内速度填充形成速度体：在数据树上 Velocity Volume 项上点击右键，弹出右键菜单，在右键菜单中选择 Interpolate With Block Model…菜单项，弹出对话框。在对话框中输入速度体名称，点击"OK"，开始计算，最后生成的数据保存到数据库中。

9.2.2 项目底图和平面成图

项目底图子系统是一个在大地坐标系统上显示项目所包括的测量数据的投影位置图窗口，因此用户可利用底图的显示功能在平面上分析项目中的数据，是项目管理的重要组成部分。在建立项目和数据加载之后，进行地震数据处理和地震地质解释工作过程中需要一个含有地理信息和各种相关测量数据的底图，用户利用该底图可以进行数据选择、数据显示以及数据编辑、计算等操作功能，以工区底图为桥梁实现与地震解释子系统（2D/3D）、地震数据处理子系统的协同工作。

平面成图是解释系统的重要组成部分，它采用一种化繁为简的工作方法和思路，将不同来源、不同形式的数据通过网格化方法实现平面成图，获得数据的平面分布形态。

1. 项目底图（GeoBasemap）

在处理时，可以用该模块显示炮检点、CMP、CMPLine 信息，并作为观测系统定义的质量控制。

首先在主控界面数据树上选中工区，然后在菜单条中选择 Application→Common→GeoBasemap 或者在主控界面的工具条中点按底图图标（ ），启动底图子系统，同时底图数据工作区中显示该工区的地面采集的平面观测系统和接收到的地下 CMP 面元范围，如图 9.6 所示。

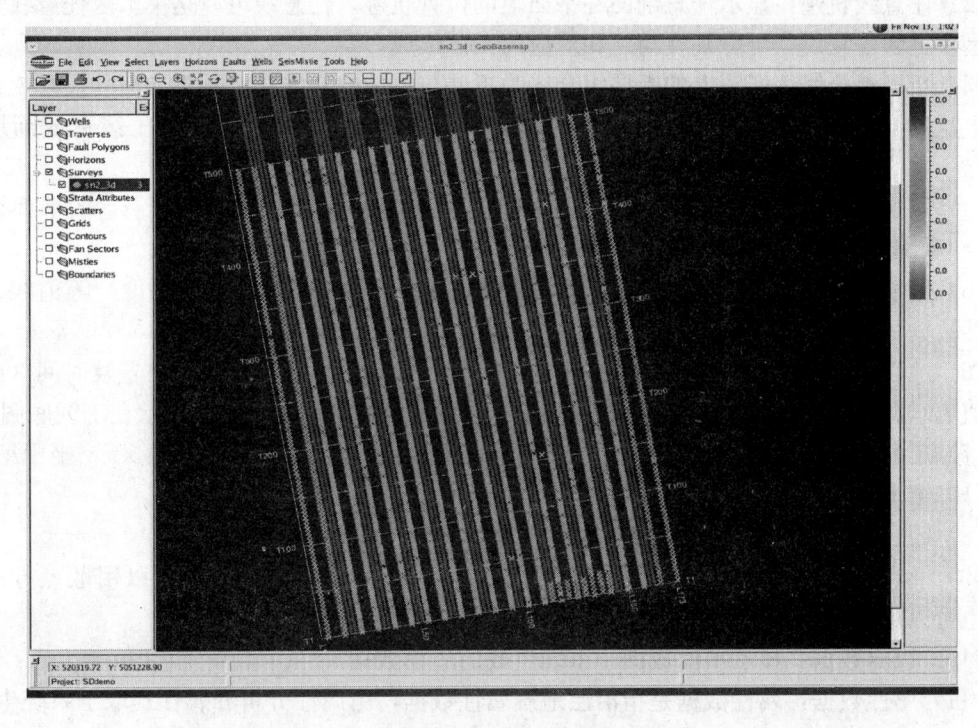

图 9.6 项目底图（GeoBasemap）主窗口

1) 主要功能

项目底图子系统提供以下主要功能：

（1）项目底图子系统具有显示地震数据处理以及地震解释所需数据的功能，包括以下图层数据：地震测网数据、井位数据、任意线轨迹数据、层位数据、断层数据、断层组合线数据、网格数据、等值线数据、2D 交点闭合差数据、散点数据、扇区数据、沿层属性数据以及边界数据等。

（2）项目底图所显示的图层具有如下通用的操作：显示比例控制、底图重画、放大（或缩小）、恢复等。

（3）项目底图可进行各种交互功能的操作：选择地震线、生成任意线、监控解释数据、建立井集、建立编辑断层组合线、编辑解释层位、计算交点闭合差、计算面积和距离等。

2) 数据显示管理树介绍

数据显示管理树位于底图主窗口的左侧，通过树状结构描述了底图显示的数据类型。数据划分为井、任意线、断层组合线、网格数据、等值线、层位、断层、测网、闭合差、散点、扇区、属性层、边界等多种数据类型，列于图层名（Layer）之下，其右侧扩展（Extand）下方列出各类数据的扩展信息，如测网后列出 3D 或 2D 信息，层位后列出解释层位名等。

底图的功能是通过显示管理树完成的。通过显示管理树，用户可以选择在底图要显示的数据，排列数据显示顺序，定义数据显示属性，激活当前图层等。

底图显示树支持以下数据类型的显示：

（1）井数据：显示井口的位置及井轨迹。在底图上井位及井轨迹的显示由井的大地坐标决定，显示方式为一个点和井径在基准面上的投影的线组成。

（2）任意线轨迹：显示任意剖面在平面上的位置轨迹。任意线可以是单工区任意线，也可以是多工区任意线，可分别在与之相对应的工区形成。

（3）断层组合线：底图上的断层组合线为断层与层位的交线在水平基准面的投影，包括断层上盘断层组合线和（或）下盘断层组合线。可以在单工区或者组合工区形成断层组合线。

（4）网格数据：由控制点数据经过网格运算得到。网格点的显示包含了它的平面位置（x、y）和网格值。

（5）等值线：用等值线的方式表示数据变化，如 T0 等值线、构造（深度）等值线、沿层属性数据等值线等。

（6）地震层位：由地震剖面解释得到的地震层位数据，由线（或道）位置及时间（或深度）值表示。常规解释子系统和 3DV 体解释子系统解释的层位可以实时显示在工区底图上。

（7）工区测网数据：构成网状多条地震测线的平面位置的测量数据，由 x、y 坐标组成。测网分二维工区测网和三维工区测网。

（8）闭合差数据：显示 2D 测线交点的层位闭合差数据。

（9）散点数据：由散点数据的平面位置（x、y）及其属性值定义，可以用散点方式显示，也可以用等值线方式显示。

（10）边界数据：显示平面成图子系统生成的边界数据。

（11）属性数据：属性数据是指沿层地震属性数据，由属性分析和属性提取子系统生成。这些属性数据显示在底图上，用户通过颜色调节来分析某种属性的平面分布规律。

（12）扇区数据。

（13）断层数据：底图上可以显示断层段的平面位置和断点位置。

数据类型决定了数据在底图上的显示样式，而对数据的每一组成成分的详细描述是由数据的属性定义的。显示管理树分别对上述数据类型的属性进行了定义，并作为缺省显示参数。

除了显示与观测系统有关的炮点、检波点、CMP 点分布图之外，工区底图还可以显示项目范围内的所有二维、三维信息，包括井位、层位、断层等信息，同时也可将生成好的散点文件显示，并采用图层显示和树状的管理方式，从而实现处理解释信息的共享。

2. 平面成图（GeoMapping）

平面成图子系统（Mapping）是一个通用的平面成图和数据显示工具，其主要功能包括各种地震、地质数据的网格化、等值线生成、各类数据的编辑以及数据的平面显示和 CGM 文件输出等。处理时用该功能制作并显示质量控制图，如最大最小炮检距图、覆盖次数图、高程平面图、静校正平面图、CMP 点分布图等。

1) 散点数据平面成图

处理过程中许多作为质控的信息在数据库中没有记录，为满足处理质控需要，GeoEast 系统为大家提供了一个批量模块 TakeQCValue。该模块对输入数据的道头信息进行统计，将用户希望的质量控制信息输出成一个文本文件，可以将该文件中的各种质控信息作为散点数据，通过解释系统中散点成图方式将其转换成平面图形，形成处理过程中平面质控图形。

质控散点文件形成是由 TakeQCValue 完成的。它要求输入 CMP 道集，统计每一个 CMP 道集内的面元号、CMP 点的相对坐标和绝对坐标、最大炮检距、最小炮检距、覆盖次数、高程以及静校正量值，输出到数据库或输出一个文本文件。

该模块参数如下：

maximum number of traces in a gather　CMP 道集的最大道数。缺省值为 120。
output options　输出选件。
text file　将 CMP 信息写入文本文件（缺省）。
database　将 CMP 信息写入数据库。
output filename　保存 CMP 信息的文本文件名，此文件被保存在相应的项目/工区/测线/datatable 目录下。
repeated filename　假如输出的 CMP 信息文件已经存在，是否覆盖。
job abort　终止作业运行，不覆盖（缺省）。
override file　覆盖已存在的 CMP 信息文件。

2) 成图（GeoMapping）

用户在 GeoEast 系统主控界面菜单条上选择 Application→Common→GeoMapping 或选择平面成图子系统图标，启动平面成图子系统主窗口，如图 9.7 所示。

在菜单 Layers 中选择"Scatter"，如图 9.7 右所示，弹出散点图形输入窗口，选择并输入散点图形文件，显示所选的散点图形文件。

选择 File 中的 plot 选项，输出 CGM 文件。

对于存放在数据库中的质控信息，可直接用 GeoMapping 成图工具进行平面质控。具体做法如下：

（1）选择工区，启动 GeoMapping，如图 9.7 左所示，选择 Scatter 下拉菜单的转换项后，弹出对话框。

（2）在"datatype"中选择炮点、检波点或 CMP 点信息做图。

（3）将要成图信息转换成散点文件：选择正确的工区，填写输出的散点文件名，点击"OK"完成散点的转换。选择正确的工区，填写输出文件名，点击"OK"按钮，输出散点文件。

（4）在主窗口中 Layers 的下拉菜单中选择散点，弹出对话框，选择散点文件，点击"OK"，完成数据库信息转换和散点成图的调显。

3) 层位拾取（GeoHorizonPicking2D）

二维地震剖面层位拾取子系统是 GeoEast 地震数据处理解释一体化软件系统的处理功

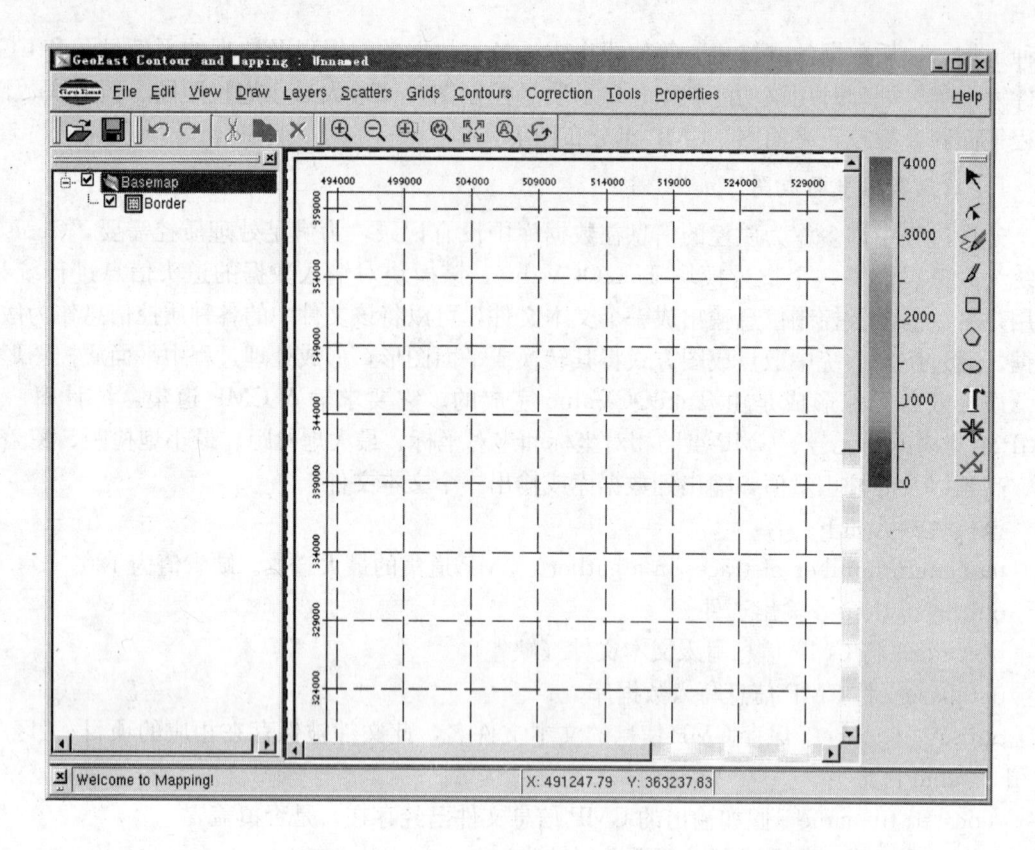

图 9.7　GeoMapping 主界面

能解释层位拾取工具,提供了灵活的地震数据显示、方便的层位拾取功能,可满足资料处理过程中层位拾取的需要,做到了数据共享、资源共享和解释成果共享,体现了处理解释一体化中构造约束下的处理与解释的迭代。该部分只介绍与处理速度建场和速度分析有关的层位拾取。

启动方式选择的前提是要在数据树上选择 2D 工区名,以确定所使用的工区。启动时也可选择测线名或地震数据名。当只选择工区名时,启动的二维地震剖面显示与层位拾取子系统工作区内容为空;选择测线名启动时,工区缺省显示该测线下的第一个地震数据;选择地震数据启动时,工区显示该地震数据。图 9.8 为二维层位拾取主界面。

(1) 首先建立层位:在主菜单中打开 Horizons 下拉菜单,选择 Manage 的 Sigle Horizon 选项,弹出子菜单,填写层位名并创建层位。打开 Horizons 下拉菜单,选择 Manage 的 Horizon Set 选项,弹出菜单,选择所创建的层位名,在菜单项的 H 参数中显示当前拾取层位名在此可以切换。

(2) 层位拾取:层位拾取右键菜单按照功能共分为三大部分:第一部分为层位解释交互动作,包括层位拾取、删除;第二部分为对剖面的选择,包括剖面翻页等;第三部分为状态切换,主要是激活其他层位。拾取完成后退出即可,层位文件在数据树的 (Merged Horizons) 下可以查到。

9.2.3　CGM 绘图

本部分以 CGM 图形文件格式生成叠后地震成果剖面图件或中间结果剖面。所谓成果剖

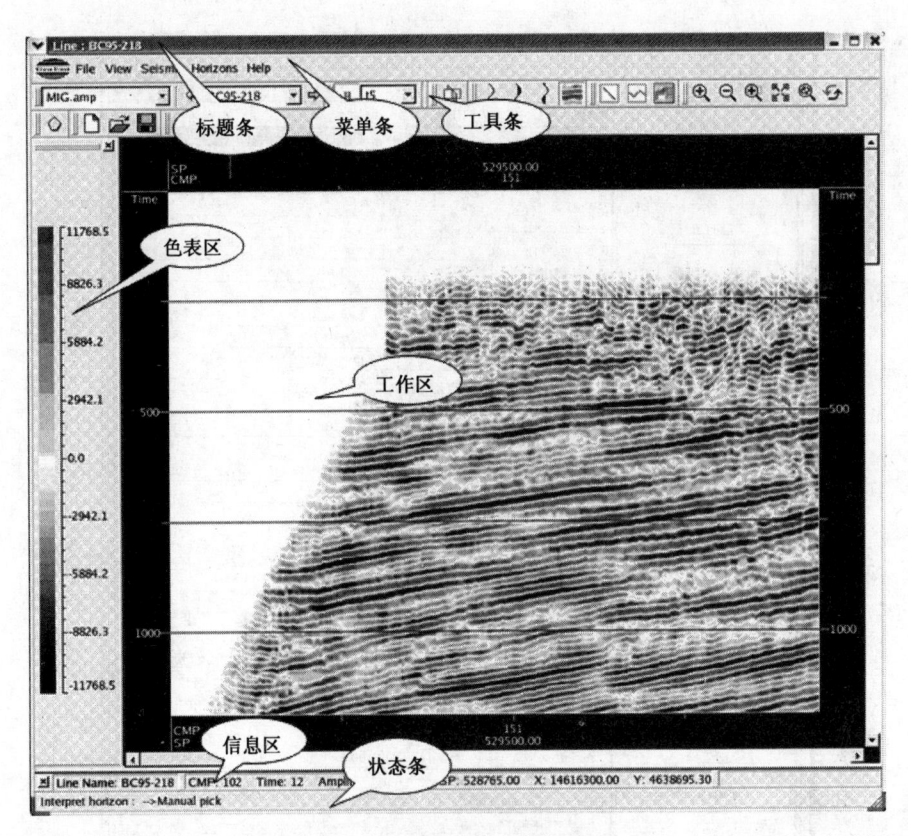

图 9.8 二维层位拾取主界面

面，是指添加了顶图、底图和边图等辅助信息的地震剖面。因此，一张成果剖面图可以分为主图、顶图、底图和边图四个部分；而中间结果剖面也包括主图、顶图、底图和边图四个部分，但显示内容有所差别。

CGM 图形文件通过 GeCGM 交互模块显示、编辑、添加标注，并将其光栅化生成 HP RTL 格式和黑白绘图仪的 DOT 格式点阵文件，在黑白绘图仪上绘图。

地震成果剖面由以下三部分组成：

（1）主图：成果剖面主要包括地震道信息、浮动基准面到统一基准面校正信息以及时间（或深度）标注信息。中间结果剖面包括地震道信息、野外静校正量曲线以及时间（或深度）标注信息。

（2）顶图和底图：顶图和底图部分由一些与地震剖面有关的信息标注组成，这些标注包括水平刻度标注（最多可达 4 个）、野外高程静校正曲线、测线交点、钻井井位、起始点与终止点坐标、速度谱对以及覆盖次数等。

（3）边图：边图部分描述该剖面的基本信息，如测线名称、桩号与 CMP 号范围、地区、剖面类型（叠加或偏移）、野外基本信息、处理单位信息、客户基本信息、处理流程信息、二维排列信息、比例尺信息、简易测线位置图信息以及处理质量监控信息等。

图 9.9 为 CGM 模块参数图。

主图主要参数含义为：

display mode　剖面显示方式选件。

section direction　显示方向选件。

· 313 ·

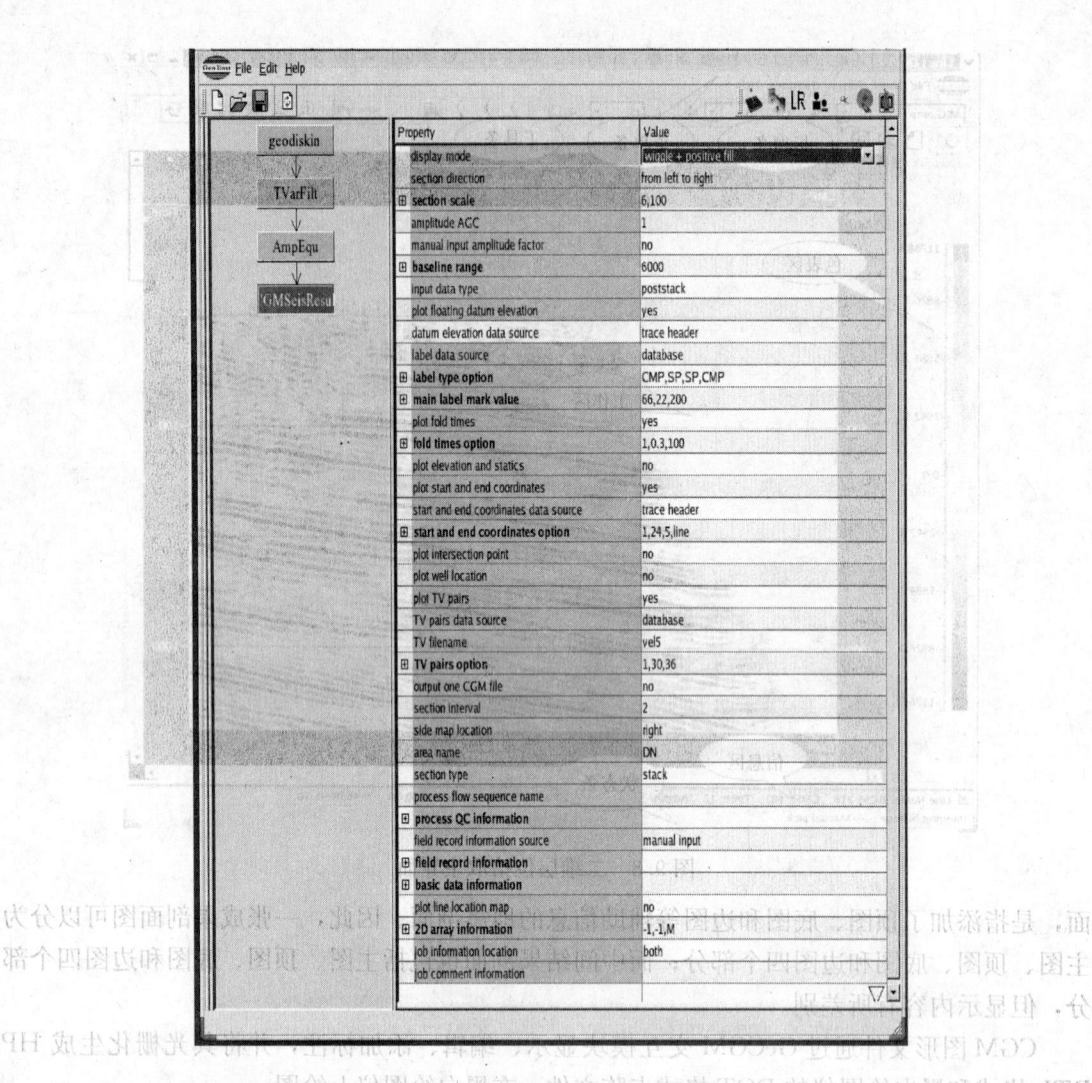

图 9.9 CGMSeisResult 模块参数图

section scale 剖面比例选件。

amplitude AGC 振幅放大比例因子，缺省为 1.0。

baseline ranGe 垂直方向范围选件。

input data type 输入数据的类型（叠前或叠后）。

plot floating datum elevation 绘制浮动基准面。

顶图、底图主要参数含义为：

label type option 标注主要关键字，一般二维为 CMP、SP（桩号），三维为 CMP、LINE。

Plot fold times 绘制覆盖次数。

elevation and statics option 设置需要绘制的曲线名、标记符号和线宽等选项。系统最多允许绘制 5 条曲线。叠后数据主要为 CMP 的近地表信息（如道头和数据库中不存在 CMP 的近地表信息，则不能绘制），叠前数据主要为 source、receiver 的近地表信息。

plot start and end coordinate 在道开始、结束位置处绘制坐标值。

plot intersection point 绘制二维相交线的交点坐标，测线交点由系统中的交点表中

• 314 •

读取。

plot well location   绘制井位坐标。

plot TV pairs   绘制速度谱时间速度对。

边图主要参数含义为：

side map location   边图位置。

process flow sequence name   输入全路径绘制处理流程序列的文本文件名。

field record information source   野外信息方式。

plot line location map   在边图中绘制测线位置图。

2D array information   在二维工区情况下，用户输入绘制排列使用的相关信息。

CGM 图形文件由交互模块 GeCGM 转换成 HP RTL 格式和黑白绘图仪的 DOT 格式点阵文件，然后绘图。

1. GeoCGM 主界面介绍

GeoCGM 采用了 QT 界面库，其主窗口与一般的 Windows 类似，如图 9.10 所示，主要由菜单条、工具条、标尺、画布绘图区、信息区、状态条等组成。

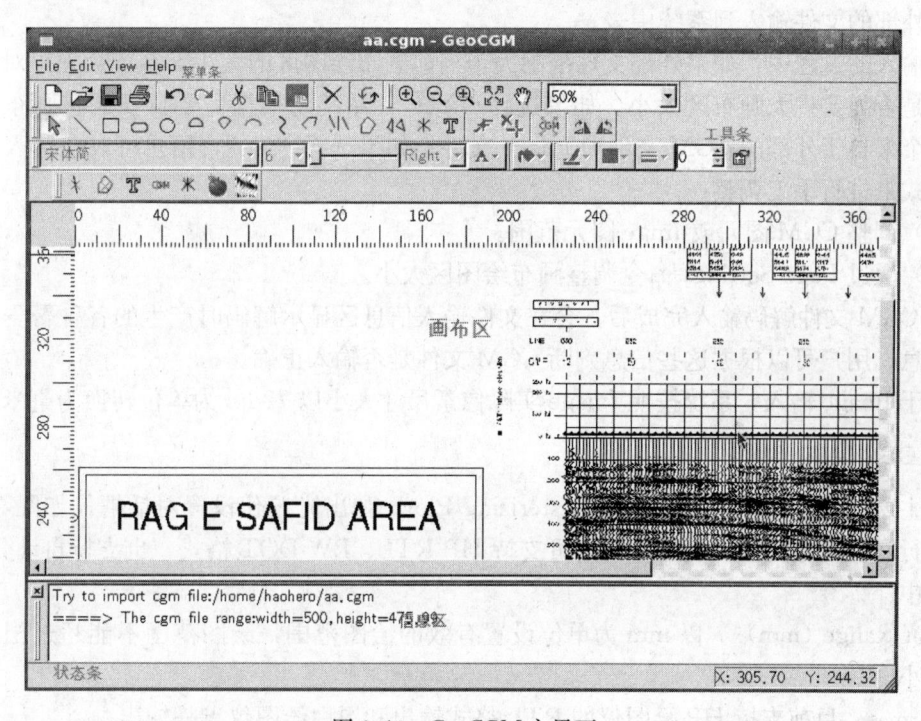

图 9.10   GeoCGM 主界面

菜单条，包括应用程序支持的主要命令的菜单驱动，主要包括文件操作（File）、编辑操作（Edit）与视图操作（View）等。

工具条，含有进行交互操作所需要的工具按钮的快速驱动，主要包括标准工具条（Standard Tool）、缩放工具条（Zoom Tool）、图元创建和编辑工具条（Object Edit Tool）以及图元属性设置工具条（Attribute Tool）等。用户在工具条位置按下鼠标右键，可以根据需要打开（或关闭）某一工具条。

画布绘图区，用于显示和操作 CGM 图元以及添加的通用图元。

标尺，以毫米为单位，指示当前绘图区域的宽度和高度。

信息区，显示用户输入 CGM 文件和图片文件后输入日志以及是否成功等信息。

状态条，用来显示当前命令、简要的操作帮助和提示信息以及当前鼠标位置。

2. CGM 的启动和文件导入

1）CGM 的启动

CGM 的启动有 3 种方式：

（1）在 GeoEast 系统主控的菜单条中选择 Application→Common→ GeoCGM。

（2）在 GeoEast 系统主控的工具条中选择按钮▨。

（3）在作业调度窗口点中作业名，按右键，然后再点击"view CGM"，显示出本作业产生的 CGM 文件名，双击此文件名，直接启动 GeCGM 显示出当前 CGM 文件。

2）文件导入

在 GeoCGM 主窗口菜单条中选择 File→Import，则弹出一个通用文件打开对话框，用户通过该对话框能够将 CGM 文件、BMP 文件、JPEG 文件、PNG 文件、GIF 文件、XPM 文件等外部的文件输入到系统中来。

在输入的过程中，如果外部文件范围大于当前画布绘图区的大小，系统会弹出对话框询问用户是否需要扩大画布区大小。如果选择"Yes"，系统将根据需要自动调整画布范围以容纳整个来自于外部的 CGM 文件和 Image 文件；如果选择"No"，用户可以在输入后通过两种方式来进行手工调整：

（1）调整 CGM 图元或 Imge 图元范围。

（2）通过 Page Setting...命令调整画布绘图区大小。

在 CGM 文件解码输入完成后，会在文件输入信息区显示解码时产生的各种警告和严重错误信息，用户可以根据这些信息判断 CGM 文件是否输入正确。

对于 Image 输入，系统按照 Image 实际像素尺寸大小以 72dpi 为单位转换为毫米单位。

3. CGM 文件光栅化

在主窗口菜单条中选择 File →Rasterizing Plot，弹出光栅化设置对话框，如图 9.11 所示，进行联机光栅化输出设置，目前可支持 HP RTL、BW DOT 格式，也支持自动分页。

其中：

Plot Range（mm）　　以 mm 为单位设置有效的绘图范围，绘图范围不能超过当前画布区的大小。

Format　目前支持 HP 绘图仪的 RTL 格式输出和黑白绘图仪点阵输出。

RTL Margin（mm）　　设置 RTL 格式时使用的顶边界（top）和底边界（bottom），默认为 25.4mm（1 inch）。

Option　设置依赖绘图仪的某些选项。

Resolution　选择或设置绘图仪分辨率，默认为 300dpi，常用的黑白绘图仪分辨率为 200dpi、300dpi 和 400dpi。RTL 格式为 300dpi 以上。

Width（in）　设置纸张宽度（垂直于走纸方向），标准的纸宽为 36in 与 24in。

Raster Speed　光栅化时的速度，但在实际应用中不一定有明显的区别，只有在文件特别大时才可能感觉到速度的差别。

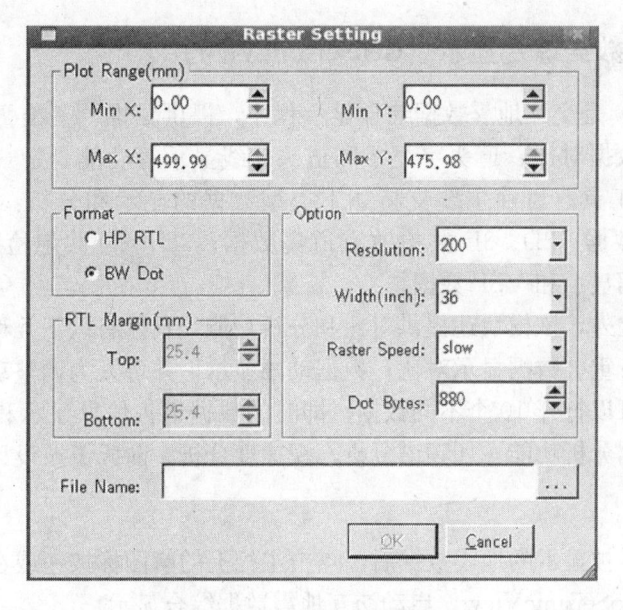

图 9.11　光栅化设置对话框

Dot Bytes　设置黑白点阵绘图仪支持的字节数，除非绘图仪说明与对话框中不同，否则本参数不用改变。

Filename　光栅化输出文件名。

9.3　GeoEast 交互分析与应用

在目前和可以预见的未来，地震数据的精确成像需要人类分析员的专门技术，需要"人机联作"。地震数据交互处理也称为"人机联作"的处理过程：地震数据处理人员在交互工作站输入指令，计算机显示指令执行结果。"交互"意味着计算机和处理人员处于对话状态，计算机有足够的内存和计算能力，对处理人员指令的响应足够快速；如果处理人员对响应不满意，可以修改指令。

近几年交互处理的发展主要体现在三个方面：

（1）随着计算机网络集成化环境的发展，交互处理已经发展为解释性处理，即在集成环境下利用迭代模型指导交互处理。

（2）随着三维可视化技术的发展，三维可视化交互处理系统正在成为地震数据处理的集成引擎。

（3）数据驱动交互处理的技术可以更有效地处理不同规模的地震数据。数据驱动交互处理的接口有助于比较小的二维和三维勘探项目快速周转或者大型三维数据体处理参数精细优化。在数据驱动交互处理中，地震参数的值是从显示在屏幕的数据中选择，而地震处理模块式逐步地增加并直接执行。在后台，构成整个处理序列并保存为地球物理语言，可以作为对数据执行的交互处理模块的记录，或作为对大数据体驱动批量处理任务。数据驱动交互处理也可以称为交互处理和批量处理一体化。

在本节主要介绍 GeoEast 软件中部分常用的交互处理模块。

· 317 ·

9.3.1 交互地震数据综合显示 (GeoSeismicView)

GeoSeismicView 是交互地震数据综合显示程序，提供二维、三维叠前叠后的数据显示功能，同时提供多数据对比、道头字显示和道头曲线显示等功能，是 GeoEast 系统用于浏览地震数据的基本工具。目前主要支持如下类型数据的显示和分析：2D、3D 炮集数据；2D、3D CMP 道集数据；2D、3D 共检波点道集数据；2D、3D 共炮检距集数据；2D、3D 叠后数据；多波数据显示和 VSP 数据。

除了数据显示之外，该模块还提供对比和分析功能，具体有以下几种功能：可人工调整数据显示方式；拉帘重叠数据显示对比；数据动画显示，并可人为调整动画显示速度；多数据切换显示，最多可以打开 10 个不同数据；即时的数据道头信息显示和指定道头字曲线显示；提供简单的数据分析功能，如频谱分析、视速度分析、俞氏子波设计等功能。

1. 数据显示

在主控界面选择被显示的地震数据后，点击主控上的 ▇ 图标按钮或在主控界面选择 Application Process GeoSeismicView，启动交互地震数据综合显示。

模块启动后，系统弹出主界面和数据集显示类型对话框（缺省为 source、trace），用户选择数据类型和显示数据集个数后，单击"OK"按钮，确认所选择的数据集类型，模块自动完成数据加载并显示。

地震数据显示包括叠前叠后共 12 种类型，对于叠前数据主要包括以下数据类型：Source‐Trace、Source‐Offset、Source‐Projection of Offset、CMP‐Trace、CMP‐Offset、CMP‐Projection of Offset、Receiver Station‐Offset、Receiver Station‐Projection of Offset、Receiver Station‐Trace、Receiver Station‐Source、Common Offset‐Shot 以及 Common Offset‐CMP。

当数据按 Common Offset‐Shot /CMP 或 CMP 道集形式显示时，弹出数据显示窗口，其中：

Min Offset　输入最小偏移距。
Max Offset　输入最大偏移距。
Increment　输入偏移距增量。
Tolerance　输入容值。

当数据按 CMP‐Trace 道集形式显示时，弹出数据显示窗口，由用户选择输入参数或选择此 CMP 道集数据每次同时显示的 CMP 道集个数。其中：

5：　每次同时显示当前 CMP 道集的前后两个 CMP 道集。如显示第 10 个 CMP 道集，同时显示第 8、第 9、第 11、第 12 个 CMP 道集。

3：　每次同时显示当前 CMP 道集的前后一个 CMP 道集。如显示第 10 个 CMP 道集，同时显示第 9、第 11 个 CMP 道集。

1：　每次只显示当前 CMP 道集。

当数据类型为叠后数据时，弹出数据显示窗口，由用户选择此叠后数据按 LINE‐CMP 或 CMP‐LINE 方式显示。

数据显示功能数据打开后，模块提供常用的数据浏览功能包括数据显示位置的控制、显示参数调整、放大缩小操作以及道头字的显示功能等。

模块提供整体放大缩小和区域放大缩小功能，整体放大缩小功能为工具栏中的 和 按钮，或者在主窗口中选择菜单 Tools Zoom In 和 Tools Zoom Out 时，数据放大或者缩小显示。

区域放大的操作原则是：首先在工具栏中点击 按钮或在主窗口选择 Tools Zoom In Rectangle 菜单项，然后在数据显示区用鼠标左键选择显示的数据范围，松开鼠标左键，模块将进行选择数据的区域放大显示。左键按下 或在主窗口选择 Tools Reset 时，数据恢复缺省比例参数显示。

另外，用户也可以根据自己需要手工对显示比例进行调整，具体的调整参数在显示参数页面的 Type and Scale 页面中。用户只需调整页面中的横向比例 HScale（CMP/cm）和纵向比例 VScale（ms/cm）参数即可，同时可以使用 Trace Step 参数来进行跳道显示。

模块提供强大的显示参数调整功能，用户可以通过显示参数页面进行各种显示参数的设置，在工具栏上点击 或在主窗口选择 Tools→Property 菜单项，即可弹出 Property 窗口。

该模块可提供以下显示方式：数据变密度显示，在 Type and Scale 页面 Display Type 栏中左键选择 Density，数据变密度显示；实时动态变密度数据显示，左键双击 Color 栏中 Variable Density 彩色棒，弹出彩色窗口，选择 Edit Continuous，按下左键在颜色调节区内移动，颜色调节结果实时发送到显示数据对象；Wiggle，波形显示；Positive Fill，正填充显示数据；Negtive Fill，负填充显示数据；Filter and Equalization，增益、振幅平衡、滤波显示。

动画播放功能模块提供动画功能，按照固定的时间间隔进行数据的显示播放，具体操作如下：在工具栏上选取 或在主窗口选择 Tools Movies 菜单项，弹出间隔时间参数对话框，用户选择间隔的时间值后，点击"OK"确认，模块将根据用户选择的时间间隔进行动画数据显示。

数据道头显示：地震数据道头的实时显示功能，在工具栏中选择 功能或在主窗口选择 Tools Header 菜单项，弹出道头显示选择对话框。

用户选择全部道头（all Trace Headers）还是常用道头（common Trace Headers）显示，完成选择之后，道头显示框弹出，此时该显示框中实时显示鼠标所在地震道的道头信息和常用地震道的道头信息。

道头曲线显示：首先在工具栏上选择 或在主窗口选择 Tools Curve 菜单项，系统弹出道头选择对话框。

2. 多数据同时显示

该模块提供多数据同时显示功能，最多支持 10 个数据的显示。在主窗口菜单条单击鼠标右键弹出右键菜单，用户选择 Data List 菜单项，弹出数据选择列表，通过数据列表，用户可以选择该项目、工区、测线下的其他地震数据。

在数据列表选择数据，双击鼠标左键选择数据名即可打开该数据，此时模块弹出数据类型选择对话窗口；选择数据类型，单击"OK"按钮，确认所选择的数据类型，完成数据加载、显示，退出窗口；单击"Cancel"按钮，取消所选择的数据类型并退出窗口。当使用多数据显示功能时，每加载一个新的地震数据，工具条自动增加一个按钮，该按钮用于不同数据显示切换，同时数据对比按钮被激活，如图 9.12 所示。用户依次打开多个数据时，模块按照数据打开的先后顺序给定从 1 到 10 的顺序号，并显示在数据切换按钮上。

当用户同时打开多个数据时，可以通过用鼠标左键单击显示数据对应的▇按钮进行切换，或者在主窗口选择 File View1，显示切换到第一个数据显示，而当用鼠标左键单击▇或在主窗口选择 File View10，显示切换到第十个数据显示。其他数据显示依此类推。

当用户同时打开多个数据时，数据显示属性相同的即可进行数据对比。此时首先用鼠标左键单击工具栏上的▇按钮或在主窗口选择 File Graphic Compare 菜单项，进入数据对比功能。▇按钮为按下状态，然后在工具栏上选择需要对比的两个数据，数据显示区将进入拉帘重叠显示状态，并使用不同的颜色进行两个数据的重叠显示。此时只要拖动鼠标，即可进行数据的拉帘数据对比，如图 9.12 所示。当用户再次单击工具栏图标▇时，结束数据对比，数据显示区自动切换回单数据显示。

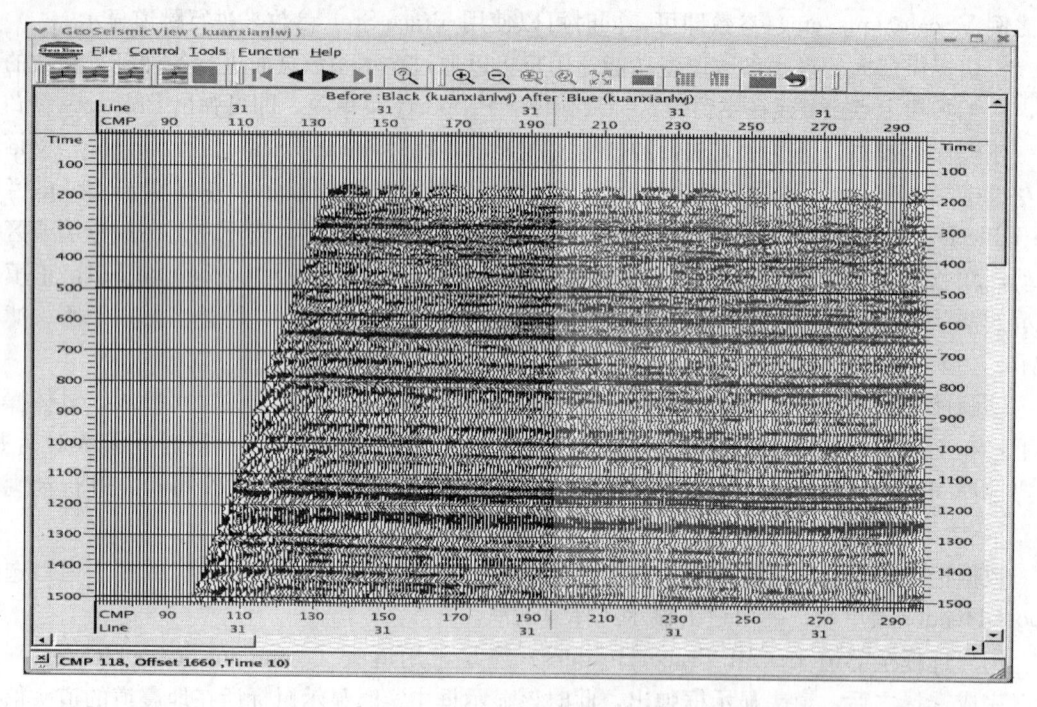

图 9.12　拉帘式数据对比显示

9.3.2　交互地震道编辑与切除（GeoMuteEdit）

GeoMuteEdit 是为处理人员提供地震道编辑和切除参数的交互工具软件。该模块以交互的方式对地震道进行道编辑和切除区的定义，并可进行线性同相轴视速度的估计。

（1）道编辑功能包括整道充零或极性反转，时窗充零，无效炮和无效接收点的定义以及相应记录道的充零处理。

（2）道编辑的实现有两种方式：实时道编辑，直接输出道编辑后的地震数据；只生成道编辑数据表，以后再由 TrcEdit 等应用模块调用实施对地震数据的道编辑。

（3）交互定义地震道的切除函数，生成切除数据表。

在 GeoEast 系统主控界面选择工区或测线下选中数据，在右键菜单上选择 Trace edit and mute picking 菜单项启动 GeoMuteEdit。系统弹出交互地震道编辑与切除主窗口，同时弹出数据显示方式对话框，对话框内容根据数据类型不同而变化。

当用户所选的数据类型为叠前数据时，数据可分为如下 10 种方式进行显示：Source-

Trace、Source-Offset、Source-Projection of Offset、CMP-Trace、CMP-Offset、CMP-Projection of Offset、Receiver Station-Offset、Receiver Station-Projection of Offset、Receiver Station-Trace 以及 Receiver Station-Source。当用户在数据显示对话框中选好数据显示类型后，点击"OK"，数据就显示在 GeoMuteEdit 界面的数据显示区中。其中，当数据按 CMP 道集形式显示时，用户还需从显示对话框中选择每屏显示的 CMP 道集的个数，点击"OK"进入 CMP 道集数据显示状态。

当用户所选的数据类型为叠后数据时，数据可按 LINE-CMP、CMP-LINE 两种方式进行显示。当用户在数据显示对话框中点击数据显示类型后，数据就显示在 GeoMuteEdit 界面的数据显示区中。

1. 交互地震道编辑

在主窗口的菜单条中选择 Function→Kill 或从工具条中点击按钮 ▦，弹出提示框（注意：如果选择充零功能，则不能拾取切除函数，以防止用户误操作）。点击"OK"确认后，弹出对话框，询问用户是保存道编辑后的地震数据还是保存道编辑文件表。如果要保存为编辑表文件，按"Cancel"按钮，出现提示信息框。这时用户只能将编辑数据保存为编辑表而不能保存地震数据到数据库。建议用户采用编辑表文件的方式进行，尤其是数据文件很大时，后续可以使用 TrcEdit 模块调用该编辑表来完成地震道编辑。

如果用户想保存编辑后的数据，先将数据进行拷贝（可以是全部数据，也可以是任意部分数据），然后在拷贝的数据上直接进行编辑，生成编辑好的数据。此时，在地震数据副本选择对话框中填写拷贝的数据文件名和数据范围，点击"OK"按钮开始拷贝数据，屏幕显示进度条表示拷贝进度。

2. 交互地震道编辑拾取

道编辑分为整道编辑、时窗编辑和反极性三种编辑方式。
在完成以上操作后，可以进行地震道编辑操作，具体如下：
（1）拾取操作
①整道冲零。单击左键拾取单道充零，按下并拖动左键拾取多道充零；点击右键删除单道充零或按下右键拖动删除多道冲零。
②时窗冲零。按下并拖动中键拾取时窗充零；按下并拖动右键删除多道充零；右键点击时窗节点或边框删除时窗充零。如果对时窗进行修改，点击按钮 ▱ 使之处于按下状态，左键拖动时窗节点改变时窗形状，拖动边框移动时窗。
③极性反转。在主窗口工具条中选择 Function→Reverse 或点击按钮 ▦ 开始拾取反转道。单击左键拾取单道反转；按下并拖动左键拾取多道反转；点击右键删除单道反转；按下并拖动右键删除多道反转（当地震显示数据宽度大于屏幕显示宽度时，按下拖动鼠标时数据随之移动，以便于拾取或删除）。
（2）选择存储方式。
在主窗口菜单条中选择 File→Save to Table Mode 或 File→Save to Database Mode，前者将拾取的充零道和极性反转道的道号与时间存成数据表，此时弹出数据表对话框，给定名字并确认后保存到当前工区测线下的 datatable 目录中，并供后续的 TrcEdit 模块调用；而后者将实时编辑后的地震数据存入拷贝的数据中源数据的副本。
（3）更换数据，继续拾取。

用户拾取完毕后，在主窗口中选择 File→Save 或单击工具栏的按钮■，按选择的存储方式保存编辑结果。如果用户忘记保存，则在退出本程序前自动提示用户保存数据。

3. 交互地震道切除拾取

根据定义的切除函数类型在主窗口菜单条中选择 Function→Mute→Muting Top 或 Function→Mute→Muting Bottom（也可以点击按钮▦或▦），弹出信息提示框，提示用户如果选择切除功能，则不能拾取充零道和反转道，防止用户误操作。

用户确认后，弹出起始数据集号和增量定义对话框，由用户填写起始数据集号和增量。如果定义不合适，可以在需要时点击按钮▦或▦重新弹出此对话框定义。

二维数据需要填写定义切除函数的起始道集号和增量；三维 CMP 道集数据需要填写起始线号、线增量、起始 CMP 号和 CMP 增量。

用户确定起始量和增量后，就可以开始拾取切除函数。此时工具栏上的前后数据翻动按钮将按照定义的起始和增量参数进行，如果用户想看其他位置的数据，可以使用 find 菜单功能项来进行。

切除曲线拾取操作：单击左键拾取切除点，双击左键结束拾取。当前道集上拾取的切除曲线如图 9.13 左侧显示。

切除曲线修改操作：如果需要对切除函数作修改，按下工具条中的 ⌀ 按钮，拖动左键移动切除点；单击左键增加切除点；单击中键删除切除点；单击右键删除切除函数。

在翻页时，如果当前道集有切除函数，则显示该函数；如果没有，则显示前一个切除函数；如果显示的切除函数不合适，可以进行修改。

实际切除曲线显示：在屏幕上拾取的切除曲线（除拾取的节点外）并不是实际切除位置，如果想看实际切除函数，点击工具条中的按钮▦，程序则根据各道集拾取的切除点，按实际炮检距线形内插出各道的切除时间。如图 9.13 右所示，较直曲线为在屏幕上拾取的切除线，弯曲曲线为实际切除线。

按 CMP_OFFSET 显示方式拾取的顶切切除函数如图 9.13 所示。

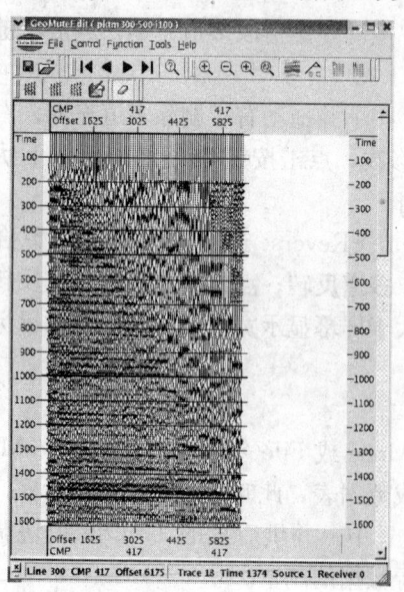

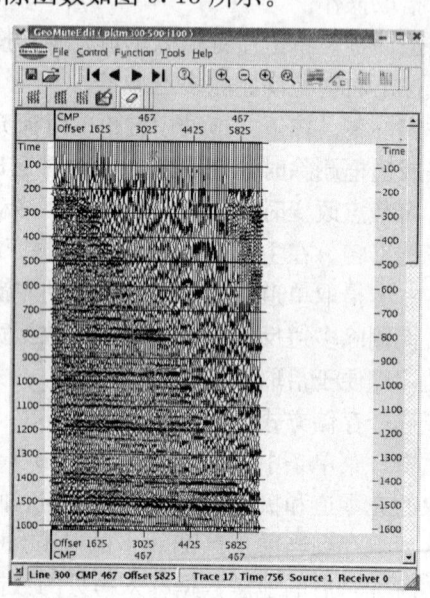

图 9.13 CMP 道集顶切图

用户拾取切除函数完毕后,在主窗口选择 File→Save 或单击工具栏的按钮▣,弹出对话框,提示用户输入保存的切除数据表名称和切除的斜坡值。填写完毕后,单击"OK",将拾取的切除函数存入数据表。当切除数据表名称为空或与切除库中已有表名重复时,提示用户更换数据表名。

如果用户想查看存入的切除数据表,在主窗口选择 File→Open Mute Table,弹出切除数据表选择对话框。

选择好切除数据表后点击"OK",弹出切除数据表对话框。

在 Table Data 中双击某个切除函数,右侧显示其相应信息(起止道集号、MX 对数、斜坡值、每个切除点的时间和炮检距)。

切除曲线修改:可以修改切除点的 M、X 值,并可以单击右侧工具按钮来增加和删除切除点。右键单击左侧的线可以增加或删除线、函数,修改斜坡值;右键单击左侧的函数可以增加或删除函数。

切除曲线保存:修改完毕后,可以单击 Save to DB 按钮将修改后的数据保存到数据库的数据表中。

切除数据表中的切除曲线显示:保存在切除数据表中的切除曲线也可以显示到当前的屏幕上,作为当前切除定义的参考(注意:切除曲线的 CMP 点位置与当前数据切除定义位置应一致)。在主窗口选择 File→Open Mute Table,弹出切除数据表选择对话框,选择好切除数据表后点击"OK",显示切除数据表,在主窗口工具条中选择 Function→Draw by Mute Table,将保存在切除数据表中的切除曲线显示到当前地震数据上(注意:如果剖面上已经绘有切除函数,此操作会删除已有的切除函数);如果在剖面图上修改了切除函数,也可以单击"Refresh"按钮来刷新切除数据表,以更新所作的修改。

如果用户想合并存入的切除数据表,在主窗口选择 File→Merge Mute Tables,弹出切除数据表选择对话框。选择要合并的切除数据表名,如果只希望合并 Line 级的切除函数,选中 Only Merge Lines;如果希望所有的切除函数都合并,则不选 Only Merge Lines。单击"OK",弹出对话框,填入生成的合并切除数据表名,默认为所选的第一个切除数据表名后缀加"_merge"。单击"OK"完成合并切除数据表。该合并的切除数据表存放在与原切除数据表相同的项目/工区/测线下。

4. 交互分析地震数据视速度

对于已经打开的数据,用户可以进行视速度分析,要求输入的地震数据必须有炮检距信息,否则计算出来的结果有误。具体操作如下:选择快捷键 ▣Velocity 分析指定波组的线性速度,按下鼠标左键并沿波组拖动,鼠标释放后界面上将显示鼠标起止两点对应波组的线性速度。

9.3.3 交互频谱分析及滤波器设计(GeoSpectrum)

频谱是地震资料处理中常用的数据分析手段,GeoEast 系统的交互频谱分析及滤波器设计模块为用户提供多种方便快捷的交互频谱分析手段,同时提供了实时处理显示对比的滤波器辅助设计功能。

该模块主要可以实现以下功能:可实时地对地震记录道的各种数据进行 Fourier 谱分析,包括单道频谱、多道频谱;在频谱分析的基础上进行滤波器设计和试验,滤波器包括低通、带通、高通、带陷、雷克子波、俞氏子波；进行频带扫描分析；进行时频谱分析；进行多时窗的频谱对比，其中包括不同数据集上相同时窗的频谱对比，相同数据集上的不同时窗的频谱对比；对得到的滤波器在数据库中建立相应的滤波数据表。

本节主要介绍交互频谱分析和滤波器设计模块的常用操作方法，按照操作的先后顺序引导地震资料处理员依次完成交互频谱分析及滤波器的设计工作。

1. 主界面介绍

在 GeoEast 系统主控界面选择项目、工区、测线下的地震数据，单击鼠标右键，选择 Spectrum analysis 项，弹出交互频谱及能量分析主窗口，如图 9.14 所示。主窗口由菜单条、工具条、工作区和状态条组成。

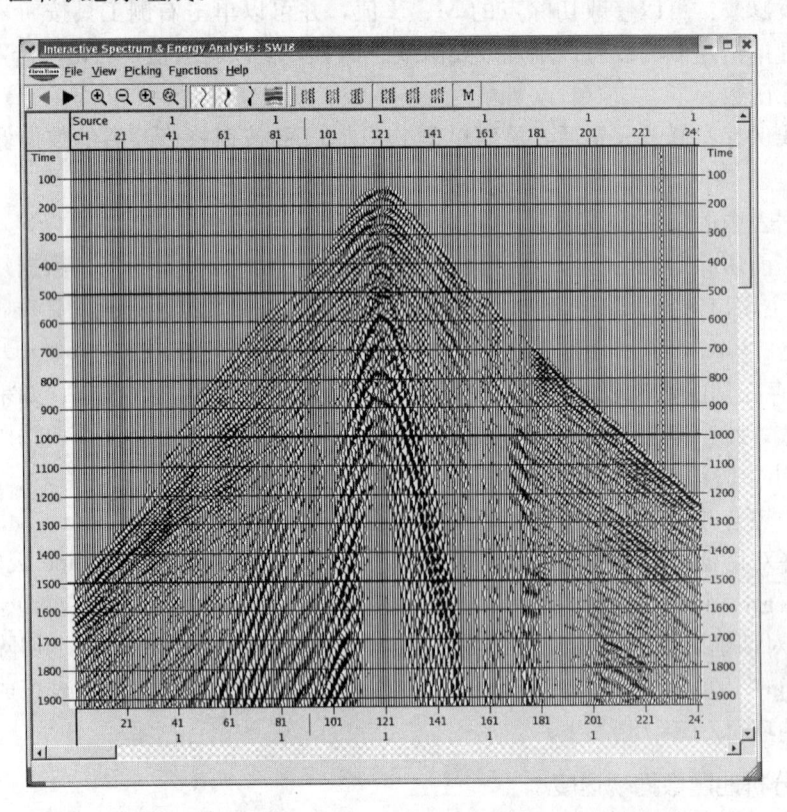

图 9.14 交互频谱分析及滤波器设计模块主界面

主窗口的工作区也就是地震数据的显示区。用户可以在此区域选取、修改或删除时窗，然后进行相应的分析。

模块初次启动时，地震剖面默认属性是波形线和正填充显示，并且颜色都为黑色。用户可以更改地震剖面显示属性，使之成为用户所习惯的显示方式，如正、负向填充，变密度显示以及它们的颜色和比例尺等。

2. 时窗选取

在进行频谱分析之前，首先需要定义进行分析的时窗。该模块提供多种时窗定义方式供用户选择，分别是：Single Trace，单道选取；Multi-trace，多道选取；Window of Single Trace，单道时窗选取；Window of Multi-trace，多道时窗选取；All Traces，选取所有道；Window along Horizon，选取沿层时窗。

1) 单道整道选取

在主菜单上选择 Picking→Single Trace 菜单项或者直接点击工具栏上的按钮▦，激活单道整道选取功能。此时用户可在感兴趣的道上单击鼠标左键，所点击的道即被选取。

2) 多道整道选取

在主菜单上选择 Picking→Multi-trace 菜单项或者直接点击工具栏上的按钮▦，激活多道整道选取功能。用户在要选取的起始道上单击鼠标左键，开始选取多道时窗。然后移动鼠标，此时在鼠标光标点和第一次单击的点之间出现一条红色的线条跟随鼠标一起移动。把鼠标向右移动到要选取的终止道上再次单击左键，可完成多道选取。

3) 单道时窗选取

在主菜单上选择 Picking→Window of Single Trace 菜单项或者直接点击工具栏上的按钮▦，激活单道分时窗选取功能。用户在要选取的道和时间的起始点处单击鼠标左键，开始选取单道分时窗。然后移动鼠标，此时在鼠标光标点和第一次单击的点之间出现一条红色的线条跟随鼠标一起移动。把鼠标向下移动到要选取的终止点上再次单击左键，可完成单道分时窗选取。

4) 多道时窗选取

在主菜单上选择 Picking→Window of Multi-trace 菜单项或者直接点击工具栏上的按钮▦，激活模块多道分时窗选取功能。用户在要选取的道和时间的起始点处单击鼠标左键，开始选取多道某时窗。然后移动鼠标，此时出现一个以鼠标光标点和第一次单击的点为对角顶点的红色矩形，跟随鼠标一起移动。把鼠标向右下（呈对角线方向）移动到要选取的终止道和时间终止点上再次单击左键，可完成多道分时窗选取。

5) 沿层时窗选取

在主菜单上选择 Picking→Window along Horizon 菜单项或者直接点击工具栏上的按钮▦，模块处于沿层时窗选取状态。用户在要选取的道和要选取的层位上单击鼠标左键，开始选取沿层某时窗。然后移动鼠标，此时在鼠标光标点和第一次单击的点之间出现一条红线，跟随鼠标一起移动。向右沿层移动鼠标到要选取的点上再次单击左键，这个点就被加入到这条红线条中。重复以上的操作到选取完第一层位的终止点，然后向下移动鼠标到要选取的第二个层位上，双击鼠标左键，可完成沿层时窗的选取。

6) 所有道选取

在主菜单上选择 Picking→All Traces 菜单项或者直接点击工具栏上的按钮▦，激活模块选取所有道功能。用鼠标左键单击窗口数据任意一点，则将选取主窗口的全部数据道。

7) 多个时窗切换

同一数据上可以定义多个时窗，但只有一个当前时窗，其显示颜色与其他时窗不同。用户可以使用单击任意时窗而把它激活的方式来进行时窗的切换。

3. 交互频谱分析

完成了时窗的选取之后，用户可以进行频谱分析。模块提供了各种分析手段，包括单道频谱分析、多道频谱分析、时频谱分析、频率扫描对比以及多时窗频谱等。

1) 单道频谱分析

如果剖面上的当前时窗是单道或单道时窗，在主菜单上选择 Method→Single Trace

Spectrum 菜单项，模块计算并弹出 Single Trace Spectrum 窗口，供用户进行单道频谱分析。

在单道频谱显示窗口中，用户可以根据自己的需要并通过 View 菜单中的 Frequency 和 Show Grid 菜单项进行 X 轴（频率）的调整以及加盖网格显示。

2）多道频谱分析

如果剖面上的当前时窗是多道、多道分时窗、沿层时窗或所有道时窗，在主菜单上选择 Method→Multi-trace Spectrum 菜单项，弹出 Multi-trace Spectrum 窗口和 Added Multi-trace Spectrum 窗口，可进行多道频谱分析。

3）时频谱分析

如果剖面上的当前时窗是单道，则可以进行时频谱的分析工作。首先在主菜单上选择 Method→Time Frequency 功能项，弹出 Time Frequency Parameter 窗口。用户在该对话框中填写相应的时频谱分析参数之后，点击"OK"键即可弹出时频谱分析结果。通过时频谱分析的结果，用户可以了解该地震数据频率特征在时间方向上的一个变化。

4）频率扫描

频率扫描作为一个常用的频率特征分析手段在 GeoEast 系统的交互频谱分析及滤波器设计模块中也有提供。如果用户需要进行频率扫描，则首先在主菜单上选择 Method→Scan 菜单项，并在弹出的 Scan Parameter 中填写相应的频率扫描参数，点击"OK"键即可弹出频率扫描的结果。

另外，对于频率扫描的结果，在显示窗口中提供了多种显示方式，用户可以在菜单上点击"View"，通过相应的菜单项选择不同的显示方式。

5）多时窗频谱对比

多时窗的对比方式主要是对资料的浅中深层或者横向上的频率特征对比。在主菜单上选择 Method→Analysis 菜单项，模块首先弹出 Analysis Parameter 窗口。多时窗对比参数有两种填写方式：键盘输入或直接从剖面数据上拾取。使用鼠标直接从数据上拾取时，先用鼠标在表格上选中某一时窗号栏（即设置表格的当前行值），在剖面上按下鼠标左键选取起始道号和起始时间，呈对角线方向拖动鼠标至终止道号和时间处释放鼠标左键。在此过程中所形成的矩形窗口时窗参数将自动显示在选中的当前行中。

填写表格时，起始道号和终止道号必须填写数据体道号的顺序号，并且每个时窗的起始道号必须小于终止道号，起始时间必须小于终止时间，否则，在点击"OK"按钮后会弹出相应的警告信息。因为在控制最大、最小道号时依据的是当前道集的最大、最小道号，因此，若所读入非当前道集数据体的最大道号小于表格中的结束道号，多窗谱对比所用的数据就是从起始道号到所读入的最大道号之间的数据。另外，当所选的道集数大于 1 时，如果其中的某道集是空的，则在分析时将不显示此道集分析的结果，只显示出一个空的坐标系。用户需要填写该窗口中的对比显示参数，然后点击"OK"键弹出多窗口对比结果显示窗口。

4. 交互滤波器设计

经过对当前数据进行各种频谱分析后，即可通过交互滤波器设计窗口设计适用于该数据理想的滤波器类型、相应参数以及应用范围等。

1）选取滤波器类型及参数

首先在单道频谱或者多道频谱分析窗口：在主菜单中选择 File→Filter 项，即可弹出滤波器参数设计窗口。滤波器设置窗口提供了 6 种不同的滤波器设计方案,分别为低通、高通、带通、带陷、雷克子波和俞氏子波滤波器,不同的滤波器同时对应着自己的缺省值,用户可以根据自己的需要进行选择。

当用户选择自己需要的滤波器,并且使用缺省参数或者填写自己需要的参数时,在单道或多道频谱显示窗口中的振幅谱上相应的位置即显示出滤波因子的谱线,同时其频谱及算子随即显示在滤波器设计界面的窗口中。

2) 滤波器的应用

用户修改完选定滤波器相应的参数之后,单击"Filter"按钮,即可应用当前滤波器于当前数据,并在主窗口中同时显示滤波前后的数据,如图 9.15 所示。

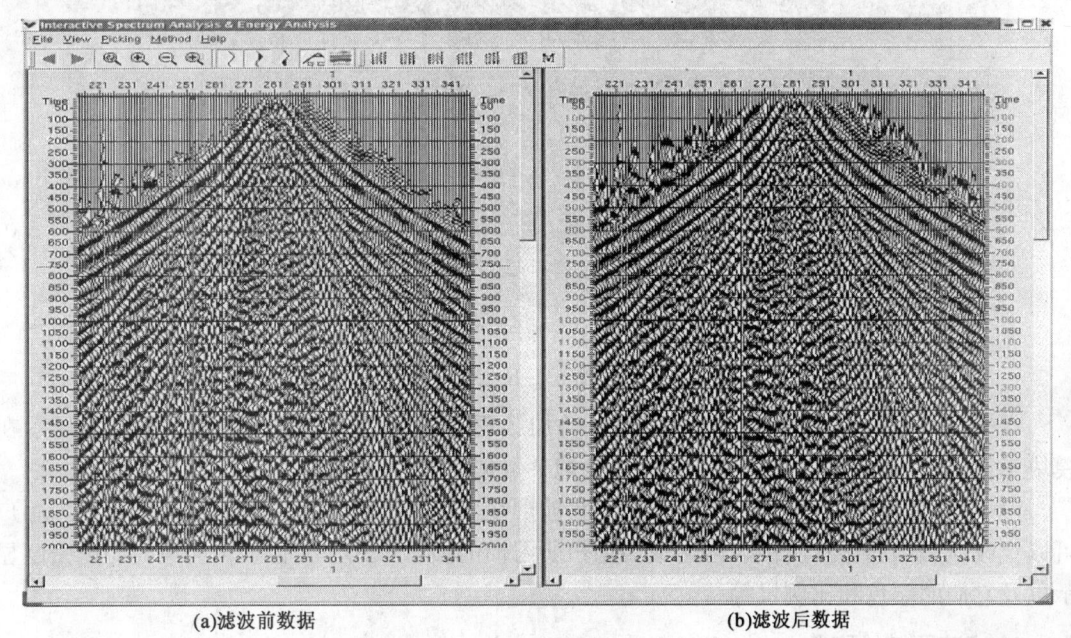

图 9.15 滤波前后数据对比

该窗口中分别显示了滤波前和滤波后的数据,左侧的为滤波前数据,右侧为滤波后数据,两个数据的显示是同步的,便于用户进行对比分析。

3) 滤波器数据表保存

对比滤波前后的数据后,若用户对此滤波器的效果满意,则可选择保存此滤波器。点击滤波器设计界面"Save"按钮,弹出 Save Filter 窗口。在此填上应用的起始时间和终止时间,点击"OK"按钮,即可保存滤波器。

在已有保存滤波器的情况下,在主菜单上选择 File→Save Filter to DB 菜单项,即可弹出 Save Filter To DB 窗口,将滤波器保存在数据库中。

9.3.4 交互 F-K 滤波 (GeoFKFiltering)

交互 F-K 滤波是地震资料处理中常用的噪音压制手段,尤其在叠后数据上压制规则干扰达到改善局部成像效果上应用广泛。GeoEast 系统的交互 F-K 滤波模块为用户提供了交互的 F-K 谱显示与 F-K 滤波算子拾取功能,还可以实现 F-K 滤波的批量处理,可以十分方便和快捷地完成叠前叠后的 F-K 滤波处理。

在 GeoEast 主控界面选择项目、工区和测线下的地震数据，右键点击，并选取右键菜单中的 F-K filtering 菜单项，弹出交互 F-K 滤波主窗口，同时完成数据加载和显示。

图 9.16 为 GeoEast 系统的交互 F-K 滤波主窗口。主窗口由菜单条、工具条、工作区和信息区组成。

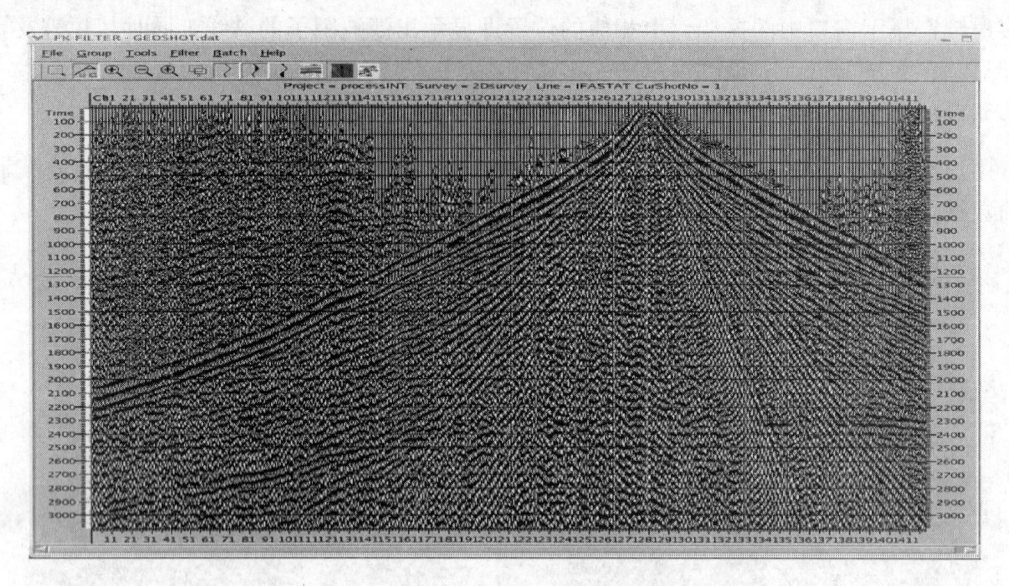

图 9.16 交互 F-K 滤波主界面

在交互 F-K 滤波模块启动后，模块自动加载驱动模块启动的输入数据，并将其显示在模块工作区中。对输入数据的要求是：2D 炮集数据与叠后地震数据。

模块初次启动时，地震剖面默认属性是波形线和正填充显示，并且颜色都为黑色。用户可以更改地震剖面显示属性，使之成为用户所习惯的显示方式，如正、负向填充，变密度显示以及它们的颜色和比例尺等。

1. 滤波区域拾取

在进行 F-K 滤波之前，首先要确定滤波的范围，并在选定的滤波区域内进行 F-K 谱的分析与 F-K 滤波算子拾取。对于滤波区域的选定，模块提供 3 种方式：

（1）在主菜单上选择 Group→Define，根据需要手工输入选取滤波区域。

（2）在主窗口选择 Group→Pick All，将整个道集作为滤波区域。

（3）在主窗口工具条单击按钮，然后在拾取工作区内使用鼠标左键并拖动鼠标，拾取一个矩形区域作为滤波区域。

在滤波区域定义完成后，在界面的下方将以表格的方式显示所有滤波区域，用户可以通过该表格来监控自己选择的滤波区域是否合适。对于叠前炮集数据，每炮只能选取 2 个滤波区域；而叠后数据可选多个。而对于双边炮集数据拾取，以最小偏移距对应的最小道区分左右拾取滤波区域。

2. 生成 F-K 谱及拾取滤波算子

定义好滤波区域后，首先在滤波区域列表中选择需要进行 F-K 谱计算的滤波区。选中滤波区域后单击主窗口工具条中的按钮，模块弹出 F-K 谱窗口。模块提供 3 种滤波算子定义方式：多边形、椭圆形与线性，分别对应 F-K 谱窗口中工具栏中的按钮、以及……。用户可以根据自己的需要来选择这 3 种不同的滤波算子定义方式，只要将需要的定义方式按钮按下即可。

定义好的滤波算子可以保存成外部文件，以供下次使用，也可以在批量模块 F-Kfilt 中使用。滤波算子文件缺省存于项目 \ 工区 \ 测线 \ datatable 目录下（文件名后缀为".flt"）。

保存好的滤波算子可以通过外部文件的方式进行输入，具体操作方法如下：单击工具条中的按钮▨或者使用 F-K 谱窗口中的 File→Open 菜单项，弹出文件选择对话框，选择要输入的滤波算子文件（文件名后缀为".flt"），单击"Open"按钮，模块将所选滤波算子文件显示到 F-K 谱上。

若要定义斜坡值，将鼠标移至工具条中的第一个┌┘────，按下鼠标左键，拖动滑杆，此时在多边形滤波算子的周围有一红圈随着滑杆的移动而改变大小，当斜坡合适后，释放鼠标左键。若要定义杜比值，将鼠标移至工具条中的第二个└┘────，按下鼠标左键，拖动滑杆，改变当前滤波算子的杜比值。当定义杜比值为零时，则不滤波。

若对定义的滤波算子不满意，有以下几种修改滤波算子的方法：

（1）移动鼠标至要删除的滤波算子内双击左键激活该滤波算子为红色，然后单击工具条中的按钮▨，删除当前的滤波算子。

（2）在激活的滤波算子上，移动鼠标至要修改的控制点上，鼠标变"+"，按下鼠标左键移动控制点，释放鼠标左键完成修改。

（3）移动鼠标至要移动的滤波算子范围内，活化滤波算子，鼠标变小手，按下鼠标左键移动滤波算子，释放鼠标左键完成移动。

3. F-K 滤波

1）交互滤波

当滤波算子定义好后，单击工具条中的按钮▨，程序用当前滤波算子对其对应的滤波区域数据进行滤波。滤波完成后，弹出滤波数据显示窗口，如图 9.17 所示，显示滤波后的数据和滤波前的数据。

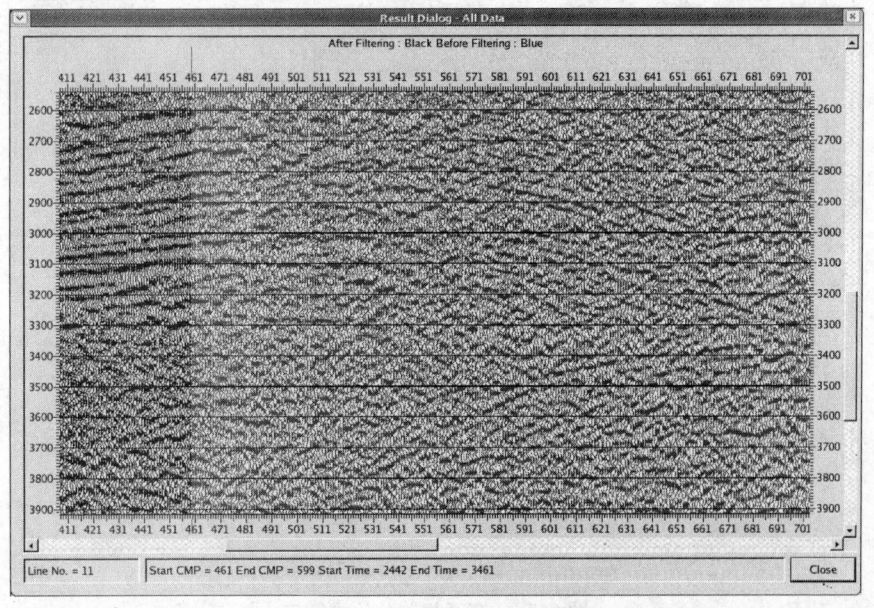

图 9.17 交互滤波结果对比窗口

模块在对比窗口中使用拉帘的方式来显示和对比滤波前、后的数据，其中图左侧显示的数据为滤波之后的地震数据，图右侧显示的数据为滤波之前的地震数据。用户可以通过这个对比功能来确认所定义的滤波算子是否合适。如果不合适，就需要进行修改或者重新定义。

2）批处理滤波

滤波算子定义完成后，在主窗口选择 Batch→Parameter，弹出定义批处理窗口。参数填写完毕，单击"OK"按钮，进行批处理滤波，并弹出进度条显示处理进度。批处理滤波完成后，弹出是否进行结果显示对话框，选择"Yes"，模块加载并显示批处理滤波后的数据，然后在此数据基础上可以继续进行其他区域的滤波处理；选择"No"，不显示批处理滤波数据。

9.3.5 交互相关分析（GeoSeismicCorrelation）

相关分析是地震资料处理中常用的数据分析手段，GeoEast 系统的交互相关分析软件为用户提供多种方便快捷的交互相关分析手段。其主要功能有数据单道自相关、数据道集自相关、数据互相关、数据褶积处理以及自相关特征参数分析（高程曲线、极值曲线与频率曲线）。

本节主要介绍交互相关分析模块的常用操作方法，按照操作的先后顺序引导地震资料处理员依次完成交互相关分析工作。

在主控界面中选择某项目、工区、测线下的地震数据，然后点击鼠标右键，在弹出的右键菜单中选择 Correlation analysis。在交互相关分析模块启动之后，模块自动加载驱动模块启动的输入数据，并将其显示在模块工作区中，如图 9.18 所示。对输入数据的要求是：2D、3D 叠前共炮集、共检波点集、CMP 集数据，2D、3D 叠后地震数据。图 9.18 为 GeoEast 系统的交互相关分析主窗口。主窗口由菜单条、工具条、工作区和信息区组成。

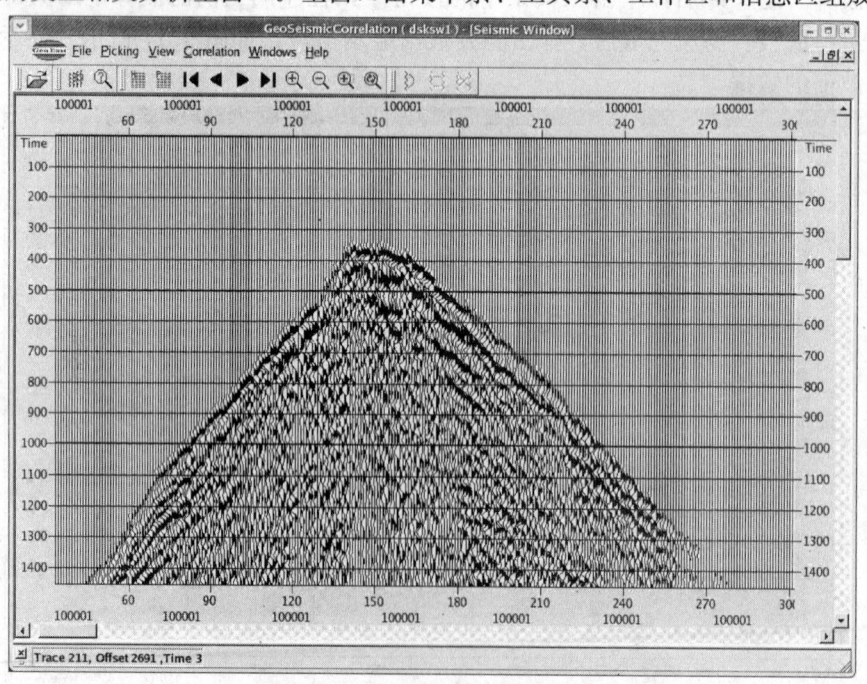

图 9.18　交互相关分析主窗口

模块初次启动时，地震剖面默认属性是波形线和正填充显示，并且颜色都为黑色。用户可以更改地震剖面显示属性，使之成为用户所习惯的显示方式，如正、负向填充，变密度显示以及它们的颜色和比例尺等。

1. **数据自相关分析**

在进行自相关分析前，首先选择要处理的时窗，可以通过工具栏中的 按钮，直接用鼠标在地震数据上拖拉选取，其时窗值可映射到自相关参数对话框中，并可通过双击鼠标左键取消已选时窗，也可以在自相关参数对话框中填写。然后启动主程序，在主窗口菜单条选择 Correlation→Autocorrelation 或点击自相关功能按钮 ，弹出自相关功能对话框。

自相关处理参数描述如下：
Start Trace   时窗起始道道号。
End Trace   时窗终止道道号。
Start Time   时窗起始时间。
End Time   时窗终止时间。
View Length   用户需要显示的自相关结果长度，默认值为 500ms。
Autocorrelation Type   自相关类型。
Single   道集内单道自相关函数。
Stat   对每一道集求取平均的自相关函数。
Autocorrelation Parameter Analysis   自相关参数分析。

用户填写自相关处理结果显示长度，默认值为 500ms；若用户填写值非整百数倍，则按后两位数四舍五入地显示数据。例如，用户填写长度为 225ms，则只显示 200ms；如用户填写 265ms，则显示 300ms；若超出用户选择地震数据时窗长度，则报错。

用户在自相关参数对话框中填写适当的参数并确认无误后，点击"OK"按钮，即可进行自相关功能处理，如图 9.19 所示。

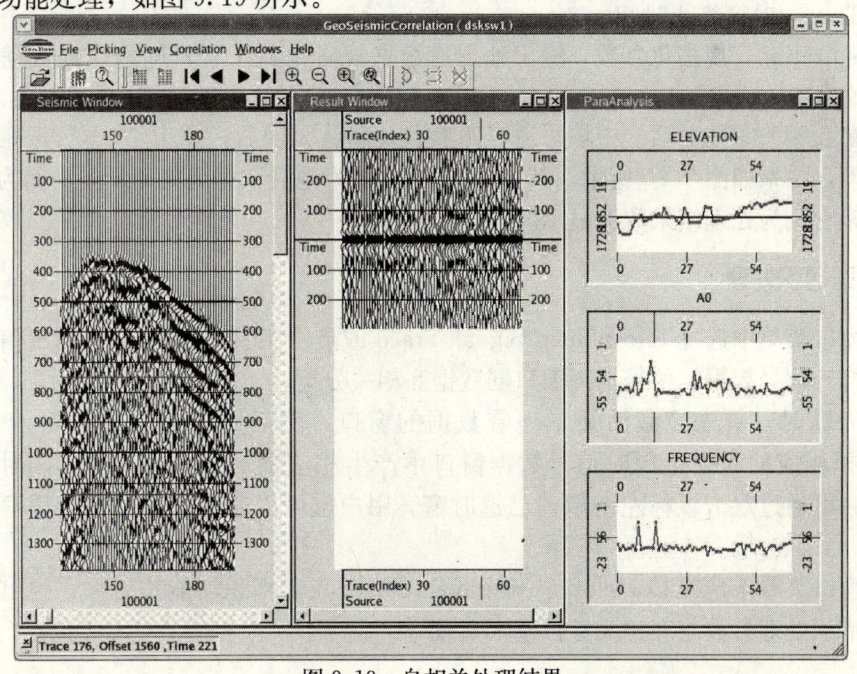

图 9.19 自相关处理结果

图 9.19 右侧所示曲线自上而下分别为选定时窗的高程曲线、极值曲线和频率曲线。若用户双击这些曲线图上的 Elevation、A_0、Frequency，则可弹出特征参数表。

2. 数据互相关分析

在主窗口菜单中选择 File→Open Signal Trace 或点击工具条按钮，弹出信号数据选择窗口，打开信号数据。该对话框显示用户当前使用的项目、工区和测线下的所有数据。filter 为搜索输入框，可供用户进行模糊查询。当用户在输入框中输入字符时，包含输入的字符串的数据名就会显示在左侧列表中；如果用户双击数据，则右边表中显示该数据的主要道头信息。当用户点击"OK"后，则加载信号道数据。

选取时窗时，首先应激活显示地震数据的窗口，然后点击工具条按钮，通过鼠标拖拉选择相应的时窗，同时信号数据窗口中产生相应的时窗。用户可以随时调整时窗的大小（信号数据时窗可自行调整，使之与地震数据时窗不同），并可通过双击鼠标左键取消已选时窗。用户也可以通过互相关处理对话框调整时窗大小。

在主窗口菜单条选择 Correlation→Crosscorrelation 或点击互相关功能按钮，弹出互相关功能对话框。互相关处理参数描述如下：

Seismic Time Window　地震数据时窗。
Start Trace　时窗起始道道号。
End Trace　时窗终止道道号。
Start Time　时窗起始时间。
End Time　时窗终止时间。
Signal Trace Time Window　信号数据时窗。
Start Trace　时窗起始道道号。
End Trace　时窗终止道道号。
Start Time　时窗起始时间。
End Time　时窗终止时间。
Normalization　规格化参数。输出地震道数据规格化到 y 位，即地震道数据最大值为 2^y-1。

用户在互相关参数对话框中填写适当的参数并确认无误后，点击"OK"按钮，即开始互相关处理，结果如图 9.20 所示。其中图 9.20 左侧为地震数据道集显示，中间为信号数据道集显示，右侧为处理结果数据显示。

3. 数据褶积处理

在主窗口菜单中选择 File→Open Signal Trace 或点击工具条按钮，弹出信号数据选择窗口，打开信号数据。信号选择窗口同数据互相关分析。

选取时窗时，首先应激活显示地震数据的窗口，然后点击工具条按钮，通过鼠标拖拉选择相应的时窗，同时信号数据窗口中产生相应的时窗。用户可以随时调整时窗的大小，并可通过双击鼠标左键取消已选时窗。用户也可以通过褶积处理对话框调整时窗大小。

在主窗口菜单条选择 Correlation→Convolution 或点击褶积功能按钮，弹出褶积功能对话框。褶积处理参数与互相关参数基本一致。

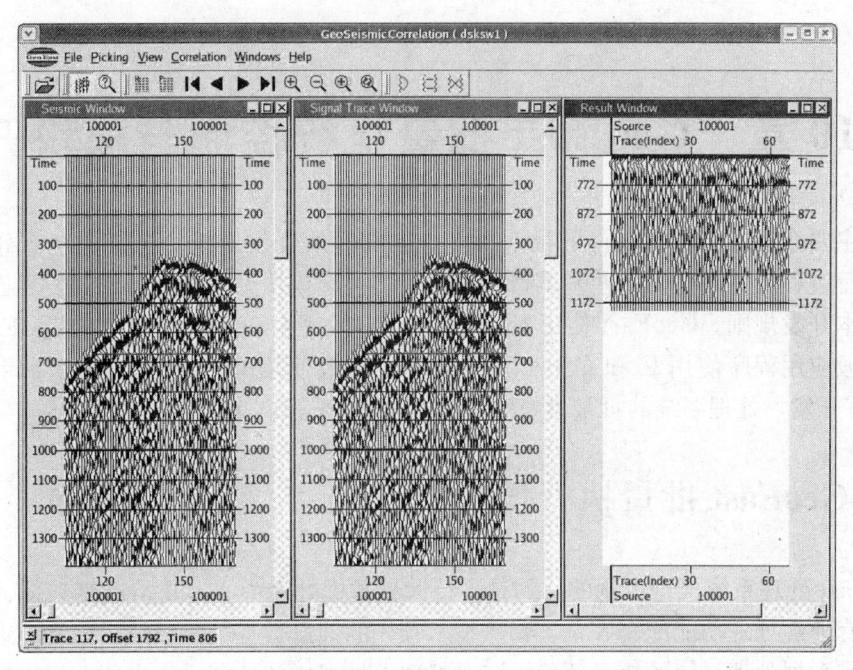

图 9.20 互相关处理结果

在褶积参数对话框中填写适当的参数并确认无误后,点击"OK"按钮,即开始褶积处理。褶积处理结果如图 9.21 所示。

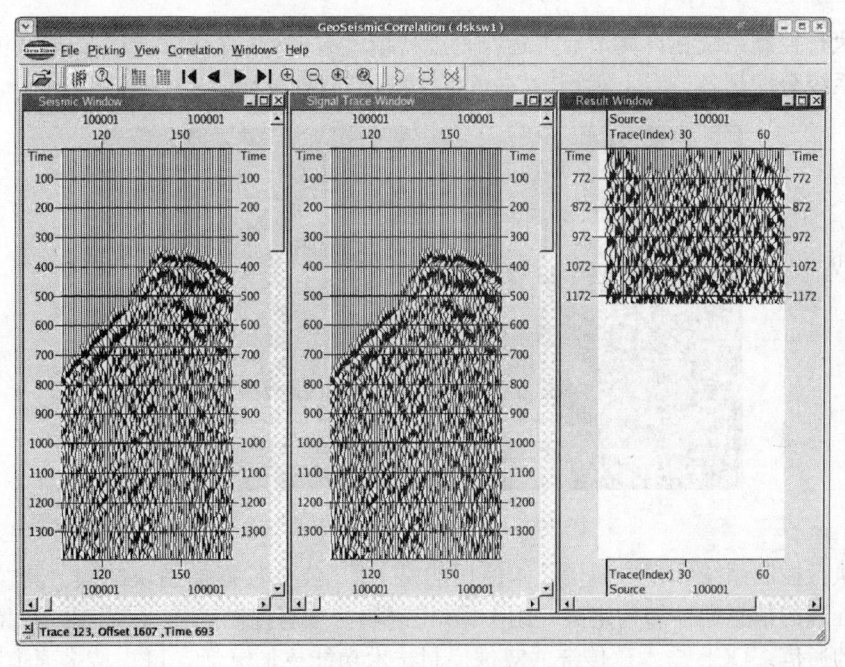

图 9.21 褶积处理结果

其中,图 9.21 左侧为地震数据道集显示,中间为信号数据道集显示,右侧为处理结果数据显示。

· 333 ·

第 10 章　GeoEast 批量执行控制与模块开发

本章主要介绍 GeoEast 软件的批量执行控制和模块开发系统。执行控制部分主要介绍程序的执行过程及其描述与一些基本概念和模块结构；模块开发部分介绍开发界面的基本情况以及基本开发规则。GeoEast 使用 LINUX 作为开发平台和运行平台，在 GeoEast 处理系统开发一般应用程序使用 C 和 C++，界面程序一般使用 QT 开发；子程序库使用 C 和 C++语言开发，处理系统的批量模块可使用 C、C++、FORTRAN 开发。

10.1　GeoEast 批量执行控制

GeoEast 处理系统执行控制的目的是支持大型数据处理中心，支持网络环境、工作站环境，是一套地震处理功能配套齐全、物探技术领先的地震数据处理系统。地震处理平台执行控制是地震数据处理系统的核心部分，它对处理人员提供的地震语言进行翻译、管理、执行监控，并向处理模块提供架构和支持环境。

10.1.1　简述

批量执行控制系统在计算节点上运行，运行模式有串行运行模式和并行运行模式，通过调度管理系统分配到各节点上运行。GeoEast 执行控制系统如图 10.1 所示。

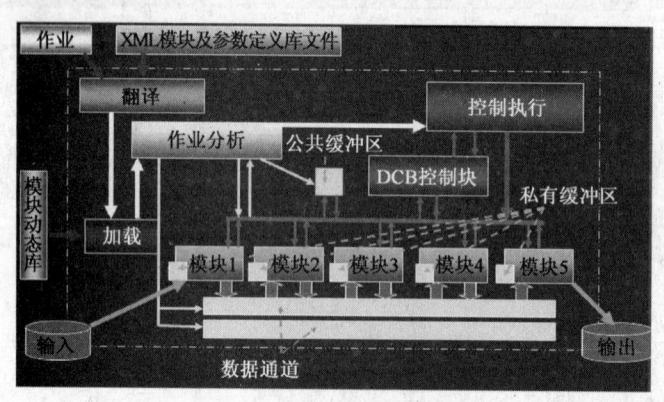

图 10.1　GeoEast 执行控制系统

批量执行控制系统和模块通信技术使用的是 DCB 公共数据控制块结构。其核心是根据地震数据处理的信息通信结构定义一组 DCB 控制块（编写控制函数），用于执行控制子系统和模块间的通信。DCB 技术比传统的双位控制技术功能更加灵活，可支持多通道数据控制，达到国际先进水平。

处理系统设计了模块定义库、模块及模块参数定义库。定义库使用 XML 语言进行描述，每个模块都有一个定义库 XML 文件，存放在系统目录中。这样任何希望编成批量模块的应用程序都可以通过编写定义库的 XML 文件方便高效地完成。XML 语言作为描述语言，处理系统在模块及参数定义库、作业的地球物理描述等方面均使用 XML 语言。

采用 XML 技术，作业编辑器的模块及参数的交互图形界面可根据模块及参数定义库的 XML 语言描述自动生成，做到了模块参数界面的风格统一。批量模块框架技术、执行控制系统的作业翻译、模块参数的译码也是通过解析 XML 语言完成的。

执行控制系统的基本内容包括：

(1) 执行控制系统一般是基于计算节点上启动运行的。
(2) 分析作业，按作业提供的模块和参数执行。
(3) 执行系统的控制流依赖作业提供的模块及顺序。
(4) 执行系统的数据流来于输入模块，一般由输入模块打开输入流并通过管道流向后续模块。
(5) 使用 DCB 控制块实现模块和执行控制系统的通信。
(6) 对作业的数据流及控制流进行控制。
(7) 提供系列接口，允许其他模块或程序使用。
(8) 收集模块运行输出信息，统计模块资源使用情况。

执行控制系统流程如图 10.2 所示。

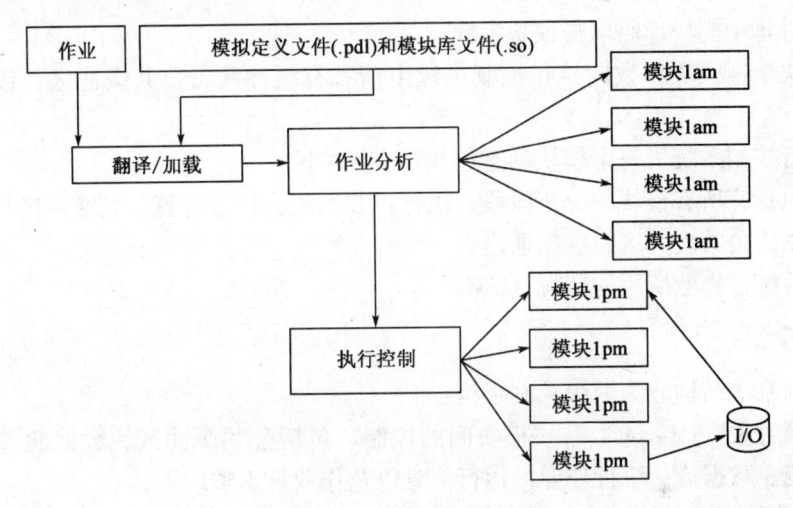

图 10.2 执行控制系统流程

10.1.2 运行过程

1. 作业翻译

作业翻译是把作业文件内的以 XML 语言描述的作业流程翻译为计算机能识别的语言代码，主要有以下几部分：作业文件（jobname.job）；模块定义（modname.pdl）；模块参数定义（modname.pdl）；参数存放结构（carding structure）；作业翻译过程。

作业文件由作业名和 job 后缀组成，如 filter.job，由编码人员根据处理流程编制，使用 XML 语言标准；模块定义库是对模块的设计，描述模块的类型、通信方式等，用 XML 文件描述；模块参数定义库是对模块参数的设计，描述模块参数的类型、名称、缺省值等，用 XML 文件描述。

作业翻译过程如下：

(1) 将作业文件用字符流（XML）方式输入。
(2) 翻译字符流（XML）为模块及参数。

(3) 使用模块及参数定义库，产生存放模块及参数的数据结构。
(4) 将模块及参数存放到数据结构中。
(5) 为模块提供一套译码函数。

2. 模块加载

模块加载是根据作业的流程动态加载模块，地震系统和模块使用的函数也全部在使用时进行加载。

可使用 FORTRAN、C、C++开发模块，编译为动态库的形式：modname.so，开发模块时需要相应的编译器，运行作业时不需要编译器，由执行控制程序动态加载（grisys 需要编译器）；使用的函数库定位后，运行后进行加载，运行时需要相应的共享库。

3. 模块分析

模块分析过程如下：
(1) 依次执行模块的分析阶段。
(2) 针对每个模块译码取得模块参数。
(3) 模块根据模块参数向执行控制系统申请私有缓冲区、公共缓冲区、数据通道数等资源。
(4) 执行控制系统为每个模块动态创建私有缓冲区。
(5) 待执行完所有模块的分析阶段，执行控制系统为作业计算公共缓冲区长度、数据通道的道数，创建公共缓冲区、数据通道。
(6) 最后统计作业所用的资源（CM）。

4. 执行控制

执行控制系统结构分为两级控制结构：

作业控制对象（jobexec）——模块间的控制，包括公共缓冲区、数据通道、全局变量定义、控制流、数据流、统计作业的运行信息以及作业日志整理等。

模块控制对象（modexec）——模块内部的控制，包括私有缓冲区、执行模块的 AM 或 PM、统计模块执行的运行信息等。

执行部分如下：
(1) 多循环控制执行模块的执行阶段。
(2) 控制模块的执行顺序以及数据流的流向。
(3) 模块和执行控制系统是通过 DCB 控制块交换信息的。
(4) 一般作业按照约定的控制体系自动运行到作业结束。
(5) 一般单个模块的运行不可分割，直到单个模块运行结束。
(6) 执行控制系统可以接受事件或中断。
(7) 运行结束后统计各个模块执行的运行信息。
(8) 结束处理。

作业控制如下：
(1) 模块调用 DCB 控制函数提出申请。
(2) 执行控制系统根据 DCB 信息控制执行。
(3) 执行控制系统也可以使用控制模块实施控制。

(4) DCB 控制函数。

(5) 控制模块：CopyChannel，SetChannel。

5. 结束处理

系统处理结束分为两种情况：

(1) 正常结束处理，地震数据经过作业流的处理，过程完整，运算结果正确，作业报表正常。

(2) 非正常结束处理，作业在运行中出现错误，包括地震系统和模块发现错误情况以及计算机操作系统发生中断出错情况。

结束处理功能：释放系统内存资源，释放暂存磁盘空间，关闭已打开的数据文件，收集集中输出信息内容，归纳作业输出列表（LIST），作业历史保留，结束控制系统运行。

10.1.3 执行控制描述

1. 模块控制旗标的使用

对于模块来说，使用模块控制旗标很重要。控制旗标分为系统控制和模块向系统发请求两种。系统控制包含设置系统标志和取系统标志，有 6 个函数；模块和系统通信有 3 个函数，具体如下。

(1) 控制消息通信：

设置系统标志	取系统标志	模块与系统通信
dcb_set_normal();	dcb_get_normal(int * norm);	dcb_set_next();
dcb_set_lastgather();	dcb_get_lastgather(int * lastg);	dcb_set_input();
dcb_set_lasttrace();	dcb_get_lasttrace(int * lastt);	dcb_set_output();

(2) 各个函数：

dcb_set_normal：设置模块本次 PM 输出的地震道为正常道（非道集最后一道、非数据最后一道）。

  FORTRAN call dcb_set_normal( )。

  C/C++ dcb_set_normal( )。

dcb_set_lastgather：设置模块本次 PM 输出的道为道集（CMP、Source 等）最后一道。

dcb_set_lasttrace：设置模块本次 PM 输出的道为数据最后一道。

dcb_get_normal：设置模块本次 PM 输入的地震道为正常道（非道集最后一道、非数据最后一道）。

dcb_get_lastgather：设置模块本次 PM 输入的道为道集（CMP、Source 等）最后一道。

dcb_get_lasttrace：设置模块本次 PM 输入的道为数据最后一道。

dcb_set_next　模块告诉系统本模块处理完一道数据，并要求数据向下一个模块传送，要求新的数据进入本模块处理。

dcb_set_input　模块告诉系统本模块继续需要输入数据，本模块数据不满足。

dcb_set_output 模块告诉系统本模块输出完这一道数据后仍需要向下一个模块输出数据，不希望系统输入新的数据。

控制消息通信的设置系统标志的3个函数一般为输入模块使用，因为正常情况下只有输入模块才知道一个数据体什么时候集（道集、炮集等）状态改变，什么时候数据体结束，所以需要输入模块置状态。但有时多道模块也使用（当数据结束，内部数据道输出时使用）。取系统标志以及模块与系统通信这两部分模块都要使用（当然输入模块一般不使用取系统标志部分）。

2. 数据控制块DCB函数的使用

函数功能：提供地震数据信息，包括得到或置入地震数据信息，如采样率、道长、样点数等；系统数据通道控制，作业执行过程中，执行控制系统创建的内存中的数据块用来存放模块要处理的数据和处理结果，如通道数、通道内道数等。

主要函数列表如下：

1) 存取地震数据信息

存取地震数据的采样率，一般模块在分析阶段使用，单位为微秒：

void dcb_set_si (int *si)
void dcb_get_si (int *si)

存取地震数据的道长，单位为毫秒：

void dcb_set_ltr (int *ltr)
void dcb_get_ltr (int *ltr)

取得地震道的样点数：

void dcb_get_inca (int *inca)

模块请求系统开辟长度为len的kbuf缓冲区，其中kbuf为模块pm阶段的参数：

void dcb_request_kbuf_len (int *len)

2) 系统数据通道控制

设置和取得系统开辟的通道数目：

void dcb_request_channels (int *channel)
void dcb_get_channels (int *channel)

设置和取得一个通道内最大的道数：

void dcb_request_max_channel_trs (int *trs)
void dcb_get_max_channel_trs (int *trs)

设置和取得主通道实际的道数：

void dcb_set_channel_trs (int *trs)
void dcb_get_channel_trs (int *trs)

分别设置通道channel的道长采样率和道数，其中channel为通道的索引值，0为主通道，其他为辅助通道：

void dcb_request_channel_si (int *channel, int *si)
void dcb_request_channel_ltr (int *channel, int *ltr)
void dcb_set_channel_traces (int *channel, int *traces)
void dcb_get_channel_si (int *channel, int *si)

void dcb _ get _ channel _ ltr（int * channel, int * ltr）
void dcb _ get _ channel _ traces（int * channel, int * traces）
单道数据传输模块中读写通道 channel 的道头和数据：
void dcb _ set _ channel _ data（int * channel, int * head, float * trace）
void dcb _ get _ channel _ data（int * channel, int * head, float * trace）
多道数据传输模块中每次读写通道 channel 的 trs 道的道头和数据：
void dcb _ set _ channel _ datas（int * channel, int * head, float * trace, int * trs）
void dcb _ get _ channel _ datas（int * channel, int * head, float * trace, int * trs）
多道数据传输模块中每次读写一道的道头和数据，其中 indexTr 为地震道的索引：
void dcb _ set _ channel _ data _ tr（int * channel, int * indexTr, int * head, float * trace）
void dcb _ get _ channel _ data _ tr（int * channel, int * indexTr, int * head, float * trace）
由 C/C++ 的输入模块中直接取得通道 channel 的道头和数据指针：
void dcb _ get _ channel _ pointer（int * channel, int * &head, float * &trace）
使用实例：下面是模拟的一个输入模块的 AM 阶段。

  ……
  Integer channel, isi, ltr, trs
  call card _ get _ int（" channel \ 0", channel)
  call card _ get _ int（"trs \ 0", trs）
  call card _ get _ int（"si \ 0", isi）
  call card _ get _ int（"ltr \ 0", ltr）
  call dcb _ set _ si（isi）
  call dcb _ set _ ltr（ltr)
  ichannel ＝ channel ＋1
  call dcb _ request _ channels（ichannel）
  call dcb _ set _ channel _ trs（trs）
  call dcb _ request _ max _ channel _ trs（trs ＋ 10）
  if（channel . ne. 0）
    call dcb _ request _ channel _ si（channel, isi）
    call dcb _ request _ channel _ ltr（channel, ltr）
    call dcb _ set _ channel _ traces（channel, trs）
    endif
  ……

3. MSG 函数

函数功能：向作业列表文件和作业日志文件打印信息。
函数列表如下：
（1）向作业列表文件打印以下几种信息：一条字符串信息，一条正常信息和一个整数，一条正常信息和一个整型数组，N 维数组长度或一条正常信息和一个实数，一条正常信息和一个实型数组，N维数组长度，也可以向作业列表文件打印一条正常信息。

　　void msg_lists (char *msg)

　　void msg_int (char *msg, int *N)

　　void msg_iarray (char *msg, int iArray [], int *N)

　　void msg_float (char *msg, float *N)

　　void msg_farray (char *msg, float fArray [], int *N)

　　void msg_str (char *msg)

（2）向作业列表文件打印警告信息，类别同上。

　　void msg_warn_int (char *msg, int *N)

　　void msg_warn_iarray (char *msg, int iArray [], int *N)

　　void msg_warn_float (char *msg, float *N)

　　void msg_warn_farray (char *msg, float fArray [], int *N)

　　void msg_warn_str (char *msg)

（3）向作业列表文件打印错误信息，类别同上。

　　void msg_err_int (char *msg, int *N)

　　void msg_err_iarray (char *msg, int iArray [], int *N)

　　void msg_err_float (char *msg, float *N)

　　void msg_err_farray (char *msg, float fArray [], int *N)

　　void msg_err_str (char *msg)

（4）创建本模块专用的作业列表文件，列表文件的内容最后由系统合并到整个作业的列表文件中去，正常返回为0，出错返回为1。应注意不同的编程语言调用时的参数不同。使用时在分析阶段创建。

　　void msg_create_modlist (FILE **fd, int *state);　　//used for C/C++ program

　　void msg_create_modlist (int *handle, int *state);　　//used for Fortran

（5）向作业日志文件打印信息：向作业日志文件打印一条信息。

　　void msg_logs (char *msg)

　　void msg_log_int (char *msg, int *N)

　　使用实例：在Fortran程序调用这些函数时，如果要传入的参数是字符串类型，请将字符串的结尾处加上"\0"。如下面的一段Fortran程序。

　　/*模块AM阶段*/

　　integer fd, ret

　　call msg_lists ("Begin to Create Modue List File. \0")

　　call msg_create_modlist (fd, ret)

　　if (ret.ne.0) then

　　　　call msg_err_str ("Failed To Create Module List File \0")

　　　　call gos_abort ()

　　　　return

　　endif

　　call msg_int ("Success Create Module List File With File Descriptor：\0", fd)

......
　　/*模块 PM 阶段*/
　　……
　　write（fd，*）"Begin to Print in Module List File"　//由 Fortran 函数进行格式写
　　……
下面是一段功能完全相同的 C++ 代码：
＃include "gos_sublib.h"
＃include "msg_sublib.h"
＃include <stdio.h>
……
//AM 阶段
int ret;
FILE * fd;
msg_lists（"Begin to Create Modue List File."）;
msg_create_modlist（&fd,&ret）;
if（ret！＝0）
{
　　msg_err_str（"Failed To Create Module List File."）;
　　gos_abort（）;
　　return;
}
msg_int（"Success Create Module List File With File Descriptor：",fd）;
……
//PM 阶段
……
fprintf（fd，"Begin to Print in Module List File"）；//由 C 函数进行格式写
……

4. 调用 TMP 函数

函数功能：创建临时文件，并对创建的临时文件进行读、写、定位等操作。临时文件创建后被自动打开。Fortran 程序调用 tmp 接口函数对文件进行读写操作，C/C++ 程序也同 Fortran 一样，通过接口来对临时文件进行读写操作。

函数列表：创建并打开一个临时文件；对临时文件进行整道读写时设置地震道的道头长度和数据长度；对临时文件进行读操作；对临时文件进行读写操作；对临时文件进行定位操作；关闭临时文件。

void tmp_open（int * fd）
void tmp_set_length（int * fd, int * headLength, int * traceLength）
void tmp_read（int * fd, void * buf, int * bytes, int * rbytes）
void tmp_read_trace（int * fd, int * index_from1, int * head, float * trace, int * traces）
void tmp_write（int * fd, void * buf, int * bytes, int * wbytes）

· 341 ·

void tmp_write_trace（int *fd, int *index_from1, int *head, float *trace, int *traces）

void tmp_seek（int *fd, int *offset, int *whence）

void tmp_close（int *fd）

使用实例：使用 tmp 接口函数时，在模块分析阶段创建文件。若使用 tmp_read_trace 和 tmp_write_trace，则在打开文件后应首先调用 tmp_set_length 来设置道头和数据长度；否则可以不用设置。临时文件使用后应执行 tmp_close 来删除文件。

下面的一段 Fortran 程序简单地说明了这组函数的用法。

//AM 阶段
```
    integer fd, si, ltr, tracelen, headlen
    common fd, si, ltr, tracelen, headlen
    call dcb_get_si（si）
    call dcb_get_ltr（ltr）
    tracelen =（ltr * 1000）/si
    headlen = 128
    call tmp_open（fd）
    if（fd.eq.-1）then
      call msg_err_str（"Tmp File Open Failed \ 0"）
      call gos_abort（）
      return
    endif
    tmp_set_length（fd, headlen, tracelen）
    ……
```

//PM 阶段
```
    ……
    integer fd, si, ltr, tracelen, headlen, traceindex, tracenum
    common fd, si, ltr, tracelen, headlen
    integer head（headlen）
    float trace（tracelen）
    ……
    tracenum = 1
        call tmp_write_trace（fd, traceindex, head, trace, tracenum）
    ……
    call dcb_get_lasttrace（ilast）
    if（ilast.eq.1）then
       tmp_close（fd）
    endif
    ……
```

5. 调用 GOS 函数

函数功能：用此类函数接口可以获得执行控制系统的信息，向系统发送某些信息或者请求系统提供某些服务。

函数具有下列功能：模块在运行中出错，向系统发送错误信息，由执行控制系统来处理错误；得到当前运行作业的作业名；得到当前运行作业的作业号；得到作业的调度号；取得当前运行的模块名；取得当前运行的模块序号；模块分析阶段的开始和结束等。

函数列表：

void gos_abort ();
void gos_get_jobname (char *jobname);
void gos_get_jobnumber (char *jobnumber);
void gos_get_jobgjss (char *jobnumber);
void gos_get_modname (char *modname);
void gos_get_modindex (int *modindex);
void gos_am_start (float *version, char *date);
void gos_am_end ();
void gos_get_common_len (int *length);
void gos_request_common_len (int *index, int *pcom, int *len);
void gos_get_unit (int *lun);
void gos_get_plot_dotfilename (char *filename, int *unit, int *len);
void gos_get_plot_verfilename (char *filename, int *unit, int *len);
void gos_request_cgm_filename (char *filename);
void gos_get_project (char *);
void gos_get_survey (char *);
void gos_get_line (char *char *);

使用实例：以模块 test 为例简单说明这类函数接口的用法。

subtoutine test_am (pbuf, ibuf)
integer pbuf (*), ibuf (*)
integer par1
character date * 80
common /test_par/par1
common /test_common/lu
version = 1.01
data = "2004−9−6\0"
call gos_am_start (version, date)
call card_get_int ("par1\0", par1)
call gos_get_common_len (len)
call gos_request_common_len (i, par1, len)
len = 4 * 1
call gos_request_common_len (i, lu, len)

```
call dcb _ get _ si ( isi )
call dcb _ get _ ltr ( ltr )
……
call gos _ am _ end ( )
return
end
```

6. 译码类子程序

函数功能：此系列函数按原始的数据类型进行接口划分，主要功能是用来取得.pdl 及作业中提供的参数值，供模块的开发使用。

函数列表：

void card _ get _ int (char * name, int * result)

此函数用来为整型参数进行译码，此整型参数可以是单个数值的，也可以是向量或者矩阵的；若是矩阵，参数值是按行优先的顺序存放的，符合 C 语言规则。

void card _ get _ float (char * name, float * result)

此函数用来为实型参数进行译码，此实型参数可以是单个数值的，也可以是向量或者矩阵的；若是矩阵的，则参数值的存放是按行优先的。

void card _ get _ double (char * name, double * result)

此函数用来为双精度型参数进行译码，此参数可以是单个数值的，也可是向量或者矩阵的；若是矩阵的话以行优先的方式来存放取得的参数值。

void card _ get _ string (char * name, char * result)

此函数用来为字符串类型参数进行译码，此参数可以是单个数值的也可是向量或者矩阵的，若是矩阵的，则以行优先的方式来存放取得的参数值。

void card _ get _ header (char * name, char * result)

此函数用来为道头类型参数进行译码，道头类型实际为字符串，此参数可以是单个数值的，也可是向量或者矩阵的；若是矩阵的，则以行优先的方式来存放取得的参数值。

void card _ get _ para (char * firstAddr)

此函数用来一次取得模块.pdl 的所有参数的值，此函数时是根据位置来进行译码，所以模块中参数的定义顺序必须和.pdl 文件中参数的顺序相一致，否则将出现不可测的错误。其中的矩阵参数是按行优先进行存放。

void card _ get _ intf (char * name, int * result)

此函数用来为整型参数进行译码，参数可以是单个数值的，也可是向量或者矩阵；若是矩阵的，其参数值按以列优先的顺序存放，主要是针对 Fortran 语言模块服务的。

void card _ get _ floatf (char * name, float * result)

此函数用来为实型参数进行译码，参数可以是单个数值的，也可以是向量或者矩阵的；若是矩阵的，其参数值以列优先的顺序存放，主要是针对 Fortran 模块服务的。

void card _ get _ doublef (char * name, double * result)

此函数用来为双精度型参数进行译码，参数可以是单个数值的，也可以是向量或者矩阵的；若是矩阵的，则其参数值是以列优先的顺序存放的，主要是针对 Fortran 模块服务的。

void card _ get _ stringf (char * name, char * result)

此函数用来为字符串类型参数进行译码，此参数可以是单个数值的，也可是向量或者矩阵的；若是矩阵的，则以列优先的方式来存放取得的参数值。

void card_get_headerf (char * name, char * result)

此函数用来为道头类型参数译码，参数可以是单个数值的，也可以是向量或者矩阵的；若是矩阵的，则其参数值是以列优先的顺序存放的，主要是针对 Fortran 模块服务的。

void card_get_paraf (char * firstAddr)

此函数为一次取得模块.pdl 的所有参数的值，根据位置来进行译码，所以模块中参数的定义顺序必须和.pdl 文件中参数的顺序相一致，否则将出现不可测的错误。其中矩阵类参数是以列优先的顺序存放的，针对 Fortran 模块使用。

void card_trim_string (char * name, int & len)

在 Fortran 模块中用来剔除译码得到的字符串中的乱字符，一般用在字符串译码后。

void float2int (float * var, int * ret)

以地址传送的方式把实型数据以整型方式来存放，从而实现数据转化。

void int2float (int * var, float * ret)

以地址传送的方式把整型数据以实型方式来存放，从而实现数据转化。

使用示例：

(1) Fortran Program。

分析阶段的使用。

Subroutine sub_am ( )

……

character str1 * 80, headers * 80

double precision dvar

Common /sub_par1/nn, fvar, dvar, str1, headers

……

call card_get_para (nn)

一次取得 common 区域内所有变量的值。

或者也可以用以下的方法取得单个变量的值。

call card_get_int ("nn \ 0", nn)

取得整形变量的值，同时布尔类型的变量也用此函数来取值，其中 true 为 1，false 为 0。

call card_get_float ("fvar \ 0", fvar)

call card_get_string ("str1 \ 0", str1)

call card_trim_string (str1, 80)

剔除从 C 程序传过来的字符串值中的乱码。

call card_get_header ("headers \ 0", headers)

call card_trim_string (headers, 80)

End

(2) C Program examples。

Struct data {

int nn;

```
    float    fvar;
    double dvar;
    char str1 [80];
    char headers [80];
} myData;
void sub _ am ()
{
    ……
    card _ get _ para ((char *) &myData.nn);
```
或
```
    card _ get _ para (myData);
```
一次得到所有参数的值。

或者
```
    card _ get _ int ("nn", &myData.nn);
```
得到整型参数值或布尔类型参数的值。
```
    card _ get _ float ("fvar", &myData.fvar);
```
得到实型参数值。
```
    card _ get _ double ("dvar", &myData.dvar);
```
得到双精度型参数值。
```
    card _ get _ string ("str1", myData.str1);
```
得到字符串参数值。
```
    card _ get _ header ("headers", myData.headers);
```
得到道头类型参数值。
……
}

7. 道头字操作

功能介绍：对于道头的操作在模块中是必需的。道头在系统中是动态存放的，所以需要使用函数来存取。道头存取分为系统道头和本地缓冲区道头存取两种方式。

每个道头字都由一个键字表示，基本包含道头的物理含义，所以道头操作也以动词＋键字表示，如 get、set 等动词。虽然道头函数很多，但是存取道头方式基本相同。道头有浮点道头和整型道头，在开辟单元定义时一定要注意。

（1）直接对系统地震道信息数据进行存取操作。

①从系统地震道信息数据中取本地震道道头内容，返回所取道头值。格式：hd _ 动词 _ 键字（参数）。说明：道头可能动态变更，需参阅参考手册。列举部分如下：

```
void hd _ get _ trcheadver (float *value)
void hd _ get _ headlength (int *value)
void hd _ get _ time _ basis (int *value)
void hd _ get _ length _ sys (int *value)
void hd _ get _ length _ scalar (int *value)
void hd _ get _ fixedlength (int *value)
void hd _ get _ swathno (int *value)
void hd _ get _ shotstyle (int *value)
void hd _ get _ wavestyle (int *value)
void hd _ get _ origin _ samp _ rate (int *value)
void hd _ get _ origin _ samp _ num (int *value)
```

void hd_get_polarity (int * value)
void hd_get_datanature (int * value)
void hd_get_sample_val_units (int * value)
……

②向系统地震道信息数据中写本地震道道头内容：向系统地震道信息数据中写本地震道道头内容函数格式基本同读道头内容函数，只是 get 改为 set，例如：

void hd_set_trcheadver (float * value)
void hd_set_headlength (int * value)
void hd_set_fixedlength (int * value)
……

③从系统地震道信息数据中取本地震道一整道道头内容，返回所取道头值。
void head_copy_from_sys (int mybuf [], int * trs)

④向系统地震道信息数据中写本地震道一整道道头内容。
void head_copy_to_sys (int mybuf [], int * trs)

(2) 通过道头索引对地震道信息数据进行存取操作。

①得到道头索引位置。格式：ihead_键字。列举部分索引如下：

int ihead_trcheadver ()
int ihead_headlength ()
int ihead_time_basis ()
int ihead_length_sys ()
int ihead_length_scalar ()
int ihead_fixedlength ()
int ihead_swathno ()
int ihead_shotstyle ()
int ihead_wavestyle ()
int ihead_origin_samp_rate ()
……

②从地震道信息数据中取地震道道头内容：

- 取一个整型道头值与实型道头值。
    head_get (int * index, int * return_value)
    head_get_float (int * index, float * return_value)
- 取指定道的一个整型道头值与实型道头值。
    head_gets (int * index_of_trace, int * index, int * return_value)
    head_gets_float (int * index_of_trace, int * index, float * return_value)

③向地震道信息数据中写地震道道头内容：

- 写一个整型道头值与实型道头值。
    head_set (int * index, int * value)
    head_set_float (int * index, float * value)
- 写指定道的一个整型道头值与实型道头值。
    head_sets (int * index_of_trace, int * index, int * value)

head_sets_float (int *index_of_trace, int *index, float *value)

(3) 通过字符串对地震道信息数据进行存取操作。

字符串操作一般使用在译码的过程中。当从 job 文件中得到道头字符串后，使用道头的函数得到道头位置，再取到道头内容。

①道头字符串。

示例：部分道头字符串。

" Version \ 0"

" Runtime trace header length \ 0"

" Time basis code \ 0"

" Length units \ 0"

……

②从地震道信息数据中取地震道道头内容。

- 取一个整型道头值与实型道头值。

    void head_get_str (char *string_of_head, int *return_value)

    void head_get_str_float (char *string_of_head, float *return_value)

- 取指定道的一个整型道头值与实型道头值。

    void head_gets_str (int *index_of_trace, char *string_of_head, int *return_value)

    void head_gets_str_float (int *index_of_trace, char *string_of_head, float *return_value)

③向地震道信息数据中写地震道道头内容。

- 写一个整型道头值与实型道头值。

    void head_set_str (char *string_of_head, int *value)

    void head_set_str_float (char *string_of_head, float *value)

- 写指定道的一个整型道头值与实型道头值。

    void head_sets_str (int *index_of_trace, char *string_of_head, int *value)

    void head_sets_str_float (int *index_of_trace, char *string_of_head, float *value)

(4) 通过道头索引对道头缓冲区中数据进行存取操作。

①从道头缓冲区中取道头内容。

- 取一个整型道头值与实型道头值。

    void head_get_buf (int *buffer, int *index, int *return_value)

    void head_get_buf_float (float *buffer, int *index, float *return_value)

- 取指定道的一个整型道头值与实型道头值

    void head_gets_buf (int *buffer, int *index_of_trace, int *index, int *return_value)

    void head_gets_buf_float (float *buffer, int *index_of_trace, int *index, float *return_value)

②向道头缓冲区中写道头内容。

- 写一个整型道头值与实型道头值。

void head_set_buf (int * buffer, int * index, int * value)

void head_set_buf_float (float * buffer, int * index, float * value)

- 写指定道的一个整型道头值与实型道头值。

    void head_sets_buf (int * buffer, int * index_of_trace, int * index, int * value)

    void head_sets_buf_float (float * buffer, int * index_of_trace, int * index, float * value)

(5) 通过字符串对道头缓冲区中数据进行存取操作。

①从道头缓冲区中取道头内容。

- 取一个整型道头值与实型道头值。

    void head_get_buf_str (int * buffer, char * string_of_head, int * return_value)

    void head_get_buf_str_float (int * buffer, char * string_of_head, float * return_value)

- 取指定道的一个整型道头值与实型道头值。

    void head_gets_buf_str (int * buffer, int * index_of_trace, char * string_of_head, int * return_value)

    void head_gets_buf_str_float (int * buffer, int * index_of_trace, char * string_of_head, float * return_value)

②向道头缓冲区中写道头内容。

- 写一个整型道头值与实型道头值。

    void head_set_buf_str (int * buffer, char * string_of_head, int * value)

    void head_set_buf_str_float (float * buffer, char * string_of_head, float * value)

- 写指定道的一个整型道头值与实型道头值。

    void head_sets_buf_str (int * buffer, int * index_of_trace, char * string_of_head, int * value)

    void head_sets_buf_str_float (float * buffer, int * index_of_trace, char * string_of_head, float * value)

(6) 获得道头类型。

a. 通过道头索引获得道头类型。

   void head_type (int * index, int * iof)

b. 通过道头字符串获得道头类型。

   void head_type_str (char * string_of_head, int * iof)

10.2 GeoEast 批量模块结构

本节主要介绍 GeoEast 系统的批量模块结构，在学习本节内容之前必须了解 GeoEast 的作业、模块、地球物理语言等概念。

10.2.1 基本概念

翻译程序：将地球物理语言转为计算机语言。
执行程序：管理、监控、执行地震功能模块和提供服务功能。
子系统库：为执行控制和功能模块提供的标准子程序集合。
系统模块：控制作业流的模块。
批量模块：具有相同结构，和处理系统有统一接口和通信方式的子程序。
XML：扩展标记语言。
模块参数定义表：定义模块所有参数的属性。
模块定义库：定义模块的所有属性。
作业：用地球物理语言描述的处理任务，是模块的有序的信息集合。
地球物理语言：描述作业组成及功能的文本。
AM：模块的分析阶段的子程序。
PM：模块的执行阶段的子程序。
模块参数：定义若干个变量，存放（从作业中译码的）模块的参数，要求参数定义的变量名字、类型、长度范围、位置与模块参数定义库中定义的一样，一一对应。使用 COMMON 语句和 PM 程序通信，名称为：模块名_PAR（如：TESTP_PAR）。
程序参数：定义若干个变量（模块的全局变量），存放模块程序定义的某些重要的参数。使用 COMMON 语句和 PM 程序通信，名称为：模块名_PAR1（如：TESTP_PAR1）。若程序参数数量多，可使用多个 COMMON 语句，COMMON 语句的命名分别为：模块_PAR2，模块_PAR3……

工作缓冲区（私有缓冲区 IBUF）：每个模块由 0~10 个缓冲区组成，每个缓冲区都是一块连续的内存空间。AM 阶段需要设计这些缓冲区的个数以及每个缓冲区的长度。

公共缓冲区（KBUF）：系统中有一个公共缓冲区，供作业的所有模块使用，模块使用时是临时使用，不记忆模块上次调用时的数据。分析阶段模块申请公共缓冲区的长度，分析阶段结束时，系统取作业中各个模块申请的最长的各个缓冲区长度作为系统的公共缓冲区。

数据通道（channel）：系统中有一个或多个数据通道。每个数据通道有一个或多个数据道。数据通道分为道头和道数据区。通道 0 为作业的主通道，模块使用数据通道 0 的数据作为输入，再将计算结果输出到数据通道 0 中。系统和模块是使用模块 PM 的参数 trace（数据通道 0）来进行数据传送的。道信息使用函数存取。其他通道的数据和信息是通过调用相同的一组函数来实现的。针对分析阶段模块申请数据通道数以及数据通道的道数，系统取作业中各个模块申请的最大的数据通道数和每个通道中的道数作为系统的数据通道数和每个通道中的道数。

10.2.2 模块结构

GeoEast 模块由两大部分组成：参数描述文件及模块程序代码。

1. 参数描述文件

参数描述文件（图 10.3）也称 pdl 文件，使用 XML（Extensible Markup Language，即可扩展标记语言）描述的模块参数包括参数类型、缺省值、依赖关系等。

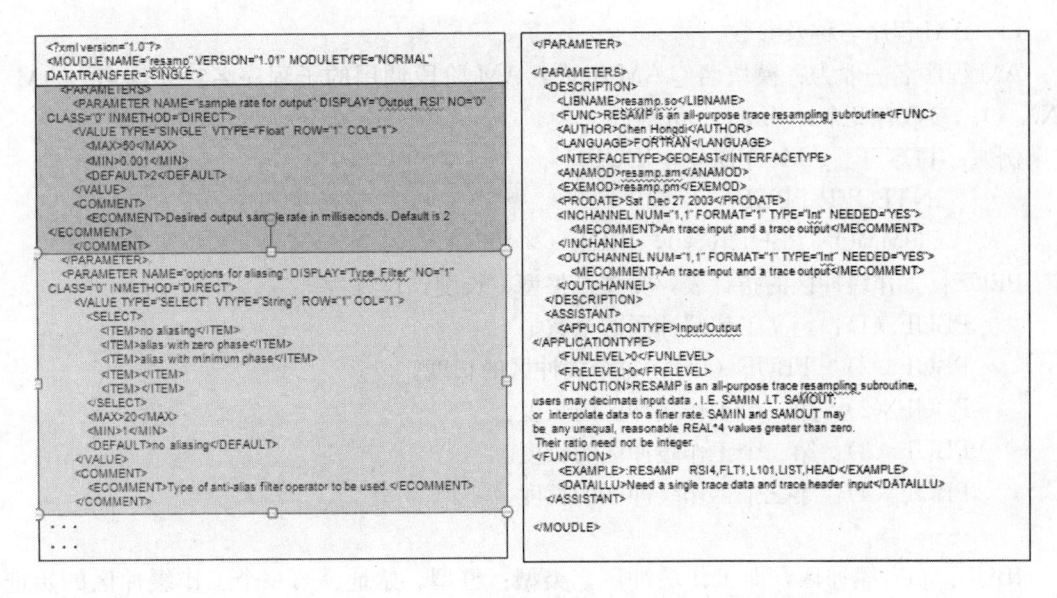

```
<?xml version="1.0"?>
<MOUDLE NAME="resamp" VERSION="1.01" MODULETYPE="NORMAL" DATATRANSFER="SINGLE">
    <PARAMETERS>
        <PARAMETER NAME="sample rate for output" DISPLAY="Output_RSI" NO="0" CLASS="0" INMETHOD="DIRECT">
            <VALUE TYPE="SINGLE" VTYPE="Float" ROW="1" COL="1">
                <MAX>50</MAX>
                <MIN>0.001</MIN>
                <DEFAULT>2</DEFAULT>
            </VALUE>
            <COMMENT>
                <ECOMMENT>Desired output sample rate in milliseconds. Default is 2</ECOMMENT>
            </COMMENT>
        </PARAMETER>
        <PARAMETER NAME="options for aliasing" DISPLAY="Type_Filter" NO="1" CLASS="0" INMETHOD="DIRECT">
            <VALUE TYPE="SELECT" VTYPE="String" ROW="1" COL="1">
                <SELECT>
                    <ITEM>no aliasing</ITEM>
                    <ITEM>alias with zero phase</ITEM>
                    <ITEM>alias with minimum phase</ITEM>
                    <ITEM></ITEM>
                    <ITEM></ITEM>
                </SELECT>
                <MAX>20</MAX>
                <MIN>1</MIN>
                <DEFAULT>no aliasing</DEFAULT>
            </VALUE>
            <COMMENT>
                <ECOMMENT>Type of anti-alias filter operator to be used.</ECOMMENT>
            </COMMENT>
        </PARAMETER>
        ...
        ...
    </PARAMETER>
    <PARAMETERS>
        <DESCRIPTION>
            <LIBNAME>resamp.so</LIBNAME>
            <FUNC>RESAMP is an all-purpose trace resampling subroutine</FUNC>
            <AUTHOR>Chen Hongdi</AUTHOR>
            <LANGUAGE>FORTRAN</LANGUAGE>
            <INTERFACETYPE>GEOEAST</INTERFACETYPE>
            <ANAMOD>resamp.am</ANAMOD>
            <EXEMOD>resamp.pm</EXEMOD>
            <PRODATE>Sat Dec 27 2003</PRODATE>
            <INCHANNEL NUM="1,1" FORMAT="1" TYPE="Int" NEEDED="YES">
                <MECOMMENT>An trace input and a trace output</MECOMMENT>
            </INCHANNEL>
            <OUTCHANNEL NUM="1,1" FORMAT="1" TYPE="Int" NEEDED="YES">
                <MECOMMENT>An trace input and a trace output</MECOMMENT>
            </OUTCHANNEL>
        </DESCRIPTION>
        <ASSISTANT>
            <APPLICATIONTYPE>Input/Output</APPLICATIONTYPE>
        </APPLICATIONTYPE>
            <FUNLEVEL>0</FUNLEVEL>
            <FRELEVEL>0</FRELEVEL>
            <FUNCTION>RESAMP is an all-purpose trace resampling subroutine,
users may decimate input data , I.E. SAMIN .LT. SAMOUT,
or interpolate data to a finer rate. SAMIN and SAMOUT may
be any unequal, reasonable REAL*4 values greater than zero.
Their ratio need not be integer.
            </FUNCTION>
            <EXAMPLE>RESAMP  RSI4,FLT1,L101,LIST,HEAD</EXAMPLE>
            <DATAILLU>Need a single trace data and trace header input</DATAILLU>
        </ASSISTANT>
</MOUDLE>
```

图 10.3　参数描述文件

2. 模块程序代码

模块程序代码由两部分组成：AM 及 PM。要求在程序的开始有模块的文档性注释部分（见模块的模板）。

AM：Analysis Module，分析阶段子程序，它的主要功能是分析检查用户处理参数；为执行阶段子程序（PM）分配资源，包括内存块与磁盘。

PM：Processing Module，执行阶段子程序，它的主要功能是根据 AM 提供的处理参数与分配的资源实现模块的处理功能。

一般情况下，程序员可以使用批量模块开发工具，自动生成模块的架构，程序员也可以按照模块的模板自己编写。模块名由 3~15 小写字母组成。模块的分析阶段名字一般为：模块名_AM（）；模块的执行阶段名字一般为：模块名_PM（）。另外，注意在.so 中，只能生成全部小写的模块名_am_和模块名_pm_函数。

1) 注释部分

注释部分组成包括：①模块名，版本号，语言，日期；②版本修改历史，修改人。

功能简述：①模块参数说明：参数名、类型，数据类型，英文注释；②程序参数说明：参数名、类型，数据类型，英文注释；③程序结构；④应用举例。

注意事项：版本修改历史，版本提交后，每一次修改都必须说明修改后的版本号、修改原因、日期以及修改人。严禁程序和说明不一致的情况。参数说明：一定要和模块参数定义库内容、程序内容一致。

2) 分析阶段子程序（AM）

分析阶段子程序包括：程序名称参数；参数说明、数组说明；COMMON 定义参数；call am_strat ()；取得 DCB；取得参数（译码）；检查参数；打开数据及数据表；读取分析数据及数据表；输入模块置 DCB：SI，LTR；设计缓冲区；申请缓冲区；退出；错误处理。

(1) AM 程序名称及参数。

AM 程序名一般为：模块名 _ AM 组成，AM 阶段调用的子程序名：模块名 _ AM _ XXX ()。参数有 2 个：pbuf, ibuf。

例如：TESTP _ AM (PBUF, IBUF)
      INTEGER PBUF
      COMMON PBUF (*), IBUF (*)

PBUF：工作缓冲区的指针表，类型：整型，长度：11 个字。

    PBUF (1)：定义工作缓冲区的个数。
    PBUF (2) - PBUF (11)：每个缓冲区的长度。
    PBUF (2)：第一个工作缓冲区的长度。
    PBUF (3)：第二个工作缓冲区的长度。
    PBUF (4)：第三个工作缓冲区的长度。
    ……

IBUF：私有缓冲区，即工作缓冲区。类型：整型。始址：第一个工作缓冲区的始址。长度：PBUF (2) +PBUF (3) +…+PBUF (11)。

(2) 参数说明、数组说明。

参数及数组说明包括 PBUF、IBUF 的说明以及模块参数、程序参数的说明（见模块举例）。

注意：模块参数的说明，其名称和类型、长度一定要和模块参数定义库中的关键字、数据类型、长度相符。

(3) COMMON 定义参数。

定义模块参数、程序参数。

    模块参数 COMMON 的名称为：模块名 _ PAR。

    程序参数 COMMON 的名称为：模块名 _ PAR1。

注意：a. 两个 COMMON 语句要和 PM 的 COMMON 语句一致。

    b. 模块参数定义的顺序一定要和模块参数定义库中相应的关键字的顺序一致。

AM 阶段的程序需要注册每个 common 数据块（目的是：当作业中出现两个相同的模块时，需要将 common 进行数据保护，否则两个相同模块的 common 数据将相互干扰），使用以下函数：

    gos _ request _ common _ len (int *index, char *ip, int *len)

(4) call gos _ am _ start ()。

其主要作用是打印本模块的版本号以及产生该版本号的日期。

(5) 取得 DCB 内容。

取得 DCB 的信息，主要是采样率和道长。

(6) 取得参数（译码），检查参数。

译码并检查模块参数的合理性。

(7) 打开数据及数据表，读取分析，关闭数据表。

若需要，打开数据文件或数据表，分析和读取数据文件及数据表。将信息写入缓冲区。

(8) 输入模块置 DCB 信息。

若为输入模块，应置 DCB 信息：主要是道长、采样率。

(9) 设计（私有缓冲）区。

分析阶段若需要缓冲区存放信息，可直接使用 IBUF，可以认为 IBUF 是很大的内存资源。使用时将使用的缓冲区的个数写入 PBUF（1），将各个缓冲区的长度写入 PBUF。

(10) 申请公共缓冲区及数据通道。

申请数据通道数，申请数据通道内的道数：请求是使用道数（不使用字数），申请公共缓冲区：kbuf，字数。若模块改变采样率或道长，应置 DCB 信息：主要是道长、采样率与样点数。

3) 执行阶段子程序（PM）

执行阶段子程序包括：PM 名称、参数；参数说明、数组说明；COMMON 定义参数；取得 BCD 与执行算法；道集结束处理；作业结束处理；设置控制标记；道头存取。

(1) PM 程序名称及参数。

PM 程序名一般为：模块名 _ PM 组成。PM 阶段调用的子程序名：模块名 _ PM _ XXX ()。参数有：pbuf, ibuf, ihead, trace。

  例如：TESTP _ PM (ipbuf, ibuf, kbuf, trace)
    COMMON ipbuf (*), ibuf (*), kbuf (*), trace (*)
    IPBUF：工作（私有）缓冲区的指针表（同 AM）。
    IBUF：私有缓冲区，即工作缓冲区（同 AM）。
    KBUF：公有缓冲区。
    TRACE：数据通道缓冲区，样点数据。

TRACE 数据流入和流出的缓冲区，模块从 TRACE 中取得输入数据，最后将输出结果存放到 ITRACE，TRACE 的长度由 DCB 信息决定。模块可以直接使用公共缓冲区 KBUF。模块要使用函数来存取数据的道头信息。

(2) 参数说明、数组说明。

参数及数组说明包括：PBUF、IBUF 的说明；模块参数、程序参数的说明（见模块举例）。

注意：模块参数的说明、名称和类型以及长度一定要和模块参数定义库中的关键字，数据类型与长度相符。

(3) COMMON 定义参数。

(4) 取得 DCB 信息。

(5) 执行算法。

调用子程序，执行算法。

(6) 道集结束处理。

判断是否是道集结束，进行道集结束处理。

(7) 作业结束处理。

判断是否是作业结束，进行作业结束处理。

(8) 设置控制标记。

(9) 需要输入或输出更多道或道集时需设置标记。

(10) 道头存取。

(11) 模块需要对道头进行操作，需要使用道头操作子程序进行存取。

10.3 GeoEast 批量模块开发

10.3.1 基本情况介绍

本节主要讲述 GeoEast 系统的批量模块开发。在阅读本节之前，必须了解 GeoEast 系统的基本架构，了解 GeoEast 的作业、模块、地球物理语言等概念。同时还需阅读和研究开发模块的需求分析文档、软件产品定义文档以及模块的设计文档。

理解模块的设计，使用模块开发工具，生成模块定义库的 XML 文档。理解模块的参数设计，使用模块开发工具，生成模块参数定义库的 XML 文档。最终模块的模块定义库和模块参数定义库为一个合并的 XML 文档（即 PDL 文档）。模块参数的定义原则是：试图使用 4 种参数类型即选件参数、赋值参数、向量参数与矩阵参数来描述模块的所有参数。

10.3.2 界面及操作过程描述

批量模块开发工具（modtool）：模块包装工具，为用户提供模块定义库、参数定义库及模块的各项属性信息的描述平台，用户确定各项信息内容。该工具负责保存并生成基于 XML 语言的模块描述文件，并根据用户输入的模块信息方便地创建基于各种语言的模块框架程序。

输入数据：XML 格式文件。

输出数据：XML 格式文件，模块的框架程序文件。

1. 窗口描述

在 GeoEast 系统环境下启动 modtool，主界面主要由菜单项、模块管理区以及信息描述区三部分组成，而信息描述区又包含 5 个 TAB 页，内容从左到右分别为模块定义库描述页、参数定义库描述页、参数信息表、模块属性描述页以及模块框架描述页。

该模块的主要功能是为用户提供方便快捷的模块描述界面。用户可以通过简单的鼠标点击操作在各个模块间切换；可以直接看到每个模块参数的 XML 描述预览及参数控件预览；用户可以点击参数控件预览直接修改参数信息；可以通过右键菜单实现参数的插入、删除、移动等操作；参数信息表为用户提供了更直观的参数信息浏览；系统还提供了模块的开发、编译、连接、试运行和启动 jobeditor 等功能。

1）首页面描述

图 10.4 所示为 modtool 的主界面，其中：

a 为 File 菜单项，open 打开一个 XML 格式文件，save 保存当前模块 XML 描述文件，quit 退出。

b 为模块管理区，其所列项为当前目录下已存在 XML 文件（即 .pdl 文件）的模块名。用鼠标点击模块名，则读入该模块的各项信息。

c 为 New Module 按钮，点击创建新的模块。

d 为信息描述区，共 5 个页面。首页面为模块定义库描述页，该页又分为左、中、右 3 个部分。

信息描述区的左侧部分描述模块的基本信息，其中：

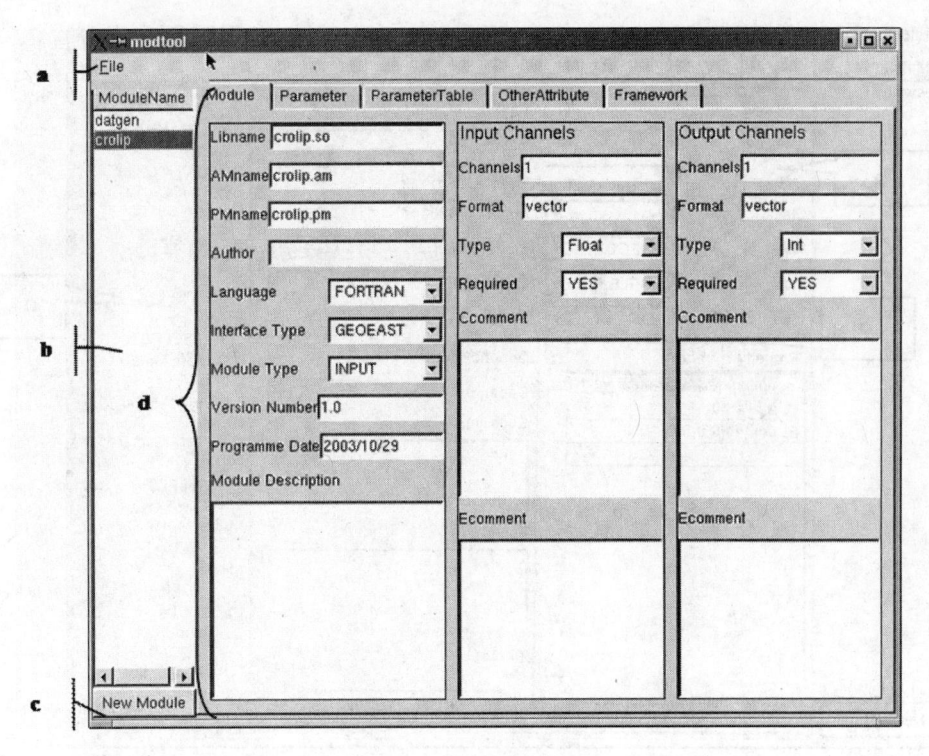

图 10.4 modtool 主界面

Libname 库名称。
AMname 分析模块名。
PMname 执行模块名。
Author 作者。
Language 语言，下拉菜单中有选项 FORTRAN、C 与 C++。
Interface Type 界面类型，下拉菜单中有选项 GEOEAST、GRISYS、TABLE（数据表模块）以及 IMODULE（交互模块）。
Module Type 模块类型，下拉菜单中有选项 NORMAL、IO、INT 以及 PARALLEL。
Version Number 版本号。
Programme Date 编程日期。
Module Description 模块简要说明。
信息描述区的中间部分描述输入通道的各项信息，其中：
Channels 输入通道数目。
Format 输入通道格式。
Type 输入通道类型，下拉菜单中有选项 INT 与 FLOAT。
Required 必需性，下拉菜单中有选项 YES 与 NO。
Ccomment 中文注释。
Ecomment 英文注释。
信息描述区的右侧部分描述输出通道的各项信息，详细内容与输入通道相同。

2）参数页面描述

图 10.5 所示为参数页面。

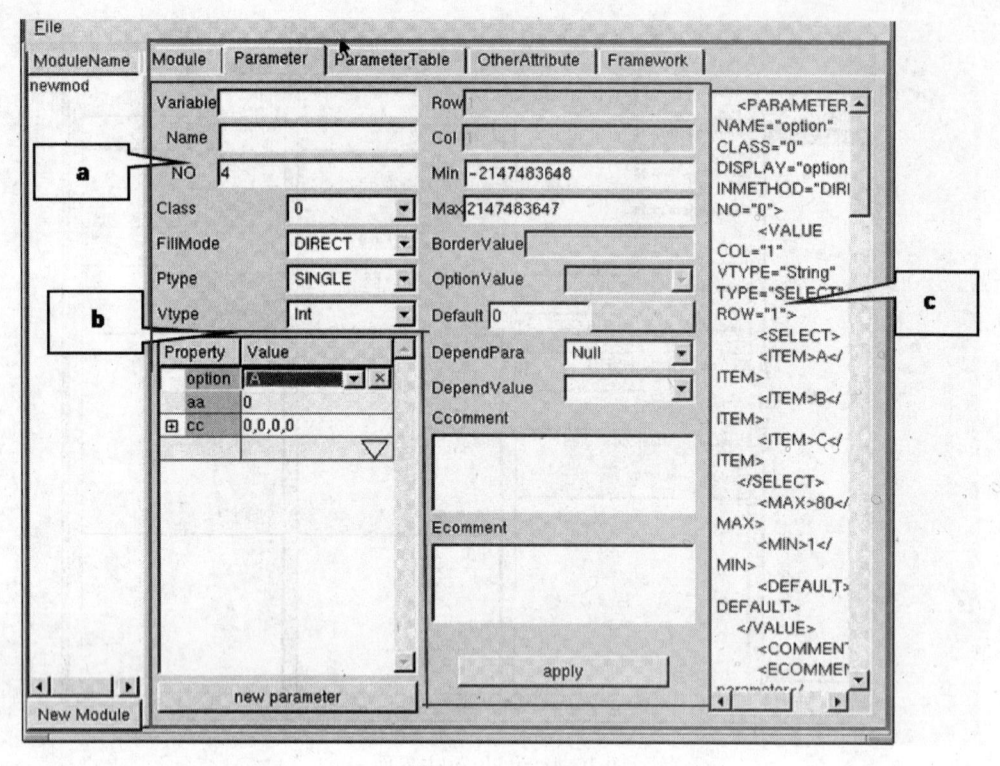

图 10.5 参数页面

a 为参数描述区，其中：

Name　参数名。

No　参数序号。

Class　参数级别，下拉菜单中有选项 0（必填）、1（常用）、2（不常用）与 3（特殊）。

FillMode　填写方式，下拉菜单中有选项 DIRECT（直接填写）、PARAFIL（参数库名）以及 DBANAME（数据库名）。

Ptype　参数类型，下拉菜单中有选项 SINGLE（单参数）、VECTOR（向量）、MATRIX（矩阵）以及 OPTION（选项）。

Vtype　数值类型，下拉菜单中有选项 INT（整型）、FLOAT（浮点）、DOUBLE（双精度）、STRING（字符串）、BOOL（布尔）以及 HEARDER（道头表达式）。

Row　参数区域行数。

Col　参数区域列数。

Max　取值范围最大值。

Min　取值范围最小值。

BorderValue　向量和矩阵参数的边界值输入框。

OptionValue　选项参数输入框，只有参数类型为 SELECT 时，该框才可编辑。输入一项按"Enter"键添加。修改：选择要修改的项进行修改（也可删除），修改完毕后，按"Enter"键确定。

Default　默认值。

DependPara　依赖参数，下拉菜单中有选项 NULL（不依赖任何参数）、OPTION（该

· 356 ·

模块中的类型参数）与 OPTION1（该模块中的类型参数）。

DependValue 依赖参数值，下拉菜单中为依赖参数的各项值列表。

Ccomment 中文注释。

Ecomment 英文注释。

apply 保存当前参数的描述信息，并生成相应的参数控件预览和 XML 预览。

b 为控件预览区。

c 为 XML 预览区。

3）参数信息表页面

图 10.6 列出了当前模块的所有参数及每个参数的各项描述信息，点击某个参数行，即可进入参数定义库页面对该参数的信息察看、修改状态。

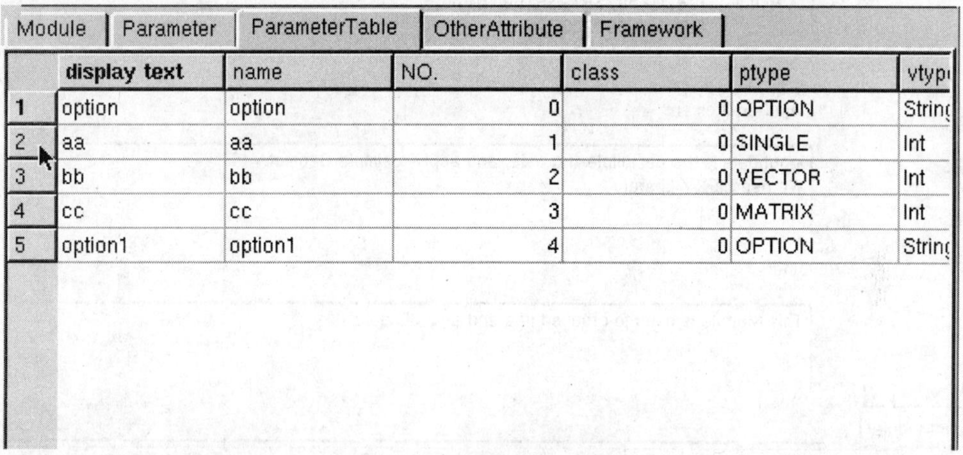

display text	name	NO.	class	ptype	vtype
option	option	0	0	OPTION	String
aa	aa	1	0	SINGLE	Int
bb	bb	2	0	VECTOR	Int
cc	cc	3	0	MATRIX	Int
option1	option1	4	0	OPTION	String

图 10.6 参数信息表页面

4）模块其他属性页面

图 10.7 为模块其他属性页面，其中：

Application Type 应用类型。

Frequency 使用频度级别。

Effect 功能效果级别。

Function 模块功能。

Example 应用实例。

Data Requirement 数据需求。

Others 其他。

5）模块框架描述页面

图 10.8 为模块框架描述页面。该页面又包含 3 个 TAB 页：Fortran 框架页面、C 框架页面以及 C++ 框架页面。每个页面包含 1 个文本显示区和 7 个按钮（创建、刷新、保存、编译、连接、运行与启动 jobeditor）。

2. 操作过程描述

1）文件的打开与保存

系统启动后会自动读入当前目录下的所有 .pdl 文件。如果需要选择其他目录，则点击

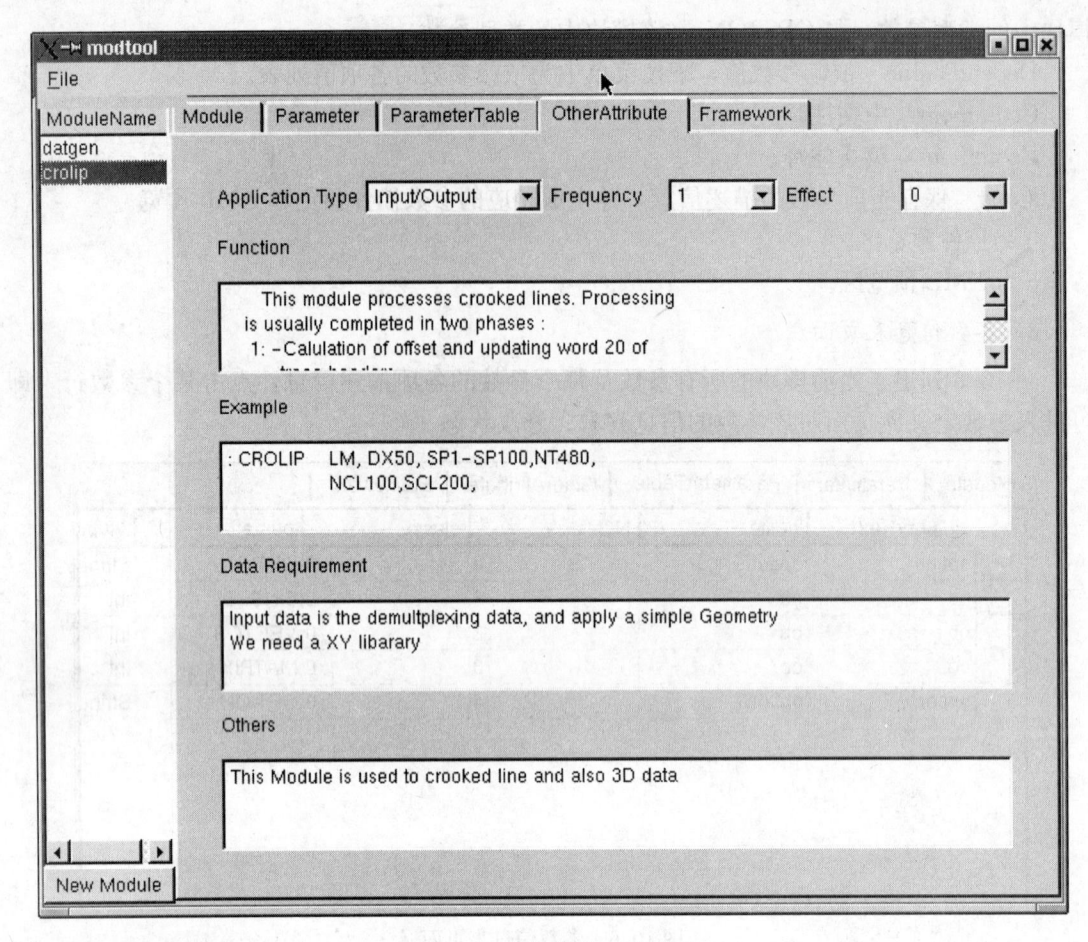

图 10.7　模块其他属性页面

菜单中的 open 项，在 open file 对话框中寻找自己要打开的文件。

系统在每次页面更新时都会将模块定义库、参数定义库及模块的其他属性信息适时保存到文件（不包括框架信息），文件路径为系统当前目录，文件名为模块名.pdl。如果用户需要保存到其他位置，则点击菜单中的 save 项，在 save file 对话框中选择合适的位置，但必须保证模块名与文件名的一致性，否则会带来不必要的麻烦。要保存框架信息，在框架页面点击"save"按钮。

2）新建一个模块

点击"newmodule"按钮，系统会在模块管理区的最上方添加一个空项，在该项中输入要添加的模块名，输入完毕按"Enter"键结束。同时系统会自动切换到模块定义库页面，进入模块的各项信息描述状态。

3）模块名的修改与删除

在模块管理区右击某个模块名，弹出快捷菜单，其中两个选项分别是 Rename 和 Remove。选择 Rename，该模块名进入可编辑状态，输入新的模块名，回车确认（注意：用户不能在目录环境下对.pdl 文件随意改名，否则会造成文件名与模块名的不一致）。选择 Remove，系统弹出提示对话框，提示用户该操作将会删除当前目录下该模块的 pdl 文件，用户确认，删除操作完成。

· 358 ·

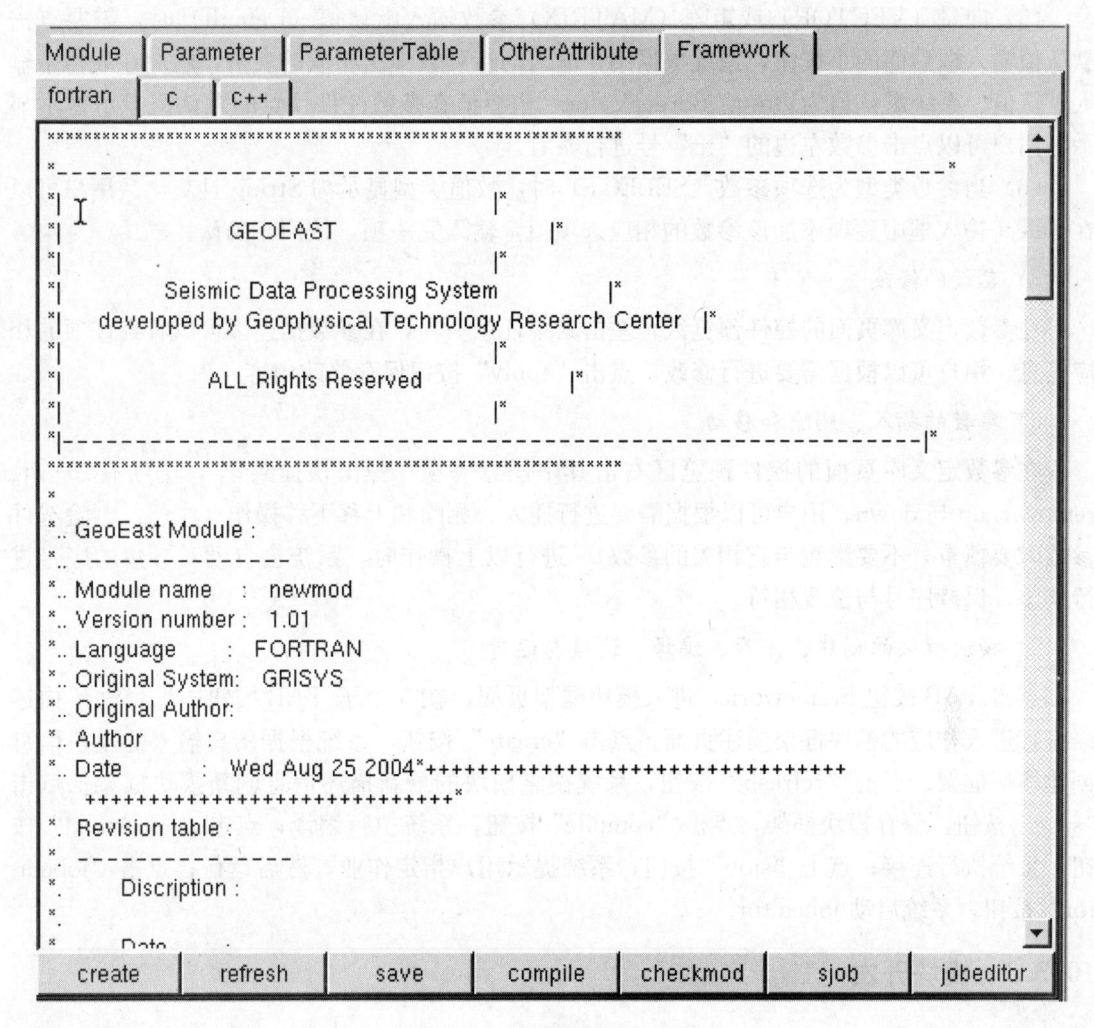

图 10.8　模块框架描述页面

4）参数的添加

点击 TAB 按钮 parameter，进入参数定义库页面，在参数描述区输入相应的描述信息，输入完毕后单击"apply"，该参数的 XML 描述随即显示在右面的文本框中，在控件预览区列出了该参数的控件预览，该参数添加完成。

以下几点需要注意：

（1）参数名唯一，不能重复，且不能为空，否则会弹出警告框，提示不能成功添加。

（2）参数序号（No）代表该参数在参数列表中的位置，即表示了参数的顺序，系统提供了默认值，一般不用修改；即使用户进行了修改，若与该参数的位置不符合，系统会自动进行更正。

（3）当参数的级别（Class）为 2 或 3 时，表示该参数不常用，点击"apply"，在控件预览区不能马上看到该参数，需要点击最下方的箭头才能显示。

（4）当参数类型为单参数（SINGLE）时，行（row）列（col）输入框显示为 1 且灰化；当参数类型为向量（VECTOR）时，行（row）显示为 1 且灰化，列（col）可编辑且必填；当参数类型为矩阵（MATRIX）时，行（row）列（col）都可编辑且必填。

(5) 向量（VECTOR）或矩阵（MATRIX）参数输入默认值（Default）时，需要点击默认值输入框后面的小按钮，系统根据用户输入的行列数弹出相应的表格，用户在表格中输入默认值。系统默认值为边界值 BorderValue。边界值在参数控件预览的默认值显示区不显示，用户可以点击参数左边的"＋"号进行察看。

(6) 当参数类型为选项参数（SELECT）时，数值类型显示为 String 且灰化。用户可以在 Select 输入框中逐项添加该参数的相应选项值，输入完一项，按回车确认。

5) 参数的修改

在参数定义库页面的控件预览区，左击其中任意一项，在参数描述区可以看到该项的相应信息，用户可以根据需要进行修改，点击"apply"按钮保存修改内容。

6) 参数的插入、删除和移动

在参数定义库页面的控件预览区右击其中任意一项，弹出快捷菜单，选项有 insert、remove、up 与 down。用户可以根据需要进行插入、删除和上移下移操作（注意：删除选件参数时要慎重，不要影响与它相关的参数）。进行以上操作时，系统会自动对参数的序号进行调整，保持序号与位置相符。

7) 模块框架的创建、保存、编译、连接与运行

点击 TAB 按钮 Framework，进入模块框架页面，在 3 个子 TAB 按钮中选择框架描述语言，进入相应的模块框架描述页面。点击"create"按钮，系统根据用户输入的模块信息创建模块框架；点击"refresh"按钮，系统搜索模块的最新描述信息刷新模块框架；点击"save"按钮，保存模块框架；点击"compile"按钮，系统执行编译；点击"checkmod"按钮，系统执行连接；点击"sjob"按钮，系统提示用户指定作业，然后运行；点击"jobeditor"按钮，系统启动 jobeditor。

10.3.3 模块开发

1. 模块开发前的准备工作

建立开发环境：在系统中建立 $ GEOEAST 目录，安装开发所需要的头文件、静态库文件以及编译器等。GeoEast 开发环境不同于运行环境，需要额外的软件包和设置。

模块存放目录：$ GEOEAST/libso/sdp/mod/，在本目录下存放所有生产库模块，模块名以模块名＋".so"组成。

模块参数定义库目录：$ GEOEAST/libso/sdp/pdl/，在本目录下存放所有生产库模块参数定义及模块定义库，定义库名以模块名＋".pdl"组成。

在普通用户条件下建立开发模块环境的步骤如下：

(1) 建立开发环境：用自己的账号登陆 LINUX 系统。

(2) 修改环境文件（.cshrc）的内容：setenv GEOEAST GEOEAST 的安装路径（一般为/u/geoeast/geoeast），source $ GEOEAST/configs/.cshrc（键入重新设置环境的命令：source .cshrc）。

(3) 创建子目录，在子目录中开发模块（建议用模块名）：例如 mkdir ampequ。

(4) 进入子目录：cd ampequ。

(5) 使用模块开发工具 modtool 创建模块定义及参数定义库（模块.pdl）与模块架构

（模块.f或模块.cpp）。程序员也可以自己生成模块架构（可参考模块实例文档，定义模块定义库和模块参数定义库时要填写所有的信息框）。用户实验开发阶段的.pdl文件可以在本目录下。最后模块开发完毕，.pdl文件要和开发的模块一起提交到生产库目录。

（6）在模块架构的基础上开发模块。模块开发使用f77 -c编译成.o文件。再使用命令checkmod xxx.o检查模块的连接情况。最后编译的结果是：模块名.so文件。模块调试阶段模块.so文件可以放在本目录下（模块开发完成后将.so提交给生产库目录，使用addmod xxxx命令或提交给系统管理人员）。

（7）调试模块需要编辑作业：使用jobeditor编辑作业，产生xxx.job的作业文件。

（8）运行作业使用：sjob xxxx.job（运行方式：运行结果存放在系统环境中），或djob xxxx.job（调试方式：运行结果存放在自己的目录下）。

（9）使用datacon查看作业的运行结果（*.list，*.log，*.plot，*.cgm）。

注意：在调试模块期间，作业运行时本目录下需要有以下几个文件：

①模块参数定义库：模块.pdl。
②模块程序动态库：模块.so。
③作业文件：xxxx.job。

2. GeoEast处理系统编程规定

1）一般编程规定

由于GEOEAST处理系统支持的编程语言较多，涉及C++、FORTRAN、C等语言，又因为编译系统对C和C++的编译规则有异，为避免在系统最后集成编译生成阶段造成混乱，编程规定如下：所有用C语言编写的程序改变".c"结尾为".cpp"结尾，编译系统就会使用C++约定进行编译，头文件命名为*.h。尽量使用匈牙利命名规则（见附录5），FORTRAN使用*.F作为文件名，FORTRAN使用的头文件命名为*.FH。

2）程序变量的使用

变量的命名要有物理意义。从变量的命名上能看出变量的类型（一般i打头为整型，f打头为浮点，c打头为字符型）。设计程序的变量个数要尽量少（鼓励多使用局部变量，少使用全局变量）。不使用私有缓冲区的单元作为程序的变量。特别是从GRISYS移植的模块，不要将GRISYS模块缓冲区的单元使用在GEOEAST模块中。

3）子程序库编程约定

GEOEAST子程序库的程序是提供给他人使用的子程序、函数或类库。GEOEAST的子程序库按功能进行分类，一般一个功能分类组成一个文件，取文件名要和分类功能有关，文件中的子程序命名要以和功能分类相关的符号为前缀。例如，目前GEOEAST处理系统的分类前缀为：

gos_　　执行控制系统使用的函数类。
msg_　　模块及执行控制系统输出使用的函数类。
card_　　模块译码使用的函数类。
ihead_　　道头函数类。

4）一般命名约定

（1）函数或子程序：要从函数的命名上能够看出函数的类型和功能；使用小写和下划线

组成函数名。为了适应不同语言调用的规则，函数的命名一般为：前缀_动词[_操作对象_其他]。无动词时：前缀_名词；前缀与函数的功能分类有关。操作对象等一般为名词，一般为完整的英文单词，单词间使用下划线分割，若名字太长，可考虑使用缩写；一个类型中的接口函数个数尽量少；函数名要尽量短（在能够表达其功能和前提下），一般不超过40个字符。

（2）类库：要从类库的命名上能够看出类库的类型和功能；类库命名可以使用大小写，名称由前缀符和若干个单词组成，前缀符与功能类型有关，前缀与其他单词之间可以用下划线分开，单词的第一个字母要大写，其他单词进一步说明该类的功能；提供接口的类与其附属类使用相同的前缀；类库及其函数名要尽量短，一般不超过40个字符。

5）其他约定

提供给他人使用的子程序或函数接口一般使用C（C++）编写，要提供C和FORTRAN调用的两种接口。FORTRAN接口可使用#define宏定义语句完成。程序应由头文件.h文件和.cpp文件组成。从GRISYS继承下来的FORTRAN子程序库要提供C++的调用接口，使用#define语句组成头文件供C++程序使用。FORTRAN使用*.F作为文件名，FORTRAN使用的头文件命名为*.FH。一个类型的函数库一般由两个文件组成：*.cpp和*.h文件。*.h文件一般为符号常量的定义和函数的声明。为了让FORTRAN批量使用模块就要提供FORTRAN接口。*.h中要对每一个函数有详细的说明文档，包括函数的功能描述、函数形式、函数返回、每个参数的说明以及应用实例。要求每个*.h文件最后将注释文档摘出，就可形成英文手册（开发后期可能使用工具将每个.h文件生成联机帮助）。*.cpp文件一般为函数体，该文件要结构清晰。注释适当，在难以理解的地方有详细的注释，每个函数一般不多于200行。文件要编译成动态库*.so。最后，*.h文件和*.so文件要拷贝到系统目录中。

6）模块编程约定

要求从模块的子程序命名上能够看出子程序的大概功能。模块子程序的功能尽量单一，子程序的行数不要太多。某些通用的子程序要提交给系统使用（系统统一命名）。不使用数字作为子程序的名字（因为数字没有物理意义）。

命名：例如模块名为ampequ。

(1) 系统中不能有重名模块。

(2) 模块的名字由3~15个小写字母组成（为适应FORTARN、C语言）。

(3) 模块名由一个或几个单词组成，名字太长可以使用缩写。

(4) 分析阶段的程序名为：模块_am，如：ampequ_am。

(5) 执行阶段的程序名为：模块_pm，如：ampequ_pm。

(6) 模块自己创建和调用的子程序或函数名应使用模块名打头，一般为：模块_xxxx。如：ampequ_main()，xxxx一般为有物理意义的英文单词，禁止使用没有物理意义的数字。

(7) 模块的参数命名：由3~15个小写字母组成。

(8) 模块参数一般使用英文单词或单词缩写。

(9) GEOEAST处理系统提供了模块通用编码参数关键字，符合通用编码参数的模块参数必须使用通用名称。

7) 应用程序编程约定

GEOEAST 的应用程序是指具有 main 函数的程序，编译后可以直接运行。

命名约定：

(1) 主程序的命名尽量短。

(2) 主程序的命名使用小写字母。

(3) 主程序的命名和功能一致。

(4) 开发的其他附属程序的名称前缀要与主程序名的前三个字母（最少）相同。

(5) 应用程序源码集中存放在一个目录里，目录名与该应用程序名一致。

如主程序的名字为：draw，其他主程序调用的类库应取名为：DRAW _ Circle 或 DRAW _ Line 等。

8) 注释约定

程序的注释分为 3 种类型：解释性注释、序言性注释与其他注释。模块的开始处是序言性注释，模块自己设计的子程序体的前面应有序言性注释。内容应包括子程序的原型、功能，每个参数的类型、物理意义，返回值的类型及物理意义。模块在难以理解的地方应有解释性注释，模块在调用系统子程序或本模块的子程序处也应有解释性注释。

(1) 解释性注释。

解释性注释插在程序体中任意需要的地方，用来说明某一程序段的功能、特殊设计技巧等。解释性注释分两级，用下面两种规定的符号提示：

* + +　一级解释性注释，概括说明本程序段的功能（程序体内部使用）。

* +　二级解释性注释，较为详细地说明本程序段的功能、设计技巧及内部结构等。软件产品出售时，如提供这些注释，就会提高软件售价。

!　语句行注释，帮助阅读，在不容易看懂的地方要加语句行注释。

解释性注释的主要目的是使程序容易阅读，解释性注释一般出现在比较难懂的代码处、算法处，为程序做标记，标记修改原因。FORTRAN 语言使用"*"注释，C++语言使用//注释。

(2) 序言性注释。

序言性注释放在程序体之前，用来描述程序功能。序言性注释分三级，分别用下面 3 种规定的符号提示：

* ..　模块级序言性注释——描述模块功能及写评注（Remarks）。

* .　模块修改历史注释——包括修改者（Reviser）、版本（Version）、修改日期（date）以及修改描述（Revision description）。

* :　模块下级子程序功能注释（每个子程序开头功能注释）。

序言性注释的主要目的是：使程序容易阅读、自动生成程序的文档；使用工具扫描程序源码，过滤出文档型注释，生成联机帮助文本。一般头文件中的注释文档更丰富、详细。每个程序文件（一般头文件）的开始处要有对该文件的功能性的说明，指出该文件的所述类型及功能。每个类库、类库的共有成员函数及变量有详细的文档。每个文件中的函数及子程序有详细的文档。

(3) 其他注释。

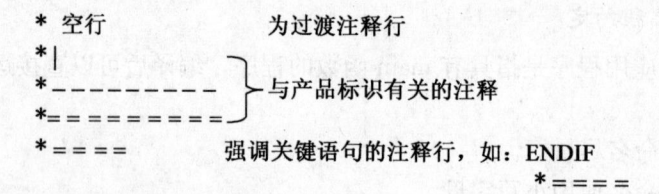

```
    *  空行                  为过渡注释行
    *|
    *_____  ┐
                ├ 与产品标识有关的注释
    *=========  ┘
    *====          强调关键语句的注释行，如：ENDIF
                                       *====
```

C语言注释：

使用/*　　*/符号注释，头文件的开始处要有对该文件的功能性的说明，指出该文件的所述类型及功能。要求在头文件中将程序定义的每一个重要的类、函数、变量的下方做详细的注释说明。要求在函数或变量声明的下方添加注释。注释内容包括函数原型、功能，每个参数的说明，参数是输入还是输出属性，返回值的说明。

参数是输入属性（input）是指参数的内容是调用者提供的值。

参数是输出属性（output）是指参数的内容是调用者期待返回的值。

例如：

    int get_max (int a, int b)

  /* int get_max (int a，int b)（需要函数声明放在注释文档中）

      function：get the larger number of the two int

      a：input，a number to be compared（无需说明参数的类型，因定义中已经说明）

      b：input，anther number to be compared

      return：the larger number of the two

  */

FORTRAN语言注释约定：

使用"c"符号注释，注释内容要和"c"符号空一个空格。文件的开始处要有对该文件的功能性的说明，指出该文件的所述类型及功能。要求在FORTARN定义的每个重要的函数或子程序定义的上方做详细的注释说明。要求在函数或变量声明的上方添加注释。注释内容包括子程序的函数原型、参数说明与功能，每个参数的说明，参数是输入还是输出属性，返回值的类型及说明。

参数是输入属性是指参数的内容是调用者提供的值。

参数是输出属性是指参数的内容是调用者期待返回的值。

例如：

c subroutine max (a，b，ic)　　（需要子程序声明放在注释文档中）

c integer a，b　　（需要将参数的声明放在注释文档中，指明参数类型）

c function：compare the two integers a anb b，and put the lagger one in ic

c a：input，a number to be compared

c b：input，anther number to be compared

c ic：output，a number，the lagger one

c return：none

subroutine max (a，b)

9）参数约定

（1）GeoEast批量作业系统关于磁带的约定。

在调度系统中，磁带作业在等待运行时，操作员需要查询磁带作业请求的磁带号，以便在作业运行之前将磁带准备好安装。为了作业的磁带请求信息能够被调度系统识别，涉及开发磁带 I/O 的批量模块约定如下。

模块的类型约定：模块的类型定义为 IO，目前 modtool 中定义的所有模块的类型都为 NORMAL。修改 modtool 使其可选择的选项为 IO、NORMAL 以及 PARALLEL。

模块的参数约定：

①medium type（medium_type）：tape，disk。

功能：介质类型。

参数类型：单参数。

值类型：字串。

值：为 tape 时，请求磁带操作。

②reel name（reel_name）：填写，字串。

功能：磁带的带号前缀名称。

参数类型：单参数。

值类型：字串。

③reel table（reel_table）。

功能：请求的磁带带号表。

参数类型：表（矩阵）。

值类型：整型。

值：第 1、2 列为磁带号的范围。第 1 列为每一项请求的一个磁带号，第 2、3 列为该磁带的输入范围。

例如：1　1　1　50　　　第 1 盘带，输入 1~50 炮。
　　　2　30　51　900　　第 2 到第 30 盘带，输入 51~900 炮。

tape mode（tape_mode）：local，tms（参数类型为：TAPE_MODE）。

tape type（tape_type）：8mm，3480（参数类型为：TAPE_TYPE）。

label type（label_type）：label，nolabel（参数类型为：TAPE_LABEL）。

Modtool 的 FILL MODE 增加（目前使用以下选择值，最后要使用接口函数取得）：

　　TAPE_MODE：选择 local，tms。

　　TAPE_LABEL：选择 label，nolabel。

　　TAPE_TYPE：选择 3480，3490，8mm，4mm。

　　PLOTTER_TYPE：选择 OYO36，OYO24，HP。

　　PRINTER_TYPE：选择 COLOR，LINE_PRINT。

（2）并行模块的约定。

在 modtool 中选择模块的类型：ModuleType：增加 PARALLEL，表示并行模块。参数关键字：

number_of_tasks 或 number of tasks：申请的计算节点数。

3. 模块说明

模块子程序：要求模块的子程序命名能具有子程序功能的简单含义，模块子程序的功能尽量单一，子程序的行数不要太多。某些通用的子程序要提交给系统使用（系统统一命名）。

不使用数字作为子程序的名字（因为数字没有物理意义），尽量使用系统提供的标准子程序。
模块调用的子程序命名：模块名_子程序名。例如：

  testp_pm

  testp_init()

  testp_mainloop()

  程序的注释：模块的开始处是文档性注释，模块自己设计的子程序体的前面应有文档性注释。内容应包括子程序的原型、功能，每个参数的类型、物理意义，返回值的类型及物理意义。模块在难以理解的地方应有解释性注释。模块在调用系统子程序或本模块的子程序处也应有解释性注释。

4. 并行模块编写

  并行模块编写遵循批量模块编写的规定。执行控制系统为编程人员提供了完成并行编程的 MPICH 底层库。编程人员可以使用并行平台完成各种并行的功能。执行控制系统也为编程人员提供了简单的编程方式。

  并行方式一：作业中只有一个模块，也就是并行模块；模块需要自己读入地震数据并完成输入数据的选排，自己输出地震数据，完成并行计算任务。

  并行方式之一如图 10.9 所示。

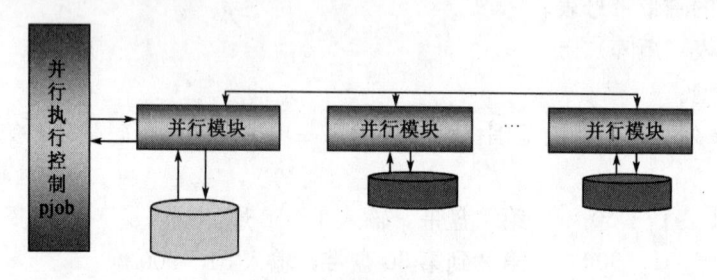

图 10.9 并行方式一

  并行方式二：支持多模块的并行执行控制系统，如图 10.10 所示。

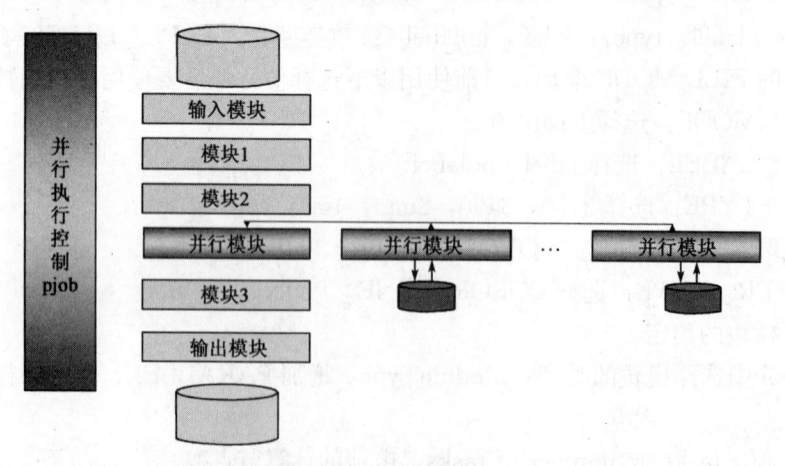

图 10.10 并行方式二

  (1) 并行作业：由多个模块组成，数据的输入输出使用专用串行批量模块，作业中只能有一个并行模块，并行模块的前后可以加入一个或多个批量（串行）功能模块。

  (2) 并行模块开发：数据来源于并行系统的数据通道，每次数据输入或是单道或是数据集输入。模块完成并行运算,将计算结果输出到数据通道中。模块若需要临时文件,可使用系统提供的临时文件存取接口完成。模块若需要检查点功能,由模块开发者设计完成。

(3)并行执行控制系统:实现作业运行,数据通道的数据流、各个功能模块的执行;完成并行模块的开发框架规则以及模块和系统进行通信的一套接口。

支持多模块控制系统的软件设计对于 GeoEast 的并行控制系统进行了功能增强和循环控制。方式实现:第一种方式没有更多要求,和其他批量模块编程一样,需要自己管理并行编程的计算和传递、等待和接收等;为满足第二种方式的编程需要,设计两种编程模式,详细模块编程(FORTRAN)见附录。

5. 模块开发样例

开发一个单道模块 trscaler:

1)模块简介:

　　y(t)= scaler * x(t)

　　x(t):输入道。

　　Scaler:比例因子,分为常量因子和时变因子。

　　y(t):输出道。

modtool 主窗口如图 10.11 所示。

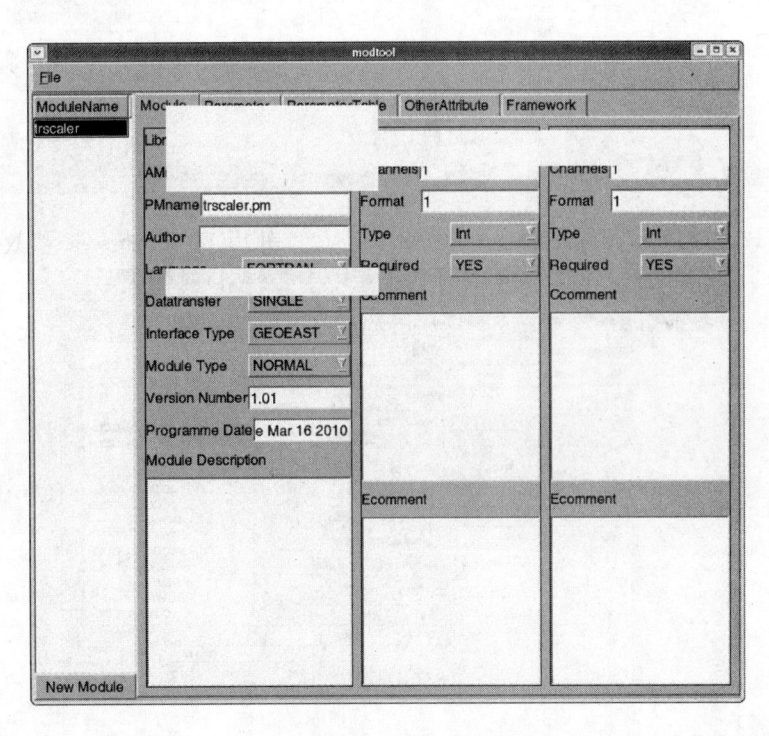

图 10.11　modtool 主窗口

2)模块设置三个参数

option:OPTION 类型	const scaler	TV scaler:SINGLE 类型
const scaler	依赖 option 的 const scaler	依赖 option 的 TV scaler

TV scaler

输入方式（FillMode）：DIRECT

参数级别（Class）：0

类型（Ptype）：SINGLE

值类型（Vtype）：String

输入方式（FillMode）：DIRECT

参数级别（Class）：0

类型（Ptype）：SINGLE

值类型（Vtype）：Float

输入方式（FillMode）：DIRECT

参数级别（Class）：0

类型（Ptype）：MATRIX

值类型（Vtype）：Float

OPTION 参数设置如图 10.12 所示。Const scaler 参数设置如图 10.13 所示。TV scaler 参数设置如图 10.14 所示。

图 10.12　OPTION 参数设置

图 10.13　const scaler 参数设置

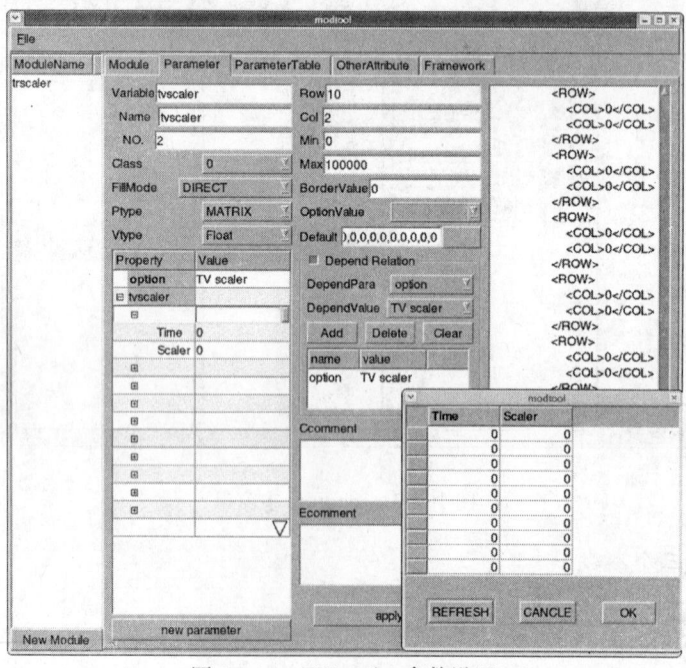

图 10.14　TV scaler 参数设置

• 368 •

3) 生成模块框架

模块框架程序如图 10.15 所示。

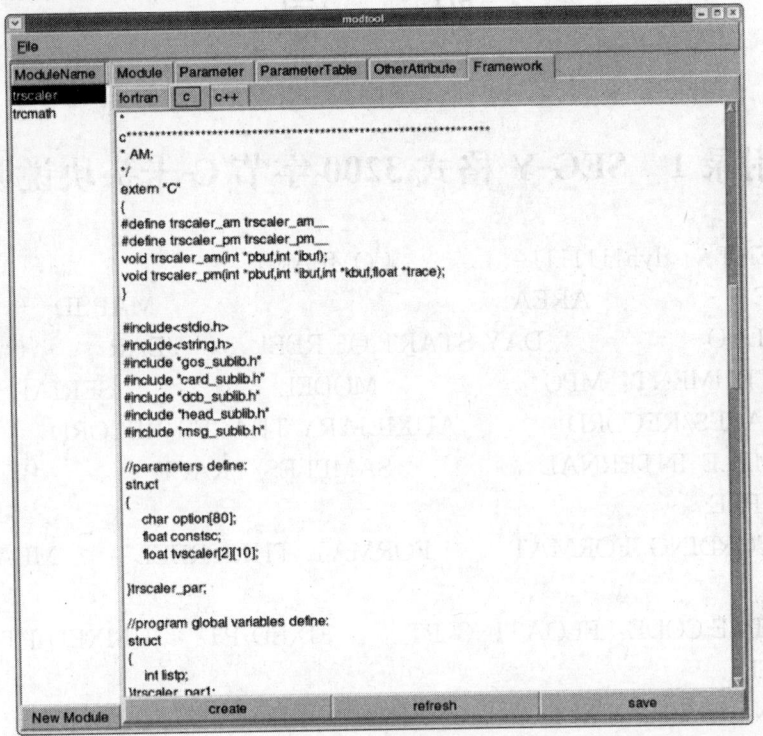

图 10.15　模块框架程序

附　　录

附录1　SEG-Y 格式 3200 字节 C-卡头块说明

```
C 1 CLIENT     lyh1111111        COMPANY                    CREW NO
C 2 LINE               AREA                      MAP ID
C 3 REELNO         DAY-START OF REEL      YEAR      OBSERVER
C 4 INSTRUMENT：MPG          MODEL            SERIAL NO
C 5   TRACES/RECORD      AUXILIARY TRACES/RECORD    CDP FOLD
C 6 SAMPLE INTERNAL        SAMPLES/TRACE         BITS/IN
BYTES/SAMPLE
C 7 RECORDING FORMAT      FORMAT THIS REEL      MEASUREMENT
SYSTEM
C 8 SAMPLE CODE：FLOATING PT      FIXED PT     FIXED PT－GAIN
CORRELATED
C 9 GAIN  TYPE：FIXED     BINARY    FLOATING POINT     OTHER
C10 FILTERS：ALIAS     HZ NOTCH     HZ BAND － HZ SLOPE －
DB/OCT
C11 SOURCE：TYPE         NUMBER/POINT        POINT INTERVAL
C12    PATTERN：                  LENGTH          WIDTH
C13 SWEEP START    RZ END    HZ LENGTH     MS CHANNEL
NO TYPE
C14 TAPER：START LENGTH     MS  END LENGTH      MS TYPE
C15 SPREAD：OFFSET        MAX DISTANCE        GROUP INTERVAL
C16 GEOPHONES：PER GROUP      SPACING     FREQUENCY    MFG
MODEL
C17    PATTERN：                   LENGTH         WIDTH
C18 TRACES SORTED BY：RECORD    CDP    OTHER
C19 AMPLITUDE RECOVERY：NONE    SPHERICAL DIV    AGC   OTHER
C20 MPP PROUECTION             ZONE ID     COORDINATE UNITS
C21 FIELD SUM      NAVIGATION SYSTEM      RECORDING RARTY
C22 CABLE TYPE       DEPTH      SHOOTING DIRECTION
C23
……
C39
C40 END EBCDIC
```

附录2　SEG-Y 格式 400 字节头块说明

字（32位）	字节号	说　　明
1	3201-3204	作业标识号。
2	3205-3208*	测线号（每卷仅一条线）。
3	3209-3212*	卷号。
4-1	3213-3214*	每个记录的道数（包括 DUMMY 道和插入记录或者共深度点的零记录道）。
4-2	3215-3216*	每个记录的辅助道数（包括扫描道、时断、增益、同步和其他所有非地震数据道）。
5-1	3217-3218*	这一卷带的采样间隔，以微秒表示。
5-2	3219-3220	野外记录的采样间隔，以微秒表示。
6-1	3221-3222	本卷数据的每个数据道的样点数。
6-2	3223-3224	野外记录的各数据道的样点数。
7-1	3225-3226*	数据采样格式码：1＝浮点（4字节）；2＝定点（4字节）；3＝定点（2字节）；4＝定点 W/增益码（4字节）。辅助道的每个采样使用相同的字节数。
7-2	3227-3228*	CMP 覆盖次数（每个 CMP 道集所希望的数据道数）。
8-1	3229-3230	道分选码：1＝同记录（没有分选）；2＝CMP 道集；3＝单次覆盖剖面；4＝水平叠加剖面。
8-2	3231-3232	垂直叠加码：1＝没有叠加；2＝两次叠加；…；N＝N 次相加（N＝32,767）。
9-1	3233-3234	起始扫描频率。
9-2	3235-3236	终止扫描频率。
10-1	3237-3238	扫描长度，以毫秒表示。
10-2	3239-3240	扫描类型码：1＝线性扫描；2＝抛物线扫描；3＝指数扫描；4＝其他。
11-1	3241-3242	扫描通道的道号。
11-2	3243-3244	有斜坡时，为起始斜坡长度（斜坡起始于时间零，使用时间为该长度），以毫秒表示。
12-1	3245-3246	终了斜坡长度（终了斜坡起始于扫描长度减终了斜坡长度），以毫秒表示。
12-2	3247-3248	斜坡类型：1＝线性；2＝$\cos^2$；3＝其他。
13-1	3249-3250	相关数据道：1＝没有相关；2＝相关。
13-2	3251-3252	二进制增益恢复：1＝恢复；2＝没有恢复。
14-1	3253-3254	振幅恢复方式：1＝没有；2＝球面扩散；3＝AGC；4＝其他。
14-2	3255-3256*	测量系统：1＝米；2＝英尺。

15-1	3257-3258	脉冲信号极性：1=压力增加或者使检波器向上运动在磁带上记的是负数；2=压力增加或者使检波器向上运动在磁带上记的是正数。
15-2	3259-3260	可控震源极性代码：1=337.5°−22.5°；2=22.5°−67.5°；3=67.5°−112.5°；4=112.5°−157.5°；5=157.5°−202.5°；6=202.5°−247.5°；7=247.5°−292.5°；8=292.5°−337.5°。
……		
16-75	3261-3500	没有确定，选择使用。
76-1	3501-3502	SEG-Y 格式修订版本号。
76-2	3503-3504	固定长度道旗标。1 表明 SEG-Y 文件中所有道都确保具有相同的采用间隔和样点数。
77-1	3505-3506	二进制文件头后的 3200 字节扩展文本文件头记录数。
77-2	3505-3506	没有确定，选择使用。
78-100	3507-3600	没有确定，选择使用。

附录 3 SEG-Y 格式 240 字节道头说明

字(32 位)	字节号	说明
1	1-4 *	一条测线中的道顺序号。如果一条测线有若干卷带，顺序号连续递增。
2	5-8	在本卷磁带中的道顺序号。每卷带的道顺序号从 1 开始。
3	9-12 *	原始的野外记录号。
4	13-16 *	在原始野外记录中的道号。
5	17-20	震源点号（在同一个地面点有多于一个记录时使用）。
6	21-24	CMP 号。
7	25-28	在 CMP 道集中的道号（在每个 CMP 道集中道号从 1 开始）。
8-1	29-30 *	道识别码：1=地震数据；4=时断；7=记录；2=死道；5=井口时间；8=水断；3=DUMMY；6=扫描道；9…N=选择使用（N=32767）。
8-2	31-32	产生这一道的垂直叠加道数（1 是一道；2 是两道相加；…）。
9-1	33-34	产生这一道的水平叠加道数（1 是一道；2 是两道叠加；…）。
9-2	35-36	数据类型：1=生产；2=试验。
10	37-40	从炮点到接收点的距离（相反向激发为负值）。
11	41-44	接收点高程。高于海平面的高程为正，低于海平面的高程为负。
12	45-48	炮点的地面高程。
13	49-52	炮点低于地面的深度（正数）。
14	53-56	接收点的基准面高程。
15	57-60	炮点的基准面高程。

16	61-64	炮点的水深。
17	65-68	接收点的水深。
18-1	69-70	对 41-68 字节中的所有高程和深度应用了此因子给出真值。比例因子＝1，±10，±100，±1000 或者±10000。如果为正，乘以因子；如果为负，则除以因子。
18-2	71-72	对 73-88 字节中的所有坐标应用了此因子给出真值。比例因子＝1，±10，±100，±1000 或者±10000。如果为正，乘以因子；如果为负，则除以因子。
19	73-76	震源坐标-X。
20	77-80	震源坐标-Y。
21	81-84	检波器组坐标-X。
22	85-88	检波器组坐标-Y。
23-1	89-90	坐标单位；1＝长度（米或者英尺）；2＝弧度的秒。
23-2	91-92	风化层速度。
24-1	93-94	风化层下的速度。
24-2	95-96	震源处的井口时间。
25-1	97-98	接收点处的井口时间。
25-2	99-100	炮点的静校正。
26-1	101-102	接收点的静校正。
26-2	103-104	应用的总静校正量（如没有应用，静校正为零）。
27-1	105-106	延迟时间-A，以毫秒表示，240 字节的道标识的结束和时间信号之间的时间。如果时间信号出现在道头结束之前，则为正；如果时间信号出现在道头结束之后，则为负。时间信号就是起始脉冲，它记录在辅助道上或者由记录系统指定。
27-2	107-108	时间延迟-B，以毫秒表示，为时间信号和能量起爆之间的时间，可正可负。
28-1	109-110	时间延迟时间，以毫秒表示，能量源的起爆时间和开始记录数据样点之间的时间（深水时，数据记录不从时间零开始）。
28-2	111-112	起始切除时间。
29-1	113-114	结束切除时间。
29-2	115-116 *	本道的采样点数。
30-1	117-118 *	本道的采样间隔，以微秒表示。
30-2	119-120	野外仪器的增益类型：1＝固定增益；2＝二进制增益；3＝浮点增益；…；N＝选择使用。
31-1	121-122	仪器增益常数。
31-2	123-124	仪器起始增益（db）。
32-1	125-126	相关码：1＝没有相关；2＝相关。
32-2	127-128	起始扫描频率。
33-1	129-130	结束扫描频率。
33-2	131-132	扫描长度，以毫秒表示。

34-1	133-134	扫描类型：1=线性；2=抛物线；3=指数；4=其他。
34-2	135-136	扫描道起始斜坡长度，以毫秒表示。
35-1	137-138	扫描道终了斜坡长度，以毫秒表示。
35-2	139-140	斜坡类型：1=线性；2=$\cos^2$；3=其他。
36-1	141-142	滤假频的频率（如果使用）。
36-2	143-144	滤假频的陡度。
37-1	145-146	陷波陡率（如果使用）。
37-2	147-148	陷波陡度。
38-1	149-150	低截频率（如果使用）。
38-2	151-152	高截频率（如果使用）。
39-1	153-154	低截频率陡度。
39-2	155-156	高截频率陡度。
40-1	157-158	数据记录的年。
40-2	159-160	日。
41-1	161-162	小时（24时制）。
41-2	163-164	分。
42-1	165-166	秒。
42-2	167-168	时间代码：1=当地时间；2=格林威治时间；3=其他。
43-1	169-170	道加权因子。最小有效位定义为 2^{-N}，$N=0,1,2,\cdots,32767$。
43-2	171-172	覆盖开关位置1的检波器道号。
44-1	173-174	在原始野外记录中道号1的检波器号。
44-2	175-176	在原始野外记录中最后一道的检波器号。
45-1	177-178	缺口大小（滚动的总道数）。
45-2	179-180	在测线的开始或者结束处的斜坡位置：1=在后面；2=在前面。
	181-240	没有定义，可以选择使用。

说明：(1) 带*的字节信息必须记录。

(2) 本说明仅供参考。

附录4　LINUX下的FORTARN，C，C++混合编程规则

由于LINUX系统各种语言的函数调用关系有些异同，经实验（实验例子：/geoeast/test目录）有以下结论：

■C++语言调用C或FORTRAN语言的函数，要在C++程序中用extern"C"语句进行声明。

■C++语言调用C++语言的函数，必须在之前进行声明，如不声明，则和调用顺序有关。

■FORTRAN语言调用C++语言的函数，必须在C++中用extern"C"语句进行声明。

■FORTRAN 语言调用 FORTRAN 语言的函数，必须用类型语句进行定义，否则如不符合隐含规定，则会产生返回错误。

■FORTRAN 语言调用 C 语言的函数或子程序，FORTRAN 必须用类型语句进行定义，否则如不符合隐含规定，则会产生返回错误。

■C 语言调用 C 语言的函数，可以不用进行声明，并且和顺序无关。

■C 语言调用 FORTRAN 语言的函数或子程序，调用形式必须在符号后面加 _ ，在 LINUX 下函数名内有下杠的情况加两个 _ 。

■C 语言调用 FORTRAN 语言的函数或子程序，若函数或子程序形参有 CHARACTER 类型，应在所有调用参数后传入 CHARACTER 类型参数的长度：

FORTRAN　SUBROUTINE QTEST（A，I，B，N)
　　　　　　CHARACTER * 80 A，B
　　　　　　INTEGER I，N

在 C 语言的调用　qtest_（a，&I，B，&Ni，strlen（a），strlen（b））

附录 5　匈牙利命名法

使用下面的符号作为变量的前缀，意义如下面所列。

这些符号可以多个同时使用，顺序是先 m_（这标记指成员变量）再指针，再简单数据类型，再其他。

例如：m_lpszStr，表示指向一个以 0 字符结尾的字符串的长指针成员变量。

a Array
b Boolean
by Byte
c　Char //有符号型字符
cb Char Byte //无符号型字符（没多大用处）
cr ColorRef //颜色参考值
cx，cy Length of x，y（ShortInt）//坐标差（长度）
dw Double Word
fn Function
h Handle
i Integer
m_　Member of a class
n Short Integer
np Near Pointer
p Pointer lp Long Pointer
s String
sz String with Zero End //以字符"\0"结尾的字符串
tm Text //文本内容
w Word
x，y　Coordinate //坐标

类名一般没有说明字符，如 theApp。用在其他类中加 m_ 即可。要注意的是：某些类也有类似于匈牙利命名法的缩写。例如：CStatusBar m_wndStatusBar，这里的 wnd 表示窗口类，但这种命名法不是标准的匈牙利命名法的一部分。

附录6 模块通用编码参数约定

CMP_number： CMP号。
LINE_number：线号。
SHOT_number：炮号。
TRACE_number：地震道。
RECEIVER_number：接收点号。
Trace_length：道长。
Sample_interval：采样间隔。
BCMP：开始CMP号。
ECMP： 结束CMP号。
BLINE： 开始线号。
ELINE： 结束线号。
BSHOT： 开始炮号。
ESHOT： 结束炮号。
BRECEIVER：开始接收点号。
ERECEIVER：结束接收点号。
BTRACE：开始道号。
ETRACE：结束道号。
INCREMENT：增量。
NCMP： CMP个数。
NLINE： LINE数。
NTARCE：道数。
LTR：道长。
SI：采样率。
NT：道数。
MAX：最大。
MIN：最小。
WINDOW：时窗。
SELECT：选件。
FOLD：覆盖次数。
CMPCELL：面元。
TV：速度数据表。
MUTE：切除数据表。
XY：坐标数据表。
GE：观测系统数据表。

ED：编辑数据表。
ST：静校正数据表。

附录7　头文件

头文件所在路径及列表：
$ GEOEAST/include/sdp
头文件列表：

处理历史信息头文件	HisInfo. h
作业执行控制头文件	JobExec. h
模块执行控制头文件	ModExec. h
速度库头文件	TV _ Public. h
译码头文件	card _ coding. h
译码头文件	card _ sublib. h
数据历史头文件	datahis. h
数据路径头文件	data _ pathlib. h
数据表头文件	dbtable. h
数据控制块头文件	dcb _ sublib. h
文件输出对话框接口头文件	filedlg. h
道头定义表	head _ def. h
道头存取头文件	head _ sublib. h
Gos 实用函数头文件	gos _ sublib. h
GEOEAST 输入/输出头文件	io _ geoeast _ sublib. h
GRISYS 输入/输出头文件	io _ grisys _ sublib. h
输入/输出接口头文件	io _ seis _ gapi. h
输入/输出接口头文件	io _ sublib. h
作业文件输出函数头文件	joboutput. h
模块工具头文件	modtool. h
模块信息头文件	msg _ sublib. h
速度数据表头文件	mutedb. h
参数定义头文件	paradef. h
作业状态头文件	qjobstatus. h
输入/输出头文件	seis _ gapi. h
地震信息块头文件	smb _ sublib. h
系统路径头文件	sys _ dirlib. h
数据表头文件	tb _ sublib. h
数据表头文件	tbeddef. h
数据表头文件	tbfadef. h
数据表头文件	tbwddef. h
数据表头文件	tbxydef. h

临时文件头文件	tmp_sublib.h
作业编译头文件	util.h
文件头存取头文件	vol_sublib.h

附录 8　共享目录文件

共享目标文件所在路径及列表（用于动态链接）：$GEOEAST/libso/sdp/mod

模块共享目标文件列表内包含了所有 GEOEAST 下的地震模块，模块数目和内容随系统的裁减而改变。

$GEOEAST/libso/sdp/sys 共享目标文件列表：

| 作业控制类库 | JobExec.so |
| 模块控制类库 | ModExec.so |

$GEOEAST/libso/sdp/util 共享目标文件列表：

译码共享目标文件	card_coding.so
数据路径共享目标文件	data_pathlib.so
数据表共享目标文件	dbtable.so
执行控制共享目标文件	dcb_sublib.so
Gos 实用函数共享目标文件	gos_sublib.so
道头存取共享目标文件	head_sublib.so
GEOEAST 输入/输出共享目标文件	io_geoeast_sublib.so
GRISYS 输入/输出共享目标文件	io_grisys_sublib.so
输入/输出共享目标文件	io_seis_gapi.so
输入/输出共享目标文件	io_sublib.so
作业输出共享目标文件	joboutput.so
地震数学库	math_sublib.so
模块信息共享目标文件	msg_sublib.so
绘图共享目标文件	plot_sublib.so
作业状态共享目标文件	qjobstatus.so
地震子程序库	seg_sublib.so
输入/输出	seis_gapi.so
地震信息块	smb_sublib.so
系统路径共享目标文件	sys_dirlib.so
数据表共享目标文件	tb_sublib.so
临时文件共享目标文件	tmp_sublib.so
文件头存取共享目标文件	vol_sublib.so

附录 9　checkmod 命令

所在路径及功能：$GEOEAST/bin/sdp/cshell

Checkmod 命令主要检查模块是否满足系统条件,是否存在不满足外部访问。

```
g++   -Wl,-rpath,$QTDIR/lib -o sjob_temp \
    $GEOEAST/libso/sdp/util/*.so \
    $GEOEAST/libso/mc/libmodulelib.so \
    $GEOEAST/libso/sdp/sys/JobExec.so \
    $GEOEAST/libso/sdp/sys/ModExec.so \
    ./$1.o \
    ./$2.o \
    -L${DP2_LIBSO} \
    -lGEDIprocess -lseis_app -lGEDIprj -lGEDIWell -ldpi_fs -ldpi_record
    -ldpi_app -ldpi_record -ldpi_oci -lxml \
    $GEOEAST/libso/sdp/sys/sjob.o \
    -L$QTDIR/lib -L/usr/X11R6/lib \
    -L$ORACLE_HOME/lib \
    -lqt-mt -lXext -lX11 -lm \
    -lclntsh -locci -lg2c
g77  -o $1.so -shared $1.o $2.o
```

附录10 GOS Makefile 文件

GOS 的 Makefile 文件所在路径: $GEOEAST/src/sdp/gos
文件内容:

```
CC       = gcc
CXX      = g++
LEX      = flex
YACC     = yacc
CFLAGS   = -pipe -Wall -W -O2  -DQT_NO_DEBUG -DQT_SHARED
CXXFLAGS = -pipe -Wall -W -O2  -DQT_NO_DEBUG -DQT_SHARED
LEXFLAGS =
YACCFLAGS= -d
INCPATH  = -I. -I$(GEOEAST)/include/sdp -I$(QTDIR)/include
LINK     = g++
LFLAGS   = -Wl,-rpath,$(QTDIR)/lib
LDFLAGS  = -L/usr/local/lib
LIBS     = $(SUBLIBS) -L$(QTDIR)/lib -L/usr/X11R6/lib -rdynamic \
           $(GEOEAST)/libso/sdp/sys/*.so \
           $(GEOEAST)/libso/sdp/util/*.so \
           $(GEOEAST)/libso/mc/libmodulelib.so \
           -L${DP2_LIBSO} \
           -lGEDIprocess -lseis_app -lGEDIprj -lGEDIWell -ldpi_fs
```

```
            -ldpi_record -ldpi_app -ldpi_record -ldpi_oci -lxml \
                    -L$(QTDIR)/lib -L/usr/X11R6/lib \
                    -L$(ORACLE_HOME)/lib \
                -lclntsh -locci \
                $(LDFLAGS)    -lg2c -lqt -mt -lXext -lX11 -lm
AR          = ar cqs
RANLIB      =
MOC         = $(QTDIR)/bin/moc
UIC         = $(QTDIR)/bin/uic
QMAKE       = qmake
TAR         = tar -cf
GZIP        = gzip -9f
COPY        = cp -f
COPY_FILE   = $(COPY)
COPY_DIR    = $(COPY) -r
DEL_FILE    = rm -f
SYMLINK     = ln -sf
DEL_DIR     = rmdir
MOVE        = mv -f
CHK_DIR_EXISTS= test -d
MKDIR       = mkdir -p
####### Output directory
OBJECTS_DIR = ./
####### Files
HEADERS =
SOURCES = JobExec.cpp \
            ModExec.cpp \
            sjob.cpp
OBJECTS = JobExec.o \
            ModExec.o \
            sjob.o
FORMS =
UICDECLS =
UICIMPLS =
SRCMOC =
OBJMOC =
DIST        = sjob.pro
QMAKE_TARGET = sjob
DESTDIR     =
TARGET      = sjob
```

```
first: all
####### Implicit rules
.SUFFIXES: .c .o .cpp .cc .cxx .C
.cpp.o:
        $(CXX) -c $(CXXFLAGS) $(INCPATH) -o $@ $<
.cc.o:
        $(CXX) -c $(CXXFLAGS) $(INCPATH) -o $@ $<
.cxx.o:
        $(CXX) -c $(CXXFLAGS) $(INCPATH) -o $@ $<
.C.o:
        $(CXX) -c $(CXXFLAGS) $(INCPATH) -o $@ $<
.c.o:
        $(CC) -c $(CFLAGS) $(INCPATH) -o $@ $<
####### Build rules
all: Makefile $(TARGET) install
$(TARGET):  $(UICDECLS) $(OBJECTS) $(OBJMOC)
        $(LINK) -shared -o JobExec.so JobExec.o
        $(LINK) -shared -o ModExec.so ModExec.o
        cp *.so sjob.o -f $(GEOEAST)/libso/sdp/sys
        $(LINK) $(LFLAGS) -o $(TARGET) $(OBJECTS) $(OBJMOC) $(LIBS) $(OBJCOMP)
mocables: $(SRCMOC)
uicables: $(UICDECLS) $(UICIMPLS)
$(MOC):
        ( cd $(QTDIR)/src/moc ; $(MAKE) )
Makefile: sjob.pro
        $(QMAKE) -o Makefile sjob.pro
qmake:
        @$(QMAKE) -o Makefile sjob.pro
dist:
        @mkdir -p .tmp/sjob && $(COPY_FILE) --parents $(SOURCES) $(HEADERS) $(FORMS) $(DIST) .tmp/sjob/ && ( cd `dirname .tmp/sjob` && $(TAR) sjob.tar sjob && $(GZIP) sjob.tar ) && $(MOVE) `dirname .tmp/sjob`/sjob.tar.gz . && $(DEL_FILE) -r .tmp/sjob
mocclean:
uiclean:
yaccclean:
lexclean:
clean:
```

```
            -$（DEL_FILE）$（OBJECTS）
            -$（DEL_FILE）*~core *.core
####### Sub-libraries
distclean: clean
            -$（DEL_FILE）$（TARGET）$（TARGET）
FORCE:
####### Compile
JobExec.o: JobExec.cpp
ModExec.o: ModExec.cpp
sjob.o: sjob.cpp
####### Install
install:
            cp sjob -f $（GEOEAST）/bin/sdp/bin
uninstall:
```

附录11 模块架构

模块名称：TESTP

1. 参数及参数定义库

a) 参数定义

名称	序号	类型	数值类型	缺省	范围	行列	级别	中文说明	英文说明	依赖	填写方式
PA	0	SELECT		A	A, B	8		A, B			FILL
PB	1	SINGLE	INT	5	0—100	1, 1					FILL
PC	2	VECTOR	INT	0	0—10	1, 4					PARA
PD	3	MATRIX	INT	0	0—100	4, 4					PARA
PE	4	SINGLE	FLOAT	3.0	0—10	1, 1					FILL

b) 参数定义库

模块类型	GEOEAST	模块类型	GEOEAST
库名	TESTP.SO	执行模块名	TESTP_PM
重入性		输入通道	1
分析模块名	TESTP_AM	输出通道	1

2. 参数文本

: testp pa=A, pb5, pc (1, 2, 3, 4),
    pd ((1, 2, 3, 4), (2, 3, 4, 5), (3, 4, 5, 6), (6, 7, 8, 9)),
    pe6.7

3. 模块主要部分

注释：

    1：模块名，版本号，语言，日期。

    2：版本修改历史，修改人。

    3：功能简述。

    4：参数说明：参数名，类型，数据类型，英文注释。

    5：应用举例。

分析：

    1：参数说明，数组说明。

    2：COMMON 定义参数。

    3：取得 BCD。

    4：检查参数。

    5：取得参数（译码）。

    6：设计缓冲区。

    7：申请缓冲区。

    8：退出。

    9：错误处理。

执行：

    1：参数说明，数组说明。

    2：COMMON 定义参数。

    3：取得 DCB。

    4：执行算法。

4. 参数传递

模块的通信能要使用变元参数，因为变元参数是通信最直接的方法：

AM（pbuf，ibuf）

pbuf：私有缓冲区指针

ibuf：私有缓冲区

pbuf	意　　义	用　　途
0	私有缓冲区个数	
1	第一个缓冲区长度	参数
2	第二个缓冲区长度	其他参数
3	第三个缓冲区长度	工作缓冲区
4	第四个缓冲区长度	工作缓冲区
5	……	

PM（pbuf，ibuf，kbuf，trace）

pbuf：私有缓冲区指针

ibuf：私有缓冲区

kbuf：公用缓冲区

Trace：数据缓冲区

5. FORTRAN 模块模板

```
*---------------------------------------------*
* |                                           | *
* |              GEOEAST                      | *
* |                                           | *
* |      Seismic Data Processing System       | *
* |           developed by BGP                | *
* |                                           | *
* |           ALL Rights Reserved             | *
* |                                           | *
* |-------------------------------------------| *
*    GeoEast Module：
*---------------------
*.. Module name    :    TESTP
*.. Version number :    TESTP 1.01
*.. Language       :    FORTRAN 77
*.. Author         :    cjh
*.. Date           :    2003.8
*..
*..+++++++++++++++++++++++++++++++++
*.  Revision table：
*---------------------
*.  version：1.1：
*       Description：
*       Author：
*       Date：
*.+++++++++++++++++++++++++++++++++
*   Function：
*---------------------
*   This module is to test the GeoEast module parameters
*
*+++++++++++++++++++++++++++++++++
*     Praramters：
*---------------------
*     PA：SELECT          english remark
*     PB：SINGLE INT
*     PC：VECTOR INT
*     PD：MATRIX INT
*     PE：SINGLE FLOAT
```

```
* +++++++++++++++++++++++++++++++++
*     Examples:
* ---------------
*       : testp pa=A, pb5, pc (1, 2, 3, 4),
*         pd ( (1, 2, 3, 4), (2, 3, 4, 5), (3, 4, 5, 6), (6, 7, 8, 9)),
*         pe6. 7
*
*
* * * * * * * * * * * * * * * * * * * * * * * * * * * * * * * * * *
* AM:
   subroutine testp _ am (pbuf, ibuf)
   integer pbuf (*), ibuf (*)
   character pa * 80, date * 80
   integer pb, pc (4), pd (4 * 4)
   real pe
   common /testp _ par/pa, pb, pc, pd, pe
c global variables
   common /testp _ par1/listp
c
c am start
   version = 1.0
   date = " 2004. 5. 1 \ 0"
   call gos _ am _ start (version, date)
c
c used to register the common buffer
c
     call gos _ get _ common _ len (len);
    call gos _ request _ common _ len (0, pa, len)
c       pa is the first data in testp _ par common, tell system the common address
     len  = 4 * 1
     call gos _ request _ common _ len (1, listp, len)
c    listp is the first data in testp _ par1 common, tell system the common1 address
c
c get DCB parameters :
c
    call dcb _ get _ si (isi);
    call dcb _ get _ ltr (ltr);
c
c get parameters
c
```

```
c   call card_get_para (pa)
    call card_get_string (" pa\0", pa)
    call card_get_int (" pb\0", pb)
    call card_get_int (" pc\0", pc)
    call card_get_int (" pd\0", pd)
    call card_get_float (" pe\0", pe)
c
c designed the work buf
c
c  ibuf:
    pbuf (1) = 3
    pbuf (2) = 100
    pbuf (3) = 200
    pbuf (4) = 300
c kbuf
    len = 2000
    call dcb_request_kbuf_len (len)
c trs in channel
    itrs = 2
    call dcb_request_max_channel_trs (itrs)
c channels
    itrs = 1
    call dcb_request_channels (itrs)
    goto 10000
c
c error message
c
9999    continue
    call gos_abort ()
10000   continue
    call gos_am_end ()
    return
    end
C==========================
c pm
    subroutine testp_pm (pbuf, ibuf, kbuf, trace)
    integer pbuf (*), ibuf (*)
    real trace (*)
```

```
      character * 80 pa
      integer pb, pc (4), pd (4 * 4)
      real pe
      common /testp_par/pa, pb, pc, pd, pe
      common /testp_par1/listp
c------------------------------------------
cget dcb:
c do main loop:
      call testp_pm_main (pbuf, ibuf, ibuf (pbuf (2) +1),
     1      ibuf (pbuf (2) +pbuf (3) +1), trace);
      return
      end
c------------------------------------------
      subroutine testp_pm_main (pbuf, work1, work2, work3, trace)
      integer work1 (*), work2 (*)
      real work3 (*), trace (*)
c
      call dcb_get_si (isi);
      call dcb_get_ltr (ltr);
      call dcb_get_channel_trs (itrs);
c
c begin main loop
c
c     do the main loop
c
c    is the last trace of the gather
c
      call dcb_get_lastgather (igather)
      if (igather. eq. 1) then
c     do the y bit things
      endif
c
c    is the last trace of the whole data
c
      call dcb_get_lasttrace (itrace)
      if (itrace. eq. 1) then
c     do the last trace processing
      endif
      return
      end
```

6. C模块模板

```
/*-----------------------------------------*
 *|                                         |*
 *|              GEOEAST                    |*
 *|                                         |*
 *|       Seismic Data Processing System    |*
 *|            developed by BGP             |*
 *|                                         |*
 *|          ALL Rights Reserved            |*
 *|                                         |*
 *|-----------------------------------------|*
 * * * * * * * * * * * * * * * * * * * * * * *
 *   GeoEast Module:
 *---------------
 *.. Module name      :    TESTP
 *.. Version number   :    TESTP 1.01
 *.. Language         :    C
 *.. Author           :    TEST
 *.. Date             :    2003.8
 *..
 *.. +++++++++++++++++++++++++++++++++++++++++
 *.  Revision table:
 *---------------
 *.  version: 1.1:
 *       Description:
 *       Author:
 *       Date:
 *. +++++++++++++++++++++++++++++++++++++++++
 *   Function:
 *---------------
 *   This module is to test the GeoEast module parameters
 *
 * +++++++++++++++++++++++++++++++++++++++++
 *    Praramters:
 *---------------
 *    PA: SELECT       english remark
 *    PB: SINGLE INT
 *    PC: VECTOR INT
 *    PD: MATRIX INT
```

```
*      PE: SINGLE FLOAT
* +++++++++++++++++++++++++++++++++++++++++
*      Examples:
* ---------------
*        : testp pa=A, pb5, pc (1, 2, 3, 4),
*          pd ( (1, 2, 3, 4), (2, 3, 4, 5), (3, 4, 5, 6), (6, 7, 8, 9)),
*          pe6.7
*
*
* * * * * * * * * * * * * * * * * * * * * * * * * * * * * * * *
* AM:
*/
extern " C"
{
#define testp_am testp_am__
#define testp_pm testp_pm__
void testp_am (int *pbuf, int *ibuf);
void testp_pm (int *pbuf, int *ibuf, int *head, float *trace);
}
#include<stdio.h>
#include<string.h>
#include " gos_sublib.h"
#include " dcb_sublib.h"
#include " card_sublib.h"
//parameters define:
struct
{
  char pa [80];
  int pb;
  int pc [4];
  int pd [4*4];
  float pe;
} testp_par;

//program global variables define:
struct
{
  int listp;
} testp_par1;
```

```c
void testp_am (int * pbuf, int * ibuf)
{
    float version;
    int len, i, isi, ltr, itrs;
    char date [80];
// am start
    version = 1.1;
    strcpy (date,"2004.5.1\0");
    gos_am_start (&version, date);
//
// used to register the common buffer
//
    gos_get_common_len (&len);
    i = 0;
    gos_request_common_len (&i, (int *) testp_par.pa, &len);
//        pa is the first data in testp_par common, tell system the common address
    len = 4 * 1;
    i = 1;
    gos_request_common_len (&i, &testp_par1.listp, &len);
//    listp is the first data in testp_par1 common, tell system the common1 address


//
// get DCB parameters:
//
    dcb_get_si (&isi);
    dcb_get_ltr (&ltr);
//
// get parameters
//
    card_get_para (testp_par.pa);
/*  card_get_string (" pa", testp_par.pa);
    card_get_int (" pb", &testp_par.pb);
    card_get_int (" pc", testp_par.pc);
    card_get_int (" pd", testp_par.pd);
    card_get_float (" pe", &testp_par.pe);
*/
    printf (" pa=%s\n", testp_par.pa);
    printf (" pb=%d\n", testp_par.pb);
    for (i = 0; i<4; i++)
        printf (" pa=%d\n", testp_par.pc [i]);
```

```c
    for (i = 0; i < 4 * 4; i++)
        printf (" pa=%d\n", testp_par.pd [i]);
    printf (" pa=%f\n", testp_par.pe);
//----------------------------------------
// designed the work buf
//
// ibuf:
    pbuf [0] = 3;
    pbuf [1] = 100;
    pbuf [2] = 200;
    pbuf [3] = 300;
// kbuf
        len = 2000;
        dcb_request_kbuf_len (&len);
// trs in channel
        itrs = 22;
        dcb_request_max_channel_trs (&itrs);
// channels
        itrs = 1;
        dcb_request_channels (&itrs);
    return;
}
//================================
void testp_pm (int * pbuf, int * ibuf, int * head, float * trace)
{
void testp_pm_main (int * pbuf, int * work1, int * work2, int * work3, float * trace);
//
// do main loop:
    testp_pm_main (pbuf, ibuf, ibuf+pbuf [1],
            ibuf+pbuf [1] +pbuf [2], trace);
    return;
}
//----------------------------------------
void testp_pm_main (int * pbuf, int * work1, int * work2, int * work3, float * trace)
{
    int isi, ltr, itrs, igather, itrace;
//
    dcb_get_si (&isi);
```

```
    dcb _ get _ ltr (&ltr);
    dcb _ get _ channel _ trs (&itrs);
//
// begin main loop
//
//      do the main loop
//
//------------------------------------
//
//    is the last trace of the gather
//
    dcb _ get _ lastgather (&igather);
    if (igather == 1)
     {
//     do the y bit things
     }
//
//    is the last trace of the whole data
//
    dcb _ get _ lasttrace (&itrace);
    if (itrace == 1)
     {
//     do the last trace processing
     }
    return;
}
```

附录 12　并行模块模板

1. 并行模块分析段

```
* * * * * * * * * * * * * * * * * * * * * * * * * * * * * * * *
* ------------------------------------------------------------ *
* |                                                          | *
* |                      GEOEAST                             | *
* |                                                          | *
* |              Seismic Data Processing System              | *
* |        developed by Geophysical Technology Research Center| *
* |                                                          | *
* |                   ALL Rights Reserved                    | *
```

```
*    |                                                      |    *
*    |------------------------------------------------------|    *
* * * * * * * * * * * * * * * * * * * * * * * * * * * * * * * * *
*                                                           |    *
*                                                           |    *
* ============================================================== *
* * * * * * * * * * * * * * * * * * * * * * * * * * * * * * * * *
*     GeoEast Module：
*------------------------------------------------------------------
*..Module name：      parallel
*..Version number：   1.01
*..Language：         FORTRAN
*..Original system：  geoeast
*..Original Author：  高绘生
*..Datatransfer：     SINGLE
*..Author：
*..Date：             Wed Dec 30 2009 *..
*..++++++++++++++++++++++++++++++++++++++++
*.  Revision table：
*.  ------------------
*.  1.1：
*       Discription：
*       Author：
*       Date：
*..++++++++++++++++++++++++++++++++++++++++
*   Description：
*.  ------------
*
*
*
* ++++++++++++++++++++++++++++++++++++++++
*   Function：
*.  ----------
*
*
*
* ++++++++++++++++++++++++++++++++++++++++
*     Paramters：
*-------------------
*     iRank：  SINGLE  Int
```

```
*     icast: SINGLE String
* +++++++++++++++++++++++++++++++++++++
*     Examples:
* ---------------
*
c * * * * * * * * * * * * * * * * * * * * * * * * * * * * *
* AM:
      subroutine parallel_am (pbuf, ibuf)
      integer pbuf (*), ibuf (*)
      integer iRank, i_cast, il (2), tag
      include 'mpif.h'
      character date*80, icast*80
      common /parallel_par/iRank, icast, ileng
* global variables
      common /parallel_par1/lu
      data itag/0/, tag/999/
* am start
      call MPI_Comm_size (MPI_COMM_WORLD, inumber, ierr) ! 节点个数
      call MPI_Comm_rank (MPI_COMM_WORLD, iirank, ierr) ! 程序运行节点号
      version = 1.01
      date = " Wed Dec 30 2009 \ 0"
      call gos_am_start (version, date)
* used to register the common buffer
      call gos_get_common_len (len)
      call gos_request_common_len (0, iRank, len)
      len = 4*1
      call gos_request_common_len (1, lu, len)
* get DCB parameters:
*
      if (iirank.eq.0) then ! 如果节点0,得到采用率和道长
        call dcb_get_si (isi)
        call dcb_get_ltr (ltr)
        il (1) =isi
        il (2) =ltr
      endif
      if (inumber.gt.1) then
       call MPI_BCAST (il, 2, MPI_INTEGER, 0, MPI_COMM_WORLD,
     ierr) ! 其他节点保留采用率和道长
        if (iirank.ne.0) then
          isi = il (1)
```

                ltr = il (2)
                call dcb _ set _ si (isi)
                call dcb _ set _ ltr (ltr)
            endif
            ileng = ltr * 1000/isi
            call MPI _ BCAST (ileng, 1, MPI _ INTEGER, 0, MPI _ COMM _ WORLD, ierr)！其他节点保留道长长度
        endif
    * get parameters
    * call card _ get _ para (iRank)！译码和传播给其他节点
        call card _ get _ int (" rank \ 0", iRank)
        if (inumber. gt. 1) then
            call MPI _ BCAST (irank, 1, MPI _ INTEGER, 0, MPI _ COMM _ WORLD, ierr)
        endif
        call card _ get _ string (" cast \ 0", icast)
        if (icast (1: 3) . eq. 'yes') i _ cast=1
        if (inumber. gt. 1) then
            call MPI _ BCAST (i _ cast, 1, MPI _ INTEGER, 0, MPI _ COMM _ WORLD, ierr)
            call MPI _ barrier (MPI _ COMM _ WORLD, ierr)
        endif
    * ——————————————————————————
    * designed the work buf
    * ibuf:
        pbuf (1) = 1
        pbuf (2) = 100
    * kbuf:
        len = 2000
    *   call dcb _ request _ kbuf _ len (len)
    * trs in channel
        itrs = 1
        call dcb _ request _ max _ channel _ trs (itrs)
    * channels
        itrs = 1
        call dcb _ request _ channels (itrs)
        call gos _ am _ end ()！分析阶段结束
        return
        end

2. 发送一接收模式执行段

```fortran
C==============================
* pm
      subroutine parallel_pm (pbuf, ibuf, kbuf, trace)
      integer pbuf(*), ibuf(*), kbuf(*), hbuf(200)
      include 'mpif.h'
      real trace(*)
      integer iRank, i_cast, inumber, count, TAG
      character date*80, icast*80
      common /parallel_par/iRank, icast, ileng
      common /parallel_par1/lu
      data itag/0/, tag/999/, ilast/0/! 保留几个旗标变量
c------------------------------
* get dcb:
* do main loop:
      call MPI_Comm_size (MPI_COMM_WORLD, inumber, ierr)
      call MPI_Comm_rank (MPI_COMM_WORLD, irank, ierr)
      if (irank.eq.0) then  ! 0节点从缓冲区得到道头
        count = 192
        call head_copy_from_sys (hbuf, 1)
        itag=itag+1
        if (iTAG.ge.inumber) then
           iTAG=1
        endif
        call dcb_get_lasttrace (ilast) ! 得到数据结束标志
        if (inumber.gt.1) then
        if (ilast.eq.1) then ! 如果数据结束
        do i=1, inumber-1
           if (itag.ne.i)
     +     call MPI_Send (9, 1, MPI_INTEGER, i, tag, MPI_COMM_
     WORLD, ierr) ! 发送数据结束标志
        enddo
        endif
        call MPI_Send (ilast, 1, MPI_INTEGER,
     +                 iTAG, tag, MPI_COMM_WORLD, ierr) ! 发送数据结束标志
        call MPI_Send (hbuf, count, MPI_INTEGER,
     +                 iTAG, tag, MPI_COMM_WORLD, ierr) ! 发送道头
        count = 1
```

```
            call MPI_Send (ileng, count, MPI_INTEGER, iTAG,
     +                tag, MPI_COMM_WORLD, ierr) ! 发送数据样点个数
            call MPI_Send (trace, ileng, MPI_REAL, iTAG, tag, MPI_COMM_
WORLD, ierr) ! 发送数据
            if (ilast.eq.1) go to 200
            endif
            return ! 0 节点退出进入下次循环
         else
100      continue ! 其他节点，非 0 节点
            call MPI_Recv (ilast, 1, MPI_INTEGER, 0, tag,
     +                MPI_COMM_WORLD, istat, ierr) ! 接收数据结束标志
            if (ilast.eq.9) go to 200 ! 如果数据结束，且没数据传来
            icount = 192
            call MPI_Recv (hbuf, icount, MPI_INTEGER, 0, tag,
     +                MPI_COMM_WORLD, istst, ierr) ! 接收道头
            call head_copy_to_sys (hbuf, 1) ! 保留数据或其他方法保留
            call MPI_Recv (ileng, 1, MPI_INTEGER, 0, tag,
     +                MPI_COMM_WORLD, istat, ierr) ! 接收样点个数
            call MPI_Recv (trace, ileng, MPI_REAL, 0, tag,
     +                MPI_COMM_WORLD, istat, ierr) ! 接收道数据
            if (ilast.eq.1) go to 200 ! 数据结束
! 保留数据或进行处理。如果需要数据传回 0 节点，需要之间进行通信，涉及数据发送
和接收。
            go to 100 ! 接收下一道数据
         endif
200      continue ! 处理结束
c        finish process
         call MPI_barrier (MPI_COMM_WORLD, ierr) ! 所有节点同步
         return
         end
*————————————————————————
*==========================
```

3. 广播方式执行段

```
C==========================
* pm
         subroutine parallel_pm (pbuf, ibuf, kbuf, trace)
         integer pbuf (*), ibuf (*), kbuf (*), hbuf (200)
         include 'mpif.h'
         real trace (*)
```

```
        integer iRank, i_cast, inumber, count, TAG
        character date*80, icast*80
        common /parallel_par/iRank, icast, ileng
        common /parallel_par1/lu
        data itag/0/, tag/999/, ilast/0/
c------------------------------
* get dcb:
* do main loop:
        call MPI_Comm_size (MPI_COMM_WORLD, inumber, ierr)
        call MPI_Comm_rank (MPI_COMM_WORLD, irank, ierr)
        if (irank.eq.0) then
           call head_copy_from_sys (hbuf, 1)
           call dcb_get_lasttrace (ilast)
        endif
100     continue
        count = 192
        if (inumber.gt.1) then  ! 0节点向其他节点广播数据,其他接收
           call MPI_BCAST (ilast, 1, MPI_INTEGER, 0, MPI_COMM_WORLD, ierr)
           call MPI_BCAST (hbuf, count, MPI_INTEGER, 0, MPI_COMM_WORLD, ierr)
           call MPI_BCAST (ileng, 1, MPI_INTEGER, 0, MPI_COMM_WORLD, ierr)
           call MPI_BCAST (trace, ileng, MPI_REAL, 0, MPI_COMM_WORLD, ierr)
           if (irank.eq.0) then
              if (ilast.eq.1) go to 300
              return
           else
              call head_copy_to_sys (hbuf, 1)
              if (ilast.eq.1) go to 200
c              processer data
!进行数据接收和处理
              go to 100
           endif
        endif
        return
200     continue
c    finish process
        call dcb_set_lasttrace
300     continue
        call MPI_barrier (MPI_COMM_WORLD, ierr)
        return
        end
*==========================
```

附录13 参数定义库及模块定义库

1. 参数定义库

每个模块有一个参数定义库，记录模块的每个参数及其属性。

每个参数有12个属性需定义，具体如下。

序 号	参数描述（一级）	参数说明（二级）	参数说明符号	举例	备注
1	参数名 NAME			"BANDPASS"	用字串表示
2	序号 NO.			0	模块的参数序号
3	参数类型 PTYPE	单参数 向量 矩阵 选项 自定义	SINGLE VECTOR MATRIX SELECT DEFINE	VECTOR	枚举，决定了参数编辑时的按钮类型 矩阵：按列表示
4	数值类型 VTYPE	整型 浮点 双精度 字串 布尔 道头表达式	INT FLOAT DOUBLE STRING BOOL $ SHOT	INT	枚举，在参数编辑时用不同的颜色表示
5	缺省值 DEFAULT			8，10，55，60	
6	取值范围 VRANGE	最小，最大	MIN, MAX	1，200	
7	参数区域 PRANGE	行，列	ROW, COL	1，4	单参数：1，1 向量：1，N 矩阵：M，N
8	级别 CLASS	0：必填 1：常用 2：不常用 3：特殊		0	作业编辑时只有级别为0，1的参数缺省显示
9	中文注释 CCOMMENT			带通滤波门	
10	英文注释 ECOMMENT			Band pass gate	作业编辑使用
11	依赖关系 DEPEND				参数是否依赖于本模块的某个选件参数
12	填写方式	直接填写 参数库名 数据库名	PARAFILL DBANAME		作业编辑使用。弹出不同的对话框。输入参数

2. 模块定义库

序号	模块一级说明	模块二级说明	数值表示	备注
1	功能描述 FUNCTION	模块简要说明 版本号 编程日期	VER：x.xx XX：XX：XX	
2	模块类型 MODEULE_TYPE	GRISYS（4） GEOEAST.（0） 数据表模块 交互模块 STANDALONE：独立模块	"GRISYS" "GEOEAST" "TABLE" "IMODULE"	
3	ALNGUAGE	FORTRAN, C, C++		
4	库名称 LIB_NAME		AMPEUQ.SO	
5	分析模块名 AM_NAME		AMPEQU_AM	
6	执行模块名 PM_NAME		AMPEQU_PM	
7	输入通道 I_CHANNEL	输入通道数（CHANNELS）	1, MAX	
		格式（FORMAT）		
		类型（TYPE）		
		必需性（REQUIRED）	Y/N	
		中文说明（CCOMMENT）		
		英文说明（ECOMMENT）		
8	输出通道 O_CHANNEL	输出通道数	1, MAX	
		格式（FORMAT）		
		类型（TYPE）		
		必需性（REQUIRED）	Y/N	
		中文说明（CCOMMENT）		
		英文说明（ECOMMENT）		

附录 14　LIST 文件和 LOG 文件

1. 批量作业的列表文件格式

作业列表文件是 GeoEast 系统中的重要文件，是批量作业运行的打印输出结果文件，简称 LIST 文件。批量作业运行完成后，处理员必须检查作业的 LIST 文件，检查作业运行是否正常。

(1) 作业列表的内容概述。
①作业名字（大字）。
②GeoEast 执行控制系统的版本号、日期。
③作业信息：项目、工区、测线、用户、发送机器、运行机器、运行日期及时间。
④作业的编码信息：模块及其参数。
⑤作业中每个模块的 AM 信息。
⑥作业资源申请的列表。
⑦按时间顺序打印的模块信息。
⑧作业中模块的 PM 信息。
⑨作业的结束统计信息。
(2) 作业的编码信息。
按顺序列出作业中每个模块的模块名以及每个模块的每个参数名称及其参数值。
  方案 1：使用自定义格式，目前使用的是自定义格式。
  方案 2：使用 XML 格式，和作业的存储格式相同。缺点：易读性较差。
  自定义格式：
  （模块序号）模块名
   /*参数说明*/
    参数名 = 参数值〔，参数值，参数值，……〕
   /*参数说明*/
    参数名 = 参数值〔，参数值，参数值，……〕
   ………
  （模块序号）模块名
   /*参数说明*/
    参数名 = 参数值〔，参数值，参数值，……〕
   /*参数说明*/
    参数名 = 参数值〔，参数值，参数值，……〕
   ………

(3) 作业中每个模块的 AM 信息。
  按模块顺序记录作业中每一个模块的名称、版本号、版本日期。
  实现：模块调用 gos_am_start (version, date) 函数。
  样本：
   * * * * * Enter Module grisysin AM * * * * *
   Module：   grisysin
   Version：   1.01
   Updated：   Tue Dec 16 2003
 * * * * * Leave Module grisysin AM * * * * *
 按模块顺序记录的模块资源申请情况：
 私有缓冲区个数；
 每个缓冲区的长度；
 公共缓冲区长度；

通道的最大道数；
申请的通道数。
(4) 作业资源申请的列表。
每个模块申请的列表以及系统总的资源情况：
私有缓冲区长度；
公共缓冲区长度；
通道的最大道数；
通道的申请个数；
总的内存占用量。
(5) 按时间顺序打印的模块信息。
不要求每个模块都打印（不能够每个循环都打印）。
模块使用 MSG 函数打印的信息一般是特殊的信息、错误的信息以及警告信息。
(6) 作业中模块的 PM 信息。
不要求每个模块都有列表输出信息，但是重要模块要有列表信息输出。
模块可以有列表信息级别参数，级别大则输出的列表信息多，在模块设计中应说明列表输出的内容及级别。
I/O 模块有列表信息输出。
读入写出模块有列表信息输出。
其他模块的列表输出格式自定义，一般有正常的输出信息、错误输出信息。
模块输出的基本格式：
  模块开始信息：模块名
  模块输出信息。
  模块的结束信息。
  实例：
    module：geodiskin start
      ……
      ……
    module：geodiskin end
    module：ampequ start
      ……
      ……
    module：ampequ end
      ……
  作业中模块 PM 信息的顺序：
    模块 a 信息：
      ……
    模块 b 信息：
      ……
  I/O 及读入写出及模块的输出格式为：
    每输出和输入一个道集数据打印一行信息，信息包括模块开始信息；该道集的道集类型。

道集记数，主关键字的值，该道集的总道数、有效道数、无效道数，其他说明

……

……

道集的统计信息：

输出和输入总的道集数，总道数，总有效道数，总的无效道数，有效道数的百分比，读（写）的出错率。

模块结束信息。

(7) 作业的结束统计信息。

统计信息包括：

作业正常结束或错误结束信息。

作业的开始运行日期与时间以及结束运行日期与时间。

每个模块以及系统总的资源占用情况（作业资源申请的列表）。

每个模块的模块顺序号，模块名，运行次数，运行时间、CPU 时间。

……

作业的总的模块个数，运行时间。

2. 批量作业的 LOG 文件格式

作业 LOG 文件是批量作业运行过程中打印的日志输出文件，简称 LOG 文件，是按作业运行的时间顺序记录作业的 LOG 信息。

(1) 用途。

一是用于记录模块及执行控制系统的调试信息。

二是记录运行的过程信息，使处理员可以在作业运行过程中查询该文件，获得作业运行信息。

三是一旦作业运行失败，可以通过 LOG 信息查询作业运行的断点。

(2) 执行控制系统打印。

作业的属性信息。

作业名，作业号，调度号，项目，工区，测线，用户，发送机器，运行机器，时间。

作业初始化信息 (start, end)。

每个模块的加载信息。

作业翻译及译码信息 (start, end)。

作业的 AM 信息 (start, end)。

作业的 PM 信息 (start, end)。

作业的结束处理信息 (start, end)。

(3) 模块打印。

一般模块不要求输出 LOG 信息。

一次循环运算时间过长的模块（偏移）要有 LOG 信息输出，信息内容自定义，设计和手册中要有说明。

I/O 模块以及读入写出模块要求有 LOG 信息输出，输出信息应包括：每隔若干个道集

打印一行信息（或每输出、输入10%的道集打印一行信息）。打印的应包括：输入或输出的道集数，目前的主关键字名称与值。

（4）输出格式。

输出格式包括时间、模块名（或系统）、信息内容。

（5）调试信息。

一般在系统和模块的调试时使用，在系统和模块提交了运行（发行）版本后，LOG文件中应该去掉调试信息。调试信息的格式应该遵循输出格式。

参 考 文 献

[1] Adams D C, Miller K C, Baker M. Applications of first break turning ray tomography to shallow seismic reflection data processing and interpretation. Expand Abstract of the technical programs, 64th SEG Mtg, 1994, 587-590.

[2] Alves G C, Bulcão A, Soares Filho D M, et al. Target-oriented approach for illumination analysis using wave equation via FDM: 79th Annual International Meeting, SEG, Expanded Abstracts, 181-185.

[3] Anderson D L, Hart R S. An Earth model based on free oscillations and body waves. J. Geophys. Res., 1976, 81 (8): 1401-1475.

[4] Anderson D L. Theory of the Earth. Blackwell: Blackwell Scientific Publications, 1989.

[5] Asawaka E, Kawanaka T. Seismic ray tracing using linear traveltime interpolation. Geophysics, 1993, 57 (2): 326-333.

[6] Babuska V, Cara M. Seismic Anisotropy in the Earth. Kluwer Academic Publishers, 1991.

[7] Booth E. SEG RODE Format, Record Oriented Encapsulation. Geophysics, 1996, 57 (5): 1546-1558.

[8] Boschetti F, Dentith M C, List R D. Inversion of seismic refraction data using genetic algorithms. Geophysics, 1996, 61 (6): 1715-1727.

[9] Chen Y, Huang Y. Use Q-RTM to image beneath gas hydrates in Alaminos Canyon, Gulf of Mexico. 80th Annual International Meeting, SEG, Expanded Abstracts, 2010, 3165-3170.

[10] Chuck Toles. Solid streamer/ worldwide computing network speed up the seismic cycle. World Oil, 1998, 219 (5): 100-105.

[11] David A, lan H. Towards the Leading Edge: High Performance Computing. Southampton University, 1997.

[12] Derigovski S M, Rocca F. Geometrical optics and wave theory of constant off set secthions in layered media. Geophysical prospecting, 1981, 29: 374-406.

[13] Denning P et al. Beyond Calculation: the Next Five Years of Computing. Prentice-Hall, 1997.

[14] Dimitri Bevc, Oridiu Feodorov, Alexander M Popovici, et al. Internet-based seismic processing: The future of geophysical computing. Annual Meeting Abstracts, SEG, 2000, 2119-2122.

[15] Doug Wille. Immersive environments enhance team collaboration. World Oil, 1999, 220 (5): 72-74.

[16] Dubose J B. Practical steps toward realizing the potential of Monte Carloautomatic statics. Geophysics, 1993, 58 (3): 399-407.

[17] Dziewenski A M, Anderson D L. Preliminary reference Earth model. Phys. Earth Planet Interior, 1981, 25: 297-356.

[18] Enders A Robinson. Wavelet estimation and Einstein deconvolution. The leading edge,

2000, 56 - 60.

[19] Enstf, Hermang, Blonkb. Reduction of near—surface scattering effects in seismic data. The Leading Edge, 1998, 17: 759 - 764.

[20] Fedman D. Make corporate IT work better without running up the budget. The Leading Edge, 2005, 802 - 803.

[21] Fred Aminzadeh. Future geophysical technology trends. The Leading Edge of Geophysics, 1996, 15 (6): 729 - 735.

[22] Gray S H. Seismic imaging. Geophysics, 2001, 66 (1): 15 - 17.

[23] Gregory D. Lazear Mixed phase wavelet estimation using fourth—ordercumulant. Geophysics, 1993, 58 (7): 1042 - 1049.

[24] Guy Canadas. A mathematical framework for blind deconvolution inverse problems, 72nd Int. SEG Annual Meeting, Expanded Abstract, 2002, 2202 - 2205.

[25] Hale D. Dip moveout by Fourier transform. Geophysics, 1984, 49 (6): 741 - 757.

[26] Hewlett C J M, Hatton L. Seismic data compression with CD — ROM archieving. EAEG 57th Conference and Technical Exhibition, 1995.

[27] ILYA Tsvankin, VLADIMIR Grechka. Dip moveout of converted waves and parameter estimation in transversel isotropic media. Geophysical prospecting, 2000, 48: 257 - 292.

[28] Jeffreys H, Bullen K E. Seismological Tables. London Offices of the British Association, Barlington House, 1967.

[29] Jervis M, Sen M K, Stoffa P L. Prestack migration velocity estimation using nonlinear methods. Geophysics, 1996, 60 (6): 138 - 150.

[30] Jiao Jianwu, Trichett S, Link B. Wave equation migration of land data. Expanded of CSEG national Convention, 2004, 324 - 329.

[31] Jon Fuller, Joe Fay. How the internet is influencing today's E&P business. The leading Edge, 2003, 1: 65 - 68.

[32] Berryhill J R. Wave—equation datuming. Geophysics, 1979, 44: 1329 - 1344.

[33] Kondrashkov V V, Aniskovich E M. Basic principles of parametric evolvent of signal method (PRO) as universal technique of seismic data processing. Physics of the Earth, 1998, (2) : 46 - 64.

[34] Landmark company. ProMAX 3D Reference Manual Vol. 1.

[35] Landmark ADVANCE PRODUCTS GROUP. ProMAX Development Environment.

[36] Lay T, Wallavce T C. Modern Global Seismology. Academic Press, 1995.

[37] Lehman I P. On the travel times of P as determined from nuclear explosions. Bull. Seism. Soc. Amer. , 1964, 54: 123.

[38] Li Jianchan, Pham D. Land data migration from ruged toporgraphy. Expanded Abstracts of 72th Annual internation SEG Meeting, 2002, 1137 - 1139.

[39] Mallick S. Model-based inversion of amplitude-variation-with-offset data using a genetic algorithm. Geophysics, 1995, 60 (4) : 939 - 954.

[40] Margrave G F, Gibson P C, Grossman J P, et al. The Gabor transform, pseudodiffer-

ential operators, and seismic deconvolution. Integrated Computer-Aided Engineering, 2005, 12: 43 – 55.

[41] Marie N Fagan. The technology revolution and upstream costs. The Leading Edge, 2000, 630 – 631.

[42] Marsden D. Static corrections—a review (part I) . The Leading Edge, 1993, 12 (1): 43 – 49.

[43] Marsden D. Static corrections—a review (part II) . The Leading Edge, 1993, 12 (2): 115 – 120.

[44] Mauricio D Sacchi, Tadeusz J Ulrych. Nonminimum-phase wavelet estimation using higher order statistics. The Leading Edge, 2000, 80 – 83.

[45] Mike Perz. Gabor deconvolution: real and synthetic data experiences. SEG Annual Meeting, Main Menu, 2005, 494 – 497.

[46] Milton J, Porsani, Bjorn Ursin. Mixed-phase deconvolution. Geophysics, 1998, 63 (2): 637 – 647.

[47] Milton J Porsani. Mixed-phase deconvolution and wavelet estimation. The Leading Edge, 2000, 76 – 79.

[48] Morgan W J. Convection plumes in the lower mantle. Nature, 1971, 230: 42 – 43.

[49] M Malinowski. Effective sub-Zechstein salt imaging using low-frequency seismics-Results of the GRUNDY 2003 experiment across the Variscan front in the Polish Basin. Tectonophysics, 2007, 3.

[50] Taner M. Turhan, Berkhout A J, Sven TreiTel, et al. The Dynamics of statics. The Leading Edge, 2007, 396 – 402.

[51] Perry A Fischer. What's new in marine seismic. World Oil, 1999, 220 (5): 68 – 72.

[52] Perry A Fischer. A new technology: Nine-component seismic data. World Oil, 2000, 221 (5): 65 – 66.

[53] Peter Cary. Seismic signal processing-A new millennium perspective. Geophysics, 2001, 66 (1): 18 – 20.

[54] Reshef M. Depth migration from irregular surfaces with depth extrapolation methods. Geophysics, 1991, 56 (1): 119 – 122.

[55] Rhonda D Phillips. Hybrid image classification and parameter selection using a shared memory parallel algorithm. Computers & Geosciences, 2007, 33: 875 – 897.

[56] Robert P Peebler. Leveraging knowledge through information technology. The Leading Edge, 1996, 10: 1132 – 1140.

[57] Rosa A L, Ulrych T J. Processing via spectral modeling. Geophysics, 1991, 56: 1244 – 1250.

[58] Sambridge M, Drijkoninggen G. Genetic algorithms in seismic waveform inversion. Geophys. J. Int. , 1992, 109: 323 – 342.

[59] Samantha Hanley. The collaborative power of IT leads industry transformation. The Leading Edge, 2003, 1: 62 – 64.

[60] Salth M, Bancroft J. Wave equation datuming. Expanded Abstract of CSEG National

Convention, 2004, 34-39.

[61] Schapper S, Jefferson R, Calvert A, et al. Anisotropic velocities and offset vector tile prestack-migration processing of the Durham Ranch 3D. Northwest Colorado: The Leading Edge, 2009, 28: 1352-1361.

[62] Stork C, Kapoor J. How many P values do you want to migrate for delayed shot wave equation migration? 74th Annual International Meeting, SEG, Expanded Abstracts, 2004, 1041-1044.

[63] Takanashi M, Tsvankin I. Correction for the influence of velocity lenses on nonhyperbolic moveout inversion for VTI media. 80th Annual International Meeting, SEG, Expanded Abstracts, 2010, 29: 238.

[64] Cerveny V, Ludek Klimes. Complete seismic-ray tracing in three-dimensional structures, Doornbos D J (ed.) Seismological Algorithms, 89-168, Academic Press, New York, 1988.

[65] Wang Y. Inverse-Q filtered migration. Geophysics, 2008, 73 (1): 1-6.

[66] Wilson T. Mantle plumes and plate motions. Tectonophysics, 1973, 19: 149-164.

[67] Zhang Y, Zhang H, Zhang G. A stable TTI reverse time migration and its implementation. Geophysics, 2011, 76 (3): 3-9.

[68] Zhang Y, Zhang P, Zhang H. Compensating for visco-acoustic effects in reverse-time Migration. 80th Annual International Meeting, SEG Expanded Abstracts, 2010, 29: 3160-3164.

[69] 陈国良. 并行计算：结构、算法与编程. 北京：高等教育出版社，1999.

[70] 陈国良，安虹，等. 并行算法实践. 北京：高等教育出版社，2004.

[71] 曹孟起，周星元，王君. 统计法同态反褶积. 石油地球物理勘探，2003，38（增刊）：1-9.

[72] 崔兴福，李宏兵，胡英，等. 面炮登前深度偏移与控制照明技术. Applied Geophysics, 2007, 4 (4): 255-262.

[73] 杜世通. 地震波动力学. 北京：石油大学出版社，1996.

[74] 都志辉. 高性能计算并行编程技术—MPI并行程序设计. 北京：清华大学出版社，2001.

[75] 冯昊. Linux操作系统教程. 北京：清华大学出版社，2008.

[76] 高少武，赵卫峰，赵波，等. 分布式地震数据处理系统研究. 计算机工程与设计，2003，24（1）.

[77] 耿建华，马在田，王勇，等. 三维F-K域DMO方法及应用效果. 地球物理学报，1995（38）：115-119.

[78] 郭树祥，望立欧，韩文功. 叠前地震数据优化处理技术分析. 石油物探，2006，45（5）.

[79] Dongarra J, 等著. 并行计算综论. 莫则尧，等译. 北京：电子工业出版社，2005.

[80] 何光明，贺振华，黄德济，等. 几种静校正方法的比较研究. 物探化探计算技术，2006，28（4）：310-314.

[81] 洪源，李鹿鸣，罗省贤. 基于体绘制的三维地震数据可视化. 物探化探计算技术，

2007, 29 (1): 23-25.
- [82] 纳尔逊 H R 著. 勘探地球物理新技术. 陆邦干, 等译. 北京: 石油工业出版社, 1986.
- [83] 李庆忠. 走向精确勘探的道路. 北京: 石油工业出版社, 1993.
- [84] 陆基孟. 地震勘探原理. 北京: 石油工业出版社, 1982.
- [85] 李传湘, 陈世鸿, 刘海青. 程序设计方法学. 武汉: 武汉大学出版社, 2000.
- [86] 李伟东, 赵改善, 韦海亮. 网格计算技术在石油勘探开发中的应用. 勘探地球物理进展, 2007.
- [87] 刘威, 吴伯福. 网络技术在地震资料解释系统中的应用. 物探化探计算技术, 2004, 26 (4).
- [88] 刘胤杰, 岳浩, 等. Linux 操作系统教程. 北京: 机械工业出版社, 2005.
- [89] 刘馥. 地震勘探导论. 北京: 地质出版社, 1990.
- [90] 罗银河, 刘江平, 俞国柱. 叠前深度偏移述评. 物探与化探, 2004, 28 (6): 540-545.
- [91] 梁广民, 王隆杰. Linux 操作系统实用教程. 西安: 电子科技大学出版社, 2004.
- [92] 马在田. 三维地震勘探方法. 北京: 石油工业出版社, 1989.
- [93] 牟永光, 陈小宏, 李国发, 等. 地震数据处理方法. 北京: 石油工业出版社, 2007.
- [94] Quinn M 著. MPI 与 OpenMP 并行程序设计 (C 语言版). 陈文光, 等译. 北京: 清华大学出版社, 2004.
- [95] 庞世民. 高性能计算技术及其在油气勘探中的应用. 勘探地球物理进展, 2002, 25 (1): 35-40.
- [96] 孙家昶, 张林波, 等. 网络并行计算与分布式编程环境. 北京: 科学出版社, 1996.
- [97] 宋江杰, 曾新吾. 地震信号处理软件系统. 计算机工程与科学, 2004, 26 (3): 74-78.
- [98] 邵佩英. 分布式数据库系统及其应用. 北京: 科学出版社, 2000.
- [99] 汤小丹, 等. 计算机操作系统. 西安: 电子科技大学出版社, 2007.
- [100] 王立歆, 李守济, 等. Omega 系统叠前深度偏移技术在平方王地区的应用. 石油物探, 2002, 41 (4): 489-492.
- [101] 王宏琳. 地球物理计算机的变革. 勘探地球物理进展, 2009, 32 (4): 233-238.
- [102] 王宏琳. 地球物理勘探软件平台技术. 北京: 石油工业出版社, 1999.
- [103] 王宏琳. 地震软件技术: 勘探地球物理计算机软件开发. 北京: 石油工业出版社, 2005.
- [104] 王宏琳. 新一代系统——计算机集成油气勘探系统. 石油地球物理物探, 1996, 31 (6).
- [105] 王宏琳. 石油勘探开发软件集成平台. 石油地球物理物探, 1997, 32 (1).
- [106] 王宏琳. 计算机集成油气勘探系统. 高技术通讯, 1998, 8 (6).
- [107] 王宏琳. 油气勘探开发计算机软件集成平台的研究. 石油学报, 1999, 20 (5).
- [108] 王宏琳, 王英芳. 地球物理勘探中的计算机科学. 武汉: 华中理工大学出版社, 1989.
- [109] 王润秋. 复杂区地震资料基础处理方法研究 [D]. 北京: 中国石油大学, 2005.
- [110] 王润秋, 郑桂娟, 等. 地震资料处理中的形态滤波去噪方法. 石油地球物理勘探,

2005, 40 (3): 277-282.
[111] 王强, 李玲, 等. 地震资料人机交互解释. 北京: 石油工业出版社, 1995.
[112] 王喜双, 张颖. 地震叠前时间偏移处理技术. 石油勘探与开发, 2006, 33 (4).
[113] 熊翥. 地震数据数字处理应用技术. 北京: 石油工业出版社, 1993.
[114] 熊翥. 我国物探技术的进步与展望. 石油地球物理勘探, 2003, 38 (5): 565-578.
[115] 谢里夫, 吉尔达特. 勘探地震学. 北京: 石油工业出社, 1999.
[116] 俞寿朋. 高分辨率地震勘探. 北京: 石油工业出版社, 1993.
[117] 伊振林, 王润秋. 一种新的混合相位反褶积方法. 石油地球物理勘探, 2006, 41 (3): 266-270.
[118] (美) 伊尔马滋著. 地震数据处理. 黄绪德, 袁明得, 译. 北京: 石油工业出版社, 1994.
[119] (美) 伊尔马滋著. 地震资料分析——地震资料处理、反演和解释 (上册). 刘怀山, 等译. 北京: 石油工业出版社, 2006.
[120] 杨红霞, 赵改善. 21世纪的地震数据处理系统. 石油物探, 2001, 40 (4): 125-140.
[121] 杨辉, 高亮, 刘洪, 等. 微机群并行实现Marmousi模型叠前深度偏移. 地球物理学进展, 2001, 16 (3): 58-75.
[122] 杨光年, 郭荣亮, 张国政. 存储技术的发展及整合与虚拟化应用. 计算机与数字工程, 2008, 3.
[123] 阎世信, 刘怀山, 姚雪根. 山地地球物理勘探技术. 北京: 石油工业出版社, 2000.
[124] 殷士勇. 计算机操作系统. 北京: 清华大学出版社, 2010.
[125] 叶康礼. Promax AVO正演模拟的应用. 中国海上油气 (地质), 2000, 14 (4): 274-276.
[126] 曾融生. 固体地球物理学. 北京: 科学出版社, 1984.
[127] 兆彩绒, 蒋志兵. 三维叠前深度偏移技术的应用效果. 吐哈油气, 2006, 11 (1): 78-80.
[128] 张军华, 雷凌, 仝兆岐. PC Cluster技术的国内外现状与发展趋势. 石油物探, 2003, 42 (4): 557-561.
[129] 张国俊, 付正秀, 等. 大规模地震资料处理系统的存储技术. 特种油气藏, 2007, 14 (2).
[130] 张武生, 等. MPI并行程序设计实例教程. 北京: 清华大学出版社, 2009.
[131] 张林波, 等. 并行计算导论. 北京: 清华大学出版社, 2006.
[132] 张钬, 李幼铭, 刘洪. 几类叠前深度偏移的研究现状. 地球物理学进展, 2000, 15 (2).
[133] 赵改善, 包红林. 集群技术及其在石油工业中的应用. 石油物探, 2001, 40 (3): 118-126.
[134] 赵改善, 我们需要多大多快的计算机. 勘探地球物理进展, 2004, 27 (1): 22-29.
[135] 赵连功, 刘洪, 地震勘探数据资料处理软件集成化研究现状和发展趋势. 地球物理学进展, 2003, 18 (4): 598-601.
[136] 赵波, 俞寿朋, 聂勋碧, 等. 谱模拟反褶积方法及其应用. 石油地球物理勘探, 1996, 31 (1): 101-115.